高等学校计算机科学与技术教材

VB.NET 程序设计

（第 2 版）

江　红　余青松　编著

清 华 大 学 出 版 社

北京交通大学出版社

·北京·

内容简介

本书主要基于 Visual Studio 2019/.NET Framework 4.7 开发和运行环境，讲述了 VB.NET 16.0 的语言基础知识和使用 VB.NET 16.0 语言开发应用的实例，具体内容包括：VB.NET 语言基础、面向对象编程、结构、枚举、多线程编程技术、泛型、特性、语言集成查询、文件和流输入/输出、集合、数据库访问、Windows 窗体应用程序、ASP.NET Web 应用程序等。

本书作者结合多年的程序设计、开发及授课经验，精选大量的实例，由浅入深、循序渐进地介绍 VB.NET 程序设计语言，让读者能够较为系统全面地掌握程序设计的理论和应用。

本书可作为高等学校各专业的计算机程序设计教程，同时也可作为广大程序设计开发者、爱好者的自学参考书。

本书配有实验和辅导教材《VB.NET 程序设计实验指导与习题测试》（第 2 版），提供了大量的思考与实践练习，让读者从实践中巩固和应用所学的知识。

本书封面贴有清华大学出版社防伪标签，无标签者不得销售。

版权所有，侵权必究。侵权举报电话：010-62782989 13501256678 13801310933

图书在版编目（CIP）数据

VB.NET 程序设计 / 江红，余青松编著．—2 版．—北京：北京交通大学出版社：清华大学出版社，2020.8

（高等学校计算机科学与技术教材）

ISBN 978-7-5121-4249-7

Ⅰ．①V… Ⅱ．①江… ②余… Ⅲ．①BASIC 语言-程序设计-高等学校-教材 Ⅳ．①TP312.8

中国版本图书馆 CIP 数据核字（2020）第 108067 号

VB.NET 程序设计

VB.NET CHENGXU SHEJI

责任编辑：谭文芳

出版发行：清 华 大 学 出 版 社　　邮编：100084　　电话：010-62776969　　http://www.tup.com.cn

北京交通大学出版社　　邮编：100044　　电话：010-51686414　　http://www.bjtup.com.cn

印 刷 者：北京鑫海金澳胶印有限公司

经　　销：全国新华书店

开　　本：185 mm×260 mm　　印张：30.5　　字数：853 千字

版 印 次：2011 年 9 月第 1 版　　2020 年 8 月第 2 版　　2020 年 8 月第 1 次印刷

定　　价：69.00 元

本书如有质量问题，请向北京交通大学出版社质监组反映。对您的意见和批评，我们表示欢迎和感谢。

投诉电话：010-51686043，51686008；传真：010-62225406；E-mail：press@bjtu.edu.cn。

编 者 的 话

程序设计是高等院校计算机、电子信息、工商管理等相关专业的必修课程，VB/VB.NET系列程序设计语言有着深厚的群众基础，是使用最广泛的一门程序设计语言。国内外众多的院校采用 VB/VB.NET 系列作为程序设计课程的必修语言。

本书主要基于 Visual Studio 2019/.NET Framework 4.7 开发和运行环境，讲述了 VB.NET 16.0 的语言基础知识及使用 VB.NET 16.0 语言开发应用的实例。

本书内容共分为 3 篇。第 1 篇详细阐述 VB.NET 面向对象程序设计语言的基础知识，内容包括：VB.NET 语言综述、VB.NET 程序设计基础、VB.NET 语言基础、程序流程和异常处理、数组、面向对象编程、模块、结构、枚举、多线程编程技术、泛型、特性、语言集成查询。第 2 篇阐述基于.NET Framework 公共类库的程序设计，内容包括：文件和流输入/输出、集合和数据库访问。第 3 篇介绍 VB.NET 应用程序设计技术，内容包括：Windows 窗体应用程序、ASP.NET Web 应用程序。

本书特点：

（1）由浅入深、循序渐进、重点突出、通俗易学；

（2）理论与实践相结合，通过大量的实例，阐述程序设计的基本原理，使读者不仅掌握理论知识，同时掌握大量程序设计的实用案例；

（3）提供了大量的思考与实践练习，让读者从实践中巩固和应用所学的知识。

本教材各章节涉及的所有源程序代码和相关素材，可以通过扫描下面的二维码获得，还可以直接与作者联系 hjiang@cc.ecnu.edu.cn。

本书配套教材《VB.NET 程序设计实验指导与习题测试》（第 2 版），提供本书的上机实验指导，以及本书各章节的习题测试和习题参考解答。

本书由华东师范大学江红和余青松共同编写。感谢研究生方宇雄、杨雪瑶、梅旭璋、余靖认真阅读了本书的初稿，并提出了宝贵的修改意见和建议。

由于时间和编者学识有限，书中不足之处在所难免，敬请诸位同行、专家和读者指正。

编　者

2020 年 7 月

目　录

第1篇　VB.NET语言基础知识

第1章　VB.NET语言综述 ······ 1
1.1　VB.NET语言概述 ······ 1
1.1.1　VB.NET语言简介 ······ 1
1.1.2　VB.NET语言各版本的演变历史 ······ 2
1.1.3　VB.NET特点和开发应用范围 ······ 2
1.2　VB.NET语言的编译和运行环境 ······ 3
1.2.1　VB.NET语言与.NET Framework ······ 3
1.2.2　VB.NET的运行环境 ······ 4
1.2.3　VB.NET的开发环境 ······ 4
1.3　创建简单的VB.NET程序 ······ 5
1.3.1　“Hello World”程序 ······ 5
1.3.2　代码分析 ······ 6
1.3.3　编译和运行结果 ······ 6
1.4　VB.NET程序的基本结构 ······ 6
1.4.1　程序结构 ······ 6
1.4.2　命名空间 ······ 9
1.4.3　类型 ······ 13
1.4.4　Main过程 ······ 14
1.4.5　编码规则 ······ 18
1.4.6　注释 ······ 18
1.5　控制台输入和输出 ······ 19
1.5.1　System.Console类概述 ······ 19
1.5.2　控制台输入输出 ······ 19
1.5.3　格式化输出 ······ 20
1.6　Visual Basic运行时库交互函数/过程 ······ 21
1.6.1　使用MsgBox显示消息框 ······ 21
1.6.2　使用InputBox提示用户输入 ······ 22
第2章　VB.NET程序设计基础 ······ 24
2.1　Visual Studio集成开发环境 ······ 24

2.1.1 Visual Studio 概述……24
2.1.2 Visual Studio 的版本……24
2.1.3 Visual Studio 的产品系列……24
2.2 Visual Studio 快速入门……25
2.2.1 集成开发环境界面……25
2.2.2 创建解决方案和项目……25
2.2.3 设计器/编辑器……29
2.2.4 生成和调试工具……30
2.2.5 安装和部署工具……31
2.2.6 帮助系统……32
2.3 VB.NET 窗体应用程序概述……32
2.3.1 Windows 窗体应用程序概述……32
2.3.2 创建 Windows 窗体应用程序的一般步骤……33
2.4 创建 Windows 窗体应用程序……34
2.4.1 创建 Windows 窗体应用程序……35
2.4.2 创建用户界面……35
2.4.3 创建处理控件事件的方法……36
2.4.4 运行并测试应用程序……36
2.4.5 保存 Windows 窗体应用程序……36
2.5 窗体和基本控件……37
2.5.1 通用属性……37
2.5.2 通用事件……38
2.5.3 窗体属性、事件和方法……38
2.5.4 Label（标签）控件……41
2.5.5 TextBox（文本框）控件……41
2.5.6 Button（按钮）控件……42
第 3 章 VB.NET 语言基础……45
3.1 标识符及其命名规则……45
3.1.1 标识符……45
3.1.2 保留关键字……45
3.1.3 命名约定……45
3.2 变量和常量……46
3.2.1 字面量……46
3.2.2 变量的声明、赋值和引用……47
3.2.3 常量的声明和引用……48
3.2.4 系统提供的常量……49
3.3 数据类型……49
3.3.1 类型系统……49

3.3.2 值类型和引用类型……50
3.3.3 装箱和拆箱……51
3.4 预定义数据类型……52
3.4.1 Object 类型……52
3.4.2 整型……53
3.4.3 浮点类型……54
3.4.4 Decimal 类型……55
3.4.5 Boolean 类型……56
3.4.6 字符类型……57
3.4.7 字符串类型……58
3.4.8 日期类型……61
3.4.9 可以为 Nothing 的类型……63
3.5 类型转换……64
3.5.1 隐式转换和显式转换……64
3.5.2 类型转换函数……65
3.5.3 Convert 类提供的类型转换方法……66
3.6 运算符……68
3.6.1 算术运算符……68
3.6.2 关系运算符……70
3.6.3 逻辑/位运算符……71
3.6.4 移位运算符……73
3.6.5 字符串运算符……73
3.6.6 赋值运算符……74
3.6.7 其他运算符……75
3.6.8 运算符优先级……75
3.7 表达式……76
3.7.1 表达式的组成……76
3.7.2 表达式的书写规则……76
3.8 语句……77
3.8.1 VB.NET 语句的组成……77
3.8.2 VB.NET 语句的使用……78
3.9 模块、过程和函数……78
3.9.1 模块……79
3.9.2 函数的定义和调用……79
3.9.3 过程的定义和调用……80
3.9.4 常用的数学函数……80
3.9.5 常用的字符串函数……83
3.9.6 常用的日期函数……83

3.9.7 常用的转换函数……84
3.10 类和对象……85
3.10.1 类的定义……85
3.10.2 对象的创建和使用……85
3.10.3 .NET Framework 类库……86
第 4 章 程序流程和异常处理……87
4.1 顺序结构……87
4.2 选择结构……88
4.2.1 If…Then…Else 语句……88
4.2.2 Select…Case 语句……96
4.2.3 条件函数……98
4.3 循环结构……99
4.3.1 For 循环……99
4.3.2 While 循环……101
4.3.3 Do 循环……103
4.3.4 For Each 循环……106
4.3.5 循环的嵌套……107
4.4 跳转语句……108
4.4.1 GoTo 语句……108
4.4.2 Continue 语句……108
4.4.3 Return 语句……109
4.4.4 Exit 语句……110
4.4.5 End 语句……112
4.4.6 Stop 语句……112
4.5 异常处理……113
4.5.1 错误和异常……113
4.5.2 异常处理概述……113
4.5.3 创建和引发异常……115
第 5 章 数组……117
5.1 数组概述……117
5.2 一维数组……120
5.3 多维数组……121
5.4 交错数组……125
5.5 释放和重定义数组……127
5.5.1 释放数组……127
5.5.2 重定义数组……127
5.6 数组的操作……129
5.6.1 数组的基本操作……129

5.6.2 数组的排序：冒泡法……130
5.6.3 数组的排序：选择法……131
5.6.4 插入数据到有序数组……132
5.6.5 删除有序数组的数据……133
5.7 作为对象的数组……134
第 6 章 类和对象……136
6.1 面向对象概念……136
6.1.1 对象的定义……136
6.1.2 封装……136
6.1.3 继承……136
6.1.4 多态性……137
6.2 类和对象……137
6.2.1 类的声明……137
6.2.2 对象的创建和使用……139
6.2.3 访问修饰符……140
6.3 嵌套类……142
6.3.1 嵌套类的声明……142
6.3.2 嵌套类和包含类的关系……143
6.3.3 嵌套类的访问……144
6.4 分部类……145
6.5 类的成员……147
6.5.1 数据成员……147
6.5.2 函数成员……147
6.5.3 共享成员和实例成员……147
6.6 成员变量（字段）……149
6.6.1 成员变量（字段）的声明和访问……149
6.6.2 共享变量和实例变量……150
6.6.3 成员常量……150
6.6.4 只读变量……151
6.7 属性……152
6.7.1 属性的声明和访问……152
6.7.2 共享属性和实例属性……154
6.7.3 自动实现的属性……154
6.7.4 默认属性……155
6.8 方法（过程和函数）……156
6.8.1 方法的声明和调用……156
6.8.2 参数的传递……157
6.8.3 方法的重载……161

6.8.4 共享方法和实例方法……162
6.8.5 分部方法……163
6.8.6 外部方法……164
6.8.7 递归……165
6.9 构造函数……166
6.9.1 实例构造函数……166
6.9.2 私有构造函数……167
6.9.3 共享构造函数……168
6.10 运算符重载与转换运算符……169
6.10.1 运算符重载……169
6.10.2 转换运算符……170
第7章 继承和多态……172
7.1 继承和多态简介……172
7.1.1 继承和多态的定义……172
7.1.2 继承的类型……173
7.2 派生类……174
7.2.1 派生类声明……174
7.2.2 重写属性和方法……175
7.2.3 隐藏成员……176
7.2.4 关键字 Me、MyBase 和 MyClass……177
7.3 MustInherit 类和 NotInheritable 类……179
7.3.1 MustInherit 类……179
7.3.2 MustOverride 属性和方法……181
7.3.3 NotInheritable 类……183
7.4 接口……183
7.4.1 接口声明……183
7.4.2 分部接口……183
7.4.3 接口成员……184
7.4.4 接口实现……184
7.4.5 接口继承……186
第8章 委托和事件……189
8.1 委托……189
8.1.1 委托的声明……189
8.1.2 委托的实例化和调用……190
8.1.3 匿名方法委托……193
8.1.4 多播委托……194
8.2 事件……196
8.2.1 事件处理机制……196

8.2.2 事件的声明和引发 ······198
8.2.3 事件的订阅和取消 ······198
8.2.4 .NET Framework 事件模型 ······199
8.2.5 综合举例：实现事件的步骤 ······200
第 9 章 模块、结构和枚举 ······202
9.1 模块 ······202
9.1.1 模块概述 ······202
9.1.2 模块的声明和调用 ······202
9.1.3 模块成员 ······203
9.1.4 VB.NET 预定义模块 ······205
9.2 结构 ······205
9.2.1 结构概述 ······205
9.2.2 结构的声明 ······205
9.2.3 结构的调用 ······206
9.2.4 嵌套结构 ······207
9.2.5 分部结构 ······208
9.2.6 结构成员 ······208
9.3 枚举 ······210
9.3.1 枚举概述 ······210
9.3.2 枚举声明 ······210
9.3.3 枚举的使用 ······211
9.3.4 System.Enum ······212
9.3.5 VB.NET 预定义枚举 ······214
第 10 章 线程、并行和异步处理 ······216
10.1 线程处理概述 ······216
10.1.1 进程和线程 ······216
10.1.2 线程的优缺点 ······216
10.2 创建多线程应用程序 ······217
10.2.1 VB.NET 应用程序主线程 ······217
10.2.2 创建和启动新线程 ······217
10.2.3 暂停和中断线程 ······219
10.3 线程优先级和线程调度 ······221
10.4 线程状态和生命周期 ······223
10.5 线程同步 ······224
10.5.1 线程同步处理 ······224
10.5.2 使用 SyncLock 语句同步代码块 ······224
10.5.3 使用监视器同步代码块 ······225
10.5.4 同步事件和等待句柄 ······226

10.5.5 使用 Mutex 同步代码块……228
10.6 线程池……229
10.6.1 线程池的基本概念……229
10.6.2 创建和使用线程池……229
10.7 定时器……231
10.8 并行处理……232
10.8.1 任务并行库……232
10.8.2 创建和运行任务……232
10.8.3 数据并行处理……233
10.9 异步处理……234
10.9.1 Async 和 Await 关键字……234
10.9.2 异步编程示例……234
第 11 章 VB.NET 语言高级特性……236
11.1 泛型……236
11.1.1 泛型的概念……236
11.1.2 泛型的定义和使用……236
11.1.3 泛型类型参数和约束……238
11.1.4 泛型综合举例……238
11.2 特性……240
11.2.1 特性的基本概念……240
11.2.2 特性的使用……241
11.2.3 预定义通用特性类……242
11.2.4 自定义特性类……247
11.2.5 使用反射访问特性……247
11.3 语言集成查询……249
11.3.1 相关语言要素……249
11.3.2 LINQ 基本操作……253
11.3.3 标准查询运算符……256

第 2 篇 .NET Framework 类库基本应用

第 12 章 文件和流……264
12.1 文件和流操作概述……264
12.2 磁盘、目录和文件的基本操作……265
12.2.1 磁盘的基本操作……265
12.2.2 目录的基本操作……267
12.2.3 文件的基本操作……272
12.3 文本文件的读取和写入……278
12.3.1 StreamReader 和 StreamWriter……278

12.3.2 StringReader 和 StringWriter ········ 281

12.4 二进制文件的读取和写入 ········ 283

12.4.1 FileStream 类 ········ 283

12.4.2 BinaryReader 和 BinaryWriter ········ 285

第 13 章 集合和数据结构 ········ 288

13.1 VB.NET 集合和数据结构概述 ········ 288

13.2 列表类集合类型 ········ 289

13.2.1 ArrayList ········ 289

13.2.2 List(Of T) ········ 294

13.3 字典类集合类型 ········ 297

13.3.1 Hashtable ········ 297

13.3.2 Dictionary(Of TKey, TValue) ········ 301

13.4 队列集合类型 ········ 303

13.5 堆栈集合类型 ········ 306

第 14 章 数据库访问 ········ 309

14.1 ADO.NET 概述 ········ 309

14.1.1 ADO.NET 的基本概念 ········ 309

14.1.2 ADO.NET 的结构 ········ 309

14.1.3 .NET Framework 数据提供程序 ········ 310

14.1.4 ADO.NET DataSet ········ 311

14.2 范例数据库 NorthWind.mdf ········ 312

14.3 使用 ADO.NET 连接和操作数据库 ········ 314

14.3.1 使用 ADO.NET 访问数据库的典型步骤 ········ 314

14.3.2 建立数据库连接 ········ 316

14.3.3 查询数据库表数据 ········ 318

14.3.4 插入数据库表数据 ········ 319

14.3.5 更新数据库表数据 ········ 321

14.3.6 删除数据库表数据 ········ 322

14.3.7 使用存储过程访问数据库 ········ 324

14.4 使用 DataAdapter 和 DataSet 访问数据库 ········ 326

14.4.1 使用 DataAdapter 和 DataSet 访问数据库的典型步骤 ········ 326

14.4.2 查询数据库表数据 ········ 327

14.4.3 维护数据库表数据 ········ 328

第 3 篇 VB.NET 应用程序开发

第 15 章 Windows 窗体应用程序 ········ 331

15.1 常用的 Windows 窗体控件 ········ 331

15.1.1 标签、文本框和命令按钮 ········ 331

15.1.2 单选按钮、复选框和分组……334
15.1.3 列表选择控件……336
15.1.4 图形存储和显示控件……340
15.1.5 Timer 控件……343
15.2 通用对话框……345
15.2.1 OpenFileDialog 对话框……345
15.2.2 SaveFileDialog 对话框……346
15.2.3 FontDialog 对话框……347
15.2.4 通用对话框应用举例……347
15.3 菜单和工具栏……350
15.3.1 MenuStrip 控件……350
15.3.2 ContextMenuStrip 控件……350
15.3.3 ToolStrip 控件……350
15.3.4 菜单和工具栏应用举例……351
15.4 多重窗体……353
15.4.1 添加新窗体……353
15.4.2 设置项目启动窗体……353
15.4.3 调用其他窗体……354
15.4.4 多重窗体应用举例……354
15.5 多文档界面……355
15.5.1 创建 MDI 父窗体……356
15.5.2 创建 MDI 子窗体……356
15.5.3 处理 MDI 子窗体……356
15.5.4 多文档界面应用举例……357
第 16 章 ASP.NET Web 窗体应用程序……361
16.1 ASP.NET Web 窗体应用程序概述……361
16.1.1 ASP.NET Web 窗体应用程序的定义……361
16.1.2 创建 ASP.NET Web 应用程序……362
16.2 ASP.NET Web 页面……363
16.2.1 ASP.NET Web 页面概述……363
16.2.2 创建 ASP.NET 页面……364
16.3 ASP.NET Web 服务器控件……365
16.3.1 ASP.NET Web 服务器控件概述……365
16.3.2 使用标准服务器控件创建 Web 页面……366
16.4 验证服务器控件……370
16.4.1 验证服务器控件概述……370
16.4.2 使用验证服务器控件创建 Web 页面……370
16.5 数据服务器控件……373
16.5.1 数据服务器控件概述……373

16.5.2 使用数据服务器控件创建 Web 页面……373
16.6 使用 ADO.NET 连接和操作数据库……375
16.7 ASP.NET 页面会话状态和页面导航……376
16.7.1 ASP.NET Web 应用程序上下文……376
16.7.2 ASP.NET Web 应用程序事件……378
16.7.3 ASP.NET Web 页面导航……380
16.8 ASP.NET Web 应用程序的布局和导航……382
16.8.1 ASP.NET Web 母版页……382
16.8.2 ASP.NET Web 导航控件……383
16.8.3 应用举例：设计 ASP.NET Web 站点……385
16.9 ASP.NET 主题和外观概述……389
16.9.1 ASP.NET 主题和外观……389
16.9.2 定义主题……389
16.9.3 定义外观……390
16.9.4 定义 CSS 样式……390
16.9.5 在页面中使用主题……391
16.9.6 应用举例使用 ASP.NET 主题和外观自定义 Web 站点……392
第 17 章 WPF 应用程序……395
17.1 WPF 应用程序概述……395
17.1.1 WPF 简介……395
17.1.2 WPF 应用程序的构成……395
17.2 创建 WPF 应用程序……399
17.2.1 创建简单的 WPF 应用程序……399
17.2.2 WPF 应用程序布局……400
17.2.3 WPF 应用程序常用控件……402
17.3 WPF 应用程序与图形和多媒体……406
17.3.1 图形和多媒体概述……406
17.3.2 图形、图像、画笔和位图效果……406
17.3.3 多媒体……414
17.3.4 动画……416
第 18 章 综合应用案例：网上书店……419
18.1 系统总体设计……419
18.2 数据库设计……419
18.3 功能模块设计……420
18.4 系统的实现……421
附录 A .NET Framework 概述……431
A.1 .NET Framework 的概念……431
A.2 .NET Framework 的功能特点……431
A.3 .NET Framework 环境……432

A.4 .NET Framework 的主要版本 ……432
A.5 .NET Core ……432
A.5.1 .NET Core 概述 ……432
A.5.2 .NET Core 组成 ……433
A.5.3 .NET Core 与.NET Framework 比较 ……433
附录 B Visual Basic 编译器和预处理器指令 ……434
B.1 Visual Basic 编译器概述 ……434
B.2 Visual Basic 编译器选项 ……434
B.3 Visual Basic 预处理器指令 ……436
附录 C Visual Basic 运行时库 ……438
C.1 Visual Basic 运行时库概述 ……438
C.2 Visual Basic 运行时库常用成员 ……439
C.2.1 ControlChars 类 ……439
C.2.2 Constants 类 ……439
C.2.3 Conversion 模块 ……442
C.2.4 Information 模块 ……442
C.2.5 Interaction 模块 ……444
C.2.6 Strings 模块 ……445
C.2.7 VBMath 模块 ……446
C.2.8 Microsoft.VisualBasic 常量 ……446
C.2.9 Microsoft.VisualBasic 枚举 ……446
附录 D 控制台 I/O 和格式化字符串 ……448
D.1 System.Console 类 ……448
D.2 复合格式 ……448
D.2.1 复合格式设置 ……448
D.2.2 复合格式字符串 ……449
D.2.3 数字格式字符串 ……449
D.2.4 标准日期和时间格式字符串 ……451
附录 E XML 文档注释 ……454
附录 F SQL Server Express 范例数据库 ……457
附录 G ASCII 码表 ……461
附录 H 程序集、应用程序域和反射 ……462
H.1 程序集 ……462
H.1.1 程序集概述 ……462
H.1.2 创建程序集 ……462
H.2 应用程序域 ……462
H.2.1 应用程序域概述 ……462
H.2.2 创建应用程序域 ……462

H.3 反射 ······ 463
H.3.1 反射概述 ······ 463
H.3.2 查看类型信息 ······ 463
H.3.3 动态加载和使用类型 ······ 464
附录 I My 名称空间 ······ 466
I.1 My 名称空间概述 ······ 466
I.2 My 名称空间层次结构 ······ 466
I.3 My.Computer 对象 ······ 466
I.4 My.Application 对象 ······ 467
I.5 My.User 对象 ······ 468
I.6 其他对象 ······ 468
参考文献 ······ 469

第1篇　VB.NET语言基础知识

第1章　VB.NET语言综述

VB.NET 语言是一种简洁、类型安全的面向对象的编程语言，主要用来构建在.NET Framework 上运行的各种安全、可靠的应用程序。

本章要点

- VB.NET 语言及其特点；
- VB.NET 语言的编译和运行环境；
- VB.NET 程序的创建、编译和运行；
- VB.NET 程序的基本结构；
- 命名空间；
- Main 方法与命令行参数；
- VB.NET 注释与 XML 文档注释；
- 控制台输入和输出。

1.1　VB.NET 语言概述

1.1.1　VB.NET 语言简介

1964 年美国 Dartmouth 学院的 J. Kemeny 和 T. Kurtz 教授共同设计了 BASIC（Beginners All-purpose Symbolic Instruction Code，初学者通用的符号指令代码）语言。随后 BASIC 语言不断发展，已经历了基本 BASIC 语言、BASIC 语言（MS-BASIC 和 GS-BASIC）、结构化 BASIC 语言（Turbo BASIC 和 QBASIC）和 Visual Basic 语言 4 个发展阶段。BASIC 语言是一种容易学习、功能强、效率高的编程语言，被广泛用于各种编程环境。

1991 年微软公司推出 Visual Basic 1.0（VB），VB 支持可视化界面设计、以事件驱动为运行机制，是 Windows 环境下广泛使用的编程语言之一。随后经历多次版本升级，提供更多功能更强的用户控件；增强网络等功能。1998 年微软公司推出 Visual Basic 6.0。

2000 年微软公司推出了.NET 开发平台。Visual Basic.NET 是在.NET 平台上编程的一种高级语言。由于 Visual Basic.NET 是从 Visual Basic 6.0 发展而来，因此也可称其为 Visual Basic 7.0。

VB.NET 作为微软.NET Framework 的主要语言，其主要发展历史如表 1-1 所示。

表 1-1　VB.NET 主要发展历史

发布时间	开发工具	开发平台	CLR 版本	VB.NET 版本
2002/02	Visual Studio .NET 2002	.NET Framework 1.0	1.0	7.0
2003/04	Visual Studio .NET 2003	.NET Framework 1.1	1.1	7.1
2005/11	Visual Studio 2005	.NET Framework 2.0	2.0	8.0
2006/11	Visual Studio 2005+Extension	.NET Framework 3.0	2.0	8.0
2007/11	Visual Studio 2008	.NET Framework 3.5	2.0	9.0

续表

发布时间	开发工具	开发平台	CLR 版本	VB.NET 版本
2010/04	Visual Studio 2010	.NET Framework 4.0	4.0	10.0
2012/08	Visual Studio 2012	.NET Framework 4.5	4.0	11.0
2013/10	Visual Studio 2013	.NET Framework 4.5.1	4.0	11.0
2015/07	Visual Studio 2015	.NET Framework 4.6	4.0	14.0
2017/04	Visual Studio 2017	.NET Framework 4.7	4.0	15.0
2019/04	Visual Studio 2019	.NET Framework 4.7	4.0	16.0

本书主要基于 Visual Studio 2019/.NET Framework 4.7，讲述 Visual Basic 16.0 的语言基础知识，以及使用 Visual Basic 16.0 语言的开发应用实例。

注：本书涉及的内容绝大部分也适用于 Visual Studio 2010 及以后的版本。

1.1.2 VB.NET 语言各版本的演变历史

VB.NET 语言的各版本的主要演变历史及新增功能如下。

1. Visual Basic 7.0（Visual Studio.NET）：新语言诞生

Visual Basic 7.0（VB.NET）是为.NET Framework 设计的 Visual Basic（从 Visual Basic 6.0 发展而来），是一种面向对象的编程语言。由于其使用了新的核心和特性，所以不兼容老版本的 VB 程序，很多 VB 的程序需要改写迁移后才能正常运行。

2. Visual Basic 8.0（Visual Studio 2005）：泛型

增加了 My 伪命名空间和帮助程序类型（对应用、计算机、文件系统、网络的访问），可以帮助用户快速开发应用程序。增加了泛型、操作符重载等新语言特性。

3. Visual Basic 9.0（Visual Studio 2008）：LINQ

提供支持 IIF 函数、匿名类、LINQ、Lambd 表达式、XML 数据结构等新语言特性。

4. Visual Basic 10.0（Visual Studio 2010）：动态编程

提供了动态语言运行时（dynamic language runtime，DLR)、自动实现属性、集合初始化、泛型协变/逆变、全局命名空间访问、不需要在代码断行书写时输入下划线“_”等新语言特性。

5. Visual Basic 11.0（Visual Studio 2012）：异步编程

新增两个关键字 async 和 await，从而实现了更为便捷有效的异步编程方法。增加了迭代器、调用方信息特性。

6. Visual Basic 14.0（Visual Studio 2015）：.NET Core

增加了一些语法糖，可以减少代码编写量。主要包括自动属性初始化、字符串插值等。

.NET Core 是开源的.NET 运行时，基于模块化的 NuGet 包，支持跨平台（各种 Windows 设备、Linux、OS X)。

7. Visual Basic 15.0（Visual Studio 2017）：提高编程效率

增加的不少新特性和语法糖，可提升编程效率并降低出错率。主要包括元组、二进制文本和数字分隔符等。

8. Visual Basic 16.0（Visual Studio 2019）：全新 AI 支持

新增了一键清除代码（即单击即可处理所有的警告信息）、Visual Studio 的全新 AI 支持（Visual Studio IntelliCode）、同时引入了实时共享功能。相应地，微软优化了 Visual Studio 的 Debug 功能，使之变得更加高效便捷。

1.1.3 VB.NET 特点和开发应用范围

1. VB.NET 语言特点

VB.NET 是一种现代的、面向对象的、类型安全的编程语言。VB.NET 具有下列特点。

（1）面向对象

Visual Basic 6.0 是基于对象（object-based）而不是面向对象（object-oriented）的语言，而 Visual Basic.NET 是完全面向对象的语言。VB.NET 支持数据封装、继承、多态和接口。类只能直接从一个父类继承（不支持多重继承），但它可以实现任意数量的接口。所有 VB.NET 类型（包括诸如 Integer 和 Double 之类的基元类型）都继承于一个唯一的根类型：Object。

（2）类型安全（type-safe）

VB.NET 是强类型语言，即每个变量和对象都必须具有声明类型。数组类型下标从零开始而且进行越界检查。

（3）现代 VB.NET 语言包括许多现代先进语言的特性

- 支持属性（property），充当私有成员变量的访问器；
- 支持封装的方法签名（称为“委托”），它实现了类型安全的事件通知；
- 支持特性（attribute），提供关于运行时类型的声明性元数据；
- 支持内联 XML 文档注释，可以编写 API 文档；
- 支持泛型方法和类型，从而提供了更出色的类型安全和性能；
- 语言集成查询（LINQ）表达式使强类型查询成为了一流的语言构造；
- 扩展方法，使用静态方法扩展现有类，这些静态方法可以通过实例方法语法进行调用；
- 匿名类型，无需预先显式定义，其类型名由编译器生成，广泛用于 LINQ 查询表达式；
- 分部方法定义，分部类型可以包含分部方法；
- 迭代器，用于迭代集合中的元素；
- 异步编程，用于提高应用程序的相应能力；
- 动态编程，提供动态编程能力；
- 垃圾回收（garbage collection），将自动回收不再使用的对象所占用的内存；
- 异常处理（exception handling），提供了结构化和可扩展的错误检测和恢复方法。

2. VB.NET 语言开发应用范围

VB.NET 语言主要用来构建在.NET Framework 上运行的各种安全、可靠的应用程序。使用 VB.NET，可以创建下列类型的应用程序和服务：

- 控制台应用程序，基于命令行窗口的控制台（console）应用程序；
- 桌面应用，包括 Windows 窗体应用程序、Windows presentation foundation（WPF）应用程序；
- UWP 应用，通用 Windows 平台应用，是指可以运行于所有以 Windows 10 为内核的系统和设备上，包括桌面设备、移动设备、XBox、HoloLens 甚至物联网设备的应用程序；
- Web 应用，包括 ASP.NET 应用程序、ASP.NET Core、ASP.NET MVC、Web 服务等；
- Office 平台应用程序；
- Windows 服务。

1.2 VB.NET 语言的编译和运行环境

1.2.1 VB.NET 语言与.NET Framework

VB.NET 程序在.NET Framework 上运行。.NET Framework 是 Windows 的一个组件，包括一个称为公共语言运行库（common language runtime，CLR）的虚拟运行环境和一组统一的类库（framework class library，FCL）。

用 VB.NET 编写的源代码被编译为中间语言（intermediate language，IL）。IL 代码与资源（例如位图和字符串）一起作为一种称为程序集的可执行文件存储在磁盘上，通常具有的扩展名为.exe（应用程序）或.dll（库）。

执行 VB.NET 程序时，程序集将加载到 CLR 中，然后根据程序集清单中的信息执行不同的操作。如果符合安全要求，CLR 执行实时编译将 IL 代码转换为本机机器指令，并执行。CLR 还提供与自动垃圾回收、异常处理和资源管理有关的其他服务。

VB.NET 源代码文件、.NET Framework 类库、程序集和 CLR 的编译时与运行时的关系如图 1-1 所示。

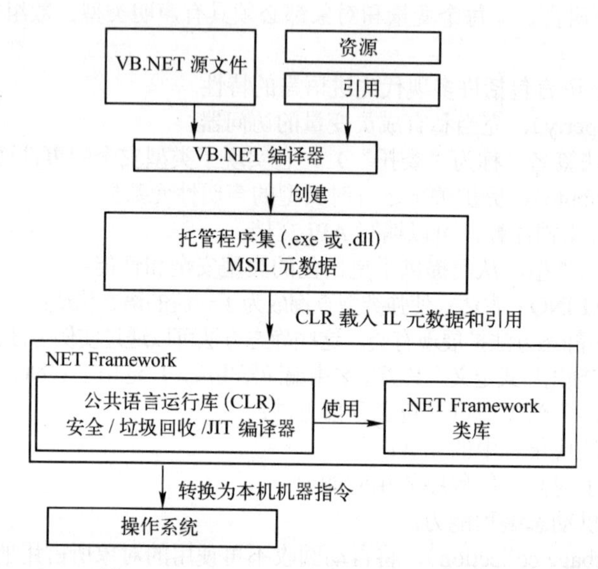

图 1-1 VB.NET 源代码的编译运行环境

注：由 CLR 执行的代码称为“托管代码”，而直接编译为面向特定系统的本机机器语言的代码则称之为“非托管代码”。

有关.NET Framework 的详细信息，请参见附录 A。

1.2.2 VB.NET 的运行环境

VB.NET 的运行环境也即.NET Framework 的运行环境。

（1）.NET Framework

Windows 7 中包含了.NET Framework 3.5；Windows 10 中包含了.NET Framework 4.6；Windows 10 v1703 中包含了.NET Framework 4.7。安装 Visual Studio 时，也会安装相应版本对应的.NET Framework。可以从 Microsoft 官网下载安装最新版本的.NET Framework。

各版本的.NET Framework 包括相应的语言包，语言包支持本地化信息文本（如错误信息）的显示，每种语言对应一个语言包，可以同时安装多个语言包。

（2）.NET Core

.NET Core 是新一代的开源.NET Framework 开发和运行环境，是具有跨平台（Windows、Mac OSX、Linux）能力的应用程序开发框架。

（3）Mono

Mono 是由 Xamarin 公司开发的跨平台开源.NET 开发和运行环境，同样是具有跨平台（Windows、Mac OS X、Linux、Android）能力的应用程序开发框架。请参见官网：http://www.mono-project.com/。

1.2.3 VB.NET 的开发环境

要开发 VB.NET 应用程序，可以使用文本编辑器（如 Notepad）编写代码，并使用.NET

Framework 中的编译器进行编译、运行；也可以使用微软集成开发工具（如 Microsoft Visual Studio）。

1. .NET Framework SDK

.NET Framework 软件开发工具包（SDK）包括开发人员编写、生成、测试和部署.NET Framework 应用程序时所需要的一切，如文档、示例、命令行工具和编译器等。

2. Microsoft Visual Studio

Microsoft Visual Studio 基于.NET Framework 开发应用程序的专业平台，提供了高级开发工具、调试功能、数据库功能和创新功能，帮助在各种平台上快速创建当前最先进的应用程序。

本教程使用下列软件组成一个完整的、基于.NET 的应用系统开发运行环境。

① Windows 10。

② Microsoft Visual Studio Community 2019（社区版）。

注意：可以到微软网站下载 Microsoft Visual Studio Community 2019。其下载网址为 https://visualstudio.microsoft.com/。

3. Xamarin Studio

Xamarin Studio 是一个免费的.NET IDE，可运行于 Windows、Mac OS X 和 Linux。提供类似于 Visual Studio Community 功能，适合于在其他操作系统平台开发构建.NET 应用程序。Xamarin Studio 和 Visual Studio 支持相互读入对方创建的项目。请参见官网 http://xamarin.com/。

4. Visual Studio Code

Visual Studio Code（VS code、VSC）是一款运行于 Mac OS X、Windows 和 Linux 之上的，主要针对网页开发和云端应用的免费开源的现代化轻量级代码编辑器，支持几乎所有主流的开发语言的语法高亮、智能代码补全、自定义热键、括号匹配、代码片段、代码对比 Diff、GIT 等特性，并支持插件扩展。

1.3 创建简单的 VB.NET 程序

1.3.1 “Hello World”程序

本节讲述 VB.NET 程序设计的基本流程，为了读者能够深入了解 VB.NET 源代码的结构及其编译和运行过程，将采用手工编码的方式。实际开发过程中，一般采用集成开发工具 Microsoft Visual Studio。本书第 2 章将阐述使用 Microsoft Visual Studio 的基本流程。

使用任意编辑软件（如 Notepad.exe）创建程序文件 Hello.vb（VB.NET 源文件的扩展名通常是.vb）。注意：例 1-1 中，行号是为了阐述方便，实际源代码中不包括行号。

【例 1-1】 “Hello World”程序。

```
01  'Chapter01/Hello.vb    (a "Hello World!" program)
02  'compile: vbc Hello.vb  ->  Hello.exe
03  Imports System
04  Module Module1
05      Sub Main()
06          Console.WriteLine("Hello World!")
07          MsgBox("Hello, World!")
08      End Sub
09  End Module
```

1.3.2 代码分析

行 1 和行 2 为注释。

行 3 是一个 Imports 指令，它引用了 System 命名空间。命名空间（namespace）提供了一种分层的方式来组织 VB.NET 程序和库。命名空间中包含类型声明及子命名空间声明（例如，System 命名空间包含 Console 类和其他的类）。这样行 6 就可以通过非限定方式直接使用 Console.WriteLine，以代替完全限定方式 System.Console.WriteLine。注：默认情况下，Visual Basic 编译器自动引用 System 命名空间和 Microsoft.VisualBasic 命名空间，故行 3 也可以省略。

行 4 到行 9 的 Module…End Module 定义了模块 Module1。

行 5 到行 8 的 Sub…End Sub 定义了 Main 过程，将作为程序的入口点。

行 6 通过非限定方式调用 Console 类的静态方法 Console.WriteLine("Hello World!")，在控制台上输出字符串"Hello World!"。System.Console 是 VB.NET 常用的类，本书范例中将大量使用其静态方法用于从控制台输入/输出数据，有关 System.Console 的使用以及格式化约定的信息，请参见附录 D。

行 7 调用了 Microsoft.VisualBasic 的 MsgBox 过程，使用对话框显示信息。编译器自动引用命名空间 Microsoft.VisualBasic，故可以通过非限定方式直接使用 MsgBox 过程。Microsoft.VisualBasic 包含大量实用的过程，请参见附录 C。

1.3.3 编译和运行结果

先执行 Windows【开始】|【所有应用】|【Visual Studio 2019】|【Developer Command Prompt for VS 2019】菜单命令，进入 Visual Studio 2019 命令提示状态，并将当前目录切换到 Hello.vb 所在的目录，然后使用命令行“vbc Hello.vb”调用 Microsoft VB.NET 编译器（有关 VB.NET 程序的编译器的详细信息，请参见附录 B）编译 Hello.vb 程序，如图 1-2 所示。编译后将产生一个名为 Hello.exe 的可执行程序集。

注：Hello.vb 使用了 System.Console 类和 MsgBox 过程（程序集 Microsoft.VisualBasic.dll 和 System.dll）。默认情况下，Microsoft VB.NET 编译器自动连接 Microsoft.VisualBasic.dll 和 System.dll。VB.NET 语言本身不具有单独的运行时库。事实上，.NET Framework 就是 VB.NET 的运行时库。

当此应用程序运行时，先在命令行界面输出 Hello World!，紧接着将弹出一个消息框，显示“Hello World!”，如图 1-3 所示。

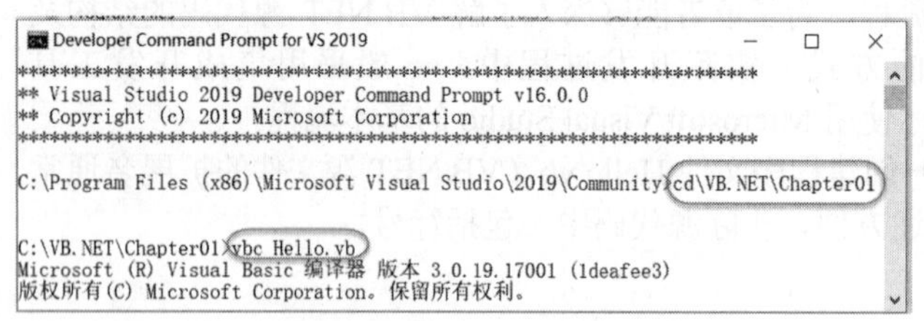

图 1-2 编译 Hello.vb 程序

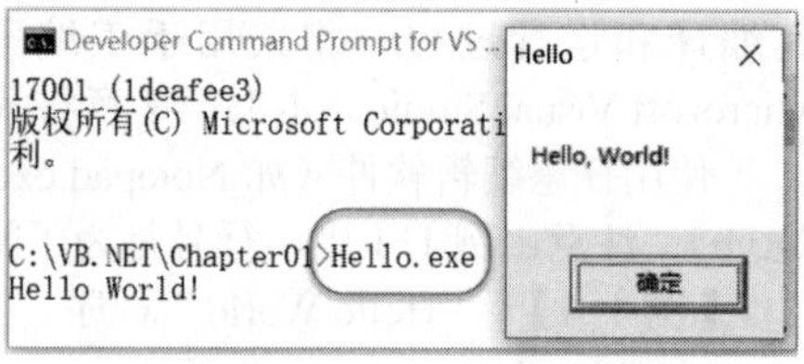

图 1-3 运行 Hello.exe 程序

注：本书提供的源代码，既可以使用 Microsoft VB.NET 编译器编译，也可以使用 Visual Studio 集成开发环境创建相应的项目，然后编译、调试和运行（参见第 2 章）。

1.4 VB.NET 程序的基本结构

1.4.1 程序结构

VB.NET 程序的基本要素如下：

（1）VB.NET 程序由一个或者多个源文件组成（文件后缀为.vb）。

（2）VB.NET 程序源文件中可以声明类型，包含模块、类、结构、接口、枚举和委托等类型。

（3）VB.NET 类型包含数据成员和函数成员，具体包括常量、字段、方法、属性和事件等。

（4）语句是 VB.NET 程序基本构成元素，用于定义类型和类型成员等。

（5）语句通常包含表达式，表达式由操作数和运算符构成，操作数可以是变量或常量。

（6）VB.NET 变量表示存储位置，每个变量必须具有一个类型。

（7）在编译 VB.NET 程序时，源文件被物理地打包为程序集。程序集为应用程序（application）时，其文件扩展名为.exe；应用程序集为库（library）时，其文件扩展名为.dll。可执行应用程序必须包含一个 Main 方法，用于控制程序的开始和结束。

（8）程序中声明的类型按命名空间组织成层次结构。

（9）程序中可以包含注释语句，以增加代码的可维护性。编译时忽略注释信息。

包含这些元素的 VB.NET 程序结构如下所示。

```
'VB.NET 程序结构
Option Explicit On/Off                      'Option 语句 强制显式或者允许隐式声明变量
Imports System                              '引用命名空间
Namespace YourNamespacc                     '命名空间
    Module YourModule                       '模块
        [模块成员定义]
    End Module
    Class YourClass                         '类
        [类成员定义]
    End Class
    Structure YourStructure                 '结构
        [结构成员定义]
    End Structure
    Interface IYourInterface                '接口
        [接口成员定义]
    End Interface
    Delegate Sub YourDelegate()             '委托
    Enum YourEnum                           '枚举
        [枚举成员定义]
    End Enum
    Namespace YourNestedNamespace           '嵌套的命名空间
        [类型定义]
    End Namespace
    Module YourMainModule                   '程序主模块
        Sub Main(ByVal cmdArgs() As String) 'Main 主程序
            'Your program starts here...    '程序体
    End Sub
    End Module
End Namespace
```

【例 1-2】 在 VBNETBook.Chapter01 的命名空间中声明一个名为 Stack 的类。Stack 实现 FILO（先进后出）的堆栈功能。

```
'Chapter01\Stack.vb
```

```
'compile：vbc /t:library Stack.vb    --> Stack.dll
Imports System
Namespace VBNETBook.Chapter01
    Public Class Stack
        Dim top As Entry
        Public Sub Push(ByVal data As Object)                    '进栈
            top = New Entry(top, data)
        End Sub
        Public Function Pop() As Object                          '出栈
            If (top Is Nothing) Then
                Throw New InvalidOperationException()            '异常处理
            End If
            Dim result As Object = top.data                      '获取堆栈顶端数据
            top = top.nextData
            Return result
        End Function
        Class Entry
            Public nextData As Stack.Entry
            Public data As Object
            Sub New(ByVal nextData As Stack.Entry, ByVal data As Object)
                '成员初始化
                Me.nextData = nextData
                Me.data = data
            End Sub
        End Class
    End Class
End Namespace
```

在例 1-2 中，在 VBNETBook.Chapter01 的命名空间中声明了一个名为 Stack 的类，这个类的完全限定名为 VBNETBook.Chapter01.Stack。Stack 类包含 4 个成员：一个成员变量（top），两个方法（Push 和 Pop）和一个嵌套类（Entry）。Entry 类包含 3 个成员：两个成员变量（nextData 和 data）和一个构造函数（New）。例 1-2 没有 Main 入口点的代码，故执行以下命令行命令：

```
vbc /t:library Stack.vb
```

将例 1-2 编译为一个库，并产生一个名为 Stack.dll 的程序集（库）。

程序集包含中间语言（IL）指令形式的可执行代码和元数据（Metadata）形式的符号信息。在执行程序集之前，.NET 公共语言运行库的实时（just in time，JIT）编译器将程序集中的 IL 代码自动转换为特定于处理器的代码。

【例 1-3】 在 VBNETBook.Chapter01 的命名空间中声明一个名为 StackTest 的类，测试例 1-2 中的 Stack 类。

```
'Chapter01\StackTest.vb
'compile：vbc /r:Stack.dll StackTest.vb   ->   StackTest.exe
Imports System
Imports VBNETBook.Chapter01
Namespace VBNETBook.Chapter01
    Class StackTest
```

```
        Shared Sub Main()
            Dim s As Stack = New Stack()
            s.Push(1)                          '1 进栈
            s.Push(10)                         '10 进栈
            s.Push(100)                        '100 进栈
            Console.WriteLine(s.Pop())         '出栈，输出 100
            Console.WriteLine(s.Pop())         '出栈，输出 10
            Console.WriteLine(s.Pop())         '出栈，输出 1
            Console.ReadLine()
        End Sub
    End Class
End Namespace
```

程序运行结果如下：

```
100
10
1
```

例 1-3 使用了例 1-2 生成的程序集（Stack.dll）中的 Stack 类。由于 VB.NET 程序集是自描述的功能单元，它既包含代码，又包含元数据，因此，VB.NET 中不需要#include 指令和头文件。若要在 VB.NET 程序中使用某特定程序集中包含的公共类型和成员，只需在编译程序时引用该程序集即可。例 1-3 相应的编译命令如下：

```
vbc /r:Stack.dll StackTest.vb
```

将创建名为 StackTest.exe 的可执行程序集，运行结果如上所示。

1.4.2　命名空间

.NET Framework 类库包含大量的类型，用户也可以自定义类型。为了有效地组织 VB.NET 程序中的类型并保证其唯一性，VB.NET 引入了命名空间的概念，从而最大限度地避免类型重名错误。

与文件或组件不同，命名空间是一种逻辑组合。在 VB.NET 文件中定义类时，可以把它包括在命名空间定义中。VB.NET 程序中类型由指示逻辑层次结构的完全限定名（fully qualified name）描述。例如，VBNETBook.Chapter01.HelloWorld 表示 VBNETBook 命名空间的子命名空间 Chapter01 中的 HelloWorld 类。

1．定义命名空间

VB.NET 程序中使用 Namespace…End Namespace 关键字声明命名空间。声明格式如下：

```
Namespace 命名空间名称
End Namespace
```

其中，命名空间名称的一般格式如下：

```
<Company>.(<Product>|<Technology>)[.<Feature>][.<Subnamespace>]
```

例如，微软公司所有关于移动设备的 DirectX 的类型可以组织到命名空间 Microsoft.WindowsMobile.DirectX 中。Acme 公司的 ERP 项目中关于数据访问的类型可以组织到命名空间

Acme.ERP.Data 中。

一个源程序文件中可以包含多个命名空间，同一命名空间可以在多个源程序文件中定义；命名空间可以嵌套；同一命名空间中不允许定义重名的类型。

注意：如果源代码中没有指定 Namespace，则使用默认命名空间。除非简单的小程序，一般不推荐使用默认命名空间。

2. 访问命名空间

要访问命名空间中的类型，可以通过如下的完全限定方式访问：

```
<Namespace>[.<Subnamespace>].类型
```

例如，命名空间 System 中的 Console 类的静态方法 WriteLine()，可以使用全限定名称：

```
System.Console.WriteLine("Hello, World!")
```

【例 1-4】 命名空间和类型声明及其关联的完全限定名示例。

```
Class A            'A  默认命名空间
End Class
Namespace X        'X
    Class B        'X.B
        Class C    'X.B.C
        End Class
    End Class
    Namespace Y     'X.Y
        Class D     'X.Y.D
        End Class
    End Namespace
End Namespace
Namespace X.Y       'X.Y
    Class E         'X.Y.E
    End Class
End Namespace
```

如果应用程序频繁使用某命名空间，为了避免程序员在每次使用其中包含的方法时都要指定完全限定的名称，可以在 VB.NET 应用程序开始时使用 Imports 指令引用该命名空间，以通过非限定方式直接引用该命名空间中的类型。例如通过在程序开头包括行：

```
Imports System
```

可以引用命名空间 System；则在程序中可以直接使用代码：

```
Console.WriteLine("Hello, World!")
```

还可以直接导入指定命名空间中的类型的静态成员，随后在程序中直接使用，进一步减少代码量。例如：

```
Imports static System.Console
Console.WriteLine("Hello, World!")
```

3. 命名空间别名

Imports 指令还可用于创建命名空间的别名，别名用于提供引用特定命名空间的简写方法。

使用 Imports 指令指定命名空间或类型的别名的格式如下：

```
Imports 别名 = 命名空间或类型名
```

如果别名指向命名空间，则使用“别名.类型”的形式进行调用；如果别名指向类型名，则使用“别名.方法”进行调用。

【例 1-5】 命名空间别名的使用示例。

```
'Chapter01\AliasNSTest.vb
'compile：vbc AliasNSTest.vb  ->  AliasNSTest.exe
Imports AliasNS = System
Imports AliasClass = System.Console
Namespace CSharpBook.Chapter01
    Class AliasNSTest
        Shared Sub Main()
            AliasNS.Console.WriteLine("Hi 1")
            AliasClass.WriteLine("Hi 2")
            Console.ReadKey()
        End Sub
    End Class
End Namespace
```

程序运行结果如下：

```
Hi 1
Hi 2
```

4. 全局命名空间

当成员可能被同名的其他实体隐藏时，可以使用全局命名空间来访问正确的命名空间中的类型。VB.NET 程序中，如果使用全局命名空间限定符 Global.，则对其右侧标识符的搜索将从全局命名空间开始。

【例 1-6】 全局命名空间的使用示例。

```
' Chapter01\GlobalNSTest.vb
' compile：vbc GlobalNSTest.vb  ->  GlobalNSTest.exe
Namespace CSharpBook.Chapter01
    Class GlobalNSTest
        ' 定义一个名为'System'的新类，为系统制造麻烦
        Public Class System
            ' 定义一个名为'Console'的常量，为系统制造麻烦
            Const Console As Integer = 7
            Const number As Integer = 66
            Shared Sub Main()
                ' 出错啦：访问常量 Console
                'Console.WriteLine(number)
                Global.System.Console.WriteLine(number) 'OK
                Global.System.Console.ReadKey()
            End Sub
        End Class
```

```
    End Class
End Namespace
```

程序运行结果如下：

```
66
```

5. 命名空间举例

例 1-7 演示了在 2 个不同的命名空间中分别定义名称相同的类（SampleClass），并演示其调用方法。

【例 1-7】 命名空间示例。

```
' Chapter01\NamespaceTest.vb
' compile：vbc NamespaceTest.vb  ->  NamespaceTest.exe
Imports System
Namespace VBNETBook.Chapter01
    Class SampleClass
        Public Sub SampleMethod()
            Console.WriteLine("SampleMethod inside VBNETBook.Chapter01")
        End Sub
    End Class
    Namespace NestedNamespace    ' 创建嵌套的命名空间
        Class SampleClass
            Public Sub SampleMethod()
                Console.WriteLine("SampleMethod inside VBNETBook.Chapter01. Nested Namespace")
            End Sub
        End Class
    End Namespace
    Module Module1
        Sub Main()
            ' 显示"SampleMethod inside VBNETBook.Chapter01."
            Dim outer As SampleClass = New SampleClass()
            outer.SampleMethod()
            '显示"SampleMethod inside VBNETBook.Chapter01."
            Dim outer2 As VBNETBook.Chapter01.SampleClass = New VBNETBook.Chapter01.SampleClass()
            outer2.SampleMethod()
            ' 显示"SampleMethod inside VBNETBook.Chapter01.NestedNamespace."
            Dim inner As NestedNamespace.SampleClass = New NestedNamespace.SampleClass()
            inner.SampleMethod()
            '显示"SampleMethod inside VBNETBook.Chapter01.NestedNamespace."
            Dim inner2 As VBNETBook.Chapter01.NestedNamespace.SampleClass = _
                New VBNETBook.Chapter01.NestedNamespace.SampleClass()
            inner2.SampleMethod()
            Console.ReadKey()        '按任意键结束
        End Sub
    End Module
End Namespace
```

程序运行结果如下：

```
SampleMethod inside VBNETBook.Chapter01
SampleMethod inside VBNETBook.Chapter01
SampleMethod inside VBNETBook.Chapter01.NestedNamespace
SampleMethod inside VBNETBook.Chapter01.NestedNamespace
```

1.4.3 类型

VB.NET 程序主要由.NET Framework 类库中定义的类型和用户自定义类型组成。VB.NET 程序主要包含模块、类、结构、接口、枚举、委托等类型。

类是最基础的 VB.NET 类型。类是一个数据结构，将状态（数据成员）和操作（方法和其他函数成员）组合在一个单元中，用于实现诸如 Windows 窗体、用户界面控件和数据结构等功能元素。可以使用 New 运算符创建类的实例对象，通过调用对象的方法进行各种操作，实现应用程序的不同功能。

“模块”（又称为“标准模块”），一般用于定义全局的变量、属性、事件和过程。模块具有与程序相同的生存期。

有关 VB.NET 类型的详细信息，后续章节将陆续展开。

【例 1-8】 类和模块示例。在命名空间 VBNETBook.Chapter01 中定义类 Point；然后定义模块 TestModule，创建类 Point 的对象实例。

```
' Chapter01\ClassAndObject.vb
' compile：vbc ClassAndObject.vb  ->  ClassAndObject.exe
Namespace VBNETBook.Chapter01
    Public Class Point                              '定义平面点坐标
        Public x As Integer
        Public y As Integer
        Public Sub New(ByVal x As Integer, ByVal y As Integer)
            Me.x = x
            Me.y = y
        End Sub
    End Class
    Module TestModule
        Sub Main()
            Dim p1 As Point = New Point(0, 0)           '点 1
            Dim p2 As Point = New Point(10, 20)         '点 2
            Console.WriteLine("两个点的坐标分别为：")
            Console.WriteLine("p1: x={0}, y={1}", p1.x, p1.y)
            Console.WriteLine("p2: x={0}, y={1}", p2.x, p2.y)
            Console.ReadKey()                           '按任意键结束
        End Sub
    End Module
End Namespace
```

程序运行结果如下：

```
两个点的坐标分别为：
p1: x=0, y=0
p2: x=10, y=20
```

1.4.4 Main 过程

1. Main 过程概述

VB.NET 的可执行程序（扩展名通常为.exe）必须包含一个 Main 过程，用于控制程序的开始和结束。Main 过程是驻留在模块、类或结构内的静态过程，在 Main 过程中可以创建对象和执行其他过程。

控制台应用程序可以独立运行，因此必须提供一个 Main 过程。Windows 窗体应用程序可以独立运行，但 Visual Basic 编译器会在此类应用程序中自动生成一个 Main 过程，因而不需要编写此过程。

在编译VB.NET控制台或 Windows 应用程序时，默认情况下，编译器会在源代码中查找 Main 过程，并使该过程成为程序的入口。如果有多个 Main 过程，编译器就会返回一个错误。但是，可以使用/main 选项，其后跟 Main 过程所属类的全名（包括命名空间），明确告诉编译器把哪个 Main 过程作为程序的入口点。

注： 如果使用 Visual Studio 集成开发环境，则可以通过项目属性窗口指定程序的主入口点。请参见第 2 章例 2-4。

【例 1-9】 Main 过程编译选项示例。

```
'Chapter01/MainTest.vb
'compile error：vbc MainTest.vb    -> MainTest.exe
'compile OK：vbc /main:VBNETBook.Chapter01.HelloWorld2 MainTest.vb -> MainTest.exe
Namespace VBNETBook.Chapter01
    Class HelloWorld1
        Shared Sub Main()
            Console.WriteLine("Hello World 1!")
            Console.ReadKey()                '按任意键结束
        End Sub
    End Class
    Class HelloWorld2
        Shared Sub Main()
            Console.WriteLine("Hello World 2!")
            Console.ReadKey()                '按任意键结束
        End Sub
    End Class
End Namespace
```

程序运行结果如下：

```
Hello World 2!
```

2. Main 过程声明

VB.NET 可以使用下列方式之一声明 Main 过程。

方法一：不带参数，不返回值。声明为一个不使用参数的 Sub 过程。

```
Module Module1
    Sub Main()
        ' 主程序代码
    End Sub
End Module
```

方法二：不带参数，返回整型值。声明为一个不使用参数的 Function 过程。

```
Module Module1
    Function Main() As Integer
        Dim returnValue As Integer = 0
        '主程序代码
        ' 返回值 0 通常表示程序执行成功
        Return returnValue
    End Function
End Module
```

方法三：带参数，不返回值。声明为一个使用 String 数组参数的 Sub 过程。

```
Module Module1
    Sub Main(ByVal cmdArgs() As String)
        '主程序代码
    End Sub
End Module
```

方法四：带参数，返回整型值。声明为一个使用 String 数组参数的 Function 过程。

```
Module Module1
    Function Main(ByVal cmdArgs() As String) As Integer
        Dim returnValue As Integer = 0
        '主程序代码
        ' 返回值 0 通常表示程序执行成功
        Return returnValue
    End Function
End Module
```

如果在类中声明 Main 过程，则必须使用 Shared 关键字。在模块中，Main 默认为 Shared，无需也不允许显示声明。例如：

```
Class MainClass
    Shared Sub Main()
        ' 主程序代码
    End Sub
End Class
```

3．命令行参数

Main 过程的参数是表示命令行参数的 String 数组。通常通过测试 cmdArgs.Length 属性来检查参数是否存在，cmdArgs(0)表示第一个参数，cmdArgs(1)表示第二个参数，依次类推。

可以使用 For 语句或 For Each 语句循环访问命令行参数字符串数组。如果需要，可以使用 Convert 类或 Parse 过程（请参见 3.5 节）将命令行字符串参数转换为数值类型。

【例 1-10】 命令行参数示例：输出命令行参数个数以及各参数内容。

```
'Chapter01/CommandLine.vb
'compile：vbc CommandLine.vb   -> CommandLine.exe
Module mainModule
```

```
    Sub Main(ByVal cmdArgs() As String)
        Console.WriteLine("参数个数 = {0}", cmdArgs.Length)
        '使用 for 语句输出各参数值
        If cmdArgs.Length > 0 Then
            For argNum As Integer = 0 To cmdArgs.Length-1
                Console.WriteLine("Arg({0}) = {1}", argNum, cmdArgs(argNum))
            Next argNum
        End If
        Console.ReadKey()       '按任意键结束
    End Sub
End Module
```

程序运行结果（不带参数、带参数）如图 1-4 所示。

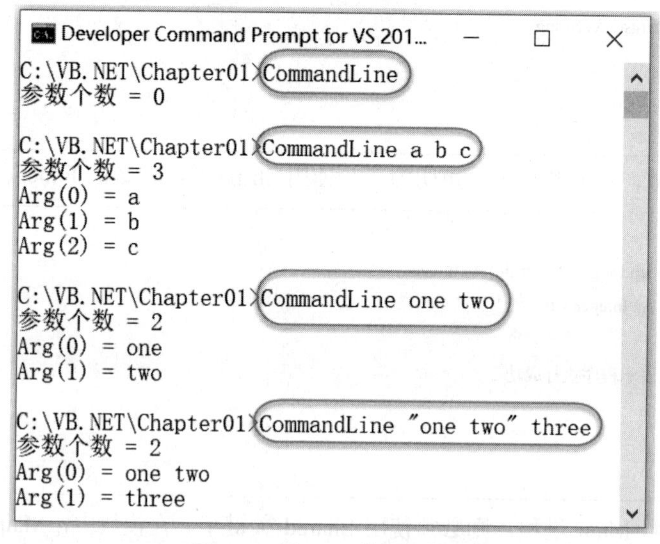

图 1-4　例 1-10 的运行结果

4. Main 返回值

Main 过程可以不返回值，也可以返回整型值。如果不需要使用 Main 的返回值，则使用 Sub 过程可以使代码变简洁。而返回整数可使程序将状态信息传递给调用该可执行文件的其他程序或脚本文件。

【例 1-11】 Main 返回值示例：如果不带命令行参数，则给出相应的提示；否则，输出命令行参数信息。

```
'Chapter01/MainRVTest.vb
'compile：vbc MainRVTest.vb  -> MainRVTest.exe
Module mainModule
    Function Main(ByVal cmdArgs() As String) As Integer
        If cmdArgs.Length = 0 Then
            Console.WriteLine("请输入一个 string 作为参数!")
            Return 1
        Else
            Console.WriteLine("Hello," + cmdArgs(0))
```

```
            Return 0
        End If
    End Function
End Module
```

MainRVTest.exe 运行结果（不带参数、带参数）如图 1-5 所示。

可以使用批处理文件调用前面的代码示例所生成的可执行文件 MainRVTest.exe：如果没有输入参数，则执行失败，并给出提示信息；如果输入参数，则执行成功，并输出命令行参数信息。使用记事本（notepad.exe）创建批处理文件 MainRVTest.bat，其内容如下所示。

```
rem MainRVTest.bat
@echo off
MainRVTest
@if "%ERRORLEVEL%" == "0" goto good
:fail1
    echo Execution Failed
    echo return value = %ERRORLEVEL%
    goto end1
:good1
    echo Execution Succeded
    echo return value = %ERRORLEVEL%
    goto end
:end1
MainRVTest   Mary
@if "%ERRORLEVEL%" == "0" goto good0
:fail0
    echo Execution Failed
    echo return value = %ERRORLEVEL%
    goto end0
:good0
    echo Execution Succeded
    echo return value = %ERRORLEVEL%
    goto end0
:end0
```

批处理文件 MainRVTest.bat 运行结果如图 1-6 所示。

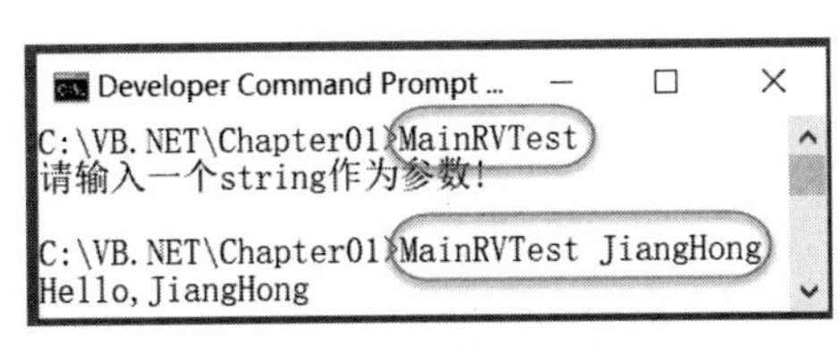

图 1-5　例 1-11 的运行结果

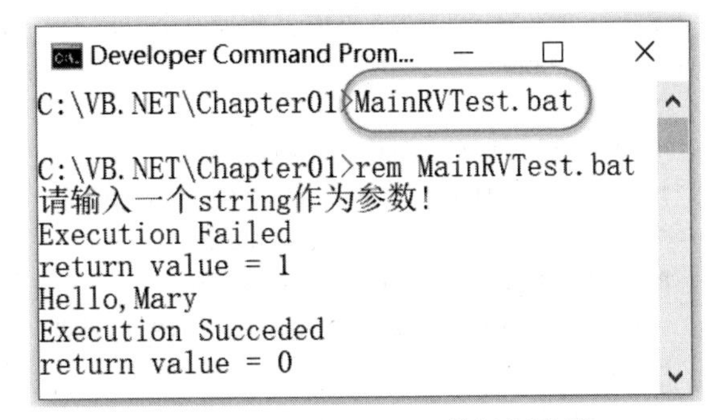

图 1-6　MainRVTest.bat 的运行结果

1.4.5 编码规则

VB.NET 主要的编码规则如下：

① 代码不区分字母的大小写；

② 一行可以书写多条语句，语句间使用冒号（:）分隔；

③ 一条语句可以分多行书写。在每行的最后，一个空格后跟一个下划线字符（_）和一个回车符表示该语句续行；（注：Visual Studio 2010 支持直接回车续行）

④ 适当增加注释以增加程序的可读性。Visual Basic 在编译过程中忽略注释，并且注释不影响编译后的代码。

1.4.6 注释

1. VB.NET 注释

VB.NET 使用单引号（'）字符或者关键字 Rem 将该行的其余内容转换为注释内容。例如：

```
' This is a single line comment    '2018/12/08
Rem This is a single-line comment
System.Console.WriteLine("This will compile")       ' 打印信息
```

注意：字符串中出现的注释字符会按照一般的字符来处理，不再作为注释语句。例如：

```
System.Console.WriteLine( " 'This is just a normal string")
```

运行结果为“' This is just a normal string”。

2. XML 文档注释

VB.NET 除了支持上述风格的注释外，还支持特定的以三个单引号（'''）开头的单行注释。在这些注释中，可以把包含类型和类型成员的文档说明的 XML 标识符放在代码中。使用/doc 进行编译时，编译器将在源代码中搜索所有的 XML 标记，并创建一个 XML 格式的文档文件。

【例 1-12】 XML 文档注释信息的使用示例。

```
'Chapter01\XMLDoc.vb
'compile：vbc /doc:XMLDoc.xml XMLDoc.vb   ->   XMLDoc.xml / XMLDoc.exe
Imports System
''' <summary>
''' XML 注释文档示例。</summary>
''' <remarks>
'''  本示例演示使用 XML 注释生成 XML 注释文档的方法和过程 </remarks>
Public Class XMLDoc
    ''' <summary>
    '''  在控制台窗口中显示欢迎信息。 </summary>
    ''' <param name="sName">sName：用户名字符串。</param>
    ''' <seealso cref="String">请参见 String。</seealso>
    Public Shared Sub SayHello(ByVal sName As String)
        Console.WriteLine(sName + ", Welcome to VB.NET world!")
    End Sub
    ''' <summary>
    '''  应用程序的入口点。
    ''' </summary>
```

```
''' <param name="args">用户名</param>
    Public Shared Function Main(ByVal args() As String) As Integer
        If (args.Length = 0) Then
            Console.WriteLine("请输入您的姓名，形式如下：XMLDoc.exe yourname")
            Return 1
        Else
            XMLDoc.SayHello(args(0))
            Return 0
        End If
    End Function
End Class
```

程序运行结果（不带参数、带参数）如图 1-7 所示。

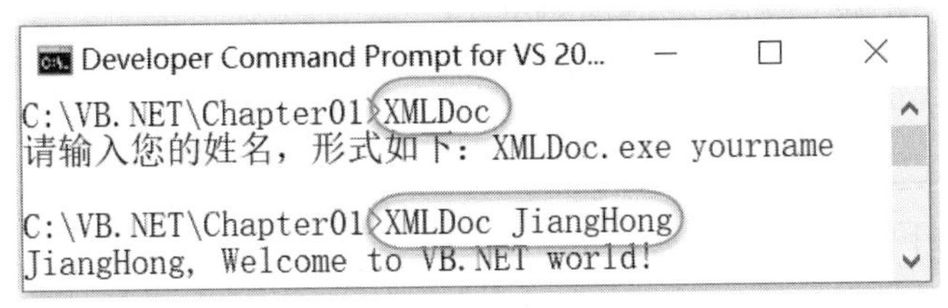

图 1-7　例 1-12 的运行结果

有关 VB.NET XML 文档注释及其支持的 XML 的标记的详细信息，请参见附录 E。

1.5　控制台输入和输出

编写基本的 VB.NET 程序时，常常使用 System.Console 类的几个静态方法来读写数据。输出数据时，则需要根据数据类型通过格式化字符串进行格式化。

1.5.1　System.Console 类概述

System.Console 类表示控制台应用程序的标准输入流、输出流和错误流。控制台应用程序启动时，操作系统会自动将三个 I/O 流（In、Out 和 Error）与控制台关联。应用程序可以从标准输入流（In）读取用户输入；将正常数据写入到标准输出流（Out）；将错误数据写入到标准错误输出流（Error）。

Console 类提供用于从控制台读取单个字符或整行的方法，常用的方法如表 1-2 所示。

表 1-2　System.Console 类提供的常用方法

方法	说明
Beep	通过控制台扬声器播放提示音
Clear	清除控制台缓冲区和相应的控制台窗口的显示信息
Read	从标准输入流读取下一个字符
ReadKey	获取用户按下的下一个字符或功能键
ReadLine	从标准输入流读取下一行字符
Write	将指定值的文本表示形式写入标准输出流
WriteLine	将指定的数据（后跟当前行终止符）写入标准输出流

1.5.2　控制台输入输出

使用 System.Console 类提供的静态方法，可以实现控制台的输入和输出。在控制台程序中，大量使用该方法实现交互。本书讲解 VB.NET 语言基础知识时，为了侧重语言的基本要素，故主要采用控制台程序。

【例 1-13】 控制台输入/输出示例（ConsoleIO.vb）。

```
'Chapter01\ConsoleIO.vb
'compile：vbc ConsoleIO.vb  ->  ConsoleIO.exe
Module Module1
    Sub Main()
        Dim s As String
        Console.Clear()                          '清屏
        Console.Write("请输入您的姓名：")          '提示输入
        s = Console.ReadLine()                   '读取一行，以回车结束
        Console.Beep()                           '提示音
        Console.WriteLine("欢迎您！" & s)          '输出读取的内容
        Console.ReadKey()                        '按任意键结束
    End Sub
End Module
```

程序运行结果如下：

```
请输入您的姓名：Jiang Hong
欢迎您！Jiang Hong
```

1.5.3 格式化输出

使用 Console.WriteLine()方法输出结果时，可以使用复合格式，控制输出内容的格式。其基本语法为：

```
Console.WriteLine(复合格式字符串, 输出对象列表) '输出对象列表的格式化字符串
String.Format(复合格式字符串, 输出对象列表) '把对象列表格式化成字符串
对象.ToString(复合格式字符串) '把对象格式化成字符串
Format(对象, 复合格式字符串) '把对象格式化成字符串
```

其中，复合格式字符串由固定文本和格式项混合组成，其中格式项又称为索引占位符，对应于列表中的对象。例如：

```
Console.WriteLine("(C) Currency: {0:C}, (E) Scientific:{1:E}", -123, -123.45f);
```

复合格式产生的结果字符串由原始固定文本和列表中对象的字符串的格式化表示形式混合组成。上例的输出结果为：

```
(C) Currency: ￥-123.00, (E) Scientific: -1.234500E+002
```

在上例中，{0:C}/{1:E}为格式项（索引占位符）。其中 0、1 为基于 0 的索引，表示列表中参数的序号，索引号后的冒号后为格式化字符串。在例子中，C 表示格式化为货币（currency）；E 表示格式化为科学计数法（scientific notation）。

有关复合格式字符串的使用及格式化约定的信息，请参见附录 D。

【例 1-14】 复合格式示例（ComFormat.vb）。

```
'Chapter01\ComFormat.vb
'compile：vbc ComFormat.vb  ->  ComFormat.exe
```

```
Module Module1
    Sub Main()
        Dim date1 As DateTime
        Console.WriteLine("{0:C3}", 12345.6789) '显示：￥12,345.679
        Console.WriteLine("{0:D8}", 12345) '显示：00012345
        Console.WriteLine("{0:E10}", 12345.6789) '显示：1.2345678900E+004
        Console.WriteLine("{0:F3}", -17843) '显示：-17843.000
        Console.WriteLine("{0:00000.000}", 123.45) '显示：00123.450
        Dim str1 as String
        str1 = String.Format("{0:#####.###}", 123.45) '使用 String.Format 先格式化成字符串
        Console.WriteLine(str1) '显示：123.45
        date1 = New DateTime(2020, 4, 10, 6, 30, 0)
        Msgbox(date1.ToString("yyyy/MM/dd hh:mm:ss")) '显示：2020/04/10 06:30:00
        Console.ReadKey()        '按任意键结束
    End Sub
End Module
```

程序运行结果如图 1-8 所示。

图 1-8　复合格式示例的运行结果

1.6　Visual Basic 运行时库交互函数/过程

Visual Basic 包含许多实用用户交互函数/过程，可以实现用户交互输入和输出。Visual Basic 运行时包含的模块及各模块包含的内容，请参见附录 C。

1.6.1　使用 MsgBox 显示消息框

MsgBox 函数用于在对话框中显示消息，等待用户单击按钮，并返回指示用户单击的按钮的整数。其语法形式如下：

```
MsgBox(Prompt, Buttons = vbOkOnly, Title=null)
```

其中，必选参数 Prompt 是要显示的消息；可选参数 Buttons 是要显示的按钮：vbOkOnly（只显示一个“确定”按钮，默认值）、vbOkCancel（显示“确定”和“取消”按钮）、vbAbortRetryIgnore（显示“终止”“重试”“忽略”按钮）、vbYesNo（显示“是”和“否”按钮）、vbRetryCancel（显示“重试”和“取消”按钮）、vbCritical（显示错误图标）、vbQuestion（显示疑问图标）、vbExclamation（显示警告图标）、vbInformation（显示信息图标）、vbDefaultButton1（第 1 个按钮是默认值）、vbDefaultButton2（第 2 个按钮是默认值）、vbDefaultButton3（第 3 个按钮是默认值）；可选参数 Title 是对话框的标题，默认值为应用程序名称。

说明：参数 Buttons 既可以使用 Visual Basic 预定义常量（例如 vbOkOnly），也可以使用

MsgBoxStyle 枚举（例如 MsgBoxStyle.OkOnly），还可以使用数值（例如 0）。参数 Buttons 允许按位组合成员值，例如，vbYesNo Or vbDefaultButton2 Or vbCritical，显示错误信息和“是”“否”按钮，且默认值为“否”按钮。

返回值为对应于用户单击的按钮：1（vbOk 或者 MsgBoxResult.OK，确定）；2（vbCancel 或者 MsgBoxResult.Cancel，取消）；3（vbAbort 或者 MsgBoxResult.Abort，终止）；4（vbRetry 或者 MsgBoxResult.Retry，重试）；5（vbIgnore 或者 MsgBoxResult.Ignore，忽略）；6（vbYes 或者 MsgBoxResult.Yes，是）；7（vbNo 或者 MsgBoxResult.No，否）。

【例 1-15】 MsgBox 函数使用示例（MsgBox.vb）。

```
'Ch01\ MsgBox.vb
'compile：vbc MsgBox.vb  ->  MsgBox.exe
Module Module1
    Sub Main()
        Dim msg = "是否继续执行?"
        Dim title = "MsgBoxTest"
        Dim style = vbYesNo Or vbDefaultButton2 Or vbCritical
        Dim response = MsgBox(msg, style, title)
        If response = vbYes Then
            MsgBox("是, 继续执行!", , title)
        Else
            MsgBox("否, 停止执行!", , title)
        End If
    End Sub
End Module
```

程序运行结果如图 1-9 所示。

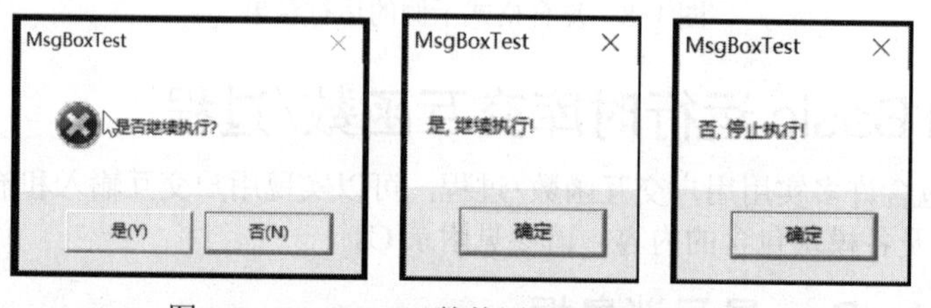

图 1-9　MsgBox 函数使用示例的运行结果

1.6.2　使用 InputBox 提示用户输入

InputBox 函数用于显示输入提示框，等待用户输入文本，单击“确定”按钮后返回用户输入的内容的字符串。其语法形式如下：

```
InputBox(Prompt, Title="", DefaultResponse = "", XPos = -1, YPos = -1)
```

其中，必选参数 Prompt 是提示信息；可选参数 Title 是提示框的标题；可选参数 DefaultResponse 是默认返回值，默认为空字符串；可选参数 XPos 和 YPos 是提示框显示的位置，默认为-1，显示在屏幕中央。

单击“确定”按钮后返回值是用户输入的内容的字符串，单击“取消”按钮后返回值是长度为 0 的空字符串。

【例 1-16】 InputBox 函数使用示例（InputBoxTest.vb）。

```
'Ch01\ InputBoxTest.vb
```

```
'compile：vbc InputBoxTest.vb    ->    InputBoxTest.exe
Module Module1
    Sub Main()
        Dim message, title, defaultValue, response As String
        message = "请输入您的姓名："
        title = "InputBoxTest"
        defaultValue = "World"     '设置默认值
        response = InputBox(message, title, defaultValue)
        MsgBox("Hello, " + response)
    End Sub
End Module
```

程序运行结果如图 1-10 所示。

图 1-10　InputBox 函数使用示例的运行结果

第 2 章　VB.NET 程序设计基础

使用 Visual Studio 集成开发环境，可以快速、高效地开发面向对象、事件驱动的 VB.NET 窗体应用程序。基于 Windows 窗体的桌面应用程序可以提供丰富的用户交互界面，从而实现各种复杂功能的应用程序。

本章要点

- Visual Studio 集成开发环境；
- Visual Studio 快速入门；
- VB.NET 窗体应用程序概述；
- 创建 Windows 窗体应用程序的一般步骤；
- 窗体和基本控件的使用。

2.1　Visual Studio 集成开发环境

2.1.1　Visual Studio 概述

Visual Studio 是开发.NET 应用程序的一套完整的开发工具集，集设计、编辑、运行和调试等多种功能于一体的集成开发环境（integrated development environment，IDE）。Visual Studio 2019 支持如下内置的开发语言：C#、Visual Basic、F#、C++、JavaScript、TypeScript 和 Python，它们使用相同的集成开发环境，因而有助于创建混合语言解决方案。使用 Visual Studio，可以高效地生成各种 ASP.NET Web 应用程序、XML Web Services、桌面应用程序和移动应用程序。

2.1.2　Visual Studio 的版本

Visual Studio 的主要版本如下。

Visual Studio .NET 2003，用于开发面向.NET Framework 1.1 的应用程序。

Visual Studio 2005，用于开发面向.NET Framework 2.0 的应用程序。

Visual Studio 2008，用于开发面向.NET Framework 2.0/3.0/3.5 的应用程序。

Visual Studio 2010，用于开发面向.NET Framework 2.0/3.0/3.5/4.0 的应用程序。

Visual Studio 2012，用于开发面向.NET Framework 2.0/3.0/3.5/4.5 的应用程序。

Visual Studio 2013，用于开发面向.NET Framework 2.0/3.0/3.5/4.5/4.5.1 的应用程序。

Visual Studio 2015，用于开发面向.NET Framework 2.0~4.6 和.NET Core 的应用程序。

Visual Studio 2017，用于开发面向.NET Framework 2.0~4.7 和.NET Core 的应用程序。

Visual Studio 2019，用于开发面向.NET Framework 2.0~4.7 和.NET Core 的应用程序。

2.1.3　Visual Studio 的产品系列

Visual Studio 2019 包括以下产品系列。

Visual Studio Community 2019：适用于学生、开源和个人开发人员的功能完备的免费 IDE，可以用于创建面向 Windows、Android、iOS 的新式应用程序，以及 Web 应用程序和云服务。

Visual Studio Professional 2019：面向个人或团队，是一个功能全面的工具集，可以简化应用程序开发过程，支持交付可扩展的高质量应用程序。

Visual Studio Enterprise 2019：面向企业级软件开发团队，提供集成的端到端的解决方案，适用于各种规模的开发团队，是一个综合性的应用程序生命周期管理工具套件，利用各种工具和服务设计、生成和管理复杂的企业应用程序，支持软件开发从设计到部署的整个过程。

2.2　Visual Studio 快速入门

2.2.1　集成开发环境界面

Visual Studio 产品系列共用一个集成开发环境（IDE）。集成开发环境包括：菜单栏、标准工具栏、停靠或自动隐藏在左侧、右侧、底部和编辑器空间中的各种工具窗口。

注意：工具窗口、菜单和工具栏是否可用取决于所处理的项目或文件类型。基于用户的自定义设置，IDE 中的工具窗口及其他元素的布置会有所不同。

图 2-1 为编辑 Windows 窗体时的集成开发环境布局。

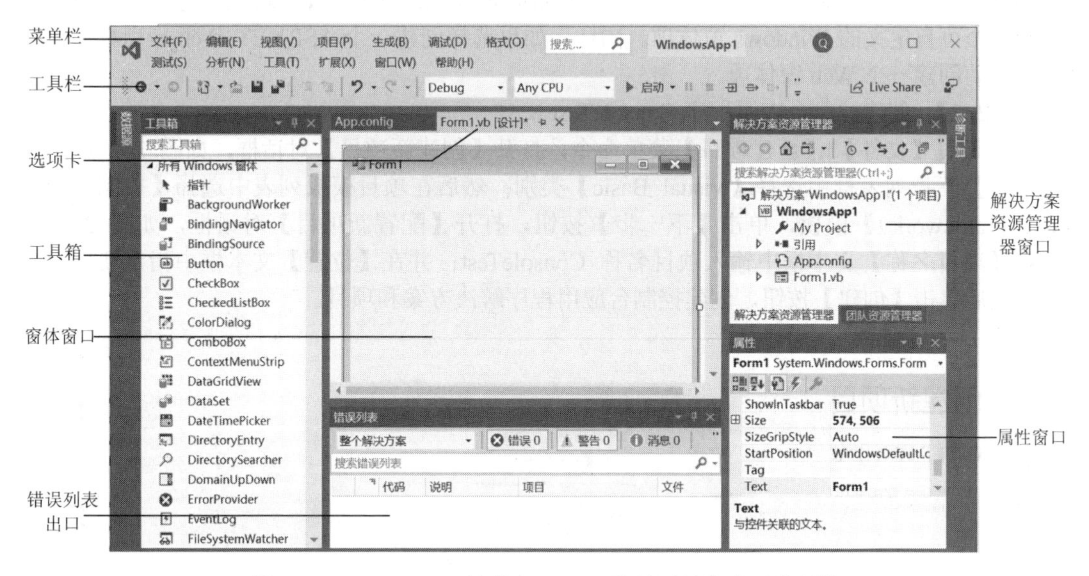

图 2-1　Visual Studio 编辑 Windows 窗体时的集成开发环境

2.2.2　创建解决方案和项目

1. 解决方案和项目

在 Visual Studio 中，项目是独立的编程单位。在项目中，通过逻辑方式管理、生成和调试构成应用程序的项（包括创建应用程序所需的引用、数据连接、文件夹和文件）。不同的项目包含的项各不相同。例如，一个简单的项目可能由一个窗体或 HTML 文档、源代码文件和一个项目文件组成；而复杂的项目可能由这些项，以及数据库脚本、存储过程和对现有 XML Web Services 的引用组成。项目的输出通常是可执行程序（.exe）、动态链接库（.dll）文件或者模块等。

Visual Studio 解决方案可以包含一个或者多个项目。解决方案管理 Visual Studio 配置、生成和部署相关项目集的方式。复杂的应用程序可能需要多个解决方案。

Visual Studio 将解决方案的定义存储在.sln 和.suo 两个文件中。解决方案定义文件（.sln）存储定义解决方案的元数据，包括解决方案相关项目，与解决方案相关联的项，以及解决方案生成配置。.suo 文件包括用户自定义 IDE 的元数据。

每个项目包含一个项目文件，用于存储该项目的元数据，包括项目及其包含项的集合指定配置和生成设置。例如：向项目中添加项时，其物理源文件在磁盘上的位置也添加到项目文件中；当从项目中移除该链接时，此信息从定义文件中删除。集成开发环境（IDE）自动创建并维护项目文件。该项目文件的扩展名和实际内容由它所定义的项目类型确定，例如，Visual Basic Windows 窗体应用程序的项目文件的扩展名为.vbproj；而 C# Windows 窗体应用程序的项目文件的扩展名为.csproj。

提示： .sln 文件可以在开发团队的开发人员之间共享，而.suo 文件是用户特定的文件，不能在开发人员之间共享。

2. 创建解决方案和项目

Visual Studio 提供了许多预定义的项目模板。使用项目模板可以快捷地创建特定项目，以及该类型项目可能需要的各种默认项。例如，如果选择创建 Windows 窗体应用程序，则项目会自动创建一个可自定义的 Windows 窗体项。同样，如果选择创建一个 ASP.NET Web 应用程序，则项目会自动创建一个 Web 窗体项。

【例 2-1】 创建控制台应用程序 ConsoleTest。

（1）通过【文件】|【新建项目】菜单命令，打开【创建新项目】对话框，如图 2-2 所示，在【语言】下拉列表框中选择【Visual Basic】类别；然后在项目模板列表中选择【控制台应用(.NET Framework)】模板，单击【下一步】按钮，打开【配置新项目】对话框，如图 2-3 所示，在【项目名称】文本框中输入项目名称 ConsoleTest；并在【位置】文本框中指定要保存的位置，然后单击【创建】按钮，创建控制台应用程序解决方案和项目。

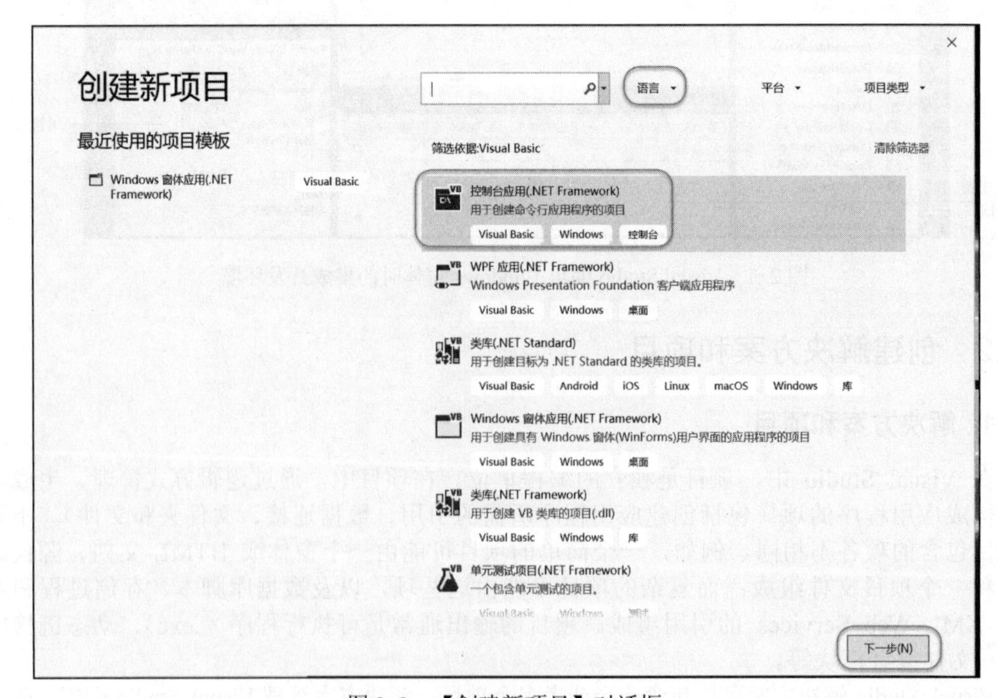

图 2-2 【创建新项目】对话框

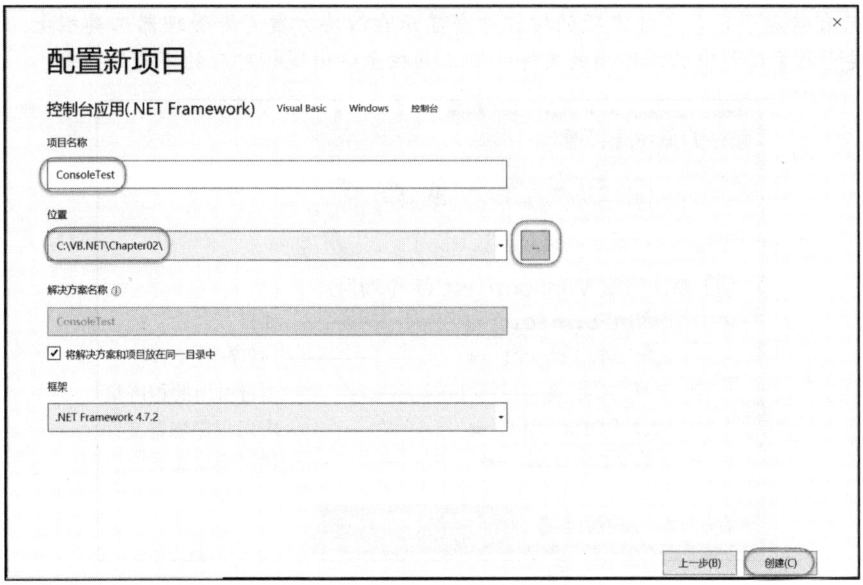

图 2-3 【配置新项目】对话框（控制台应用）

（2）在打开的模块文件 Module1.vb 中，输入如下粗体代码：

```
Module Module1
    Sub Main()
        Console.Write("请输入您的姓名：")  '提示输入
        Dim s As String = Console.ReadLine() '读取 1 行，以回车结束
        Console.WriteLine("Hello, " & s)    '输出欢迎信息
        Console.ReadKey()                   '按任意键结束
    End Sub
End Module
```

（3）单击工具栏上的▶启动 ▾按钮，或者按快捷键 F5，运行程序，结果如图 2-4 所示。

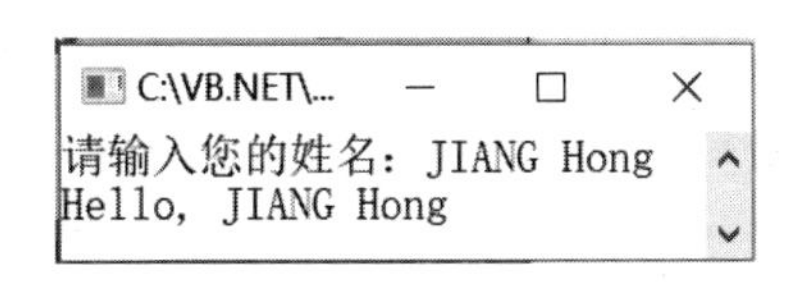

图 2-4　控制台应用程序运行结果

【例 2-2】 创建 Windows 窗体应用程序 WinFormTest。通过菜单【文件】|【新建项目】，打开【创建新项目】对话框，在【语言】下拉列表框中选择【Visual Basic】类别；然后在项目模板列表中选择【Windows 窗体应用（.NET Framework）】模板，单击【下一步】按钮，打开【配置新项目】对话框，在【项目名称】文本框中输入项目名称 WinFormTest；并在【位置】文本框中指定要保存的位置，然后单击【创建】按钮，创建 Windows 窗体应用程序解决方案和项目。

3. 解决方案资源管理器

解决方案资源管理器用于显示解决方案、解决方案的项目及这些项目中的项。通过解决方案资源管理器，可以打开文件进行编辑、向项目中添加新文件，以及查看解决方案、项目和项属性。例 2-2 中创建的解决方案 WinFormTest 的资源管理器内容如图 2-5 所示。

注：只有特定于列表中选定项的按钮才会显示在解决方案资源管理器工具栏上。即，如果在解决方案资源管理器中选择不同的文件，则工具栏上会出现相对应的不同的按钮。

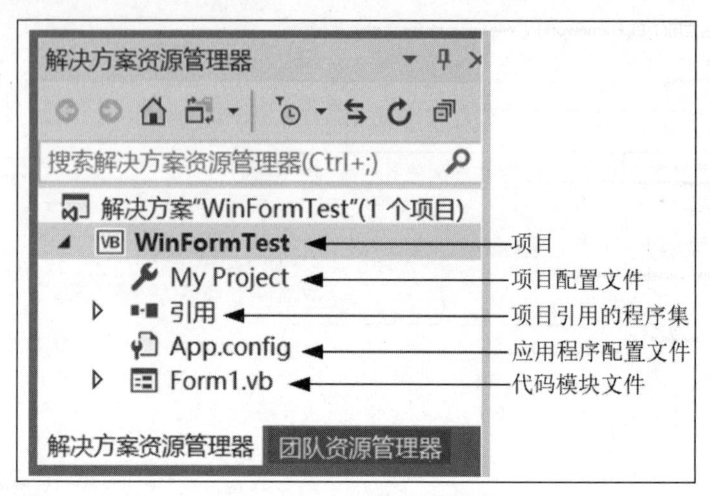

图 2-5　解决方案资源管理器

【例 2-3】 在项目 WinFormTest 中添加一个新的窗体项目 Form2。在解决方案资源管理器中，鼠标右击项目 WinFormTest，选择相应快捷菜单的【添加】|【Windows 窗体】命令，打开【添加新项-WinFormTest】对话框，在【名称】文本框中输入相应的信息，如图 2-6 所示。然后，单击【添加】命令按钮，在项目 WinFormTest 中添加一个新的窗体项目 Form2。

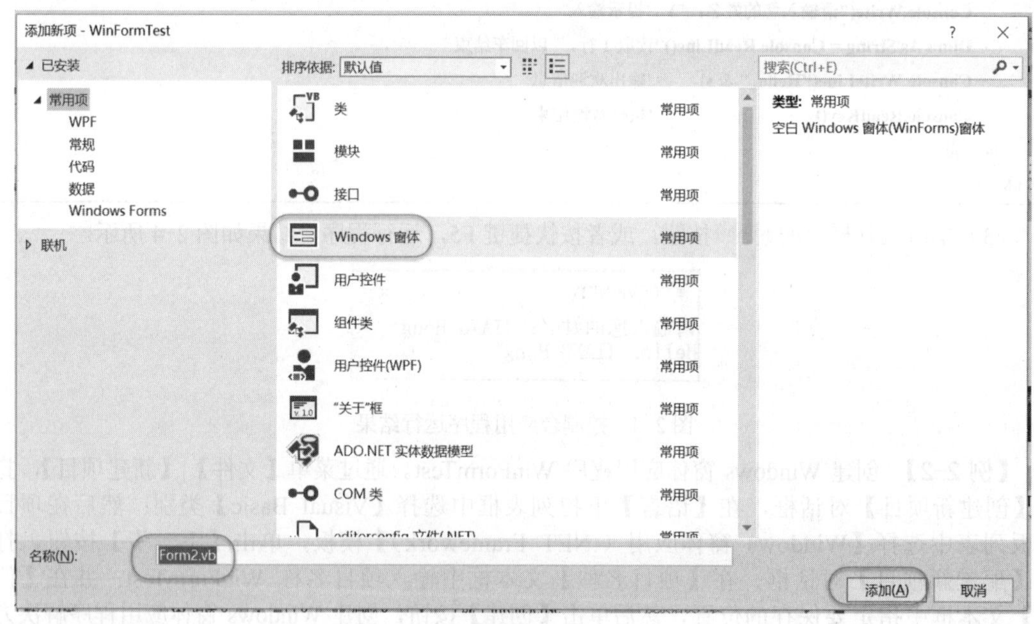

图 2-6　添加 Windows 窗体

【例 2-4】 配置项目。在解决方案资源管理器中，鼠标右击项目 WinFormTest，选择相应快捷菜单的【属性】命令，打开 WinFormTest 的项目配置页面，并进行各种设置（例如，在【应用程序】的【启动窗体】下拉列表框中，选择程序主入口；在【应用程序】的【根命名空间】文本框中，设置根命名空间（即默认命名空间），默认为项目名称），如图 2-7 所示。然后，单击 Visual Studio 工具栏的【保存选定项】按钮，保存所做的设置。

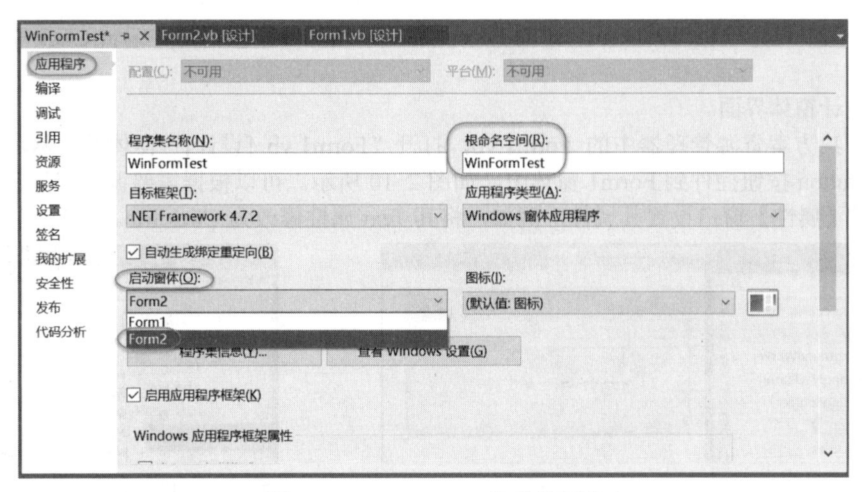

图 2-7　WinFormTest 的项目配置

2.2.3　设计器/编辑器

应用程序开发的大部分工作为设计和编码。Visual Studio 针对不同的文件或文档类型，提供了不同的设计器/编辑器。例如：文本编辑器是 IDE 中的基本字处理器；代码编辑器是基本源代码编辑器。

编辑器和设计器通常有两个视图：设计视图和源视图。某些编辑器还提供了一个混合视图（拆分视图），通过该视图可以同时查看文件的设计和代码。

设计视图允许在用户界面或者网页上指定控件和其他项的位置。可以从【工具箱】中轻松拖动控件，并将其置于设计图面上。可以任意改变控件的大小，移动控件到窗体的任何位置。

源视图用于显示文件或者文档的源代码。源视图支持编码帮助功能，如 IntelliSense、可折叠代码节、重构和代码段插入等。还有一些其他功能，如自动换行、书签和显示行号等。

【工具箱】窗口由工具图标组成，这些图标是 Visual Basic.NET 应用程序的构件，称为控件（control），每个控件由工具箱中的一个工具图标来表示，如图 2-8 所示。工具箱一般位于集成开发环境（IDE）的左侧。工具箱主要用于应用程序的界面设计。

在 Visual Basic.NET 中，每个对象（例如窗体或窗体中的控件）都可以用一组属性来描述其特征。【属性】窗口就是用来显示和设置对象属性的，如图 2-9 所示。一般情况下，属性窗口中显示的是活动编辑器或设计器中的对象的属性。属性显示方式分为两种，按字母顺序和按分类顺序，分别通过单击【属性】窗口工具栏中相应的工具按钮来实现。在实际的应用程序设计中，不可能也没必要设置每个对象的所有属性，很多属性可以使用默认值。

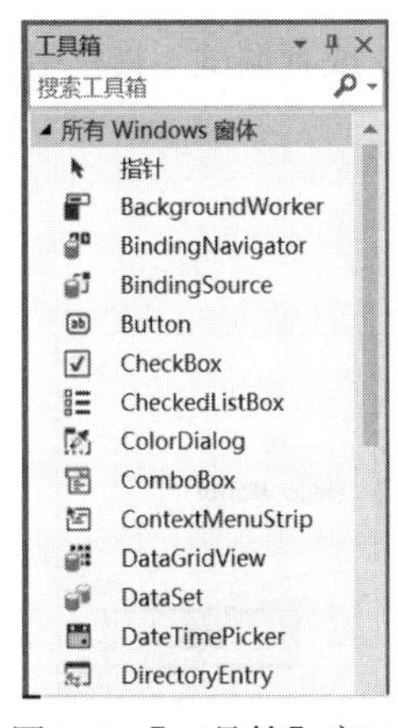

图 2-8 【工具箱】窗口

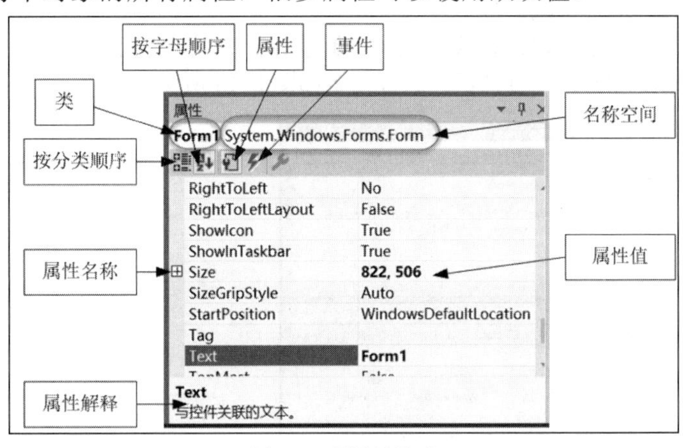

图 2-9 【属性】窗口

【例 2-5】 设计项目 WinFormTest 的 Form1 界面，增加一个按钮，并编辑 Click 事件代码。步骤如下。

（1）设计窗体界面

双击解决方案资源管理器中的 Form1.vb，打开“Form1.vb [设计]”窗体设计器，并从工具箱中拖动 Button 按钮控件到 Form1 窗体中，如图 2-10 所示。可以根据需要调整窗体及按钮的大小，并通过【属性】窗口设置其属性，例如，将其 Text 属性修改为 Click Me。

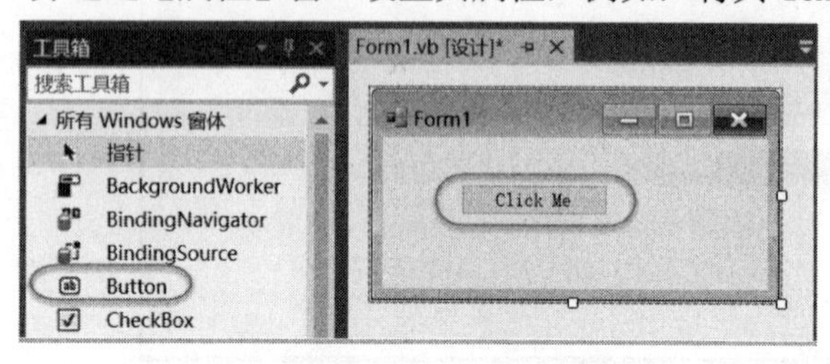

图 2-10 添加按钮控件到 Form1 中

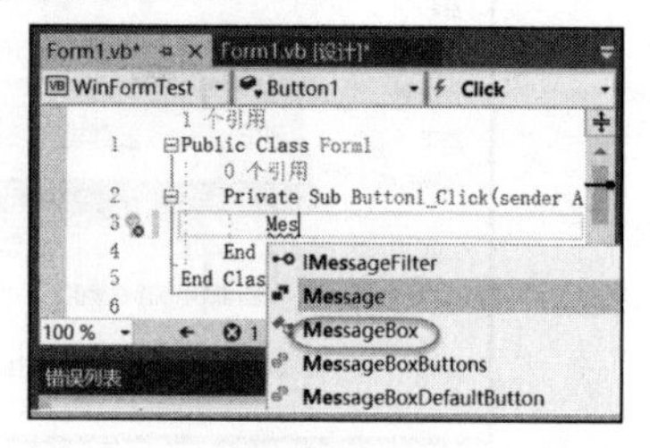

图 2-11 代码编辑器的 IntelliSense

（2）编辑事件代码

双击窗体中的 Click Me 按钮，Visual Studio 自动创建 Button1 的 Click 事件响应代码并打开“Form1.vb”代码编辑器。在 Button1_Click 事件处理程序中，依次输入 M、e、s，代码编辑器的 IntelliSense 会自动提示可用的代码，选择 MessageBox（通过鼠标或者方向键定位，然后按 Tab 键或者鼠标双击），如图 2-11 所示。最后编辑并完善代码，内容如下：

```
Private Sub Button1_Click(sender As Object, e As EventArgs) Handles Button1.Click
        MessageBox.Show("Hello,World!")
End Sub
```

2.2.4 生成和调试工具

Visual Studio 提供了集成的生成和调试工具。通过设置解决方案和项目的生成配置属性，可选择欲生成的组件、排除不想生成的组件、确定如何生成选定的项目、在什么平台上生成这些项目等。

生成应用程序的过程可以自动检测编译错误，如语法错误、关键字拼写错误和输入不匹配。【错误列表】窗口将显示这些错误类型。示例如图 2-12 所示。

【例 2-6】 编译并运行项目 WinFormTest 的 Form1。步骤如下。

（1）编译项目

通过菜单【生成】|【生成 WinFormTest】来编译项目。

（2）运行调试

通过菜单【调试】|【开始调试】来运行调试。也可以使用快捷键 F5 或者调试工具栏中的启动调试按钮 来运行调试。运行结果如图 2-13 所示。

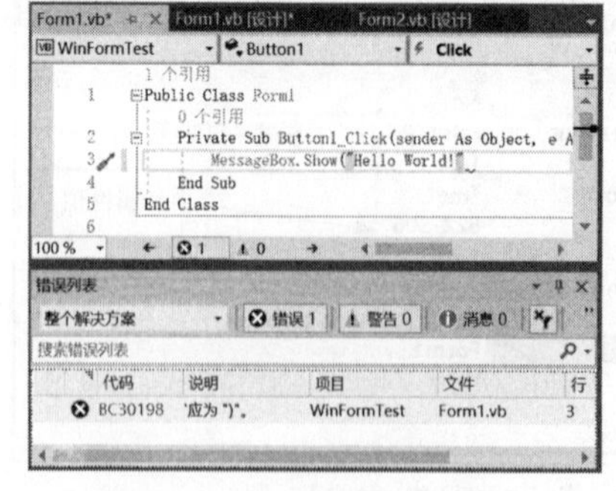

图 2-12 【错误列表】窗口

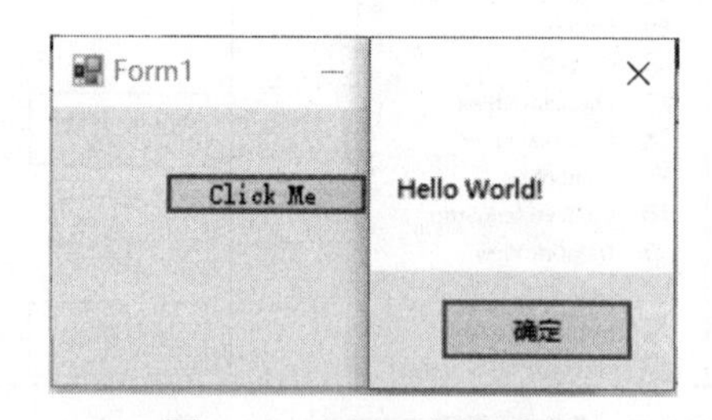

图 2-13 例 2-6 运行结果

通过设置断点，调试器可以检测和更正在运行时检测到的问题，如逻辑错误和语义错误等。处于中断模式时，可以使用【变量】窗口和【内存】窗口等工具来检查局部变量和其他相关数据。

【例 2-7】 设置断点并进行调试。步骤如下。

（1）设置断点

在代码编辑窗口的左侧断点区域单击鼠标，以便在要设置断点的行设置断点。如图 2-14 所示。

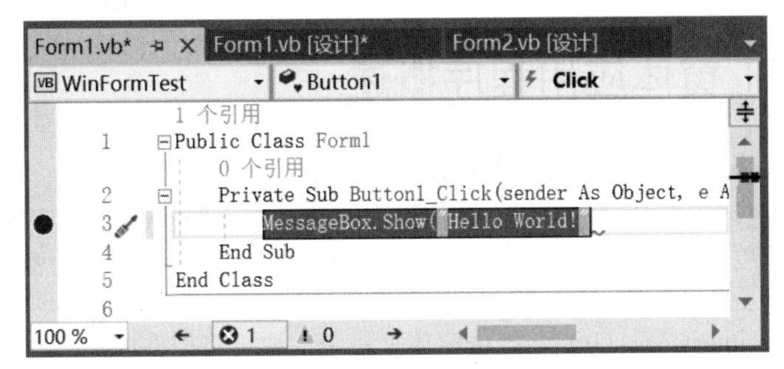

图 2-14　设置断点

（2）运行调试

按快捷键 F5 启动调试，当运行到断点所在位置的代码时，调试器将停留在该位置。通过各种调试窗口（通过菜单【调试】|【窗口】的子菜单打开），可以观察程序的运行状况，如变量的值等。通过调试工具栏，或者【调试】菜单，或者快捷键 F8/Shift+F8 等），可以逐语句或者逐过程运行调试程序，如图 2-15 所示。

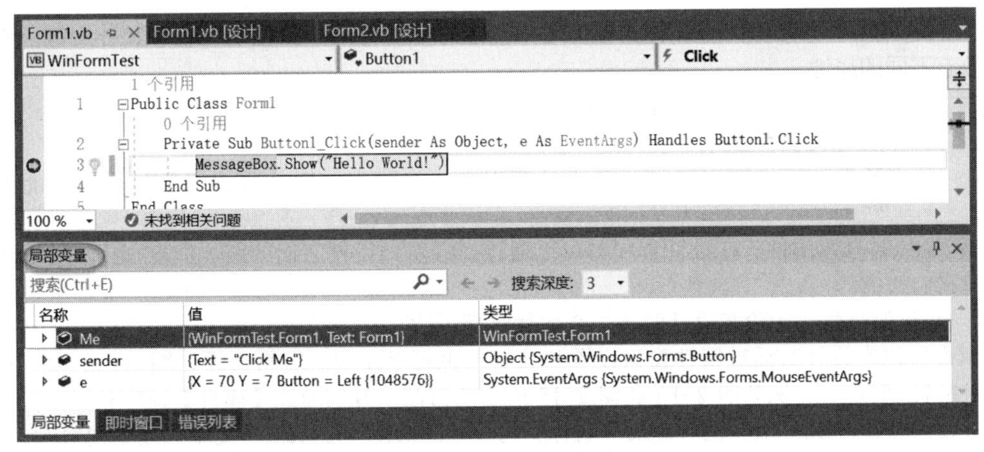

图 2-15　运行调试程序

注：Visual Basic .NET 有以下三种工作模式。

① 设计模式：在设计视图下设计用户界面及在源视图下编辑代码，设计开发应用程序。

② 运行模式：运行应用程序，此时不可编辑代码，也不可以设计界面。

③ 中断模式：应用程序运行时暂时中断，可以编辑代码，并继续运行程序。

2.2.5　安装和部署工具

Visual Studio 提供了两种不同的部署策略：ClickOnce 和 Windows Installer。通过 ClickOnce 部署，可以将应用程序发布到中心位置，然后用户再从该位置安装或运行应用程序。通过 Windows Installer 部署，可以将应用程序打包到 setup.exe 文件中，并将该文件分发给用户；用户再运行 setup.exe 文件安装应用程序。详细内容请参见 MSDN 帮助。

2.2.6 帮助系统

使用 Visual Studio 开发.NET Framework 应用程序，涉及大量的主题信息，包括开发语言本身（如 VB.NET 语言）、.NET Framework 及 Visual Studio 本身的使用。Visual Studio 提供完备的帮助系统，包括基本概念、类库参考、示例代码等，读者应该充分利用。

在 IDE 中按 F1 键便可访问“帮助”，也可以通过目录或搜索来访问“帮助”。可以使用本地安装的“帮助”，也可以使用 MSDN Online 和其他联机资源来获得“帮助”。

2.3 VB.NET 窗体应用程序概述

2.3.1 Windows 窗体应用程序概述

Windows 窗体应用程序是运行在用户计算机本地的基于 Windows 的应用程序，提供丰富的用户界面以实现用户交互，并可以访问操作系统服务和用户计算环境提供的资源，从而实现各种复杂功能的应用程序。

用户界面（user interface，UI）一般由窗体来呈现，通过将控件添加到窗体表面可以设计满足用户需求的人机交互界面。“控件”是窗体上的一个组件，用于显示信息或接受用户输入。

当设计和修改 Windows 窗体应用程序的用户界面时，需要添加、对齐和定位控件。控件是包含在窗体对象内的对象。窗体对象具有属性集、方法和事件；每种类型的控件都具有其自己的属性集、方法和事件，以使该控件适合于特定用途。用户可查阅帮助系统获取对象具有的属性。

有关面向对象的概念的详细信息，请参见第 6 章至第 8 章。

1. 属性

属性是与一个对象相关的各种数据，用来描述对象的特性，如性质、状态和外观等。不同的对象有不同的属性。

对象常见的属性有 Name（名称）、Text（文本）、Visible（是否可见）等。

对象的属性分为以下 3 种。

① 只读属性。无论在程序设计时还是在程序运行时都只能从其读出信息，而不能为其赋值。

② 运行时只读属性。在设计程序时可以通过属性窗口设置它们的值，但在程序运行时不能再改变它们的值。

③ 可读写属性。无论在设计时还是在运行时都可读写。

属性可以在设计时通过属性窗口设置和获取；也可以在代码编辑器通过编写代码设置和获取（对象名.属性名）。例如图 2-16 和图 2-17 所示的方法，分别通过【属性】窗口和编写代码的方式，设置按钮（Button1）的 Name（名称）为 ButtonOK，其 Text（文本）显示内容为：“确定”。

图 2-16 通过属性窗口设置 Name 属性

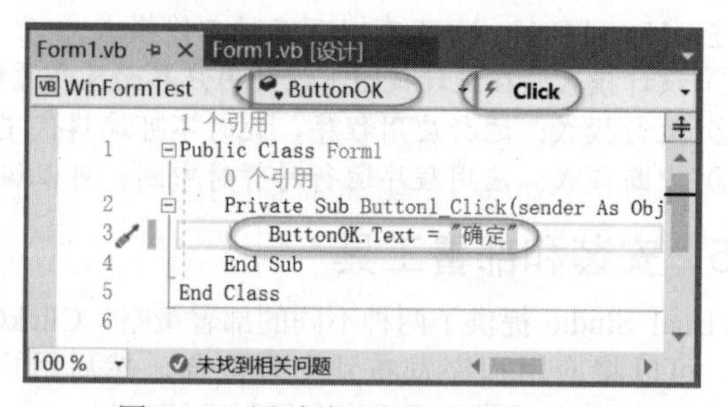

图 2-17 通过编写代码设置 Text 属性

2. 方法

方法是对象的行为或动作，它实际上对应于类中定义的过程。通过调用其方法，可以执行某项任务。对象方法的调用格式为：

```
对象.方法(参数列表)
```

例如，要使窗体 Form2 隐藏，可使用下列代码：

```
Form2.Hide()
```

例如，要设置 TextBox1 控件获得焦点，可以使用下列代码：

```
TextBox1.Focus()
```

3. 事件和事件处理过程

事件是对象发送的消息，以发信号来通知操作的发生。事件通常用于通知用户操作，例如，图形用户界面中的按钮单击或菜单选择操作。

通过声明与事件委托相匹配的事件处理过程，并订阅某事件；当该事件发生时，将调用事件处理过程。

例如：对象 Button1 定义了事件 Click（即 Button1.Click）。下列代码声明了订阅事件 Button1.Click（即 Handles Button1.Click）的事件处理过程（即 Sub Button1_Click）。当用户单击按钮 Button1 时，将触发事件 Button1.Click；并调用订阅该事件的事件处理过程。

```
Private Sub Button1_Click(sender As Object, e As EventArgs) Handles ButtonOK.Click
    MsgBox("Hello, World!")
End Sub
```

一般情况，通过【属性】窗口的“事件”属性可以快速生成处理某对象事件的事件处理过程框架代码：选中设计视图中的某控件，在其事件属性面板中，双击事件名称，如图 2-18 所示，双击 ButtonOK 控件的“MouseHover”事件，系统将自动生成“ButtonOK_MouseHover”事件处理程序框架，用户只需要在其中添加特定的代码即可，如图 2-19 所示。

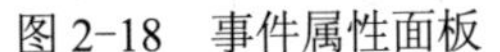

图 2-18　事件属性面板

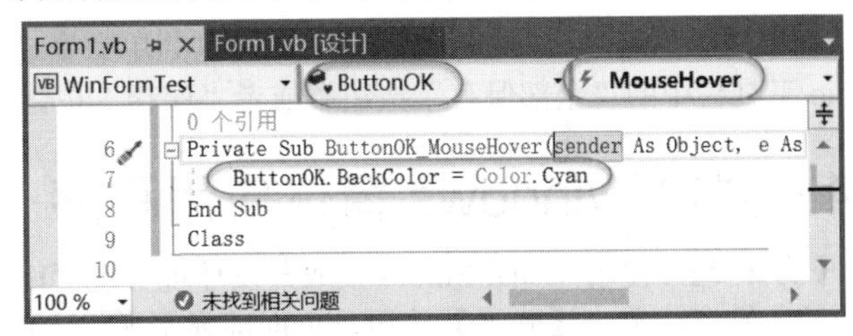

图 2-19　添加事件处理代码

2.3.2　创建 Windows 窗体应用程序的一般步骤

Windows 窗体应用程序往往涉及复杂的用户界面和事件处理过程，故一般通过集成开发环境 Visual Studio 开发和调试 Windows 窗体应用程序。

使用集成开发环境 Visual Studio 开发 Windows 窗体应用程序的一般步骤如下。

1. 创建 Visual Basic 项目

在集成开发环境 Visual Studio 中，通过菜单命令【文件】|【新建项目】，打开【创建新项

目】对话框。在【语言】下拉列表框中选择“Visual Basic”类别；在项目模板列表中选择“Windows 窗体应用（.NET Framework）”模板；在【项目名称】文本框输入项目的名称（注意：系统默认应用程序项目的名称为“WindowsApp1”）；在【位置】文本框中指定要保存的位置，然后单击【创建】按钮，创建 Windows 窗体应用程序解决方案和 Visual Basic 项目。

2. 创建用户界面

用户界面由对象（窗体和控件）组成，控件放在窗体上。程序运行时，将在屏幕上显示由窗体和控件组成的用户界面。

在集成开发环境 Visual Studio 中创建一个新的“Windows 窗体应用程序”项目后，系统默认自动创建并显示一个名称为 Form1 的窗体，可以在这个窗体上设置用户界面。如果要建立新的窗体，可以鼠标右击项目，选择相应快捷菜单的【添加】|【Windows 窗体】命令，也可以通过【项目】菜单中的【添加 Windows 窗体】命令来实现。

通过将鼠标指向【工具箱】中的控件，双击控件或者将其拖放到窗体的合适位置，可以在窗体上创建各种类型的控件。

通过【属性】窗口，可以设置窗体或者控件的外观。

3. 添加程序代码

VB.NET 采用事件驱动编程机制，因此大部分程序都是针对窗体或者控件所能支持的方法或者事件编写的，这样的程序称为事件过程。例如，窗体“Form1”支持“Load”事件，程序运行时调入窗体“Form1”时，会调用“Form1”的“Form1_Load”事件过程并执行其代码；按钮可以接受鼠标单击（Click）事件，如果单击该按钮，鼠标单击事件就调用相应的事件（如 Button1_Click）过程并做出响应。

4. 运行和测试程序

运行和测试程序可以通过菜单命令【调试】|【开始调试】，或者按快捷键 F5，或者通过单击工具栏中的“启动”按钮▶。集成开发环境 Visual Studio 将自动编译项目中包含的代码，并启动运行程序。

5. 保存 Visual Basic 项目

在集成开发环境 Visual Studio 中，通过菜单命令【文件】|【全部保存】，或者单击 Visual Studio 工具栏中的“全部保存”按钮或者“保存”按钮保存项目。

2.4　创建 Windows 窗体应用程序

【例 2-8】 使用 Visual Studio 集成开发环境实现“Hello World”欢迎程序。用户可以在文本框中输入姓名，单击【确定】按钮，页面即显示所输入的姓名及欢迎信息。运行效果如图 2-20 所示。

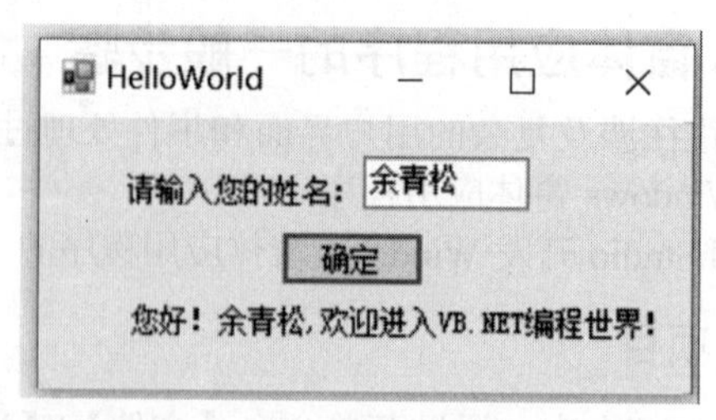

图 2-20　例 2-8 欢迎程序的运行效果

解决方案：该程序使用表 2-1 所示的窗体和控件完成指定的开发任务。

表 2-1　欢迎程序的窗体和控件

窗 体 控 件	属　性	值	说　明
Form1	Text	HelloWorld	窗体标题栏文本
Label1	Text	请输入您的姓名：	输入信息标签
TextBox1	Name	TextBoxName	姓名文本框
Button1	Text	确定	确定命令按钮
Label2	Name	LabelResult	信息显示标签
	Text	空	

下面章节将详细阐述使用 Visual Studio 创建 Windows 窗体应用程序的一般流程。

2.4.1　创建 Windows 窗体应用程序

通过菜单命令【文件】|【新建项目】，打开【创建新项目】对话框，在上方【语言】下拉列表框中选择“Visual Basic”类别；然后在项目模板列表中选择“Windows 窗体应用（.NET Framework）”模板，单击【下一步】按钮，打开【配置新项目】对话框，在【项目名称】文本框中输入项目名称“HelloWorld”；在【位置】文本框中指定要保存的位置 C:\VB.NET\Chaper02，然后单击【创建】按钮，创建控制台应用程序解决方案和项目。包括一个解决方案（HelloWorld）和一个 Windows 窗体项目（HelloWorld），并创建一个窗体代码文件 Form1.vb，以及其他相关文件，如图 2-21 所示。这些代码自动实现了 Windows 窗体应用程序所需的各种框架代码。如果直接运行，可以显示一个空的 Windows 窗体。

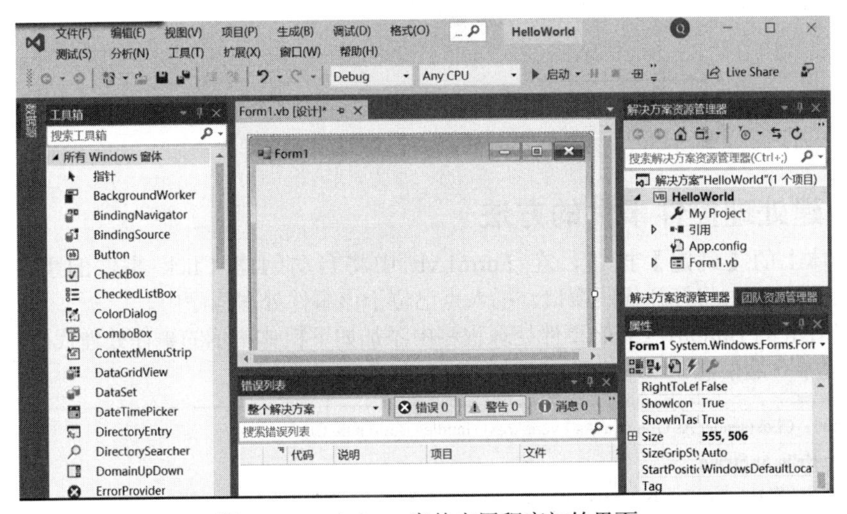

图 2-21　Windows 窗体应用程序初始界面

注意：使用 Visual Studio 创建的项目一般遵循一定的格式标准，相对比较复杂。Form1.vb 和 Form1.Designer.vb（分部类）用于定义窗体类。其中，Form1.Designer.vb 中包含的代码是 Visual Studio 自动创建的，例如，拖拉按钮控件到窗体上，将自动生成相应的代码，这部分代码用户不需要也不必修改。鼠标右击窗体空白处，在出现的快捷菜单中选择【查看代码】命令，可以显示相应窗体中包含的代码。

2.4.2　创建用户界面

从【公共控件】工具箱中分别拖 2 个 Label 控件、1 个 TextBox 控件、1 个 Button 控件到窗体上。参照表 2-1，分别在【属性】窗口中设置窗体以及各控件的属性。

- 窗体 Form1 的 Text 为：HelloWorld，如图 2-22（a）所示。
- 输入信息 Label 的 Text 为：请输入您的姓名：。
- 姓名 TextBox 的 Name 改为：TextBoxName，如图 2-22（b）所示。

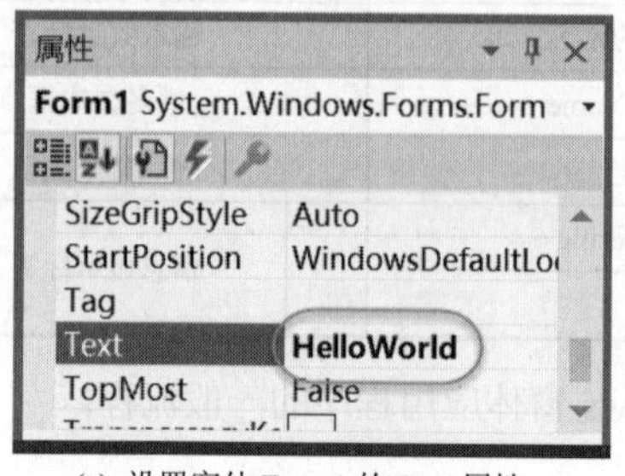

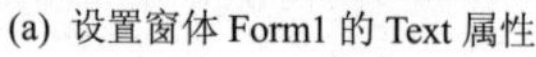

(a) 设置窗体 Form1 的 Text 属性

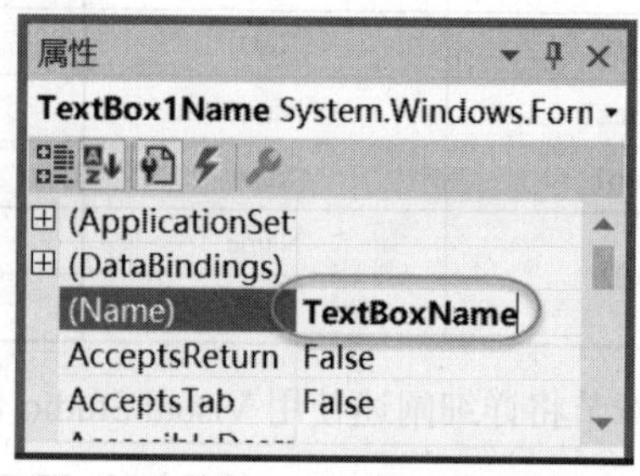

(b) 姓名 TextBox 的 Name 属性

图 2-22　设置窗体和控件的属性

- Button 的 Text 为：确定。
- 信息显示 Label 的 Text 为空、Name 改为：LabelResult。

适当调整窗体大小以及各控件的大小和位置，窗体最终设计效果如图 2-23 所示。

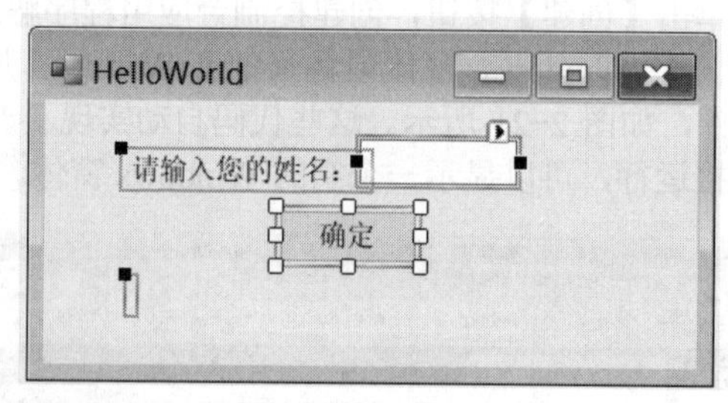

图 2-23　例 2-8 窗体最终设计效果

2.4.3　创建处理控件事件的方法

双击窗体上的【确定】按钮，在 Form1.vb 中将自动创建 Click 事件的事件处理程序“Button1_Click”。此时将打开代码窗口，插入点已位于该事件处理程序中。

在 Form1.vb 的 Button1_Click 事件处理程序中添加如下粗体所示的事件处理代码，以在信息显示标签中显示欢迎信息：

```
Private Sub Button1_Click(sender As Object, e As EventArgs) Handles ButtonOK.Click
    Dim strHello As String
    strHello = "您好！" & TextBoxName.Text & ",欢迎进入 VB.NET 编程世界！"
    LabelResult.Text = strHello
End Sub
```

2.4.4　运行并测试应用程序

单击工具栏上的“启动”按钮▶，或者按快捷键 F5 运行并测试应用程序。

2.4.5　保存 Windows 窗体应用程序

通过菜单命令【文件】|【全部保存】，或者单击 Visual Studio 工具栏中的“全部保存”按钮，保存 Windows 窗体应用程序。

2.5 窗体和基本控件

在 Windows 窗体应用程序中，“窗体”是向用户显示信息的可视图面，窗体包含可以添加到窗体上的各种控件。“控件”是显示数据或接受数据输入的相对独立的用户界面元素，如：文本框、按钮、下拉框、单选按钮等，用户还可以使用 UserControl 类创建自定义控件以实现特殊的功能要求。

使用.NET Framework 提供的丰富的 Windows 窗体组件，可以快速地开发各种复杂用户界面的 Windows 窗体应用程序。

使用 Visual Studio 的具有拖放功能的 Windows 窗体设计器，可以轻松创建 Windows 窗体应用程序。只需使用鼠标选择控件并将控件拖放到窗体上适当的位置，就可以创建丰富的用户界面；通过【属性】窗口，可以设置各控件的属性；通过编写各控件的事件处理程序，可以实现各种逻辑功能。

2.5.1 通用属性

通用属性表示窗体和大部分控件具有的属性。属性可以在设计时通过【属性】窗口设置和获取；也可以在代码编辑器通过编写代码设置和获取。窗体和大部分控件具有的通用属性主要如表 2-2 所示。

表 2-2 窗体和大部分控件主要的通用属性

属　性	说　明
Name	所有对象具有的属性，是所创建对象的名称，用于标识对象
Text	获取或设置与窗体/控件关联的文本。对于窗体，是窗体标题栏文本；对于 TextBox 控件，是获取用户输入或显示的文本信息；对于 Label、Button 等其他控件，是获取或设置控件上显示的文本信息
Size Width Height	获取或设置窗体/控件的大小（System.Drawing.Size），其中 Size.Width 等效于窗体/控件的 Width 属性值，Size.Height 等效于窗体/控件的 Height 属性值。 例如：Button1.Size = new Size(100, 50) 等同于：Button1.Width = 100 : Button1.Height = 50
Location Left Top	获取或设置窗体/控件的左上角相对于其容器的左上角的坐标（System.Drawing.Point），其中，Point.X 属性等效于窗体/控件的 Left 属性值，Point.Y 属性等效于窗体/控件的 Top 属性值。 例如：Button1.Location = new Point(100, 80) 等同于：Button1.Left = 100 : Button1.Top = 80
Font	获取或设置控件显示的文字的字体。一般在设计器中通过“字体”属性对话框设置；也可通过代码进行设置。例如：Button1.Font = New Font("隶书", 12, FontStyle.Bold)
ForeColor BackColor	获取或设置控件的前景色（即控件中文本的颜色）、背景色。一般在属性面板中通过选择相应的调色板颜色（包括“自定义”“Web”“系统”调色板）进行设置；也可通过代码进行设置，例如：Button1.ForeColor = Color.Red 注：Color 结构表示一种 ARGB 颜色（alpha、红色、绿色、蓝色），已命名的颜色使用 Color 结构的属性来表示
Cursor	获取或设置当鼠标指针位于控件上时显示的光标。可以在属性窗口中查看和设置代表用于绘制鼠标指针的图像；也可通过代码进行设置。例如：Button1.Cursor = Cursors.Hand 注：Cursors 类提供窗体应用程序 Cursor 对象的集合
Dock	获取或设置控件停靠到其父控件的位置和方式，其取值是枚举类型（DockStyle）： None：该控件未停靠； Top：该控件的上边缘停靠在其包含控件的顶端； Bottom：该控件的下边缘停靠在其包含控件的底部； Left：该控件的左边缘停靠在其包含控件的左边缘； Right：该控件的右边缘停靠在其包含控件的右边缘； Fill：控件的各个边缘分别停靠在其包含控件的各个边缘，且适当调整大小
Enable	获取或设置一个值，该值指示控件是否可以对用户交互做出响应。如果控件可以对用户交互做出响应，则为 True；否则为 False。默认为 True
Visible	获取或设置一个值，该值指示是否显示该控件及其所有父控件。如果显示该控件及其所有父控件，则为 True；否则为 False。默认为 True
TabIndex	获取或设置控件的 Tab 键顺序。Tab 键索引可由任何大于等于零的有效整数组成，越小的数字在 Tab 键顺序中越靠前
ContextMenuStrip	获取或设置与此控件关联的 ContextMenuStrip

2.5.2 通用事件

通用事件表示窗体和大部分控件具有的事件。当用户通过鼠标或键盘与窗体交互操作时，会产生各种事件。通过创建事件处理程序，用户可以实现各种逻辑处理功能。常用事件如表 2-3 所示。

表 2-3 窗体和大部分控件常用的事件

事 件	说 明
Click	鼠标触发事件，在单击窗体时发生
DoubleClick	鼠标触发事件，在双击窗体时发生
MouseDown	鼠标触发事件，按下任一个鼠标按钮时发生
MouseUp	鼠标触发事件，释放任一个鼠标按钮时发生
MouseMove	鼠标触发事件，移动鼠标时发生
KeyPress	键盘触发事件，按下并释放一个会产生 ASCII 码的键时发生
KeyDown	键盘触发事件，按下任意一个键时发生
KeyUp	键盘触发事件，释放任意一个按下的键时发生

注意：

① 处理鼠标触发事件时，系统会传递一个参数（MouseEventArgs e）。通过 e.Button，可以确定按下哪一个键（MouseButtons 枚举：Left、Right、Middle、None）；通过 e.X 和 e.Y，可以确定鼠标当前的位置。

② 处理键盘触发事件时，系统会传递一个参数（KeyEventArgs e 或 KeyPressEventArgs ep）。分别通过判断 e.Shift、e.Control 或 e.Alt 是否为 True，可以确定是否按下 Shift、Ctrl 或者 Alt 键；通过 ep.KeyChar，可以确定按下哪一个键（Keys：Key.A～Key.Z 以及 Key.F1～Key.F24 等）。处理完毕后，一般需设置 e.Handled 为 True，以表示按键已被处理。

2.5.3 窗体属性、事件和方法

窗体属性决定了窗体的外观和操作。窗体除了具有 2.5.1 节所述的通用属性外，其主要属性如表 2-4 所示。

表 2-4 窗体主要的属性、方法和事件

	属性/方法/事件	说明
属性	MaximizeBox MinimizeBox	获取或设置一个值（True 或者 False），该值指示是否在窗体的标题栏中显示“最大化”“最小化”按钮。若要显示“最大化”“最小化”按钮，还必须将窗体的 FormBorderStyle 属性设置为如下取值之一：FormBorderStyle.FixedSingle，FormBorderStyle.Sizable，FormBorderStyle.Fixed3D 或 FormBorderStyle.FixedDialog
	Icon	获取或设置窗体的图标，用于指定在任务栏中表示该窗体的图片以及窗体的控件框显示的图标
	ControlBox	获取或设置一个值（True 或者 False），该值指示在该窗体的标题栏中是否显示控件菜单框。控件菜单框是用户可单击以访问系统菜单的地方
	BackgroundImage	获取或设置在窗体中显示的背景图像
	FormBorderStyle	指定窗体的边框样式。其取值是枚举类型（FormBorderStyle）： None：无边框； FixedSingle：固定的单行边框； Fixed3D：固定的三维边框； FixedDialog：固定的对话框样式的粗边框； Sizable：默认样式。可调整大小的边框； FixedToolWindow：不可调整大小的工具窗口边框。工具窗口不会显示在任务栏中也不会显示在当用户按快捷键 Alt+Tab 时出现的窗口中； SizableToolWindow：可调整大小的工具窗口边框。工具窗口不会显示在任务栏中也不会显示在当用户按快捷键 Alt+Tab 时出现的窗口中

续表

	属性/方法/事件	说明
属性	WindowState	获取或设置窗体的窗口状态。其取值是枚举类型（FormWindowState）： Normal：默认大小的窗口； Minimized：最小化的窗口（以图标方式运行）； Maximized：最大化的窗口
	AcceptButton	获取或设置窗体的【接受】按钮（也称作默认按钮）。如果设置了【接受】按钮，则每当用户按 Enter 键时，即单击【接受】按钮，而不管窗体上其他哪个控件具有焦点
	CancelButton	获取或设置窗体的【取消】按钮。如果设置了【取消】按钮，则每当用户按 Esc 键时，即单击【取消】按钮，而不管窗体上其他哪个控件具有焦点
方法	Activate	激活窗体并给予它焦点
	Hide Show ShowDialog	对用户隐藏窗体、显示窗体、将窗体显示为模式对话框。例如： Private Sub Button1_Click(sender As System.Object, e As System.EventArgs) Handles Button1.Click Dim f2 As Form = New Form() Me.Hide()　　'隐藏窗体 f2.Show()　　'显示窗体 'f2.ShowDialog()　　'将窗体显示为模式对话框 End Sub
	Close	关闭窗体。例如： Private Sub Button1_Click(sender As System.Object, e As System.EventArgs) Handles Button1.Click Me.Close() End Sub
事件	Load	在第一次显示窗体前发生，当应用程序启动时，自动执行 Load 事件，所以该事件通常用来在启动应用程序时初始化属性和变量
	Activated	当使用代码激活或用户激活窗体时发生
	Resize	在调整控件大小时发生

【例 2-9】 编写 3 个 Windows 窗体事件过程，程序运行效果如图 2-24 所示。

① 当窗体装入时，窗体的标题栏显示“装载窗体”，并将“C:\VB.NET\images\仙女 1.jpg”作为窗体背景图像。

② 当单击窗体时，窗体的标题栏显示“单击窗体”，并将“C:\VB.NET\images\仙女 2.jpg”作为窗体背景图像。设置窗体为固定的对话框样式的粗边框，并且不显示“最大化”和“最小化”按钮。

③ 当双击窗体时，窗体的标题栏显示“双击窗体”，并将“C:\VB.NET\images\仙女 3.jpg”作为窗体背景图像。设置窗体为默认边框样式，并且显示“最大化”和“最小化”按钮。

（a）Load 事件

（b）Click 事件

（c） DoubleClick 事件

图 2-24　例 2-9 的运行效果

操作步骤如下。

（1）创建 Windows 窗体应用程序

启动 Visual Studio，通过【文件】|【新建项目】菜单命令，在“C:\VB.NET\Chapter02”文件夹中创建“Visual Basic”类别、名为 FormEvents 的 Windows 窗体应用程序。

（2）创建处理窗体事件的方法

双击窗体空白处，在 Form1.vb 中将自动创建 Form1_Load 事件处理程序。此时将自动打开代码窗口，在该事件处理程序中手工添加如下粗体所示的事件处理代码（其中的注释语句可以不需添加，但为了程序的可读性，建议读者养成在程序中添加适当注释语句的好习惯）：

```
Private Sub Form1_Load(sender As System.Object, e As System.EventArgs) Handles MyBase.Load
        '设置窗体标题栏文本
        Me.Text = "装载窗体"
        '设置背景图像
        Me.BackgroundImage = Image.FromFile("C:\VB.NET\images\仙女 1.jpg")
End Sub
```

回到 Windows 窗体设计器，在窗体【属性】窗口中，单击“事件”按钮，然后双击事件名称“Click”，在 Form1.vb 中将自动创建 Form1_Click 事件处理程序。在该事件处理程序中手工添加如下粗体所示的事件处理代码：

```
Private Sub Form1_Click(sender As System.Object, e As System.EventArgs) Handles MyBase.Click
        '设置窗体标题栏文本
        Me.Text = "单击窗体"
        '设置背景图像
        Me.BackgroundImage = Image.FromFile("C:\VB.NET\images\仙女 2.jpg")
        '设置为固定的对话框样式的粗边框——不可调整窗体大小
        Me.FormBorderStyle = FormBorderStyle.FixedDialog
        '不显示“最大化”按钮
        Me.MaximizeBox = False
        '不显示“最小化”按钮
        Me.MinimizeBox = False
End Sub
```

回到 Windows 窗体设计器，在窗体事件【属性】窗口中，双击事件名称“DoubleClick”，在 Form1.vb 中将自动创建 Form1_DoubleClick 事件处理程序。在该事件处理程序中手工添加如下粗体所示的事件处理代码：

```
Private Sub Form1_DoubleClick(sender As System.Object, e As System.EventArgs) Handles MyBase.DoubleClick
        '设置窗体标题栏文本
        Me.Text = "双击窗体"
        '设置背景图像
        Me.BackgroundImage = Image.FromFile("C:\VB.NET\images\仙女 3.jpg")
        '恢复默认样式：可调整大小的边框
        Me.FormBorderStyle = FormBorderStyle.Sizable
        ' 显示“最大化”按钮.
        Me.MaximizeBox = True
        '显示“最小化”按钮
```

```
        Me.MinimizeBox = True
End Sub
```

（3）运行并测试应用程序

单击工具栏上的“启动”按钮▶，或者按快捷键 F5 运行并测试应用程序。

2.5.4 Label（标签）控件

Label（标签）控件主要用于显示（输出）文本信息。除了显示文本外，Label 控件还可使用 Image 属性显示图像，或使用 ImageList 和 ImageIndex 属性组合显示图像。Label 控件的主要属性如表 2-5 所示。

表 2-5　Label 控件的主要属性

属　性	说　明
Text	获取或设置 Label 中的当前文本
Image	获取或设置显示在 Label 上的图像
ImageList	获取或设置包含要在 Label 控件中显示的图像的 ImageList
ImageIndex	获取或设置在 Label 控件上显示的图像的索引值
TextAlign ImageAlign	获取或设置标签中文本/图像的对齐方式。取值（ContentAlignment 枚举值）：TopLeft、TopCenter、TopRight、MiddleLeft、MiddleCenter、MiddleRight、BottomLeft、BottomCenter、BottomRight
AutoSize	获取或设置一个值（True 或 False），该值指示是否自动调整控件的大小以完整显示其内容
BorderStyle	获取或设置控件的边框样式。取值（BorderStyle 枚举）：None（无边框（默认值））、FixedSingle（单行边框）、Fixed3D（三维边框）

2.5.5 TextBox（文本框）控件

TextBox（文本框）控件用于输入文本信息。TextBox 控件一般用于显示或者输入单行文本，还可以实现限制输入字符数、密码字符屏蔽、多行编辑、大小写转换等功能。TextBox 控件主要的属性、方法和事件如表 2-6 所示。

表 2-6　TextBox 控件主要的属性、方法和事件

	属性/方法/事件	说　明
属性	Text	获取或设置 TextBox 中的当前文本
	ReadOnly	获取或设置是否（True 或 False）文本框为只读。默认为 False
	MaxLength	获取或设置用户可在文本框控件中输入或粘贴的最大字符数
	PasswordChar	获取或设置字符，该字符用于屏蔽单行 TextBox 控件中的密码字符
	Multiline	获取或设置是否（True 或 False）允许多行编辑。默认为 False
	WordWrap	获取或设置是否（True 或 False）允许多行编辑时是否自动换行。默认值为 True
	ScrollBars	获取或设置多行编辑 TextBox 控件是否带滚动条。取值（ScrollBars 枚举）：None（不显示）、Horizontal（水平滚动条）、Vertical（垂直滚动条）、Both（同时显示）。默认值为 None
	AcceptsReturn	获取或设置是否（True 或 False）允许多行编辑时按 Enter 键时创建新行。默认值为 False
	AcceptsTab	获取或设置是否（True 或 False）允许多行编辑时按 Tab 键时输入一个 Tab 字符。默认值为 False
	CharacterCasing	获取或设置是否转换输入字符的大小写格式。取值（CharacterCasing 枚举）：Normal（保持不变）、Upper（转换为大写）、Lower（转换为小写）。默认值为 Normal
	SelectionStart	获取或设置文本框中选定的文本起始点
	SelectionLength	获取或设置文本框中选定的字符数
	SelectedText	获取或设置文本框中当前选定的文本

续表

	属性/方法/事件	说　明
方法	AppendText	向文本框的当前文本追加文本
	Clear	从文本框控件中清除所有文本
	Copy	将文本框中的当前选定内容复制到“剪贴板”
	Cut	将文本框中的当前选定内容移动到“剪贴板”中
事件	TextChanged	在 Text 属性值更改时发生
	Leave	当控件不再是窗体的活动控件时发生

2.5.6 Button（按钮）控件

Button（按钮）控件用于执行用户的单击操作。如果焦点位于某个 Button，则可以使用鼠标、Enter 键或空格键单击该按钮。当用户单击按钮时，即调用 Click 事件处理程序。Button 上显示的文本通过 Text 属性进行设置，也可以使用 Image 和 ImageList 属性显示图像。Button 控件主要的属性和事件如表 2-7 所示。

表 2-7 Button 控件主要的属性和事件

	属性/事件	说　明
属性	Text	获取或设置 Button 中的当前文本
	Image	获取或设置显示在 Button 控件上的图像
	ImageList	获取或设置包含按钮控件上显示的 Image 的 ImageList
	FlatStyle	获取或设置按钮控件的平面样式外观
事件	Click	在单击 Button 控件时发生
	DoubleClick	当用户双击 Button 控件时发生

【例 2-10】 Label、TextBox、Button 应用示例：创建 Windows 窗体应用程序 CurrencyChange，实现美元和人民币之间的兑换程序。

① 在【美元】文本框中输入钱款，在【汇率】文本框中输入美元和人民币的汇率（默认为 6.9236），然后单击窗体中的“兑换人民币”命令按钮，则【人民币】文本框中将显示相应的人民币金额，如图 2-25（a）所示。

② 在【人民币】文本框中输入钱款，在【汇率】文本框中输入美元和人民币的汇率，然后单击窗体中的“兑换美元”命令按钮，则“美元”文本框中将显示相应的美元金额，如图 2-25（b）所示。

③ 单击窗体中的【清屏】命令按钮，将清除 3 个文本框中的所有内容。

④ 单击窗体中的【退出】命令按钮，终止 CurrencyChange 应用程序的执行。

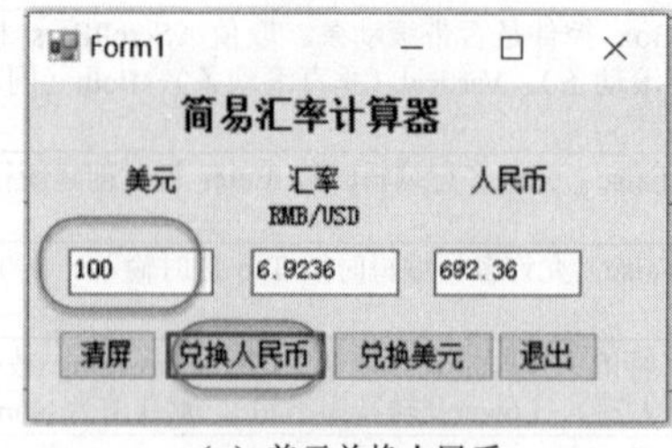

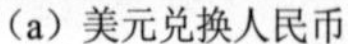
（a）美元兑换人民币

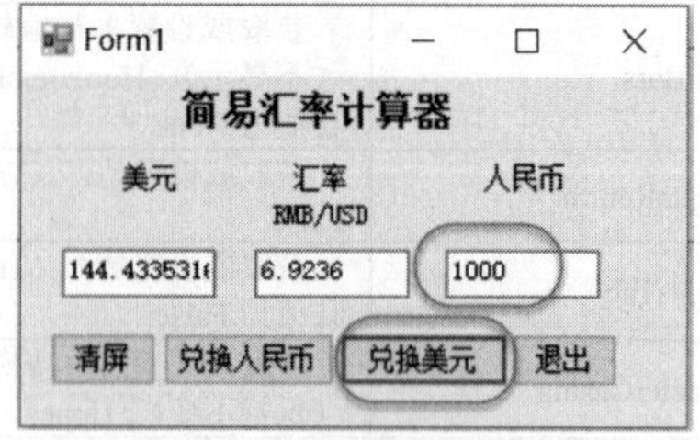

（b）人民币兑换美元

图 2-25 例 2-10 的运行效果

解决方案：本例使用表 2-8 所示的 Windows 窗体控件完成指定的开发任务。

表 2-8　例 2-10 所使用的控件属性及说明

控件	属性	值	说明
Label1	Text	简易汇率计算器	标题说明标签
	Font	粗体、小四号	
Label2	Text	美元	美元标签
Label3	Text	汇率	汇率标签
Label4	Text	人民币	人民币标签
Label5	Text	RMB/USD	RMB/USD 标签
TextBox1	Name	TextBoxUSD	美元文本框
TextBox2	Name	TextBoxRate	汇率文本框
	Text	6.9236	
TextBox3	Name	TextBoxRMB	人民币文本框
Button1	Name	ButtonClear	清屏命令按钮
	Text	清屏	
Button2	Name	ButtonRMB	兑换人民币命令按钮
	Text	兑换人民币	
Button3	Name	ButtonUSD	兑换美元命令按钮
	Text	兑换美元	
Button4	Name	ButtonQuit	退出命令按钮
	Text	退出	

操作步骤如下。

（1）创建 Windows 窗体应用程序

启动 Visual Studio，通过【文件】|【新建项目】菜单命令，在“C:\VB.NET\Chapter02”文件夹中创建“Visual Basic”类别、名为 CurrencyChange 的 Windows 窗体应用程序。

（2）窗体设计

从“工具箱”中分别将 5 个 Label 标签控件、3 个 TextBox 文本框控件、4 个 Button 按钮控件拖动到窗体上。参照表 2-8 和运行效果图 2-27，分别在【属性】窗口中设置各控件的属性，并在 Windows 窗体设计器适当调整各控件的大小和位置。

（3）创建处理控件事件的方法

① 生成并处理 ButtonClear_Click 事件。

双击窗体中的【清屏】按钮控件，系统将自动生成“ButtonClear_Click”事件处理程序，在其中加入如下粗体语句，清除 3 个文本框中的所有内容：

```
Private Sub ButtonClear_Click(sender As System.Object, e As System.EventArgs) Handles ButtonClear.Click
        TextBoxRMB.Text = ""
        TextBoxUSD.Text = ""
        TextBoxRate.Text = ""
End Sub
```

② 生成并处理 ButtonRMB_Click 事件。

双击窗体中的【兑换人民币】按钮控件，系统将自动生成“ButtonRMB_Click”事件处理程序，在其中加入如下粗体语句，根据汇率，将美元转换为人民币金额：

```
Private Sub ButtonRMB_Click(sender As System.Object, e As System.EventArgs) Handles ButtonRMB.Click
        TextBoxRMB.Text = TextBoxUSD.Text * TextBoxRate.Text
End Sub
```

③ 生成并处理 ButtonUSD_Click 事件。

双击窗体中的【兑换美元】按钮控件，系统将自动生成“ButtonUSD_Click”事件处理程序，在其中加入如下粗体语句，根据汇率，将人民币转换为美元金额：

```
Private Sub ButtonUSD_Click(sender As System.Object, e As System.EventArgs) Handles ButtonUSD.Click
        TextBoxUSD.Text = TextBoxRMB.Text / TextBoxRate.Text
End Sub
```

④ 生成并处理 ButtonQuit_Click 事件。

双击窗体中的【退出】按钮控件，系统将自动生成“ButtonQuit_Click”事件处理程序，在其中加入如下粗体语句，终止代码执行：

```
Private Sub ButtonQuit_Click(sender As System.Object, e As System.EventArgs) Handles ButtonQuit.Click
        Me.Close()
End Sub
```

（4）运行并测试应用程序

单击工具栏上的“启动”按钮，或者按快捷键 F5 运行并测试应用程序。

（5）保存 Windows 窗体应用程序

通过菜单命令【文件】|【全部保存】，或者单击 Visual Studio 工具栏中的“全部保存”按钮，保存 Windows 窗体应用程序。

第 3 章　VB.NET 语言基础

语句是 VB.NET 程序基本构成元素，语句通常包含表达式，而表达式由操作数和运算符构成，用于创建和处理对象。

程序计算机程序处理的数据必须放入内存。机器语言和汇编语言直接通过内存地址访问这些数据，而高级语言则通过内存单元命名（即变量或常量）来访问这些数据。VB.NET 中每个变量和对象都必须具有声明类型。

本章简要介绍 VB.NET 语言基础知识，后续章节将展开详细阐述。

本章要点

- 标识符及其命名规则；
- 变量和常量；
- 通用类型系统、值类型和引用类型、装箱和拆箱的基本概念；
- 预定义基本数据类型的使用；
- 类型转换方法；
- 运算符、表达式、语句；
- 模块、过程和函数的基本概念；
- 类和对象的基本概念。

3.1　标识符及其命名规则

在 Visual Basic 语言中，命名空间、模块、类、过程、函数、变量等的名称必须为有效的标识符。

3.1.1　标识符

标识符（identifier）是变量、类型、类型成员等的名称。

标识符的第一个字符必须是字母或下划线（_），其后的字符可以是字母、下划线或数字。一些特殊的名称，如 If、Case 等，作为 VB.NET 语言的保留关键字，不能作为标识符。

例如，myVar、_strName、obj123 为正确的变量名；而 99var、It'sOK、Case（关键字）为错误的变量名。

说明：

① Visual Basic 中的元素名称不区分大小写。例如，ABC 和 Abc 视为相同的名称。

② 关键字不能作为标识符。虽然可以定义用中括号（[ ]）括起来的关键字“转义名称”（如[Case]），但这会降低代码的易读性，故不建议使用。

3.1.2　保留关键字

关键字（keywords）有特殊的语法含义。各关键字的使用，将在后续章节陆续阐述其使用方法。关键字不能在程序中用作标识符，否则会产生编译错误。Visual Basic 的关键字列表请参见在线文档（https://docs.microsoft.com/zh-cn/dotnet/visual-basic/language-reference/keywords/）。

3.1.3　命名约定

Visual Basic 语言遵循.NET Framework 的 3 种命名约定。

（1）PascalCase

在多个单词组成的名称中，每个单词除第一个字母大写外，其余的字母均小写。PascalCase 命名约定一般用于自定义类型及其成员，如名称空间、类名、字段、方法、属性和事件等。例如，MyClass、GetItemData、MouseClick。

（2）camelCase

在多个单词组成的名称中，每个单词除第一个字母大写外（第一个单词以小写字母开头），其余的字母均小写。camelCase 命名约定一般用于局部变量名和方法参数名。例如：myValue、firstName、dateOfBirth。

（3）UPPERCASE

名称中的所有字母都大写，UPPERCASE 命名约定一般用于常量名。例如，PI、TAXRATE。

3.2 变量和常量

变量表示存储位置，每个变量必须具有一个类型。Visual Basic 是一种类型安全的语言，Visual Basic 编译器保证存储在变量中的值具有合适的类型。通过赋值可以更改变量的值。

3.2.1 字面量

代码中出现的文本形式常数称为字面量（literal），或者称为文本常量。字面量用于创建预定义数据类型对象，通常按默认方式确定其数据类型，如表 3-1 所示；或者根据其附带的文本类型字符来确定其数据类型，如表 3-2 所示。

表 3-1 字面量的默认数据类型

文本形式	默认数据类型	示例
数值，没有小数部分	Integer	2147483647
数值，无小数部分，超出 Integer 范围	Long	2147483648
数值，小数部分	Double	1.2
用双引号引起来	String	"A"
用#号引起来的有效日期	Date	#5/17/2020 9:32 AM#

表 3-2 字面量附带的文本类型字符标识的数据类型

文本类型字符	数据类型	示例
S	Short	Dim i = 347S
I	Integer	Dim j = 347I
L	Long	Dim k = 347L
D	Decimal	Dim x = 347D
F	Single	Dim y = 347F
R	Double	Dim z = 347R
US	UShort	Dim l = 347US
UI	UInteger	Dim m = 347UI
UL	ULong	Dim n = 347UL
c	Char	Dim q = "."c

编译器通常将整数解释为十进制（基数为 10）。可以用&H 前缀将整数强制为十六进制（基数为 16），可以用&O 前缀将整数强制为八进制（基数为 8），如表 3-3 所示。跟在前缀后面的数字必须适合于数制。

表 3-3　十六进制文本和八进制文本

数　　基	前　缀	有 效 数 值	示　　例
十六进制（以 16 为基）	&H	0～9 和 A～F	&HFFFF
八进制（以 8 为基）	&O	0～7	&O77
二进制（以 2 为基）	&B	0 和 1	&B0001_0110_0011_0100_0010

注：Visual Basic 15（Visual Studio 2017）以及其后版本支持使用下划线字符（_）作为数字分隔符以增强可读性。例如：

```
Dim intValue As Integer = 90_946          '十进制千分位分割符
Dim hexaDecimal = &H0001_6342             '十六进制四位分隔符
```

3.2.2　变量的声明、赋值和引用

默认情况下，Visual Basic 编译器强制实施"显式声明"，即要求每个变量都要先声明才能使用。为了移植老版本的程序（存在没有预先声明的变量，即所谓的隐式声明方式），则可以通过下列方式改变该编译选项。

① 在集成开发环境（IDE）中设置相应的项目属性：Option Explicit（选择 Off）。

② 指定/optionexplicit 命令行编译器选项：/optionexplicit-。

③ 在代码的开头包含 Option Explicit 语句：Option Explicit Off。

注意：一般情况下，应该打开此选项（默认值），否则容易产生许多不必要的错误。

在过程内部声明的变量，称为"局部变量"。"成员变量"是 Visual Basic 类型的成员，如类、结构或模块内部（但不在该类、结构或模块内部的任何过程中）声明的变量。有关"成员变量"的详细信息，请参见第 6 章。

局部变量的声明和赋值格式如下。

声明变量：

```
Dim 变量名 [As 变量类型][= 初值]
```

变量赋值：

```
变量 = 要赋的值
```

一般情况下，声明变量是应该使用"As 变量类型"指定该变量的类型；如果不指定，则默认指定改变量为 Object 类型，这样在对该变量进行赋值和访问操作时，需要进行转换操作，从而影响程序执行的效率。

如果采用"Dim 变量名 = 初值"的方式，如 Dim i = 1，则 Visual Studio 2008 以后版本的编译器会执行局部类型推断，即声明变量时无需显式声明数据类型，编译器将通过初始化表达式的类型推断变量的类型。注：如果设置编译选项 Option Infer Off，则编译器不会执行局部类型推断，即该变量的类型为 Object 类型。

除了在声明语句中指定数据类型外，还可以用"类型字符"强制某些编程元素的数据类型，如表 3-4 所示。类型字符必须紧跟在元素之后，中间不允许插入任何类型的字符。注：类型字符不是元素名的一部分。引用使用类型字符定义的名称时可以不使用类型字符。

表 3-4　类型字符

标识符类型字符	数 据 类 型	示　　例	等　价　于
%	Integer	Dim num%	Dim num as Integer
&	Long	Dim length&	Dim length as Long
@	Decimal	Dim rate@ = 37.5	Dim rate as Decimal=37.5
!	Single	Dim area!	Dim area as Single
#	Double	Dim price#	Dim price as Double
$	String	Dim name$ = "Secret"	Dim name as String= "Secret"

在 Visual Basic 中，类型字符还可以跟在字面量后，以推断为相应的类型。例如 dim i = 5%，表示值为 5 的 Integer，而不是百分之五。

在某些情况下，可以将$字符追加到 Visual Basic 函数中。例如，用 Left$代替 Left，以得到 String 类型的返回值。

Visual Basic 语言中声明值类型变量时，如果没有指定初值，则系统会自动赋予相应类型的初值（例如：Integer 类型变量的初值为 0。详见 3.4 节）；声明引用类型的变量时，被访问之前必须被初始化；否则运行时会产生异常 NullReferenceException。因此，不可能访问一个未初始化变量（如超出数组边界的表达式）。

虽然非引用类型的变量编译器会初始化为默认值，从而可以直接访问，但建议使用前赋初值（显式初始化），以增加程序的可读性，避免可能导致的错误。

对于指向值类型的变量，可以在语句和表达式中，直接使用变量名，以引用变量的值。对于指向引用类型的变量（即对象），可以通过“.”运算符，访问其字段、属性和方法。例如：

```
Dim x = 123                          '声明值类型变量并赋初值（自动推断为整型）
System.Console.WriteLine(x)           '使用值类型变量
Dim Rnd = New System.Random()         '声明引用类型（整型）变量并赋初值
System.Console.WriteLine(Rnd.Next())  '使用引用类型变量（调用对象的方法）
```

【例 3-1】 局部变量的声明和赋值示例。

在 C:\VB.NET\Chapter03\中创建“Visual Basic”类别的控制台应用程序项目 VariableTest，在 Module1.vb 中添加如下粗体代码。

```
Module Module1
    Sub Main()
        Dim var1                  '声明局部变量 var1，默认为 Object 类型，未初始化
        Dim var2% = 2             '声明局部变量 var2，指定“类型字符”%强制为整型
        Dim var3 As Integer       '声明局部变量 var3，指定为整型，默认初值为 0
        Dim var4 As Long = 4      '声明局部变量 var4，指定为长整型，并赋初值
        Dim var5 = 5.1            '声明局部变量 var5，并赋初值，编译器会执行局部类型推断为整型
        Console.Writeln("var1={0}, var2={1}, var3={2}, var4={3}, var5={4}", var1, var2, var3, var4, var5)
        Console.ReadKey()         '按任意键结束
    End Sub
End Module
```

程序运行结果如下：

```
var1=, var2=2, var3=0, var4=4, var5=5.1
```

3.2.3 常量的声明和引用

在过程内部声明的常量，称为“局部常量”；在类、结构或模块内部（但不在该类、结构或模块内部的任何过程中）声明的变量，称为“成员常量”。

在声明和初始化变量时，在变量的前面加上关键字 Const，就可以把该变量指定为一个常量。

```
Const 常量名 [As 常量类型][= 常量值]
```

常量的命名规则一般采用大写字母。常量使用易于理解的名称替代数字或字符串，可以提高程序的可读性、健壮性和可维护性。

【例 3-2】 常量的声明示例。

在 C:\VB.NET\Chapter03\中创建“Visual Basic”类别的控制台应用程序项目 ConstTest，在 Module1.vb 中添加如下粗体代码。

```
Module Module1
    Sub Main()
        Dim radius As Double = 100                   '声明变量 radius(半径)并赋值为 100
        Dim amount As Double = 10000                 '声明变量 amount(金额)并赋值为 10000
        Const PI As Double = 3.14159                 '声明常量 PI(圆周率)为 3.14159
        Const TAXRATE As Double = 0.17               '声明常量 TAXRATE(增值税率)为 17%
        'PI = 3.14                                   '编译错误，不能修改常量
        Dim perimeter As Double = 2 * PI * radius    '计算圆周长
        Dim area As Double = PI * radius * radius    '计算圆面积
        Dim tax As Double = amount * TAXRATE         '计算增值税
        Console.WriteLine("半径={0}, 周长={1}, 面积={2}, 金额={3}, 税={4}",
                          radius, perimeter, area, amount, tax)
        Console.ReadKey()    '按任意键结束
    End Sub
End Module
```

程序运行结果如下：

```
半径=100, 周长=628.318, 面积=31415.9, 金额=10000, 税=1700
```

注意：常量必须在声明时初始化；指定了其值后，不能再对其进行赋值修改。

3.2.4　系统提供的常量

Microsoft.VisualBasic 命名空间包含常用的字符常量。这些常量可以在代码中的任何位置使用。Microsoft.VisualBasic 命名空间包含的常量一般以小写的“vb”开头，后跟有意义的符号。例如：vbCrLf（回车/换行组合符）、vbTab（Tab 字符）。

Visual Basic 编译器自动引用该命名空间 Visual Basic 运行时模块（程序集 Microsoft.VisualBasic.dll，命名空间 Microsoft.VisualBasic），故在程序中可直接使用该命名空间定义的常量。

3.3　数据类型

Visual Basic 是强类型语言，即每个变量和对象都必须具有声明类型。在.NET Framework 中，引入通用类型系统（common type system，CTS）的概念，以保证遵循公共语言规范（common language specification，CLS）的语言（如 VB.NET 和 C#）所编写的程序之间可以相互操作，通用类型系统是运行库支持跨语言集成的一个重要组成部分。

3.3.1　类型系统

通用类型系统定义了如何在运行库中声明、使用和管理类型。表 3-5 为 Visual Basic 类型系统的概述。

表 3-5 Visual Basic 类型系统

类 别		说 明
值类型	简单类型	有符号整型：SByte、Short、Integer 和 Long
		无符号整型：Byte、UShort、UInteger 和 ULong
		Unicode 字符型：Char
		IEEE 浮点型：Single 和 Double
		高精度小数型：Decimal
		布尔型：Boolean
	枚举类型	Enum…End Enum 形式的用户定义的类型
	结构类型	Structure…End Structure 形式的用户定义的类型
	可以为 Nothing 的类型	其他所有具有 Nothing 值的值类型的扩展
引用类型	类类型	其他所有类型的最终基类：Object
		Unicode 字符串型：String 日期类型：Date
		Class…End Class 形式的用户定义的类
	标准模块	Module…End Module 形式的用户定义的标准模块
	接口类型	Interface…End Interface 形式的用户定义的接口
	数组类型	一维和多维数组
	委托类型	Delegate 形式的用户定义的类型

3.3.2 值类型和引用类型

值类型（value type）的变量在堆栈（stack）中直接包含其数据，每个变量都有自己的数据副本（ByRef 参数变量除外），因此对一个变量的操作不影响另一个变量。值类型一般适合于存储少量数据，可以实现高效率处理。

引用类型（reference type）的变量在堆栈中存储对数据（对象）的引用（地址），数据（对象）存储在托管运行环境管理的堆（heap）中。对于引用类型，两个变量可能引用同一个对象，因此对一个变量的操作可能影响另一个变量所引用的对象。

【例 3-3】 值类型与引用类型之间的区别示例。

在 C:\VB.NET\Chapter03\中创建“Visual Basic”类别的控制台应用程序项目 ValRefTest，在 Module1.vb 中添加如下粗体代码。其中，变量 val1、val2 为值类型；ref1、ref2 为引用类型。

```
Module Module1
    Class Class1
        Public Value As Integer = 0
    End Class
    Sub Main()
        Dim val1 As Integer = 0
        Dim val2 As Integer = val1
        val2 = 123
        Dim ref1 As Class1 = New Class1()
        Dim ref2 As Class1 = ref1
        ref2.Value = 123
        Console.WriteLine("val1={0} val2={1}, ref1={2} ref2={3}", val1, val2, ref1.Value, ref2.Value)
        Console.ReadKey()          '按任意键结束
```

```
    End Sub
End Module
```

程序运行结果如下：

```
val1=0 val2=123, ref1=123 ref2=123
```

例 3-3 程序代码的内存分配示意图如图 3-1 所示。

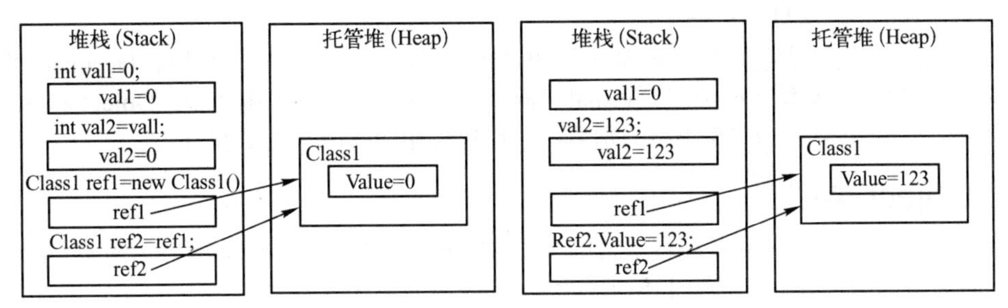

图 3-1　例 3-3 程序代码的内存分配示意图

3.3.3 装箱和拆箱

Visual Basic 中所有的类型都继承于 System.Object 根类型，而所有的值类型都继承于 System.ValueType 类型。通过装箱（boxing）和拆箱（unboxing）机制，可以实现值类型和引用类型之间的转换。

装箱转换是指将一个值类型隐式或显式地转换成一个 Object 类型，或者把这个值类型转换成一个被该值类型应用的接口类型（interface-type）。把一个值类型的值装箱，就是创建一个 Object 实例（也称为“箱子”）并将这个值复制给这个 Object，装箱后的 Object 对象中的数据位于托管堆中。

拆箱转换是指将一个对象类型显式或隐式地转换成一个值类型，或是将一个接口类型显式或隐式地转换成一个实现该接口的值类型。注意装箱操作可以隐式进行，但拆箱操作必须是显式的。拆箱过程一般分成两步：首先，检查这个对象实例（“箱子”），看它是否为给定的值类型的装箱值。然后，把这个对象实例的值拷贝给值类型的变量。

注：如果 Option Strict 设置为 On（默认为 Off），则拆箱转换只能通过显示转换方式进行。关于类型转换请参见 3.5 节。

装箱转换把值类型转换为引用类型后，可以方便调用相应对象实现的方法。值得注意的是，装箱和拆箱操作会导致额外的系统内存配置开销。

【例 3-4】 装箱和拆箱示例。

在 C:\VB.NET\Chapter03\中创建“Visual Basic”类别的控制台应用程序项目 BoxingTest，在 Module1.vb 中添加如下粗体代码。

```
Module Module1
    Sub Main()
        Dim i As Integer = 123
        Dim obj1 As Object = i                    '隐式装箱（boxing）
        Dim obj2 As Object = CObj(i)              '显式装箱（boxing）
        i = 456                                   '改变 i 的内容
        Dim j As Integer = CInt(obj1)             '拆箱（unboxing）
        Console.WriteLine("值类型 i={0},值类型 j={1},引用类型 obj1={2},引用类型 obj2={3}", i, j, obj1, obj2)
        Console.ReadKey()                         '按任意键结束
```

```
    End Sub
End Module
```

程序运行结果如下：

```
值类型 i=456,值类型 j=123,引用类型 obj1=123,引用类型 obj2=123
```

3.4 预定义数据类型

Visual Basic 的内置值类型表示基本数据类型，包括整型、浮点类型、Decimal 类型、Boolean 类型、日期类型和字符类型。Visual Basic 支持两个内置的引用类型：Object 和 String。每个内置类型其实是相应的 CTS 类型的别名，故也包含相应的成员变量和方法。

3.4.1 Object 类型

Object 类型是 Visual Basic 编程语言的类层次结构的根类型，Object 是 System.Object 的别名，所有的类型都隐含地最终派生于 System.Object 类，如表 3-6 所示。

表 3-6 Object 类型

名　称	CTS 类	说　明
Object	System.Object	根类型，CTS 中的其他类型都是从它派生而来的（包括值类型）

Object 数据类型保存引用对象的地址。可以为 Object 的变量分配任何引用类型（字符串、数组、类或接口）。Object 变量还可以引用任何值类型（数值、Boolean、Char、Date、结构或枚举）的数据。Object 的默认值为 Nothing（空引用）。

可以将任何数据类型的变量、常数或表达式赋给 Object 变量。可以使用 System.Type 类的 GetType 方法确定 Object 变量当前引用的数据类型。参见 3.5 节。

Object 类型主要可以用于两个目的：可以使用 Object 引用绑定任何数据类型的对象；Object 类型执行许多基本的一般用途的方法，包括 Equals(Object)、Finalize()、GetHashCode()、GetType()和 ToString()等。

因为.NET Framework 中的所有类均从 Object 派生，所以 Object 类中定义的每个方法可用于系统中的所有对象。派生类可以重写这些方法。

System.Object 的主要成员如表 3-7 所示。

表 3-7 System.Object 主要成员

	名　称	说　明
实例方法	Equals	确定指定的 Object 是否等于当前的 Object
	Finalize	在自动回收对象之前执行清理操作
	GetHashCode	获取用作特定类型的哈希函数
	GetType	获取当前实例的类型
	ToString	将此实例对象转换为其等效的字符串表示形式

面向对象的编程将在后续章节进行详细讨论。

【例 3-5】 Object 类型变量示例。

在 C:\VB.NET\Chapter03\中创建“Visual Basic”类别的控制台应用程序项目 ObjectTest，在 Module1.vb 中添加如下粗体代码。

```
Module Module1
    Sub Main()
        Dim Obj1        '声明变量时，如果不指定类型，则默认为 Object
        Dim Obj2 As Object
```

```
        Obj1 = 1
        Obj2 = New Object() '新建 Object 对象实例
        Console.WriteLine("obj1 的类型为{0},obj2 的类型为{1},obj1 是否等于 obj2:{2}",
            Obj1.GetType().ToString(), Obj2.GetType().ToString(), Obj1.Equals(Obj2))
        Console.WriteLine("obj1 是否等于 obj2:{0}", Obj1.Equals(Obj2))
        Console.ReadKey()          '按任意键结束
    End Sub
End Module
```

程序运行结果如下：

```
obj1 的类型为 System.Int32,obj2 的类型为 System.Object,obj1 是否等于 obj2:False
obj1 是否等于 obj2:False
```

3.4.2　整型

Visual Basic 支持 8 个预定义整数类型，如表 3-8 所示，分别支持 8 位、16 位、32 位和 64 位整数值的有符号和无符号的形式。其对应的 CTS 类型的主要成员如表 3-9 所示。整型变量的默认值为 0。

表 3-8　预定义整数类型

名　称	CTS 类型	说　明	范　围
Sbyte	System.SByte	8 位有符号整数	–128～127
Short	System.Int16	16 位有符号整数	–32 768～32 767
Integer	System.Int32	32 位有符号整数	–2 147 483 648～2 147 483 647
Long	System.Int64	64 位有符号整数	–9 223 372 036 854 775 808～9 223 372 036 854 775 807
Byte	System.Byte	8 位无符号整数	0～255
UShort	System.Uint16	16 位无符号整数	0～65535
UInteger	System.Uint32	32 位无符号整数	0～4 294 967 295
ULong	System.Uint64	64 位无符号整数	0～18 446 744 073 709 551 615

表 3-9　System.SByte/Int16/Int32/Int64/Byte/Uint16/Uint32/Uint64 主要成员

	名　称	说　明
常量字段	MaxValue	表示 SByte/Int16/Int32/Int64/Byte/Uint16/Uint32/Uint64 的最大可能值
	MinValue	表示 SByte/Int16/Int32/Int64/Byte/Uint16/Uint32/Uint64 的最小可能值
静态方法	Parse	将数字字符串转换为等效的整数
	ToString	将数值对象转换为字符串
	TryParse	尝试将数字字符串转换为等效整数，并返回是否成功的返回值

注：不带小数点的数字字符串字面量默认推断为 Integer，超过范围则推断为 Long，带类型标志（S、I、L、US、UI、UL）的推断为相应类型，参见 3.2.1。标识符后带%推断为 Integer，带&推断为 Long。例如：

```
Dim sbyte1 As SByte = 8          '8 位有符号整型变量 SByte
Dim byte1 As Byte = 8            '8 位无符号整型变量 Byte
Dim short1 As Short = 16         '16 位有符号整型变量 Short
Dim short2 =16S                  '使用后缀 S 推断为 Short
Dim ushort1 As UShort=16         '16 位无符号整型变量
Dim ushort2=16US                 '使用后缀 US 推断为 UShort
```

```
Dim int1 = 32                  '不带小数点的字面量默认推断为 Integer
Dim int2 = 32I                 '使用后缀 I 推断为 Integer
Dim int3% = 32                 '将%追加到标识符推断为 Integer
Dim uint1 As UInteger = 32     '32 位无符号整型变量
Dim uint2 = 32UI               '使用后缀 UI 推断为 UInteger
Dim long1 As Long = 64         '64 位有符号整型变量
Dim long2=64L                  '使用后缀 L 推断为 Long
Dim long3& = 64                '将&追加到标识符推断为 Long
Dim ulong1 As ULong = 64       '64 位无符号整型变量
Dim ulong2=64UL                '使用后缀 UL 推断为 ULong
```

【例 3-6】 整型变量示例。

在 C:\VB.NET\Chapter03\中创建“Visual Basic”类别的控制台应用程序项目 IntTest，在 Module1.vb 中添加如下粗体代码。

```
Module Module1
    Sub Main()
        Console.Write("请输一个整数：")                '提示输入
        Dim str1 = Console.ReadLine()                 '读取一行， 以回车结束
        Dim data1 = Integer.Parse(str1)               '调用 Integer 的 Parse 方法把字符串解析为数值
        Console.WriteLine("{0}的十六进制为：{0:X}", data1)
        Console.ReadKey()                             '按任意键结束
    End Sub
End Module
```

程序运行结果如下：

```
请输一个整数：123
123 的十六进制为：7B
```

3.4.3 浮点类型

Visual Basic 支持 2 种浮点数据类型（Single 和 Double），用于包含小数的计算，如表 3-10 所示。其对应的 CTS 类型的主要成员如表 3-11 所示。浮点类型变量的默认值为 0.0。

表 3-10 浮点数据类型

名　称	CTS 类型	说　明	范围（大致）
Single	System.Single	32 位单精度浮点数	$\pm1.5\times10^{-45}$～$\pm3.4\times10^{38}$
Double	System.Double	64 位双精度浮点数	$\pm5.0\times10^{-324}$～$\pm1.8\times10^{308}$

表 3-11 System.Single/Double 主要成员

	名　称	说　明
常量字段	Epsilon	表示大于零的最小正 Single/Double 值
	MaxValue	表示 Single/Double 的最大可能值
	MinValue	表示 Single/Double 的最小可能值
	NaN	表示非数字（NaN）的值
	NegativeInfinity	表示负无穷
	PositiveInfinity	表示正无穷
静态方法	Parse	将数字字符串表示形式转换为等效浮点数
	TryParse	尝试将数字字符串转换为等效浮点数，并返回是否成功的返回值

注：带小数点的数字字符串字面量默认推断为 Double，带类型标志（S、R）的推断为相应类型，参见 3.2.1。标识符后带#推断为 Double，带!推断为 Single。例如：

```
Dim f1 As Single = 3.14                    ' 声明 Single 浮点数据类型变量，结果为：3.14
Dim f2 = 3.14F                             ' 使用后缀 F 推断为 Single
Dim f3! = 3.14                             ' 将!追加到标识符推断为 Single
Dim d1 = 3.14                              ' 带小数点的字面量默认推断为 Double
Dim d2 = 30.0R                             ' 使用后缀 R 推断为 Double
Dim d3# = 300.3                            ' 将#追加到标识符将推断为 Double
Dim d4 = 1.23E-18, d5 = 1.2E+15            ' 科学计数法推断为 Double
MsgBox(Convert.ToString(d4.GetType))       ' 结果为 Double
```

【例 3-7】 浮点类型变量示例。

在 C:\VB.NET\Chapter03\中创建“Visual Basic”类别的控制台应用程序项目 FloatTest，在 Module1.vb 中添加如下粗体代码。

```
Module Module1
    Sub Main()
        Console.Write("请输入金额：")                    '提示输入金额
        Dim strAmount = Console.ReadLine()              '读取一行， 以回车结束
        Console.Write("请输入税率：")                    '提示输入税率
        Dim strTaxtRate = Console.ReadLine()            '读取一行， 以回车结束
        Dim amount = Double.Parse(strAmount)            '调用 Double 的 Parse 方法把字符串解析为数值
        Dim taxrate = Double.Parse(strTaxtRate)
        Console.WriteLine("金额={0} 税率={1} 税额={2}", amount, taxrate, amount * taxrate)
        Console.ReadKey()                               '按任意键结束
    End Sub
End Module
```

程序运行结果如下：

```
请输入金额：2000
请输入税率：0.17
金额=2000 税率=0.17 税额=340
```

3.4.4 Decimal 类型

Visual Basic 支持高精度小数类型（Decimal），如表 3-12 所示。Decimal 数据类型一般用于高精度（支持最多 29 个有效位）的计算，如金融方面的计算。其对应的 CTS 类型的主要成员如表 3-13 所示。Decimal 类型变量的默认值为 0。

表 3-12　Decimal 数据类型

名　称	CTS 类型	说　明	范围(大致)
decimal	System.Decimal	128 位高精度十进制数表示法	$\pm1.0\times10^{-28}\sim\pm7.9\times10^{28}$

表 3-13　System.Decimal 主要成员

	名　称	说　明
常量字段	MaxValue	表示 Decimal 的最大可能值
	MinValue	表示 Decimal 的最小可能值

续表

名　　称		说　　明
常量字段	MinusOne	表示数字-1
	One	表示数字 1
	Zero	表示数字 0
静态方法	Parse	将数字的 String 表示形式转换为其等效的 Decimal 形式
	Truncate	返回指定的 Decimal 的整数位，所有小数位均被放弃
	ToByte/ToInt16/ToInt32/ToInt64 ToSByte/ToUInt16/ToUInt32/ToUInt64	将指定的 Decimal 的值转换为等效整数
	ToSingle/ToDouble	将指定的 Decimal 的值转换为等效的浮点数
	TryParse	尝试将数字字符串转换为等效 Decimal，并返回是否成功的返回值

注：数字字符串字面量默认推断为 Integer/Long（超过范围时编译出错）或者 Double（超过小数点精度时会损失精度），一般在数字字符串字面量后带 D 标志以保证推断为 Decimal。标识符后带@推断为 Decimal。例如：

```
Dim d1 As Decimal = 3.141592653589793238          '声明 Decimal 类型变量，结果为：3.14159265358979
Dim d2 = 3.141592653589793238D                    '使用后缀 D 推断为 Decimal
Dim d3@ = 3.14141592653589793238                  '将@追加到标识符将推断为 Decimal
Dim d4 As Decimal = 9223372036854775808D          'Decimal 类型变量
'Dim d4 As Decimal = 9223372036854775808          '编译出错，字面量自动推断为 Long，但超过范围
```

【例 3-8】Decimal 类型变量示例。

在 C:\VB.NET\Chapter03\中创建“Visual Basic”类别的控制台应用程序项目 DecimalTest，在 Module1.vb 中添加如下粗体代码。

```
Module Module1
    Sub Main()
        Dim price, discount, discount_price As Decimal
        price = 200D
        discount = 0.15D
        discount_price = price - (price * discount)
        Console.WriteLine("原价：{0:C} 折扣率：{1:P} 折扣价：{0:C}",
            price, discount, discount_price)
        Console.ReadKey()        '按任意键结束
    End Sub
End Module
```

程序运行结果如下：

```
原价：￥200.00 折扣率：15.00% 折扣价：￥200.00
```

3.4.5 Boolean 类型

Visual Basic 的 Boolean 数据类型用于逻辑运算，包含 Boolean 值 True 或者 False，如表 3-14 所示。其对应的 CTS 类型的主要成员如表 3-15 所示。Boolean 类型变量的默认值为 False。

表 3-14　Boolean 数据类型

名　　称	CTS 类型	说　　明	值
Boolean	System.Boolean	布尔类型	True 或 False

表 3-15　System.Boolean 主要成员

	名　称	说　明
常量字段	FalseString	将布尔值 false 表示为字符串
	TrueString	将布尔值 true 表示为字符串
静态方法	Parse	将逻辑值的字符串表示形式转换为它的等效 Boolean 值
	TryParse	尝试将逻辑值的字符串转换为等效布尔值，并返回是否成功的返回值

当 Visual Basic 将数字数据类型值转换为 Boolean 时，0 变为 False，所有其他值变为 True。当 Visual Basic 将 Boolean 值转换为数字类型时，False 变为 0，True 变为-1。

【例 3-9】 布尔类型变量示例。

在 C:\VB.NET\Chapter03\中创建“Visual Basic”类别的控制台应用程序项目 BoolTest，在 Module1.vb 中添加如下粗体代码。

```
Module Module1
    Sub Main()
        Dim b1 As Boolean = True       '声明布尔变量 b1，初始化为 True
        Dim i As Integer = b1          '声明整型变量 i，初始化为 b1（自动转换为-1）
        Dim b2 As Boolean = 0          '声明整型变量 b2，初始化为 0（自动转换为 False）
        Console.WriteLine("b1={0} i={1} b2={2}", b1, i, b2)
        Console.ReadKey()              '按任意键结束
    End Sub
End Module
```

程序运行结果如下：

```
b1=True i=-1 b2=False
```

3.4.6　字符类型

Visual Basic 提供了“字符数据类型”来处理可打印和可显示的字符。其中，Char 存储单个字符，String 存储任意数量的字符串。

Char 数据类型保存一个无符号的 16 位（双字节）码位，如表 3-16 所示，其值的范围从 0 到 65 535，每个码位（或字符代码）表示单个 Unicode 字符。Char 类型变量的默认值是码位为 0 的字符。

表 3-16　Char 数据类型

名　称	CTS 类型	说　明	值
Char	System.Char	字符类型	表示一个双字节（16 位）Unicode 字符

Visual Basic 的 Char 表示一个 16 位的（Unicode）字符，这有别于 C 和 C++中的表示一个 8 位字符的 Char 类型。ASCII 编码使用 8 位字符，足够编码英文字符和数字；而 Unicode 使用 16 位字符，可以编码更大的符号系统（如中文）。计算机行业正在从 8 位字符集转向 16 位的 Unicode 模式，ASCII 编码是 Unicode 的一个子集。ASCII 码表请参见附录 G。

Visual Basic 语言中，Char 数据类型使用单字符字符串后加类型字符 c 表示，如"A"c（注：双引号使用""""c 表示）；也可以使用 Chr 或者 ChrW 函数将 Integer 值转换为具有该码位的 Char（例如 Chr(65)即表示字符 A）。Visual Basic 不会在 Char 类型和数值类型之间直接转换，可以使用 Asc 或者 AscW 函数将 Char 值转换为表示其码位的 Integer。

System.Char 的主要成员如表 3-17 所示。

表 3-17 System.Char 主要成员

	名　称	说　明
常量字段	MaxValue	表示 Char 的最大可能值
	MinValue	表示 Char 的最小可能值
静态方法	Parse	将指定字符串转换为它的等效 Unicode 字符
	IsControl	指示指定的 Unicode 字符是否属于控制字符类别
	IsDigit	指示某个 Unicode 字符是否属于十进制数字类别
	IsLetter	指示某个 Unicode 字符是否属于字母类别
	IsLetterOrDigit	指示某个 Unicode 字符是属于字母类别还是属于十进制数字类别
	IsLower	指示某个 Unicode 字符是否属于小写字母类别
	IsNumber	指示某个 Unicode 字符是否属于数字类别
	IsPunctuation	指示某个 Unicode 字符是否属于标点符号类别
	IsSeparator	指示某个 Unicode 字符是否属于分隔符类别
	IsSymbol	指示某个 Unicode 字符是否属于符号字符类别
	IsUpper	指示某个 Unicode 字符是否属于大写字母类别
	IsWhiteSpace	指示某个 Unicode 字符是否属于空白类别
	ToLower	将 Unicode 字符的值转换为它的小写等效项
	ToUpper	将 Unicode 字符的值转换为它的大写等效项
	TryParse	尝试将指定字符串转换为等效 Unicode 字符，并返回是否成功的返回值

【例 3-10】 字符类型变量示例。

在 C:\VB.NET\Chapter03\中创建“Visual Basic”类别的控制台应用程序项目 CharTest，在 Module1.vb 中添加如下粗体代码。

```
Module Module1
    Sub Main()
        Dim c1 As Char = "X"c              ' 字符常量
        Dim c2 As Char = Chr(65)           ' 从整型转换   A
        Dim c3 As Char = """"c             ' 双引号"
        Console.WriteLine("c1={0} 是否为小写:{1} c2={2} c3={3} 是否为标点符号:{4}",
                c1, Char.IsLower(c1), c2, c3, Char.IsPunctuation(c3))
        Console.ReadKey()                  '按任意键结束
    End Sub
End Module
```

程序运行结果如下：

```
c1=X 是否为小写:False c2=A c3=" 是否为标点符号:True
```

3.4.7 字符串类型

Visual Basic 字符串处理使用 String（System.String 的别名）类型表示零或更多个双字节（16 位）Unicode 字符组成的序列。一个字符串可包含从 0 到将近 20 亿（2^{31}）个 Unicode 字符。注意：String 是引用类型，String 的默认值为 Nothing（空引用），这与空字符串（值""）不同。

必须将 String 文本放入英文半角双引号（" "）内。如果必须在字符串中包含英文半角双引号字符，则使用两个连续的英文半角双引号（""），其中第一个双引号（"）相当于转义字符。例如：

```
Dim str1 As String ="He said, ""Hello! """            'He said, "Hello!"
```

注意：在任何标识符后追加标识符类型字符$可将其强制转换成 String 数据类型。String 没有文本类型字符。但是，编译器会将包含在双引号（" "）中的文本视为 String。

【例 3-11】 字符串类型变量示例。

在 C:\VB.NET\Chapter03\中创建"Visual Basic"类别的控制台应用程序项目 StringTest1，在 Module1.vb 中添加如下粗体代码。

```
Module Module1
    Sub Main()
        Dim str1 = "Hello ", str2 = "World"
        Dim str3 As String = str1 & str2          '字符串拼接，形成"Hello World "
        Dim char1 As Char = str3(1)               '访问 str3 的第 2 个字符（即'e'）。index 从 0 开始
        Console.Write(str3 & vbCrLf)
        Console.Write(char1 & vbCrLf)
        Dim h As String = "Hello"
        '以下语句均可显示： "Mary said "Hello" to me."。注意：双引号需要两对双引号
        Console.Write("Mary said ""Hello"" to me." & vbCrLf)
        Console.Write("Mary said " & """" & h & """" & " to me." & vbCrLf)
        Console.Write("Mary said """ & h & """ to me.")
        Console.ReadKey()                         '按任意键结束
    End Sub
End Module
```

程序运行结果如下：

```
Hello World
e
Mary said "Hello" to me.
Mary said "Hello" to me.
Mary said "Hello" to me.
```

System.String 常用的属性和方法如表 3-18 所示。示例中，假设有"Dim str As String = "abCDab"、Dim str1 As String = "□12□□345□□□", Dim words As String = "one,two!three.four:five six"、Dim separators() As Char ={","c, "!"c, "."c, ":"c, " "c}"。其中，□表示空格。

表 3-18　System.String 常用属性和方法

名　称	说　明	示　例	结　果
Length	静态属性。获取字符串中字符的数量	str.Length	6
Substring	实例方法。截取子字符串	str.Substring(3) str.Substring(2, 3)	Dab CDa
ToUpper	实例方法。将字符串转换为小写形式	str.ToUpper()	ABCDAB
ToLower	实例方法。将字符串转换为大写形式	str.ToLower()	abcdab
Concat	静态方法。字符串连接	String.Concat(str, "XYZ", "!!")	abCDabXYZ!!
Trim	实例方法。删除字符串前后所有的空格	str1.Trim()	12□□345
TrimStart	实例方法。删除字符串前面指定的字符	str1.TrimStart()	12□□345□□□
TrimEnd	实例方法。删除字符串后面指定的字符	str1.TrimEnd()	□12□□345

续表

名　称	说　明	示　例	结　果
PadLeft	实例方法。字符左侧填充空格或者指定的字符来达到指定的总长度，从而使这些字符右对齐	"ABC".PadLeft(5) "ABC".PadLeft(5, "!"c)	□□ABC !! ABC
PadRight	实例方法。字符右侧填充空格或者指定的字符来达到指定的总长度，从而使这些字符左对齐	"ABC".PadRight(5) "ABC".PadRight(5, "!"c)	ABC□□ ABC!!
Equals	静态方法。确定两个字符串是否具有相同的值	String.Equals("abc", "ABC")	False
Compare	静态方法。比较两个指定的 String 对象，并返回一个指示二者在排序顺序中的相对位置的整数	String.Compare("abc", "ABC")	−1
CompareTo	实例方法。将此实例与指定对象或 String 进行比较，并返回一个整数，该整数指示此实例在排序顺序中是位于指定对象或 String 之前、之后还是与其出现在同一位置	"ABC".CompareTo("abc")	1
IndexOf	实例方法。查找字符/子字符串（第一个匹配项的索引位置）	str.IndexOf("ab") str.IndexOf("b") str.IndexOf("b", 2, 2) str.IndexOf("b", 2)	0 −1 −1 5
LastIndexOf	实例方法。查找字符/子字符串（最后一个匹配项的索引位置）	str.LastIndexOf("b")	5
Insert	实例方法。插入字符/字符串	str.Insert(1, "x")	axbCDab
Remove	实例方法。删除字符/字符串	str.Remove(2)	ab
Replace	实例方法。替换字符/字符串	str.Replace("CD", "XY")	abXYa
StartsWith	实例方法。测试实例字符串是否以指定的子串开始	str.StartsWith("a")	True
EndsWith	实例方法。测试实例字符串是否以指定的子串结束	str.EndsWith("b")	True
Contains	实例方法。测试指定的子串是否出现在实例字符串中	str.Contains("BC")	False
Split	实例方法。根据分隔字符拆分字符串	words.Split(separators)	{"one", "two", "three", "five", "six"}
Join	静态方法。使用分隔符字串联字符串	Dim strs() As String ={ "one", "two", "three"} String.Join("|", strs)	"one|two|three"
ToCharArray	实例方法。将字符串转换为一个字符数组	"ABC".ToCharArray()	{ "A"c, "B"c, "C"c}

【例 3-12】 字符串的使用示例：输入任意字符串，统计其中元音字母（'a'、'e'、'i'、'o'、'u'，不区分大小写）出现的次数和频率。运行效果如图 3-2 所示。

```
请输入字符串：The quick brown fox jumps over the lazy dog.
所有字母的总数为：44
元音字母出现的次数和频率分别为：
A:  1  2.27%
E:  3  6.82%
I:  1  2.27%
O:  4  9.09%
U:  2  4.55%
```

图 3-2　字符串运行效果

在 C:\VB.NET\Chapter03\中创建“Visual Basic”类别的控制台应用程序项目 StringTest2，在 Module1.vb 中添加如下粗体代码。

```
Imports System
Imports System.Collections
Module Module1
    Sub Main()
        Dim countA As Integer = 0
        Dim countE As Integer = 0
        Dim countI As Integer = 0
        Dim countO As Integer = 0
        Dim countU As Integer = 0
        Dim countAll As Integer = 0
        Dim str As String
        Console.Write("请输入字符串：")
        str = Console.ReadLine()
        str = str.ToUpper()
        Dim chars() As Char = str.ToCharArray()
        For Each ch As Char In chars
            countAll += 1   '统计字母总数
            Select Case ch
                Case "A"c '统计元音'A'或'a'的出现次数
                    countA += 1
                Case "E"c '统计元音'E'或'e'的出现次数
                    countE += 1
                Case "I"c '统计元音'I'或'i'的出现次数
                    countI += 1
                Case "O"c '统计元音'O'或'o'的出现次数
                    countO += 1
                Case "U"c '统计元音'U'或'u'的出现次数
                    countU += 1
            End Select
        Next
        Console.WriteLine("所有字母的总数为：{0}", countAll)
        Console.WriteLine("元音字母出现的次数和频率分别为：")
        Console.WriteLine("A：   {0}   {1:#.00%}", countA, countA * 1.0 / countAll)
        Console.WriteLine("E：   {0}   {1:#.00%}", countE, countE * 1.0 / countAll)
        Console.WriteLine("I：   {0}   {1:#.00%}", countI, countI * 1.0 / countAll)
        Console.WriteLine("O：   {0}   {1:#.00%}", countO, countO * 1.0 / countAll)
        Console.WriteLine("U：   {0}   {1:#.00%}", countU, countU * 1.0 / countAll)
        Console.ReadKey()
    End Sub
End Module
```

3.4.8　日期类型

Visual Basic 一般使用 Date（System.DateTime 的别名）来表示和处理日期。如果涉及时区，则可以采用 TimeZoneInfo 和 DateTimeOffset。DateTime 结构属于 System 命名空间。

Date 表示公元 0001 年 1 月 1 日午夜 0:00:00 到公元 9999 年 12 月 31 日晚上 11:59:59 之间的日期和时间。Date 的默认值为 0001 年 1 月 1 日的 0:00:00（午夜）。

必须将 Date 文本括在#符号内。必须以 M/d/yyyy 格式指定日期值（此要求独立于区域设置和计算机的日期和时间格式设置）。

例如：

```
Dim dt1 As Date = #1/10/2020 8:30:52 PM#                    '2020/1/10 20:30:52
Dim dt2 As DateTime = New DateTime(2020, 5, 28)             '2020/5/28
Dim dt3 As DateTime = New Date(2020, 7, 18, 18, 30, 15)     '2020/7/18 18:30:15
Dim dt4 As DateTime = DateTime.Now                          '当前日期和时间
Dim dt5 As Date = Date.Today                                '当前日期
```

DateTime 常用的属性和方法如表 3-19 所示。示例中，假设有“Dim dt As DateTime = new DateTime (2020,8,1,9,31,16)”，并假设当前日期时间（Now）为 2020 年 8 月 1 日星期六 9 点 31 分 16 秒）。

表 3-19　DateTime 常用属性和方法

名　称	说　明	示　例	结　果
Now	静态属性。获取当前时间	DateTime.Now	2020/8/1 9:31:16
Today	静态属性。获取当前日期	DateTime.Today	2020/8/1 0:00:00
Year	实例属性。获取年份	dt.Year	2020
Month	实例属性。获取月份	dt.Month	8
Day	实例属性。获取日	dt.Day	1
Hour	实例属性。获取小时	dt.Hour	9
Minute	实例属性。获取分钟	dt.Minute	31
Second	实例属性。获取秒	dt.Second	16
DayOfWeek	实例属性。获取星期	dt.DayOfWeek	6
DayOfYear	实例属性。获取日期是该年中的第几天	dt.DayOfYear	214
Add	实例方法。将指定 TimeSpan 的值加到此实例的值上	Dim duration As New TimeSpan(3, 0, 0, 0) dt.Add(duration)	2020/8/4 9:31:16
AddYears	实例方法。将指定的年份数加到此实例的值上	dt.AddYears(3)	2023/8/1 9:31:16
AddMonths	实例方法。将指定的月份数加到此实例的值上	dt.AddMonths(-3)	2020/5/1/1 9:31:16
AddDays(以天为单位的双精度实数)	实例方法。将指定的天数加到此实例的值上	dt.AddDays(2.5)	2020/8/3 21:31:16
		dt.AddDays(-2.5)	2020/7/29 21:31:16
AddHours	实例方法。将指定的小时数加到此实例的值上	dt.AddHours(2.5)	2020/8/3 21:31:16
AddMinutes	实例方法。将指定的分钟数加到此实例的值上	dt.AddMinutes(-2.5)	2020/8/1 9:28:46
AddSeconds	实例方法。将指定的秒数加到此实例的值上	dt.AddSeconds(50)	2020/8/1 9:32:06
DaysInMonth(年份,月份)	静态方法。返回指定年和月中的天数	DateTime.DaysInMonth(2020,2)	29
		DateTime.DaysInMonth(2021,2)	28
IsLeapYear(四位数年份)	静态方法。判断是否为闰年	DateTime.IsLeapYear(2020) DateTime.IsLeapYear(2021)	True False
Parse	静态方法。将日期和时间的指定字符串表示形式转换为其等效的 DateTime	Dim myDateTimeStr$ = "2/16/2020 12:15:12" Dim myDateTime1 As DateTime = DateTime.Parse(myDateTimeStr)	myDateTime1 值为: 2020/2/16 12:15:12

TryParse	静态方法。将日期和时间的指定字符串表示形式转换为其等效的 DateTime，并返回一个指示转换是否成功的值	Dim myDateTimeStr$ = "2/16/1992 12:15:12"
		Dim myDateTime2 As DateTime
		If DateTime.TryParse(myDateTimeStr, myDateTime2) Then
		Console.WriteLine(myDateTime2)
		End If
			myDateTime2 值为:
			2020/2/16 12:15:12

【例 3-13】 日期和时间的使用示例。

在 C:\VB.NET\Chapter03\中创建“Visual Basic”类别的控制台应用程序项目 DateTimeTest，在 Module1.vb 中添加如下粗体代码。

```
Module Module1
    Sub Main()
        Dim t = DateTime.Now '获取当前时间
        Console.Write("请输入您的姓名：")        '提示输入
        Dim name = Console.ReadLine()            '读取用户姓名，  以回车结束
        If t.Hour < 12 Then                      '根据时间输出不同欢迎信息
            Console.WriteLine("上午好！欢迎您：" & name)
        Else
            Console.WriteLine("下午好！欢迎您：" & name)
        End If
        Console.ReadKey()                        '按任意键结束
    End Sub
End Module
```

程序运行结果如下：

```
请输入您的姓名：江红
上午好！欢迎您：江红
```

3.4.9 可以为 Nothing 的类型

可以为 Nothing 的类型表示可被赋值为 Nothing 的值类型变量，其取值范围为其基础值类型正常范围内的值，再加上一个 Nothing 值。例如，Boolean? (Nullable(of Boolean))的值包括 True、False 或 Nothing。可以为 Nothing 的类型通常用于包含不可赋值的元素的数据类型，例如，数据库中的布尔型字段可以存储值 True 或 False，或者该字段也可以未定义。

可以为 Nothing 的类型的声明语法为：

```
Dim x As T?
```

或者

```
Dim x As Nullable(Of T)
```

其中的 T 为值类型。语法 T?是 Nullable(Of T)的简写。可以为 Nothing 的类型赋值的方法与为一般值类型赋值的方法相同。例如：x = 10，或者 x = Nothing。

使用 HasValue 和 Value 只读属性测试是否为空和检索值，可以使用 GetValueOrDefault 属性返回该基础类型所赋的值或默认值，例如：

```
y = x.GetValueOrDefault()
```

语句的执行结果为：

```
如果 x 不为 Nothing，则返回 x 的值，否则返回其默认值 0
```

【例 3-14】 可以为 Nothing 的类型示例。

在 C:\VB.NET\Chapter03\中创建“Visual Basic”类别的控制台应用程序项目 NothingTest，在 Module1.vb 中添加如下粗体代码。

```
Module Module1
```

```
    Sub Main()
        Dim num1 As Integer? = Nothing
        Dim num2 As Nullable(Of Integer) = Nothing
        If (num1.HasValue = True) Then
            Console.WriteLine("num1 = {0}", num1.Value)
        Else
            Console.WriteLine("num1 is Nothing")
        End If
        'y 设置为 0
        Dim y As Integer = num2.GetValueOrDefault()
        Console.WriteLine("y = {0}", y)
        '如果 num2.HasValue 为 False，则 num2.Value 将抛出 InvalidOperationException 异常
        'Console.WriteLine(num2.Value)
        Console.ReadKey()          '按任意键结束
    End Sub
End Module
```

程序运行结果如下：

```
num1 is Nothing
y = 0
```

3.5 类型转换

Visual Basic 编译器在数据类型之间进行转换时，基于类型检查选项定义了两种语义方式。

（1）"Strict 类型语义"：只允许进行隐式扩大转换，收缩转换必须是显式的。即只允许发生在从小的值范围的类型到大的值范围的类型的转换，转换后的数值大小不受影响，然而，从 Integer、UInteger 或 Long 到 Single 的转换，以及从 Long 到 Double 的转换的精度可能会降低。例如从 Integer 到 Long 的转换。

（2）"Permissive 类型语义"：尝试所有隐式扩大转换和隐式收缩转换。类型语义适用于所有数据类型（包括对象类型）之间的转换。

默认情况下，Visual Basic 编译器"类型检查"选项开关为 Off，即允许进行隐式收缩转换。可以通过下列方式改变该编译选项。

3.5.1 隐式转换和显式转换

"隐式转换"不需要源代码中的任何特殊语法。例如：在下面的代码段中，将 intI 的值赋给 doubleD 之前，该值隐式转换成双精度浮点值。

```
Dim intI As Integer
Dim doubleD As Double
intI = 225
doubleD = intI              ' 从 Integer 到 Double 的隐式转换（如果 Option Strict On）
```

"显式转换"又称为"强制转换"，使用类型转换函数（CType、CInt 等）将表达式强制转换为所需的数据类型。例如：在下面的代码段中，CInt 关键字将 doubleD 的值显式转换为整数，然后将该值赋给 intI。

```
' doubleD 已经从 intI 赋值（隐式转换）为 225
```

```
doubleD = Math.Sqrt(doubleD)
intI = CInt(doubleD)          ' intI 的值（显式转换）为整数 15（225 的平方根）
```

3.5.2　类型转换函数

Visual Basic 包含一系列类型转换函数 CXXX(expression)，每个函数都将表达式强制转换为一种特定的数据类型。这些函数采用内联方式编译，即转换代码是计算表达式的代码的一部分，所以执行速度比使用函数更快。注意：如果传递给函数的 expression 超出要转换成的数据类型的范围，将发生异常 OverflowException。

类型转换函数如表 3-20 所示。假设表中的示例均基于如下的变量声明：

```
Dim aBool As Boolean
Dim aDouble, aDbl1, aDbl2 As Double
Dim aByte As Byte
Dim anSByte As SByte
Dim aString, aString1, aString2, aDateString, aTimeString As String
Dim aChar As Char
Dim aDate, aTime As Date
Dim aDecimal As Decimal
Dim aUInteger As UInteger
Dim aInt As Integer
Dim aULong As ULong
Dim aLong, aLong1, aLong2 As Long
Dim aUShort As UShort
Dim aShort As Short
Dim anObject As Object
Dim aSingle1, aSingle2 As Single
```

表 3-20　类型转换函数

转换关键字	目标类型	Expression 参数范围	示　例	结　果
CBool	Boolean	任何有效的 Char、String 或数值表达式	aBool = CBool(5 = 5)	aBool 的值为 True
			aBool = CBool(0)	aBool 的值为 False
CByte	Byte	0 到 255（无符号）；舍入小数部分	aDouble = 125.5678 aByte = CByte(aDouble)	aByte 的值为 126
CChar	Char	任何有效的 Char 或 String 表达式；只转换 String 的第一个字符；值可以为 0 到 65535（无符号）	aString = "BCD" aChar = CChar(aString)	aChar 的值为"B"
CDate	Date	任何有效的日期和时间表示法	aDateString ="February 12, 2020" aTimeString ="4:35:47 PM" aDate = CDate(aDateString) aTime = CDate(aTimeString)	aDate 的值为 2020/2/12 0:00:00 aTime 的值为 0001/1/1 16:35:47
CDbl	Double	取值范围为±1.79769313486231570E+308 到±4.94065645841246544E-324	aDecimal = 234.456784D aDouble = CDbl(aDecimal * 8.2D * 0.01D)	aDouble 的值为 19.225456288
CDec	Decimal	对于零变比数值，即无小数位数值，为±79228162514264337593543950335。对于具有 28 位小数位的数字，范围是±7.9228162514264337593543950335。最小的可用非零数是 0.0000000000000000000000000001 (±1E-28)	aDouble = 10000000.0587 aDecimal = CDec(aDouble)	aDecimal 的值为 10000000.0587

续表

转换关键字	目标类型	Expression 参数范围	示例	结果
CInt	Integer	-2147483648 到 2147483647；舍入小数部分	aDouble = 2345.5678 aInt = CInt(aDouble)	aInt 的值为 2346
CLng	Long	-9223372036854775808 到 9223372036854775807；舍入小数部分	aDbl1 = 25427.45 aDbl2 = 25427.55 aLong1 = CLng(aDbl1) aLong2 = CLng(aDbl2)	aLong1 的值为 25427； aLong2 的值为 25428
CObj	Object	任何有效的表达式	aDouble = 2.7182818284 anObject = CObj(aDouble)	anObject 指向 aDouble
CSByte	SByte	-128 到 127；舍入小数部分	aDouble = 39.501 anSByte = CSByte(aDouble)	anSByte 的值为 40
CShort	Short	-32768 到 32767；舍入小数部分	aByte = 100 aShort = CShort(aByte)	aShort 的值为 100
CSng	Single	取值范围为±1.401298E-45 到 ±3.402823E+38	aDbl1 = 75.3421105 aDbl2 = 75.3421567 aSingle1 = CSng(aDbl1) aSingle2= CSng(aDbl2)	aSingle1 的值为 75.34211 aSingle2 的值为 75.34216
CStr	String	CStr 的返回值取决于 expression 参数	aDouble = 437.324 aString1 = CStr(aDouble) aDate = #2/12/2020 12:00:01 AM# aString2 = CStr(aDate)	aString1 的值为"437.324" aString2 的值为 2020/2/12 0:00:01
CType	逗号（,）后面指定的类型	CType 是一个通用类型转换函数，包含 2 个参数。第一个参数是将要转换的表达式，第二个参数是目标数据类型或对象类	aLong = 1000 aSingle1 = CType(aLong, Single)	aSingle1 的值为 1000.0
CUInt	UInteger	0 到 4294967295（无符号）；舍入小数部分	aDouble = 39.501 aUInteger = CUInt(aDouble)	aUInteger 的值为 40
CULng	ULong	0 到 18446744073709551615（无符号）；舍入小数部分	aDouble = 39.501 aULong = CULng(aDouble)	aULong 的值为 40
CUShort	UShort	0 到 65535（无符号）；舍入小数部分	aDouble = 39.501 aUShort = CUShort(aDouble)	aUShort 的值为 40

3.5.3 Convert 类提供的类型转换方法

除了类型转换函数，.NET Framework 中的 Convert 类提供了字符串和其他数据类型的相互转换方法，如表 3-21 所示。通常，应优先使用类型转换函数，这些函数用于优化与 Visual Basic 代码之间的交互，并且使源代码更简短、更易阅读。

表 3-21　字符串和其他数据类型的相互转换方法

名　称	说　明	示　例	结　果
ToBoolean(对象) ToBoolean(字符串)	对象或字符串转换为布尔型	Convert.ToBoolean(56)	True
		Convert.ToBoolean(0)	False
		Convert.ToBoolean("True")	True
		Convert.ToBoolean("False")	False
ToByte(数值字符串)	字符串转换为无符号字节型数值	Convert.ToByte("123")	123
ToSByte(数值字符串)	字符串转换为有符号字节型数值	Convert.ToSByte("-123")	-123
ToChar(整型数值)	ASCII 码值转换为对应的字符	Convert.ToChar(100)	d
ToDateTime(日期格式字符串)	字符串转换为日期时间	Convert.ToDateTime("2020-8-15 20:45:26")	2020/8/15 20:45:26
ToDecimal(数值字符串)	字符串转换为十进制数值	Convert.ToDecimal("-123.45")	-123.45
ToDouble(数值字符串)	字符串转换为双精度数值	Convert.ToDouble("-123.45")	-123.45
ToInt16(数值字符串)	数值字符串转换为短整型数值	Convert.ToInt16("-456")	-456

续表

名　称	说　明	示　例	结　果
ToInt32(数值字符串)	数值字符串转换为整型数值	Convert.ToInt32("−456")	−456
ToInt64(数值字符串)	数值字符串转换为长整型数值	Convert.ToInt64("−456")	−456
ToUInt16(数值字符串)	数值字符串转换为无符号短整型数值	Convert.ToUInt16("456")	456
ToUInt32(数值字符串)	数值字符串转换为无符号整型数值	Convert.ToUInt32("456")	456
ToUInt64(数值字符串)	数值字符串转换为无符号长整型数值	Convert.ToUInt64("456")	456
ToSingle(数值字符串)	数值字符串转换为浮点型数值	Convert.ToSingle ("−123.45")	−123.45
ToString(其他类型数据)	转换为字符串	Convert.ToString(−123.456)	−123.456
		Convert.ToString(False)	False
		Convert.ToString(DateTime.Now)	2019/7/1 11:18:07

【例 3-15】 类型转换示例。

在 C:\VB.NET\Chapter03\中创建“Visual Basic”类别的控制台应用程序项目 ConvertTest，在 Module1.vb 中添加如下粗体代码。

```
Module Module1
    Sub Main()
        Dim sbyte1 As SByte = 123                '隐式类型转换：Integer 到 SByte
        Dim sbyte2 As SByte = CSByte(123)        '显式类型转换：Integer 到 SByte
        Dim byte1 As Byte = 123                  '隐式类型转换：Integer 到 Byte
        Dim byte2 As Byte = CByte(123)           '显式类型转换：Integer 到 Byte
        Dim short1 As Short = 123                '隐式类型转换：Integer 到 Short
        Dim short2 As Short = 123S               '使用后缀 S 初始化 Short
        Dim short3 As Short = CShort(123)        '显式类型转换：Integer 到 Short
        Dim ushort1 As UShort = 123              '隐式类型转换：Integer 到 UShort
        Dim ushort2 As UShort = 123US            '使用后缀 US 初始化 UShort
        Dim ushort3 As UShort = CUShort(123)     '显式类型转换：Integer 到 UShort
        Dim int1 As Integer = 123                'OK: 123 默认为 Integer 类型
        Dim int2 As Integer = 123I               '使用后缀 I 初始化 Integer
        Dim int3 As Integer = 123                'OK: 123 默认为 Integer 类型
        Dim uint1 As UInteger = 123              '隐式类型转换：Integer 到 UInteger
        Dim uint2 As UInteger = 123UI            '使用后缀 UI 初始化 UInteger
        Dim uint3 As UInteger = CUInt(123)       '显式类型转换：Integer 到 UInteger
        Dim long1 As Long = 123                  '隐式类型转换：Integer 到 Long
        Dim long2 As Long = 123L                 '使用后缀 L 初始化 long
        Dim long3 As Long = CLng(123)            '显式类型转换：Integer 到 Long
        Dim ulong1 As ULong = 123                '隐式类型转换：Integer 到 ULong
        Dim ulong2 As ULong = 123UL              '使用后缀 UL 初始化 ULong
        Dim ulong3 As ULong = CULng(123)         '显式类型转换：Integer 到 ULong
        Dim f1 As Single = 12.3F                 '使用后缀 F 初始化 Single
        Dim f2 As Single = CSng(123.3)           '显式类型转换：Double 到 Single
        Dim d1 As Double = 12.3                  'OK: 12.3 默认为 Double 浮点型变量
        Dim d2 As Double = 12.3R                 '使用后缀 R 初始化 Double 浮点型变量
        Dim de1 As Decimal = 12.3                '隐式类型转换：Double 到 Decimal
        Dim de2 As Decimal = 12.3D               '使用后缀 D 初始化 Decimal 类型变量
        Dim de3 As Decimal = CDec(12.3)          '显式类型转换：Double 到 Decimal
        Dim c1 As Char = "A"                     '隐式类型转换：String 到 Char
```

```
            Dim c2 As Char = "A"c                            '使用后缀 c 初始化 Char 类变量
            Dim dNumber As Double = 23.15
            Dim iNumber As Integer = System.Convert.ToInt32(dNumber)        '显式转换为整数 23
            Dim bNumber As Boolean = System.Convert.ToBoolean(dNumber)  '显式转换为布尔值 True
            Dim strNumber As String = System.Convert.ToString(dNumber)      '显式转换为字符串"23.15"
            Dim chrNumber As Char = System.Convert.ToChar(strNumber(0))  '显式转换为字符'2'
        End Sub
    End Module
```

3.6 运算符

Visual Basic 运算符（Operator）是术语或符号，用于在表达式中对一个或多个称为操作数的进行计算并返回结果值。接收一个操作数的运算符被称作一元运算符，如 New。接收两个操作数的运算符被称作二元运算符，如算术运算符+、-、*、/。

当表达式包含多个运算符时，运算符的优先级控制各运算符的计算顺序。例如，表达式 x + y * z 按 x + (y * z)计算，因为*运算符的优先级高于+运算符。

Visual Basic 语言定义了许多运算符，包括：算术运算符、赋值运算符、比较运算符、串联运算符、逻辑/按位运算符、移位运算符等。

用户通过运算符重载（Overload）可以为用户自定义的类型定义新的运算符（参见 6.10 节）。

3.6.1 算术运算符

表 3-22 以优先级为顺序列出了 Visual Basic 中的算术运算符。假设表中 num 为整型变量，取值为 8。

表 3-22 算术运算符

运算符	含义	说明	优先级	实例	结果
^	幂	求以第一个操作数为底、以第二个操作数为指数的幂	1	-num^3	-512
+	一元+	操作数的值（一元恒等运算符）	2	+num	8
-	一元-	操作数的反数（一元求反运算符）	2	-num	-8
*	乘法	操作数的积	3	num*num*2	128
/	浮点除	第二个操作数除第一个操作数	3	10 / num	1.25
\	整除	第二个操作数除第一个操作数	4	10 \ num num \ -3.0	1 -2
Mod	模数	第二个操作数除第一个操作数后的余数	5	10 Mod num num Mod 2.2	2 1.4
+	加法	两个操作数之和	6	10 + num	18
-	减法	从第一个操作数中减去第二个操作数	6	10 - num	2

说明：

- Visual Basic 总是以 Double 数据类型形式执行求幂运算（^）。任何其他类型的操作数将转换为 Double 后再进行运算。
- "+" 运算符既可作为一元运算符，也可作为二元运算符。数值类型的一元 "+" 运算的结果就是操作数本身的值。对于数值类型，二元 "+" 运算符计算两个操作数之和；对于字符串类型，二元 "+" 运算符拼接两个字符串。
- "-" 运算符既可作为一元运算符，也可作为二元运算符。数值类型的一元 "-" 运算的结果是操作数的反数。二元 "-" 运算符是从第一个操作数中减去第二个操作数。
- 执行浮点除法（/）之前，任何整数数值表达式都会被扩展为 Double。如果将结果赋给整数数据类型，Visual Basic 会尝试将结果从 Double 转换成这种类型。如果结果不适合该类型，会引发异常。

- 在执行整除（\）之前，Visual Basic 尝试将所有浮点数值表达式转换为 Long。如果 Option Strict 为 On，将产生编译器错误。如果 Option Strict 为 Off，若值超出 Long 数据类型（Visual Basic）的范围，则可能会产生 OverflowException。
- 算术运算符两边的操作应是数值型。若是数字字符串，则将 String 隐式转换为 Double 后再进行运算；若是逻辑型，则将 True 转换为数值-1、False 转换为数值 0 后再进行运算。例如：

```
100+True              ' True 转换为-1。结果是 99
False + 10 - "4"      ' False 转换为 0、"4"转换为 4（Double）。结果是 6（Double）
```

【例 3-16】 算数运算符示例。

在 C:\VB.NET\Chapter03\ 中创建“Visual Basic”类别的控制台应用程序项目 ArithmeticOpTest，在 Module1.vb 中添加如下粗体代码。

```
Module Module1
    Sub Main()
        ' ^ (幂)
        Dim d1, d2, d3, d4, d5, d6, d7, d8 As Double
        d1 = 2 ^ 2              ' 4（2 的平方）
        d2 = 3 ^ 3 ^ 3          ' 19683（先求 3 的立方，再对得到的值求立方）
        d3 = (-5) ^ 3           ' -125（-5 的立方）
        d4 = (-5) ^ 4           ' 625（-5 的四次方）
        d5 = -5 ^ 4             ' -625（-(5 的四次方)）
        d6 = 8 ^ (1.0 / 3.0)    ' 2（8 的立方根）
        d7 = 8 ^ (-1.0 / 3.0)   ' 0.5（1.0 除以 8 的立方根）
        d8 = 8 ^ -1.0 / 3.0     ' 0.0416666666666667(（8 的 - 1 次幂，即 0.125）除以 3.0)
        Console.WriteLine("d1={0},d2={1},d3={2},d4={3},d5={4},d6={5},d7={6},d8={7}",
                          d1, d2, d3, d4, d5, d6, d7, d8)
        ' + (一元+ & 二元加法)
        Dim x As Single = 5.8
        Dim i As Integer = 5, j As Integer = -10
        Console.WriteLine("i={0}, +i={1}, +j={2}", i, +i, +j)            '一元+
        Console.WriteLine("i+5={0}, i+.5={1}", i + 5, i + 0.5)          '加法
        Console.WriteLine("x={0}, x+""8""={1}", x, x + "8")             'String 隐式转换为 Double
        Console.WriteLine("""8"" + ""8""= {0}", "8" + "8")              '字符串拼接
        ' - (一元- &二元减法)
        i = 5
        Console.WriteLine("i={0}, -i={1}, i-.5={2}", i, -i, i - 0.5)
        ' * (乘法)
        Console.WriteLine("i*8={0}, -i*.8={1}", i * 8, -i * 0.8)
        ' / (浮点除法。请注意，即使两个操作数都是整数常数，结果也始终为浮点类型 ( Double))
        d1 = 10 / 4          '2.5
        d2 = 10 / 3          '3.333333
        Console.WriteLine("d1={0}, d2={1}", d1, d2)
        ' \ (整数除法)
        Dim i1, i2, i3, i4 As Integer
        i1 = 11 \ 4          '2
        i2 = 9 \ 3           '3
        i3 = 100 \ 3         '33
```

```
        i4 = 67 \ -3              '-22
        Console.WriteLine("i1={0}, i2={1}, i3={2}, i4={3}", i1, i2, i3, i4)
        ' Mod ( 取模)
        d1 = 10 Mod 5             '0
        d2 = 10 Mod 3             '1
        d3 = 12 Mod 4.3           '3.4
        d4 = 12.6 Mod 5           '2.6
        d5 = 47.9 Mod 9.35        '1.15
        Console.WriteLine("d1={0}, d2={1}, d3={2}, d4={3}, d5={4}", d1, d2, d3, d4, d5)
        Console.ReadKey()         '按任意键结束
    End Sub
End Module
```

程序运行结果如下：

```
d1=4,d2=19683,d3=-125,d4=625,d5=-625,d6=2,d7=0.5,d8=0.0416666666666667
i=5, +i=5, +j=-10
i+5=10, i+.5=5.5
x=5.8, x+"8"=13.8000001907349
"8" + "8"= 88
i=5, -i=-5, i-.5=4.5
i*8=40, -i*.8=-4
d1=2.5, d2=3.3333333333333
i1=2, i2=3, i3=33, i4=-22
d1=0, d2=1, d3=3.4, d4=2.6, d5=1.15
```

3.6.2 关系运算符

关系运算符是二元运算符。关系运算符用于将两个操作数的大小进行比较。若关系成立，则比较的结果为 True，否则为 False。表 3-23 列出了 Visual Basic 中的关系运算符。假设有如下声明：

```
Dim obj1, obj2 As New Object
```

表 3-23 关系运算符

运算符	含义	示例	结果
=	相等	"ABCDEF" = "ABCD"	False
<>	不等	"ABCD" <> "abcd"	True
>	大于	"ABC" > "ABD"	False
>=	大于等于	123 >= 23	True
<	小于	"ABC" < "上海"	True
<=	小于等于	"123" <= "23"	True
Like	根据模式来比较字符串	"ABCDEF" Like "*BC*"	True
Is	两个对象引用是否引用同一个对象	obj1 Is obj2	False
IsNot	两个对象引用是否引用不同的对象	obj1 IsNot obj2	True
TypeOf…Is	TypeOf 总是与 Is 关键字一起用于构造 TypeOf…Is 表达式，比较一个引用对象是否为给定类型	TypeOf obj1 Is Object	True

注意：

- 关系运算符的优先级相同。
- 对于两个预定义的数值类型，关系运算符按照操作数的数值大小进行比较。
- 对于 String 类型，关系运算符比较字符串的值，即按字符的 ASCII 码值从左到右一一比较：首先比较两个字符串的第一个字符，其 ASCII 码值大的字符串大，若第一个字符相等，则继续比较第二个字符，以此类推，直至出现不同的字符为止。
- 模式匹配（string like pattern）为字符串比较提供了一种多功能工具。模式匹配功能将 String 中的每个字符与特定字符、通配符字符、字符列表或某个字符范围进行匹配。表 3-24 显示了 pattern 中允许的字符和这些字符的匹配项。

表 3-24　pattern 中允许的字符和匹配项

pattern 中的字符	String 中的匹配项
?	任何单个字符
*	零或更多字符
#	任何单个数字（0 到 9）
[charlist]	charlist 中的任何单个字符
[!charlist]	不在 charlist 中的任何单个字符

【例 3-17】 TypeOf 运算符示例。

在 C:\VB.NET\Chapter03\中创建“Visual Basic”类别的控制台应用程序项目 TypeOfTest，在 Module1.vb 中添加如下粗体代码。

```
Module Module1
    Sub Main()
        Dim i = 99, d = 3.14, s = "Abc", o As Object = 2
        Console.WriteLine("i:{0}, d:{1}, s:{2}, o:{3}",
                            i.GetType(), d.GetType(), s.GetType(), o.GetType())
        Console.WriteLine("o is Object:{0}, o is Integer:{1}, d is Double:{2}",
                            TypeOf o Is Object, TypeOf o Is Integer, TypeOf o Is Double)
        Console.ReadKey()         '按任意键结束
    End Sub
End Module
```

程序运行结果如下：

```
i:System.Int32, d:System.Double, s:System.String, o:System.Int32
o is Object:True, o is Integer:True, d is Double:False
```

3.6.3　逻辑/位运算符

逻辑/按位运算符除逻辑非（Not）是一元运算符，其余均为二元运算符，用于将 Boolean 操作数进行逻辑运算或者将数值操作数按位运算。表 3-25 和表 3-26 按优先级从高到低的顺序列出了 Visual Basic 中常用的逻辑运算符和位运算符。

表 3-25　逻辑运算符

运　算　符	含　　义	说　　明	优　先　级	实　　例	结　果
Not	逻辑求反	当操作数为 False 时返回 True；当操作数为 True 时返回 False	1	Not True Not False	False True
And	逻辑与	两个操作数均为 True 时，结果才为 True，否则为 False	2	True And True True And False False And True False And False	True False False False

续表

运 算 符	含 义	说 明	优 先 级	实 例	结 果
AndAlso	简化逻辑与	对两个表达式执行简化逻辑合取	2	True AndAlso True True AndAlso False False AndAlso True False AndAlso False	True False False False
Or	逻辑或	两个操作数中有一个为 True 时，结果即为 True，否则为 False	3	True Or True True Or False False Or True False Or False	True True True False
OrElse	简化逻辑或	对两个表达式执行简化逻辑析取	3	True OrElse True True OrElse False False OrElse True False OrElse False	True True True False
Xor	逻辑异或	两个操作数不相同，即一个为 True 一个为 False 时，结果才为 True，否则为 False	4	True Xor True True Xor False False Xor True False Xor False	False True True False

表 3-26 位运算符

运算符	含 义	说 明	优先级	实 例	结 果
Not	按位反	对操作数按位求反	1	&HF8	ffffff07
And	按位逻辑与	两个位均为 1 时，结果才为 1，否则为 0	2	&HF8 And &H3F	38
Or	按位逻辑或	两个位有一个为 1 时，结果即为 1，否则为 0	3	&HF8 Or &H3F	ff
Xor	按位逻辑异或	两个位不相同，结果才为 1，否则为 0	4	&HF8 Xor &H3F	c7

注意：

- 逻辑“与”（And）运算符对两个 Boolean 表达式执行逻辑合取，或对两个数值表达式执行按位合取。
- 逻辑“或”（Or）运算符对两个 Boolean 表达式执行逻辑析取，或对两个数值表达式执行按位析取。
- 逻辑“异或”（Xor）运算符对两个 Boolean 表达式执行逻辑析取，或对两个数值表达式执行按位析取。
- 简化逻辑“与”（AndAlso）执行其 Boolean 操作数的逻辑“与”运算，但仅在必要时才计算第二个操作数。即“x AndAlso y”对应于操作“x And y”。不同的是，如果 x 为 False，则不计算 y（因为不论 y 为何值，“与”操作的结果都为 False）。这被称为“短路”计算。
- 简化逻辑“或”（OrElse）运算符执行 Boolean 操作数的逻辑“或”运算，但仅在必要时才计算第二个操作数。即“x OrElse y”对应于操作“x Or y”。不同的是，如果 x 为 True，则不计算 y（因为不论 y 为何值，“或”操作的结果都为 True）。这被称为“短路”计算。

【例 3-18】 逻辑/位运算符示例。

在 C:\VB.NET\Chapter03\ 中创建“Visual Basic”类别的控制台应用程序项目 BitwiseOpTest，在 Module1.vb 中添加如下粗体代码。

```
Module Module1
    Sub Main()
        Dim i1 = &HF8, i2 = &H3F, i3 = 100
        Console.WriteLine("Not {0} = {1}", i1 > i2, Not i1 > i2)                    '逻辑非
        Console.WriteLine("{0} And {1} = {2}", i1 > i2, i2 > i3, i1 > i2 And i2 > i3)  '逻辑与
        Console.WriteLine("{0} Or {1} = {2}", i1 > i2, i2 > i3, i1 > i2 Or i2 > i3)   '逻辑或
```

```
        Console.WriteLine("{0} Xor {1} = {2}", i1 > i2, i2 > i3, i1 > i2 Xor i2 > i3)    '逻辑异或
        Console.WriteLine("Not {0:x} = {1:x}", i1, Not i1)                              '按位求反
        Console.WriteLine("{0:x} And {1:x} = {2:x}", i1, i2, i1 And i2)                 '按位与
        Console.WriteLine("{0:x} Or {1:x} = {2:x}", i1, i2, i1 Or i2)                   '按位或
        Console.WriteLine("{0:x} Xor &{1:x} = {2:x}", i1, i2, i1 Xor i2)                '按位异或
        Console.ReadKey()        '按任意键结束
    End Sub
End Module
```

程序运行结果如下：

```
Not True = False
True And False = False
True Or False = True
True Xor False = True
Not f8 = ffffff07
f8 And 3f = 38
f8 Or 3f = ff
f8 Xor &3f = c7
```

3.6.4 移位运算符

位运算符对位模式执行数学移位。表 3-27 列出了 Visual Basic 中的移位运算符。

表 3-27　移位运算符

运　算　符	含　　义	示　　例	结　　果
<<	左移	&H1 << 4	&H10
>>	右移	&Hf>> 1	&H7

说明：

- 数学移位不是循环的，即不会将在结果的一端移出的数位从另一端重新移入。
- 在数学左移位运算中，丢弃移出结果数据类型范围的数位，而将右端空出的数位位置设置为零。
- 在数学右移位运算中，将丢弃移出最右侧数位位置的数位，并将最左侧的（符号）数位传播到左端空出的数位位置。这意味着如果要进行移位的位模式为负值，空出的位置将设置为 1；否则，将设置为 0。如果要进行移位的位模式的类型是任一种无符号类型，空出的位置将始终设置为 0。

3.6.5 字符串运算符

字符串运算符将多个字符串连接为一个字符串。Visual Basic 提供两个字符串运算符：+和&。两种串联运算符之间的区别如下。

（1）+运算符的主要用途是将两个数字相加。不过，它还可以将数值操作数与字符串操作数串联起来：

① 如果运算符两旁的操作数均为数值，则执行加法运算；

② 如果运算符两旁的操作数均为字符串，则进行字符串连接操作；

③ 如果一个操作数为数值数据类型而另一个操作数是字符串：

- 如果 Option Strict 为 On，则产生编译器错误；
- 如果 Option Strict 为 Off，则将 String 隐式转换为 Double 并执行加法运算；
- 如果 String 不能转换为 Double，将引发 InvalidCastException。

（2）&运算符仅定义用于 String 操作数，而且无论 Option Strict 的设置是什么，都会将其操作数扩展到 String。

（3）对于字符串串联操作，为了消除多义性，建议使用&运算符代替+运算符执行连接操作，因为&运算符是专门定义用于字符串的运算符，可以降低产生意外转换的可能性。

例如：

```
"计算机" + "程序设计"          '结果为"计算机程序设计"
"123" + 123                   '结果为 246
"123" + Nothing + "123"       '结果为"123123"
"123" + 2.5                   '结果为 125.5
"abc" + 123                   '编译错误：从字符串“abc”到类型“Double”的转换无效
"abc" & 123                   '结果为"abc123"
123 & "123" + 100             '结果为 123223
```

3.6.6 赋值运算符

赋值运算符（=）算符将其右边的值赋给其左边的变量或属性中。等号（=）左边的元素可以是简单的标量变量，也可以是属性或数组元素。

1．简单赋值语句

简单赋值语句形式如下：

```
变量名 = 表达式
```

其作用是计算右边表达式的值，然后将值赋给左边的变量或属性。

例如：

```
Dim mark As Double                     '定义 mark 为 Double 浮点型变量
Dim str1 As String                     '定义 str1 为字符串类型变量
Dim judge As Boolean                   '定义 judge 为 Boolean 类型变量
mark = 98.2                            '将 98.2 值赋给 mark
str1 = "Visual Basic.NET 程序设计"     '为字符串类型变量赋值
judge = "ABC" > "上海"                 '将表达式的计算结果 False 赋给 Boolean 类型变量 judge
```

2．复合赋值语句

表 3-28 列出了 Visual Basic 中的复合赋值运算符。复合赋值运算符不仅可以简化程序代码，使程序精练，而且还可以提高程序编译的效率。例如：“x += y”虽然等效于“x = x + y”，但是，在“x += y”中，x 只计算一次。

表 3-28 复合赋值运算符

运 算 符	含 义	举 例	等 效 于
^=	幂赋值	sum ^= item	sum = sum ^ item
*=	乘法赋值	x *= y+5	x = x * (y+5)
/=	浮点除赋值	x /= y–z	x = x / (y–z)
\=	整除赋值	x\= y–z	x = x \ (y–z)
+=	加法赋值	sum += item	sum = sum + item
–=	减法赋值	count –=1	count = count – 1
<<=	左移赋值	x << = y	x = x << y
>>=	右移赋值	x >> = y	x = x >> y
&=	连接赋值	str1 &= str2	str1 = str1 & str2

【例 3-19】 赋值运算符示例。

在 C:\VB.NET\Chapter03\ 中创建 “Visual Basic” 类别的控制台应用程序项目 AssignmentOpTest，在 Module1.vb 中添加如下粗体代码。

```
Module Module1
    Sub Main()
        Dim i1, i2, i3, i4, i5, i6, i7, i8 As Integer, d1 As Double
        i1 = 10 : i2 = 5 : i3 = 5 : i4 = 5 : i5 = 5 : i6 = 5 '简单赋值语句
        i7 = 1000 : i8 = 1000 : d1 = 5.0 '简单赋值语句
        i2 ^= 3 '幂赋值运算符
        i3 += 6 '加法赋值运算符
        i4 -= 6 '减法赋值运算符
        i5 *= i1 + 6 '乘法赋值运算符
        d1 /= i1 - 6 '浮点除法赋值运算符
        i6 \= i1 - 6 '整数除法赋值运算符
        i7 <<= 4 '左移赋值运算符
        i8 >>= 4 '右移赋值运算符
        Dim s1 As String = "Hello"
        s1 &= " world." '字符串拼接赋值运算符
        Console.WriteLine("i1={0}, i2={1}, i3={2}, i4={3}, i5={4}, i6={5}, i7={6}, i8={7}",
                          i1, i2, i3, i4, i5, i6, i7, i8)
        Console.WriteLine("d1={0}, s1={1}", d1, s1)
        Console.ReadKey()        '按任意键结束
    End Sub
End Module
```

程序运行结果如下：

```
i1=10, i2=125, i3=11, i4=-1, i5=80, i6=1, i7=16000, i8=62
d1=1.25, s1=Hello world.
```

3.6.7　其他运算符

Visual Basic 还包含其他运算符：New 运算符用于创建一个类的对象实例；TryCast 和 DirectCast 用于类型转换。本书后续章节将展开阐述。

3.6.8　运算符优先级

表达式中的运算符按照运算符优先级（Precedence）的特定顺序计算。Visual Basic 语言定义的运算符优先级如表 3-29 所示。表 3-29 按优先级从高到低的顺序列出各运算符类别，同一类别中的运算符优先级相同。

表 3-29　运算符优先级

类　别	优 先 级	运 算 符	说　明
算术运算符和串联运算符	1	^	求幂
	2	+、-	一元+、一元-
	3	*、/	乘法、浮点除法
	4	\	整数除法
	5	Mod	取模

续表

类别	优先级	运算符	说明
算术运算符和串联运算符	6	+、-	加法，以及字符串连接、减法
	7	&	字符串连接
	8	<<、>>	算术左移、算术右移
比较运算符	9	=、<>、<、<=、>、>=、Is、IsNot、Like、TypeOf…Is	相等、不等于、小于、小于等于、大于、大于等于、两个对象引用是否引用同一个对象、两个对象引用是否引用不同的对象、字符串匹配、对象引用变量与数据类型比较
逻辑运算符和位运算符	10	Not	布尔逻辑求反或者数值按位求反
	11	And、AndAlso	布尔逻辑合取或者数值按位合取、短路逻辑合取
	12	Or、OrElse	布尔逻辑析取或者数值按位析取、短路逻辑析取
	13	Xor	布尔逻辑异或或者数值按位异或

当具有相同优先级的运算符（如乘法和除法）在表达式中一起出现时，编译器将按每个运算符出现的顺序从左至右进行计算。例如，x * y / z 计算顺序为 (x * y) / z。

优先级和结合性都可以用括号控制。例如，2 + 3 * 2 的计算结果为 2 + (3 * 2) = 8；而(2 + 3) * 2 的计算结果为 10。

再如：

```
Dim b As Boolean = 16 + 2 * 5 >= 7 * 8 / 2 Or "XYZ" < "xyz" And Not (10 - 6 > 18 / 2)
```

相当于：

```
Dim b As Boolean = ((16 + (2 * 5)) >= ((7 * 8) / 2)) Or (("XYZ" <> "xyz") And (Not((10 - 6) > (18 / 2))))
```

结果为：

```
True
```

3.7 表达式

表达式是可以计算的代码片段，其计算结果一般为单个值、对象及类型成员。表达式由操作数（变量、常量、函数）、运算符和圆括号按一定规则组成。表达式通过运算后产生运算结果，运算结果的类型由操作数和运算符共同决定。

3.7.1 表达式的组成

表达式由运算符和操作数构成。表达式的运算符指示对操作数适用什么样的运算。运算符的示例包括+、-、*、/和\。操作数的示例包括文本（没有名称的常数值）、字段、局部变量、方法参数、类型成员等，也可以包含子表达式，因此表达式既可以非常简单，也可以非常复杂。

当表达式包含多个运算符时，运算符的优先级控制各运算符的计算顺序。

3.7.2 表达式的书写规则

乘号不能省略，例如，a 乘以 b 应写为 a*b。

括号必须成对出现，而且只能使用圆括号；圆括号可以嵌套使用。

表达式从左到右在同一个基准上书写，无高低、大小区分。

例如：数学表达式 $\frac{-b+\sqrt{(b^2-4ac)/d}}{2ab}+(ab)^3$ 写成 Visual Basic 表达式为：

```
(-b + Math.Sqrt((b * b - 4 * a * c) / d)) / (2 * a * b) + (a * b) ^ 3
```

【例 3-20】表达式示例。

在 C:\VB.NET\Chapter03\ 中创建“Visual Basic”类别的控制台应用程序项目 ExpressionTest，在 Module1.vb 中添加如下粗体代码。

```
Module Module1
    Sub Main()
        Dim myRnd As Random = New Random()
        'a 是 0～10（包括 0 和 10）之间的随机整数，b 初值为 2，c 是-10～0（包括-10 和 0）之间的随机整数
        Dim a As Integer = myRnd.Next(11), b As Integer = 2, c As Integer = myRnd.Next(-10, 1)
        Console.WriteLine("a={0}, b={1}, c={2}", a, b, c)
        b += a + c
        Console.WriteLine("表达式 b += a + c 之后，a={0}, b={1}, c={2}", a, b, c)
        Console.WriteLine("c>=b and b>=a  的结果为：{0}", c >= b And b >= a)
        Console.WriteLine("(b2-4ac)的平方根为：{0:f2}", Math.Sqrt(b ^ 2 - 4 * a * c))
        Dim m = False, n = True, p = True
        Console.WriteLine("m={0}, n={1}, p={2}", m, n, p)
        Console.WriteLine("m Or n Xor p = {0}", m Or n Xor p)
        Console.WriteLine("Not m Or n Xor p = {0}", Not m Or n Xor p)
        Console.ReadKey()        '按任意键结束
    End Sub
End Module
```

程序运行结果（a 和 c 是随机整数，因此程序每次运行结果会有所不同）如下：

```
a=9, b=2, c=-10
表达式 b += a + c 之后，a=9, b=1, c=-10
c>=b and b>=a  的结果为：False
(b2-4ac)的平方根为：19.00
m=False, n=True, p=True
m Or n Xor p = False
Not m Or n Xor p = False
```

3.8　语句

3.8.1　VB.NET 语句的组成

语句是 Visual Basic 程序的过程构造块，可以包含关键字、运算符、变量、常量和表达式。语句是完整的指令，用于声明模块、类、过程、函数、变量、常量等；创建对象、变量赋值、调用方法、控制分支、创建循环等。

- 声明语句：用于声明模块、类、过程、函数、变量、常量等。
- 表达式语句：用于对表达式求值。可用作语句的表达式包括方法调用、使用 New 运算符的对象分配、使用=和复合赋值运算符的赋值。
- 选择语句：用于根据表达式的值从若干个给定的语句中选择一个来执行。这一组语句有 If…Then…Else 和 Select…Case 语句。请参见第 4 章。
- 迭代语句：用于重复执行嵌入语句。这一组语句有 While、Do、For 和 For Each 语句。请参见第 4 章。

- 跳转语句：用于转移控制。这一组语句有 Continue、Goto、Return、Exit、End 和 Stop 语句等。请参见第 4 章。
- Try…Catch…End Try 语句：用于捕获在块的执行期间发生的异常。请参见第 4 章。
- SyncLock…End SyncLock 语句：用于获取某个给定对象的互斥锁，执行一个语句，然后释放该锁。请参见第 10 章。
- Using 语句：用于获得一个资源，执行一个语句，然后释放该资源。请参见第 10 章。

3.8.2 VB.NET 语句的使用

VB.NET 语句涉及许多程序构造要素，将在本书其他章节分别阐述。其中涉及程序控制流程的复杂语句将在第 4 章中展开阐述。

【例 3-21】 语句示例。

在 C:\VB.NET\Chapter03\中创建“Visual Basic”类别的控制台应用程序项目 StatementTest，在 Module1.vb 中添加如下粗体代码。

```
Module Module1
    Sub printArea(ByVal r As Integer)
        Const PI As Double = 3.14                '声明语句：声明常量
        Dim a As Double                          '声明语句：声明变量
        If (r > 0) Then                          '控制语句
            a = PI * r * r                       '赋值语句，计算圆面积
            Console.WriteLine("半径={0}, 面积={1}", r, a)              '调用静态方法
        Else
            Console.WriteLine("半径={0}, 半径小于 0，错误！", r)        '调用静态方法
        End If
    End Sub
    Sub Main()
        Dim r As Double                          '声明语句：声明变量
        Dim myRnd As Random                      '声明语句：声明对象
        myRnd = New Random()                     '赋值语句/创建对象
        For i = 1 To 5                           '循环语句
            r = myRnd.Next(-10, 10)              '赋值语句：调用对象方法产生-10 到 10 之间的随机数并赋值给 r
            printArea(r)                         '调用过程
        Next
        Console.ReadKey()                        '按任意键结束
    End Sub
End Module
```

程序运行结果（r 是随机整数，因此程序每次运行结果会有所不同）如下：

```
半径=1, 面积=3.14
半径=4, 面积=50.24
半径=1, 面积=3.14
半径=-2, 半径小于 0，错误！
半径=-1, 半径小于 0，错误！
```

3.9 模块、过程和函数

Visual Basic 语言包括许多运行时函数（即内置的函数），如 MsgBox、CChar 等，用户也可

以自定义函数。函数是可以重复调用的代码块。使用函数，可以有效地组织代码，提高代码的重用率。

为了方便程序设计中各种数据类型的处理，提高程序设计的效率，Visual Basic 提供了大量的函数。另外，.NET Framework 也提供了丰富的类库，可以方便地实现各种数值、日期、字符串等数据处理要求。

本节简要介绍函数的定义和调用，有关函数的展开阐述，请参见 6.8 节。

3.9.1 模块

使用“控制台应用（.NET Framework）”模板创建项目时，会自动创建一个名为 Module1.vb 的文件，包含如下内容：

```
Module Module1
    Sub Main()
    End Sub
End Module
```

后缀为.vb 的文件为模块文件，其中的 Module…End Module 语句用于定义模块，在模块中可以使用 Sub…End Sub 语句定义过程，或者使用 Function…End Function 语句定义函数。在模块中还可以定义全局变量或常量。

用户可以创建其他的模块文件并在其中定义模块，也可以在其他名称空间中定义模块，详细内容请参见 9.1 节。

3.9.2 函数的定义和调用

在模块中，可以使用下列语法形式定义函数：

```
Function 函数名([形参列表])
    函数体
End Function
```

函数体中必须使用 return 返回值函数的结果值。函数的调用格式如下：

```
函数名([实参列表])
```

声明创建函数时，可以声明函数的参数，即形式参数，简称形参；调用函数时，需要提供函数需要的参数的值，即实际参数，简称实参。

【例 3-22】 声明和调用函数 GetValue(b, r, n)，根据本金 b、年利率 r 和年数 n，计算最终收益 v。提示：$v = b(1 + r)^n$。

在 C:\VB.NET\Chapter03\中创建“Visual Basic”类别的控制台应用程序项目 GetValue，在 Module1.vb 中添加如下粗体代码。

```
Module Module1
    Function GetValue(b, r, n) As Double        '定义函数 GetValue
        Dim v = b * ((1 + r) ^ n)               '计算本息和 v
        Return v                                '使用 return 返回值
    End Function
    Sub Main()
        Dim b = 1000, r = 0.05, n = 5
        Dim total As Double
        total = GetValue(1000, 0.05, 5)         '调用函数 GetValue
        Console.WriteLine("本金={0},年利率={1},存期={2},本息和={3:F2}", b, r, n, total)
```

```
        Console.ReadKey()          '按任意键结束
    End Sub
End Module
```

程序运行结果如下：

```
本金=1000,年利率=0.05,存期=5,本息和=1276.28
```

3.9.3 过程的定义和调用

在模块中，可以使用下列语法形式定义过程：

```
Sub 过程名([形参列表])
    过程体
End Sub
```

过程不需要返回结果值，通常用于执行某种任务，例如程序的入口过程 main。过程的调用格式如下：

```
过程名([实参列表])
Call 过程名([实参列表])    '不建议使用
```

同样，声明过程时，可以声明过程的参数，即形式参数，简称形参；调用过程时，必须提供过程所需要的参数的值，即实际参数，简称实参。

【例 3-23】 声明和调用过程 PrintTimeInfo()，输出当前时间。

在 C:\VB.NET\Chapter03\中创建“Visual Basic”类别的控制台应用程序项目 PrintTimeInfo，在 Module1.vb 中添加如下粗体代码。

```
Module Module1
    Sub PrintTimeInfo()                '定义过程 PrintTimeInfo，输出当前时间
        Dim dt = Now()                 '获取当前时间
        Console.WriteLine(dt.ToString("当前时间：yyyy/MM/dd hh:mm:ss"))
    End Sub
    Sub Main()
        Console.WriteLine("Hello, world!")
        PrintTimeInfo()                '调用过程 PrintTimeInfo，输出当前时间
        Console.ReadKey()              '按任意键结束
    End Sub
End Module
```

程序运行结果如下：

```
Hello, world!
当前时间：2019/06/23 08:21:22
```

3.9.4 常用的数学函数

1. Math 类和数学函数

Math 类为三角函数、对数函数和其他通用数学函数提供常数和静态方法。该类属于 System 命名空间。Math 类是一个密封类，有两个公共字段和若干静态方法。若要不受限制地使用这些函数，可以在源代码顶端添加如下代码，将 System.Math 命名空间导入项目：

```
Imports System.Math
```

则 Math 类的公共字段和静态方法（函数）在使用过程中可以省略 Math.。例如，Console.WriteLine(Math.Sqrt(9))语句可以简化为 Console.WriteLine(Sqrt(9))。

Math 类的两个公共字段如表 3-30 所示。

表 3-30　Math 类的两个公共字段

名　称	功 能 说 明	字 段 值
E	自然对数的底，它由常数 e 指定	2.7182818284590452354
PI	圆周率，即圆的周长与其直径的比值	3.14159265358979323846

Math 类常用的静态方法如表 3-31 所示。

表 3-31　Math 类常用的静态方法

名　称	说　明	示　例	结　果
Abs(数值)	绝对值	Abs(-8.99)	8.99
Sqrt(数值)	平方根	Sqrt(9)	3
Max(数值 1，数值 2)	最大值	Max(-5,-8)	-5
Min(数值 1，数值 2)	最小值	Min(5,8)	5
Pow(底数,指数)	求幂	Pow(-5,2)	25
Exp(指数)	E 为底的幂	Exp(3)	20.0855369231877
Log(数值)	以 e 为底的自然对数	Log(10)	2.30258509299405
Log(数值,底数)	以指定底数为底的对数	Log(27,3)	3
Log10(数值)	以 10 为底的自然对数	Log10(100)	2
Sin(弧度)	指定角度（以弧度为单位）的正弦值	Sin(0)	0
Cos(弧度)	指定角度（以弧度为单位）的余弦值	Cos(0)	1
Asin(数值)	返回正弦值为指定数字的角度（以弧度为单位）	Asin(0.5)*180/PI	30
Acos(数值)	返回余弦值为指定数字的角度（以弧度为单位）	Acos(0.5)*180/PI	60
Tan(弧度)	指定角度的正切值	Tan(0)	0
Sign(数值)	返回指定数值的符号：数值>0，返回 1；数值=0，返回 0；数值<0，返回-1	Sign(6.7) Sign(0) Sign(-6.7)	1 0 -1
Truncate(数值)	计算一个小数或双精度浮点数的整数部分	Truncate(99.99f)	99
		Truncate(-99.99d)	-99
Round(数值) Round(数值，返回值中的小数位数)	将小数或双精度浮点数舍入到最接近的整数或指定的小数位数	Round(4.4)	4
		Round(4.5)	4
		Round(4.6)	5
		Round(5.5)	6
		Round(3.44, 1)	3.4
		Round(3.45, 1)	3.4
		Round(3.55, 1)	3.6
		Round(3.46, 1)	3.5
		Round(3.54, 0)	4
Ceiling(数值)	返回大于或等于指定小数或双精度浮点数的最小整数	Ceiling(0.0) Ceiling(0.1) Ceiling(1.1) Ceiling(-1.1)	0 1 2 -1
Floor(数值)	返回小于或等于指定小数或双精度浮点数的最大整数	Floor(0.0) Floor(0.1) Floor(1.1) Floor(-1.1)	0 0 1 -2

说明：

- Round 将小数或双精度浮点数舍入到最接近的整数或者指定精度。Round 的舍入方法有时称为“就近舍入”或“四舍六入五成双”。
- 当将小数或双精度浮点数舍入到最接近的整数时，如果要舍入的值的小数部分正好处于两个整数中间，其中一个整数为偶数，另一个整数为奇数，则返回偶数。
- 当将小数或双精度浮点数舍入到指定精度时，如果要舍入的值 d 中指定的小数位数 decimals 位置右侧的数值处于 decimals 位置的数字中间，则该数字向上舍入（如果为奇数）或不变（如果为偶数）。如果 d 的精度小于 decimals，则返回 d 而不做更改。如果 decimals 为 0，则返回一个整数。
- Ceiling 的舍入方法有时称为“向正无穷舍入”。
- Floor 的舍入方法有时称为“向负无穷舍入”。

【例 3-24】 数学函数的使用示例：根据提示输入三角形的三条边（为简单起见，假设这三条边可以构成三角形），求三角形的面积、周长、某边长所对应的高、最长边长、最短边长等。

在 C:\VB.NET\Chapter03\中创建“Visual Basic”类别的控制台应用程序项目 MathFunction，在 Module1.vb 中添加如下粗体代码。

```
Imports System.Math
Module Module1
    Sub Main()
        Dim a, b, c, h, perimeter, area, heightA, maxSide, minSide As Double
        Console.Write("请输入边长 a：")                    '提示输入 a
        a = CDbl(Console.ReadLine())
        Console.Write("请输入边长 b：")                    '提示输入 b
        b = CDbl(Console.ReadLine())
        Console.Write("请输入边长 c：")                    '提示输入 c
        c = CDbl(Console.ReadLine())
        perimeter = a + b + c                              '求三角形周长
        h = perimeter / 2                                  '三角形周长的一半
        area = Math.Sqrt(h * (h - a) * (h - b) * (h - c))  '求三角形面积
        heightA = 2 * area / a                             '求边长 a 对应的高
        maxSide = Max(a, Max(b, c))                        '求最长边
        minSide = Min(a, Min(b, c))                        '求最短边
        Console.WriteLine("三角形的三条边长分别为{0},{1},{2}", a, b, c)
        Console.WriteLine("三角形的周长为{0}, 面积为{1}", perimeter, area)
        Console.WriteLine("边长 a 对应的高为{0}", heightA)
        Console.WriteLine("三角形最长的边为{0}, 最短的边为{1}", maxSide, minSide)
        Console.ReadKey()                                  '按任意键结束
    End Sub
End Module
```

程序运行结果如下：

```
请输入边长 a：3
请输入边长 b：4
请输入边长 c：5
三角形的三条边长分别为 3,4,5
三角形的周长为 12, 面积为 6
边长 a 对应的高为 4
三角形最长的边为 5, 最短的边为 3
```

2. Random 类和随机函数

Random 类提供了产生伪随机数的方法。随机数的生成是从种子（seed）值开始。如果反复使用同一个种子，就会生成相同的数字系列。产生不同序列的一种方法是使种子值与时间相关，从而对于 Random 的每个新实例，都会产生不同的系列。默认情况下，Random 类的无参数构造函数使用系统时钟生成其种子值。产生随机数的方法必须由 Random 类创建的对象调用。可以使用如下代码声明一个随机对象 myRandom：

```
Dim rNum As Random = New Random()
```

则随机方法的使用如表 3-32 所示。

表 3-32 随机方法

名 称	说 明	实 例	结 果
随机对象.Next()	产生非负随机整数	myRandom.Next()	非负随机整数
随机对象.Next(非负整数)	产生大于等于 0 且小于指定非负整数（随机数上界）的非负随机数	myRandom.Next(10)	0～9（包括 0 和 9）之间的随机整数
随机对象.Next(整数 1, 整数 2)	产生大于等于整数 1 且小于整数 2 的随机整数	myRandom.Next(−10,10)	−10～9（包括−10 和 9）之间的随机整数
随机对象.NextDouble()	产生大于等于 0.0 且小于 1.0 的双精度浮点数	myRandom.NextDouble()	0.0～1.0（包括 0.0、不包括 1.0）之间的随机双精度浮点数

3.9.5 常用的字符串函数

Visual Basic 字符串处理一般采用 System.String 类提供的成员函数，也可以使用 VB6.0 等早期版本中提供的函数，如表 3-33 所示，其中，s1 和 s2 为字符串变量，假设 s1 的值为“AbcdEF”，s2 的值为“□12□□345□□□”（□表示空格）。

表 3-33 常用的字符串函数

名 称	说 明	示 例	结 果
InStr	返回一个整数，该整数指定一个字符串在另一个字符串中的第一个匹配项的起始位置	InStr(s1, "cd")	3
Left	返回一个字符串，该字符串包含从某字符串左侧算起的指定数量的字	Left(s1, 4)	ABcd
Len	返回一个整数，该整数包含某字符串中的字符数目	Len(s1)	6
Mid	从一个字符串返回包含指定数量字符的字符串	Mid(s1, 2, 3)	Bcd
Replace	返回一个字符串，其中的指定子字符串已由另一个子字符串替换了指定的次数	Replace(s1, "cd", "12")	AB12EF
Right	返回一个字符串，其中包含从某个字符串右端开始的指定数量的字符	Right(s1, 4)	cdEF
Space	返回由指定数量空格组成的字符串	"You" & Space(1) & "Me"	You□Me
Trim	返回一个字符串，该字符串包含指定字符串的没有前导和尾随空格的副本	Trim(s2)	12□□345

3.9.6 常用的日期函数

Visual Basic 日期时间处理一般采用 System.DateTime 类提供的成员函数，也可以使用 VB6.0 等早期版本中提供的函数（具体可参见 Microsoft. VisualBasic.DateAndTime 模块），如表 3-34 所示，其中，示例中 DateTime dt = new DateTime(2020,4,1,9,31,16)，并假设当前日期时间（Now）

即为 2020 年 4 月 1 日星期三 9 点 31 分 16 秒）。

表 3-34 常用的日期函数

名 称	说 明	示 例	结 果
DateAdd	返回一个 Date 值，该值包含已在其上加上指定的时间间隔	DateAdd("m", 1, dt)	2020/5/1 9:31:16
DateDiff	返回一个 Long 值，用于指定两个 Date 值之间的时间间隔数	DateDiff("d", #3/1/2020#, dt)	31
Weekday	返回一个 Integer 值，它包含一个表示一周中某天的数字（星期日为 1，星期一为 2，…，星期六为 7）	Weekday(dt)	4
Day	返回一个 1～31 之间的 Integer 值，它表示该月中的某天	Day(dt)	1
Hour	返回一个 0～23 之间的 Integer 值，它表示一天中的某小时	Hour(dt)	9
Minute	返回一个 0～59 之间的 Integer 值，它表示一小时中的某分钟	Minute(dt)	31
Second	返回一个 0～59 之间的 Integer 值，它表示一分钟中的某秒	Second(dt)	16
Month	返回一个 1～12 之间的 Integer 值，它表示一年中的某个月	Month(dt)	4
Year	返回一个表示年的 1～9999 之间的 Integer 值	Year(dt)	2020
Now	返回一个 Date 值，它包含系统的当前日期和时间	Now	2020/4/1 9:31:16
TimeOfDay	返回或设置一个 Date 值，它包含系统的当天的当前时间	TimeOfDay	9:31:16
Today	返回或设置一个 Date 值，它包含系统的当前日期	Today	2020/4/1

3.9.7 常用的转换函数

Visual Basic 数据类型的转换可以采用 3.5.2 节介绍的各种方法，也可以使用 Visual Basic 运行库所提供的转换函数，来实现数值与非数值类型转换、数制转换、大小写字母转换等。常用的转换函数如表 3-35 所示。

表 3-35 常用的转换函数

名 称	说 明	示 例	结 果
Asc	字符或字符串转换为 ASCII 码值	Asc("A") Asc("Apple")	65 65
AscW	字符或字符串转换为 Unicode 码值	AscW("A")	65
Chr	ASCII 码转换为字符	Chr(65)	"A"
ChrW	Unicode 码转换为字符	ChrW(65)	"A"
LCase	大写字母转换为小写字母	LCase("ABcd")	"abcd"
UCase	小写字母转换为大写字母	UCase("ABcd")	"ABCD"
Hex	十进制值转换为十六进制字符串	Hex(10)	"A"
Oct	十进制值转换为八进制字符串	Oct(8)	10
Str	数值转换为字符串	Str(−459.65)	"−459.65"
Val	数值字符串转换为数值	Val("1.23 123abc45") Val("&HFFFF")	1.23123 −1
Fix	取整	Fix(9.8) Fix(−9.8)	9 −9
Int	返回小于或等于该数的最大整数	Int(9.8) Int(−9.8)	9 −10

3.10 类和对象

类和对象是面向对象编程的两个主要方面。有关面向对象的展开阐述，请参见第 6 章。

3.10.1 类的定义

VB.NET 使用关键字 Class 来声明一个类。其语法格式如下：

```
Class 类名
类体
End Class
```

类体中可以定义属于类的属性、方法（即在类体中定义的函数或过程）等。

3.10.2 对象的创建和使用

在 VB.NET 中，可以使用 New 运算符创建类的实例对象，类的对象使用“.”运算符来引用类的成员。其语法格式如下：

```
Dim 对象名 As 类名 =New 类名([参数表]) '创建实例对象
对象名.方法([实参列表]) '调用对象的方法
对象名.属性 '引用对象的属性
```

如果要执行一系列反复引用单个对象或者结构的语句，则可以使用 With…End With 语句以简化语法。其语法格式如下：

```
With 对象
.属性 1 '引用对象的属性 1
.属性 2 '引用对象的属性 2
…
End With
```

【例 3-25】 类和对象示例。定义类 Person，创建其对象，并调用对象方法。

在 C:\VB.NET\Chapter03\中创建“Visual Basic”类别的控制台应用程序项目 Person，在 Module1.vb 中添加如下粗体代码。

```
Module Module1
    Class Person     '声明类 Person
        Public name As String
        Public age As Integer
        Public Sub PrintInfo()
            Console.WriteLine("姓名：{0}，年龄：{1}", name, age)
        End Sub
    End Class
    Sub Main()
        Dim p1 As Person
        p1 = New Person                 '创建 Person 类的实例对象
        With p1                         '使用 With…End With 语句简化对象访问
            p1.name = "张三"             '设置对象的属性
            p1.age = 19
        End With
        p1.PrintInfo()                  '调用对象方法
```

```
        Console.ReadKey()            '按任意键结束
    End Sub
End Module
```

程序运行结果如下：

```
姓名：张三，年龄：19
```

3.10.3 .NET Framework 类库

.NET Framework 也提供了丰富的类库，可以方便地实现各种数值、日期、字符串等数据处理要求。本书后续章节将展开阐述。

第 4 章　程序流程和异常处理

Visual Basic 程序中语句执行的顺序包括 4 种基本控制结构：顺序结构、选择结构、循环结构和异常处理逻辑结构。

本章要点

- 顺序结构；
- 选择结构（If…Then…Else 语句、Select…Case 语句）；
- 循环结构（For…Next 语句、While…End While 语句、Do…Loop 语句和 For Each…Next 语句）；
- 跳转语句（GoTo 语句、Continue 语句、Return 语句、Exit 语句、End 语句、Stop 语句）；
- 异常处理机制；
- 创建和引发异常。

4.1　顺序结构

Visual Basic 程序中语句执行的基本顺序按各语句出现位置的先后次序执行，称为顺序结构，如图 4-1 所示。先执行语句块 1，再执行语句块 2，最后执行语句块 3。三者是顺序执行关系。

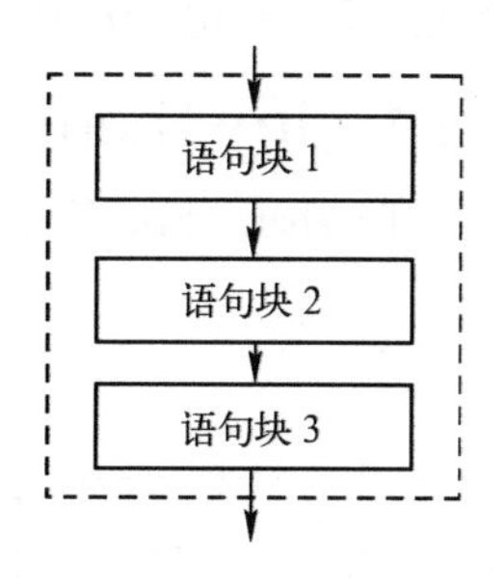

图 4-1　顺序结构示意图

【例 4-1】 顺序结构示例。输入三角形三条边的边长（为简单起见，假设这三条边可以构成三角形），计算三角形的面积。提示：三角形面积=$\sqrt{h(h-a)(h-b)(h-c)}$，其中，a、b、c 是三角形三边的边长，h 是三角形周长的一半。

在 C:\VB.NET\Chapter04\中创建“Visual Basic”类别的 Windows 窗体应用程序 Sequence，窗体所使用的控件属性及说明如表 4-1 所示。运行结果如图 4-2 所示。

表 4-1　例 4-1 所使用的控件属性及说明

控　件	属　性	值	说　明
Label1	Text	直角边 a	提示输入标签
TextBox1			直角边 a 输入文本框
Label2	Text	直角边 b	提示输入标签
TextBox2			直角边 b 输入文本框
Button1	Text	计算	计算命令按钮
Label3	Text		结果显示标签

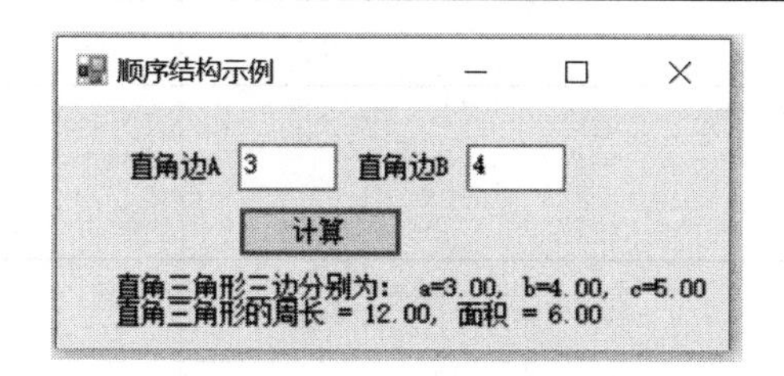

图 4-2　顺序结构示例

程序代码如下：

```
Imports System.Math
Public Class Form1
    Private Sub Button1_Click(sender As System.Object, e As System.EventArgs) Handles Button1.Click
        Dim a, b, c, p, h, area As Double
        a = TextBox1.Text
        b = TextBox2.Text
        c = Sqrt(a ^ 2 + b ^ 2)
        Label3.Text = "直角三角形三边分别为： a=" & Format(a, "0.00") & ", b=" & Format(b, "0.00") & ", c=" & 
Format(c, "0.00") & vbCrLf
        p = a + b + c : h = p / 2
        area = Sqrt(h * (h - a) * (h - b) * (h - c))
        Label3.Text &= "直角三角形的周长 = " & Format(p, "0.00") & ", 面积 = " & Format(area, "0.00")
    End Sub
End Class
```

4.2 选择结构

选择结构可以根据条件来控制代码的执行分支，也叫分支结构。Visual Basic 包括两种控制分支的条件语句：If…Then…Else 语句和 Select…Case 语句。

4.2.1 If…Then…Else 语句

If…Then…Else 条件语句包含多种形式：单分支、双分支和多分支，流程如图 4-3 所示。

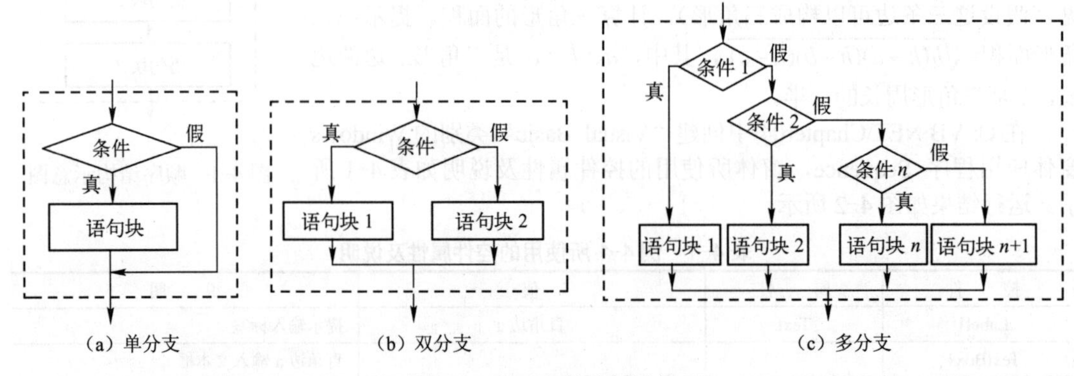

图 4-3 If 语句的选择结构

1. 单分支结构

If 语句单分支结构的语法形式如下。

（1）多行格式

```
If 条件表达式 [Then]
    语句/语句块 statement(s)
End If
```

（2）单行格式

```
If 条件表达式 Then 语句
```

其中：

条件表达式可以是关系表达式、逻辑表达式、算术表达式等。表达式值为 0 则转换为 False，非 0 则转换为 True。

Then 在单行格式中为必选项，在多行格式中为可选项。

语句/语句块 statement(s)可以是单个语句，也可以是多个语句。

在单行格式中，作为 If…Then 判定的结果一般执行单个语句，如果执行多条语句，所有语句必须位于同一行上，并且由冒号分隔。

该语句的作用是当条件表达式的值为真（True）时，执行 If 后的语句（块），否则不做任何操作，控制将转到 If 语句的结束点。其流程如图 4-3（a）所示。

【例 4-2】 单分支结构示例：产生两个 0～100 之间的随机数 *a* 和 *b*，比较两者大小，使得 *a* 大于 *b*。

在 C:\VB.NET\Chapter04\ 中创建“Visual Basic”类别的 Windows 窗体应用程序 SingleDecision。双击窗体空白处，创建 Form1_Load 事件处理程序。在该事件处理程序中手工添加如下粗体所示的事件处理代码。运行结果如图 4-4 所示。

图 4-4　单分支结构示例

```
Private Sub Form1_Load(sender As System.Object, e As System.EventArgs) Handles MyBase.Load
        Dim a, b, t As Integer
        Dim rNum As Random = New Random()
        a = rNum.Next(101)              '产生 0～100 之间的随机整数 a
        b = rNum.Next(101)              '产生 0～100 之间的随机整数 b
        Label1.Text = "原始值：   a=" & a & ", b=" & b & vbCrLf
        If a < b Then
            t = a
            a = b
            b = t
        End If
        Label1.Text &= "降序值：   a=" & a & ", b=" & b
End Sub
```

2. 双分支结构

If 语句双分支结构的语法形式如下。

（1）格式 1

```
If  条件表达式  [Then]
        语句/语句块 1
Else
        语句/语句块 2
End If
```

（2）格式 2

```
If  条件表达式  Then  语句 1  Else  语句 2
```

该语句的作用是当条件表达式的值为真（True）时，执行 If 后的语句（块）1，否则执行 Else 后的语句（块）2，其流程如图 4-3（b）所示。

【例 4-3】 计算分段函数：$y=\begin{cases}\sin x+2\sqrt{x+e^4}-(x+1)^3 & x\geqslant 0\\ \ln(-5x)-\dfrac{|x^2-8x|}{7\pi}+e & x<0\end{cases}$

此分段函数有以下几种实现方式（假设已经在源代码顶端添加了 Imports System.Math，将 System.Math 命名空间导入了项目），请读者自行编程测试。

（1）利用单分支结构实现

```
If x >= 0 Then
    y = Sin(x) + 2 * Sqrt(x + Exp(4)) - Pow(x + 1, 3)
End If
If x<0 Then
    y = Log(-5 * x) - Abs(x * x - 8 * x) / (7 * PI) + E
End If
```

（2）利用双分支结构实现

```
If x >= 0 Then
    y = Sin(x) + 2 * Sqrt(x + Exp(4)) - Pow(x + 1, 3)
Else
    y = Log(-5 * x) - Abs(x * x - 8 * x) / (7 * PI) + E
End If
```

（3）利用条件函数实现

```
y = IIf(x >= 0, Sin(x) + 2 * Sqrt(x + Exp(4)) - (x + 1) ^ 3, Log(-5 * x) - Abs(x * x - 8 * x) / (7 * PI) + E)
```

3. 多分支结构

If 语句多分支结构的语法形式如下：

```
If 条件表达式 1 [Then]
    语句块 1
[ElseIf 条件表达式 2 [Then]
     语句块 2 ]
…
[Else
    语句块 n+1 ]
End If
```

该语句的作用是根据不同的条件表达式的确定执行哪个语句（块），其流程如图 4-3（c）所示。

【例 4-4】 已知某课程的百分制分数 mark，将其转换为五级制（优、良、中、及格和不及格）的评定等级 grade。评定条件如下：

$$\text{成绩等级}=\begin{cases}\text{优} & mark >= 90\\ \text{良} & 80\leqslant mark<90\\ \text{中} & 70\leqslant mark<80\\ \text{及格} & 60\leqslant mark<70\\ \text{不及格} & mark<60\end{cases}$$

根据评定条件，有以下三种不同的方法实现。

方法一：

```
If mark >= 90 Then
    grade1 = "优"
ElseIf mark >= 80 Then
    grade1 = "良"
ElseIf mark >= 70 Then
    grade1 = "中"
ElseIf mark >= 60 Then
    grade1 = "及格"
Else
    grade1 = "不及格"
End If
```

方法二：

```
If mark >= 90 Then
    grade2 = "优"
ElseIf mark >= 80 And mark < 90 Then
    grade2 = "良"
ElseIf mark >= 70 And mark < 80 Then
    grade2 = "中"
ElseIf mark >= 60 And mark < 70 Then
    grade2 = "及格"
Else
    grade2 = "不及格"
End If
```

方法三：

```
If mark >= 60 Then
    grade3 = "及格"
ElseIf mark >= 70 Then
    grade3 = "中"
ElseIf mark >= 80 Then
    grade3 = "良"
ElseIf mark >= 90 Then
    grade3 = "优"
Else
    grade3 = "不及格"
End If
```

其中，方法一中使用关系运算符“>=”，按分数从大到小依次比较；方法二使用关系运算符和逻辑运算符表达完整的条件，即使语句顺序不按比较的分数从大到小依次书写，也可以得到正确的等级评定结果；方法三使用关系运算符“>=”，但按分数从小到大依次比较。

上述三种方法中，方法一、方法二都正确，其中方法一最简洁明了，方法二虽然正确，但是存在冗余条件；方法三虽然语法没有错误，但是判断结果错误：根据 mark 分数所得等级评定结果只有“及格”和“不及格”两种，请读者根据程序流程自行分析原因。

【例 4-5】 已知坐标点（x,y），判断其所在的象限。相关语句如下：

```
If x = 0 And y = 0 Then
    MsgBox("位于坐标原点")
ElseIf x = 0 Then
    MsgBox("位于 y 轴")
ElseIf y = 0 Then
    MsgBox("位于 x 轴")
ElseIf x > 0 And y > 0 Then
    MsgBox("位于第一象限")
ElseIf x < 0 And y > 0 Then
    MsgBox("位于第二象限")
ElseIf x < 0 And y < 0 Then
    MsgBox("位于第三象限")
Else
    MsgBox("位于第四象限")
End If
```

4. If 语句的嵌套

在 If 语句中又包含一个或多个 If 语句称为 If 语句的嵌套。一般形式如下：

```
If 条件表达式 1 [Then]
    If 条件表达式 11 [Then]  ┐
        ⋮                     │
    [Else                     ├ 内嵌 If
        ⋮                     │
    ]                         ┘
    End If
[ElseIf 条件表达式 2 [Then]
    ⋮]
...
[Else
    ⋮]
End If
```

为了正确表达 If 语句的嵌套关系，建议读者使用缩进格式确定 If 和 Else 的配对关系。语句形式如下：

```
If 条件表达式 1 [Then]
    If 条件表达式 11 [Then]  ┐
        语句/语句块 1         │
    [Else                     ├ 内嵌 If
        语句/语句块 2         │
    ]                         ┘
    End if
[Else
    If 条件表达式 21 [Then]  ┐
        语句/语句块 3         │
    [Else                     ├ 内嵌 If
        语句/语句块 4         │
    ]                         ┘
```

```
    End If]
End If
```

【例 4-6】 计算分段函数：$y=\begin{cases}1 & x>0 \\ 0 & x=0 \\ -1 & x<0\end{cases}$

此分段函数有以下几种实现方式，请读者判断哪些是正确的，并自行编程测试正确的实现方式。

方法一：

```
If x > 0 Then
    y = 1
ElseIf x = 0 Then
    y = 0
Else
    y = -1
End If
```

方法二：

```
If x >= 0 Then
    If x > 0 Then
        y = 1
    Else
        y = 0
    End If
Else
    y = -1
End If
```

方法三：

```
y = 1
If x <> 0 Then
   If x < 0 Then
       y = -1
   End If
Else
    y = 0
End If
```

方法四：

```
y = 1
If x <> 0 Then
    If x < 0 Then
        y = -1
    Else
        y = 0
    End If
End If
```

请读者画出每种方法相应的流程图，并进行分析测试。其中，方法一、二和三是正确的，而方法四是错误的。

【例 4-7】 已知字符变量 ch 中存放了一个字符，判断该字符是字母字符（并进一步判断是大写字母还是小写字母）、数字字符还是其他字符，并给出相应的提示信息。相关语句如下：

方法一（利用系统提供的方法）：

```
If Char.IsLetter(ch) Then
    If Char.IsUpper(ch) Then
        Console.WriteLine("字符 {0} 是大写字母", ch)
    Else
        Console.WriteLine("字符 {0} 是小写字母", ch)
    End If
ElseIf Char.IsNumber(ch) Then
    Console.WriteLine("字符 {0} 是小写字母", ch)
Else
   Console.WriteLine("字符 {0} 是小写字母", ch)
End If
```

方法二（利用字符比较）：

```
If Char.ToUpper(ch) >= "A"c And Char.ToUpper(ch) <= "Z"c Then
    If ch >= "A"c And ch <= "Z"c Then
        Console.WriteLine("字符 {0} 是大写字母", ch)
    Else
        Console.WriteLine("字符 {0} 是小写字母", ch)
    End If
ElseIf ch >= "0"c And ch <= "9"c Then
    Console.WriteLine("字符 {0} 是数字字符", ch)
Else
    Console.WriteLine("字符 {0} 是数字字符", ch)
End If
```

【例 4-8】 输入三个数，按从大到小的顺序排序。

方法一（先比较 a 和 b，使得 a>b；然后比较 a 和 c，使得 a>c，此时 a 最大；最后 b 和 c 比较，使得 b>c）：

```
If a < b Then
    t = a
    a = b
    b = t
End If
If a < c Then
    t = a
    a = c
    c = t
End If
If b < c Then
    t = b
    b = c
    c = t
End If
```

方法二（利用 Max 函数和 Min 函数求 a、b、c 三个数中最大数、最小数，而三个数之和减去最大数和最小数就是中间数）：

```
Dim Nmax As Integer = Max(Max(a2, b2), c2)
Dim Nmin As Integer = Min(Min(a2, b2), c2)
Dim Nmid As Integer = a2 + b2 + c2 - Nmax - Nmin
a2 = Nmax
b2 = Nmid
c2 = Nmin
```

【例 4-9】 编程判断某一年是否为闰年。判断闰年的条件是：年份能被 4 整除但不能被 100 整除，或者能被 400 整除，其判断流程如图 4-5 所示。

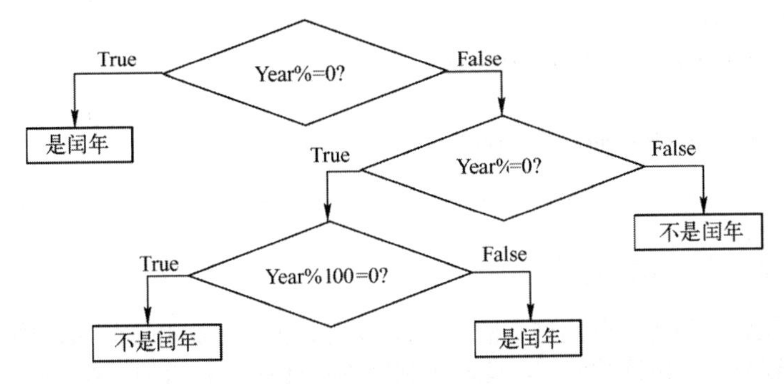

图 4-5　闰年的判断条件

方法一（使用日期时间型变量的成员来判断闰年）：

```
If DateTime.IsLeapYear(Year) Then
    Console.WriteLine("{0} year is a leap year!", Year)
Else
    Console.WriteLine("{0} year is not a leap year!", Year)
End If
```

方法二（使用一个逻辑表达式包含所有的闰年条件）：

```
If Year Mod 4 = 0 And Year Mod 100 <> 0 Or Year Mod 400 = 0 Then
    Console.WriteLine("{0} year is a leap year!", Year)
Else
    Console.WriteLine("{0} year is not a leap year!", Year)
End If
```

方法三（使用嵌套的 If 语句）：

```
If Year Mod 400 = 0 Then
    Console.WriteLine("{0} year is a leap year!", Year)
Else
    If Year Mod 4 = 0 Then
        If Year Mod 100 = 0 Then
            Console.WriteLine("{0} year is not a leap year!", Year)
        Else
            Console.WriteLine("{0} year is a leap year!", Year)
```

```
        End If
    Else
        Console.WriteLine("{0} year is not a leap year!", Year)
    End If
End If
```

方法四（使用 If…ElseIf 语句）：

```
If Year Mod 400 = 0 Then
    Console.WriteLine("{0} year is a leap year!", Year)
ElseIf Year Mod 4 <> 0 Then
    Console.WriteLine("{0} year is not a leap year!", Year)
ElseIf Year Mod 100 = 0 Then
    Console.WriteLine("{0} year is not a leap year!", Year)
Else
    Console.WriteLine("{0} year is a leap year!", Year)
End If
```

4.2.2 Select…Case 语句

对于多重分支，虽然可以使用嵌套的 If 语句实现，但是如果分支较多，则嵌套的 If 语句层次较多，结构比较复杂，可读性较差，此时可利用 Select…Case 语句。Select…Case 语句是一个控制语句，它通过将控制传递给其体内的一个 Case 语句来处理多个选择和枚举。其流程如图 4-6 所示。Select…Case 语句的语法形式如下：

```
Select [ Case ] 控制表达式
    [ Case 表达式列表 1
        [语句块 1 ] ]
    [ Case 表达式列表 2
        [语句块 2 ] ]
        ⋮
    [ Case 表达式列表 n
        [语句块 n ] ]
    [ Case Else
        [语句块 n+1 ] ]
End Select
```

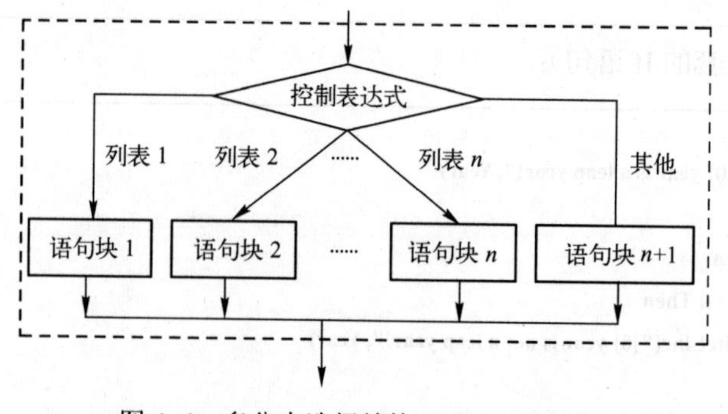

图 4-6 多分支选择结构（Select 语句）

例如，根据考试成绩的等级输出百分制分数段的程序片段如下：

```
Select grade
    Case "A"c
        Console.WriteLine("A belongs to 90～100!")
    Case "B"c
        Console.WriteLine("B belongs to 80～90!")
    Case "C"c
        Console.WriteLine("C belongs to 70～80!")
    Case "D"c
        Console.WriteLine("D belongs to 60～70!")
    Case "F"c
        Console.WriteLine("F belongs to <60!")
    Case Else
        Console.WriteLine("Error character!")
End Select
```

说明：

（1）Select 语句基于控制表达式的值选择要执行的语句分支。Select 语句按以下顺序执行：

① 控制表达式求值；

② 如果 Case 标签后的表达式列表的值与控制表达式的值匹配，控制将转到该 Case 标签后的语句序列；

③ 如果 Case 标签后的表达式列表的值与控制表达式的值没有匹配项，且如果存在一个 Case Else 标签，则控制将转到 Case Else 标签后的语句块；

④ 如果 Case 标签后的表达式列表的值与控制表达式的值没有匹配项，且如果不存在 Case Else 标签，则控制将跳出 Select 语句而执行 End Select 后面的语句。

（2）如果控制表达式与多个 Case 子句中的某个表达式列表子句匹配，则只有跟在第一个匹配子句后的语句才会运行。

（3）控制表达式所允许的数据类型：Boolean、Byte、Char、Date、Double、Decimal、Integer、Long、Object、SByte、Short、Single、String、UInteger、ULong 和 UShort。

（4）表达式列表代表控制表达式匹配值的表达式子句的列表。多个表达式子句以逗号隔开。每个子句可以采取下面的某一种形式：

① 表达式；

② 表达式 1　To　表达式 2；

③ [Is] 比较运算符表达式。

其中，“表达式 1　To　表达式 2”指包含在表达式 1（含）和表达式 2（含）之间的所有值，其中表达式 1 的值必须小于或等于表达式 2 的值。

可以在每个 Case 子句中使用多个表达式或范围。例如，“Case 1 To 4, 7 To 9, 11, 13, Is > 100”是有效语句。

（5）每一个 Case 标签后的表达式列表的数据类型与控制表达式的类型相同，或可以隐式转换为控制表达式的类型。

（6）一个 Select 语句中最多只能有一个 Case Else 标签，而且将 Case Else 情况放在所有 Case 标签的最后。

（7）如果 Case 或 Case Else 语句块内的代码无需再运行该块中的任何其他语句，可以使用 Exit Select 语句退出该块。这会将控制立即转交给 End Select 后面的语句。

（8）Select Case 构造可相互嵌套。每个嵌套的 Select Case 构造必须有匹配的 End Select 语句，并且完整包含在外部 Select Case 构造的单个 Case 或 Case Else 语句块内。

4.2.3 条件函数

1. IIf 函数

IIf 函数根据表达式的计算结果，返回两个对象中的一个。相当于 If…Then…Else 条件语句结构。IIf 函数形式如下：

```
IIf (表达式，当表达式计算结果为 True 时的值，当表达式计算结果为 False 时的值)
```

例如，将 a 和 b 中较大的数赋值给变量 Nmax，其语句如下：

```
Nmax=IIf(a>b, a, b)
```

等价于如下语句：

```
If a>b Then Nmax=a Else Nmax=b
```

2. Choose 函数

Choose 函数用于从选项列表中选择并返回值。相当于 Select…Case 语句结构。Choose 函数形式如下：

```
Choose (数值表达式, 选项列表)
```

该函数的作用是根据“数值表达式”的值返回选项列表中的某个值。当数值表达式为 1 时，Choose 返回列表的第一个选项；当数值表达式为 2 时，Choose 返回列表的第二个选项，依次类推。如果数值表达式的值小于 1 或者大于选项列表的数量，则 Choose 返回 Nothing。

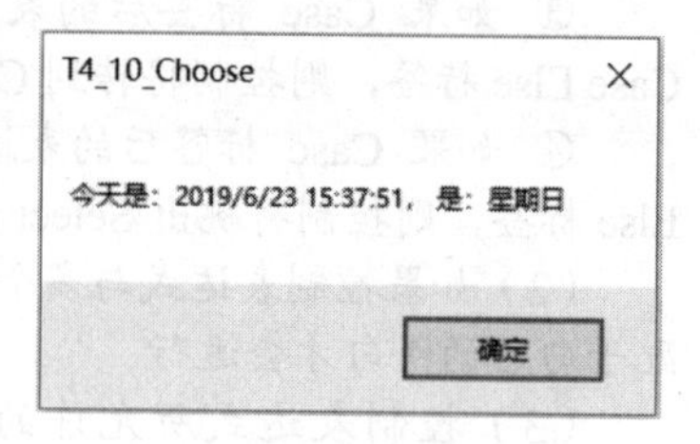

图 4-7 例 4-10 运行效果

【例 4-10】 根据日期函数 Now 和 Weekday 及 Choose 函数判断并显示今天是星期几。其运行效果如图 4-7 所示。

其程序片段如下：

```
Dim week As String = Choose(Weekday(Now), "星期日", "星期一", "星期二", "星期三", _
                    "星期四", "星期五", "星期六")
MsgBox("今天是：" & Now & "，  是：" & week)
```

3. Switch 函数

Switch 函数计算表达式列表，并返回与列表中第一个为 True 的表达式所对应的值。也相当于 Select…Case 语句结构。Switch 函数形式：

```
Switch (表达式 1, 值 1, 表达式 2, 值 2, …)
```

例如，例 4-10 利用 Switch 函数实现的语句如下：

```
Dim w As Integer= Weekday(Now)
Dim week As String = Microsoft.VisualBasic.Switch(w = 1, "星期日", w = 2, "星期一",    _
        w = 3, "星期二",w = 4, "星期三", w = 5, "星期四", w = 6, "星期五", w = 7,"星期六")
MsgBox("今天是：" & Now & "，  是：" & week)
```

说明：

由于 System.Diagnostics 命名空间还包含一个名为 Switch 的类，因此对 Switch 函数的调用必须用 Microsoft.VisualBasic 命名空间进行限定。

4.3　循环结构

通过使用迭代语句可以创建循环。迭代语句导致嵌入语句根据循环终止条件多次执行。除非遇到跳转语句，否则这些语句将按顺序执行。

Visual Basic 提供了 4 种不同的循环机制：For…Next 语句、While…End While 语句、Do…Loop 语句和 For Each…Next 语句，在满足某个条件之前，可以重复执行代码块。

4.3.1　For 循环

For…Next 循环语句是计数型循环语句，使用循环控制变量（也称为“计数器”）控制循环，一般用于已知循环次数的情况，所以也称为定次循环。其语法如下：

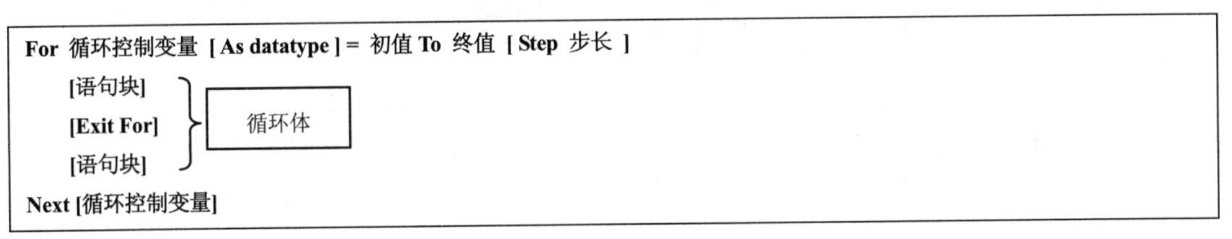

说明：

（1）循环控制变量（计数器）：数值变量。如果在使用 For 之前尚未声明，则必须使用 As datatype 声明其数据类型。

（2）初值：数值表达式，循环控制变量的初始值。

（3）终值：数值表达式，循环控制变量的最终值。

（4）步长：数值表达式，每次循环后循环控制变量的增量。其值可以是正数或负数，它按表 4-2 所示的方式决定循环处理过程。如果没有指定，则步长的默认值为 1。

表 4-2　步长与循环条件

步　长　值	循环执行的条件
正数或零	循环控制变量<=终值
负数	循环控制变量>=终值

（5）语句块：放在 For 和 Next 之间的一条或多条语句，是每次循环重复执行的语句。

（6）Exit For：将控制转移到 For 循环外。具体参见 4.4.4 节。

（7）Next：结束 For 循环的定义。

（8）For 循环语句的执行过程如下。

① 当开始执行 For…Next 循环时，Visual Basic 计算初值、终值和步长（仅此一次）。

② 将初值赋予循环控制变量。

③ 循环控制变量与终值进行比较。如果循环控制变量已经超过了终值，则终止 For 循环，并且控制传递给 Next 语句后面的语句，否则，执行循环语句块。

④ 每次 Visual Basic 遇到 Next 语句时，都按步长递增循环控制变量，然后转步骤③，继续循环。

For 循环的执行流程如图 4-8 所示。

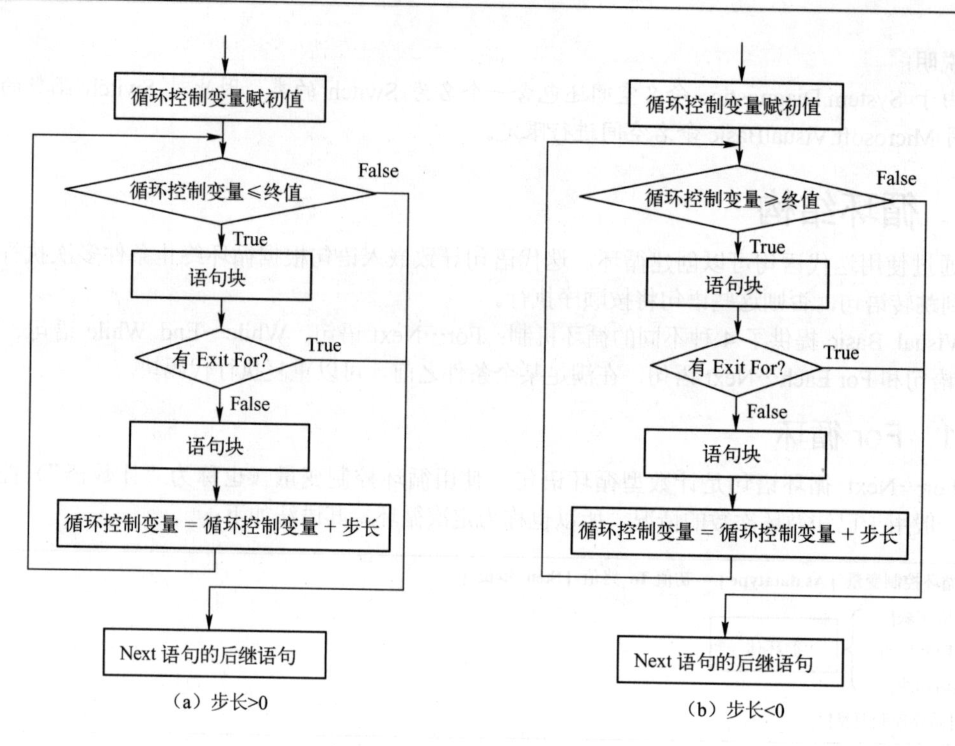

图 4-8 For 循环的执行流程

（9）循环次数的计算：循环次数$=\text{Int}\left(\dfrac{终值-初值}{步长}\right)+1$。

（10）For 循环是所谓的预测试循环，因为循环执行条件（当步长>0 时，循环控制变量≤终值；当步长<0 时，循环控制变量≥终值）是在执行循环体语句前计算的，如果一开始循环执行条件为假，循环体语句就根本不会执行。每次循环迭代前都要再次判断这个循环执行条件，测试条件返回 False 后，循环结束。

（11）Visual Basic 仅在循环开始之前计算一次初值、终值和步长。如果语句块更改终值或步长，这些更改不影响循环的迭代。

【例 4-11】 利用 For 循环求 1～100 中所有奇数的和、偶数的和。相关的语句如下：

```
Dim sumOdd As Integer = 0, sumEven As Integer = 0
For i = 1 To 100 Step 2
    sumOdd += i
Next i
sumEven = 0
For i = 2 To 100 Step 2
    sumEven += i
Next
```

【例 4-12】 显示 Fibonacci 数列：1，1，2，3，5，8，…的前 20 项。

即 $\begin{cases} F_1 = 1 & n = 1 \\ F_2 = 1 & n = 2 \\ F_n = F_{n-1} + F_{n-2} & n \geqslant 3 \end{cases}$

在 C:\VB.NET\Chapter04\中创建“Visual Basic”类别的 Windows 窗体应用程序 Fibonacci。

双击窗体空白处，创建 Form1_Load 事件处理程序。在该事件处理程序中手工添加如下粗体所示的事件处理代码。

运行结果如图 4-9 所示。

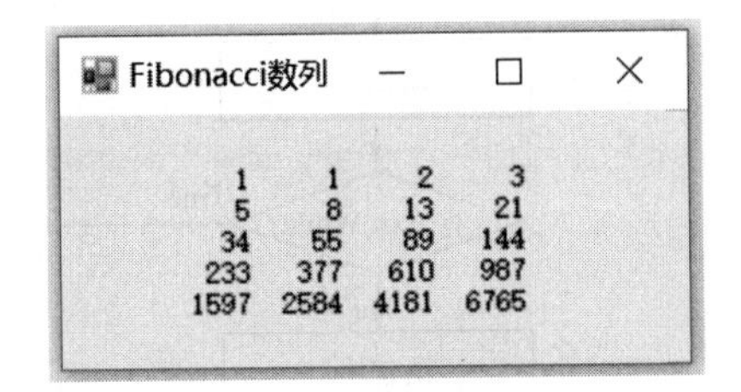

图 4-9　显示 Fibonacci 数列

```
Private Sub Form1_Load(sender As System.Object, e As System.EventArgs) Handles MyBase.Load
        Dim f1, f2, i As Integer
        f1 = 1 : f2 = 1
        Label1.Text = ""
        For i = 1 To 10
            Label1.Text &= Space(6 - Len(CStr(f1))) & f1 & Space(6 - Len(CStr(f2))) & f2
            If i Mod 2 = 0 Then Label1.Text &= vbCrLf
            f1 += f2
            f2 += f1
        Next
End Sub
```

4.3.2　While 循环

与 For 循环一样，While…End While 也是一个预测试的循环，但是 While…End While 在循环开始前，并不知道重复执行循环语句序列的次数。While…End While 语句按条件执行循环体零次或多次。While…End While 循环语句的格式为：

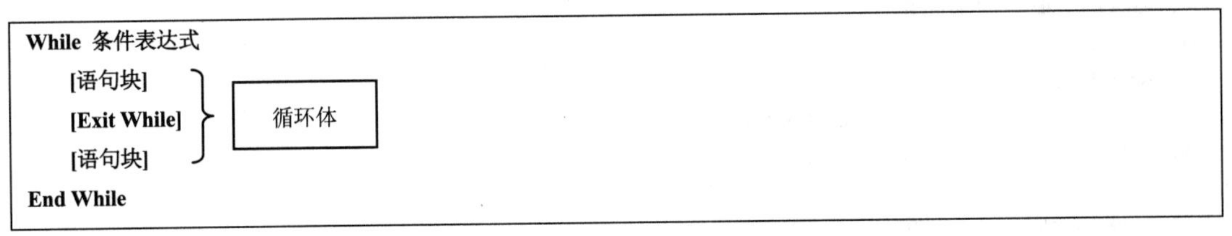

说明：

（1）Exit While：将控制转移到 While 循环外。

（2）While 循环语句的执行过程如下。

① 计算条件表达式。

② 如果条件表达式结果为 True，控制将进入循环体。当到达循环体的结束点时，转步骤①，即控制转到 While 循环语句的开始，继续循环。

③ 如果条件表达式结果为 False，退出 While 循环，即控制转到 While 循环语句的后继语句。

While 循环的执行流程如图 4-10 所示。

（3）条件表达式是每次进入循环之前进行判断的条件，为 Boolean 表达式，其运算结果为 True（真）或 False（假）。如果条件表达式为 Nothing，Visual Basic 将其视为 False。

（4）循环体中的语句序列中至少应包含改变循环条件的语句，以使循环趋于结束，避免“死循环”。

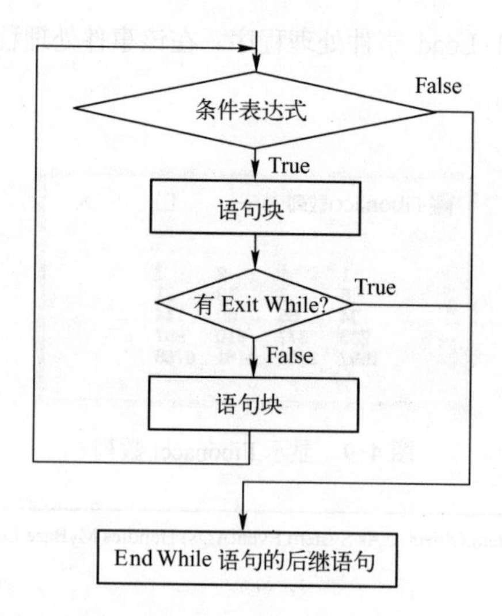

图 4-10　While…End While 循环的执行流程

（5）可以按 Esc 键或 Ctrl+Break 键，停止无限循环。

【例 4-13】 利用 While 循环求 $\sum_{i=1}^{100} i$，以及 1～100 中所有奇数的和、偶数的和。相关的语句如下：

```
Dim i, sum, sumOdd, sumEven As Integer
i = 1 : sum = 0              ' 赋初值
While i <= 100
    sum += i
    i += 1                   '很关键，改变循环条件!
End While

i = 1 : sumOdd = 0           ' 赋初值
While i <= 100
    sumOdd += i
    i += 2                   ' 很关键，改变循环条件!
End While

i = 2 : sumEven = 0          ' 赋初值
While i <= 100
    sumEven += i
    i += 2                   ' 很关键，改变循环条件!
End While
Label1.Text = "sum=" & sum & ", sumOdd=" & sumOdd & ", sumEven=" & sumEven
```

程序运行结果如下：

```
sum=5050, sumOdd=2500, sumEven=2550
```

【例 4-14】 求 1+2+…的和，直至和大于 3000 为止。相关的语句如下：

```
Dim i, sum As Integer
i = 1 : sum = 0
While sum <= 3000
```

```
    sum += i
    i += 1
End While
```

【例 4-15】 用如下近似公式求自然对数的底数 e 的值，直到最后一项的值小于 10^{-6} 为止。

$$e \approx 1 + \frac{1}{1!} + \frac{1}{2!} + \cdots + \frac{1}{n!}$$

相关的语句如下：

```
Dim i As Integer, ee, t As Double
i = 1 : ee = 1 : t = 1
While 1 / t >= 10 ^ -6
    t *= i
    ee += 1 / t
    i += 1
End While
```

4.3.3 Do 循环

Do…Loop 语句当某个 Boolean 条件为 True 时，或在该条件变为 True 之前，重复执行某个语句块。其语法形式如下。

形式 1：

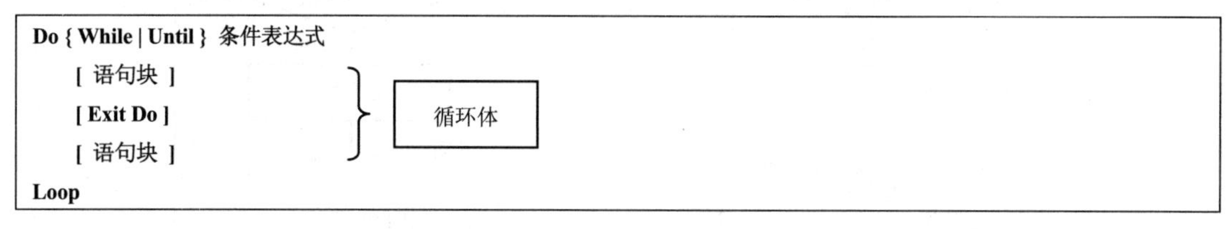

```
Do { While | Until } 条件表达式
    [ 语句块 ]
    [ Exit Do ]
    [ 语句块 ]
Loop
```


形式 2：

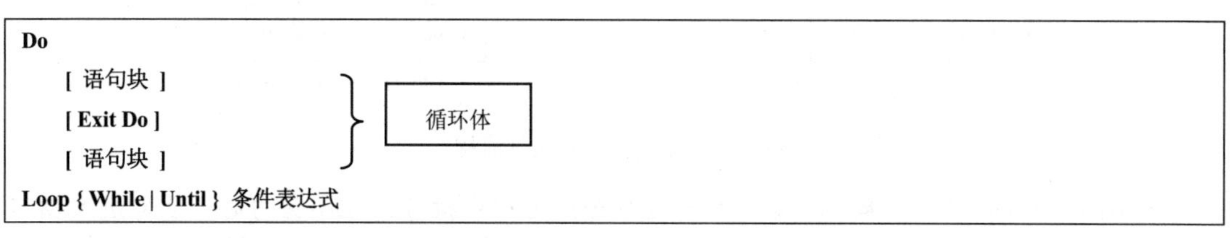

```
Do
    [ 语句块 ]
    [ Exit Do ]
    [ 语句块 ]
Loop { While | Until } 条件表达式
```


说明：

（1）Exit Do：将控制传送到 Do 循环外。

（2）Do While…Loop 语句与 While…End While 语句类似，当条件满足时，执行循环体零次或多次。Do While…Loop 循环语句的执行过程如图 4-11（a）所示。

（3）Do Until…Loop 语句与 While…End While 语句相反，当条件不满足时，执行循环体零次或多次。Do Until…Loop 循环语句的执行过程如图 4-11（b）所示。

（4）Do…Loop {While | Until }语句按不同条件执行循环体一次或多次。Do…Loop{While | Until }循环是 While 循环的后测试版本，该循环的测试条件在执行完循环体之后执行，而 While 循环的测试条件在执行循环体之前执行。因此 Do…Loop 循环的循环体至少执行一次，而 While 循环、Do While…Loop 循环及 Do Until…Loop 循环的循环体可能一次也不执行。Do…Loop While 循环语句的执行过程如图 4-11（c）所示，Do…Loop Until 循环语句的执行过程如图 4-11（d）所示。

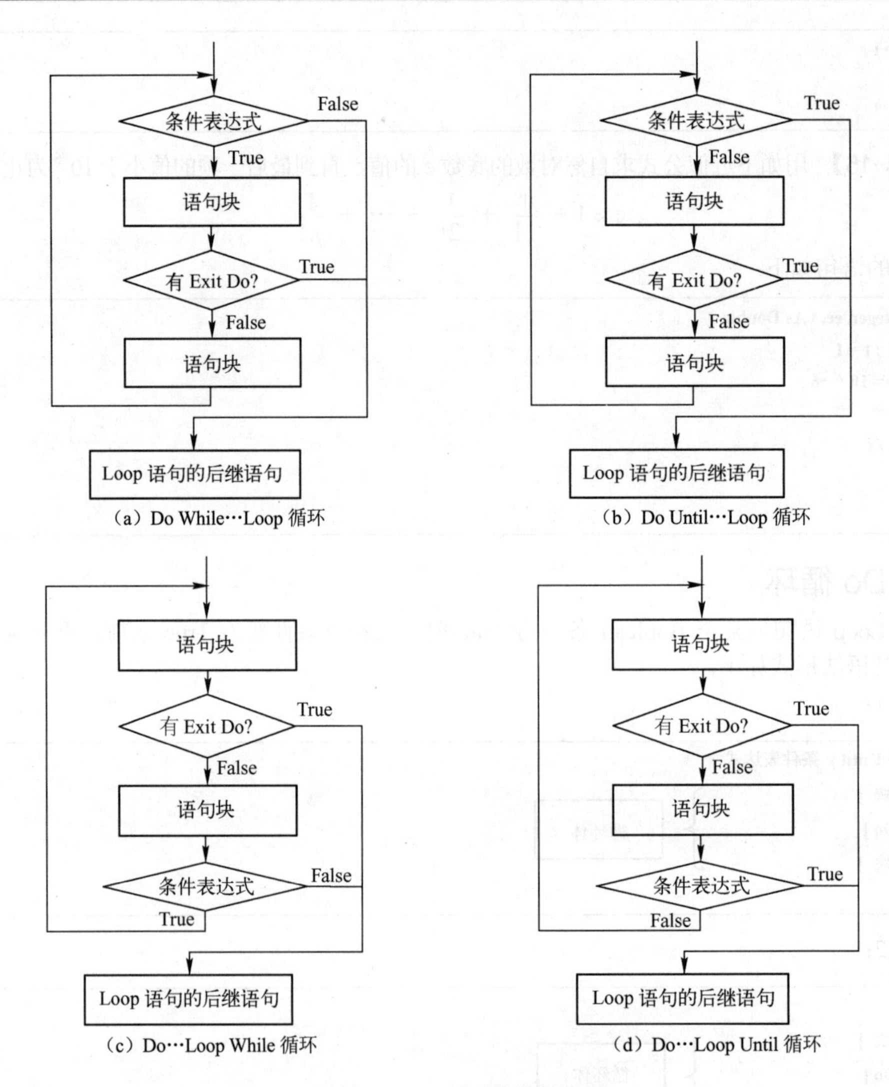

图 4-11 Do 循环的执行流程

(5) Do…Loop While 循环语句的执行过程为：当程序执行到 Do 语句时；立即进入循环体，执行循环语句块；然后测试条件表达式，如果条件表达式的值为 True，则返回 Do 语句继续循环，否则退出循环，执行 Loop 语句的后继语句。

(6) Do…Loop Until 循环语句的执行过程为：当程序执行到 Do 语句时，立即进入循环体，执行循环语句块；然后测试条件表达式，如果条件表达式的值为 False，则返回 Do 语句继续循环，否则退出循环，执行 Loop 语句的后继语句。

【例 4-16】 分别利用 Do 循环的 4 种形式求 $\sum_{i=1}^{100} i$。相关的语句如下：

```
i = 1 : sum = 0
Do While i <= 100
    sum += i
    i += 1
Loop
```

```
i = 1 : sum = 0
Do Until i > 100
    sum += i
    i += 1
Loop

i = 1 : sum = 0
Do
    sum += i
    i += 1
Loop While i <= 100

i = 1 : sum = 0
Do
    sum += i
    i += 1
Loop Until i > 100
```

【例 4-17】 求任意两个正整数的最大公约数和最小公倍数。运行结果如图 4-12 所示。所使用的控件属性及说明如表 4-3 所示。

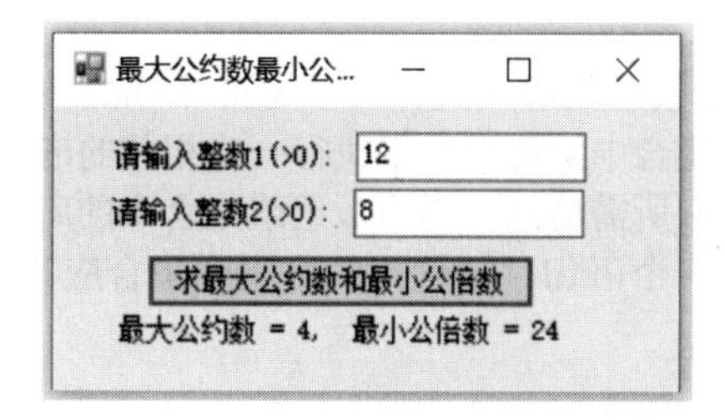

图 4-12　求最大公约数和最小公倍数

表 4-3　例 4-17 所使用的控件属性及说明

控　件	属　性	值	说　明
Label1	Text	请输入整数 1(>0):	提示输入标签
TextBox1			整数 1 输入文本框
Label2	Text	请输入整数 2(>0):	提示输入标签
TextBox2			整数 2 输入文本框
Button1	Text	求最大公约数和最小公倍数	计算命令按钮
Label3	Text		结果显示标签

分析：求最大公约数可以利用“辗转相除法”，又称欧几里得算法（Euclidean Algorithm）。具体算法如下：

① 对于已知的两个正整数 m、n，使得 $m>n$。

② m 除以 n 得余数 r。

③ 若 $r\neq0$，则令 $m\leftarrow n$，$n\leftarrow r$，继续相除得到新的余数 r。若仍然 $r\neq0$，则重复此过程，直到

r=0 为止。最后的 m 就是最大公约数。

④ 求得了最大公约数后，最小公倍数就是已知的两个正整数之积除以最大公约数的商。

程序代码如下：

```
Private Sub Button1_Click(sender As System.Object, e As System.EventArgs) Handles Button1.Click
        Dim m, n, r, m1, n1 As Integer
        m1 = TextBox1.Text                  '整数 1
        n1 = TextBox2.Text                  '整数 2
        If m1 > n1 Then
            m = m1 : n = n1
        Else
            m = n1 : n = m1
        End If
        Do
            r = m Mod n
            m = n
            n = r
        Loop While r <> 0
        Label3.Text = "最大公约数 = " & m & ",  最小公倍数 = " & m1 * n1 / m
End Sub
```

4.3.4 For Each 循环

For Each…Next 语句用于枚举数组（具体可参见第 5 章）或对象集合（具体可参见第 13 章）中的元素，并对该数组或集合中的每个元素执行一次相关的嵌入语句。For Each…Next 语句用于循环访问数组或集合以获取所需信息。当为数组或集合中的所有元素完成迭代后，控制传递给 For Each…Next 之后的下一个语句。被迭代的数组或集合应该实现 IEnumerable 接口。For Each…Next 语句的格式为：

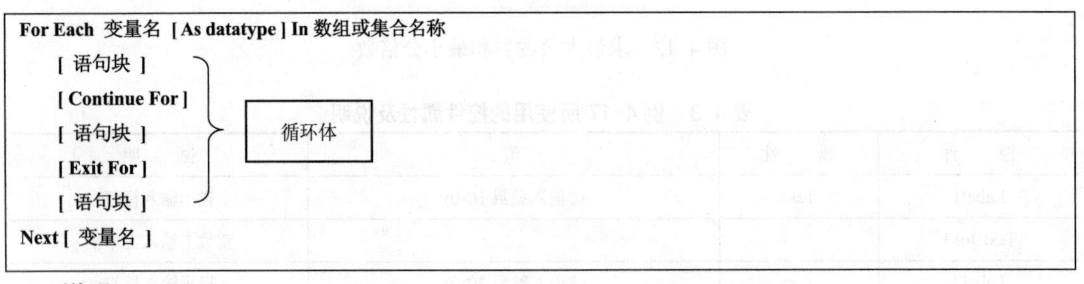

```
For Each 变量名 [ As datatype ] In 数组或集合名称
    [ 语句块 ]
    [ Continue For ]
    [ 语句块 ]        循环体
    [ Exit For ]
    [ 语句块 ]
Next [ 变量名 ]
```

说明：

（1）“变量名”是一个循环变量，在循环中，该变量依次获取数组或集合中各元素的值。如果在使用 For Each 循环之前尚未声明，则必须使用 As datatype 声明其数据类型。

（2）“变量名”必须与数组或集合的类型一致。

（3）在 For Each 循环体语句块中，数组或集合的元素是只读的。其值不能改变。如果需要迭代数组或集合中的各元素，并改变其值，就应使用 For 循环。

（4）Continue For：将控制转移到 For Each 循环的开始。

（5）Exit For：将控制转移到 For Each 循环外。

【例 4-18】 使用 For Each 循环显示整数数组的内容。运行结果如图 4-13 所示。

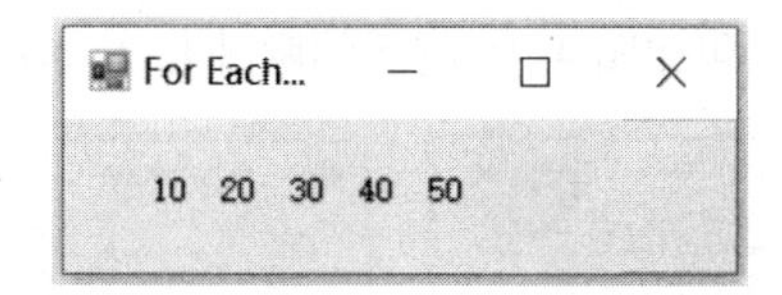

图 4-13　For Each 循环显示数组内容

程序代码如下：

```
Private Sub Form1_Load(sender As System.Object, e As System.EventArgs) Handles MyBase.Load
        Label1.Text = ""
        Dim myArray() As Integer = {10, 20, 30, 40, 50}          '整数数组
        For Each item As Integer In myArray                      '输出整数数组各元素之值
            Label1.Text &= item & "    "
        Next
End Sub
```

4.3.5　循环的嵌套

在一个循环体内又包含另一个完整的循环结构，成为循环的嵌套。这种语句结构称为多重循环结构。内层循环中还可以包含新的循环，形成多层循环结构。

在多层循环结构中，4 种循环语句（For…Next 语句、While…End While 语句、Do…Loop 语句和 For Each…Next 语句）可以相互嵌套。多重循环的循环次数等于每一重循环次数的乘积。

【例 4-19】 利用嵌套循环打印运行效果如图 4-14 所示的九九乘法表。

嵌套循环打印九九乘法表

九九乘法表

1*1=1	1*2=2	1*3=3	1*4=4	1*5=5	1*6=6	1*7=7	1*8=8	1*9=9
2*1=2	2*2=4	2*3=6	2*4=8	2*5=10	2*6=12	2*7=14	2*8=16	2*9=18
3*1=3	3*2=6	3*3=9	3*4=12	3*5=15	3*6=18	3*7=21	3*8=24	3*9=27
4*1=4	4*2=8	4*3=12	4*4=16	4*5=20	4*6=24	4*7=28	4*8=32	4*9=36
5*1=5	5*2=10	5*3=15	5*4=20	5*5=25	5*6=30	5*7=35	5*8=40	5*9=45
6*1=6	6*2=12	6*3=18	6*4=24	6*5=30	6*6=36	6*7=42	6*8=48	6*9=54
7*1=7	7*2=14	7*3=21	7*4=28	7*5=35	7*6=42	7*7=49	7*8=56	7*9=63
8*1=8	8*2=16	8*3=24	8*4=32	8*5=40	8*6=48	8*7=56	8*8=64	8*9=72
9*1=9	9*2=18	9*3=27	9*4=36	9*5=45	9*6=54	9*7=63	9*8=72	9*9=81

图 4-14　九九乘法表运行效果图

程序代码如下：

```
Private Sub Form1_Load(ByVal sender As System.Object, ByVal e As System.EventArgs) Handles MyBase.Load
        Label1.Text = "                                    九九乘法表" & vbCrLf
        Dim s As String, i, j As Integer
        For i = 1 To 9
            s = ""
            For j = 1 To 9
                '字符串左对齐，在右边用空格填充以达到指定的总长度 8
                s &= (String.Format(i & "*" & j & "=" & i * j)).PadRight(8)
            Next
            Label1.Text &= s & vbCrLf
        Next
End Sub
```

思考：请修改程序，分别打印如图 4-15 所示的两种九九乘法表。

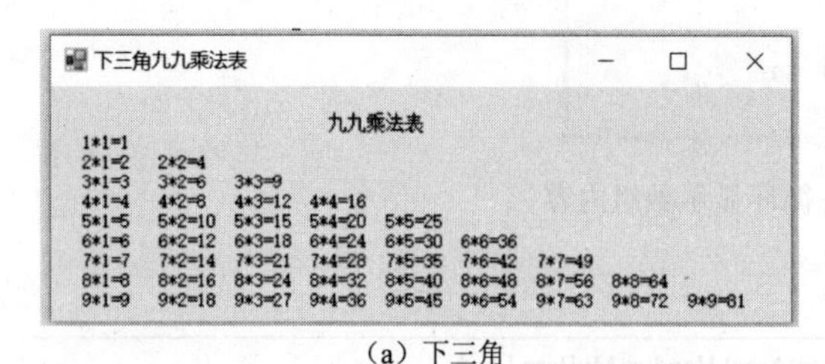

（a）下三角

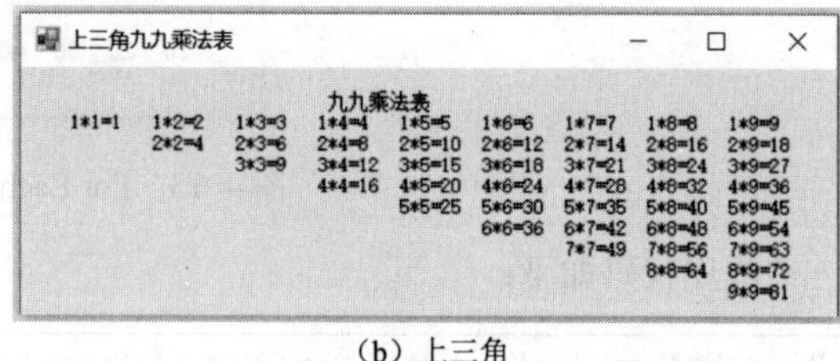

（b）上三角

图 4-15 九九乘法表

4.4 跳转语句

跳转语句用于无条件地转移控制。使用跳转语句执行分支，该语句导致立即传递程序控制。Visual Basic 提供了许多转移控制的语句，包括：GoTo，Continue，Return，Exit，End，Stop，Throw（4.5.2 节中将阐述）等。

4.4.1 GoTo 语句

GoTo 语句将程序控制无条件地转到过程内由标签标记的语句。GoTo 语句形式如下：

```
GoTo 行标签
```

说明：

（1）标签既可以是有效的 Visual Basic 标识符，也可以是整数。标签必须出现在源代码行的行首，之后必须有冒号，无论在同一行内其后有无语句。

（2）GoTo 语句只能跳转到其所在过程内的行，且该行必须有 GoTo 可以引用的行标签。

（3）不能使用 GoTo 语句从 For…Next、For Each…Next、Try…Catch…Finally、With…End With 或 Using…End Using 构造外部分支到构造内部的标签。

（4）结构化程序设计方法主张限制使用 GoTo 语句，因为 GoTo 语句使代码的阅读和维护变得更加困难，应该尽可能使用控制结构。

【例 4-20】 使用 If 语句和 GoTo 语句构成循环，计算 $\sum_{i=1}^{100} i$ 。相关语句如下：

```
        Dim i As Integer = 1, sum As Integer = 0
again:
        If i <= 100 Then
            sum += i
            i += 1
            GoTo again
        End If
```

4.4.2 Continue 语句

Continue 语句结束本次循环，即跳过循环体内自 Continue 下面尚未执行的语句，返回到循环的起始处，并根据循环条件判断是否执行下一次循环。Continue 语句形式如下：

```
Continue { Do | For | While }
```

说明：

（1）Continue 语句可以从 Do、For 或 While 循环内进入该循环的下一轮循环。控制权将立即转移到循环条件测试部分，即转移到 For 或 While 语句，或转移到包含 Until 或 While 子句的 Do 或 Loop 语句。

（2）如果嵌套了同类循环，例如，一个 Do 循环嵌套在另一个 Do 循环中，则 Continue Do 语句将跳到包含它的最内层 Do 循环的下一轮。不能使用 Continue 跳到同类型的包含循环的下一轮循环。

（3）如果嵌套了多个类型不同的循环，例如，一个 Do 循环嵌套在一个 For 循环中，则可使用 Continue Do 或 Continue For 跳到任一循环的下一轮循环。

【例 4-21】 显示 100～200 之间不能被 3 整除的数，要求一行显示 10 个数。程序运行结果如图 4-16 所示。

```
Continue语句
100~200之间不能被3整除的数有：
100 101 103 104 106 107 109 110 112 113
115 116 118 119 121 122 124 125 127 128
130 131 133 134 136 137 139 140 142 143
145 146 148 149 151 152 154 155 157 158
160 161 163 164 166 167 169 170 172 173
175 176 178 179 181 182 184 185 187 188
190 191 193 194 196 197 199 200
```

图 4-16　例 4-21 运行结果

程序代码如下：

```
Private Sub Form1_Load(sender As System.Object, e As System.EventArgs) Handles MyBase.Load
        Label1.Text = "100～200 之间不能被 3 整除的数有：" & vbCrLf
        Dim i As Integer = 1, sum As Integer = 0                'j 控制一行显示的数字个数
        For i = 100 To 200
            If i Mod 3 = 0 Then Continue For                    ' 被 3 整除的数
            Label1.Text &= i & "   "
            j += 1
            If j Mod 10 = 0 Then Label1.Text &= vbCrLf          '一行显示 10 个数后换行
        Next
End Sub
```

4.4.3　Return 语句

将控制返回给调用 Function，Sub，Get，Set 或 Operator 过程的代码。Return 语句形式如下：

```
Return
```

或者

```
Return 表达式
```

说明：

（1）表达式：表示要返回给调用代码的值。

（2）在 Sub 或 Set 过程中，Return 语句等效于 Exit Sub 或 Exit Property 语句，并且不得提供“表达式”（即不给调用代码提供返回值）。

（3）在 Function，Get 或 Operator 过程中，Return 语句必须包括“表达式”，并且“表达

式”的计算结果必须是可转换为过程返回类型的数据类型。在 Function 或 Get 过程中，还可以使用另一种方法：将表达式赋给过程名称以充当返回值，然后执行 Exit Function 或 Exit Property 语句。在 Operator 过程中，必须使用“Return 表达式”，给调用代码提供返回值。

【例 4-22】 Return 语句示例。定义返回给定半径的圆的面积的函数。程序运行结果如图 4-17 所示。

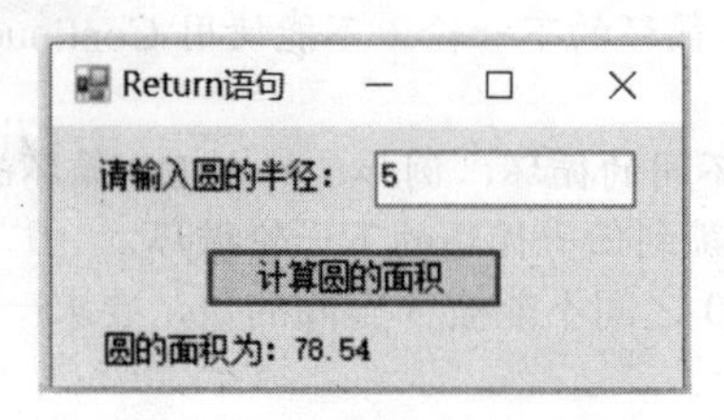

图 4-17 例 4-22 运行结果

程序代码如下：

```
Function CalculateArea(r As Integer) As Double
        ' 计算面积
        Dim area As Double = r * r * Math.PI
        CalculateArea = area        '方法 CalculateArea()以 Double 值的形式返回 area 的值
End Function
Private Sub Button1_Click(sender As System.Object, e As System.EventArgs) Handles Button1.Click
        Dim radius As Double = TextBox1.Text              '半径
        Label2.Text = "圆的面积为：" & Format(CalculateArea(radius), "0.00")
End Sub
```

4.4.4 Exit 语句

退出过程或块，并且立即将控制传送到过程调用或块定义后面的语句。其语法如下：

```
Exit { Do | For | Function | Property | Select | Sub | Try | While }
```

说明：

（1）Exit Do 立即退出所在的 Do 循环。当在嵌套的 Do 循环内使用时，Exit Do 将退出最内层的循环。

（2）Exit For 立即退出所在的 For 循环。当在嵌套的 For 循环内使用时，Exit For 将退出最内层的循环。

（3）Exit Function 立即退出所在的 Function 过程。

（4）Exit Property 立即退出所在的 Property 过程。

（5）Exit Select 立即退出所在的 Select Case 块。

（6）Exit Sub 立即退出所在的 Sub 过程。

（7）Exit Try 立即退出所在的 Try 或 Catch 块。

（8）Exit While 立即退出所在的 While 循环。当在嵌套的 While 循环内使用时，Exit While 将退出最内层的循环。

【例 4-23】 使用 Exit 语句终止循环。要求输入若干学生成绩（按 Q 键或 q 键结束），如果成绩<0，则重新输入。统计学生人数和平均成绩。在 C:\VB.NET\Chapter04\中创建“Visual Basic”类别的控制台应用程序项目 Score，在 Module1.vb 中添加如下粗体代码。

```
Module Module1
```

```
    Sub Main()
        Dim s As String, num As Integer = 0, scores As Integer = 0 '初始化学生人数和成绩和
        While True
            Console.Write("请输入学生成绩（按 Q 或 q 结束）：")
            s = Console.ReadLine().ToUpper()
            If s = "Q" Then Exit While
            If CDbl(s) < 0 Then Continue While '成绩必须>=0
            num += 1          '统计学生人数
            scores += CDbl(s) '计算成绩之和
        End While
        Console.WriteLine("学生人数为：{0}，平均成绩为：{1:F}", num, scores / num)
        Console.ReadKey()
    End Sub
End Module
```

程序运行结果如下：

```
请输入学生成绩（按 Q 或 q 结束）：75
请输入学生成绩（按 Q 或 q 结束）：82
请输入学生成绩（按 Q 或 q 结束）：91
请输入学生成绩（按 Q 或 q 结束）：q
学生人数为：3，平均成绩为：82.67
```

【例 4-24】 编程判断所输入的任意一个正整数是否为素数。程序运行结果如图 4-18 所示。所使用的控件属性及说明如表 4-4 所示。

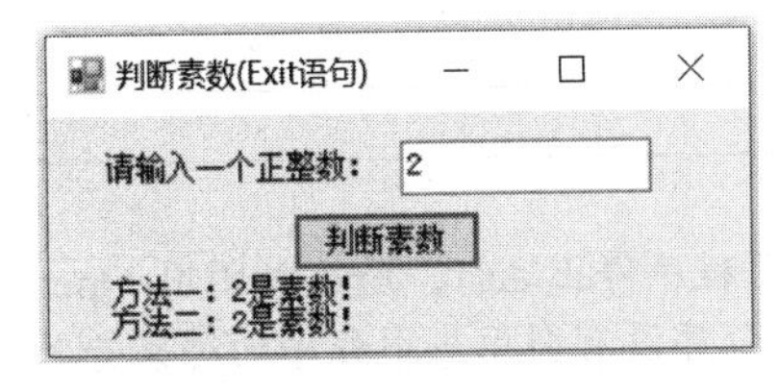

图 4-18　例 4-24 运行结果

表 4-4　例 4-24 所使用的控件属性及说明

控　件	属　性	值	说　明
Label1	Text	请输入一个正整数：	提示输入标签
TextBox1			正整数输入文本框
Button1	Text	判断素数	判断素数命令按钮
Label2	Text		结果显示标签

分析：

所谓素数（或称质数），是指除了 1 和该数本身，不能被任何整数整除的正整数。判断一个正整数 m 是否为素数，只要判断 m 可否被 $2\sim\sqrt{m}$ 之中的任何一个整数整除，如果 m 不能被此范围中任何一个整数整除，m 即为素数，否则 m 为合数。

方法一（利用 For 循环和 Exit 语句）：

```
m = TextBox1.Text
k = Int(Sqrt(m))                    ' 取整
For i = 2 To k
    If m Mod i = 0 Then Exit For    ' 可以整除，肯定不是素数，结束循环
Next
Label2.Text &= "方法一："
If i = k + 1 Then
    Label2.Text &= m & "是素数！" & vbCrLf
```

```
Else
    Label2.Text &= m & "是合数！" & vbCrLf
End If
```

方法二（利用 While 循环和 Boolean 变量）：

```
Dim flag As Boolean
flag = True                       '假设所输整数为素数
k = Int(Sqrt(m))            ' 取整
i = 2
While i <= k And flag = True
    If m Mod i = 0 Then
        flag = False            '可以整除，肯定不是素数，结束循环
    Else
        i += 1
    End If
End While
Label2.Text &= "方法二："
If flag = True Then
    Label2.Text &= m & "是素数！" & vbCrLf
Else
    Label2.Text &= m & "是合数！" & vbCrLf
End If
```

4.4.5 End 语句

立即终止执行。End 语句形式如下：

```
End
```

说明：

（1）可以将 End 语句放在过程中任意处，以强制整个应用程序停止运行。End 关闭用 Open 语句打开的所有文件，并清除所有应用程序的变量。只要其他程序没有引用应用程序的对象并且应用程序的代码当前都未运行，该应用程序就会立即关闭。

（2）End 语句会突然停止代码的执行，而不调用 Dispose、Finalize 方法或任何其他 Visual Basic 代码。这将使其他程序所持有的对象引用无效。如果在 Try 或 Catch 块中遇到 End 语句，控制不会传递到对应的 Finally 块。

（3）由于 End 会立即终止应用程序，而不顾及任何可能已打开的资源，因此在使用该语句前，应尝试彻底关闭所有资源。例如，如果应用程序中还有打开的窗体，应该先关闭这些窗体，然后再将控制传递给 End 语句。

（4）尽量少用 End，只有在需要立即停止时才使用该语句。终止过程的正常方式（Return 语句和 Exit 语句）不仅彻底关闭过程，而且允许彻底关闭调用代码。

4.4.6 Stop 语句

中止执行。Stop 语句形式如下：

```
Stop
```

说明：

（1）可以将 Stop 语句放在过程的任何地方以中止执行。使用 Stop 语句类似于在代码中设置

断点。

（2）Stop 语句中止执行，但与 End 不同，它不关闭任何文件或清除任何变量，除非在已编译的可执行（.exe）文件中遇到 Stop 语句。

4.5 异常处理

4.5.1 错误和异常

Visual Basic 程序会产生各种各样的错误。大致可以分为下列几种类型：

（1）编译错误。即各种语法错误。对于编译错误，Visual Basic 编译器会直接抛出异常，根据输出的异常信息，可修改程序代码。例如，关键字拼写错误，将产生编译错误。

（2）运行时错误。如打开不存在的文件、零除溢出等。对于运行时错误，CLR 会抛出异常，代码中可以通过 Try…Catch 语句捕获并处理。如果程序中没有 Try…Catch，则 Visual Basic 解释器直接输出异常信息。

（3）逻辑错误。程序运行本身不报错，但结果不正确。对于逻辑错误，需要读者根据结果来调试判断。例如，原本需要计算(3+2)*5（正确结果为 25），因为少了括号：3+2*5，则结果为 13。

4.5.2 异常处理概述

当程序运行产生错误时（例如：零除异常、下标越界、I/O 错误等），必须进行相应的处理。传统的编程语言（例如 C），一般通过函数的返回值（错误代码）进行判断处理（例如：0 表示正常；-1 表示错误）。传统的处理方式依赖于函数的返回值代表特定的含义（不同的程序其规定有可能不同），且必须使用相应的条件语句判断并执行相应的操作，因而十分复杂并且容易出错。

Visual Basic 采用异常处理来处理系统级和应用程序级的错误状态，例如：零除异常、下标越界、I/O 错误等。它是一种结构化的、统一的和类型安全的处理机制。Visual Basic 语言的异常处理功能通过使用 Try…Catch…Finally 语句来定义代码块，实现尝试可能未成功的操作、处理失败，以及在事后清理资源等。

注：Visual Basic 早期版本一般采用 On Error 语句等进行错误处理，本书不再赘述。

Try 语句提供一种机制，用于捕捉在块的执行期间发生的各种异常。此外，Try 语句可以指定一个代码块，并保证当控制离开 Try 语句时，总是先执行该代码。

Try 语句的一般格式为：

```
Try
    [' 可能引发异常的语句块 ]
[Catch [异常变量 [As 异常类型] ][ When 布尔表达式 ]
    [' 在异常发生时执行的代码块 ]
[Catch ...  ]
[Finally
    [' 最终必须执行的代码块（即使发生异常），如释放资源等] ]
End Try
```

Try 语句有以下三种可能的形式。

① Try…Catch 语句：一个 Try 块后接一个或多个 Catch 块。

② Try…Finally 语句：一个 Try 块后接一个 Finally 块。

③ Try…Catch…Finally 语句：一个 Try 块后接一个或多个 Catch 块，后面再跟一个 Finally 块。

Visual Basic 语言使用 Try 块来对可能受异常影响的代码进行分区；并使用 Catch 块来处理所产生的任何异常；还可以使用 Finally 块来执行代码，而无论是否引发了异常（因为如果引发了异常，将不会执行 Try…Catch 构造后面的代码）。Try 块必须与 Catch 或 Finally 块一起使用（不带有 Catch 或 Finally 块的 Try 语句将导致编译器错误），并且可以包括多个 Catch 块。

Try 块中包含可能引发异常的语句。在某种情况下，这些语句可能引发异常。

Catch 块可以捕捉并处理特定的异常类型（此类型称为"异常筛选器"），具有不同异常筛选器的多个 Catch 块可以串联在一起。系统自动自上至下匹配引发的异常：如果匹配（引发的异常为"异常筛选器"的类型或子类型），则执行该 Catch 块中的异常处理代码；否则继续匹配下一个 Catch 块（注：不带筛选器的 Catch 块匹配所有的异常）。故需要将带有最具体的（即派生程度最高的）异常类的 Catch 块放在最前面，不带筛选器的 Catch 块放置在最后。

没有匹配的异常将沿调用堆栈向上传递，直至公共语言运行环境，系统通用异常处理程序将弹出一个异常错误信息框。

Catch 块可以部分处理异常。例如，可以使用 Catch 块向错误日志中添加项，但随后重新引发该异常，以便对该异常进行后续处理：

```
Try
    ' 试图访问某资源
Catch ex As System.UnauthorizedAccessException
    LogError(ex)    ' 调用用户自定义的错误日志过程
    Throw ex        ' 重新引发该异常，以便对该异常后续处理
End Try
```

Finally 块始终在执行完 Try 和 Catch 块之后执行，而与是否引发异常或者是否找到与异常类型匹配的 Catch 块无关。Finally 块用于清理在 Try 块中执行的操作，如释放其占有的资源（如文件流、数据库连接和图形句柄），而不用等待由运行库中的垃圾回收器来完成对象。

【例 4-25】 异常处理示例：输入任意两个数，求这两个数相除的结果，如果除法的分母为零，则会产生异常 DivideByZeroException。程序运行结果如图 4-19 所示。所使用的控件属性及说明如表 4-5 所示。

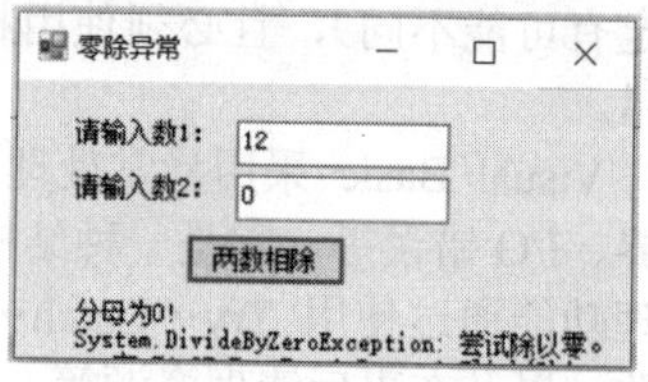

图 4-19 例 4-25 运行结果

表 4-5 例 4-25 所使用的控件属性及说明

控　件	属　性	值	说　明
Label1	Text	请输入数 1:	提示输入标签
TextBox1			数 1 输入文本框
Label2	Text	请输入数 2:	提示输入标签
TextBox2			数 2 输入文本框
Button1	Text	两数相除	两数相除命令按钮
Label3	Text		结果显示标签

程序代码如下：

```
Private Sub Button1_Click(sender As System.Object, e As System.EventArgs) Handles Button1.Click
        Dim x As Integer = TextBox1.Text
        Dim y As Integer = TextBox2.Text
        Try                                    ' 异常处理
            Label3.Text = x \ y                ' 可能 "Divide by Zero（零除异常）"
```

```
        Catch ex As Exception When y = 0          ' 分母为 0
            Beep()
            Label3.Text = "分母为 0!" & vbCrLf & ex.ToString()    ' 显示异常信息
        Finally
            Beep()                        ' 此行语句无论何种情况，始终执行
        End Try
End Sub
```

4.5.3　创建和引发异常

异常用于指示在运行程序时发生了错误，此时将创建一个描述错误的异常对象，然后使用 Throw 关键字“引发”该对象，随后运行库搜索最兼容的异常处理程序。

带表达式的 Throw 语句引发一个异常，此异常的值就是通过计算该表达式而产生的值。该表达式必须表示类类型 System.Exception 的值、从 System.Exception 派生的类类型的值，或者以 System.Exception（或其子类）作为其有效基类的类型参数类型的值。如果表达式的结果为空，则引发 System.NullReferenceException。不带表达式的 Throw 语句只能用在 Catch 块中，在这种情况下，该语句重新引发当前正由该 Catch 块处理的那个异常。由于 Throw 语句无条件地将控制到别处，因此永远无法到达 Throw 语句的结束。

有些异常在基本操作失败时由.NET Framework 的公共语言运行库（CLR）自动引发，如表 4-6 所示。

表 4-6　CLR 自动引发的异常

异　　常	说　　明
ArrayTypeMismatchException	当试图在数组中存储类型不正确的元素时引发的异常
DivideByZeroException	尝试用零除整数值或十进制数值时引发的异常
IndexOutOfRangeException	试图访问索引超出数组界限的数组元素时引发的异常
InvalidCastException	因无效类型转换或显式转换引发的异常
NullReferenceException	在尝试引用空对象时引发
OutOfMemoryException	没有足够的内存继续执行程序时引发的异常
OverflowException	在选中的上下文中所进行的算术运算、类型转换或转换操作导致溢出时引发的异常
StackOverflowException	因包含的嵌套方法调用过多而导致执行堆栈溢出时引发的异常
TypeInitializationException	作为由类初始值设定项引发的异常周围的包装引发的异常

.NET Framework 类库中提供了大量的异常，例如：System.ArgumentException 等。在代码中，根据需要可以抛出异常。

【例 4-26】抛出异常示例。定义函数，如果传入参数为空，则抛出异常。运行结果如图 4-20 所示。

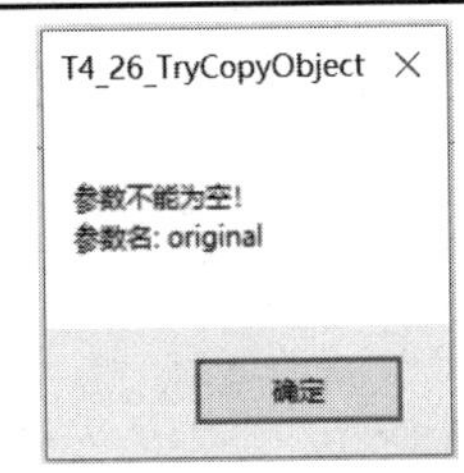

图 4-20　抛出异常运行结果

程序代码如下：

```
Public Class Form1
    Class TestClass
    End Class
    Sub CopyObject(ByRef original As Object)
        If (original Is Nothing) Then
            Throw New System.ArgumentException("参数不能为空！", "original")
```

```
        End If
    End Sub

    Private Sub Form1_Load(sender As System.Object, e As System.EventArgs) Handles MyBase.Load
        Dim ot As TestClass = Nothing
        Try
            CopyObject(ot)
        Catch ex As Exception
            MsgBox(ex.Message)
        End Try
    End Sub
End Class
```

根据实际需要，也可以从 ApplicationException 派生并定义自定义异常。派生类至少应定义四个构造函数：一个是默认构造函数，一个用来设置消息属性的构造函数，一个用来设置 Message 属性和 InnerException 属性的构造函数，一个用于序列化异常的构造函数。新异常类应该可序列化，例如：

```
<SerializableAttribute()>
Public Class MyException
    Inherits System.Exception
    Public Sub New()
    End Sub
    Public Sub New(ByVal message As String)
    End Sub
    Public Sub New(ByVal message As String, ByVal inner As System.Exception)
    End Sub
    '用于序列化异常的构造函数
    Protected Sub New(ByVal info As System.Runtime.Serialization.SerializationInfo,
        ByVal context As System.Runtime.Serialization.StreamingContext)
    End Sub
End Class
```

第 5 章　数　　组

与大多数高级语言一样，VB.NET 也支持数组，用于处理实际应用中包含相同数据类型的集合。

本章要点

- 一维数组的声明、实例化、初始化和访问；
- 多维数组的声明、实例化、初始化和访问；
- 交错数组的声明、实例化、初始化和访问；
- 数组的基本操作和排序；
- System.Array 类的使用。

5.1　数组概述

数组（array）是一种数据结构，它包含相同类型的一组数据。

数组有一个“秩（rank）”，它确定和每个数组元素（element）关联的索引个数，其值是数组类型的圆括号之间逗号个数加上 1。数组的秩又称为数组的维度。“秩”为 1 的数组称为一维数组（single-dimensional array），“秩”大于 1 的数组称为多维数组（multi-dimensional array）。维度大小确定的多维数组通常称为两维数组、三维数组等。数组最多可以有 32 个维。使用数组的 Rank 属性，可以确定数组的维度。

数组的每个维度都有一个关联的长度（length），它是一个大于或等于零的整数。给定维度的长度比该维度的声明上限大 1。

数组的大小是数组的所有维度的长度乘积。它表示数组中当前包含的元素的总数。例如，声明一个三维数组 Dim prices(3, 4, 5) As Long，则变量 prices 中数组的总大小是 (3+1)×(4+1)×(5+1)=120。使用数组的 Length 属性，可以查找数组的大小。使用数组的 GetLength 方法，可以查找多维数组中每个维度的长度。对于已有的数组，可以使用 Redim 语句重新定义其大小。

数组具有以下属性。

- 数组使用类型声明，通过数组下标（或称索引）来访问数组中的数据元素。
- 数组可以是一维数组、多维数组或交错数组（jagged array）。
- 数组元素可以为任何数据类型，包括数组类型。
- 每个维度的下标（索引）从 0 开始，这意味着下标范围为 0 到该维度声明的上限 n。此时维度长度为 n+1。在 VB.NET 中，数组下标下限始终是零。
- 数组的大小与其元素的数据类型无关。数组的大小表示数组中的元素总数，而不是元素所占用的存储字节数。
- 通过.NET 框架中的 System Array 类来支持数组。因此，可以利用该类的属性与方法来操作数组。

关于数组，要注意以下事项。

① 数组必须先声明。使用 Dim 语句声明数组变量的方法与声明任何其他变量的方法一样。在变量名后面加上一对或多对圆括号。声明一维数组的一般形式如下。

- 在声明数组时未提供数组大小：

```
Dim 数组名() As 数据类型
```

例如：

```
Dim grades() As Integer
```

这种方法仅仅声明了数组变量，但没有为它们分配数组。声明后还必须创建数组（实例化），对该数组进行初始化，并将它分配给变量。

➢ 在声明数组时即提供数组大小：

```
Dim 数组名(下标上限) As 数据类型
```

例如：

```
Dim grades(5) As Integer
```

声明并实例化了一个名为 grades 的整型一维数组，共有 6 个元素（即数组的长度为 6，数组的大小也为 6），下标的范围为 0~5，并将数组元素 grades(0)～grades(5)均初始化为 0。

② 数组在声明时，如果没有提供数组大小，则必须实例化才能使用。数组实例在运行时使用 New 运算符动态创建。New 运算符指定新数组实例的长度。如果内存不足，将无法创建新的实例，公共语言运行时（CLR）将引发 OutOfMemoryException 错误。实例化一维数组的一般形式为：

```
数组名 =  New 数据类型(){}  或者:
数组名 =  New 数据类型(下标上限){}
```

例如：

```
grades = New Integer(5){}
```

创建包含 6 个元素的整型一维数组实例 grades，并将数组元素 grades(0)~grades(5)均初始化为 0。

说明：

（1）New 子句必须指定类型名称，其后跟圆括号、再跟大括号（{}）。圆括号不表示对数组构造函数的调用，而是表示对象类型为数组类型。可以在大括号内提供初始化值。编译器需要大括号，即使没有为其提供任何值。因此，New 子句必须包括圆括号和大括号，即使它们都不包含值。如果不包括大括号，则编译器假定要调用指定类型的构造函数。

（2）如果 New 子句没有为数组元素指定初始化值，则 Visual Basic 将数组元素初始化为其数据类型的默认值。不同数据类型的默认值如表 5-1 所示。

表 5-1　不同数据类型的默认值

数据类型	默认值
所有数值类型（包括 Byte 和 SByte）	0
Char	二进制 0
Boolean	False
Date	0001 年 1 月 1 日凌晨 12:00(01/01/0001 12:00:00 AM)
所有引用类型（包括 Object、String 和所有数组）	Nothing

（3）数组声明和实例化可以使用一条语句实现：

```
Dim 数组名() As 数据类型=  New 数据类型(下标上限){}
```

例如：

```
Dim grades() As Integer = New Integer(5){}
```

（4）数组在实例化时，可以为数组元素指定初始化值，其语法格式为：

```
Dim 数组名() As 数据类型= New 数据类型(下标上限) {初始值设定项}
```

或者：

```
Dim 数组名() As 数据类型= New 数据类型() {初始值设定项}
```

或者：

```
Dim 数组名() As 数据类型= {初始值设定项}
```

或者：

```
Dim 数组名= New 数据类型() {初始值设定项}
```

或者：

```
Dim 数组名 ={初始值设定项}
```

或者：

```
Dim 数组名() As 数据类型
数组名 =New 数据类型() {初始值设定项}
```

或者：

```
Dim 数组名() As 数据类型
数组名 ={初始值设定项}
```

例如：

```
Dim grades() As Integer = New Integer(5){80,90,96,97,95,83}
```

或者：

```
Dim grades() As Integer = New Integer( ) {80,90,96,97,95,83}
```

或者：

```
Dim grades() As Integer = {80,90,96,97,95,83}
```

或者：

```
Dim grades = New Integer() {80,90,96,97,95,83}
```

或者：

```
Dim grades = {80,90,96,97,95,83}
```

或者：

```
Dim grades() As Integer
grades = New Integer() {80,90,96,97,95,83}
```

或者：

```
Dim grades() As Integer
grades = {80,90,96,97,95,83}
```

均可以声明并实例化包含 6 个元素的整型一维数组 grades，同时将数组元素 grades[0]，grades[1]，grades[2]，grades[3]，grades[4]和 grades[5]分别初始化为 80，90，96，97，95 和 83。

5.2 一维数组

声明、实例化和初始化一维数组的各种形式如表 5-2 所示。

表 5-2 声明、实例化和初始化一维数组

数组声明和初始化	示 例	说 明
Dim 数组名(下标上限) As 数据类型	Dim a1(2) As Integer	声明并实例化包括 3 个元素的整型数组 a1，a1(0)、a1(1)和a1(2)均初始化为默认值0
Dim 数组名() As 数据类型 数组名= New 数据类型(下标上限){}	Dim a2() As Integer a2=New Integer(2){}	先声明整型数组 a2，然后使用 New 运算符创建（实例化）包括 3 个元素的数组（初始化为默认值 0）并赋值给 a2
Dim 数组名() As 数据类型= New 数据类型(下标上限){}	Dim a3() As Integer = New Integer(2){}	声明整型数组的同时，使用 New 运算符创建（实例化）包括 3 个元素（初始值为 0）的数组 a3
Dim 数组名[() As 数据类型]= New 数据类型([下标上限]){初始值设定项}	Dim a4() As Integer = New Integer(2) {1, 3, 5}	声明数组，同时实例化并初始化包括 3 个元素（初始值分别为 1、3、5）的整型数组 a4
	Dim a4() As Integer = New Integer() {1, 3, 5}	
	Dim a4 = New Integer(2) {1, 3, 5}	
	Dim a4 = New Integer() {1, 3, 5}	
Dim 数组名[() As 数据类型] = {初始值设定项}	Dim a5() As Integer = {1, 3, 5}	声明整型数组、实例化并初始化数组元素 a5（初始值分别为 1、3、5）
	Dim a5 = {1, 3, 5}	
Dim 数组名() As 数据类型 数组名= [New 数据类型([下标上限]){}]{初始值设定项}	Dim a6() As Integer a6 = New Integer(2) {1, 3, 5}	先声明整型数组 a6，然后实例化并初始化包括 3 个元素（初始值分别为 1、3、5）的整型数组 a6
	Dim a6() As Integer a6 = New Integer() {1, 3, 5}	
	Dim a6() As Integer a6 = { 1, 3, 5 }	
Dim 数组名[([下标上限]) As 数据类型[= New 数据类型(下标上限){}]] 数组名[下标]= 初始值	Dim a7() = New Integer(2) {}或者 Dim a7 = New Integer(2) {}或者 Dim a7(2) As Integer a7(0) = 1 a7(1) = 2 a7(2) = 3	声明并创建了一个长度为 3 的整型数组实例 a7；然后利用赋值语句初始化该实例

【例 5-1】 一维数组的使用示例：随机产生 100 个学生的成绩，计算学生的平均成绩，并统计高于平均成绩的学生人数。程序运行结果如图 5-1 所示。

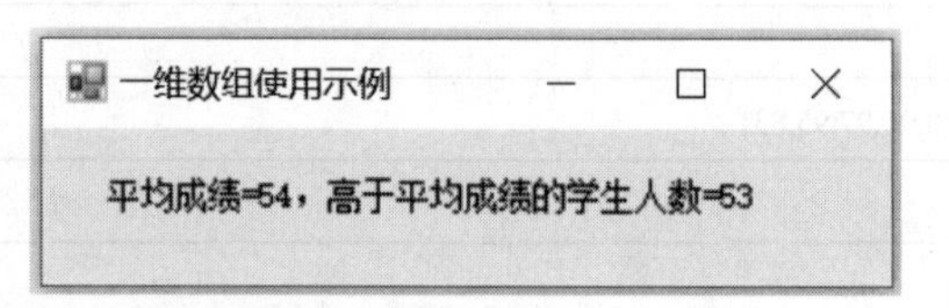

图 5-1 一维数组的使用示例

程序代码如下：

```
Private Sub Form1_Load(sender As System.Object, e As System.EventArgs) Handles MyBase.Load
        Dim mark() As Integer = New Integer(99) {}            '声明有 100 个整数的数组
        Dim rNum As Random = New Random()                     '生成随机数
        Dim sumMark = 0, overAvg = 0, i, avgMark As Integer
        For i = 0 To 99
            mark(i) = rNum.Next(101)                          ' 随机生成学生成绩（0~100）
            sumMark += mark(i)                                ' 统计成绩总和
        Next
        avgMark = sumMark / 100                               ' 求平均成绩
        For i = 0 To 99
```

```
        If mark(i) > avgMark Then overAvg += 1          ' 统计高于平均成绩的学生人数
    Next
    Label1.Text = "平均成绩=" & avgMark & "，高于平均成绩的学生人数=" & overAvg
End Sub
```

说明：

（1）一般通过数组下标来访问数组中的数据元素。VB.NET 语言还可以通过 For Each 语句来枚举数组的各个元素。例如：

```
For i = 0 To 99
    If mark(i) > avgMark Then overAvg += 1
Next
```

完全可以改写为：

```
For Each mm As Integer In mark
    If mm > avgMark Then overAvg += 1
Next
```

同样可以实现统计高于平均成绩的学生人数。

（2）反复运行测试本程序，可以发现 100 个学生的平均成绩和高于平均成绩的人数均在 50 左右，这是因为学生成绩（0～100）是随机产生的，这些随机数均匀分布在[0,100]的范围内。当然，读者也可以编程自行输入 100 个学生的成绩进行测试。

【例 5-2】 利用一维数组显示 Fibonacci 数列：1，1，2，3，5，8，…的前 20 项。要求每行显示 5 项。运行效果如图 5-2 所示。

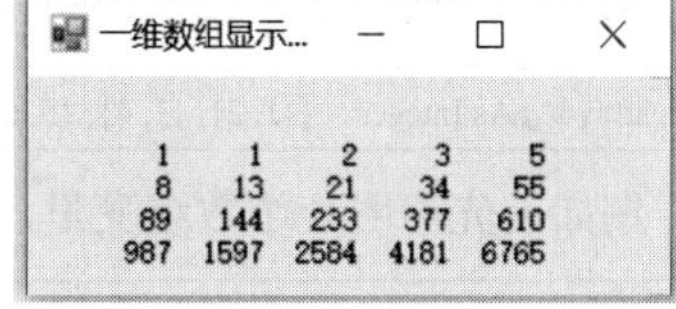

图 5-2 Fibonacci 数列运行效果

```
Private Sub Form1_Load(sender As System.Object, e As System.EventArgs) Handles MyBase.Load
    Dim Fab() As Integer = New Integer(19) {}
    Dim i As Integer
    Label1.Text = ""
    Fab(0) = 1
    Fab(1) = 1
    For i = 2 To 19
        Fab(i) = Fab(i - 1) + Fab(i - 2)
    Next
    For i = 0 To 19
        If i Mod 5 = 0 Then Label1.Text &= vbCrLf          '一行显示 5 个数
        Label1.Text &= CStr(Fab(i)).PadLeft(6)
    Next
End Sub
```

5.3 多维数组

多维数组的声明、实例化和初始化与一维数组的声明、实例化和初始化相类似。声明多维数组时，用逗号表示维数，一个逗号表示两维数组，两个逗号表示三维数组，以此类推。注意：在声明数组声明中即使没有指定维数的实际大小，也必须使用逗号分隔各个维。

例如，下列声明并创建一个二维整型数组（四行两列，共 4×2=8 个元素）：

```
Dim A(,) As Integer = New Integer(3, 1) {}
```

并将数组元素 A(0,0)、A(0,1)、A(1,0)、A(1,1)、A(2,0)、A(2,1)、A(3,0)和 A(3,1)均初始化为默认值 0。

例如，下列声明：

```
Dim B(,,) As Integer = New Integer(2, 4, 1) {}
```

创建包含 3×5×2=30 个元素的三维整型数组实例 B 并将数组变量均初始化为零。

例如，在声明数组时即将其初始化：

```
Dim array2D(,) As Integer = New Integer(3, 1) {{1, 2}, {3, 4}, {5, 6}, {7, 8}}
```

或者：

```
Dim array2D(,) As Integer = New Integer(3, 1) {{1, 2}, {3, 4}, {5, 6}, {7, 8}}
```

声明并创建一个包含 4×2=8 个元素的二维整型数组 array2D，其数组元素的值分别初始化为：array2D[0,0]=1，array2D[0,1]=2，array2D[1,0]=3，array2D[1,1]=4，array2D[2,0]=5，array2D[2,1]=6，array2D[3,0]=7，array2D[3,1]=8。

例如，声明、实例化并初始化二维整型数组 array4：

```
Dim array4(,) As Integer = {{1, 2}, {3, 4}, {5, 6}, {7, 8}}
```

例如，先声明一个数组变量，然后再将其初始化：

```
Dim array5(,) As Integer
array5 = New Integer(,) {{1, 2}, {3, 4}, {5, 6}, {7, 8}}
```

或者：

```
array5 = {{1, 2}, {3, 4}, {5, 6}, {7, 8}}
```

VB.NET 支持两种类型的多维数组。第一种是矩形数组，也称等长数组。在二维矩形数组中，每一行有相同的列数。上例 1~5 均为矩形数组。图 5-3（a）演示了声明并创建的 4 行 2 列的二维矩形数组 A。图 5-3（b）演示了声明并创建的 3×5×2 的三维矩形数组 B。

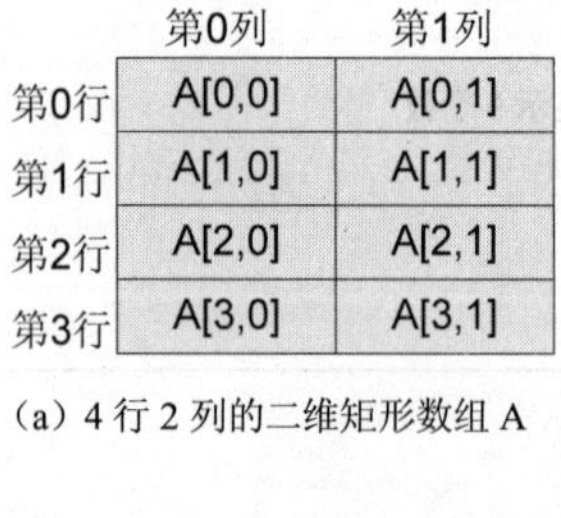

（a）4 行 2 列的二维矩形数组 A 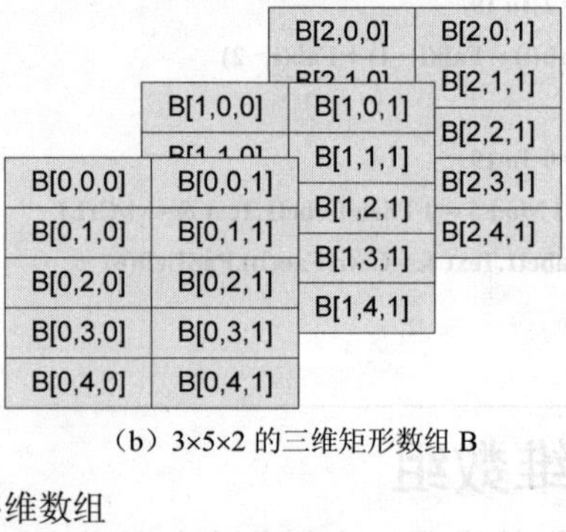　　（b）3×5×2 的三维矩形数组 B

图 5-3　多维数组

VB.NET 支持的第二种多维数组是交错数组，即所谓的正交数组、变长数组、锯齿形数组。在二维交错数组中，每一行可以有不同的列数。显然，它比矩形数组更灵活，但交错数组的创建和初始化也更困难一些。5.4 节将详细介绍交错数组的概念和操作。

在多维数组中，比较常用的是二维数组。本章主要以二维数组为例说明多维数组的相关操作。

【例 5-3】 二维数组的使用。编程形成并显示如下所示的 4 行 4 列的矩阵 $\boldsymbol{A}$。

$$\boldsymbol{A}=\begin{bmatrix}1 & 2 & 3 & 4\\5 & 6 & 7 & 8\\9 & 10 & 11 & 12\\13 & 14 & 15 & 16\end{bmatrix}$$

（1）分别以上三角和下三角形式显示矩阵 $\boldsymbol{A}$ 的内容：

$$\boldsymbol{A}_{上}=\begin{bmatrix}1 & 2 & 3 & 4\\ & 6 & 7 & 8\\ & & 11 & 12\\ & & & 16\end{bmatrix} \qquad \boldsymbol{A}_{下}=\begin{bmatrix}1 & & & \\5 & 6 & & \\9 & 10 & 11 & \\13 & 14 & 15 & 16\end{bmatrix}$$

（2）求矩阵 $\boldsymbol{A}$ 的两条对角线之和。

（3）将矩阵 $\boldsymbol{A}$ 的行列交换，形成转置：

$$\boldsymbol{A}^{\mathrm{T}}=\begin{bmatrix}1 & 5 & 9 & 13\\2 & 6 & 10 & 14\\3 & 7 & 11 & 15\\4 & 8 & 12 & 16\end{bmatrix}$$

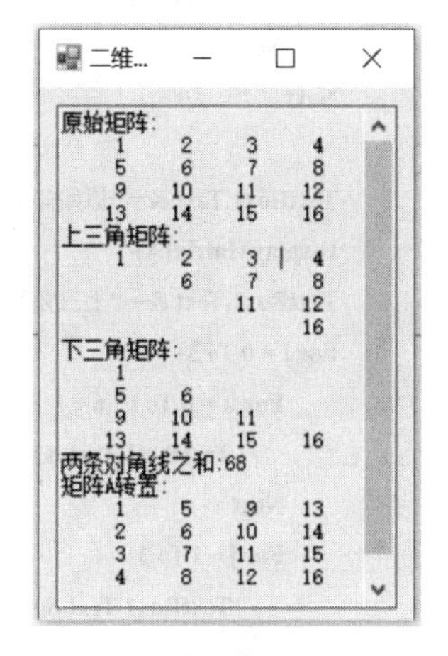

图 5-4　二维数组的使用示例

运行结果如图 5-4 所示。所使用的控件属性及说明如表 5-3 所示。

表 5-3　例 5-3 所使用的控件属性及说明

控　件	属　性	值	说　明
TextBox1	Multiline	True	数组内容输出文本框
	ReadOnly	True	
	ScrollBars	Vertical	
	Size	278, 397	

分析：

（1）4 行 4 列的二维数组 A 的元素的值与其所在的行数 i（0~3）和列数 j（0~3）相关，即：A(i , j) = i * 4 + j + 1。

（2）数组 A 的上三角形式：每一行的起始列与行号相关，所以需要控制内循环的初值，同时需要控制每一行前面的空格数（也与行号相关）。

（3）数组 A 的下三角形式：每一行的列数与行号相关，所以需要控制内循环的终值。

程序代码如下：

```
Sub DisplayMatrix(A(,) As Integer)              ' 打印矩阵内容
        For i As Integer = 0 To A.GetLength(0) - 1
            For j As Integer = 0 To A.GetLength(1) - 1
                TextBox1.Text &= CStr(A(i, j)).PadLeft(6)
            Next
            TextBox1.Text &= vbCrLf
        Next
End Sub


Private Sub Form1_Load(sender As System.Object, e As System.EventArgs) Handles MyBase.Load
        Dim sum = 0, i, j, t, k As Integer
        Dim A(,) As Integer = New Integer(3, 3) {}
```

```
        TextBox1.Text = ""
        For i = 0 To 3   '矩阵 A 赋值
            For j = 0 To 3
                A(i, j) = i * 4 + j + 1
            Next
        Next

        TextBox1.Text &= "原始矩阵: " & vbCrLf
        DisplayMatrix(A)
        TextBox1.Text &= "上三角矩阵: " & vbCrLf
        For i = 0 To 3
            For k = 0 To i * 6 - 1
                TextBox1.Text &= " "         '控制空格
            Next
            For j = i To 3
                TextBox1.Text &= CStr(A(i, j)).PadLeft(6)
            Next
            TextBox1.Text &= vbCrLf
        Next

        TextBox1.Text &= "下三角矩阵: " & vbCrLf
        For i = 0 To 3
            For j = 0 To i
                TextBox1.Text &= CStr(A(i, j)).PadLeft(6)
            Next
            TextBox1.Text &= vbCrLf
        Next

        TextBox1.Text &= "两条对角线之和:"
        For i = 0 To 3
            sum += A(i, i) + A(i, 3 - i)
        Next
        TextBox1.Text &= sum & vbCrLf

        TextBox1.Text &= "矩阵 A 转置: " & vbCrLf
        For i = 0 To 3
            For j = i To 3
                t = A(i, j)
                A(i, j) = A(j, i)
                A(j, i) = t
            Next
        Next
        DisplayMatrix(A)               ' 打印矩阵
End Sub
```

5.4　交错数组

交错数组是元素为数组的数组，所以有时又称为“数组的数组”。交错数组元素的维度和大小可以不同。交错数组同样需要声明、实例化并且初始化后才能使用。

例 1，下面声明创建一个由 3 个元素组成的一维数组，其中每个元素都是一个一维整数数组：

```
Dim jaggedArray()() As Integer = New Integer(2)() {}
```

例 2，初始化 jaggedArray 的元素，以确保其可以使用：

```
jaggedArray(0) = New Integer(4) {}
jaggedArray(1) = New Integer(3) {}
jaggedArray(2) = New Integer(1) {}
```

jaggedArray 的每个元素都是一个一维整数数组。第一个元素是由 5 个整数组成的数组，第二个是由 4 个整数组成的数组，而第三个是由 2 个整数组成的数组。此时，所有的数组元素均初始化为默认值 0。

例 3，也可以使用初始值设定项填充数组元素：

```
jaggedArray(0) = New Integer() {1, 3, 5, 7, 9}
jaggedArray(1) = New Integer() {0, 2, 4, 6}
jaggedArray(2) = New Integer() {11, 22}
```

或者：

```
jaggedArray(0) = {1, 3, 5, 7, 9}
jaggedArray(1) = {0, 2, 4, 6}
jaggedArray(2) ={11, 22}
```

jaggedArray 数组各元素的值分别初始化为：jaggedArray(0,0)=1，jaggedArray(0,1)=3，jaggedArray(0,2)=5，jaggedArray(0,3)=7，jaggedArray(0,4)=9，jaggedArray(1,0)=0，jaggedArray(1,1)=2，jaggedArray(1,2)=4，jaggedArray(1,3)=6，jaggedArray(2,0)=11，jaggedArray (2,1)=22。

例 4，在声明数组时即将其初始化：

```
Dim jaggedArray2()() As Integer = New Integer()() {
        New Integer() {1, 3, 5, 7, 9},
        New Integer() {0, 2, 4, 6},
        New Integer() {11, 22}}
```

或者例 4_2：

```
Dim jaggedArray3()() As Integer = {
        New Integer() {1, 3, 5, 7, 9},
        New Integer() {0, 2, 4, 6},
        New Integer() {11, 22}}
```

例 5，混合使用交错数组和多维数组。下面声明和初始化一个一维交错数组，该数组包含大小不同的二维数组元素：

```
Dim jaggedArray4()(,) = New Integer(2)(,) {
        New Integer(,) {{1, 3}, {5, 7}},
        New Integer(,) {{0, 2}, {4, 6}, {8, 10}},
        New Integer(,) {{11, 22}, {99, 88}, {0, 9}}}
```

jaggedArray4 数组各元素的值分别初始化为：jaggedArray4[0][0,0]=1，jaggedArray4 [0][0,1]=3，jaggedArray4[0][1,0]=5，jaggedArray4[0][1,1]=7，jaggedArray4[1][0,0]=0，jaggedArray4[1] [0,1]=2，jaggedArray4[1][1,0]=4，jaggedArray4[1][1,1]=6，jaggedArray4[1][2,0]=8，jaggedArray4 [1][2,1]=10，jaggedArray4[2][0,0]=11，jaggedArray4[2][0,1]=22，jaggedArray4[2][1,0]=99，jaggedArray4[2][1,1]=88，jaggedArray4[2][2,0]=0，jaggedArray4[2][2,1]=9。

【例 5-4】 交错数组的使用示例：编程生成并显示例 4 和例 5 的交错数组。运行结果如图 5-5 所示。所使用的控件属性及说明如表 5-4 所示。

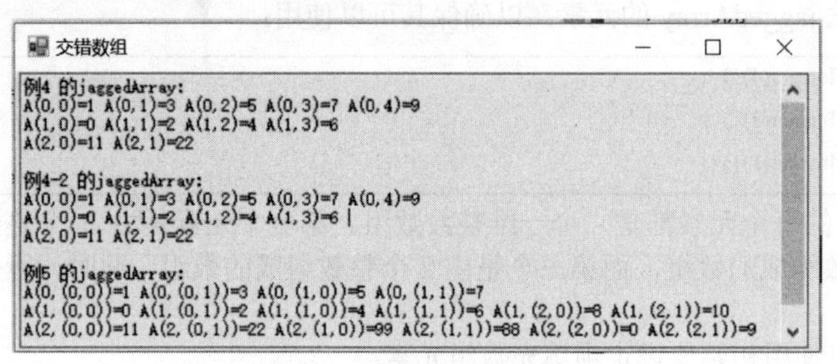

图 5-5 交错数组的使用示例

表 5-4 例 5-4 所使用的控件属性及说明

控 件	属 性	值	说 明
TextBox1	Multiline	True	数组内容输出文本框
	ReadOnly	True	
	ScrollBars	Vertical	
	Size	782, 264	

程序代码如下：

```
Private Sub Form1_Load(sender As System.Object, e As System.EventArgs) Handles MyBase.Load
        Dim i, j, k As Integer
        TextBox1.Text = ""
        '例 4
        Dim jaggedArray2()() As Integer = New Integer()() {
            New Integer() {1, 3, 5, 7, 9},
            New Integer() {0, 2, 4, 6},
            New Integer() {11, 22}}
        TextBox1.Text &= "例 4 的 jaggedArray: " & vbCrLf
        For i = 0 To jaggedArray2.Length - 1
            For j = 0 To jaggedArray2(i).Length - 1
                TextBox1.Text &= "A(" & i & "," & j & ")=" & jaggedArray2(i)(j) & " "
            Next
            TextBox1.Text &= vbCrLf
        Next
        '例 4_2
        Dim jaggedArray3()() As Integer = {
            New Integer() {1, 3, 5, 7, 9},
            New Integer() {0, 2, 4, 6},
            New Integer() {11, 22}}
        TextBox1.Text &= vbCrLf & "例 4_2 的 jaggedArray: " & vbCrLf
```

```
        For i = 0 To jaggedArray3.Length - 1
            For j = 0 To jaggedArray3(i).Length - 1
                TextBox1.Text &= "A(" & i & "," & j & ")=" & jaggedArray3(i)(j) & " "
            Next
            TextBox1.Text &= vbCrLf
        Next
        '例 5
        Dim jaggedArray4()(,) = New Integer(2)(,) {
            New Integer(,) {{1, 3}, {5, 7}},
            New Integer(,) {{0, 2}, {4, 6}, {8, 10}},
            New Integer(,) {{11, 22}, {99, 88}, {0, 9}}}
        TextBox1.Text &= vbCrLf & "例 5 的 jaggedArray: " & vbCrLf
        For i = 0 To jaggedArray4.Length - 1
            For j = 0 To jaggedArray4(i).GetLength(0) - 1
                For k = 0 To jaggedArray4(i).GetLength(1) - 1
                    TextBox1.Text &="A("& i &",("& j &","& k &"))="& jaggedArray4(i)(j, k) & " "
                Next
            Next
            TextBox1.Text &= vbCrLf
        Next
End Sub
```

说明：

（1）数组的 Length 属性返回每个一维数组的长度。例如，jaggedArray3.Length 返回一维数组 jaggedArray3（其每个元素又是一维数组）的长度，其值为 3；jaggedArray3(0).Length 返回一维数组 jaggedArray3(0)的长度，其值为 5。

（2）数组的 GetLength()方法是在 System.Array 类中定义的，返回数组某一维的长度。例如，jaggedArray4(1).GetLength(0) 返回数组 jaggedArray4(1) 的第 0 维的长度，其值为 3；jaggedArray4(1).GetLength(1)返回数组 jaggedArray4(1)的第 1 维的长度，其值为 2。

（3）对于一维数组，Length 属性返回的值和 GetLength(0)方法返回的值相同。

5.5　释放和重定义数组

5.5.1　释放数组

Erase 语句用来释放数组变量并解除分配给数组各元素的内存。其语法形式如下：

```
Erase 数组变量名 1 [ ,数组变量名 2 [,...]]
```

Erase 语句等效于将 Nothing 分配给每一数组变量。

5.5.2　重定义数组

ReDim 语句为已有的数组变量重新分配存储空间。可以指定 ReDim 语句保留当前存储在数组中的值，或者创建新的空数组。其语法形式如下：

```
ReDim [ Preserve ] 数组变量名(各维度下标上限) [ , 数组变量名(各维度下标上限) [, ... ] ]
```

说明：

（1）Preserve 表示保留现有数组中的数据。只能更改最后一个维度的大小。

（2）使用 ReDim 语句可以增加或减少某个已声明数组变量的一个或多个维度的大小。

（3）ReDim 语句不可以更改数组变量或其元素的数据类型。

（4）ReDim 语句不可以为数组元素提供新的初始化值。如果未指定 Preserve，ReDim 将新数组的元素初始化为其数据类型的默认值。

（5）ReDim 语句不可以更改数组的秩（维数）。

例如：

```
Dim threeDimArray(9, 9, 9), twoDimArray(9, 9) As Integer
Erase threeDimArray, twoDimArray
ReDim threeDimArray(4, 4, 9)
```

使用 Erase 语句清除两个数组并释放其内存（分别保存有 1000 和 100 个存储元素）。然后，ReDim 语句将新的数组实例赋给其中的三维数组。

例如：

```
Dim intArray(10, 10, 10) As Integer
ReDim Preserve intArray(10, 10, 20)
ReDim Preserve intArray(10, 10, 15)
ReDim intArray(10, 10, 10)
```

第一个 ReDim 创建一个新数组，以替换变量 intArray 中的现有数组。同时将所有元素从现有数组复制到新数组中；还在每一层中每个行的结尾另外添加 10 列，并将这些新列中的元素初始化为 0。

第二个 ReDim 创建另一个新数组，复制部分数组元素。每一层的每一行的结尾丢失了 5 列。

第三个 ReDim 仍然创建另一个新数组，同时从每一层中每个行的结尾移除另外 5 列，将数组恢复为原始大小。而且不会复制任何现有元素，并重新初始化所有数组元素为原始默认值 0。

【例 5-5】 Redim 语句的使用示例：请修改例 5-1，要求输入学生人数，并随机产生这些学生的成绩，然后计算学生的平均成绩，并统计高于平均成绩的学生人数，最后将平均成绩和高于平均成绩的学生人数置于数组的最后。程序运行结果如图 5-6 所示。

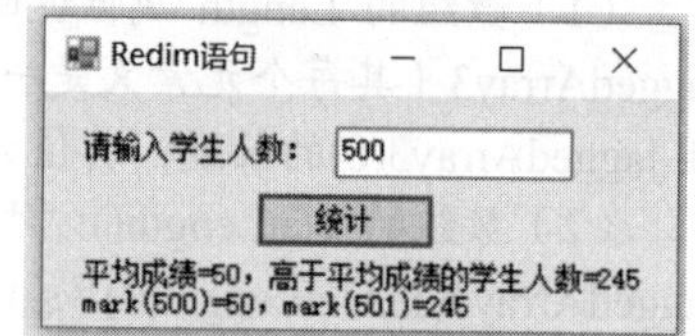

图 5-6 重定义数组的运行结果

程序代码如下：

```
Private Sub Form1_Load(sender As System.Object, e As System.EventArgs) Handles MyBase.Load
    Dim sumMark = 0, overAvg = 0, n, i, avgMark As Integer
    n = TextBox1.Text
    Dim mark() As Integer = New Integer(n - 1) {}          '声明有 n 个学生的数组
    Dim rNum As Random = New Random()                    '生成随机数
    For i = 0 To n - 1
        mark(i) = rNum.Next(101)                         ' 随机生成学生成绩（0~100）
        sumMark += mark(i)                               ' 统计成绩总和
    Next
    avgMark = sumMark / n                                ' 求平均成绩
    For i = 0 To n - 1
        If mark(i) > avgMark Then overAvg += 1           ' 统计高于平均成绩的学生人数
    Next
    Label2.Text = "平均成绩=" & avgMark & "，高于平均成绩的学生人数=" & overAvg
    ReDim Preserve mark(n + 1)
    mark(n) = avgMark
    mark(n + 1) = overAvg
```

```
        Label2.Text &= vbCrLf & "mark(" & n & ")=" & mark(n) & "，mark(" & n + 1 & ")= " & mark(n + 1)
End Sub
```

5.6　数组的操作

本节以实例的形式介绍数组的常见操作，包括数组求和、求平均值、最值及其位置；数组的常见排序方法，如冒泡法、选择法；插入数据到已排序的数组中；删除已排序的数组中某一元素等。

5.6.1　数组的基本操作

【例 5-6】 随机生成一维数组中的各元素，求该数组中各元素之和、平均值、最大值、最小值，并将最小值与数组第一个元素交换、最大值与最后一个元素交换。

分析：

（1）求一维数组中各元素之和，只要利用循环对每个元素的值进行累加即可。数组各元素之和除以数组长度，即为数组各元素之平均值。

（2）求若干数中的最小值的方法一般如下：

① 将最小值的初值设为一个比较大的数，或者取第一个数为最小值的初值；

② 利用循环，将每个数与最小值比较，若此数小于最小值，则将此数设置为最小值。

（3）求若干数中的最大值的方法一般如下：

① 将最大值的初值设为一个比较小的数，或者取第一个数为最大值的初值；

② 利用循环，将每个数与最大值比较，若此数大于最大值，则将此数设置为最大值。

（4）将最小值与数组第一个元素交换、最大值与最后一个值交换，需要在求最值的同时，记录最值元素所在的位置，即其下标值，最后利用第三变量实现数组元素的交换。程序运行结果如图 5-7 所示。

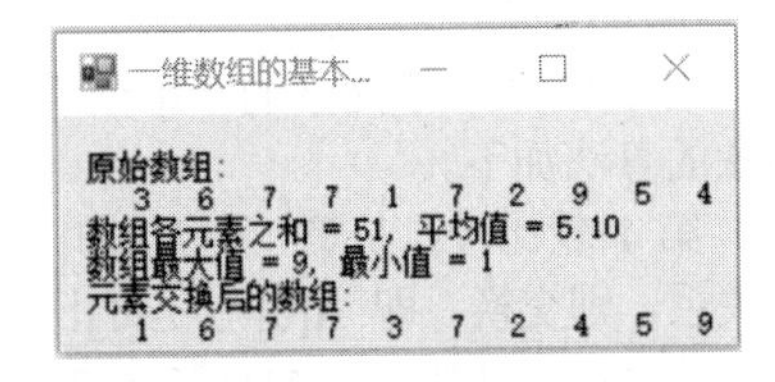

图 5-7　数组基本操作的运行结果

程序代码如下：

```
Sub DisplayArray(A() As Integer)          ' 打印数组内容
        For i As Integer = 0 To A.Length - 1
            Label1.Text &= CStr(A(i)).PadLeft(4)
        Next
        Label1.Text &= vbCrLf
End Sub
Private Sub Form1_Load(sender As System.Object, e As System.EventArgs) Handles MyBase.Load
        Dim sum = 0, MaxI = 0, MinI = 0, t, i, MaxA, MinA As Integer
        Label1.Text = ""
        Dim A() = New Integer(9) {}                   '有 10 个整数的数组 A
        Dim rNum As Random = New Random()
        For i = 0 To A.Length - 1
            A(i) = rNum.Next(11)                      '数组 A 赋值(0~10 的随机数)
        Next
        Label1.Text &= "原始数组: " & vbCrLf
        DisplayMatrix(A)                              ' 打印数组内容
        '求数组各元素之和 、平均值
        For i = 0 To A.Length - 1
            sum += A(i)
        Next
```

```
        Label1.Text &= "数组各元素之和 = " & sum & ", 平均值 = " & Format(sum / A.Length & vbCrLf, "0.00")
        '求数组最大值、最小值
        MaxA = A(0)
        MinA = A(0)
        For i = 0 To A.Length - 1
            If (A(i) < MinA) Then MinA = A(i) : MinI = i
            If (A(i) > MaxA) Then MaxA = A(i) : MaxI = i
        Next
        Label1.Text &= "数组最大值 = " & MaxA & ", 最小值 = " & MinA & vbCrLf
        '最小值与数组第一个元素交换
        t = A(0) : A(0) = A(MinI) : A(MinI) = t
        '最大值与最后一个元素交换
        t = A(A.Length - 1) : A(A.Length - 1) = A(MaxI) : A(MaxI) = t
        Label1.Text &= "元素交换后的数组: " & vbCrLf
        DisplayMatrix(A)                    ' 打印数组内容
End Sub
```

5.6.2 数组的排序：冒泡法

【例 5-7】 随机生成一维数组中的各元素，并利用冒泡法对数组元素按递增顺序排序。程序运行结果如图 5-8 所示。

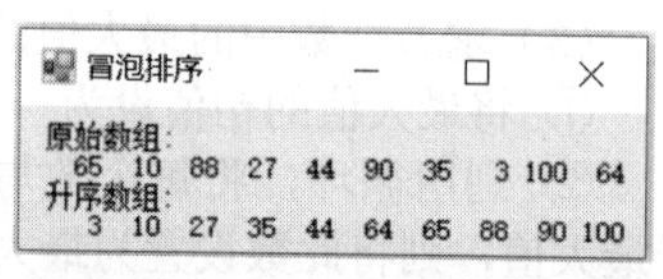

图 5-8 冒泡排序法的运行结果

分析：

对于包含 N 个元素的一维数组 A，按递增顺序排序的冒泡法的算法如下。

第 1 轮比较：从第一个元素开始，对数组中所有 N 个元素进行两两大小比较，如果不满足升序关系，则交换。即 A[0]与 A[1]比较，若 A[0]>A[1]，则 A[0]与 A[1]交换；然后 A[1]与 A[2]比较，若 A[1]>A[2]，则 A[1]与 A[2]交换；……直至最后 A[N-2]与 A[N-1]比较，若 A[N-2]>A[N-1]，则 A[N-2]与 A[N-1]交换。第一轮比较完成后，数组元素中最大的数"沉"到数组最后，而那些较小的数如同气泡一样上浮一个位置，顾名思义"冒泡法"排序。

第 2 轮比较：从第一个元素开始，对数组中前 N-1 个元素（第 N 个元素，即 A[N-1]已经最大，无需参加排序）继续两两大小比较，如果不满足升序关系，则交换。第二轮比较完成后，数组元素中次大的数"沉"到最后，即 A[N-2]为数组元素中次大的数。

以此类推，进行第 N-1 轮比较后，数组中所有元素均按递增顺序排好序。

若要按递减顺序对数组排序，则每次两两大小比较时，如果不满足降序关系，则交换即可。

冒泡排序法的过程如表 5-5 所示。

表 5-5 冒泡排序法示例

原始数组	37	33	78	93	30	8	79	22	100	69
第 1 轮比较	33	37	78	30	8	79	22	93	69	**100**
第 2 轮比较	33	37	30	8	78	22	79	69	**93**	
第 3 轮比较	33	30	8	37	22	78	69	**79**		
第 4 轮比较	30	8	33	22	37	69	**78**			
第 5 轮比较	8	30	22	33	37	**69**				
第 6 轮比较	8	22	30	33	**37**					
第 7 轮比较	8	22	30	**33**						
第 8 轮比较	8	22	**30**							
第 9 轮比较	8	**22**								

```
Sub DisplayArray(A() As Integer)            ' 打印数组内容
        For i As Integer = 0 To A.Length - 1
            Label1.Text &= CStr(A(i)).PadLeft(4)
        Next
        Label1.Text &= vbCrLf
End Sub
Private Sub Form1_Load(sender As System.Object, e As System.EventArgs) Handles MyBase.Load
        Dim i, t As Integer
        Dim A() = New Integer(9) {}
        Label1.Text = ""
        Dim rNum As Random = New Random()
        For i = 0 To A.Length - 1
            A(i) = rNum.Next(101)                       '数组 A 赋值(0~100 之间的随机数)
        Next
        Label1.Text &= "原始数组: " & vbCrLf
        DisplayArray(A)                                 '打印数组内容
        Dim N As Integer = A.Length                     '获取数组 A 的长度 N
        For loops As Integer = 1 To N - 1               '外循环进行 N-1 轮比较
            For i = 0 To N - 1 - loops                  '内循环两两比较，大数下沉
                If A(i) > A(i + 1) Then
                    t = A(i)
                    A(i) = A(i + 1)
                    A(i + 1) = t
                End If
            Next
        Next
        Label1.Text &= "升序数组: " & vbCrLf
        DisplayArray(A)                                 ' 打印数组内容
End Sub
```

5.6.3 数组的排序：选择法

【例 5-8】 随机生成一维数组中的各元素，并利用选择法对数组元素按递增顺序排序。程序运行结果如图 5-9 所示。

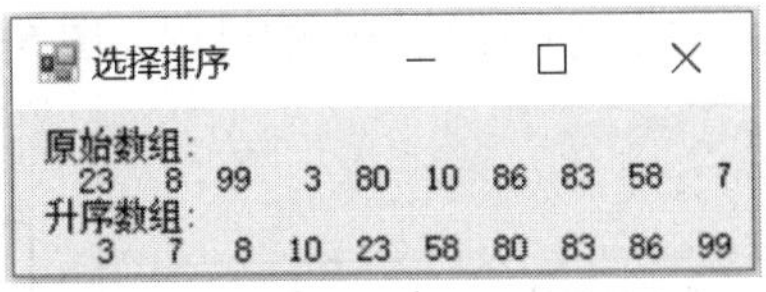

分析：

对于包含 N 个元素的一维数组 A，按递增顺序排序的选择法的基本思想是：每次在若干无序数据中查找最小数，并放在无序数据中的首位。其算法如下。

图 5-9　选择排序法的运行结果

从 N 个元素的一维数组中找最小值及其下标，最小值与数组的第 1 个元素交换。

从数组的第 2 个元素开始的 N-1 个元素中再找最小值及其下标，该最小值（即整个数组元素的次小值）与数组第 2 个元素交换。

以此类推，进行第 N-1 轮选择和交换后，数组中所有元素均按递增顺序排好序。

若要按递减顺序对数组排序，只要每次查找并交换最大值即可。

选择排序法的过程如表 5-6 所示。

表 5-6　选择排序法示例

原始数组:	92	95	27	77	98	44	28	72	35	67
第 1 轮比较:	**27**	95	92	77	98	44	28	72	35	67
第 2 轮比较:		**28**	92	77	98	44	95	72	35	67
第 3 轮比较:			**35**	77	98	44	95	72	92	67
第 4 轮比较:				**44**	98	77	95	72	92	67
第 5 轮比较:					**67**	77	95	72	92	98
第 6 轮比较:						**72**	95	77	92	98
第 7 轮比较:							**77**	95	92	98
第 8 轮比较:								**92**	95	98
第 9 轮比较:									**95**	98

选择排序法的主要程序代码如下:

```
Dim N As Integer = A.Length                 '获取数组 A 的长度 N
For loops As Integer = 0 To N – 2           '外循环进行 N-1 轮比较
    MinI = loops
    For i = loops To N – 1                  '内循环中在无序数中找最小值
If A(i) < A(MinI) Then MinI = i             '最小值与无序数中的第一个元素交换
    Next
    t = A(loops)
    A(loops) = A(MinI)
    A(MinI) = t
Next
```

5.6.4　插入数据到有序数组

【例 5-9】 已知长度为 N 的一维数组 A 已经按照升序排好顺序，在这个有序数组中插入一个数，使得数组 A 仍然有序。程序运行结果如图 5-10 所示。假设原始升序数组 A={23, 45, 78, 98, 120, 156, 185, 200}，要插入到这个有序数组中的数为 60。

分析:

（1）首先查找待插入的这个数在数组中的位置 k;

（2）然后从最后一个元素开始到下标为 k 为止的元素依次往后平移一个位置;

（3）将新数据放置在腾出的第 k 个位置上。

插入数据到有序数组中的过程如图 5-11 所示。

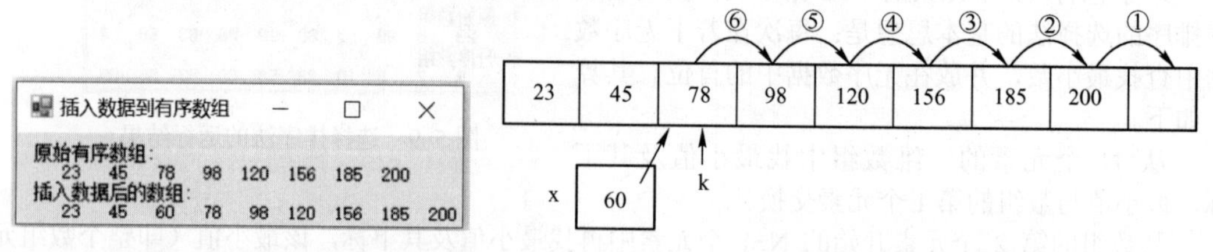

图 5-10　插入数据到有序数组的运行结果　　图 5-11　在有序数组中插入数据

```
Private Sub Form1_Load(sender As System.Object, e As System.EventArgs) Handles MyBase.Load
        Dim i, k As Integer
        Label1.Text = ""
```

```
        Dim A() = New Integer() {23, 45, 78, 98, 120, 156, 185, 200}
        Dim N As Integer = A.Length                '获取有序数组 A 的长度 N
        Label1.Text &= "原始有序数组: " & vbCrLf
        For i = 0 To N - 1
            Label1.Text &= CStr(A(i)).PadLeft(5)
        Next
        Dim x As Integer = Val(InputBox("请输入要插入到升序数组中的一个整数:  "))
        For k = 0 To N - 1
            If x < A(k) Then Exit For '找到数据插入的位置 k
        Next
        ReDim Preserve A(N)
        '从最后一个元素开始往后平移,为新数据腾出位置
        For i = N To k + 1 Step -1
            A(i) = A(i - 1)
        Next
        '插入新数据
        A(k) = x
        Label1.Text &= vbCrLf & "插入数据后的数组: " & vbCrLf
        For Each item As Integer In A
            Label1.Text &= CStr(item).PadLeft(5)
        Next
End Sub
```

5.6.5　删除有序数组的数据

【例 5-10】 已知长度为 N 的一维数组 A 已经按照升序排好顺序，删除这个有序数组中指定的一个数。程序运行结果如图 5-12 所示。假设原始升序数组 A={23, 45, 78, 98, 120, 156, 185, 200}，要删除的数为 120。

分析：

（1）首先在有序数组中找到欲删除数据的位置 k；

（2）然后从第 k+1 个元素开始到最后一个元素为止依次往前平移一个位置。

有序数组中数据删除的过程如图 5-13 所示。

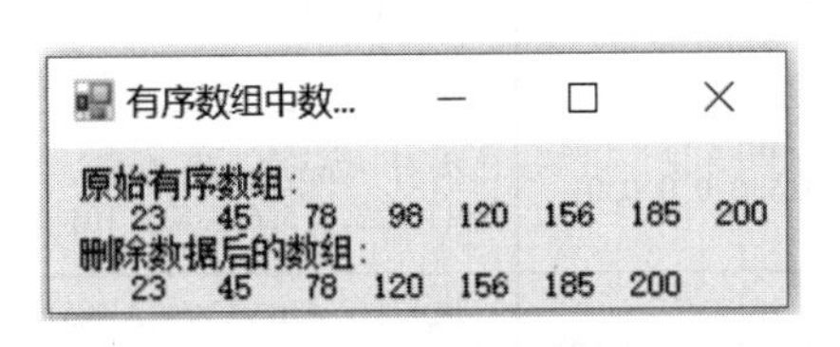

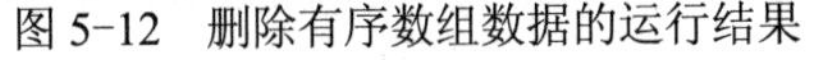
图 5-12　删除有序数组数据的运行结果

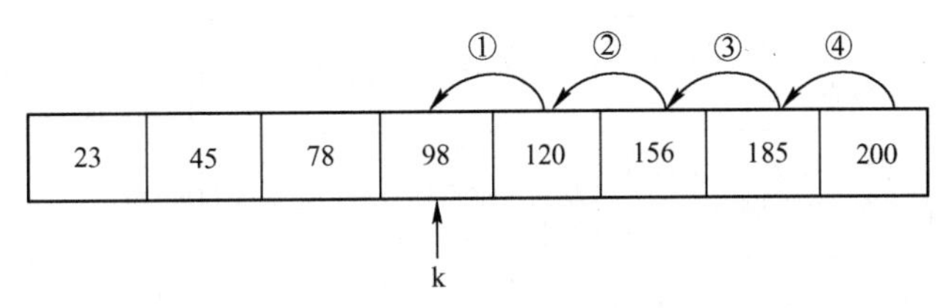

图 5-13　有序数组中的数据删除

```
Private Sub Form1_Load(ByVal sender As System.Object, ByVal e As System.EventArgs) Handles MyBase.Load
        Dim i, k As Integer
        Label1.Text = ""
        Dim A() = New Integer() {23, 45, 78, 98, 120, 156, 185, 200}
        Dim N As Integer = A.Length                '获取有序数组 A 的长度 N
        Label1.Text &= "原始有序数组: " & vbCrLf
```

```
        For i = 0 To N - 1
            Label1.Text &= CStr(A(i)).PadLeft(5)
        Next
        Dim x As Integer = Val(InputBox("请输入要删除的一个整数:  "))
        For k = 0 To N - 1
            If x = A(k) Then Exit For '找到数据插入的位置 k
        Next
        If k = N Then
            MsgBox("数组中无此数，无法删除！")
            Return
        End If
        '从第 k+1 个元素开始到最后一个元素依次往前平移一个位置
        For i = k + 1 To N - 1
            A(i - 1) = A(i)
        Next
        ReDim Preserve A(N - 2)
        Label1.Text &= vbCrLf & "删除数据后的数组: " & vbCrLf
        For i = 0 To N - 2
            Label1.Text &= CStr(A(i)).PadLeft(5)
        Next
End Sub
```

5.7　作为对象的数组

在 VB.NET 中，数组实际上是对象，数组类型是从 Array 派生的引用类型。Array 是所有数组类型的抽象基类型。System.Array 类提供了许多实用的方法和属性，可用于数组的创建、搜索、复制、排序等操作处理。System.Array 类提供的常用方法和属性如表 5-7 所示。

表 5-7　System.Array 类提供的常用方法和属性

名　称	说　明	示　例	结　果
Array.Clear(数组名, 起始索引, 元素个数)	将 Array 中从起始索引开始的指定个数的一系列元素设置为零、False 或 Nothing，具体取决于元素类型	Dim A() = {1, 2, 3, 4, 5, 6, 7, 8, 9} Array.Clear(A, 2, 5)	执行 Clear 操作后，A={ 1,2,0,0,0,0,0,8,9}
目标数组名=(数组类型名称)源数组名.Clone()	创建源数组的浅表副本	Dim A() = {1, 2, 3, 4, 5} Dim B() As Integer B = A.Clone()	执行 Clone 操作后，B={ 1, 2, 3, 4, 5}
源数组名.CopyTo（目标数组名, 起始索引)	将一维源数组所有元素复制到一维目标数组指定的起始索引开始的位置	Dim A() = {6, 7, 8, 9, 10} Dim B() = {1, 2, 3, 4, 5, 0, 0, 0, 0, 0} A.CopyTo(B, 5)	执行 CopyTo 操作后，B={1, 2, 3, 4, 5, 6, 7, 8, 9, 10}
Copy(源数组名, 目标数组名, 要复制的元素数目)	从第一个元素开始复制源数组中指定的元素数目到目标数组从第一个索引开始的位置	Dim A() = {6, 7, 8, 9, 10} Dim B() = {1, 2, 3, 4, 5, 6, 7, 8, 9, 10} Array.Copy(A, B, 5)	执行 Array.Copy(A,B,5)后，B={6, 7, 8, 9, 10, 6, 7, 8, 9, 10}
Copy(源数组名, 源起始索引, 目标数组名, 目标起始索引, 要复制的元素数目)	从指定的源索引开始，复制源数组中指定的元素数目到目标数组指定的目标索引开始的位置	Dim A() = {6, 7, 8, 9, 10} Dim B() = {1, 2, 3, 4, 5, 6, 7, 8, 9, 10} Array.Copy(A, 2, B, 0, 3)	执行 Array.Copy(A,2,B,0,3)后，B={8,9,10,4,5,6,7,8,9,10}
数组名.GetLength(维度)	获取一个 32 位整数，该整数表示数组的指定维中的元素数	Dim A(,) = New Integer(4, 9) {}	A.GetLength(0)返回数组 A 第一维中的元素个数 5；A.GetLength(1)返回数组 A 第二维中的元素个数 10

续表

名　　称	说　　明	示　　例	结　　果
Array.Reverse(数组名) Array.Reverse(数组名，起始索引，元素个数)	反转一维数组全部元素或数组中从起始索引开始的指定个数的元素的顺序	Dim A() = {1, 2, 3, 4, 5} Array.Reverse(A) Array.Reverse(A, 1, 3)	执行 Reverse(A)操作后，A={ 5, 4, 3, 2, 1}；再执行 Reverse(A,1,3) 操作后，A={ 5, 2, 3, 4, 1}
Array.Sort(数组名)	对一维数组对象中的元素进行排序	Dim A() = {10, 2, 8, 40} Array.Sort(A)	执行 Sort 操作后，A={ 2, 8, 10, 40}
数组名.GetLowerBound()	获取数组中指定维度的下限	Dim A1() = New Integer(7) {} Dim A2(,) = New Integer(4, 5) {}	A1.GetLowerBound(0) 返回一维数组 A1 的下限 0；A2.GetLowerBound(0) 返回二维数组 A2 第一维的索引下限 0；A2.GetLowerBound(1) 返回二维数组 A2 第二维的索引下限 0
数组名.GetUpperBound()	获取数组中指定维度的上限	Dim A1() = New Integer(7) {} Dim A2(,) = New Integer(4, 5) {}	A1.GetUpperBound(0) 返回一维数组 A1 的上限 7；A2.GetUpperBound(0) 返回二维数组 A2 第一维的索引上限 4；A2.GetUpperBound(1) 返回二维数组 A2 第二维的索引上限 5
数组名.Length	属性。获得数组的所有维数中元素的总数	Dim A1() = New Integer(7) {} Dim A2(,) = New Integer(4, 5) {}	A1.Length 返回数组 A1 的元素的总数 8，等价于 A1.GetLength(0)；A2.Length 返回数组 A2 的所有维数中元素的总数 30
数组名.Rank	属性。获取数组的秩（维数）	Dim A1() = New Integer(7) {} Dim A2(,) = New Integer(4, 5) {}	A1.Rank 返回数组 A1 的秩（维数）1；A2.Rank 返回数组 A2 的秩（维数）2

说明：

（1）Clone 和 CopyTo 均可以实现数组之间的数据复制功能；

（2）使用 Clone 仅复制 Array 的元素（无论它们是引用类型还是值类型），但不复制这些引用所引用的对象。目标 Array 中的引用与源 Array 中的引用指向相同的对象；

（3）CopyTo 方法需要指定从目标数组的什么起始索引位置开始实施复制，而 Clone 方法创建与源数组完全相同的副本，因此无需指定起始索引位置。

第6章　类和对象

VB.NET 是面向对象的编程语言，它使用类和结构来实现类型（如 Windows 窗体、用户界面控件和数据结构等）。典型的 VB.NET 应用程序由程序员定义的类和.NET Framework 的类组成。

本章要点

- 面向对象的基本概念；
- 类的声明、对象的创建和使用；
- 嵌套类和分部类；
- 类的成员；
- 成员变量；
- 属性；
- 方法；
- 构造函数；
- 运算符重载。

6.1　面向对象概念

面向对象的程序设计具有三个基本特征：封装、继承、多态。面向对象的编程方法可以大大增加程序的可靠性、代码的可重用性和程序的可维护性，从而提高程序开发效率。

6.1.1　对象的定义

所谓的对象（object），从概念层面讲，就是某种事物的抽象（功能）。抽象原则包括数据抽象和过程抽象两个方面：数据抽象就是定义对象的属性；过程抽象就是定义对象的操作。

面向对象的程序设计强调把数据（属性）和操作（服务）结合为一个不可分的系统单位（即对象），对象的外部只需要知道它做什么，而不必知道它如何做。

从规格层面讲，对象是一系列可以被其他对象使用的公共接口（对象交互）。从语言实现层面来看，对象封装了数据和代码（数据和程序）。

6.1.2　封装

封装是面向对象的主要特性。所谓封装，也就是把客观事物抽象并封装成对象，即将数据成员、属性、方法和事件等集合在一个整体内。通过访问控制，还可以隐藏内部成员，只允许可信的对象访问或操作自己的部分数据或方法。

封装保证了对象的独立性，可以防止外部程序破坏对象的内部数据，同时便于程序的维护和修改。

6.1.3　继承

继承（Inheritance）是面向对象的程序设计中代码重用的主要方法。继承是允许使用现有类的功能，并在无需重新改写原来的类的情况下，对这些功能进行扩展。继承可以避免代码复制和相关的代码维护等问题。

继承的过程，就是从一般到特殊的过程。被继承的类称为“基类（base class）”“父类”或者“超类（super class）”，通过继承创建的新类称为“子类（subclass）”或者“派生类（Derived class）”。例如，长方形是一个四边形。因此，Rectangle（长方形）类继承于 Quadrilateral（四边形）类。Quadrilateral 是基类，Rectangle 是派生类。也就是说，长方形是一种特殊的四边形，但反之说四边形是长方形是不正确的，因为四边形还可能是梯形、平行四边形、正方形或者其他类型的四边形。表 6-1 列出了基类和派生类的几个简单例子。

表 6-1 继承示例

基 类	派 生 类
Quadrilateral（四边形）	Trapezoid（梯形） Parallelogram（平行四边形） Rectangle（长方形） Square（正方形）
Shape（形状）	Rectangle（长方形） Triangle（三角形） Circle（圆形）
Degree（学位）	Doctor（博士） Master（硕士） Bachelor（学士）

在 C++中，一个子类可以继承多个基类（多重继承）；但 VB.NET 语言一个子类只能有一个基类（单一继承），但允许实现多个接口。

6.1.4 多态性

多态性（polymorphism）是指同样的消息被不同类型的对象接收时导致完全不同的行为。多态性允许每个对象以自己的方式去响应共同的消息，从而允许用户以更明确的方式建立通用软件，提高软件开发的可维护性。

例如，假设设计了一个绘图软件，所有的图形（Square、Circle 等）都继承于基类 Shape，每种图形有自己特定的绘制方法（draw）的实现。如果要显示画面的所有图形，则可以创建一个基类 Shape 的集合，其元素分别指向各子类对象，然后循环调用父类类型对象的绘制方法（draw），实际绘制根据当前赋值给它的子对象调用各自的绘制方法（draw），这就是多态性。如果要扩展软件的功能，例如增加图形 Eclipse，则只需要增加新的子类，并实现其绘制方法（draw）即可。

6.2 类和对象

.NET Framework 类库包含大量解决通用问题的类。一般可以通过创建自定义类和使用.NET Framework 类库来解决实际问题。

类是一个数据结构，类定义数据类型的数据（变量）和行为（方法和其他函数成员）。对象是基于类的具体实体，有时称为类的实例（instance）。

类与对象的关系类似于车型设计和具体的车。车型设计（类）描述了该车型所应该具备的属性和功能，但车型设计并不是具体的车，不能发动和驾驶车型设计。相应型号的车（对象），则是根据车型设计制造出的车（类的实例），它们都具备该车型设计所描述的属性和功能，可以发动和驾驶。

6.2.1 类的声明

使用类声明可以创建新的类。类声明以一个声明头开始，其组成方式如下：先指定类的属性和修饰符，然后是类的名称，接着是基类（如有）及该类实现的接口。声明头后面跟着类体。VB.NET 使用关键字 Class 来声明类。类的声明的简明形式如下：

```
[Partial] [类修饰符] Class 类名
类体
End Class
```

VB.NET 类声明完整语法涉及内容比较复杂，详细的阐述将在后续章节展开。其中各部分意义如下。

- [类修饰符]（可选）：用于定义类的可访问性等信息（参见 6.2.3 节）。
- [Partial]（可选）：用于定义分部类（参见 6.4 节）。
- Class…End Class：为关键字。
- 类名：要定义的类的标识符，必须符合标识符的命名规则，一般采用 Pascal 命名规范，如 MyClass。
- 类体：用于定义该类的成员，包括在 Class…End Class 之间，类体可以为空。

在 Visual Studio 集成开发环境中，类只能作为项目的一部分，因此在创建新类之前必须创建一个项目。可以创建一般的项目（如 Console/Windows 应用程序），并在这些项目中添加类。也可以创建新的类库（执行菜单命令【文件】|【新建项目】，选择项目类型【类库（.NET Framework）】)，并在类库项目中添加各种类。然后在其他项目中引用类库，再通过创建类的对象引用类的成员。

一个源文件中可以定义多个类，但一般情况下，一个源文件对应一个类。在 Visual Studio 集成开发环境中，可以在项目中通过执行菜单命令【项目】|【添加类】，以创建一个新的类，即新建一个源文件，并创建新类的框架。用户可以直接编辑源文件，增加类的各种成员及其实现，也可以通过类视图可视化地设计类。

当然，也可以在已有项目现有的源文件中声明新类，然后通过创建类的对象引用类的成员。这种方法一般不推荐。

【例 6-1】 定义一个最简单的类 MySimpleClass。该类没有定义任何成员，所以没有任何实际意义。

操作步骤如下。

（1）在 C:\VB.NET\Chapter06\中新建一个“Visual Basic”类别的 Windows 窗体应用程序项目 MySimpleClass。

（2）执行菜单命令【项目】|【添加类】，或者在解决方案资源管理器中，右击项目名称 MySimpleClass，执行快捷菜单中的【添加】|【类】命令，均可以打开【添加新项】对话框，在【名称】文本框输入类名称：MySimpleClass.vb（在 VB.NET 中，类文件和窗体文件的扩展名均为.vb），如图 6-1 所示。单击“添加”命令按钮。

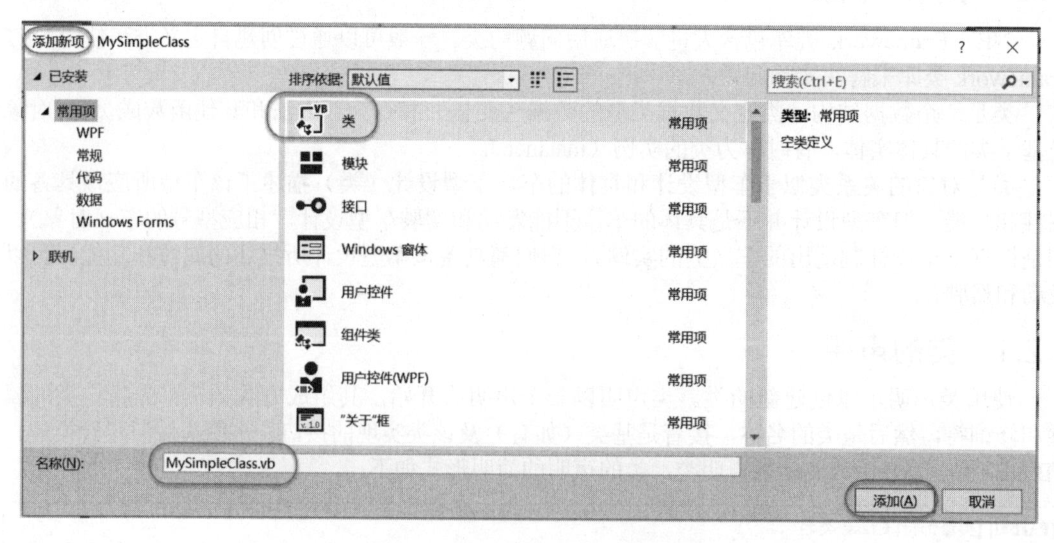

图 6-1 添加新项（类）对话框

（3）Visual Studio 在代码窗口自动添加了空类的模板，如下所示：

```
Public Class MySimpleClass

End Class
```

在 VB.NET 中，一个类文件可以包含多个类，每个类都单独地使用 Class…End Class 定义该类的成员。

【例 6-2】 声明类 MyHelloWorld。该类定义了一个简单的成员函数 SayHello()。

在 C:\VB.NET\Chapter06\中新建一个“Visual Basic”类别的 Windows 窗体应用程序项目 MyHelloWorld，为该项目添加一个名为 MyHelloWorld 的类，并添加如下所示的类模块程序代码：

```
Public Class MyHelloWorld
    Public Sub SayHello()
        MsgBox("Hello, World!")
    End Sub
End Class
```

【例 6-3】 声明类 Person。该类定义了两个数据成员（1 个 Public、1 个 Protected）、一个具有 2 个参数的构造函数。

在 C:\VB.NET\Chapter06\中新建一个“Visual Basic”类别的 Windows 窗体应用程序项目 Person，为该项目添加一个名为 Person 的类，并添加如下所示的类模块程序代码：

```
Public Class Person
    Public name As String
    Protected age As String
    Public Sub New(ByVal name As String, ByVal age As Integer)
        Me.name = name
        Me.age = age
    End Sub
End Class
```

6.2.2　对象的创建和使用

类是抽象的，要使用类定义的功能，就必须实例化类，即创建类的对象。使用 New 运算符创建类的实例，该运算符为新的实例分配内存，调用构造函数初始化该实例，并返回对该实例的引用。创建对象的基本语法为：

```
Dim 对象名 As 类名 = New 类名([参数表])
```

注意： 创建类的对象、创建类的实例、实例化类等说法是等价的，都说明以类为模板生成了一个对象的操作。

类的对象使用“.”运算符来引用类的成员。当然，是否允许引用受到成员的访问修饰符的控制。

【例 6-4】 对象使用示例：声明类 PersonTest，该类的 Main 方法中创建并使用例 6-3 中创建的 Person 类的对象。运行结果如图 6-2 所示。

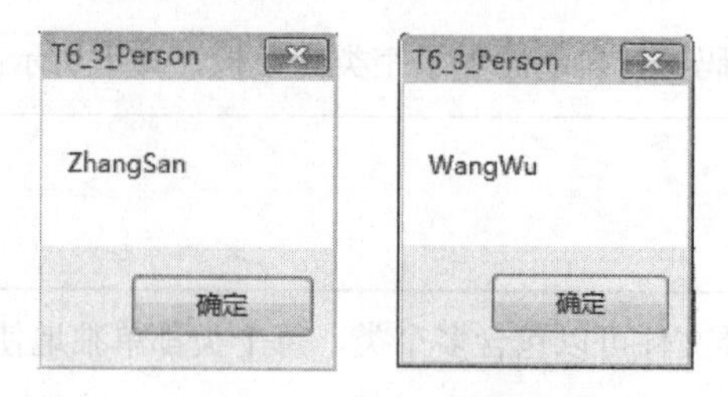

图 6-2　对象使用示例

操作步骤如下。

（1）确保已经打开 C:\VB.NET\Chapter06\中的 Person 项目。

（2）双击 Form1 窗体空白处，在 Form1.vb 中将自动创建 Form1_Load 事件处理程序。此时将自动打开代码窗口，在该事件处理程序中添加如下代码：

```
Private Sub Form1_Load(sender As System.Object, e As System.EventArgs) Handles MyBase.Load
        Dim personA As Person = New Person("ZhangSan", 25)        ' 创建对象
        MsgBox(personA.name)
        personA.name = "WangWu"                                    '引用成员
        MsgBox(personA.name)
End Sub
```

6.2.3 访问修饰符

类及其每个成员都有关联的可访问性，它控制能够访问该成员的程序文本区域。访问修饰符用来控制所修饰成员的可访问域，以使类或者类的成员在不同的范围内具有不同的可见性，从而实现数据和代码的隐藏。

VB.NET 中使用如下访问修饰符：Public（公共）、Protected（受保护）、Friend（内部）、Private（私有），指定如表 6-2 所示的五个可访问性级别。注意：除 Protected Friend 组合外，指定一个以上的访问修饰符会导致编译时错误。访问修饰符应该出现在成员的类型或者返回值类型之前。

表 6-2　访问修饰符的意义

访问修饰符	意　义
Public	访问不受限制
Protected	访问仅限于此类或从此类派生的类
Friend	访问仅限于此程序（类所在的程序内，即同一个编译单元：.dll 或.exe 中）
Protected Friend	Protected 或者 Friend，即访问仅限于此程序或从此类派生的类
Private	访问仅限于此类

五种访问修饰符都可用于类的成员。当没有定义访问修饰符时，类的成员变量和常量默认为 Private，而其他的类成员默认为 Public。类成员的这一行为提供与 Visual Basic 6.0 默认值系统的兼容。这与 C#不一致，C#的类成员的默认访问修饰符为 Private。

如果类不是在某个类内声明的，那么这个类就是顶级类。当顶级类没有指定访问修饰符时，默认的访问修饰符是 Friend。此时类只能被定义它的程序所使用。

【例 6-5】 类的访问修饰符示例 1：Dog1 类的默认的访问修饰符是 Public，为该类定义 1 个 Private 成员。

在 C:\VB.NET\Chapter06\中新建一个“Visual Basic”类别的 Windows 窗体应用程序项目 Dogs，为该项目添加一个名为 Dog1 的类，类模块的程序代码如下：

```
Public Class Dog1
    Private Sub SayHello()          '私有成员
        MsgBox("Wow, Wow!")
    End Sub
End Class
```

【例 6-6】 类的访问修饰符示例 2：声明 Dog2 类的访问类型为 Public，为该类定义 1 个 Public 成员。

为 Dogs 项目再添加一个名为 Dog2 的类，类模块的程序代码如下：

```
Public Class Dog2
    Public Sub SayHello()          '公共成员
        MsgBox("Wow, Wow!")
    End Sub
End Class
```

【例 6-7】 类的访问修饰符的使用示例。运行结果如图 6-3 所示。

双击 Dogs 项目 Form1 窗体空白处，在 Form1.vb 中将自动创建 Form1_Load 事件处理程序。此时将自动打开代码窗口，在该事件处理程序中添加如下代码：

图 6-3　类访问修饰符使用示例

```
Private Sub Form1_Load(sender As System.Object, ByVl e As System.EventArgs)
Handles MyBase.Load
        Dim dog01 As Dog1 = New Dog1()        ' 创建类 Dog1 的对象
        'dog01.SayHello()                      ' 引用 Private 成员，出错！注释此语句
        Dim dog02 As Dog2 = New Dog2()        ' 创建类 Dog2 的对象
        dog02.SayHello()                       ' 引用 Public 成员
End Sub
```

【例 6-8】 访问修饰及成员的可访问域示例。

在 C:\VB.NET\Chapter06\中新建一个“Visual Basic”类别的 Windows 窗体应用程序项目 Modifier，为该项目添加一个名为 PersonStudentDog 的类模块。类模块的程序代码如下：

```
Class Person
    Public Const RETIREMENT_AGE As Integer = 65  ' 访问不受限制
    Public name As String                  ' 访问不受限制
    Friend nickName As String              ' 在定义 Person 类的程序内可访问
    Protected isMarried As Boolean         ' 在 Person 类或者其派生类中可访问
    Private age As Integer                 ' 只在 Person 类内可访问
    Dim creditCardNum As String            ' 使用默认访问修饰符 private，只在 Person 类内可访问
    Public Sub Speak()                     ' 访问不受限制
        System.Console.WriteLine("Hello!")
    End Sub
    Private Sub Method1()                  ' 只在 Person 类内可访问
    End Sub
    '...
    ' 类 Person 内的方法对本类所有成员都可访问，具体地：
    ' （1）RETIREMENT_AGE 可访问
    ' （2）name 可访问
```

```
    '（3）nickName 可访问
    '（4）isMarried 可访问
    '（5）age 可访问
    '（6）creditCardNum 可访问
    '（7）Speak()可访问
    '（8）Method1()可访问
End Class
Class Student
    Inherits Person
    Private Sub Method2()
    End Sub
    '...
    '位于同一个程序的派生类 Student 内的方法，对于 Person 成员的访问权限如下：
    'public、protected 和 internal 成员都可访问；private 成员不可访问，具体地：
    '（1）RETIREMENT_AGE 可访问（public）
    '（2）name 可访问（public）
    '（3）nickName 可访问（friend）
    '（4）isMarried 可访问（protected）
    '（5）age 不可访问（private）
    '（6）creditCardNum 不可访问（private）
    '（7）Speak()可访问（public）
    '（8）Method1()不可访问（private）
End Class
Class Dog
    Private Sub Method3()
    End Sub
    '...
    '程序内的非派生类内的方法，对于 Person 成员的访问权限如下：
    'public 和 friend 成员都可访问；protected 和 private 成员不可访问，具体地：
    '（1）RETIREMENT_AGE 可访问（public）
    '（2）name 可访问（public）
    '（3）nickName 可访问（friend）
    '（4）isMarried 不可访问（protected）
    '（5）age 不可访问（private）
    '（6）creditCardNum 不可访问（private）
    '（7）Speak()可访问（public）
    '（8）Method1()不可访问（private）
End Class
```

6.3 嵌套类

6.3.1 嵌套类的声明

类的定义是可以嵌套的，即在类的内部还可以定义其他的类。类内声明的类称为内部类（internal class）或者嵌套类（nested class）。在编译单元或命名空间内声明的类称为顶级类，也称包含类或者非嵌套类型（non-nested class）。

例如：

```
Class Container
    Class Nested
```

```
    End Class
End Class
```

嵌套类型是作为其他类型的成员的类型。嵌套类型应与其声明类型紧密关联，并且不得用作通用类型。嵌套类型均默认为 Private，所以在上面的示例中，外部类型不能访问 Nested 嵌套类。

嵌套类型可以设置为 Public，Protected Friend，Protected，Friend 或 Private。虽然可以公开嵌套类，并使用其完全限定名："包含类.嵌套类型"来访问，但在设计良好的程序中，一般不需要使用嵌套类型实例化对象或声明变量。

图 6-4　嵌套类示例

【例 6-9】 嵌套类示例：在顶级类中声明嵌套类型 Nested 为 Public，故可以使用类 Nested 的完全限定名"Container.Nested"来创建嵌套类的新实例的名称。运行结果如图 6-4 所示。

操作步骤如下。

（1）在 C:\VB.NET\Chapter06\中新建一个"Visual Basic"类别的 Windows 窗体应用程序项目 NestedClass。

（2）为该项目添加一个名为 Container 的类，类模块的程序代码如下：

```
Public Class Container
    Public Class Nested
        Public Sub SayHello()
            MsgBox("Hello, I am a nested class!")
        End Sub
    End Class
End Class
```

（3）双击 Form1 窗体空白处，在 Form1.vb 中将自动创建 Form1_Load 事件处理程序。此时将自动打开代码窗口，在该事件处理程序中添加如下代码：

```
Private Sub Form1_Load(sender As System.Object, e As System.EventArgs) Handles MyBase.Load
        Dim nest As Container.Nested = New Container.Nested()
        nest.SayHello()
End Sub
```

6.3.2　嵌套类和包含类的关系

理想情况下，嵌套类型仅由其包含类型进行实例化和使用。如果需要在其他类型中使用该嵌套类型，则建议定义单独的顶级类，避免使用嵌套类。

图 6-5　嵌套类和包含类示例

内部类和包含它的那个类并不具有特殊的关系。在内部类内，Me 不能用于引用包含它的那个类的实例成员，而只能引用内部类自己的成员。

如果类 A 是类 B 的内部类，当需要在内部类 A 的内部访问类 B 的实例成员时，可以在类 B 中将代表类 B 的实例的 Me 作为一个参数传递给内部类 A 的构造函数，这样就可以实现在类 A 的内部对类 B 的访问。

【例 6-10】 嵌套类和包含类示例。运行结果如图 6-5 所示。

操作步骤如下。

（1）在 C:\VB.NET\Chapter06\中新建一个“Visual Basic”类别的 Windows 窗体应用程序项目 NestedContainer。

（2）为该项目添加一个名为 Container 的类，类模块的程序代码如下：

```
Public Class Container
    Dim name As String = "Container"
    Public Sub sayHello()
        ' 构造内部类实例时，传入包含内部类的类的 Me 实例
        Dim n As Nested = New Nested(Me)
        n.sayHello()
    End Sub
    Public Class Nested
        Dim m_parent As Container           ' 用于保存外部类的实例
        Public Sub New(ByVal parent As Container)
            m_parent = parent
        End Sub
        Public Sub sayHello()
            MsgBox(m_parent.name)
        End Sub
    End Class
End Class
```

（3）双击 Form1 窗体空白处，在 Form1.vb 中将自动创建 Form1_Load 事件处理程序。此时将自动打开代码窗口，在该事件处理程序中添加如下代码：

```
Private Sub Form1_Load(sender As System.Object, e As System.EventArgs) Handles MyBase.Load
        Dim c As Container = New Container()
        c.sayHello()
End Sub
```

本例中，Container 实例创建了一个 Nested 实例，并将代表它自己的 Me 传递给 Nested 的构造函数，这样，就可以对 Container 的实例成员进行后续访问了。

6.3.3 嵌套类的访问

内部类可以访问包含它的那个类可访问的所有成员，包括该类自己的具有 Private 和 Protected 声明的可访问性成员。

【例 6-11】 嵌套类的访问示例。运行结果如图 6-6 所示。

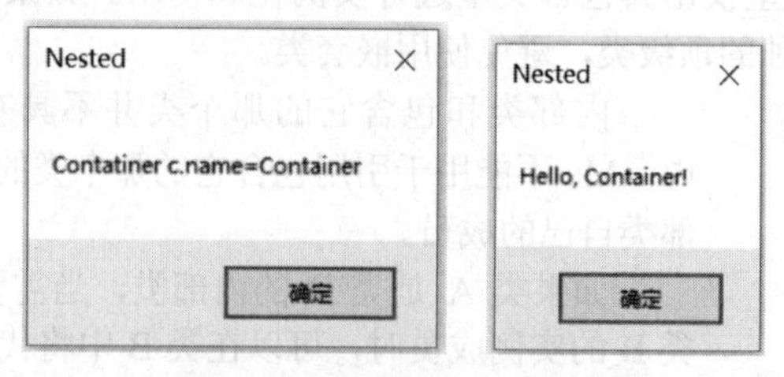

图 6-6 嵌套类的访问示例

操作步骤如下。

（1）在 C:\VB.NET\Chapter06\中新建一个“Visual Basic”类别的 Windows 窗体应用程序项目 Nested。

（2）为该项目添加一个名为 Container 的类，类模块的程序代码如下：

```
Public Class Container
    Protected name As String = "Container"
    Private Sub sayHello()
        MsgBox("Hello, Container!")
    End Sub
    Public Class Nested
        Protected name As String = "Nested"
        Public Sub sayHello()
            Dim c As Container = New Container()
            MsgBox("Contatiner c.name=" & c.name) '引用包含类Container 的 protected 变量
            c.sayHello() '调用包含类 Container 的 private 方法 sayHello()
        End Sub
    End Class
End Class
```

（3）双击 Form1 窗体空白处，在 Form1.vb 中将自动创建 Form1_Load 事件处理程序。此时将自动打开代码窗口，在该事件处理程序中添加如下代码：

```
Private Sub Form1_Load(sender As System.Object, e As System.EventArgs) Handles MyBase.Load
        Dim n As Container.Nested = New Container.Nested()
        n.sayHello()
End Sub
```

6.4　分部类

分部类型（partial type）可以将类（以及结构和接口）划分为多个部分，存储在不同的源文件中，以便于开发和维护。

分部类主要用于两种场合：当类的源码十分庞大或需要不同程序员同时进行维护时，使用分部类可以灵活地满足这种要求；使用集成开发工具源代码生成器时，将计算机生成的类型部分和用户编写的类型部分互相分开，以便更容易地扩充工具生成的代码。事实上，使用 Visual Studio 开发 Windows 窗体应用程序时，创建的窗体类就使用了分部类来实现源代码生成器和用户编写程序代码的有机结合。

使用类修饰符 Partial，用来实现通过多个部分来定义一个类。Partial 修饰符必须直接放在 Class 关键字的前面，分部类声明的每个部分都必须包含 Partial 修饰符，并且其声明必须与其他部分位于同一命名空间。当分部类型声明指定了可访问性（Public，Protected，Friend 和 Private 修饰符）时，它必须与所有其他部分所指定的可访问性一致。

Partial 修饰符说明在其他位置可能还有同一个类型声明的其他部分，但是这些其他部分并非必须存在；如果只有一个类型声明，包含 Partial 修饰符也是有效的。

分部类型的所有部分必须一起编译，以使这些部分可在编译时被合并。注意，分部类型不允许用于扩展已经编译的类型。

Partial 修饰符可以用于在多个部分中声明嵌套类型。通常，其包含类型也使用 Partial 声明，并且嵌套类型的每个部分均可在该包含类的不同部分中声明。

【例 6-12】 分为两部分来实现的分部类示例。

```
Partial Public Class PartialTest1
```

```
    Protected name As String
    Private x As Integer
    Public Sub f1()
    End Sub
    Partial Class Inner
        Dim y As Integer
    End Class
End Class
```

以及：

```
Partial Public Class PartialTest1
    Public Sub f2()
    End Sub
    Partial Class Inner
        Dim z As Integer
    End Class
End Class
```

当将上述两个部分一起编译时，结果代码等同于在一个源文件中编写整个类的代码：

```
Public Class PartialTest1
    Protected name As String
    Private x As Integer
    Public Sub f1()
    End Sub
    Public Sub f2()
    End Sub
    Class Inner
        Dim y As Integer
        Dim z As Integer
    End Class
End Class
```

所有部分的类声明主体都表示同一个类，其成员是每个部分中声明的成员的并集。在一个部分中声明的所有成员均可从其他部分随意访问。

注意：在类的多个部分中声明同一个成员将引起编译时错误，除非该成员是带有 Partial 修饰符的类型。比如：

```
Partial Class PartialTest2
    Dim x As Integer          ' 错误，x 被重复声明
    Partial Class Inner       ' 正确，Inner 类是分部类
        Dim y As Integer
    End Class
End Class
```

以及：

```
Partial Class PartialTest2
    Dim x As Integer          ' 错误，x 被重复声明
    Partial Class Inner       ' 正确，Inner 类是分部类
        Dim z As Integer
    End Class
End Class
```

上面的例子中，变量 x 被重复定义，是错误的；而 Inner 类是 Partial 类型的，因此可以分开定义。

6.5 类的成员

定义在类体内的元素都是类的成员。类的主要成员包括两种类型，即描述状态的数据成员和描述操作的函数成员。类的成员或者是共享成员（shared member），或者是实例成员（instance member）。共享成员即.NET Framework 类中的静态成员（static member），本书涉及.NET Framework 类时，有时候也会使用术语静态成员。类所能包含的成员种类如表 6-3 所示。

表 6-3 类所能包含的成员种类

成　　员	说　　明
成员常量	与类关联的常量值，即类的常量成员
成员变量	类的变量，即.NET Framework 类的字段
事件	可由类生成的通知
属性	定义一些命名特性，以及与读取和写入这些特性相关的操作
方法	类可执行的计算和操作
构造函数	初始化类的实例或类本身所需的操作
类型	类所声明的嵌套类型

6.5.1 数据成员

数据成员用于描述类的状态，包括：变量、常量和事件。数据成员可以是共享数据，与整个类相关；或实例数据，类的每个实例都有它自己的数据副本。

成员变量是与类相关的变量。成员常量是与类相关的常量。使用 Const 关键字来声明常量。

事件是在发生某些行为（例如改变类的变量或属性，或者进行了某种形式的用户交互操作）时由类生成的通知，它可以让对象通知调用程序。客户可以使用包含称为“事件处理程序”的代码来响应该事件。事件将在第 8 章中详细阐述。

6.5.2 函数成员

函数成员用于提供操作类中数据的某些功能，包括属性、方法、构造函数和运算符。

属性（property）是变量的自然扩展。属性和变量都是命名的成员，都具有相关的类型，而且用于访问变量和属性的语法也相同。变量表示存储位置，而属性则通过访问器（accessor）指定在它们的值被读取或写入时需执行的语句（一般用于读取或写入类的私有变量）。

方法是与某个类相关的函数，它们可以是实例方法，也可以是共享方法。实例方法处理类的某个实例，共享方法提供了更一般的功能，不需要实例化一个类就可以直接调用（如 Console.WriteLine()方法）。

构造函数是名称为 New 的特殊方法，当类被实例化时，首先就会执行构造函数。

运算符用于定义类的实例的运算操作，一般用于对预定义的运算符进行重载（重新定义运算规则）。

6.5.3 共享成员和实例成员

类的成员或者是共享成员（shared member），即静态成员；或者是实例成员。一般而言，共享成员属于类，被这个类的所有实例所共享；而实例成员属于对象（类的实例），每一个对象都有实例成员的不同副本。当变量、方法、属性、事件、运算符或构造函数声明中含有 Shared 修饰符时，它声明为共享成员。此外，常量会隐式地声明为共享成员，其他没有用 Shared 修饰的成员都是实例成员或者称为非共享成员。注：共享成员对应于 C#语言的静态成员（static member）。

1. 共享成员

共享成员具有下列特征。

- 共享成员必须通过类名来引用。例如 System.Console.WriteLine("Hello, World!")或者 Console.WriteLine("Hello, World!")。
- 一个共享变量共享同一个存储位置。创建了一个类的多个实例时，其共享变量在内存中占同一存储区域，即永远只有一个副本。
- 共享函数成员属于类的成员，故在其代码体内不能直接引用实例成员，否则将产生编译错误。

2. 实例成员

实例成员具有以下特点。

- 实例成员必须通过对象实例来引用，如例 6-7 中的 dog02.SayHello()。
- 实例变量属于类的实例。每当创建一个类的实例时，都在内存中为该实例变量开辟一块存储区域。类的每个实例分别包含各实例变量的单独副本。
- 实例函数成员（方法、属性、实例构造函数）作用于类的给定实例，故在其代码体内既可以使用实例成员，也可以直接引用类的共享成员。

【例 6-13】 共享成员和实例成员的使用示例（注意本例采用控制台应用程序实现方法）。

在 C:\VB.NET\Chapter06\ 中创建“Visual Basic”类别的控制台应用程序项目 SharedInstance，在 Module1.vb 中添加如下粗体代码：

```
Class Counter
    Public number As Integer                          '实例变量
    Public Shared count As Integer                    '共享变量
    Public Sub New()                                  '构造函数
        count = count + 1
        number = count
    End Sub
    Public Sub ShowInstance()
        Console.Write("object{0} :", number)          '正确：实例方法内可以直接引用实例变量
        Console.WriteLine("count={0}", count)         '正确：实例方法内可以直接引用共享变量
    End Sub
    Public Shared Sub ShowShared()
        'Console.Write("object0 :", number)           '错误：共享方法内不能直接引用实例变量
        Console.WriteLine("count={0}", count)         '正确：共享方法内可以直接引用共享变量
    End Sub
End Class
Module Module1
    Sub Main()
        Dim c1 As Counter = New Counter()             ' 创建对象
        c1.ShowInstance()                             ' 正确：用对象调用实例方法
        'a.ShowShared()                               ' 错误：不能用对象调用共享方法
        Console.Write("object{0} :", c1.number)       ' 正确：用对象引用实例变量
        'Console.Write("object0 :", Counter.number)   ' 错误：不能用类名引用实例变量
        'Console.WriteLine("count=1", c1.count)       ' 错误：不能用对象名引用共享变量
        Counter.ShowShared()                          ' 正确：用类名调用共享方法
        'Counter.ShowInstance ()                      ' 错误：不能用类名调用实例方法
```

```
        Dim c2 As Counter = New Counter()                ' 创建对象
        c1.ShowInstance()
        c2.ShowInstance()
        Console.ReadKey()
    End Sub
End Module
```

程序运行结果如下：

```
object1 :count=1
object1 :count=1
object1 :count=2
object2 :count=2
```

说明：

从上面的例子中可以看出，类的所有实例的共享变量 count 的值都是相同的，一个实例改变了它的值，其他实例得到的值也将随之变化；而每个实例的成员变量 number 的值都是不同的，也不能被其他的实例化改变。

从上面的例子中还可以看出，ShowInstance 方法是实例函数成员，其代码既可访问实例成员，也可访问共享成员。ShowShared 方法是共享函数成员，其代码访问实例成员会导致编译时错误。Main 方法的代码表明，实例成员必须通过实例访问，共享成员必须通过类型访问。

6.6　成员变量（字段）

6.6.1　成员变量（字段）的声明和访问

成员变量（字段）是在类中定义的数据成员，用来存储描述类的特征的值。变量可以被该类中定义的成员函数访问，也可以通过类或类的实例进行访问。而在函数体或代码块中定义的局部变量，则只能在其定义的范围内进行访问。变量声明的基本形式如下：

```
[变量修饰符] 变量名 [As 类型] [= 初始化]
```

其中：变量修饰符指定变量的可访问性等，类型指定该变量值的类型，变量名是一种标识符，可选的初始化指定变量的初始值。

若要访问对象中的变量，可采用下列形式：

```
对象.变量名
```

【例 6-14】 成员变量的声明和访问示例。运行结果如图 6-7 所示。

操作步骤如下。

（1）在 C:\VB.NET\Chapter06\ 中新建一个“Visual Basic”类别的 Windows 窗体应用程序项目 Variables。

（2）为该项目添加一个名为 CalendarDate 的类，类模块的程序代码如下：

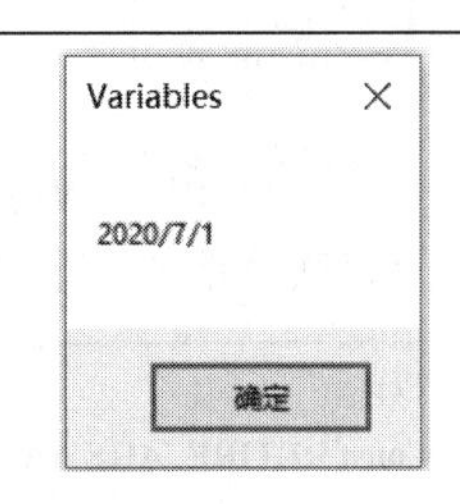

图 6-7　成员变量的声明和访问示例

```
Public Class CalendarDate
    Public month As Integer = 10      '声明字段并初始化
    Public day As Integer = 1         '声明字段并初始化
    Public year As Integer = 2020     '声明字段并初始化
End Class
```

（3）双击 Form1 窗体空白处，在 Form1.vb 中将自动创建 Form1_Load 事件处理程序。此时将自动打开代码窗口，在该事件处理程序中添加如下代码：

```
Private Sub Form1_Load(sender As System.Object, e As System.EventArgs) Handles MyBase.Load
        Dim birth As CalendarDate = New CalendarDate()
        birth.month = 7        '访问字段
        MsgBox(birth.year & "/" & birth.month & "/" & birth.day)
End Sub
```

6.6.2 共享变量和实例变量

使用 Shared 修饰符声明的变量定义了一个共享变量（shared variable）。一个共享变量只标识一个存储位置。共享变量不是特定实例的一部分，而是所有实例之间共享一个副本。

不使用 Shared 修饰符声明的变量定义了一个实例变量（Instance Variable）。类的每个实例都包含了该类的所有实例变量的一个单独副本。实例变量属于特定的实例。

共享变量使用 Shared 修饰符来声明。共享变量声明的基本形式如下：

```
[修饰符] Shared 变量名 [As 类型] [= 初始化]
```

若要访问类的共享变量，可采用下列形式：

```
类名.变量名
```

示例参见 6.5.3 节。

6.6.3 成员常量

常量（constant）是在编译时设置其值并且永远不能更改其值的变量。常量是表示常量值的类成员，常量的值在编译时计算。常量声明的基本形式如下：

```
[修饰符] Const 变量名 [As 类型] = 初始化
```

常量是共享成员，但声明常量时既不要求也不允许使用 Shared 修饰符，否则将产生编译错误。一个常量可以依赖于同一程序内的其他常量，只要这种依赖关系不是循环的。编译器会自动地安排适当的顺序来计算各个常量声明。

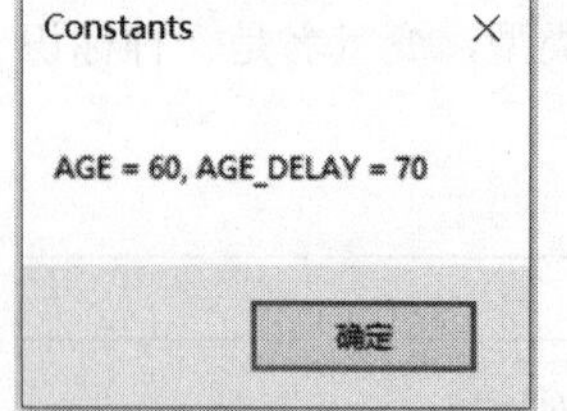

图 6-8 常量变量示例

按惯例，常量成员名称的第一个字母一般大写，也经常使用全部大写、多个字之间用下划线连接的常量名。

【例 6-15】 常量变量示例。运行结果如图 6-8 所示。

操作步骤如下。

（1）在 C:\VB.NET\Chapter06\中新建一个“Visual Basic”类别的 Windows 窗体应用程序项目 Constants。

（2）为该项目添加一个名为 Person 的类，类模块的程序代码如下：

```
Public Class Person
    Public Const RETIRE_AGE_DELAY As Integer = RETIRE_AGE + 10
    Public Const RETIRE_AGE As Integer = 60
    Public name As String
    Public age As Integer
End Class
```

（3）双击 Form1 窗体空白处，在 Form1.vb 中将自动创建 Form1_Load 事件处理程序。此时将自动打开代码窗口，在该事件处理程序中添加如下代码：

```
Private Sub Form1_Load(sender As System.Object, e As System.EventArgs) Handles MyBase.Load
    MsgBox("AGE = " & Person.RETIRE_AGE & ", AGE_DELAY = " & Person.RETIRE_AGE_DELAY)
End Sub
```

6.6.4 只读变量

在声明变量时，如果在变量的类型之前使用关键字 Readonly，那么该变量就被定义为只读变量（readonly variable）。只读变量只能在声明变量时赋值或在类的构造函数内被赋值，在其他位置，只读变量的值不能更改。只读变量的声明形式如下：

```
[修饰符] Readonly 类型 变量名 [= 初始化]
```

【例 6-16】 只读变量示例。（本例采用控制台应用程序实现方法）

在 C:\VB.NET\Chapter06\ 中创建“Visual Basic”类别的控制台应用程序项目 ReadOnlyVariables，并在 Module1.vb 中添加如下粗体代码。

```
Class ReadOnlyVariables
    Public x As Integer
    Public ReadOnly y As Integer = 2          '声明并初始化只读字段
    Public ReadOnly z As Integer              '声明只读字段
    Public Sub New()
        z = 3    '初始化只读字段
    End Sub
    Public Sub New(p1 As Integer, p2 As Integer, ByVal p3 As Integer)
        x = p1
        y = p2
        z = p3
    End Sub
End Class
Module Module1
    Sub Main()
        Dim p1 As ReadOnlyVariables = New ReadOnlyVariables()
        p1.x = 1      ' OK
        'p1.z = 33    ' 编译错误
        Console.WriteLine("p1: x={0}, y={1}, z={2}", p1.x, p1.y, p1.z)
        Dim p2 As ReadOnlyVariables = New ReadOnlyVariables(11, 22, 33)     ' OK
        Console.WriteLine("p2: x={0}, y={1}, z={2}", p2.x, p2.y, p2.z)
        Console.ReadKey()
    End Sub
End Module
```

程序运行结果如下：

```
p1: x=1, y=2, z=3
p2: x=11, y=22, z=33
```

说明：

只读变量与常量的区别如下。

① 常量只能在声明时赋值，常量的值在编译时就已经确定，在程序中不能改变。故如果一个值在整个程序中保持不变，并且在编写程序时其值即确定，则该值应声明为常量。

② 只读变量可以在声明时或者在构造函数内赋值，只读变量的值是在运行时确定的。故如

果一个值在编写程序时不知道，而是程序运行时才能得到，而且一旦得到这个值，值就不会再改变，则应使用只读变量。

③ 常量的类型只能是下列类型之一：Sbyte、Byte、Short、UShort、Integer、UInteger、Long、ULong、Char、Single、Double、Decimal、Boolean、String 或者枚举类型；而只读变量可以是任何类型。故如果需要一个具有常数值的符号名称，而其类型不在常量允许的类型之中，那么可以将其声明为共享只读变量。

【例 6-17】只读变量与常量示例。在本例中，Black、White、Red、Green 和 Blue 成员不能被声明为常量，这是因为在编译时无法计算它们的值。不过，将它们声明为 Shared ReadOnly 能达到基本相同的效果。

在 C:\VB.NET\Chapter06\ 中创建“Visual Basic”类别的控制台应用程序项目 ReadOnlyVaraibleConstant，并在 Module1.vb 中添加如下粗体代码。

```
Public Class MyColor
    Public Shared ReadOnly BlackR As MyColor = New MyColor(0, 0, 0)
    Public Shared ReadOnly WhiteR As MyColor = New MyColor(255, 255, 255)
    Public Shared ReadOnly RedR As MyColor = New MyColor(255, 0, 0)
    Public Shared ReadOnly GreenR As MyColor = New MyColor(0, 255, 0)
    Public Shared ReadOnly BlueR As MyColor = New MyColor(0, 0, 255)
    Public red, green, blue As Byte
    Public Sub New(r As Byte, g As Byte, b As Byte)
        Red = r : Green = g : Blue = b
    End Sub
End Class
Module Module1
    Sub Main()
        Console.WriteLine("r={0}, g={1}, b={2}", MyColor.RedR.red, MyColor.RedR.green, MyColor.RedR.blue)
        Console.ReadKey()
    End Sub
End Module
```

程序运行结果如下：

```
r=255, g=0, b=0
```

6.7 属性

6.7.1 属性的声明和访问

面向对象编程的封装性原则要求不能直接访问类中的数据成员。在 VB.NET 中，数据成员的访问方式一般设定为私有的（private），然后定义相应的属性（property）的访问器（accessor）来访问数据成员。

属性是一种用于访问对象或类的特性的成员。属性的示例包括字符串的长度、字体的大小、窗口的标题、客户的名称，等等。属性是变量的自然扩展，此两者都是具有关联类型的命名成员，而且访问变量和属性的语法是相同的。然而，与变量不同，属性不表示存储位置。属性通过访问器指定在它们的值被读取或写入时需执行的语句。因此属性提供了一种机制，它把读取和写入对象的某些特性与一些操作关联起来；甚至，它们还可以对此类特性进行计算。属性的读写一般与私有的变量紧密关联。

属性声明的基本形式如下：

```
[属性修饰符] [ReadOnly | WriteOnly] Property 属性名(参数列表) As 类型
Get
  Get 访问器体
End Get
Set
  Set 访问器体
End Set
End Property
```

其中，属性修饰符指定方法的可访问性等；类型指定该属性值的类型；属性名是一种标识符，其首字母通常都大写；访问器指定与属性的读取和写入相关联的可执行语句。

属性的访问类似于变量的访问，使用非常方便。但是，属性本质上是方法，而不是数据成员。属性的访问可采用下列形式：

```
对象.属性名
```

VB.NET 中的属性通过 Get 和 Set 访问器来对属性的值进行读写。

Get 访问器相当于一个具有属性类型返回值的无参数方法，当在表达式中引用属性时，将调用该属性的 Get 访问器以计算该属性的值。Get 访问器必须用 Return 语句来返回，并且所有的 Return 语句都必须返回一个可隐式转换为属性类型的表达式。

Set 访问器相当于一个具有单个属性类型隐式值参数（始终命名为 Value）的过程。当一个属性作为赋值的目标时，调用 Set 访问器，传递给隐式值参数的值为赋值语句右边的值。

根据是否包含 ReadOnly | WriteOnly 修饰符，属性可分成如下类型。

① 读写属性（无修饰符）：同时包含 Get 访问器和 Set 访问器的属性。

② 只读属性（ReadOnly）：只具有 Get 访问器的属性。将只读属性作为赋值目标会导致编译时错误。

③ 只写属性（WriteOnly）：只具有 Set 访问器的属性。除了作为赋值的目标外，在表达式中引用只写属性会出现编译时错误。

属性主要用于下列几种情况。

① 允许封装私有的成员变量。

② 允许更改前验证数据，即进行错误检查。

③ 允许更改数据时进行其他操作，例如：进行数据转换，更改其他变量的值，引发事件等。

④ 允许透明地公开某个类上的数据，而数据源来自其他源（如数据库）。

【例 6-18】 属性的声明和访问示例：通过 Get 访问器将秒转换为小时、通过 Set 访问器将小时转换为秒。

在 C:\VB.NET\Chapter06\中创建“Visual Basic”类别的控制台应用程序项目 Property，并在 Module1.vb 中添加如下粗体代码。

```
Class TimePeriod
    Private seconds As Double
    Public Property Hours As Double
        Get
            Return seconds / 3600            ' 秒转换为小时
        End Get
        Set(ByVal value As Double)
            If (value > 0) Then
                seconds = value * 3600 ' 小时转换为秒
            Else
```

```
                Console.WriteLine("Hours 的值不能为负数。")
            End If
        End Set
    End Property
End Class
Module Module1
    Sub Main()
        Dim t As TimePeriod = New TimePeriod()
        t.Hours = -6                    '调用'Set'访问器
        t.Hours = 6                     '调用'Set'访问器
        '调用'Get'访问器
        Console.WriteLine("以小时为单位的时间：{0}", t.Hours)
        Console.ReadLine()
    End Sub
End Module
```

程序运行结果如下：

```
Hours 的值不能为负数。
以小时为单位的时间： 6
```

6.7.2 共享属性和实例属性

当属性声明包含 Shared 修饰符时，称该属性为共享属性（Shared Property）；当不存在 Shared 修饰符时，称该属性为实例属性（Instance Property）。共享属性不与特定实例相关联，因此在共享属性的访问器内引用 Me 会导致编译时错误。实例属性与类的一个给定实例相关联，并且该实例可以在属性的访问器内作为 Me 来访问。

共享属性声明的基本形式如下：

```
[属性修饰符] Shared Property 属性名(参数列表) As 类型
...
End Property
```

若要访问类的共享属性，可以采用下列形式：

```
类名.属性名
```

6.7.3 自动实现的属性

如果属性访问器中不需要其他额外逻辑时，使用自动实现的属性可使属性声明变得更加简洁。

自动实现的属性声明的基本形式如下：

```
[属性修饰符] Property 属性名() As 类型
```

当声明自动实现的属性时，编译器将创建一个私有的匿名后备变量，该变量只能通过属性的 Get 和 Set 访问器进行访问。

以下示例：

```
Public Class Point
    Public Property X() As Integer    '自动实现的属性
    Public Property Y() As Integer    '自动实现的属性
End Class
```

等效于下面的声明：

```
Public Class Point
    Private _x As Integer
    Private _y As Integer
    Public Property X() As Integer
        Get
            Return _x
        End Get
        Set(ByVal value As Integer)
            _x = value
        End Set
    End Property
    Public Property Y() As Integer
        Get
            Return _y
        End Get
        Set(ByVal value As Integer)
            _y = value
        End Set
    End Property
End Class
```

6.7.4　默认属性

通过关键字 Default 可以为属性成员的类型，如类、结构、模块等，指定一个默认属性。访问默认属性时，可以直接通过对象实例（无需指定属性名）来访问。

【例 6-19】 默认属性的声明和访问示例。

在 C:\VB.NET\Chapter06\中创建“Visual Basic”类别的控制台应用程序项目 DefaultProperty，并在 Module1.vb 中添加如下粗体代码。

```
Class PropertyDefault
    Default Public ReadOnly Property Item(i As Integer) As Integer
        Get
            Return i
        End Get
    End Property
End Class
Module Module1
    Sub Main()
        Dim obj1 As PropertyDefault = New PropertyDefault()
        Dim y As Integer
        Dim z As Integer
        y = obj1(10)              '等同于 obj1.Item(10)
        z = obj1.Item(10)
        Console.WriteLine("y={0}, z={1}", y, z)
        Console.ReadKey()
    End Sub
```

```
End Module
```

程序运行结果如下：

```
y=10, z=10
```

6.8 方法（过程和函数）

方法（method）是与类相关的过程或函数。在 VB.NET 中，可以在模块、类或结构中定义包含程序执行逻辑的过程或函数。

6.8.1 方法的声明和调用

方法用于实现由类执行的计算和操作，方法以子过程（没有返回值）或函数过程（有返回值）的形式来定义的。方法包含一系列语句的代码块，每个执行指令都是在方法的上下文中执行的。方法声明的两种基本形式如下：

```
[方法修饰符] Function 函数名 ([形参列表]) As 返回值类型
  方法体
End Function
```

以及：

```
[方法修饰符] Sub 过程名 ([形参列表])
  方法体
End Sub
```

其中：方法修饰符指定方法的可访问性等；函数包含返回值类型，指定该方法计算和返回值的类型；形参列表（用圆括号括起来，并用逗号隔开，可能为空），表示传递给该方法的值或变量引用；方法名（函数名或过程名）是一种标识符，其首字母通常都大写；方法体是方法执行的代码块。

方法的调用方法类似于变量的访问。在对象名称之后，依次添加句点、方法名称和括号。参数在括号内列出，并用逗号隔开：

```
对象.方法名([实参列表])
```

【例 6-20】 方法的声明和调用示例：定义一个简单的 SimpleMath 类，实现整数相加、求整数的平方、显示运算结果等操作。

在 C:\VB.NET\Chapter06\中创建“Visual Basic”类别的控制台应用程序项目 Method，并在 Module1.vb 中添加如下粗体代码。

```
Class SimpleMath
    '两数相加
    Public Function Add(number1 As Integer, number2 As Integer) As Integer
        Return number1 + number2
    End Function
    '求某数的平方
    Public Function Square(number As Integer) As Integer
        Return number * number
    End Function
End Class
```

```
Module Module1
    Sub Main()
        Dim result1 As Integer, result2 As Integer
        Dim obj As SimpleMath = New SimpleMath()
        result1 = obj.Add(1, 2)         '两数相加
        result2 = obj.Square(result1) '求平方
        Console.WriteLine("结果为：{0} {1}", result1, result2)
        Console.ReadKey()
    End Sub
End Module
```

程序运行结果如下：

```
结果为：3 9
```

注意：

如果有返回类型，则方法体中必须使用 Return 关键字来返回与返回类型匹配的值给方法调用方；Return 关键字还会停止方法的执行。如果没有返回类型，则可使用没有值的 Return 语句来停止方法的执行；如果没有 Return 关键字，方法执行到代码块末尾时即会停止。

6.8.2 参数的传递

方法的声明可以包含一个“形参列表”，而方法调用时则通过传递“实参列表”，以允许方法体中的代码引用这些参数变量。形参可以在方法声明空间直接使用，故在方法体中不能定义同名的局部变量。参数声明的基本形式如下：

```
[Optional] [ByVal | ByRef] [ParamArray] 参数名 As 数据类型
```

1. 值形参

用 ByVal 修饰符声明，或声明时不带修饰符的形参是值形参，用于输入参数的传递。一个值形参对应于方法声明空间的一个局部变量，其初始值为方法调用所提供的相应实参（即创建一个新的存储副本），故对应实参必须是一个表达式，且类型可以隐式转换为形参的类型。

在方法体代码中，可以将新值赋给值形参。但赋值只影响方法声明空间的局部存储位置，对值形参的修改不会影响在方法调用时由调用方给出的实参。

【例 6-21】 值形参示例：利用值形参进行两数交换。

在 C:\VB.NET\Chapter06\中创建“Visual Basic”类别的控制台应用程序项目 ValueParameter，并在 Module1.vb 中添加如下粗体代码。

```
Class ValueParemeterTest
    Shared Sub Swap(x As Integer, y As Integer)
        ' 两数交换（值形参）
        Dim temp As Integer = x
        x = y : y = temp
    End Sub
End Class
Module Module1
    Sub Main()
        Dim i As Integer = 1
        Dim j As Integer = 2
```

```
        Console.WriteLine("Before swap, i = {0}, j = {1}", i, j)
        ValueParemeterTest.Swap(i, j)
        Console.WriteLine("After swap, i = {0}, j = {1}", i, j)
        Console.ReadKey()
    End Sub
End Module
```

程序运行结果如下：

```
Before swap, i = 1, j = 2
After swap, i = 1, j = 2
```

说明：

在 Main 中对 Swap 的调用中，只是将实参 i 和 j 的值传递给相应的形参 x 和 y。即 i 和 j 分别创建一个新的存储副本 x 和 y。x 和 y 的交换操作完全与 i 和 j 无关。因此，该调用不具有交换 i 和 j 的值的效果。

2. 引用形参

用 ByRef 修饰符声明的形参是引用形参，用于输入和输出参数的传递。为引用参数传递的实参必须是变量。引用形参并不创建新的存储位置，其存储位置就是方法调用中作为实参给出的那个变量所表示的存储位置。故当控制权传递回调用方法时，在方法中对参数的任何更改都将反映在该变量中。

当形参为引用形参时，方法调用中的对应实参必须为与形参类型相同的变量，且变量在作为引用形参传递之前，必须先明确赋值。

【例 6-22】 引用形参示例：利用引用形参进行两数交换。

在 C:\VB.NET\Chapter06\ 中创建"Visual Basic"类别的控制台应用程序项目 ReferenceParameter，并在 Module1.vb 中添加如下粗体代码。

```
Class ReferenceParemeterTest
    Shared Sub Swap(ByRef x As Integer, ByRef y As Integer)
        ' 两数交换（引用形参）
        Dim temp As Integer = x
        x = y : y = temp
    End Sub
End Class
Module Module1
    Sub Main()
        Dim i As Integer = 1
        Dim j As Integer = 2
        Console.WriteLine("Before swap, i = {0}, j = {1}", i, j)
        ReferenceParemeterTest.Swap(i, j)
        Console.WriteLine("After swap, i = {0}, j = {1}", i, j)
        Console.ReadKey()
    End Sub
End Module
```

程序运行结果如下：

```
Before swap, i = 1, j = 2
After swap, i = 2, j = 1
```

说明：

在 Main 方法对 Swap 的调用中，x 即表示 i，y 即表示 j。因此，该调用具有交换 i 和 j 的值的效果。

3. 可选参数

使用关键字 Optional 可以指定过程参数是可选的，可选参数都必须使用一个常数表达式指定默认值。过程定义中跟在可选参数后的每个参数也都必须是可选的。

在调用过程时，如果没有为可选参数提供实参变量，则使用可选参数的指定默认值。

【例 6-23】 可选参数示例。

在 C:\VB.NET\Chapter06\ 中创建 "Visual Basic" 类别的控制台应用程序项目 OptionalParameter，并在 Module1.vb 中添加如下粗体代码。

```
Module Module1
    Sub F(ByVal x As Integer, Optional ByVal y As Integer = 20)
        Console.WriteLine("x = {0}, y = {1}", x, y)
    End Sub
    Sub Main()
        F(10)
        F(30, 40)
        Console.ReadKey()
    End Sub
End Module
```

程序运行结果如下：

```
x = 10, y = 20
x = 30, y = 40
```

说明：

F 的第一次调用只有一个实参。F 的第二次调用有两个实参，并为可选参数指定实参变量值。

4. 命名参数

调用方法时，传递的实参列表的顺序必须与方法定义的形参列表的顺序一致。如果方法定义了多个可选参数，若需要传值位置靠后的参数，则需要按顺序指定其前面的所有参数值。例如：

```
Sub F1(Optional a As Integer = 1, Optional b As Integer = 2, Optional c As Integer = 3)   '方法声明
F1(1, 2, 55)                                                                              '方法调用
```

方法调用时，可以使用命名参数，即参数名称来传递参数。其基本语法为：

```
函数名(参数名 1:=参数值 1, 参数名 2:=参数值 2, …, 参数名 n:=参数值 n)
```

例如：

```
F1(c:=33, a:=10);                    '方法调用，使用命名参数
```

使用命名参数的优点是：参数传递的意义更明确；可以不按形参参数定义的顺序；结合可选参数，可以简化调用。

【例 6-24】 命名参数示例。

在 C:\VB.NET\Chapter06\中创建控制台应用项目 NamedArguments，在 Module1.vb 中输入如下粗体代码。

```
Module Module1
    Sub Display(ByVal a As Integer, Optional ByVal b As Double = 2.0, Optional ByVal c As Integer = 6)
        Console.WriteLine("a = {0}, b = {1}, c = {2}", a, b, c)
    End Sub
    Sub Main()
        Display(b:=12.3, a:=1)
        Console.ReadKey()
    End Sub
End Module
```

程序运行结果如下：

```
a = 1, b = 12.3, c = 6
```

5. 形参数组

用 ParamArray 修饰符声明的形参是形参数组，允许向方法传递可变数量的实参。一个过程只能定义一个形参数组，形参数组必须位于该列表的最后，且必须是一维数组类型。形参数数组必须通过值传递。

参数数组是自动可选的，其默认值是参数数组元素类型的空一维数组。参数数组前面的所有参数都是必需的，参数数组必须是唯一的可选参数。

【例 6-25】 形参数组示例：获取数组元素个数以及数组内容。

在 C:\VB.NET\Chapter06\中创建控制台应用程序项目 ArrayParameter，在 Module1.vb 中添加如下粗体代码。

```
Module Module1
    Function Sum(ByVal ParamArray args() As Integer) As Integer
        Console.Write("数组包含 {0} 个元素:", args.Length)
        Dim result As Integer = 0
        For Each i In args
            Console.Write(" " & i)
            result += i
        Next i
        Console.WriteLine()
        Return result
    End Function
    Sub Main()
        Dim arr As Integer() = {1, 2, 3}
        Sum(arr)
        Sum(10, 20, 30, 40)
        Sum()
        Console.ReadKey()
    End Sub
End Module
```

程序运行结果如下：

```
数组包含 3 个元素: 1 2 3
数组包含 4 个元素: 10 20 30 40
数组包含 0 个元素:
```

说明：Sum 的第一次调用将数组 arr 作为实参传递。Sum 的第二次调用自动创建一个具有给定元素值的四元素整数数组并将该数组实例作为实参传递。与此类似，Sum 的第三次调用创建一个零元素的整数数组并将该实例作为实参传递。第二次和第三次调用完全等效于编写下列代码:

```
Sum(New Integer() {10, 20, 30, 40})
Sum(New Integer() {})
```

6.8.3 方法的重载

每个类型成员都有一个唯一的签名。方法的签名（signature）由方法的名称，参数的数目、类型和顺序，类型参数（适用于泛型），返回类型（仅适用于转换运算符）组成。方法的签名不包含返回类型。方法的签名在声明该方法的类中必须唯一。

只要签名不同，就可以在一种类型内定义具有相同名称的多种方法。当定义两种或多种具有相同名称的方法时，就称作重载（overloading）。

注意：返回值及其数据类型（转换运算符除外）不能方法签名的一部分，故不能定义参数相同但返回值不同的两个方法。

【例 6-26】 方法的重载示例。

在 C:\VB.NET\Chapter06\中创建控制台应用程序项目 MethodOverload，在 Module1.vb 中添加如下粗体代码。

```
Class OverloadExample
    Public Sub SampleMethod(ByVal i As Double)
        Console.WriteLine("SampleMethod(ByVal i As Double):{0}", i)
    End Sub
    Public Sub SampleMethod(ByVal i As Integer)
        Console.WriteLine("SampleMethod(ByVal i As Integer):{0}", i)
    End Sub
    '编译错误 方法签名同 Public Sub SampleMethod(ByVal i As Integer)
    'Public Sub SampleMethod(ByRef i As Integer)
    '    Console.WriteLine("SampleMethod(ref int i):0", i)
    'End Sub
    '编译错误 方法签名同 Public Sub SampleMethod(ByVal i As Integer)
    'Public Function SampleMethod(ByVal i As Integer) As Integer
    '    Console.WriteLine("SampleMethod(ByVal i As Integer):{0}", i)
    '    Return i
    'End Function
End Class
Module Module1
    Sub Main()
        Dim o As OverloadExample = New OverloadExample()
        Dim i As Integer = 10
        Dim d As Double = 11.1
        o.SampleMethod(i)          '调用 SampleMethod(int i)
        o.SampleMethod(d)          '调用 SampleMethod(double i)
        Console.ReadKey()
    End Sub
End Module
```

程序运行结果如下：

```
SampleMethod(ByVal i As Integer):10
SampleMethod(ByVal i As Double):11.1
```

6.8.4 共享方法和实例方法

使用 Shared 修饰符声明的方法为共享方法（shared method），即静态方法。共享方法不对特定实例进行操作，并且只能直接访问共享成员。在共享方法中引用 Me 会导致编译时错误。

不使用 Shared 修饰符声明的方法为实例方法（instance method）。实例方法对类的某个给定的实例进行操作，并且能够访问共享成员和实例成员。在调用实例方法的实例中，可以通过 Me 显式地访问该实例。

共享方法通过类来访问；实例方法通过类的实例来访问。

共享方法声明的基本形式如下：

```
[方法修饰符] Shared Function 函数名 ([形参列表]) As 返回值类型
  方法体
End Function
```

以及：

```
[方法修饰符] Shared Sub 过程名 ([形参列表])
  方法体
End Sub
```

若要访问类的共享方法，可采用下列形式：

```
类名.方法名 ([实参列表])
```

在.NET Framework 类库中提供了许多包含共享方法的类，用于各种操作。例如：Math 类中包含实现常用的数学函数的共享方法；String 类中包含若干处理字符串的共享方法；Convert 类中包含若干用于类型转换的共享方法。

【例 6-27】 共享方法和实例方法示例：摄氏温度与华氏温度之间的相互转换。运行结果如图 6-9 所示。

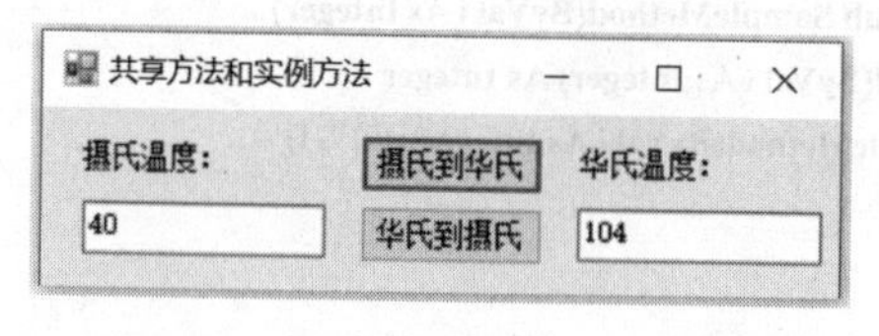

图 6-9 共享方法和实例方法示例

操作步骤如下。

（1）在 C:\VB.NET\Chapter06\中新建一个“Visual Basic”类别的 Windows 窗体应用程序项目 SharedInstanceMethod。

（2）为该项目添加一个名为 TemperatureConverter 的类，类模块的程序代码如下：

```
Public Class TemperatureConverter
    Public Shared Function CelsiusToFahrenheit(Celsius As Double) As Double
        ' 摄氏温度转换到华氏温度
        Dim fahrenheit As Double = (Celsius * 9 / 5) + 32
```

```
            Return fahrenheit
        End Function
        Public Shared Function FahrenheitToCelsius(fahrenheit As Double) As Double
            ' 华氏温度转换到摄氏温度.
            Dim Celsius As Double = (fahrenheit - 32) * 5 / 9
            Return Celsius
        End Function
End Class
```

（3）参照图 6-9，在 Form1 窗体中添加 2 个 Label 控件、2 个 TextBox 控件和 2 个 Button 控件。分别双击窗体中的“摄氏到华氏”和“华氏到摄氏”按钮，在 Form1.vb 编辑窗口中编写 Button 的 Click 事件代码如下：

```
Private Sub Button1_Click(sender As System.Object, e As System.EventArgs) Handles Button1.Click
        TextBox2.Text = TemperatureConverter.CelsiusToFahrenheit(TextBox1.Text) '摄氏温度转换到华氏温度
End Sub
Private Sub Button2_Click(sender As System.Object, e As System.EventArgs) Handles Button2.Click
        TextBox1.Text = TemperatureConverter.FahrenheitToCelsius(TextBox2.Text) '华氏温度转换到摄氏温度
End Sub
```

6.8.5 分部方法

在分部类型（参见 6.4 节）中，可以使用 Partial 修饰符定义分部方法（partial method）。分部方法在分部类的一个部分中声明分部方法定义，而在分部类的另一个部分中声明分部方法实现。

注意：这两个声明必须具有相同的修饰符、类型、方法名、形参数列表。分部方法必须为 Private。

【例 6-28】 分部方法示例。

在 C:\VB.NET\Chapter06\中创建控制台应用程序项目 PartialMethod，在 Module1.vb 中添加如下粗体代码。

```
Partial Class Customer
    Private _name As String
    Public Property Name As String
        Get
            Return _name
        End Get
        Set(ByVal value As String)
            Me.OnNameChanging(value)
            _name = value
            Me.OnNameChanged()
        End Set
    End Property
    Partial Private Sub OnNameChanging(ByVal newName As String)     '声明分部方法定义
    End Sub
    Partial Private Sub OnNameChanged() '声明分部方法定义
    End Sub
End Class
Partial Class Customer
```

```
    Private Sub OnNameChanging(newName As String)                '声明分部方法实现
        Console.WriteLine("Changing " + Name + " to " + newName)
    End Sub
    Private Sub OnNameChanged()                                  '声明分部方法实现
        Console.WriteLine("Changed to " + Name)
    End Sub
End Class
Module Module1
    Sub main()
        Dim cust As Customer = New Customer()
        cust.Name = "江红"
        cust.Name = "余青松"
        Console.ReadKey()
    End Sub
End Module
```

程序运行结果如下：

```
Changing  to 江红
Changed to 江红
Changing 江红 to 余青松
Changed to 余青松
```

注意：
只能将分部方法声明为分部类型（参见 6.4 节）的成员，而且要遵守约束数目。

6.8.6 外部方法

VB.NET 可以通过下列两种方法引用在外部实现的方法（一般由其他语言如 C++实现，通常为 DLL 库函数），即声明外部方法。

① 通过关键字 Declare 声明。

② 通过 DllImport 特性声明。当外部方法包含 DllImport 特性时，该方法声明必须同时包含一个 Shared 修饰符。

外部方法是在外部实现的（通常为 DLL 库函数），故外部方法声明不提供任何实际实现。外部方法的默认访问修饰符为 Public。

【例 6-29】 外部方法的声明和使用示例。

在 C:\VB.NET\Chapter06\中创建控制台应用程序项目 ExternalMethod，在 Module1.vb 中添加如下粗体代码。

```
Imports System.Text
Imports System.Security.Permissions
Imports System.Runtime.InteropServices
Class MyPath
    Declare Function GetUserName Lib "advapi32.dll" Alias "GetUserNameA" (_
                    ByVal lpBuffer As String, ByRef nSize As Integer) As Integer
    Shared Sub GetUser()                    ' 获取当前用户信息
        Dim buffer As String = New String(CChar(" "), 25)
        Dim retVal As Integer = GetUserName(buffer, 25)
        Dim userName As String = Strings.Left(buffer, InStr(buffer, Chr(0)) - 1)
```

```
            Console.WriteLine("UserName: {0}", userName)
        End Sub
        <DllImportAttribute("kernel32.dll", EntryPoint:="GetCurrentDirectoryW", SetLastError:=
True, CharSet:=CharSet.Unicode, ExactSpelling:=True, CallingConvention:=CallingConvention.
StdCall)>
        Public Shared Function GetCurrentDirectory(BufSize As Integer, Buf As String) As Integer
            ' 获取当前路径
            ' 过程体为空，特性 DLLImport 将调用转向到 KERNEL32.DLL
        End Function
        Shared Sub GetDir()
            Dim buffer As String = New String(CChar(" "), 255)
            Dim retVal As Integer = GetCurrentDirectory(255, buffer)
            Console.WriteLine("DirName: {0}", buffer)
        End Sub
End Class
Module Module1
    Sub Main()
        MyPath.GetUser()                ' 获取当前用户
        MyPath.GetDir()                 ' 获取当前路径
        Console.ReadKey()
    End Sub
End Module
```

程序运行结果如下：

```
UserName: Administrator
DirName: C:\VB.NET\Chapter06\ExternalMethod\ExternalMethod\bin\Debug
```

6.8.7 递归

“递归”过程是指调用自身的过程。一般用于一些算法，例如求一个数的阶乘，计算斐波拉契（Fibonacci）数列等。

值得注意的是，过程在每次调用它自身时，都会占用更多的内存空间以保存其局部变量的附加副本。如果这个进程无限持续下去，最终会导致 StackOverflowException 错误。

设计一个递归过程时，必须至少测试一个可以终止此递归的条件，并且还必须对在合理的递归调用次数内未满足此类条件的情况进行处理。如果没有一个在正常情况下可以满足的条件，则过程将陷入执行无限循环的高度危险之中。

【例 6-30】 递归过程示例：使用递归计算阶乘。

在 C:\VB.NET\Chapter06\中创建控制台应用程序项目 Recursion，在 Module1.vb 中添加如下粗体代码。

```
Module Module1
    Function factorial(n As Integer) As Integer
        If n <= 1 Then
            Return 1
        Else
            Return factorial(n - 1) * n
        End If
    End Function
```

```
    Sub Main()
        For i = 5 To 10
            Console.WriteLine("{0}! = {1}", i, factorial(i))
        Next
        Console.ReadKey()
    End Sub
End Module
```

程序运行结果如下：

```
5! = 120
6! = 720
7! = 5040
8! = 40320
9! = 362880
10! = 3628800
```

6.9 构造函数

6.9.1 实例构造函数

实例构造函数（instance constructor）用于执行类的实例的初始化工作。创建对象时，根据传入的参数列表，将调用相应的构造函数。

每个类都有构造函数，如果没有显式声明构造函数，则编译器会自动生成一个默认的构造函数（无参数），默认构造函数实例化对象，并将未赋初值的变量设置为默认值（例如，字符串为空，数值数据为 0，Boolean 为 False）。

构造函数声明的基本形式如下：

```
[修饰符] Sub New ([参数列表])
  构造函数方法体
End Sub
```

构造函数具有下列特征。

- 构造函数的名称为关键字 New。
- 可以创建多个构造函数，以根据不同的参数列表进行相应的初始化。
- 构造函数不能声明返回类型，也不能返回值。
- 一般构造函数总是 Public 类型的。Private 类型的构造函数表明类不能被实例化，通常用于只含有共享成员的类。
- 创建对象时，自动调用对应的构造函数，不能显式调用构造函数。
- 在构造函数中不要做对类的实例进行初始化以外的事情。

【例 6-31】 构造函数示例：说明包含两个类构造函数的平面坐标类，一个类构造函数没有参数，另一个类构造函数带有两个参数。

在 C:\VB.NET\Chapter06\中创建控制台应用程序项目 Constructor，在 Module1.vb 中添加如下粗体代码。

```
Class CoOrds                    ' 平面坐标
    Public x, y As Integer
    Public Sub New()            ' 声明默认构造函数
        x = 0
```

```
        y = 0
    End Sub
    Public Sub New(x As Integer, y As Integer)           ' 声明有 2 个参数的构造函数
        Me.x = x
        Me.y = y
    End Sub
    Public Overrides Function ToString() As String
        Return (String.Format("({0},{1})", x, y))
    End Function
End Class
Module Module1
    Sub Main()
        Dim p1 As CoOrds = New CoOrds()                  ' 调用默认构造函数
        Dim p2 As CoOrds = New CoOrds(5, 3)              ' 调用有 2 个参数的构造函数
        ' 使用重载的 ToString 方法显示结果:
        Console.WriteLine("平面坐标 #1 位于 {0}", p1)
        Console.WriteLine("平面坐标 #2 位于 {0}", p2)
        Console.ReadKey()
    End Sub
End Module
```

程序运行结果如下：

```
平面坐标 #1 位于 (0,0)
平面坐标 #2 位于 (5,3)
```

说明：

构造函数的功能是创建对象，使对象的状态合法化。在从构造函数返回之前，对象的状态是不确定的，不能执行任何操作；只有在构造函数执行完成之后，存放对象的内存块中才存放这个类的实例。

创建类的一个实例时，在执行构造函数之前，所有未初始化变量被设置为默认值，然后依次执行各个实例变量的初始化。注意：默认初值虽然可以避免编译错误，但是违背了变量的“先赋值、后使用”原则，有时会成为潜在错误的根源，因此建议尽可能地在构造函数中对所有变量赋初值。

6.9.2　私有构造函数

如果构造函数被声明为 Private 类型，则这个构造函数不能从类外访问，因此也不能用来在类外创建对象。

私有构造函数一般用于只包含共享成员的类。通过添加一个空的私有实例构造函数，可以阻止其实例化，以确保程序只能通过类名来引用所有的共享成员。

【例 6-32】　私有构造函数示例。

在 C:\VB.NET\Chapter06\中创建控制台应用程序项目 PrivateConstructor，在 Module1.vb 中添加如下粗体代码。

```
Public Class Counter
    Private Sub New()   '私有构造函数：阻止被实例化
    End Sub
    Public Shared currentCount As Integer
```

```
    Public Shared Function IncrementCount() As Integer
        currentCount = currentCount + 1
        Return currentCount
    End Function
End Class
Module Module1
    Sub Main()
        'Dim aCounter As Counter = New Counter()     '编译错误
        Counter.currentCount = 100
        Console.WriteLine("count 初值为：{0}", Counter.currentCount)
        Counter.IncrementCount()
        Console.WriteLine("count 增值为：{0}", Counter.currentCount)
        Console.ReadKey()
    End Sub
End Module
```

程序运行结果如下：

```
count 初值为：100
count 增值为：101
```

6.9.3 共享构造函数

共享构造函数（shared constructor）用于实现初始化类（而不是初始化实例或对象）所需的操作。共享构造函数用于初始化任何共享数据，或用于执行仅需执行一次的特定操作。在创建第一个实例或引用任何共享成员之前，将自动调用共享构造函数。类的共享构造函数在给定程序中至多执行一次。

共享构造函数声明的基本形式如下：

```
[修饰符] Shared Sub New ([参数列表])
  构造函数方法体
End Sub
```

注意：共享构造函数既没有访问修饰符，也没有参数。

在创建第一个实例或引用任何共享成员之前，自动调用共享构造函数。当初始化一个类时，在执行共享构造函数之前，首先将该类中的所有共享变量初始化为它们的默认值，然后依次执行各个共享变量初始化。

【例 6-33】 共享构造函数示例。

在 C:\VB.NET\Chapter06\中创建控制台应用程序项目 SharedConstructor，在 Module1.vb 中添加如下粗体代码。

```
Public Class Bus
    Shared Sub New() ' 共享构造函数
        Console.WriteLine("调用共享构造函数 Bus()。")
    End Sub
    Public Shared Sub Drive()
        Console.WriteLine("调用共享方法 Bus.Drive()。")
    End Sub
End Class
Module Module1
```

```
    Sub Main()
        Bus.Drive()
        Console.ReadKey()
    End Sub
End Module
```

程序运行结果如下：

```
调用共享构造函数 Bus()。
调用共享方法 Bus.Drive()。
```

6.10　运算符重载与转换运算符

6.10.1　运算符重载

通过使用 Operator 关键字定义共享成员函数来重载运算符。运算符可以使类实例像基本类型一样进行表达式操作运算。

运算符重载声明的基本形式如下：

```
[修饰符] Shared Operator 运算符(参数表) As 类型
    转换代码体
End Operator
```

其中，参数的类型必须与声明该运算符的类或结构的类型相同，一元运算符具有一个参数，二元运算符具有两个参数。

【例 6-34】 运算符重载示例：使用运算符重载创建定义复数加法的复数类 Complex。

在 C:\VB.NET\Chapter06\中创建控制台应用程序项目 OperatorOverload，在 Module1.vb 中添加如下粗体代码。

```
Public Class Complex                    ' 复数
    Public real As Double               ' 实部
    Public imaginary As Double          ' 虚部
    Public Sub New(real As Double, imaginary As Double)   '构造函数
        Me.real = real
        Me.imaginary = imaginary
    End Sub
    ' 重载运算符(+)
    Public Shared Operator +( c1 As Complex, c2 As Complex) As Complex
        Return New Complex(c1.real + c2.real, c1.imaginary + c2.imaginary)
    End Operator
    '重载 ToString 方法以显示复数的实部和虚部
    Public Overrides Function ToString() As String
        Return (String.Format("{0} + {1}i", real, imaginary))
    End Function
End Class
Module Module1
    Sub Main()
        Dim complex1 As Complex = New Complex(2, 3)
        Dim complex2 As Complex = New Complex(3, 4)
```

```
        Dim complexSum = complex1 + complex2            '使用重载运算符(+)
        '调用重载的 ToString 方法
        Console.WriteLine("第一个复数：    {0}", complex1)
        Console.WriteLine("第二个复数：    {0}", complex2)
        Console.WriteLine("两个复数之和：  {0}", complexSum)
        Console.ReadKey()
    End Sub
End Module
```

程序运行结果如下：

```
第一个复数：    2 + 3i
第二个复数：    3 + 4i
两个复数之和：  5 + 7i
```

6.10.2 转换运算符

转换运算符用于类或结构与其他类或结构或者基本类型之间进行相互转换。转换运算符的定义方法类似于运算符，并根据它们所转换到的类型命名。

转换运算符声明的基本形式如下：

```
[修饰符] Shared Widening 或 Narrowing Operator CType(ByVal s As 源类型) As 目标类型
    转换代码体
End Operator
```

【例 6-35】 转换运算符示例：利用扩大转换（隐式自动转换）将摄氏温度转换为华氏温度、利用缩小转换（显示强制转换）将华氏温度转换为摄氏温度。

在 C:\VB.NET\Chapter06\中创建控制台应用程序项目 ConvertOperator，在 Module1.vb 中添加如下粗体代码。

```
Option Strict On    '设置选项，不允许隐式执行收缩转换
Class Celsius       '摄氏温度
    Private _degrees As Double
    Public Sub New(ByVal temp As Double)
        _degrees = temp
    End Sub
    Public Shared Widening Operator CType(ByVal c As Celsius) As Fahrenheit '扩大转换，隐式自动转换
        ' 摄氏温度转换为华氏温度
        Return New Fahrenheit((9.0F / 5.0F) * c.Degrees + 32)
    End Operator
    Public Property Degrees As Double
        Get
            Return _degrees
        End Get
        Set(ByVal value As Double)
        End Set
    End Property
End Class
Class Fahrenheit    '华氏温度
    Private _degrees As Double
    Public Sub New(ByVal temp As Double)
```

```
        _degrees = temp
    End Sub
    Public Shared Narrowing Operator CType(ByVal f As Fahrenheit) As Celsius '缩小转换，显示强制转换
        ' 华氏温度转换为摄氏温度
        Return New Celsius((5.0F / 9.0F) * (f.Degrees - 32))
    End Operator
    Public Property Degrees As Double
        Get
            Return _degrees
        End Get
        Set(ByVal value As Double)
        End Set
    End Property
End Class
Module Module1
    Sub Main()
        Dim f As Fahrenheit = New Fahrenheit(100.0)
        Dim c As Celsius = CType(f, Celsius)                '显示强制转换
        Console.WriteLine("华氏温度 {0:0.00} = 摄氏温度 {1:0.00} ", f.Degrees, c.Degrees)
        Dim c2 As Celsius = New Celsius(100.0)
        Dim f2 As Fahrenheit = c2 '                         '隐式自动转换
        Console.WriteLine("摄氏温度 {0:0.00} = 华氏温度 {1:0.00}", c2.Degrees, f2.Degrees)
        Console.ReadKey()
    End Sub
End Module
```

程序运行结果如下：

```
华氏温度 100.00 = 摄氏温度 37.78
摄氏温度 100.00 = 华氏温度 212.00
```

第 7 章　继承和多态

类支持继承，继承是一种机制，它使派生类可以对基类进行扩展和专用化。继承是允许使用现有类的功能，并在无需重新改写原来的类的情况下，对这些功能进行扩展。继承可以避免代码复制和相关的代码维护等问题。多态性允许每个对象以自己的方式去响应共同的消息，从而允许用户以更明确的方式建立通用软件，提高软件开发的可维护性。

本章要点

- 继承和多态的基本概念；
- 派生类的声明和使用；
- 访问关键字 Me、MyBase 和 MyClass；
- OverRidable 方法、重写方法和隐藏方法；
- MustInherit 类和 MustOverride 方法；
- NotInheritable 类和 NotOverridable 方法；
- 接口的声明和使用。

7.1　继承和多态简介

7.1.1　继承和多态的定义

继承是面向对象程序设计的主要特征之一，继承允许重用现有类（基类，也称超类、父类）去创建新类（子类，也称派生类）的过程。子类将获取基类的所有非私有数据和行为，子类可以定义其他数据或行为。

派生类具有基类的所有非私有数据和行为以及新类自己定义的所有其他数据或行为，即子类具有两个有效类型：子类的类型和它继承的基类的类型。

对象可以表示多个类型的能力称为多态性。

【例 7-1】 多态性示例。

在 C:\VB.NET\Chapter07\ 中创建“Visual Basic”类别的控制台应用程序项目 Polymorphism，并在 Module1.vb 中添加如下粗体代码。

```
Public Class Parent
    Public Sub MethodA()
        Console.WriteLine("调用 Parent.MethodA()")
    End Sub
End Class
Public Class Child
    Inherits Parent
    Public Sub MethodB()
        Console.WriteLine("调用 Child.MethodB()")
    End Sub
End Class
```

```
Module Module1
    Sub Main()
        Dim oParent As Parent = New Parent()
        oParent.MethodA()                       'OK 调用类型 Parent 的成员方法
        'Dim oChild2 As Child = CType(oParent, Child) '运行错误
        Dim oChild As Child = New Child()
        oChild.MethodB()                        'OK 调用类型 Child 的成员方法
        oChild.MethodA()                        'OK 调用基类 Parent 的成员方法
        Dim oParent1 As Parent = CType(oChild, Parent)
        oParent1.MethodA()
        'oParent2.MethodB()                     '编译错误 类型 Parent 不存在方法 MethodB()
        Dim oChild1 As Child = CType(oParent1, Child)
        oChild1.MethodB()                       'OK 调用类型 Child 的成员方法
        oChild1.MethodA()                       'OK 调用基类 Parent 的成员方法
        Console.ReadKey()
    End Sub
End Module
```

程序运行结果如下：

```
调用 Parent.MethodA()
调用 Child.MethodB()
调用 Parent.MethodA()
调用 Parent.MethodA()
调用 Child.MethodB()
调用 Parent.MethodA()
```

说明：

在例 7-1 中，类 Child 既是有效的 Child，又是有效的 Parent。oChild 可以作为类型 Child，因而具有 Child 本身定义的方法 MethodB()和基类 Parent 定义的方法 MethodA()；同时对象 oChild 也可以强制转换为 Child 的基类 Parent 的对象 oParent1，强制转换不会更改 oChild 对象的内容，但 oParent1 对象将作为类型 Parent，因而只具有类 Parent 定义的方法 MethodA()。

将 Child 强制转换为 Parent 后，可以将该 Parent 重新强制转换为 Child。并只有实际上是 Child 的实例的那些实例才可以强制转换为 Child，否则会产生运行错误，即无法将类型为 Parent 的对象强制转换为类型 Child。

7.1.2 继承的类型

VB.NET 包含两种继承类型：实现继承和接口继承。

实现继承表示一个类型派生于一个基类型，派生类具有基类的所有非私有（非 Private）数据和行为。在实现继承中，派生类型的每个方法采用基类型的实现代码，除非在派生类型的定义中指定重写该方法的实现代码。实现继承一般用于增加现有类型的功能，或多个相关的类型共享一组重要的公共功能的场合。

接口继承表示一个类型实现若干接口，接口仅包含方法的签名，故接口继承不继承任何实现代码。接口继承一般用于指定该类型具有某类可用的特性。例如，如果指定类型从接口 System.IDisposable 中派生，并在该类中实现 IDisposable 接口的清理资源的方法 Dispose()，则可以通过共通的机制，调用该方法以清理资源。由于清理资源的方式特定于不同的类型，故在接口中定义通用的实现代码是没有意义的。接口即契约，类型派生于接口，即保证该类提供该接口规

定的功能。

7.2 派生类

7.2.1 派生类声明

在声明派生类时，通过关键字 Inherits 指定要继承的类（即基类）。如果在类定义中没有指定基类，VB.NET 编译器就假定 System.Object 是基类。

派生类可以访问基类的非 Private 成员，但是派生类的属性和方法不能直接访问基类的 Private 成员。派生类可以影响基类 Private 成员的状态改变，但只能通过基类提供并由派生类继承的非 Private 的属性和方法来改变。

注：VB.NET 不支持多重继承，即一个派生类只能继承于一个基类。

【例 7-2】 派生类示例：创建基类 Person，包含 2 个数据成员 name 和 age、1 个具有 2 个参数的构造函数；创建派生类 Student，包含 1 个数据成员 studentID、1 个具有 3 个参数的派生类构造函数并通过“MyBase.New”调用基类构造函数。

在 C:\VB.NET\Chapter07\中创建“Visual Basic”类别的控制台应用程序项目 DerivedClass，并在 Module1.vb 中添加如下粗体代码。

```
Public Class Person    '基类 等同于 public class Person:Object
    Public name As String
    Public age As UInteger
    Public Sub New(ByVal name As String, ByVal age As UInteger) '基类的构造函数
        Me.name = name
        Me.age = age
    End Sub
End Class
Public Class Student '派生类
    Inherits Person
    Public studentID As String
    '派生类构造函数并用"MyBase.New"调用基类构造函数
    Public Sub New(ByVal name As String, ByVal age As UInteger, ByVal id As String)
        MyBase.New(name, age)
        Me.studentID = id
    End Sub
End Class
Module Module1
    Sub Main()
        Dim objstudent As Student = New Student("Zhangsan", 18, "2019101001")
        Console.WriteLine("name={0},   age={1},   ID={2}", objstudent.name, objstudent.age, objstudent.studentID)
        Console.ReadKey()
    End Sub
End Module
```

程序运行结果如下：

```
name=Zhangsan,   age=18,   ID=2019101001
```

7.2.2　重写属性和方法

如果基类中的方法或属性用 Overridable 关键字进行标记，则可以在派生类中使用关键字 Overrides 定义该成员的新实现，即重写方法或属性。

调用 Overridable 方法时，将首先检查该对象的运行时类型，并调用派生类中的该重写成员，如果没有派生类重写该成员，则调用其原始成员。

通过关键字 NotOverridable 声明的方法或属性称为 NotOverridable 方法或属性，主要用于防止方法或属性在继承的类中被重写。

默认情况下，VB.NET 方法是 NotOverridable，不能在派生类中使用关键字 Overrides 重写，否则将导致编译错误。

【例 7-3】 重写方法示例：基类 Dimensions 包含 x、y 两个坐标和 Area()方法。Dimensions 类的派生类（Circle、Cylinder 和 Sphere）均重写了基类的方法 Area()以实现不同图形表面积的计算。调用方法 Area()时，将根据与此方法关联的运行时对象调用适当的 Area()实现，为每个图形计算并显示相应的面积。

在 C:\VB.NET\Chapter07\中创建“Visual Basic”类别的控制台应用程序项目 Virtual，并在 Module1.vb 中添加如下粗体代码。

```
Public Class Dimensions                    '基类
    Public Const PI As Double = Math.PI
    Protected x, y As Double
    Public Sub New()
    End Sub
    Public Sub New(ByVal x As Double, ByVal y As Double)
        Me.x = x
        Me.y = y
    End Sub
    Public Overridable Function Area() As Double
        Return x * y
    End Function
End Class
Public Class Circle                                  '派生类：圆
    Inherits Dimensions
    Public Sub New(ByVal r As Double)
        MyBase.New(r, 0)
    End Sub
    Public Overrides Function Area() As Double       '圆的面积
        Return PI * x * x
    End Function
End Class
Public Class Sphere                                  '派生类：球体
    Inherits Dimensions
    Public Sub New(ByVal r As Double)
        MyBase.New(r, 0)
    End Sub
    Public Overrides Function Area() As Double       '球体表面积
        Return 4 * PI * x * x
    End Function
```

```
End Class
Public Class Cylinder                              '派生类：圆柱体
    Inherits Dimensions
    Public Sub New(ByVal r As Double, ByVal h As Double)
        MyBase.New(r, h)
    End Sub
    Public Overrides Function Area() As Double          '圆柱体表面积
        Return 2 * PI * x * x + 2 * PI * x * y
    End Function
End Class
Module Module1
    Sub Main()
        Dim r As Double = 3.0
        Dim h As Double = 5.0
        Dim d1 As Dimensions = New Circle(r)          '圆
        Dim d2 As Dimensions = New Sphere(r)          '球体
        Dim d3 As Dimensions = New Cylinder(r, h)     '圆柱体
        ' 显示各种不同形状的（表）面积:
        Console.WriteLine("Area of Circle    = {0:F2}", d1.Area())
        Console.WriteLine("Area of Sphere    = {0:F2}", d2.Area())
        Console.WriteLine("Area of Cylinder = {0:F2}", d3.Area())
        Console.ReadKey()
    End Sub
End Module
```

程序运行结果如下：

```
Area of Circle    = 28.27
Area of Sphere    = 113.10
Area of Cylinder = 150.80
```

7.2.3 隐藏成员

派生类继承在其基类中定义的成员，但在派生类中通过关键字 Shadows 或 Overloads 可以覆盖（隐藏）基类中的成员。

关键字 Shadows 声明的隐藏为按名称隐藏，即隐藏基类中该名称的所有成员（包括其重载）；关键字 Overloads 声明的隐藏为按签名隐藏，仅隐藏基类中相同签名的成员。

按名称隐藏的主要目的是保护类成员的定义，即使基类新定义了相同名称的成员。Shadows 修饰符可以保证引用派生类中定义的成员，而不是基类相同名称的成员。

【例 7-4】 隐藏方法示例。

在 C:\VB.NET\Chapter07\中创建"Visual Basic"类别的控制台应用程序项目 Shadows，并在 Module1.vb 中添加如下粗体代码。

```
Class Base
    Sub F()
        Console.WriteLine("Call Base.F()")
    End Sub
```

```
    Sub F(ByVal i As Integer)
        Console.WriteLine("Call Base.F(ByVal i As Integer)")
    End Sub
    Sub G()
        Console.WriteLine("Call Base.G()")
    End Sub
    Sub G(ByVal i As Integer)
        Console.WriteLine("Call Base.G(ByVal i As Integer)")
    End Sub
End Class
Class Derived
    Inherits Base
    ' 仅隐藏 F(Integer).
    Overloads Sub F(ByVal i As Integer)
        Console.WriteLine("Call Derived.F(ByVal i As Integer)")
    End Sub
    ' 隐藏 G() and G(Integer).
    Shadows Sub G(ByVal i As Integer)
        Console.WriteLine("Call Derived.G(ByVal i As Integer)")
    End Sub
End Class
Module Module1
    Sub Main()
        Dim x As New Derived()
        x.F()                    ' Calls Base.F()
        x.F(2)
        'x.G()                   ' Error: Missing parameter
        x.G(2)
        Console.ReadKey()
    End Sub
End Module
```

程序运行结果如下：

```
Call Base.F()
Call Derived.F(ByVal i As Integer)
Call Derived.G(ByVal i As Integer)
```

7.2.4　关键字 Me、MyBase 和 MyClass

关键字 Me 用于引用类或结构的当前实例。共享成员方法中不能使用 Me 关键字。Me 关键字只能在实例构造函数、实例方法或实例访问器中使用。

关键字 MyBase 用于从派生类中访问基类的成员：

① 指定创建派生类实例时应调用的基类构造函数（MyBase.New）；

② 调用基类上已被其他方法重写的方法。

注意：不能从静态方法中使用 MyBase 关键字，MyBase 关键字只能在实例构造函数、实例方法或实例访问器中使用。

关键字 MyClass 类似于关键字 Me，但在调用 MyClass 中的每个方法和属性时，可将此方法或属性当作 NotOverridable 中的方法或属性对待。因此，方法或属性不受派生类中重写的影响。

【例 7-5】 访问关键字 Me、MyBase 和 MyClass 示例。

在 C:\VB.NET\Chapter07\ 中创建 “Visual Basic” 类别的控制台应用程序项目 MeMyBaseMyClass，并在 Module1.vb 中添加如下粗体代码。

```
Public Class Person   '基类
    Public name As String
    Public age As UInteger
    Public Sub New(ByVal name As String, ByVal age As UInteger) '基类的构造函数
        Me.name = name 'Me 关键字引用类的当前实例
        Me.age = age    'Me 关键字引用类的当前实例
    End Sub
    Public Overridable Sub GetInfo()
        Console.WriteLine("Name: {0} ， Age: {1}", name, age)
    End Sub
    Public Sub GetInfoByMe()
        Me.GetInfo()
    End Sub
    Public Sub GetInfoByMyClass()
        MyClass.GetInfo()
    End Sub
End Class
Public Class Student '派生类
    Inherits Person
    Public studentID As String
    '派生类构造函数并用"MyBase.New"调用基类构造函数
    Public Sub New(ByVal name As String, ByVal age As UInteger, ByVal id As String)
        MyBase.New(name, age)
        Me.studentID = id
    End Sub
    Public Overrides Sub GetInfo()
        '调用基类的方法
        MyBase.GetInfo()
        Console.WriteLine("StudentID: {0}", studentID)
    End Sub
End Class
Module Module1
    Sub Main()
        Dim obj As Person = New Student("Zhangsan", 18, "2019101001")
        obj.GetInfoByMe()
        obj.GetInfoByMyClass()
        Console.ReadKey()
    End Sub
End Module
```

程序运行结果如下：

```
Name: Zhangsan，Age: 18
```

```
StudentID: 2019101001
Name: Zhangsan，Age: 18
```

7.3　MustInherit 类和 NotInheritable 类

7.3.1　MustInherit 类

将关键字 MustInherit 置于关键字 Class 的前面可以将类声明为 MustInherit 类（也称为抽象类）。MustInherit 类不能实例化，MustInherit 类一般用于提供多个派生类可共享的基类的公共定义。例如，类库可以定义一个包含基本功能的抽象类，并要求程序员使用该库通过创建派生类来提供自己的类实现。

MustInherit 类与非 MustInherit 类相比，具有下列特征。

- MustInherit 类不能直接实例化，对 MustInherit 类使用 New 运算符会导致编译时错误。可以定义 MustInherit 类型的变量，但其值必须为 Nothing，或者是其派生的非 MustInherit 类的实例的引用。
- 允许（但不要求）MustInherit 类包含抽象成员。
- MustInherit 类不能被密封（密封的概念请参见 7.3.3 节）。
- 当从 MustInherit 类派生非 MustInherit 类时，这些非 MustInherit 类必须实现所继承的所有 MustOverride 成员，从而重写那些 MustOverride 成员。

【例 7-6】 MustInherit 类示例。

（1）创建抽象类（基类）Shape，其中包含私有数据成员 m_id、具有 1 个参数的构造函数、利用 Set 访问器和 Get 访问器设置和获取 Id 属性、1 个抽象属性 Area 利用 Get 访问器获取面积、并重写 ToString()方法。

（2）创建派生类 Square，其中包含私有数据成员 m_side、具有 2 个参数的构造函数并用“MyBase.New”调用基类构造函数、重写抽象属性 Area，利用 Get 访问器计算并返回正方形的面积。

（3）创建派生类 Circle，其中包含私有数据成员 m_radius、具有 2 个参数的构造函数并用“MyBase.New”调用基类构造函数、重写抽象属性 Area，利用 Get 访问器计算并返回圆的面积。

（4）创建派生类 Rectangle，其中包含私有数据成员 m_width 和 m_height、具有 3 个参数的构造函数并用“MyBase.New”调用基类构造函数、重写抽象属性 Area，利用 Get 访问器计算并返回长方形的面积。

操作步骤如下。

（1）在 C:\VB.NET\Chapter07\ 中创建“Visual Basic”类别的控制台应用程序项目 MustInherit。

（2）在 Module1.vb 中添加如下粗体代码：

```
Public MustInherit Class Shape ' 基类（抽象类）
    Private m_id As String
    Public Sub New(ByVal s As String)
        ID = s
    End Sub
    Public Property ID() As String
        Get
            Return m_id
        End Get
```

```
            Set(ByVal value As String)
                m_id = value
            End Set
        End Property
        Public MustOverride ReadOnly Property Area() As Double
        Public Overrides Function ToString() As String
            Return String.Format("{0} Area = {1:F2}", ID, Area)
        End Function
End Class
Public Class Square  ' 派生类：正方形
        Inherits Shape
        Private m_side As Integer
        Public Sub New(ByVal side As Integer, ByVal id As String)
            MyBase.New(id)
            m_side = side
        End Sub
        Public Overrides ReadOnly Property Area As Double
            Get
                ' 给定正方形的边，返回正方形的面积:
                Return m_side * m_side
            End Get
        End Property
End Class
Public Class Circle  ' 派生类：圆形
        Inherits Shape
        Private m_radius As Integer
        Public Sub New(ByVal radius As Integer, ByVal id As String)
            MyBase.New(id)
            m_radius = radius
        End Sub
        Public Overrides ReadOnly Property Area As Double
            Get
                ' 给定圆的半径，返回圆的面积:
                Return m_radius * m_radius * System.Math.PI
            End Get
        End Property
End Class
Public Class Rectangle ' 派生类：长方形
        Inherits Shape
        Private m_width As Integer
        Private m_height As Integer
        Public Sub New(ByVal width As Integer, ByVal height As Integer, ByVal id As String)
            MyBase.New(id)
            m_width = width
            m_height = height
        End Sub
        Public Overrides ReadOnly Property Area As Double
```

```
            Get
                '给定长方形的长和宽，返回长方形的面积:
                Return m_width * m_height
            End Get
        End Property
    End Class
    Module Module1
        Sub Main()
            ' 各种形状：正方形、圆、长方形
            Dim shapes As Shape() = {New Square(5, "Square #1"), _
                                    New Circle(3, "Circle #1"), _
                                    New Rectangle(4, 5, "Rectangle #1")}
            Console.WriteLine("Shapes Collection")
            '  输出正方形、圆、长方形的面积
            For Each s As Shape In shapes
                Console.WriteLine(s)
            Next
            Console.ReadKey()
        End Sub
    End Module
```

程序运行结果如下：

```
Shapes Collection
Square #1 Area = 25.00
Circle #1 Area = 28.27
Rectangle #1 Area = 20.00
```

7.3.2 MustOverride 属性和方法

抽象类中通过关键字 MustOverride 声明的方法或属性称为 MustOverride 方法或属性（也称为抽象方法或属性）。MustOverride 方法声明引入一个新的虚方法，但不提供该方法的任何实际实现，所以 MustOverride 方法没有方法体。非 MustOverride 类的派生类必须重写 MustOverride 方法以提供它们自己的实现。

使用 MustOverride 关键字时，方法定义仅由 Sub、Function 或 Property 语句组成。不允许有任何其他语句，特别是没有 End Sub 或 End Function 语句。MustOverride 方法必须在 MustInherit 类中声明。

【例 7-7】 MustOverride 方法示例。

（1）创建抽象类（基类）Animal，其中包含 1 个 MustOverride 方法 SayHello()。

（2）创建派生类 Dog，重写 MustOverride 方法 SayHello()。

（3）创建派生类 Cat，重写 MustOverride 方法 SayHello()。

操作步骤如下。

（1）在 C:\VB.NET\Chapter07\ 中创建 “Visual Basic” 类别的控制台应用程序项目 MustOverride。

（2）在 Module1.vb 中添加如下粗体代码：

```
MustInherit Class Animal                    ' 基类 Animal：抽象类
    Public MustOverride Sub SayHello()
```

```
End Class
Class Dog                                       ' 派生类 Dog
    Inherits Animal
    Public Overrides Sub SayHello()             '重写 SayHello()
        Console.WriteLine("Wow Wow!")
    End Sub
End Class
Class Cat                                       ' 派生类 Cat
    Inherits Animal
    Public Overrides Sub SayHello()             '重写 SayHello()
        Console.WriteLine("Mew Mew!")
    End Sub
End Class
Module Module1
    Sub Main()
        Dim animals As Animal() = {New Dog(), New Cat()}
        For Each a As Animal In animals
            a.SayHello()
        Next
        Console.ReadKey()
    End Sub
End Module
```

程序运行结果如下：

```
Wow Wow!
Mew Mew!
```

注意：

不能引用抽象方法，则会导致编译时错误。例如：

```
MustInherit Class A
    Public MustOverride Sub F()
End Class
Class B
    Inherits A
    Public Overrides Sub F()
        MyBase.F()     '错误！MyBase.F 是抽象的！
    End Sub
End Class
```

当 MustInherit 类从基类继承 Overridable 方法时，MustInherit 类可以使用 MustOverride 方法重写该 Overridable 方法。继承 MustOverride 方法的类无法访问该方法的原始实现。

例如：在下面的示例中，类 A 声明一个 Overridable 方法，MustInherit 类 B 用一个 MustOverride 方法重写此方法，而派生类 C 必须重写该 MustOverride 方法以提供它自己的实现。

```
Class A
    Public Overridable Sub F()
```

```
        Console.WriteLine("A.F")
    End Sub
End Class
MustInherit Class B
    Inherits A
    Public MustOverride Overrides Sub F()
End Class
Class C
    Inherits B
    Public Overrides Sub F()
        Console.WriteLine("C.F")
    End Sub
End Class
```

7.3.3 NotInheritable 类

通过将关键字 NotInheritable 置于关键字 Class 的前面，可以将类声明为 NotInheritable 类（也称为密封类）。NotInheritable 类不能用作基类。因此，它也不能是 MustInherit 抽象类。

NotInheritable 类主要用于防止非有意的派生。由于 NotInheritable 类从不用作基类，所以调用 NotInheritable 类成员的效率可能会更高些。

例如，.NET Framework 提供的 System 命名空间中的 Math 类就是 NotInheritable 类，其声明为：Public NotInheritable Class Math。

7.4 接口

7.4.1 接口声明

一个接口定义一个协定。接口本身不提供它所定义的成员的实现，接口只指定实现该接口的类或结构必须提供的成员，继承接口的任何非抽象类型都必须实现接口的所有成员。

接口类似于抽象基类，接口不能实例化。接口中声明的所有成员隐式地为 Public 和 MustOverride。接口可以包含事件、方法和属性，但不能包含字段。

虽然 VB.NET 类不支持基类的多重继承，但类和结构可实现多个接口。

接口是使用 Interface 关键字定义的。接口声明的基本形式如下：

```
[Partial] [接口修饰符] Interface 接口名
    接口体
End Interface
```

VB.NET 接口声明的语法与类声明的语法类似。其中各部分意义如下。

- [Partial]（可选）：用于定义部分接口。
- [接口修饰符]（可选）：用于定义接口的可访问性等信息。
- Interface…End Interface：为关键字。
- 接口名：要定义的接口的标识符，必须符合标识符的命名规则，一般采用 Pascal 命名规范，如 IMyClass（注：接口名称一般以字母 I 开头，以表明这是一个接口）。
- 接口体：用于定义该接口的成员，接口体可以为空。

7.4.2 分部接口

与分部类类似，也可以 Partial 修饰符将接口划分为多个部分（分部接口），存储在不同的源文件中，以便于开发和维护。编译时，同一命名空间或类型声明中具有相同名称的多个分部接口声明可组合在一起，来构成一个接口声明。

7.4.3 接口成员

接口通常是公共契约，故一个接口中可以声明零个或多个成员，但只能包含其成员的签名。接口的成员包括从基接口继承的成员和由接口本身声明的成员。接口成员只能包含方法、属性、事件和嵌套类型的声明。接口成员不能包含常量、字段、运算符、构造函数，也不能包含任何种类的共享成员。

所有接口成员都隐式地具有 Public 访问属性。接口成员声明中包含任何修饰符都属于编译时错误，即不能使用修饰符 MustOverride，Public，Protected，Friend，Private，Overridable，Overrides 或 Shared 来声明接口成员。

例如：

```
Public Interface IStringList
    Property Count() As Integer                          '属性
    Event Changed(ByVal Success As Boolean)              '事件
    Function GetID() As Integer                          '函数方法
    Sub Add(ByVal s As String)                           '过程方法
End Interface
```

7.4.4 接口实现

接口可以由类和结构来实现。使用关键字 Implements 实现接口时，必须实现在此接口中定义的每个成员，且实现代码中的每个签名均必须与此接口中定义的对应签名完全匹配。

若要实现接口成员，类中的对应成员必须是公共的、非共享的，并且与接口成员具有相同的名称和签名。

【例 7-8】 接口实现示例。

（1）创建基类接口 IDimensions，包含 2 个方法（GetLength()和 GetWidth()）。

（2）创建派生类 Box，包含 2 个数据成员（m_length 和 m_width）、1 个具有 2 个参数的构造函数、2 个方法（GetLength()和 GetWidth()），分别返回 Box 长和宽的尺寸。

操作步骤如下。

（1）在 C:\VB.NET\Chapter07\中创建“Visual Basic”类别的控制台应用程序项目 Interface。

（2）在 Module1.vb 中添加如下粗体代码：

```
Public Interface IDimensions    '接口 IDimensions
    Function GetLength() As Double
    Function GetWidth() As Double
End Interface
Public Class Box    '类 Box
    Implements IDimensions
    Private m_length As Double
    Private m_width As Double
    Public Sub New(ByVal length As Double, ByVal width As Double)
        m_length = length
        m_width = width
    End Sub
    Public Function GetLength() As Double Implements IDimensions.GetLength
```

```
            Return m_length
        End Function
        Public Function GetWidth() As Double Implements IDimensions.GetWidth
            Return m_width
        End Function
End Class
Module Module1
    Sub Main()
        Dim box1 As Box = New Box(30.0, 20.0)
        Console.WriteLine("Length: {0}", box1.GetLength())
        Console.WriteLine("Width: {0}", box1.GetWidth())
        Console.ReadKey()
    End Sub
End Module
```

程序运行结果如下：

```
Length: 30
Width: 20
```

说明：

在某种情况下，实现类可以实现 2 个以上的接口，且这些接口具有相同成员名称。为了区分具体实现哪个接口的哪个成员，可以采用显式接口实现，即在实现的成员前面加上接口限定符（如 IInterface.IMethod()），为每个接口成员各提供一个实现。

【例 7-9】 两个接口实现示例：同时以英制单位和公制单位显示框的尺寸。派生类 Box 类实现 IEnglishDimensions 和 IMetricDimensions 两个（基类）接口，它们表示不同的度量系统。两个基类接口有相同的成员名 Length 和 Width。

操作步骤如下。

（1）在 C:\VB.NET\Chapter07\ 中创建“Visual Basic”类别的控制台应用程序项目 TwoInterface。

（2）在 Module1.vb 中添加如下粗体代码：

```
' 声明接口 IEnglishDimensions（以英寸 inch 为单位）：
Interface IEnglishDimensions
    Function Length() As Double
    Function Width() As Double
End Interface
' 声明接口 IMetricDimensions（以公制 cm 为单位）：
Interface IMetricDimensions
    Function Length() As Double
    Function Width() As Double
End Interface
' 声明类 Box，实现两个接口 IEnglishDimensions 和 IMetricDimensions:
Class Box
    Implements IEnglishDimensions, IMetricDimensions
    Private m_lengthInches As Double
    Private m_widthInches As Double
    Public Sub New(ByVal length As Double, ByVal width As Double)
```

```
            m_lengthInches = length
            m_widthInches = width
        End Sub
        ' 显式实现 IEnglishDimensions 中的成员:
        Public Function Length() As Double Implements IEnglishDimensions.Length
            Return m_lengthInches
        End Function
        Public Function Width() As Double Implements IEnglishDimensions.Width
            Return m_widthInches
        End Function
        ' 显式实现 IMetricDimensions 中的成员:
        Public Function Length1() As Double Implements IMetricDimensions.Length
            Return m_lengthInches * 2.54F
        End Function
        Public Function Width1() As Double Implements IMetricDimensions.Width
            Return m_widthInches * 2.54F
        End Function
    End Class
    Module Module1
        Sub Main()
            ' 类 Box 的实例 box1:
            Dim box1 As Box = New Box(30.0, 20.0)
            '（以英寸 inch 为单位的）IEnglishDimensions 的实例:
            Dim eDimensions As IEnglishDimensions = CType(box1, IEnglishDimensions)
            '（以公制 cm 为单位的）IMetricDimensions 的实例:
            Dim mDimensions As IMetricDimensions = CType(box1, IMetricDimensions)
            ' 打印以英寸 inch 为单位的长宽信息:
            Console.WriteLine("Length(in): {0:0.0}", eDimensions.Length())
            Console.WriteLine("Width (in): {0:0.0}", eDimensions.Width())
            '打印以公制 cm 为单位的长宽信息:
            Console.WriteLine("Length(cm): {0:0.0}", mDimensions.Length())
            Console.WriteLine("Width (cm): {0:0.0}", mDimensions.Width())
            Console.ReadLine()
        End Sub
    End Module
```

程序运行结果如下：

```
Length(in): 30.0
Width (in): 20.0
Length(cm): 76.2
Width (cm): 50.8
```

7.4.5 接口继承

接口可以从零个或多个接口类型继承，被继承的接口称为该接口的显式基接口。当接口具有一个或多个显式基接口时，在该接口声明中，使用关键字 Inherits 指定一个由逗号分隔的基接口类型列表。

接口的成员包括从基接口继承的成员和由接口本身声明的成员，故实现该接口的类必须实现接口本身声明的成员以及该接口从基接口继承的成员。

【例 7-10】 接口继承示例。模拟银行存取款：

（1）创建基类接口 IBankAccount，包含存款方法 PayIn()、取款方法 Withdraw()、余额属性 Balance；

（2）创建派生接口 CurrentAccount，包含私有数据成员 balance、并实现存款方法 PayIn()、取款方法 Withdraw()、利用 Get 访问器返回余额 balance、实现银行转账方法 TransferTo()、并重载 ToString()方法返回银行当前账户中的余额。

操作步骤如下。

（1）在 C:\VB.NET\Chapter07\ 中创建"Visual Basic"类别的控制台应用程序项目 InterfaceInherit。

（2）在 Module1.vb 中添加如下粗体代码：

```
Public Interface IBankAccount  ' 银行账户
    Sub PayIn(ByVal amount As Decimal)          ' 存款
    Function Withdraw(ByVal amount As Decimal) As Boolean    ' 取款，并返回是否成功
    ReadOnly Property Balance() As Decimal       ' 余额
End Interface
Public Interface ITransferBankAccount             ' 转账银行账户
    Inherits IBankAccount
    Function TransferTo(ByVal destination As IBankAccount, ByVal amount As Decimal) As Boolean
End Interface
Public Class CurrentAccount                       ' 当前账户
    Implements ITransferBankAccount
    Private m_balance As Decimal
    Public ReadOnly Property Balance As Decimal Implements IBankAccount.Balance
        Get
            Return m_balance
        End Get
    End Property
    Public Sub PayIn(ByVal amount As Decimal) Implements IBankAccount.PayIn
        m_balance += amount
    End Sub
    Public Function Withdraw(ByVal amount As Decimal) As Boolean Implements IBankAccount.Withdraw
        ' 账户有足够余额，则取款，并返回是否成功
        If (m_balance >= amount) Then
            m_balance -= amount
            Return True
        Else
            Console.WriteLine("余额不足，取款失败！")
            Return False
        End If
    End Function
    Public Function TransferTo(ByVal destination As IBankAccount, ByVal amount As Decimal) As Boolean _
                Implements ITransferBankAccount.TransferTo
        Dim bResult As Boolean
        bResult = Withdraw(amount)
```

```
            If (bResult = True) Then
                destination.PayIn(amount)
            End If
            Return bResult
        End Function
        Public Overrides Function ToString() As String
            ' 返回银行当前账户中的余额
            Return String.Format("Balance = {0,6:C}", Balance)
        End Function
    End Class
Module Module1
    Sub Main()
        ' 账户 1: 当前账户
        Dim account1 As IBankAccount = New CurrentAccount()
        ' 账户 2: 转账账户
        Dim account2 As ITransferBankAccount = New CurrentAccount()
        ' 账户 1: 存款
        account1.PayIn(200)
        ' 账户 2: 存款
        account2.PayIn(500)
        ' 账户 2 转账到 账户 1
        account2.TransferTo(account1, 100)
        ' 显示账户余额
        Console.WriteLine(account1.ToString())
        Console.WriteLine(account2.ToString())
        Console.ReadKey()
    End Sub
End Module
```

程序运行结果如下：

```
Balance = ￥300.00
Balance = ￥400.00
```

第 8 章　委托和事件

大多数 Windows 程序基于事件实现各种逻辑处理功能。VB.NET 通过委托和事件，以实现事件处理机制。

本章要点

- 委托的基本概念；
- 委托的声明、实例化和调用；
- 多播委托；
- 事件处理机制；
- 事件的声明、订阅和取消；
- .NET Framework 事件模型。

8.1　委托

委托是用来处理其他语言（如 C/C++、Pascal 和 Modula）需用函数指针来处理的情况的。不过与 C/C++函数指针不同，委托是完全面向对象的，是类型安全的；而且 C/C++中的函数指针只是一个指向存储单元的指针，故无法保证指针实际指向内容为正确类型的函数（参数和返回类型），即 C/C++中的函数指针是不安全的；另外，C/C++指针仅指向成员函数，而委托同时封装了对象实例和方法。

委托是可保存对方法的引用的类。与其他的类不同，委托类具有一个签名，并且它只能对与其签名匹配的方法进行引用。这样，委托就等效于一个类型安全函数指针或一个回调。

委托声明定义一个从 System.Delegate 类派生的类。委托实例封装了一个调用列表，该列表列出了一个或多个方法，每个方法称为一个可调用实体。对于实例方法，可调用实体由该方法和一个相关联的实例组成。对于共享方法，可调用实体仅由一个方法组成。用一个适当的参数集来调用一个委托实例，就是用此给定的参数集来调用该委托实例的每个可调用实体。

8.1.1　委托的声明

委托声明定义一个从 System.Delegate 类的派生类 System.MulticastDelegate 派生的类。委托声明的基本形式如下：

```
[委托修饰符] Delegate Sub 委托名 ([形参列表])
```

或者：

```
[委托修饰符] Delegate Function 委托名 ([形参列表]) As 返回值类型
```

其中，委托修饰符指定方法的可访问性等，返回值类型指定与委托匹配的方法的返回值类型，形参列表指定与委托匹配的方法的形参列表。例如：

```
Delegate Sub D1(ByVal i As Integer, ByVal d As Double)    '声明委托
Delegate Sub D2(ByVal i As Integer)                       '声明委托
Class A
```

```
    Public Shared Sub M1(ByVal i As Integer, ByVal d As Double)
        Console.WriteLine("Method A.M1")
    End Sub
End Class
Class B
    Delegate Sub D3(ByVal i As Integer, ByVal d As Double)   '在类中声明嵌套类型：委托
    Public Shared Sub M1(ByVal i As Integer, ByVal d As Double)
        Console.WriteLine("Method B.M1")
    End Sub
    Public Shared Sub M2(ByVal i As Integer, ByVal d As Double)
        Console.WriteLine("Method B.M2")
    End Sub
    Public Shared Sub M3(ByVal i As Integer)
        Console.WriteLine("Method B.M3")
    End Sub
End Class
```

在上例中，委托类型 D1 和类 B 中的嵌套委托类型 D3 与方法 A.M1 和 B.M1 匹配，它们具有相同的返回类型和参数列表；委托类型 D2 与方法 B.M3 匹配，它们具有相同的返回类型和参数列表。

注意：委托声明实际上是定义一个从 System.MulticastDelegate 类派生的类，但委托声明的语法与一般 VB.NET 类的声明语法不一致。VB.NET 编译器会根据委托的声明语法，自动创建一个派生于 System.MulticastDelegate 的类及其相关实现细节。

8.1.2 委托的实例化和调用

声明了委托（实际上是一个类型）后，需要创建委托的实例，然后调用其方法。创建委托实例的基本形式如下：

```
Dim 委托实例名 As 委托名 = New 委托名(AddressOf 匹配方法)
```

其中，委托名是前面声明的委托类型名称（即类名）；委托实例名是要创建的委托的实例名称（即对象名）；匹配方法是与委托的签名（由返回类型和参数组成）匹配的任何可访问类或结构中的任何方法。方法可以是共享方法，也可以是实例方法。如果是共享方法，则使用名称：类名.方法名；如果是实例方法，则需要先创建类的实例对象，然后使用名称：实例对象名.方法名。也可以采用下列形式直接把方法名赋值给委托实例名来创建一个委托实例：

```
Dim 委托实例名 As 委托名 =AddressOf 匹配方法
```

委托实例的调用与方法的调用类似，其基本形式如下：

```
委托实例名(实参列表)
```

也可使用通过调用委托实例内置的 Invoke 方法调用与该委托关联的方法：

```
委托实例名.Invoke(实参列表)
```

【例 8-1】 委托的实例化和调用示例 1。

在 C:\VB.NET\Chapter08\中创建“Visual Basic”类别的控制台应用程序项目 Delegate，并在 Module1.vb 中添加如下粗体代码。

```
Delegate Sub D(ByVal x As Integer)
Class C
    Public Shared Sub M1(ByVal i As Integer)
        Console.WriteLine("C.M1:{0}", i)
    End Sub
    Public Shared Sub M2(ByVal i As Integer)
        Console.WriteLine("C.M2:{0}", i)
    End Sub
    Public Sub M3(ByVal i As Integer)
        Console.WriteLine("C.M3: {0}", i)
    End Sub
End Class
Module Module1
    Sub Main()
        Dim cd1 As D = New D(AddressOf C.M1)
        cd1(-1) ' call M1
        Dim cd2 As D = AddressOf C.M2
        cd2(-2) ' call M2
        Dim c1 As C = New C()
        Dim cd3 As D = New D(AddressOf c1.M3)
        cd2(-3) ' call M3
        Console.ReadKey()
    End Sub
End Module
```

程序运行结果如下：

```
C.M1:-1
C.M2:-2
C.M2:-3
```

委托的一种主要用途就是将类型安全的函数指针（方法）作为其他方法的参数进行传递，从而实现函数回调方法的功能。

【例 8-2】 委托的实例化和调用示例 2：编写一个通用的排序程序，将不同的排序算法作为函数指针参数传递。这样可以实现排序算法代码分离，从而方便用户编写或者改进不同的排序算法。

在 C:\VB.NET\Chapter08\中创建“Visual Basic”类别的控制台应用程序项目 Delegate2，并在 Module1.vb 中添加如下粗体代码。

```
Delegate Sub SortMethod(ByRef A() As Integer)
Class ArraySort
    Public Shared Sub DisplayArray(ByRef A() As Integer)
        '打印数组内容
        For Each i As Integer In A
            Console.Write("{0,5} ", i)
        Next
        Console.WriteLine()
    End Sub
    Public Shared Sub GeneralSort(ByRef A() As Integer, ByRef sort As SortMethod)
```

```
        sort(A)
        Console.WriteLine("升序数组: ")
        DisplayArray(A)                                          '打印数组内容
    End Sub
    Public Shared Sub BubbleSort(ByRef A() As Integer)           '冒泡算法
        Dim index As Integer
        Dim index1 As Integer
        Dim t As Integer
        Dim N As Integer = A.Length                              '获取数组 A 的长度 N
        For index = 1 To N - 1                                   '外循环进行 N-1 轮比较
            For index1 = 0 To N - 1 - index                      '内循环两两比较，大数下沉
                If A(index1) > A(index1 + 1) Then
                    t = A(index1)
                    A(index1) = A(index1 + 1)
                    A(index1 + 1) = t
                End If
            Next
        Next
    End Sub
    Public Shared Sub SelectSort(ByRef A() As Integer)           '选择算法
        Dim index As Integer
        Dim index1 As Integer
        Dim MinI As Integer
        Dim t As Integer
        Dim N As Integer = A.Length                              '获取数组 A 的长度 N
        For index = 0 To N - 2                                   '外循环进行 N-1 轮比较
            MinI = index
            For index1 = index To N - 1                          '内循环中在无序数中找最小值
                If A(index1) < A(MinI) Then
                    MinI = index1
                End If
            Next
            ' 最小值与无序数中的第一个元素交换
            t = A(index)
            A(index) = A(MinI)
            A(MinI) = t
        Next
    End Sub
End Class
Module Module1
    Sub Main()
        Dim A(9) As Integer
        Dim rNum As Random = New Random()
        For i = 0 To 9
            A(i) = rNum.Next(101)                                '数组 A 赋值(0~100 之间的随机数)
        Next
        Console.WriteLine("原始数组: ")
        ArraySort.DisplayArray(A)                                '打印数组内容
```

```
        Dim d1 As SortMethod = AddressOf ArraySort.BubbleSort '创建委托实例,指向冒泡算法
        Console.Write("冒泡算法---")
        ArraySort.GeneralSort(A, d1)
        For i = 0 To 9
            A(i) = rNum.Next(101)                  '数组 A 赋值(0~100 之间的随机数)
        Next
        Console.WriteLine("原始数组: ")
        ArraySort.DisplayArray(A)                  '打印数组内容
        Dim d2 As SortMethod = AddressOf ArraySort.SelectSort '创建委托实例,指向选择算法
        Console.Write("选择算法---")
        ArraySort.GeneralSort(A, d2)
        Console.ReadKey()
    End Sub
End Module
```

程序运行结果如下（因为测试数据是随机生成的整数，每次运行结果会有所不同）：

```
原始数组:
  23   89   39   41   61   21   65   77   27   69
冒泡算法---升序数组:
  21   23   27   39   41   61   65   69   77   89
原始数组:
  74   22   55   13   68   54   34   73   45   93
选择算法---升序数组:
  13   22   34   45   54   55   68   73   74   93
```

8.1.3 匿名方法委托

如前所述，创建委托实例时，必须指定与其匹配的方法，匹配方法可以为可访问类或结构中的任何方法。如果匹配方法不存在，则需要先声明类或结构以及与委托匹配的方法。

VB.NET 中提供了另外一种简捷方法来创建委托的实例：匿名方法。即无需先声明类或结构以及与委托匹配的方法，而是在创建委托的实例时，直接声明与委托匹配的方法的代码块（匿名方法）。其声明的基本形式如下：

```
Dim 委托实例名 As 委托名 = Sub ([形参列表])
                        过程体
                       End Sub
```

或者：

```
Dim 委托实例名 As 委托名 = Function ([形参列表])
                        函数体
                       End Function
```

【例 8-3】 匿名方法委托示例。

在 C:\VB.NET\Chapter08\ 中创建“Visual Basic”类别的控制台应用程序项目 AnonymousDelegate，并在 Module1.vb 中添加如下粗体代码。

```
' 声明委托
Delegate Sub Printer(ByVal s As String)
Class TestClass
```

```
        ' 与命名委托相关的方法:
        Shared Sub DoWork(ByVal k As String)
            Console.WriteLine(k)
        End Sub
    End Class
    Module Module1
        Sub Main()
            ' 使用匿名方法实例化 delegate 类:
            Dim p As Printer = Sub(j As String)
                                   Console.WriteLine(j)
                               End Sub
            ' 匿名 delegate 调用结果:
            p("使用匿名方法的委托的调用.")
            ' 使用"DoWork"方法对 delegate 实例化:
            p = New Printer(AddressOf TestClass.DoWork)
            ' 传统 delegate 调用结果:
            p("使用命名方法的委托的调用.")
            Console.ReadKey()
        End Sub
    End Module
```

程序运行结果如下：

```
使用匿名方法的委托的调用.
使用命名方法的委托的调用.
```

8.1.4 多播委托

委托也可以包含多个方法，这种委托称为多播委托。如果调用多播委托实例，则按顺序依次调用多播委托实例封装的调用列表中的多个方法。

注意：声明多播委托时，其匹配方法必须为过程，即不能返回任何值，因为无法处理多次调用的返回值。

多播委托通过 System.Delegate.Combine 向多播委托实例封装的调用列表中添加方法；通过 System.Delegate.Remove 从多播委托实例封装的调用列表中删除方法。

【例 8-4】 多播委托示例：通过 System.Delegate.Combine 向多播委托实例封装的调用列表中添加方法；通过 System.Delegate.Remove 从多播委托实例封装的调用列表中删除方法。

在 C:\VB.NET\Chapter08\中创建“Visual Basic”类别的控制台应用程序项目 MultiDelegate，并在 Module1.vb 中添加如下粗体代码。

```
Delegate Sub D(ByVal x As Integer)
Class C
    Public Shared Sub M1(ByVal i As Integer)
        Console.WriteLine("C.M1:{0} ", i)
    End Sub
    Public Shared Sub M2(ByVal i As Integer)
        Console.WriteLine("C.M2:{0} ", i)
    End Sub
    Public Sub M3(ByVal i As Integer)
```

```
        Console.WriteLine("C.M3:{0} ", i)
    End Sub
End Class
Module Module1
    Sub Main()
        Dim cd1 As D = New D(AddressOf C.M1)
        cd1(-1)                                          ' 调用 M1
        Dim cd2 As D = New D(AddressOf C.M2)
        cd2(-2)                                          ' 调用 M2
        Dim cd3 As D = System.Delegate.Combine(cd1, cd2)
        cd3(10)                                          ' 先调用 M1，然后调用 M2
        cd3 = System.Delegate.Combine(cd3, cd1)
        cd3(20)                                          ' 调用 M1、M2，然后调用 M1
        Dim objC As C = New C()
        Dim cd4 As D = New D(AddressOf objC.M3)
        cd3 = System.Delegate.Combine(cd3, cd4)
        cd3(30)                                          ' 调用 M1、M2、M1，然后调用 M3
        cd3 = System.Delegate.Remove(cd3, cd1)           ' 删除最后一个 M1
        cd3(40)                                          ' 调用 M1、M2，然后调用 M3
        cd3 = System.Delegate.Remove(cd3, cd4)
        cd3(50)                                          ' 先调用 M1，然后调用 M2
        cd3 = System.Delegate.Remove(cd3, cd2)
        cd3(60)                                          ' 调用 M1
        cd3 = System.Delegate.Remove(cd3, cd2)           ' 没有 M2 可删除，但不报错
        cd3(70)                                          ' 调用 M1
        cd3 = System.Delegate.Remove(cd3, cd2)           ' 删除 M1 后，调用列表为 null
        ' cd3(80)                                        ' 抛出 System.NullReferenceException 异常
        cd3 = System.Delegate.Remove(cd3, cd1)           ' 没有 M1 可删除，但不报错
        Console.ReadKey()
    End Sub
End Module
```

程序运行结果如下：

```
C.M1:-1
C.M2:-2
C.M1:10
C.M2:10
C.M1:20
C.M2:20
C.M1:20
C.M1:30
C.M2:30
C.M1:30
C.M3:30
C.M1:40
C.M2:40
C.M3:40
```

```
C.M1:50
C.M2:50
C.M1:60
C.M1:70
```

8.2 事件

8.2.1 事件处理机制

类或对象可以通过事件向其他类或对象通知发生的相关事情。发送（或引发）事件的类称为“发行者”（生产者），接收（或处理）事件的类称为“订户”（消费者）。

事件是一种使对象或类能够提供通知的成员。客户端可以通过提供事件处理程序（event handler）为相应的事件添加可执行代码。

事件是对象发送的消息，以发信号通知操作的发生。操作可能是由用户交互（例如鼠标单击）引起的，也可能是由某些其他的程序逻辑触发的。

事件具有以下特点：

- 发行者确定何时引发事件，订户确定执行何种操作来响应该事件；
- 一个事件可以有多个订户。一个订户可处理来自多个发行者的多个事件；
- 没有订户的事件永远不会被调用；
- 事件通常用于通知用户操作，例如，图形用户界面中的按钮单击或菜单选择操作；
- 如果一个事件有多个订户，当引发该事件时，会同步调用多个事件处理程序；
- 可以利用事件同步线程；
- 在.NET Framework 类库中，事件是基于 EventHandler 委托和 EventArgs 基类的。

在 VB.NET 中，事件实际上是委托的一种特殊形式。VB.NET 使用一种委托模型来实现事件。事件模型分为事件生产者和事件消费者，其处理机制大致可以分为下列 4 步：

（1）在事件生产者类中声明一个事件成员；

（2）在事件消费者类中声明与事件相匹配的事件处理方法；

（3）通过 WithEvents 语句和 Handles 子句指定事件处理程序的方法：WithEvents 所声明对象引发的事件可以由任何子例程用命名此事件的 Handles 子句来处理（参见例 8-5）；或通过 AddHandler 和 RemoveHandler 将事件与一个或更多的事件处理程序连接或者断开（参见例 8-7）；

（4）在事件生产者类中添加有关发生事件的代码，即当满足某种条件时（发生事件），则调用委托，即调用多播事件委托实例封装的调用列表中添加的事件处理方法。如果没有订阅，即事件实例为 Nothing，则不作任何处理。

事件处理机制如图 8-1 所示。

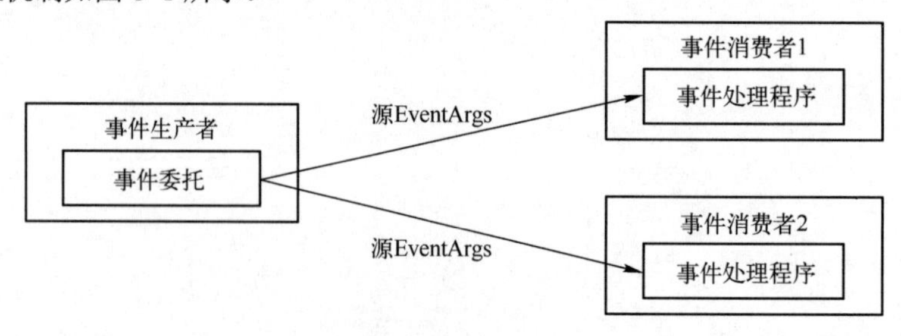

图 8-1　事件处理机制

【例 8-5】 事件处理机制示例。在典型的 VB.NET Windows 窗体应用程序中，可订阅由控件（如按钮）引发的事件。本例的事件生产者类为 Button 类，其中定义事件 Click，以及相应的有关发生事件/调用事件处理方法的代码。

操作步骤如下。

（1）在 C:\VB.NET\Chapter08\中新建一个“Visual Basic”类别的 Windows 窗体应用程序项目 EventHandle。

（2）右击 Form1 窗体空白处，执行快捷菜单中的【查看代码】命令，在 Form1.vb 编辑窗口中编写如下代码：

```
Imports System
Imports System.Drawing
Public Class MyForm
    Inherits Form
    Friend WithEvents TextBox1 As System.Windows.Forms.TextBox
    Friend WithEvents Button1 As System.Windows.Forms.Button
    Public Sub New()
        Me.TextBox1 = New System.Windows.Forms.TextBox()
        Me.Button1 = New System.Windows.Forms.Button()
        Me.SuspendLayout()
        '设置按钮文本内容
        Me.TextBox1.Location = New System.Drawing.Point(77, 37)
        Me.TextBox1.Name = "TextBox1"
        Me.TextBox1.Text = "Hello"
        Me.TextBox1.Size = New System.Drawing.Size(100, 21)
        Me.Button1.Location = New System.Drawing.Point(87, 89)
        Me.Button1.Name = "Button1"
        Me.Button1.Text = "Click Me!"
        Me.Controls.Add(Me.Button1)
        Me.Controls.Add(Me.TextBox1)
    End Sub
    Private Sub Button1_Click(sender As System.Object, e As System.EventArgs) Handles Button1.Click
        TextBox1.BackColor = System.Drawing.Color.Cyan
    End Sub
    Public Shared Sub Main()
        Application.Run(New MyForm())
    End Sub
End Class
```

程序运行结果如图 8-2 所示。

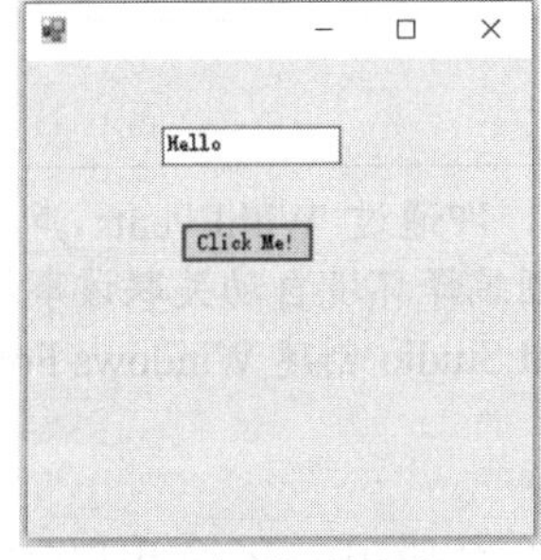

（a）初始运行界面

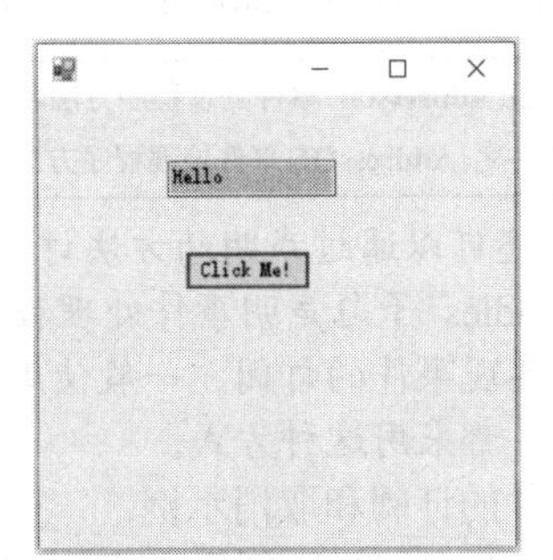

（b）单击按钮后的界面

图 8-2　例 8-5 运行结果

注意：

（1）本例要正常运行，需要在解决方案资源管理器中，右击项目名称 EventHandle，执行快捷菜单中的【属性】命令，将应用程序的“启动对象”改为“MyForm”即可。

（2）为了说明原理，上述代码比较简洁。开发 Windows 窗口应用程序，一般使用集成开发环境（IDE），通过浏览控件发布的事件，选择要处理的事件，IDE 会自动添加空事件处理程序方法和订阅事件的代码。使用设计器可以实现快速开发任务，但是，IDE 将生成附加代码。

8.2.2 事件的声明和引发

VB.NET 中使用关键字 Event 在事件生成者类中声明事件，其基本形式如下：

```
[修饰符] Event 事件名([形参列表])
```

例如：

```
Event AnEvent(ByVal EventNumber As Integer)
```

注意：通过关键字 Event，VB.NET 编译器将自动生成所有事件处理机制所需要的成员和处理代码。

VB.NET 中使用 RaiseEvent 语句引发事件，例如：

```
RaiseEvent AnEvent(EventNumber)
```

【例 8-6】 事件的声明和引发示例。

```
Public Class Publisher
        ' 声明事件
        Public Event SampleEvent(ByVal EventNumber As Integer)
        ' 声明产生事件的方法
        Sub RaiseSampleEvent(ByVal EventNumber As Integer)
            RaiseEvent SampleEvent(EventNumber)
        End Sub
End Class
```

8.2.3 事件的订阅和取消

VB.NET 通过 AddHandler 将一个事件处理程序与事件连接，即订阅事件；也可通过 RemoveHandler 将一个事件处理程序与事件断开，即取消订阅。所有订户都取消订阅事件后，发行者类中的事件实例将设置为 Nothing。订阅/取消事件的基本形式如下：

```
AddHandler 对象.事件名, AddressOf 事件处理程序方法名
RemoveHander 对象.事件名, AddressOf 事件处理程序方法名
```

注：VB.NET 还可以通过声明的方法订阅事件，即通过 WithEvents 声明对象（其中包含事件），然后通过 Handles 子句声明事件处理程序，则编译环境自动关联该事件与事件处理程序，即通过声明的方法实现事件的订阅。一般使用 Visual Studio 创建 Windows Forms 程序时，自动产生的事件处理代码，都采用这种方式。

【例 8-7】 事件的订阅和取消示例。

在 C:\VB.NET\Chapter08\中创建“Visual Basic”类别的控制台应用程序项目 EventHandle3，并在 Module1.vb 中添加如下粗体代码。

```
Public Class EventPublisher
    ' 声明事件
    Public Event Event1(ByVal EventNumber As Integer)
    ' 声明引发事件的方法
    Sub CauseEvent(ByVal EventNumber As Integer)
        RaiseEvent Event1(EventNumber)
    End Sub
End Class
Class EventSubscriber
    Public Sub TestEvents(ByVal EventNumber As Integer)
        Dim Obj As New EventPublisher
        ' 订阅事件
        AddHandler Obj.Event1, AddressOf EventHandler
        ' 产生事件
        Obj.CauseEvent(EventNumber)
        ' 取消订阅
        RemoveHandler Obj.Event1, AddressOf EventHandler
        ' 产生事件
        Obj.CauseEvent(EventNumber)
    End Sub
    Sub EventHandler(ByVal EventNumber As Integer)
        Console.WriteLine("Received event number {0}", EventNumber)
    End Sub
End Class
Module Module1
    Sub Main()
        Dim Obj As New EventSubscriber
        Obj.TestEvents(10)
        Console.ReadKey()
    End Sub
End Module
```

程序运行结果如下：

```
Received event number 10
```

说明：

虽然也可以使用匿名方法委托来订阅事件，但是采用这种方法时，事件的取消订阅过程将比较麻烦：需要将该匿名方法存储在委托变量中，然后通过委托实例实现取消事件操作。

8.2.4　.NET Framework 事件模型

在.NET Framework 中，事件模型由三个互相联系的元素提供的：提供事件数据的类、事件委托和引发事件的类，并约定其命名规则如下（以引发名为 EventName 的事件为例）。

- 提供事件数据的类必须是从 System.EventArgs 派生，命名为 EventNameEventArgs。
- 事件的委托，命名为 EventNameEventHandler。
- 引发事件的类。该类必须提供事件声明（EventName）和引发事件（OnEventName）的方法。

.NET Framework 类库中定义了大量的事件数据类和事件委托类，可以根据需要直接使用，而不需要定义这些类。例如，如果事件不使用自定义数据，则可以使用 System.EventArgs 作为事件数据，并使用 System.EventHandler 作为委托。下面为 System.Windows.Forms 命名空间中包含的几个事件处理委托：

```
Public Delegate Sub DragEventHandler (sender As Object, e As DragEventArgs)
Public Delegate Sub KeyEventHandler (sender As Object, e As DragEventArgs)
Public Delegate Sub MouseEventHandler (sender As Object, e As DragEventArgs)
```

8.2.5 综合举例：实现事件的步骤

按照.NET Framework 事件模型，在 VB.NET 中实现事件处理的基本步骤如下。

步骤 1：声明提供事件数据的类。从 System.EventArgs 派生提供事件数据的类。

步骤 2：声明引发事件的类（事件生产类）。

步骤 2-1：在事件生产类中，声明事件。

步骤 2-2：在事件生产类中，实现产生事件的代码。

步骤 3：声明处理事件的类（事件消费类）。

步骤 3-1：在事件消费类中，声明事件处理方法。

步骤 3-2：在事件消费类中，订阅或取消事件。

【例 8-8】 事件处理综合示例。

在 C:\VB.NET\Chapter08\ 中创建“Visual Basic”类别的控制台应用程序项目 EventImplement，并在 Module1.vb 中添加如下粗体代码。

```
Imports System.Collections
    '步骤 1：声明提供事件数据的类。
Public Class NameListEventArgs
    Inherits EventArgs
    Public Property Name() As String        '自动实现的属性
    Public Property Count() As Integer      '自动实现的属性
    Public Sub New(ByVal name As String, ByVal count As Integer)
        Me.Name = name
        Me.Count = count
    End Sub
End Class
'步骤 2：声明引发事件的类（事件生产类）。
Public Class NameList
    Dim list As ArrayList
    '步骤 2-1：在事件生产类中，声明事件。
    Public Event nameListEvent(ByVal sender As Object, ByVal e As NameListEventArgs)
    Public Sub New()
        Me.list = New ArrayList()
    End Sub
    Public Sub Add(ByVal Name As String)
        Me.list.Add(Name)
        '步骤 2-2：在事件生产类中，实现产生事件的代码。
        RaiseEvent nameListEvent(Me, New NameListEventArgs(Name, list.Count))
    End Sub
End Class
```

```
'步骤 3：声明处理事件的类（事件消费类）。
Public Class EventDemo
    '步骤 3-1：在事件消费类中，声明事件处理方法。
    Public Shared Sub Method1(ByVal sender As Object, ByVal e As NameListEventArgs)
        Console.WriteLine("列表中增加了项目：{0}", e.Name)
    End Sub
    '步骤 3-2：在事件消费类中，声明事件处理方法。
    Public Shared Sub Method2(ByVal sender As Object, ByVal e As NameListEventArgs)
        Console.WriteLine("列表中的项目数：{0}", e.Count)
    End Sub
    Public Shared Sub Main()
        Dim nl As NameList = New NameList()
        '步骤 3-3：在事件消费类中，订阅或取消事件。
        AddHandler nl.nameListEvent, AddressOf EventDemo.Method1
        AddHandler nl.nameListEvent, AddressOf EventDemo.Method2
        nl.Add("张三")
        nl.Add("李四")
        nl.Add("王五")
        Console.ReadKey()
    End Sub
End Class
```

程序运行结果如下：

```
列表中增加了项目：张三
列表中的项目数：1
列表中增加了项目：李四
列表中的项目数：2
列表中增加了项目：王五
列表中的项目数：3
```

注意：

本例要正常运行，需要在解决方案资源管理器中，右击项目名称 EventImplement，执行快捷菜单中的【属性】命令，将应用程序的“启动对象”改为“EventDemo”即可。

第9章　模块、结构和枚举

模块一般用于定义全局的变量、属性、事件和过程。结构可视为轻量级类，是用于存储少量数据的数据类型的理想选择。枚举是值类型的一种特殊形式，用于声明一组命名的常量。

本章要点

- 模块的声明和调用；
- VB.NET 预定义模块；
- 结构与类的区别；
- 结构的声明和调用；
- 枚举的声明和使用；
- System.Enum 的使用；
- VB.NET 预定义枚举。

9.1　模块

9.1.1　模块概述

模块（又称为"标准模块"），一般用于定义全局的变量、属性、事件和过程。模块具有与程序相同的生存期。

模块的声明上下文必须是源文件或命名空间，而不能是类、结构、模块、接口、过程或块，即不能在一个模块或任何类型中嵌套另一个模块。

与类不同，一般需要创建类的对象，然后再引用；每个模块均正好有一个实例，并且无需创建此实例或将其赋给变量。模块不支持继承，也不实现接口。

模块并非类型，模块只是定义全局的变量、属性、事件和过程的集合。某种程度上讲，模块的存在是为了兼容早期版本的一些编程要素。

Visual Basic 提供了多个可简化代码中常规任务的模块，这些任务包括处理字符串、执行数学计算、获取系统信息、执行文件操作和目录操作等（请参见附录C）。

9.1.2　模块的声明和调用

模块的声明与类的声明类似。模块的调用与类不同，即无需创建实例对象，可直接访问其定义的可访问成员。模块声明的简明形式如下：

```
[访问修饰符] Module 模块名
    模块体
End Module
```

其中各部分意义如下。

- [访问修饰符]（可选）：Public 或 Friend。
- Module…End Module：为关键字。
- 模块名：定义的模块的标识符，必须符合标识符的命名规则，一般采用 Pascal 命名规范，如 MyModule。

- 模块体：用于定义该模块的成员（定义此模块的变量、属性、事件、过程和嵌套类型的语句），模块体可以为空。

【例 9-1】 模块的声明示例。

操作步骤如下。

（1）在 C:\VB.NET\Chapter09\ 中创建“Visual Basic”类别的控制台应用程序项目 ModuleTest。

（2）按快捷键 Ctrl+Shift+A 打开【添加新项】对话框，双击“模块”选项将自动添加新模块 Module2。（或者，执行菜单命令【项目】|【添加模块】，或者在解决方案资源管理器中，右击项目名称 ModuleTest，执行快捷菜单中的【添加】|【模块】命令，均可以打开【添加新项】对话框，在【名称】文本框输入模块名称：Module2.vb，单击“添加”命令按钮。）

（3）在 Module2.vb 中添加如下粗体代码。

```
Public Module MyModule
    Sub Main()
        Dim userName As String = InputBox("请输入你的姓名?")
        MsgBox("您好！  " & userName)
    End Sub
End Module
```

（4）在解决方案资源管理器中，右击项目名称 ModuleTest，执行快捷菜单中的【属性】命令，将应用程序的“启动对象”改为“MyModule”。

程序运行结果如图 9-1 所示。

图 9-1　模块声明和调用的运行结果

9.1.3 模块成员

模块中可以声明的成员有：常量，变量，方法（过程和函数），属性，事件和嵌套类型。

模块成员的访问级别，常量和变量默认为 Private，其他成员默认为 Public。可以在声明成员时指定其访问级。

模块的范围贯穿其命名空间。每个模块成员的范围是整个模块。但所有成员都会经受类型提升，这将使它们的范围提升到包含模块的命名空间。

一个项目中可以包含多个模块，而且可以在两个或更多个模块中声明名称相同的成员。但是，如果从模块外引用此类成员，则必须用适当的模块名称来限定此类成员。

【例 9-2】 模块的成员示例。

在 C:\VB.NET\Chapter09\ 中创建“Visual Basic”类别的控制台应用程序项目 ModuleMember，并在 Module1.vb 中添加如下粗体代码。

```
Public Module MyModule1
    '声明变量 iCount，默认访问级别为 Private，故在 Module Module1 中不能访问
    Dim iCount As Integer = 0
```

```
    '声明常量 iCount_Step，定义其访问级别为 Public，故在 Module Module1 中可访问
    Public Const iCount_Step As Integer = 1
    '声明常量 MODULE_NAME，定义其访问级别为 Public，故在 Module Module1 中可访问
    '但 Module Module2 中也声明了相同变量，故需要使用限定名称 MyModule1.MODULE_NAME
    Public Const MODULE_NAME As String = "MyModule1"
    '声明过程 Count_Up，默认访问级别为 Public
    Sub Count_Up()
        iCount = iCount + iCount_Step
    End Sub
    '声明过程 Count_Down，默认访问级别为 Public
    Sub Count_Down()
        iCount = iCount - iCount_Step
    End Sub
    '声明属性 Count，默认访问级别为 Public
    ReadOnly Property Count As Integer
        Get
            Return iCount
        End Get
    End Property
End Module
Public Module MyModule2
    '声明常量 MODULE_NAME，定义其访问级别为 Public，故在 Module Module1 中可访问
    '但 Module MyModule1 中也声明了相同变量，故需要使用限定名称 MyModule2.MODULE_NAME
    Public Const MODULE_NAME As String = "MyModule2"
    '声明嵌套类型
    Class MyMath
        Shared Function Add(ByVal a As Double, ByVal b As Double)
            Return a + b
        End Function
    End Class
End Module
Module Module1
    Sub Main()
        Console.WriteLine("ModuleName：{0}", MyModule1.MODULE_NAME) '访问 MyModule1.MODULE_NAME 常量
        Console.WriteLine("Count Step：{0}", iCount_Step)  '访问 MyModule1.iCount_Step 常量
        Count_Up()                                        '访问 MyModule1.Count_Up 方法
        Count_Up()                                        '访问 MyModule1.Count_Up 方法
        Console.WriteLine("Count：{0}", Count)             '访问 MyModule1.Count 属性
        Count_Down()                                      '访问 MyModule1.Count_Up 方法
        Console.WriteLine("Count：{0}", Count)             '访问 MyModule1.Count 属性
        'Console.WriteLine("Count：{0}", iCount)           '编译错误，无法访问 MyModule1.iCount(Private)
        Console.WriteLine("ModuleName：{0}", MyModule2.MODULE_NAME) '访问 MyModule2.MODULE_NAME 常量
        Console.WriteLine("{0}+{1}={2}", 10, 20, MyMath.Add(10, 20))    '访问 MyModule2.MyMath 嵌套类型
        Console.ReadKey()
    End Sub
End Module
```

程序运行结果如下：

```
ModuleName：MyModule1
Count Step：1
Count：2
Count：1
ModuleName：MyModule2
10+20=30
```

9.1.4 VB.NET 预定义模块

为了兼容早期版本的一些编程要素，包括全局常量、过程/函数、枚举等，在 VB.NET 中引入了 Visual Basic 运行时模块（程序集 Microsoft.VisualBasic.dll，命名空间 Microsoft.VisualBasic），Visual Basic 编译器自动引用该命名空间，故在程序中可直接使用该命名空间定义的模块中包含的成员过程、属性、常量和枚举。

Visual Basic 运行时包含的模块及各模块包含的内容，请参见附录 C。

9.2 结构

9.2.1 结构概述

结构与类很相似，均为包含数据成员和函数成员的数据结构。结构可视为轻量级类，是创建用于存储少量数据的数据类型的理想选择。

然而，类是存储在堆（Heap）上的引用类型，而结构是存储在堆栈（Stack）上的值类型。如果从结构创建一个对象并将该对象赋给某个变量，则该变量包含结构的全部值。复制包含结构的变量时，将复制所有数据，对新副本所做的任何修改都不会改变旧副本的数据。

结构类型适于表示 Point、Rectangle、Color 和复数等轻量对象。尽管可以将一个坐标系中的点表示为类，但在某些情况下，使用结构更有效。例如，如果声明一个 1000 个 Point 对象组成的数组，为了引用每个对象，则需分配更多内存；这种情况下，使用结构可以节约资源。

事实上，VB.NET 中内建的基本值类型（如 Int32、Int64、Double 等）在.NET Framework 中均采用结构来实现。

结构是值类型，因而可以通过装箱/拆箱操作，实现与 Object 类型或由该结构实现的接口类型之间的转换。

结构在以下几个重要方面和类是不同的。

① 结构是值类型且被称为具有值语义，而类是引用类型且被称为具有引用语义。对结构类型变量进行赋值意味着将创建所赋的值的一个副本，而对类变量的赋值，所复制的是引用，而不是复制由该引用所标识的对象。

② 对于结构，不像类那样存在继承。一个结构不能从另一个结构或类继承，而且不能作为一个类的基，结构声明可以指定实现的接口列表。但是，所有结构都直接继承自 System.ValueType，而 System.ValueType 则继承自 System.Object。

③ 结构类型永远不会是抽象的，并且始终是隐式密封的。

④ 与类不同，结构不允许声明无形参实例构造函数。相反，每个结构隐式地具有一个无形参实例构造函数，该构造函数始终返回相同的值，即通过将所有的值类型字段设置为它们的默认值，并将所有引用类型字段设置为 Nothing。结构可以声明具有形参的实例构造函数。

9.2.2 结构的声明

VB.NET 结构声明的语法与类声明的语法类似，但是使用关键字 **Structure…End**

Structure。结构声明的简明形式如下：

```
[Partial] [结构修饰符] Structure 结构名
    结构体
End Structure
```

其中各部分意义如下。

- [Partial]（可选）：用于定义部分结构。
- [结构修饰符]（可选）：用于定义结构的可访问性等信息。
- Structure…End Structure：为关键字。
- 结构名：为要定义的结构的标识符，必须符合标识符的命名规则，一般采用 Pascal 命名规范，例如：Point。
- 结构体：用于定义该结构的成员，包括在 Structure…End Structure 之间。结构体不可以为空。

例如，声明一个表示平面坐标系中的点的结构 Point：

```
Structure Point
    Public x As Integer       '结构成员
    Public y As Integer       '结构成员
    Public Sub New(ByVal x As Integer, ByVal y As Integer)      '构造函数
        Me.x = x
        Me.y = y
    End Sub
End Structure
```

9.2.3 结构的调用

与创建类的对象类似，可以使用 New 运算符创建结构对象（结构变量）。这种调用方法将创建该结构对象变量，并调用适当的构造函数以初始化结构成员。其基本语法为：

```
Dim 结构变量名 As 结构名= New 结构名([参数表])
```

与类不同，结构的实例化也可以不使用 New 运算符，其基本语法为：

```
Dim 结构变量名 As 结构名
```

【例 9-3】 结构的调用示例：声明一个表示平面坐标系中的点的结构 Point，包含两个数据成员 x 和 y、一个具有 2 个参数的构造函数。分别通过调用默认构造函数、调用具有 2 个参数的构造函数和对平面坐标点赋值的方法构建并显示 3 个平面坐标点。

在 C:\VB.NET\Chapter09\中创建“Visual Basic”类别的控制台应用程序项目 Structure，并在 Module1.vb 中添加如下粗体代码。

```
Public Structure CoOrds     ' 平面坐标
    Public x As Integer
    Public y As Integer
    Public Sub New(ByVal x As Integer, ByVal y As Integer) ' 构造函数
        Me.x = x
        Me.y = y
    End Sub
End Structure
```

```
Module Module1
    Sub Main()
        Dim coords1 As CoOrds = New CoOrds()            ' 调用默认构造函数
        Console.WriteLine("平面坐标 1: x = {0}, y = {1}", coords1.x, coords1.y)
        Dim coords2 As CoOrds = New CoOrds(10, 10)      ' 调用有 2 个参数的构造函数
        Console.WriteLine("平面坐标 2: x = {0}, y = {1}", coords2.x, coords2.y)
        Dim coords3 As CoOrds
        Console.WriteLine("平面坐标 3: x = {0}, y = {1}", coords3.x, coords3.y)
        coords3.x = 22
        coords3.y = 33
        Console.WriteLine("平面坐标 3: x = {0}, y = {1}", coords3.x, coords3.y)
        Console.ReadKey()
    End Sub
End Module
```

程序运行结果如下：

```
平面坐标 1: x = 0, y = 0
平面坐标 2: x = 10, y = 10
平面坐标 3: x = 0, y = 0
平面坐标 3: x = 22, y = 33
```

9.2.4 嵌套结构

与嵌套类类似，即在结构的内部还可以定义其他的结构。结构内声明的结构称为内部结构或者嵌套结构。在编译单元或命名空间内声明的结构称为顶级结构或者非嵌套结构。

【例 9-4】 嵌套结构示例：声明一个结构 SystemInfo，包含一个嵌套结构数组 DiskDrives 表示各类磁盘（软盘、硬盘等）信息（其中包含两个数据成员 type 和 size）、三个数据成员 CPU、memory 和 purchaseDate。利用嵌套结构显示软盘和硬盘的类型和容量信息。

在 C:\VB.NET\Chapter09\ 中创建“Visual Basic”类别的控制台应用程序项目 NestedStructure，并在 Module1.vb 中添加如下粗体代码。

```
Public Structure DriveInfo                    '磁盘信息
    Public type As String                     '类型
    Public size As Single                     '容量
End Structure
Public Structure SystemInfo                   '系统信息
    Public CPU As String                      'CPU
    Public memory As Single                   '内存容量
    Public diskDrives() As driveInfo          '各类磁盘信息(structure of driveInfo)
    Public purchaseDate As Date               '购买日期
End Structure
Module Module1
    Sub Main()
        Dim mySystem As SystemInfo
        ReDim mySystem.DiskDrives(1)
        mySystem.diskDrives(0).type = "Floppy"                 '软盘
        mySystem.diskDrives(0).size = 1.44                     '1.44M
```

```
        Console.WriteLine("Disk type:{0}", mySystem.diskDrives(0).type)          '软盘类型
        Console.WriteLine("Size:{0:0.00}M", mySystem.diskDrives(0).size)         '软盘容量
        mySystem.diskDrives(1).type = "Hard Drive"                               '硬盘
        mySystem.diskDrives(1).size = 2000000                                    '2T
        Console.WriteLine("Disk type:{0}", mySystem.diskDrives(1).type)          '硬盘类型
        Console.WriteLine("Size:{0}T", mySystem.diskDrives(1).size / 1000000)    '硬盘容量
        Console.ReadKey()
    End Sub
End Module
```

程序运行结果如下：

```
Disk type:Floppy
Size:1.44M
Disk type:Hard Drive
Size:2T
```

9.2.5 分部结构

与分部类类似，也可以使用 Partial 修饰符将结构划分为多个部分（分部结构），存储在不同的源文件中，以便于开发和维护。编译时，同一命名空间或类型声明中具有相同名称的多个分部结构声明可组合在一起，来构成一个结构声明。

9.2.6 结构成员

所有的结构默认继承于 System.ValueType，因而包含从类型 System.ValueType 继承的成员。结构中还可以声明的成员有：常量、成员变量、事件、属性、方法、运算符重载、带参数构造函数和嵌套结构。

结构中包含的成员与类中包含的成员的声明语法基本类似（类成员的声明请参阅 6.5 节）。但所有的结构成员的访问修饰符都默认为 Public。

由于对结构不支持继承（不能从一个结构类型派生其他类型），所以结构成员的声明可访问性不能是 Protected 或 Protected Friend。结构中的函数成员不能是 MustOverride 或 Overridable，Overrides 修饰符只适用于重写从 System.ValueType 继承的方法。

结构不能声明默认构造函数（没有参数的构造函数），这是因为结构的副本由编译器自动创建和销毁，因此不需要使用默认构造函数。编译器提供默认构造函数以将结构成员初始化为它们的默认值。

结构的默认值就是将所有值类型字段设置为它们的默认值并将所有引用类型字段设置为 Nothing。结构不允许它的实例字段声明中含有变量初始值设定项，但在结构的静态字段声明中可以含有变量初始值设定项。

下面的结构示例中，字段声明含有变量初始值设定项，因而会产生错误：

```
Structure Point
    Public x As Integer = 1              '编译错误，实例成员变量不能赋初值
    Public y As Integer = 1              '编译错误，实例成员变量不能赋初值
    Public Shared x1 As Integer = 1      'OK，共享成员变量可以赋初值
    Const y1 As Integer = 1              'OK，常量可以赋初值
End Structure
```

【例 9-5】 结构的成员示例。

在 C:\VB.NET\Chapter09\中创建“Visual Basic”类别的控制台应用程序项目 StructureMember，并在 Module1.vb 中添加如下粗体代码。

```
Structure Employee
    Public Const VERSION As String = "1.0.0"    '常量
    Public givenName As String                  '变量
    Public familyName As String                 '变量
    Public phoneExtension As String             '变量
    Private salary As Decimal                   '变量
    '构造函数
    Public Sub New(ByVal g As String, ByVal f As String, ByVal p As String, ByVal s As Decimal)
        Me.givenName = g
        Me.familyName = f
        Me.phoneExtension = p
        Me.salary = s
    End Sub
    '属性
    Public Property CurrentSalary()
        Get
            Return salary
        End Get
        Set(ByVal value)
            salary = value
        End Set
    End Property
    '方法
    Public Sub giveRaise(ByVal raise As Double)
        salary *= raise
    End Sub
    '事件
    Public Event salaryReviewTime()
End Structure
Module Module1
    Sub Main()
        Dim emp1 As Employee = New Employee()
        emp1.familyName = "张"
        emp1.givenName = "三"
        emp1.CurrentSalary = 20000
        emp1.giveRaise(1.1)
        Console.WriteLine("姓名：{0}{1}，工资 = {2}", emp1.familyName, emp1.givenName, emp1.CurrentSalary)
        Console.ReadKey()
    End Sub
End Module
```

程序运行结果如下：

```
姓名：张三，工资 = 22000
```

9.3 枚举

9.3.1 枚举概述

枚举是值类型的一种特殊形式，用于声明一组命名的常量。例如，下面示例声明一个名为 Colors 的枚举类型，该类型具有三个成员（Red、Green 和 Blue）：

```
Enum Colors
    Red
    Green
    Blue
End Enum
```

可以将基础类型的值分配给枚举，反之亦然。可创建枚举的实例，并调用 System.Enum 的方法，以及对枚举的基础类型定义的任何方法。

当一个过程接受一个有限的变量集时，可考虑使用枚举。枚举可使代码更清楚、更易读，使用有意义的名称时尤其如此。使用枚举具有下列优点：

- 可减少由数字转置或键入错误引起的错误；
- 以后更改值很容易；
- 使代码更易读，从而降低代码中发生错误的概率；
- 确保向前兼容性。使用枚举可减少将来有人更改与成员名称对应的值时代码出错的概率。

9.3.2 枚举声明

VB.NET 使用关键字 Enum 声明枚举，包括枚举的名称、可访问性、基础类型和成员。声明枚举的基本形式如下：

```
[枚举修饰符] Enum 枚举名 [As 基础类型]
    枚举体
End Enum
```

其中各部分意义如下。

- [枚举修饰符]（可选）：用于定义枚举的可访问性等信息。
- Enum…End Enum：为关键字。
- 枚举名：为要定义的枚举的标识符，必须符合标识符的命名规则，一般采用 Pascal 命名规范，例如：WeekDays。
- [As 基础类型]（可选）：每种枚举类型都有基础类型（Underlying Type），可以声明 Byte，SByte，Short，UShort，Integer，UInteger，Long 或 ULong 类型作为对应的基础类型。Char 不能用作基础类型。默认基础类型是 Integer。
- 枚举体：用于定义零个或多个枚举成员，这些成员是该枚举类型的命名常量。任意两个枚举成员不能具有相同的名称。

每个枚举成员均具有相关联的常量值，此值的类型就是包含了它的那个枚举的基础类型。默认时，第一个枚举成员的关联值为 0；其他枚举成员的关联值为前一个枚举成员的关联值加 1。例如：

```
Enum Colors As Long
    Red     ' 关联值为 0
    Green   ' 关联值为 1
```

```
    Blue      ' 关联值为 2
End Enum
```

可以自定义每个枚举成员相关联的常量值，但要求必须在该枚举的基础类型的范围之内。下面的示例将产生编译时错误，原因是常量值−1、−2 和−3 不在基础整型 UInteger 的范围内。

```
Enum Colors As UInteger
    Red = −1
    Green = −2
    Blue = −3
End Enum
```

多个枚举成员可以共享同一个关联值。下面的示例中，两个枚举成员（Blue 和 Max）具有相同的关联值 11。

```
Enum Colors As UInteger
    Red             ' 关联值为 0
    Green = 10      ' 关联值为 10
    Blue            ' 关联值为 11
    Max = Blue      ' 关联值为 11
End Enum
```

9.3.3　枚举的使用

访问枚举的方式与访问静态字段类似。其基本形式为：

```
枚举名.枚举成员
```

例如：

```
Dim r As Colors = Colors.Red
```

如果使用 Imports 语句导入了相应的枚举，则也可以直接使用该枚举的成员，而无需使用枚举的限定名。例如：

```
Imports VBBook.Chapter09.Colors
…
Dim g As Colors = Green
```

注意：虽然每个枚举类型都定义了一个确切的类型，但枚举成员（Colors.Red）并不直接等同于其相关联的常量值。如果 Option Strict On，当给枚举赋一个数值时，将产生编译器错误。如果 Option Strict Off，则该值将自动转换为 Enum 类型。

【例 9-6】 枚举的使用示例：声明一个名为 Days 的枚举类型，该类型具有七个成员：Sun，Mon，Tue，Wed，Thu，Fri 和 Sat，枚举一周 7 天。测试枚举成员及其相关联的常量值。

在 C:\VB.NET\Chapter09\中创建“Visual Basic”类别的控制台应用程序项目 Enum，并在 Module1.vb 中添加如下粗体代码。

```
Option Strict On
Module Module1
    Enum Days
        Sun = 1
        Mon
```

```
        Tue
        Wed
        Thu
        Fri
        Sat
    End Enum
    Sub Main()
        Console.WriteLine("Sun = {0}", Days.Sun)
        Console.WriteLine("Sun = {0}", CType(Days.Sun, Integer))
        Dim x As Integer = 1
        Dim d As Days    '定义枚举变量
        d = Days.Sun
        'd = 1            'Option Strict On 时，将产生编译错误
        If (x = Days.Sun) Then
            Console.WriteLine("x = Days.Sun 成立")
        Else
            Console.WriteLine("x = Days.Sun 不成立")
        End If
        If (x = CType(Days.Sun, Integer)) Then
            Console.WriteLine("x = CType(Days.Sun, Integer)成立")
        Else
            Console.WriteLine("x = CType(Days.Sun, Integer)不成立")
        End If
        If (CType(x, Days) = Days.Sun) Then
            Console.WriteLine("CType(x, Days) = Days.Sun 成立")
        Else
            Console.WriteLine("CType(x, Days) = Days.Sun 不成立")
        End If
        Console.ReadKey()
    End Sub
End Module
```

程序运行结果如下：

```
Sun = Sun
Sun = 1
x = Days.Sun 成立
x = CType(Days.Sun, Integer)成立
CType(x, Days) = Days.Sun 成立
```

9.3.4 System.Enum

所有的枚举默认都继承于 System.Enum（而该类又派生自 System.ValueType 和 Object）。Enum 类提供若干静态方法，可以用于枚举的基本操作，包括：访问枚举成员的名称和值；确定枚举中是否存在一个值；把值转换成枚举类型；格式化枚举值等。Enum 类提供的一些方法如表 9-1 所示。

表 9-1　Enum 类提供的一些方法

名　称	说　明	示　例	结　果
Format(转换值的枚举类型，转换值，输出格式)	根据指定格式将指定枚举类型的指定值转换为其等效的字符串表示形式	Dim t As Type = GetType(Colors) [Enum].Format(t, Colors.Blue, "d")	2
GetName(枚举类型，特定枚举常数的值)	在指定枚举中检索具有指定值的常数的名称	Dim t as Type = GetType(Colors) [Enum].GetName(t, 3)	Yellow
GetNames(枚举类型)	检索指定枚举中常数名称的数组	Dim t as Type = GetType(Colors) For Each s$ In [Enum].GetNames(t) 　Console.WriteLine(s) Next s	Red Green Blue Yellow
GetValues(枚举类型)	检索指定枚举中常数值的数组	Dim t as Type = GetType(Colors) For Each i% In [Enum].GetValues(t) Console.WriteLine(i) Next i	0 1 2 3
IsDefined(枚举类型，枚举类型的常数的值或名称)	返回指定枚举中是否存在具有指定值的常数的指示	Dim t as Type = GetType(Colors) [Enum].IsDefined(t,2) [Enum].IsDefined(t,4)	True False
Parse(枚举类型,要转换的值或名称的字符串)	将一个或多个枚举常数的名称或数字值的字符串表示转换成等效的枚举对象	Dim t as Type = GetType(Colors) [Enum].Parse(t, "Blue")	Blue
ToString()	将此实例的值转换为其等效的字符串表示形式	Colors.Red.ToString()	"Red"

其中，Colors 为如下的枚举类型：

```
Enum Colors
    Red
    Green
    Blue
    Yellow
End Enum
```

说明：

常用的有效格式值如表 9-2 所示。

表 9-2　常用的有效格式值

格　式	说　明
“D” 或 “d”	以十进制形式表示 value
“G” 或 “g”	如果要转换的值 value 等于某个已命名的枚举常数，则返回该常数的名称；否则返回 value 的等效十进制数。例如，假定唯一的枚举常数命名为“Red”，其值为 1。如果将 value 指定为 1，则此格式返回“Red”。如果将 value 指定为 2，则此格式返回“2”
“X” 或 “x”	以十六进制形式表示 value（不带前导“0x”）

【例 9-7】 System.Enum 示例。

在 C:\VB.NET\Chapter09\中创建“Visual Basic”类别的控制台应用程序项目 SystemEnum，并在 Module1.vb 中添加如下粗体代码。

```
Enum Colors
    Red
    Green
    Blue
    Yellow
End Enum        'Colors
```

```
Enum WorkDays
    Monday
    Tuesday
    Wednesday
    Thursday
    Friday
End Enum          'WorkDays
Module Module1
    Sub Main()
        Console.WriteLine("The values of the Colors Enum are:")
        Dim s As String
        For Each s In [Enum].GetNames(GetType(Colors))
            Console.WriteLine(s)
        Next s
        Console.WriteLine()
        Console.WriteLine("The values of the WorkDays Enum are:")
        For Each s In [Enum].GetNames(GetType(WorkDays))
            Console.WriteLine(s)
        Next s
        Console.ReadKey()
    End Sub
End Module
```

程序运行结果如下：

```
The values of the Colors Enum are:
Red
Green
Blue
Yellow

The values of the WorkDays Enum are:
Monday
Tuesday
Wednesday
Thursday
Friday
```

9.3.5 VB.NET 预定义枚举

Visual Basic 运行时模块即.NET Framework 类库中包含了许多常用的枚举类型，程序设计时可以通过导入相应的命名空间，然后使用。Visual Basic 编译器自动引用该命名空间 Visual Basic 运行时模块（程序集 Microsoft.VisualBasic.dll，命名空间 Microsoft.VisualBasic），故在程序中可直接使用该命名空间定义的枚举。请参见附录 C。

例如：MsgBox 函数在对话框中显示消息，等待用户单击按钮，然后返回一个整数，指示用户单击了哪个按钮。其返回值为枚举 MsgBoxResult：

```
Public Function MsgBox( _
    ByVal Prompt As Object, _
```

```
    Optional ByVal Buttons As MsgBoxStyle = MsgBoxStyle.OKOnly, _
    Optional ByVal Title As Object = Nothing _
) As MsgBoxResult
```

枚举 MsgBoxResult 包含的成员如下。

① OK：单击【确定】按钮。该成员等效于 Visual Basic 常数 vbOK。

② Cancel：单击【取消】按钮。该成员等效于 Visual Basic 常数 vbCancel。

③ Abort：单击【中止】按钮。该成员等效于 Visual Basic 常数 vbAbort。

④ Retry：单击【重试】按钮。该成员等效于 Visual Basic 常数 vbRetry。

⑤ Ignore：单击【忽略】按钮。该成员等效于 Visual Basic 常数 vbIgnore。

⑥ Yes：单击【是】按钮。该成员等效于 Visual Basic 常数 vbYes。

⑦ No：单击【否】按钮。该成员等效于 Visual Basic 常数 vbNo。

【例 9-8】 枚举 MsgBoxResult 的使用示例。

在 C:\VB.NET\Chapter09\ 中创建“Visual Basic”类别的控制台应用程序项目 EnumMsgBox，并在 Module1.vb 中添加如下粗体代码。

```
Option Strict On
Module Module1
    Sub Main()
        Dim msg As String
        Dim title As String
        Dim style As MsgBoxStyle
        Dim response As MsgBoxResult
        msg = "Do you want to continue?"          ' 定义显示信息
        style = MsgBoxStyle.DefaultButton2 Or _
            MsgBoxStyle.Critical Or MsgBoxStyle.YesNo
        title = "MsgBox Demonstration"           ' 定义标题
        ' 显示消息对话框
        response = MsgBox(msg, style, title)
        If response = MsgBoxResult.Yes Then      '用户选择:是(Yes)
            Console.WriteLine("继续...")
        Else
            Console.WriteLine("终止...")
        End If
        Console.ReadKey()
    End Sub
End Module
```

程序运行结果如图 9-2 所示。

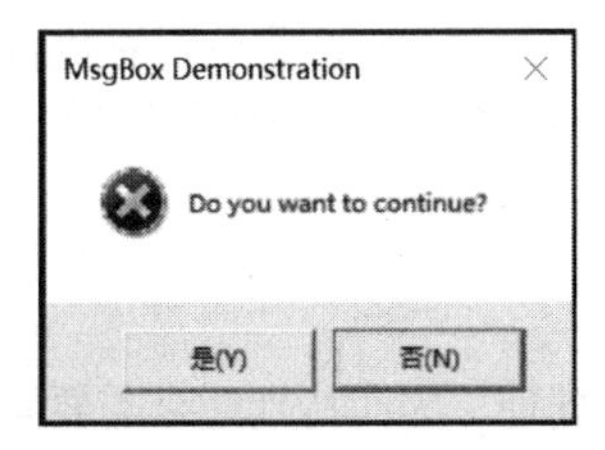

图 9-2　枚举 MsgBoxResult 的运行结果

如果单击【是】按钮，则显示【继续...】；如果单击【否】按钮，则显示【终止...】。

第10章　线程、并行和异步处理

本章主要讨论 VB.NET 的高级特征，包括线程处理、并行处理、异步处理线程能够执行并发处理。

本章要点

- 线程处理的基本概念；
- VB.NET 应用程序主线程；
- 创建、启动、暂停和中断线程；
- 线程优先级和线程调度；
- 线程状态和生命周期；
- 线程同步和通信；
- 线程池；
- 定时器；
- 并行处理；
- 异步处理。

10.1　线程处理概述

线程能够执行并发处理，即同时执行多个操作。例如，使用线程处理来同时监视用户输入，并执行后台任务，以及处理并发输入流。System.Threading 命名空间提供支持多线程编程的类和接口，用于执行创建和启动新线程、同步多个线程、挂起线程及中止线程等任务。

10.1.1　进程和线程

进程是操作系统中正在执行的不同应用程序的一个实例，操作系统把不同的进程分离开来。在.NET Framework 运行环境中，操作系统进程可进一步细分为一个或多个应用程序域（System.AppDomain）。每个应用程序域可以运行一个或多个托管线程（System.Threading.Thread）。

线程是操作系统分配处理器时间的基本单元，每个线程都维护异常处理程序、调度优先级和一组系统用于在调度该线程前保存线程上下文的结构。支持抢先多任务处理的操作系统可以实现多个进程中的多个线程同时执行的效果：在需要处理器时间的线程之间分割可用处理器时间，并轮流为每个线程分配处理器时间片（时间片的长度取决于操作系统和处理器数目），由于每个时间片都很小，因此多个线程看起来似乎在同时执行。

每个应用程序域都是用单个线程启动的（应用程序的入口点 Main 方法），应用程序域中的代码可以创建附加应用程序域和附加线程。

10.1.2　线程的优缺点

线程处理使程序能够执行并发处理，因而特别适合需要同时执行多个操作的场合。例如，使用一个线程来执行复杂的后台计算任务，使用另一个线程来监视用户输入，以提高系统的用户响应性能；使用高优先级线程管理时间关键的任务，使用低优先级线程执行其他任务，以区分具有不同优先级的任务；为服务器应用程序创建包含多个线程的线程池，以及处理并发的客户端请求。

多线程处理可解决用户响应性能和多任务的问题，但同时引入了资源共享和同步问题等问题。例如：过多的线程将占用大量的资源和处理器调度时间，从而影响运行性能；为了避免冲突对共享资源的访问冲突，必须对共享资源进行同步或控制处理，因而有可能导致死锁；使用多线程控制代码执行非常复杂，并可能产生许多错误。

10.2　创建多线程应用程序

10.2.1　VB.NET 应用程序主线程

应用程序运行时，将创建新的应用程序域。当运行环境调用应用程序的入口点（Main 方法）时，将创建应用程序主线程。

【例 10-1】 VB.NET 应用程序主线程示例。当运行此应用程序时，先提示："主线程：开始..."，然后主线程进入睡眠，3 秒后显示："主线程：结束！"。

在 C:\VB.NET\Chapter10\中创建"Visual Basic"类别的控制台应用程序项目 AppMain，并在 Module1.vb 中添加如下粗体代码。

```
Imports System.Threading
Module Module1
    Sub Main()
        Console.WriteLine("主线程：开始...")
        ' 主线程睡眠 3 秒
        Thread.Sleep(3000)
        Console.WriteLine("主线程：结束！")
        Console.ReadKey()
    End Sub
End Module
```

程序运行结果如下：

```
主线程：开始...
主线程：结束！
```

10.2.2　创建和启动新线程

System.Threading 命名空间提供支持多线程编程的类和接口，用于执行诸如创建和启动新线程、同步多个线程、挂起线程以及中止线程等任务。

主线程以外的线程一般称之为工作线程。创建新线程的大致步骤如下。

（1）创建一个将在主线程外执行的函数，即类的方法，用于执行新线程要执行的逻辑操作。

（2）在主线程（Main 方法）中一个 ThreadStart 委托，指向步骤（1）中的函数；然后创建一个 Thread 的实例，指向该 ThreadStart 委托。例如：

```
Dim startDelegate As ThreadStart = New ThreadStart(AddressOf anObject.AMethod)
Dim newThread As Thread = new Thread(startDelegate)
```

注：在 Visual Basic 中，一般使用下列简单语法创建线程：

```
Dim newThread As Thread = new Thread(AddressOf anObject.AMethod)
```

Visual Basic 编译器将自动把上述语句扩展为：

```
Dim newThread As Thread = new Thread(New ThreadStart(AddressOf    anObject.AMethod))
```

（3）调用步骤（2）中创建的 Thread 的实例的 Start()方法，以启动新线程。例如：

```
newThread.Start()
```

【例 10-2】 创建和启动新线程示例。工作线程执行逻辑的实现方法循环显示“工作线程：正在工作...”，直至满足条件（_shouldStop = True）；创建测试类，在主线程（Main 方法）中，创建工作线程对象并启动工作线程，然后要求工作线程停止自己。

在 C:\VB.NET\Chapter10\中创建“Visual Basic”类别的控制台应用程序项目 WorkThread，并在 Module1.vb 中添加如下粗体代码。

```
Imports System.Threading
Module Module1
    Public Class Worker
        ' 工作线程执行逻辑的实现方法.
        Public Sub DoWork()
            While (Not _shouldStop)
                Console.WriteLine("工作线程：正在工作...")
            End While
            Console.WriteLine("工作线程：正常结束.")
        End Sub
        Public Sub RequestStop()
            _shouldStop = True
        End Sub
        Private _shouldStop As Boolean
    End Class
    Sub Main()
        Console.WriteLine("主线程：启动工作线程...")
        ' 创建工作线程对象。但不启动线程.
        Dim workerObject As Worker = New Worker()
        Dim workerThread As Thread = New Thread(AddressOf workerObject.DoWork)
        ' 启动工作线程.
        workerThread.Start()
        ' 让主线程睡眠 1 毫秒，以允许工作线程完成自己的工作:
        Thread.Sleep(1)
        ' 要求工作线程停止自己:
        workerObject.RequestStop()
        ' 使用 Join 方法阻止当前线程，直至对象线程终止.
        workerThread.Join()
        Console.WriteLine("主线程：主线程结束.")
        Console.ReadKey()
    End Sub
End Module
```

程序运行结果如下：

```
主线程：启动工作线程...
```

```
工作线程：正在工作...
工作线程：正在工作...
工作线程：正在工作...
工作线程：正在工作...
工作线程：正在工作...
工作线程：正常结束.
主线程：主线程结束.
```

10.2.3　暂停和中断线程

1．暂停线程

调用 Thread.Sleep 方法会导致当前线程立即阻止，阻止时间的长度等于传递给 Thread.Sleep 的毫秒数。注意：一个线程不能针对另一个线程调用 Thread.Sleep。

【例 10-3】 暂停线程示例。

在 C:\VB.NET\Chapter10\中创建“Visual Basic”类别的控制台应用程序项目 PauseThread，并在 Module1.vb 中添加如下粗体代码。

```
Imports System.Threading
Module Module1
    Sub ThreadMethod()
        Console.WriteLine("工作线程启动...")
        Console.WriteLine("工作线程睡眠 1000ms...")
        Thread.Sleep(1000)
        Console.WriteLine("工作线程终止...")
    End Sub
    Sub Main()
        Console.WriteLine("主线程启动...")
        '创建并启动工作线程
        Dim newThread As Thread = New Thread(AddressOf ThreadMethod)
        newThread.Start()
        Console.WriteLine("主线程睡眠 300ms...")
        Thread.Sleep(300)
        Console.WriteLine("主线程终止...")
        Console.ReadKey()
    End Sub
End Module
```

程序运行结果如下：

```
主线程启动...
主线程睡眠 300ms...
工作线程启动...
工作线程睡眠 1000ms...
主线程终止...
工作线程终止...
```

2．中断线程

通过对被阻止的线程调用 Thread.Interrupt，可以中断正在等待的线程并引发 ThreadInterrupted

Exception，从而使该线程脱离造成阻止的调用。

【例 10-4】 中断线程示例。

在 C:\VB.NET\Chapter10\中创建“Visual Basic”类别的控制台应用程序项目 InterruptThread，并在 Module1.vb 中添加如下粗体代码。

```
Imports System.Threading
Module Module1
    Class StayAwake
        Public Sub ThreadMethod()
            Console.WriteLine("工作线程 正在执行 ThreadMethod...")
            Try
                Console.WriteLine("工作线程 将进入睡眠...")
                Thread.Sleep(Timeout.Infinite)
            Catch ex As Exception
                Console.WriteLine("工作线程 被主线程中断.")
            End Try
        End Sub
    End Class
    Sub Main()
        Dim StayAwake As StayAwake = New StayAwake()
        Dim newThread As Thread = New Thread(AddressOf StayAwake.ThreadMethod)
        newThread.Start()
        ' 如果 newThread 当前正被阻止或者将被阻止，则下面的代码将在 ThreadMethod 中产生一个异常
        Console.WriteLine("主线程调用 newThread 的 Interrupt 方法.")
        newThread.Interrupt()
        ' 等待 newThread 结束.
        newThread.Join()
        Console.ReadKey()
    End Sub
End Module
```

程序运行结果如下：

```
主线程调用 newThread 的 Interrupt 方法.
工作线程 正在执行 ThreadMethod...
工作线程 将进入睡眠...
工作线程 被主线程中断.
```

3. 销毁线程

Abort 方法用于永久地停止也即销毁托管线程。调用 Abort 时，公共语言运行库在目标线程中引发 ThreadAbortException，目标线程可捕捉此异常。

【例 10-5】 销毁线程示例。

在 C:\VB.NET\Chapter10\中创建“Visual Basic”类别的控制台应用程序项目 AbortThread，并在 Module1.vb 中添加如下粗体代码。

```
Imports System.Threading
Module Module1
    Sub TestMethod()
```

```
            Try
                While (True)
                    Console.WriteLine("新线程运行中...")
                    Thread.Sleep(1000)
                End While
            Catch abortException As ThreadAbortException
                Console.WriteLine(abortException.ExceptionState)
            End Try
        End Sub
        Sub Main()
            Dim newThread As Thread = New Thread(New ThreadStart(AddressOf TestMethod))
            newThread.Start()
            Thread.Sleep(2000)
            ' 销毁 newThread.
            Console.WriteLine("主程序销毁新线程...")
            newThread.Abort("来自于主程序的信息.")
            ' 等待线程终止.
            newThread.Join()
            Console.WriteLine("新线程终止 - 退出主程序.")
            Console.ReadLine()
        End Sub
End Module
```

程序运行结果如下：

```
新线程运行中...
新线程运行中...
主程序销毁新线程...
新线程运行中...
来自于主程序的信息.
新线程终止 - 退出主程序.
```

10.3　线程优先级和线程调度

每个线程都有一个分配的优先级，在运行库内创建的线程最初被分配 Normal 优先级。通过线程的 Priority 属性可以获取和设置其优先级。表 10-1 是线程可以分配的优先级值列表。

线程是根据其优先级而调度执行的。操作系统为每个优先级分别创建一个线程调度队列，只有当高优先级队列的线程执行完毕后，操作系统才会调度执行较低优先级别的线程调度队列中的线程。

表 10-1　线程优先级值

成员名称	说明
Lowest	可以将 Thread 安排在具有任何其他优先级的线程之后
BelowNormal	可以将 Thread 安排在具有 Normal 优先级的线程之后，在具有 Lowest 优先级的线程之前
Normal	可以将 Thread 安排在具有 AboveNormal 优先级的线程之后，在具有 BelowNormal 优先级的线程之前。默认情况下，线程具有 Normal 优先级
AboveNormal	可以将 Thread 安排在具有 Highest 优先级的线程之后，在具有 Normal 优先级的线程之前
Highest	可以将 Thread 安排在具有任何其他优先级的线程之前

【例 10-6】 线程优先级和线程调度示例。创建 2 个不同优先级的工作线程，演示线程调度效果。

在 C:\VB.NET\Chapter10\ 中创建“Visual Basic”类别的控制台应用程序项目 PrioritySchedule，并在 Module1.vb 中添加如下粗体代码。

```
Imports System.Threading
Module Module1
    Class PriorityTest
        Public m_loopSwitch As Boolean
        Public Sub New()
            m_loopSwitch = True
        End Sub
        Public Sub ThreadMethod()
            Dim threadCount As Long = 0
            While (m_loopSwitch)
                threadCount = threadCount + 1
            End While
            Console.WriteLine("线程{0} 优先级{1} 计数{2}", Thread.CurrentThread.Name, _
                Thread.CurrentThread.Priority.ToString(), threadCount)
        End Sub
    End Class
    Sub Main()
        Dim pt As PriorityTest = New PriorityTest()
        Dim startDelegate As ThreadStart = New ThreadStart(AddressOf pt.ThreadMethod)
        Dim threadOne As Thread = New Thread(startDelegate)
        threadOne.Name = "ThreadOne"
        Dim threadTwo As Thread = New Thread(startDelegate)
        threadTwo.Name = "ThreadTwo"
        threadTwo.Priority = ThreadPriority.BelowNormal
        Console.WriteLine("启动线程 1（优先级默认为 Normal）…")
        threadOne.Start()
        Console.WriteLine("启动线程 2（优先级设置为 BelowNormal）…")
        threadTwo.Start()
        ' 允许数 10 seconds.
        Console.WriteLine("请耐心等待 5 秒…")
        Thread.Sleep(5000)
        pt.m_loopSwitch = False
        Console.ReadKey()
    End Sub
End Module
```

程序运行结果如下：

```
启动线程 1（优先级默认为 Normal）…
启动线程 2（优先级设置为 BelowNormal）…
请耐心等待 5 秒…
线程 ThreadOne 优先级 Normal 计数 935235437
线程 ThreadTwo 优先级 BelowNormal 计数 629792509
```

10.4 线程状态和生命周期

线程的生命周期中包括各种执行状态，如表 10-2 所示。

表 10-2　线程的执行状态

状态名称	说　明
Running 运行态	线程已启动，它未被阻塞，并且没有挂起的 ThreadAbortException
StopRequested 请求停止	正在请求线程停止。这仅用于内部
SuspendRequested 请求挂起	正在请求线程挂起
Background 后台运行	线程正作为后台线程执行（相对于前台线程而言）。此状态可以通过设置 Thread.IsBackground 属性来控制
Unstarted 开始态	尚未对线程调用 ThreadStart 方法
Stopped 停止态	线程已停止
WaitSleepJoin 等待睡眠联合态	线程已被阻止。这可能是因为：调用 Thread.Sleep 或 Thread.Join、请求锁定（例如通过调用 Monitor.Enter 或 Monitor.Wait）或等待线程同步对象（例如 ManualResetEvent）
Suspended 挂起态	线程已挂起
AbortRequested 请求销毁	已对线程调用了 Thread.Abort 方法，但线程尚未收到试图终止它的挂起的 System.Threading.ThreadAbortException
Aborted 销毁态	线程状态包括 AbortRequested 并且该线程现在已死，但其状态尚未更改为 Stopped

通过执行相应的操作，线程可以转换为对应的状态，如表 10-3 所示。

表 10-3　线程操作及操作后的状态

操　作	线程状态
在公共语言运行库中创建线程	Unstarted
线程调用 Start	Unstarted
线程开始运行	Running
线程调用 Sleep	WaitSleepJoin
线程对其他对象调用 Wait	WaitSleepJoin
线程对其他线程调用 Join	WaitSleepJoin
另一个线程调用 Interrupt	Running
另一个线程调用 Suspend	SuspendRequested
线程响应 Suspend 请求	Suspended
另一个线程调用 Resume	Running
另一个线程调用 Abort	AbortRequested
线程响应 Abort 请求	Stopped
线程被终止	Stopped

说明：

（1）一旦线程被创建，它就至少处于其中一个状态中，直到终止。

（2）在公共语言运行库中创建的线程最初处于 Unstarted 状态中，而进入运行库的外部线程则已经处于 Running 状态中。

（3）通过调用 Start 可以将 Unstarted 线程转换为 Running 状态。

（4）并非所有的 ThreadState 值的组合都是有效的，例如，线程不能同时处于 Aborted 和 Unstarted 状态中。

10.5 线程同步

10.5.1 线程同步处理

当多个线程可以调用单个对象的属性和方法时，一个线程可能会中断另一个线程正在执行的任务，使该对象处于一种无效状态。因此必须针对这些调用进行同步处理。

如果一个类的设计使得其成员不受这类中断影响，则该类称为线程安全类。

10.5.2 使用 SyncLock 语句同步代码块

SyncLock 语句使用 SyncLock 关键字将语句块标记为临界区，方法是获取给定对象的互斥锁，执行语句，然后释放该锁。SyncLoc 关键字可以确保当一个线程位于代码的临界区时，另一个线程不会进入该临界区。如果其他线程试图进入锁定的代码，则它将一直等待（即被阻止），直到该对象被释放。代码块完成运行，而不会被其他线程中断。

SyncLock…End SyncLock 语句以关键字 SyncLock 开头，并以一个对象作为参数，在该参数的后面为线程互斥的代码块。

【例 10-7】 使用 SyncLock 语句同步代码块示例。创建工作线程，模拟银行现金账户取款。多个线程同时执行取款操作时，如果不使用同步处理，会造成账户余额混乱；尝试使用 SyncLock 语句同步代码块，以保证多个线程同时执行取款操作时，银行现金账户取款的有效和一致。

运行效果如图 10-1 所示。

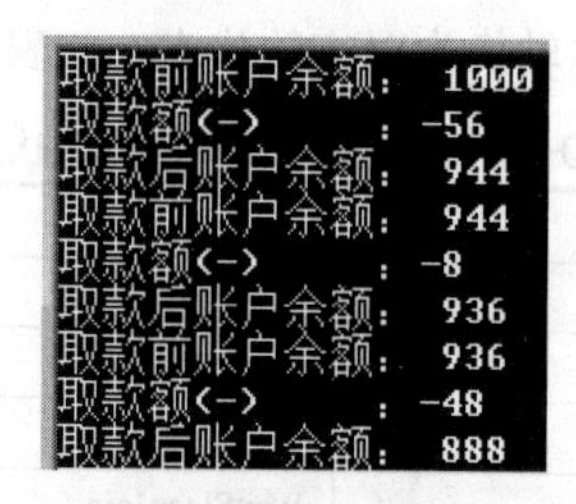

图 10-1 使用 SyncLock 同步代码块运行效果

在 C:\VB.NET\Chapter10\中创建“Visual Basic”类别的控制台应用程序项目 Lock，并在 Module1.vb 中添加如下粗体代码。

```
Imports System.Threading
Module Module1
    Class Account                                    '账户类
        Private thisLock As Object = New Object()
        Public balance As Integer
        Public r As Random = New Random()            '准备生成随机数
        Public Sub New(ByVal initial As Integer)     '账户构造函数
            balance = initial
        End Sub
        Public Function Withdraw(ByVal amount As Integer) As Integer '从账户中取款
            ' 本条件永远不会为 True，除非注释掉 SyncLock 语句
```

```
            If (balance < 0) Then            '账户余额不足，<=0
                Throw New Exception("账户余额不足（<=0）！")
            End If
            ' 注释掉下面的 SyncLock 语句，测试 SyncLock 关键字的效果
            SyncLock thisLock
                If (balance >= amount) Then                                   '账户余额>取款额
                    Console.WriteLine("取款前账户余额：  {0}", balance)        '取款前账户余额
                    Console.WriteLine("取款额(-)         ：-{0}", amount)      '取款额
                    balance = balance - amount
                    Console.WriteLine("取款后账户余额：  {0}", balance)        '取款后账户余额
                    Return amount
                Else
                    Return 0                 ' 拒绝交易
                End If
            End SyncLock
        End Function
        Public Sub DoTransactions()          ' 执行交易 DoTransactions()
            ' 从账户中取 100 次钱款，每次取款额为 1~100 中的随机数
            For i = 0 To 99
                Withdraw(r.Next(1, 100))
            Next
        End Sub
    End Class
    Sub Main()
        Dim threads(10) As Thread                   '线程数组（10 个元素）
        Dim acc As Account = New Account(1000)      '新建账户对象，初始存款额为 1000
        For i = 0 To 9                              '循环 10 次
            '每次开始新的线程，执行账户交易 DoTransactions()
            Dim t As Thread = New Thread(New ThreadStart(AddressOf acc.DoTransactions))
            threads(i) = t
        Next
        For i = 0 To 9                              '循环 10 次
            threads(i).Start()                      '开始线程
        Next
        Console.ReadKey()
    End Sub
End Module
```

10.5.3 使用监视器同步代码块

与 SyncLock 语句类似，使用监视器（monitor）也可以防止多个线程同时执行代码块。调用 Monitor.Enter 方法，允许一个且仅一个线程继续执行后面的语句；其他所有线程都将被阻止，直到执行语句的线程调用 Exit。例如：

```
System.Threading.Monitor.Enter(obj)
Try
    DoSomething()
Catch ex As Exception
```

```
Finally
    System.Threading.Monitor.Exit(obj)
End Try
```

等同于代码：

```
SyncLock obj
    DoSomething()
End SyncLock
```

10.5.4 同步事件和等待句柄

同步事件允许线程通过发信号互相通信，从而实现线程需要独占访问的资源的同步处理控制。

同步事件有两种：AutoResetEvent（自动重置的本地事件）和 ManualResetEvent（手动重置的本地事件）。每种事件又包括两种状态：收到信号状态（Signaled）和未收到信号状态（Unsignaled）。可以传递构造函数参数（布尔值 True/False），还可以设置同步事件的状态。通过调用同步事件的 Set 方法，可以设置其状态为收到信号状态（Signaled）。

线程通过调用同步事件上的 WaitOne（阻止线程直到单个事件变为收到信号状态）/WaitAny（阻止线程直到一个或多个指示的事件变为收到信号状态）/WaitAll（阻止线程直到所有指示的事件都变为收到信号状态）来等待信号，如果同步事件处于未收到信号状态，则该线程阻塞，并等待当前控制资源的线程通过调用 Set 方法把同步事件设置为收到信号状态（即发出资源可用的信号）。

当 AutoResetEvent 为收到信号状态时，则直到一个正在等待的线程被释放，然后自动返回未收到信号状态。如果没有任何线程在等待，则状态将无限期地保持为收到信号。

当 ManualResetEvent 为收到信号状态时，则需要通过调用其 Reset 方法，以设置其状态为未收到信号状态。

【例 10-8】 同步事件和等待句柄示例。本例阐释了如何使用等待句柄来发送复杂数字计算的不同阶段的完成信号。计算的格式为：结果 = 第一项 + 第二项 + 第三项，其中每一项都要求使用计算出的基数进行预计算和最终计算。

在 C:\VB.NET\Chapter10\中创建“Visual Basic”类别的控制台应用程序项目 SynchronizEvent，并在 Module1.vb 中添加如下粗体代码。

```
Imports System.Threading
Module Module1
    ' MTAThreadAttribute 特性应用 Main()，指示应用程序的 COM 线程模型为多线程单元(MTA)
    <MTAThreadAttribute()> _
    Sub Main()
        Dim calc As Calculate = New Calculate()
        Console.WriteLine("calc.Result(234)，结果 = {0}.", calc.Result(234))
        Console.WriteLine("calc.Result(55) ，结果 = {0}.", calc.Result(55))
        Console.ReadKey()
    End Sub
    Class Calculate
        Dim baseNumber As Double
        Dim firstTerm As Double
        Dim secondTerm As Double
        Dim thirdTerm As Double
        Dim autoEvents(2) As AutoResetEvent
        Dim manualEvent As ManualResetEvent
```

```
' 生成随机数来模拟实际计算.
Dim randomGenerator As Random
Public Sub New()
    ' 自动重置本地事件
    autoEvents = New AutoResetEvent(2) { _
        New AutoResetEvent(False), _
        New AutoResetEvent(False), _
        New AutoResetEvent(False)}
    manualEvent = New ManualResetEvent(False)          '手动重置本地事件
End Sub
Sub CalculateBase(ByVal stateInfo As Object)           '计算 baseNumber
    baseNumber = randomGenerator.NextDouble()
    ' 发信号报告：baseNumber 准备完毕.
    manualEvent.Set()
End Sub
' 下面一系列 CalculateX 方法.
' 执行 CalculateFirstTerm 中所注释的类似的计算步骤.
Sub CalculateFirstTerm(ByVal stateInfo As Object)        '计算第一项
    ' 执行预计算.
    Dim preCalc As Double = randomGenerator.NextDouble()
    ' 等待计算 baseNumber.
    manualEvent.WaitOne()
    ' 为 preCalc 和 baseNumber 计算第一项.
    firstTerm = preCalc * baseNumber * randomGenerator.NextDouble()
    ' 发信号，告知计算完毕.
    autoEvents(0).Set()
End Sub
Sub CalculateSecondTerm(ByVal stateInfo As Object)        '计算第二项
    ' 执行预计算.
    Dim preCalc As Double = randomGenerator.NextDouble()
    ' 等待计算 baseNumber.
    manualEvent.WaitOne()
    ' 为 preCalc 和 baseNumber 计算第二项.
    secondTerm = preCalc * baseNumber * randomGenerator.NextDouble()
    ' 发信号，告知计算完毕.
    autoEvents(1).Set()
End Sub
Sub CalculateThirdTerm(ByVal stateInfo As Object)        '计算第三项
    ' 执行预计算.
    Dim preCalc As Double = randomGenerator.NextDouble()
    ' 等待计算 baseNumber.
    manualEvent.WaitOne()
    ' 为 preCalc 和 baseNumber 计算第三项.
    thirdTerm = preCalc * baseNumber * randomGenerator.NextDouble()
    ' 发信号，告知计算完毕.
    autoEvents(2).Set()
End Sub
```

```
            Public Function Result(ByVal seed As Integer) As Double
                randomGenerator = New Random(seed)
                ' 同步计算各项.
                ThreadPool.QueueUserWorkItem(New WaitCallback(AddressOf CalculateBase))    '计算 baseNumber.
                ThreadPool.QueueUserWorkItem(New WaitCallback(AddressOf CalculateFirstTerm))    '计算第一项.
                ThreadPool.QueueUserWorkItem(New WaitCallback(AddressOf CalculateSecondTerm))    '计算第二项.
                ThreadPool.QueueUserWorkItem(New WaitCallback(AddressOf CalculateThirdTerm))    '计算第三项.
                ' 等待所有项的计算完成.
                WaitHandle.WaitAll(autoEvents)
                ' 重置 wait handle，准备下次计算.
                manualEvent.Reset()
                ' 返回结果.
                Return firstTerm + secondTerm + thirdTerm
            End Function
        End Class
End Module
```

程序运行结果如下：

```
calc.Result(234)，结果 = 0.377490083747515.
calc.Result(55) ，结果 = 0.179161619119368.
```

10.5.5 使用 Mutex 同步代码块

Mutex（mutually exclusive，互斥体）由 Mutex 类表示，与监视器类似，用于防止多个线程在某一时间同时执行某个代码块。与监视器不同的是，Mutex 可以用来使跨进程的线程同步。尽管 Mutex 可以用于进程内的线程同步，但是它会消耗更多的计算资源，所以进程内的线程同步建议使用监视器。

当用于进程间同步时，Mutex 称为“命名 Mutex”，因为它将用于另一个应用程序，因此它不能通过全局变量或静态变量共享。必须给它指定一个名称，才能使两个应用程序访问同一个 Mutex 对象。

Mutex 有两种类型：未命名的局部 Mutex 和已命名的系统 Mutex。

未命名的局部 Mutex 仅存在于当前进程内。当前进程中任何引用表示 Mutex 的 Mutex 对象的线程都可以使用它。每个未命名的 Mutex 对象都表示一个单独的局部 Mutex。

已命名的系统 Mutex 在整个操作系统中都可见，可用于同步进程活动。可以使用接受名称的构造函数创建表示已命名系统 Mutex 的 Mutex 对象。同时也可以创建操作系统对象，或者它在创建 Mutex 对象之前就已存在。可以创建多个 Mutex 对象来表示同一个已命名的系统 Mutex，也可以使用 OpenExisting 方法打开现有的已命名的系统 Mutex。

Mutex 是同步基元，它只向一个线程授予对共享资源的独占访问权。可以使用 WaitOne()方法请求 Mutex 的所属权，如果一个线程获取了 Mutex，则要获取该 Mutex 的第二个线程将被挂起，直到第一个线程使用 ReleaseMutex()方法释放该 Mutex。

如果线程在拥有 Mutex 时终止，则称此 Mutex 被放弃（通常表明代码中存在严重错误，或程序非正常终止）。此种情况下，系统将此 Mutex 的状态设置为收到信号状态（Signaled），下一个等待线程将获得所有权，并在获取被放弃 Mutex 的下一个线程中将引发异常 AbandonedMutexException，以便程序可以采取适当的处理。

【例 10-9】 使用 Mutex 同步代码块示例。本例显示如何使用“命名 Mutex”在进程或线程间发送信号。在 2 个或多个命令行窗口运行本程序，每个进程将创建一个 Mutex 对象：命名互斥体“MyMutex”。命名 Mutex 是一个系统对象，其生命周期由其所代表的 Mutex 对象的生命周期所确定。当第一个进程创建其局部 Mutex 时创建命名 Mutex。本例中，命名 Mutex 属于第一个进程。当销毁所有 Mutex 对象时，释放此命名 Mutex。

在 C:\VB.NET\Chapter10\ 中创建“Visual Basic”类别的控制台应用程序项目 MutexSynchronize，并在 Module1.vb 中添加如下粗体代码。

```
Imports System.Threading
Module Module1
    Sub Main()
        ' 创建命名 Mutex。只能存在一个名为"MyMutex"的系统对象
        Dim m As Mutex = New Mutex(False, "MyMutex")
        ' 试图获取对命名 mutex 的控制权。如果命名 Mutex 被另一个线程所控制，则等待直至其被释放
        Console.WriteLine("等待 Mutex…")
        m.WaitOne()
        ' 保持对 Mutex 的控制，直至用户按 Enter 键
        Console.WriteLine("本应用拥有 Mutex。请按 Enter 键释放之并退出！")
        Console.ReadLine()
        m.ReleaseMutex()
    End Sub
End Module
```

程序运行结果如下：

```
等待 Mutex...
本应用拥有 Mutex。请按 Enter 键释放之并退出！
```

如果程序代码 10.9 处于运行状态时，再运行例 10-9 的一个实例（MutexSynchronize.exe），此时的运行结果为：

```
等待 Mutex...
```

10.6　线程池

10.6.1　线程池的基本概念

线程池是可以用来在后台执行多个任务的线程集合，这使主线程可以自由地异步执行其他任务。线程池通常用于服务器应用程序。每个传入请求都将分配给线程池中的一个线程，因此可以异步处理请求，而不会占用主线程，也不会延迟后续请求的处理。

一旦线程池中的某个线程完成任务，它将返回到等待线程队列中，等待被再次使用。这种重用使应用程序可以避免为每个任务创建新线程的开销。

线程池通常具有最大线程数限制。如果所有线程都繁忙，则额外的任务将放入队列中，直到有线程可用时才能够得到处理。

10.6.2　创建和使用线程池

一般可使用 ThreadPool 类创建线程池。也可实现自定义线程池，以实现特殊的功能要求。

【例 10-10】 创建和使用线程池示例：使用.NET Framework 线程池计算第 1 项到第 10 项之间的任意 5 个 Fibonacci 数。每个 Fibonacci 结果都由 Fibonacci 类表示，该类提供一种名为 ThreadPoolCallback 的方法来执行此计算。主线程创建一个线程池（包含 5 个计算 Fibonacci 数的线

程）。每个线程都将争用处理器时间，因此无法预知各线程完成的时间，故采用 ManualResetEvent 事件，主线程用 WaitAll 阻止执行，直到 5 个线程全部完成计算后，循环显示其结果。运行效果如图 10-2 所示。

```
启动 5 个任务......
线程 3 开始......
线程 2 开始......
线程 2 结果计算......
线程 4 开始......
线程 4 结果计算......
线程 5 开始......
线程 1 开始......
线程 1 结果计算......
线程 3 结果计算......
线程 0 开始......
线程 0 结果计算......
线程 5 结果计算......
完成所有计算！
第1项[F(0)]到第10项[F(9)]之间的任意5个Fibonacci数为-
Fibonacci(1) = 1
Fibonacci(3) = 2
Fibonacci(6) = 8
Fibonacci(8) = 21
Fibonacci(1) = 1
Fibonacci(5) = 5
```

图 10-2 创建和使用线程池运行效果

在 C:\VB.NET\Chapter10\ 中创建“Visual Basic”类别的控制台应用程序项目 ThreadPoolTest，并在 Module1.vb 中添加如下粗体代码。

```
Imports System.Threading
Module Module1
    ' MTAThreadAttribute 特性应用 Main()，指示应用程序的 COM 线程模型为多线程单元(MTA)
    <MTAThreadAttribute()> _
    Sub Main()
        Const FibonacciCalculations As Integer = 5      ' 5 个 Fibonacci 数
        ' 每个事件用于每个 Fibonacci 对象
        Dim doneEvents([FibonacciCalculations]) As ManualResetEvent
        Dim fibArray([FibonacciCalculations]) As Fibonacci
        Dim r As Random = New Random()
        ' 使用 ThreadPool 配置和启动线程：
        Console.WriteLine("启动 {0} 个任务......", FibonacciCalculations)
        For i = 0 To FibonacciCalculations
            doneEvents(i) = New ManualResetEvent(False)
            Dim f As Fibonacci = New Fibonacci(r.Next(1, 10), doneEvents(i))
            fibArray(i) = f
            ThreadPool.QueueUserWorkItem(AddressOf f.ThreadPoolCallback, i)
        Next
        ' 等待线程池中的所有线程的计算...
        WaitHandle.WaitAll(doneEvents)
        Console.WriteLine("完成所有计算！")
        ' 显示结果：第 1 项到第 10 项之间的 5 个 Fibonacci 数...
        Console.WriteLine("第 1 项[F(0)]到第 10 项[F(9)]之间的任意 5 个 Fibonacci 数为---")
        For i = 0 To FibonacciCalculations
```

```
            Dim f As Fibonacci = fibArray(i)
            Console.WriteLine("Fibonacci({0}) = {1}", f.n, f.fibOfN)
        Next
        Console.ReadKey()
    End Sub
    Public Class Fibonacci
        Public n As Integer
        Public fibOfN As Integer
        Private _doneEvent As ManualResetEvent
        Public Sub New(ByVal n As Integer, ByVal doneEvent As ManualResetEvent)
            Me.n = n
            Me._doneEvent = doneEvent
        End Sub
        ' 线程池回调：计算 Fibonacci 结果.
        Public Sub ThreadPoolCallback(ByVal threadContext As Object)
            Dim threadIndex As Integer = CType(threadContext, Integer)
            Console.WriteLine("线程 {0} 开始......", threadIndex)
            fibOfN = Calculate(n)
            Console.WriteLine("线程 {0} 结果计算......", threadIndex)
            _doneEvent.Set()
        End Sub
        ' 递归方法计算第 N 个 Fibonacci 数：F (n ) = F (n - 1) + F(n - 2).
        Public Function Calculate(ByVal n As Integer)
            If (n <= 1) Then                ' F(0)=0 F(1)=1
                Return n
            Else
                Return Calculate(n - 1) + Calculate(n - 2)
            End If
        End Function
    End Class
End Module
```

10.7　定时器

System.Threading.Timer 是一种定时器工具，用来在一个后台线程计划执行指定任务。Timer 提供以指定的时间间隔执行方法的机制。

使用 Timer 线程实现和计划执行一个任务的典型步骤如下。

（1）使用 TimerCallback 委托指定 Timer 执行的方法。例如子过程/函数 DoJob：

```
Dim timerCB as TimerCallback = new TimerCallback(AddressOf DoJob)
```

（2）创建定时器。例如：

```
Dim timer1 as Timer = new Timer(timerCB, '指定定时器要执行的任务
    "timer1", '指定要传递给任务方法的参数(可以为 null)
    0, '指定在第一次执行方法之前等待的时间量(截止时间)
    1000) '定时器时间间隔(ms)
```

注意：System.Threading.Timer 是一个简单的轻量计时器，它使用回调方法并由线程池线程提供服务。基于 Windows 窗体的程序建议使用 System.Windows.Forms.Timer；基于服务器的计时器功能，建议使用 System.Timers.Timer。

【例 10-11】计时器示例。在控制台上，每隔 1 秒打印时间。

在 C:\VB.NET\Chapter10\中创建“Visual Basic”类别的控制台应用程序项目 TimerDemo，并在 Module1.vb 中添加如下粗体代码。

```
Imports System.Threading
Module Module1
    Sub PrintTime()
        Console.WriteLine("{0}", DateTime.Now.ToString("HH:MM:ss"))
    End Sub
    Sub Main()
        Dim timerCB As TimerCallback = New TimerCallback(AddressOf PrintTime)
        Dim timer1 As Timer = New Timer(timerCB, "timer1", 0, 1000)
        Console.ReadKey()
    End Sub
End Module
```

10.8 并行处理

10.8.1 任务并行库

基于 task parallel library（TPL，任务并行库），可以使多个独立的任务同时运行。任务表示异步操作，其功能等同于创建新线程或 ThreadPool 工作项。事实上，任务建立在线程或线程池上，是更高级别的抽象。

使用任务并行库的优点是：系统资源的使用效率更高，可伸缩性更好；对于线程或工作项，支持等待、取消、继续、可靠的异常处理、详细状态、自定义计划等编程控制功能。因而，在.NET Framework 中，编写多线程、异步和并行代码时，建议首选 TPL。

10.8.2 创建和运行任务

使用 Parallel 的静态方法 Invoke，可以同时运行多个方法：

```
Public Shared Sub Invoke (ParamArray actions As Action())
```

其中，actions 是 Action 委托数组，Action 委托封装无参数无返回值的方法。

【例 10-12】Parallel.Invoke 示例。

在 C:\VB.NET\Chapter10\ 中创建“Visual Basic”类别的控制台应用程序项目 ParallelInvoke，并在 Module1.vb 中添加如下粗体代码。

```
Imports System.Threading
Module Module1
    Sub DoWork1()
        For i = 0 To 5
            Console.Write("任务 1-{0} ", i)
            Thread.Sleep(100)
        Next
    End Sub
```

```
    Sub DoWork2()
        For i = 0 To 5
            Console.Write("任务 2-{0} ", i)
            Thread.Sleep(100)
        Next
    End Sub
    Sub Main()
        Parallel.Invoke(AddressOf DoWork1, AddressOf DoWork2)
        Console.ReadKey()
    End Sub
End Module
```

程序运行结果如下：

```
任务 1-0 任务 2-0 任务 1-1 任务 2-1 任务 1-2 任务 2-2 任务 1-3 任务 2-3 任务 1-4 任务 2-4 任务 1-5 任务 2-5
```

10.8.3 数据并行处理

Parallel.For 或者 Parallel.ForEach 支持数据并行处理，即对源集合或数组中的元素同时（即并行）执行相同操作。在数据并行操作中，将对源集合进行分区，以便多个线程能够同时对不同的片段进行操作。例如：

```
For i = 0 To count
    Process(i)
Next i
ForEach item in items
    Process(item)
Next item
```

其等价的并行处理代码分别为：

```
Parallel.For(0, count, Process(i));
Parallel.ForEach(items, Process(item));
```

【例 10-13】数据并行处理示例。

在 C:\VB.NET\Chapter10\ 中创建“Visual Basic”类别的控制台应用程序项目 ParallelForEach，并在 Module1.vb 中添加如下粗体代码。

```
Imports System.Threading
Module Module1
    Sub Main()
        Dim items = {"A", "B", "C", "D", "E", "F", "G", "H", "I", "J", "K"}
        Parallel.For(0, 10, Sub(i)
                                Console.Write(i)
                            End Sub)
        Parallel.ForEach(items, Sub(item)
                                    Console.Write(item)
                                End Sub)
        Console.ReadKey()
    End Sub
```

```
End Module
```

运行结果如下所示（可能每次不同）：

```
0123456789ACDEFGHIJKB
```

10.9 异步处理

相对于同步处理，异步处理无需等待方法执行完毕，在执行异步方法的同时，可继续执行其他处理。使用异步编程，可以增强应用程序的响应性能。异步处理一般建立在多线程的基础之上。

10.9.1 Async 和 Await 关键字

可通过委托可以实现异步方法调用，但新版本中增加了两个关键字 Async 和 Await，以简化异步编程。

使用关键字 Async 声明异步方法，异步方法的名称以 Async 后缀结尾。如果异步方法返回结果为 TResult，则其返回类型为 Task<TResult>；如果无返回结果，则其返回类型为 Task。异步方法通常包含至少一个 Await 表达式，该等待表达式标记一个点，在该点上直到等待的异步操作完成才能继续。同时，方法挂起，并且返回到方法的调用方。例如：

```
Private Async Sub DoWorkAsync()
        Await Task.Run(Sub()
                        Threading.Thread.Sleep(10000)
                        Console.WriteLine("任务结束!")
                    End Sub)
End Sub
```

注意：在异步方法中，仅需要使用关键字 Async 和 Await 指示需要完成的操作，编译器会自动生成完成其余操作的功能代码，包括跟踪挂起方法返回等待点时发生的状况。

10.9.2 异步编程示例

使用 Async 和 Await 关键字实现异步编程的示例如下。

【例 10-14】异步编程示例。

在 C:\VB.NET\Chapter10\中创建“Visual Basic”类别的控制台应用程序项目 AsyncAwait，并在 Module1.vb 中添加如下粗体代码。

```
Module Module1
    Private Async Sub DoWorkAsync()
        Await Task.Run(Sub()
                        Dim sum As ULong = 0
                        For i = 0 To 99999999
                            sum += i
                        Next
                        Console.WriteLine("异步方法计算结果为：{0}", sum)
                    End Sub)
    End Sub
    Sub Main()
        Console.WriteLine("开始调用异步方法")
```

```
        DoWorkAsync()
        Console.WriteLine("继续执行 Main 方法")
        Console.ReadKey()
    End Sub
End Module
```

程序运行结果如下：

```
开始调用异步方法
继续执行 Main 方法
异步方法计算结果为：4999999950000000
```

第 11 章　VB.NET 语言高级特性

VB.NET 语言包括许多高级特性。

泛型类似于 C++模板，通过泛型可以定义类型安全的数据结构，而无需使用实际的数据类型。泛型类和泛型方法具备可重用性、类型安全和高效性。

特性（attribute）使程序员能够为程序中定义的各种实体附加一些声明性信息，而且在运行时环境中还可以检索这些特性信息。

语言集成查询（LINQ）提供一种一致的数据查询模型，使用相同的基本编码模式来查询和转换各种数据源。使用 LINQ 定义的一组通用标准查询运算符可以投影、筛选和遍历内存中的集合或数据库中的表。LINQ 查询具有完全类型检查和 IntelliSense 支持，可以大大提高程序的数据处理能力和开发效率。

本章要点

- 泛型的基本概念；
- 泛型的定义和使用；
- 特性的基本概念；
- 特性的使用；
- 预定义通用特性类；
- 自定义特性类；
- 使用反射访问特性；
- 初始值设定项、匿名类型、Lambda 表达式、扩展方法；
- LINQ 查询操作的基本步骤；
- 标准查询运算符的使用。

11.1　泛型

11.1.1　泛型的概念

在概念上，泛型类似于 C++模板，但是二者在实现和功能方面存在明显差异。通过泛型可以定义类型安全的数据结构，而无需使用实际的数据类型。例如，通过定义泛型方法（Shared Sub Swap（Of T）(ByRef lhs As T, ByRef rhs As T)），可以重用数据处理算法，实现不同类型数据（例如 Integer、Double）的交换，而无需分别为 Integer 和 Double 复制类型特定的代码（重载方法），从而显著提高性能并得到更高质量的代码。

泛型类和泛型方法具备可重用性、类型安全和高效性，这是非泛型类和非泛型方法无法具备的。通常，在设计自定义类库时，建议创建自定义泛型类型和泛型方法，以提供自己的通用解决方案，设计类型安全的高效模式。

.NET Framework 类库提供一个新的命名空间 System.Collections.Generic，其中包含若干基于泛型的集合类。

11.1.2　泛型的定义和使用

在 VB.NET 中，可以定义泛型接口、泛型类、泛型结构、泛型委托和泛型方法。泛型定义是通过泛型参数（使用 Of 关键字来指定）来进行定义的。例如：

```
'定义带一个泛型参数的类
Class GenericClass(Of T)
'定义带多个泛型参数的过程
    GenericSub(Of T1,Of T2)(ByVal p1 As T1,ByVal p2 As T2)
    End Sub
End Class
```

泛型的使用则通过关键字 Of 指定特定类型。例如：

```
Dim obj as GenericClass(Of Integer) = New GenericClass(Of Integer)
obj.GenericSub(Of Integer, Of String)(10, "abc")
```

【例 11-1】 泛型的定义示例：实现通用的数据交换功能。

在 C:\VB.NET\Chapter11\中创建“Visual Basic”类别的控制台应用程序项目 GenericClass，并在 Module1.vb 中添加如下粗体代码。

```
Module Module1
    Public Class MyMath(Of T)
        Shared Sub Swap(ByRef lhs As T, ByRef rhs As T)
            Dim temp As T
            temp = lhs
            lhs = rhs
            rhs = temp
        End Sub
    End Class
    Sub Main()
        'Integer 类型数据交换
        Dim i1 As Integer = 10
        Dim i2 As Integer = 20
        Console.WriteLine("Integer 类型数据交换前：{0} {1}", i1, i2)
        MyMath(Of Integer).Swap(i1, i2)
        Console.WriteLine("Integer 类型数据交换后：{0} {1}", i1, i2)
        'String 类型数据交换
        Dim s1 As String = "abc"
        Dim s2 As String = "def"
        Console.WriteLine("String 类型数据交换前：{0} {1}", s1, s2)
        MyMath(Of String).Swap(s1, s2)
        Console.WriteLine("String 类型数据交换后：{0} {1}", s1, s2)
        Console.ReadKey()
    End Sub
End Module
```

程序运行结果如下：

```
Integer 类型数据交换前：10 20
Integer 类型数据交换后：20 10
String 类型数据交换前：abc def
String 类型数据交换后：def abc
```

11.1.3 泛型类型参数和约束

在泛型类型定义中，必须通过（Of 类型形参）指定的类型参数来声明类型。类型参数实际上并不是特定类型，而只是类型占位符。在创建泛型类型的实例时，必须指定（Of 类型实参）中的类型（可以是编译器识别的任何类型）。例如：

```
Dim obj1 As GenericClass(Of Double) = New GenericClass(Of Double)
Dim obj2 As GenericClass(Of ExampleClass) = New GenericClass(Of ExampleClass)
Dim obj3 As GenericClass(Of ExampleStruct) = New GenericClass(Of ExampleStruct)
```

在每个 GenericClass(Of T)实例中，类中出现的每个类型形参 T 都会在运行时替换为相应的类型实参。通过这种替换方式，使用一个泛型类可以创建多个独立的类型安全的有效对象。

类型参数遵循下列命名准则：使用“T”作为描述性类型参数名的前缀，并使用描述性名称命名泛型类型参数。例如：

```
Public Class List(Of T)
End Class
Public Interface ISessionChannel(Of TSession)
End Interface
Public Delegate Function Converter(Of TInput, Of TOutput)(from As TInput) As TOutput
```

默认情况下，没有约束的类型参数（如公共类 SampleClass(Of T)中的 T）称为未绑定的类型参数。创建未绑定的类型参数的泛型类的实例时，可以为泛型类的形参指定任何类型。如果需要限定该泛型类形参仅支持某些特定类型，则可以使用关键字 As 定义泛型参数的约束。如果客户端代码尝试使用某个约束所不允许的类型来实例化类，则会产生编译时错误。例如：

```
Public Class Employee
End Class
Public Class GenericList(Of T As Employee)
End Class
Module Test
    Sub Main()
      'Dim list As GenericList(Of Integer) = New GenericList(Of Integer)          ' 编译错误
      Dim list1 As GenericList(Of Employee) = New GenericList(Of Employee)    'OK
    End Sub
End Module
```

11.1.4 泛型综合举例

【例 11-2】 泛型综合示例：定义一个通用的简单列表，将列表保存在内部数组 items 中，并且使用代码可声明列表元素的数据类型。参数化构造函数允许使用代码设置 items 的上限，默认构造函数将此上限设置为 9（总共 10 项）。

在 C:\VB.NET\Chapter11\中创建“Visual Basic”类别的控制台应用程序项目 GenericList，并在 Module1.vb 中添加如下粗体代码。

```
Module Module1
    Public Class simpleList(Of itemType)
        Private items() As itemType
        Private top As Integer
        Private nextp As Integer
```

```
Public Sub New()
    Me.New(9)
End Sub
Public Sub New(ByVal t As Integer)
    MyBase.New()
    items = New itemType(t) {}
    top = t
    nextp = 0
End Sub
Public Sub add(ByVal i As itemType)
    insert(i, nextp)
End Sub
Public Sub insert(ByVal i As itemType, ByVal p As Integer)
    If p > nextp OrElse p < 0 Then
        Throw New System.ArgumentOutOfRangeException("p", "less than 0 or beyond next available list position")
    ElseIf nextp > top Then
        Throw New System.ArgumentException("No room to insert at ", "p")
    ElseIf p < nextp Then
        For j As Integer = nextp To p + 1 Step -1
            items(j) = items(j - 1)
        Next j
    End If
    items(p) = i
    nextp += 1
End Sub
Public Sub remove(ByVal p As Integer)
    If p >= nextp OrElse p < 0 Then
        Throw New System.ArgumentOutOfRangeException("p", " less than 0 or beyond last list item")
    ElseIf nextp = 0 Then
        Throw New System.ArgumentException("List empty; cannot remove ", "p")
    ElseIf p < nextp - 1 Then
        For j As Integer = p To nextp - 2
            items(j) = items(j + 1)
        Next j
    End If
    nextp -= 1
    ReDim Preserve items(nextp - 1)
End Sub
Public ReadOnly Property listLength() As Integer
    Get
        Return nextp
    End Get
End Property
Public ReadOnly Property listItem(ByVal p As Integer) As itemType
    Get
        If p >= nextp OrElse p < 0 Then
            Throw New System.ArgumentOutOfRangeException("p", " less than 0 or beyond last list item")
```

```
                End If
                Return items(p)
            End Get
        End Property
        Public Sub PrintItems()
            For Each t As itemType In items
                Console.Write("{0}      ", t)
            Next
            Console.WriteLine()
        End Sub
    End Class
    Sub Main()
        Dim iList As New simpleList(Of Integer)(2)
        iList.add(10)
        iList.add(20)
        iList.add(30)
        Console.Write("iList 内容:     ")
        iList.PrintItems()
        Dim sList As New simpleList(Of String)(3)
        sList.add("First")
        sList.add("extra")
        sList.add("Second")
        sList.add("Third")
        sList.remove(1)
        Console.Write("sList 内容:     ")
        sList.PrintItems()
        Dim dList As New simpleList(Of Date)(2)
        dList.add(#1/1/2021#)
        dList.add(#3/3/2021#)
        dList.insert(#2/2/2021#, 1)
        Console.Write("dList 内容:     ")
        dList.PrintItems()
        Console.ReadKey()
    End Sub
End Module
```

程序运行结果如下：

```
iList 内容:    10    20    30
sList 内容:    First    Second    Third
dList 内容:    2021/1/1 0:00:00    2021/2/2 0:00:00    2021/3/3 0:00:00
```

11.2 特性

11.2.1 特性的基本概念

VB.NET 语言可以创建直接或间接派生于抽象类 System.Attribute 的类，称为特性（Attribute）

类。一个关于特性类的声明定义一种新特性，特性可以被放置在其他声明上，即附加到各种程序实体（包括类型、方法、属性等），以添加元数据信息，如编译器指令或数据描述。特性主要为编译器提供额外的信息，编译器可以通过这些附加特性，自动生成相应的代码，从而实现特定的功能。程序代码也可以通过反射技术，在运行时环境中检索这些特性信息，以实现特定的操作。

例如，一个框架可以定义一个名为 HelpAttribute 的特性，该特性可以放在某些程序元素（如类和方法）上，以提供从这些程序元素到其文档说明的映射。

VB.NET 语言包括下列两种形式的特性：

① 公共语言运行库（CLR）中预定义的特性；

② 自定义特性，用于向代码中添加附加信息，该信息能够以编程方式检索。

特性类可以具有定位参数（positional parameter）和命名参数（named parameter）列表。特性类的每个公共实例构造函数为该特性类定义一个有效的定位参数序列；特性类的每个非静态公共读写字段和属性为该特性类定义一个命名参数。将特性附加到各种程序实体时，首先指定定位参数，然后指定命名参数。任何定位参数都必须按特定顺序指定并且不能省略；而命名参数是可选的且可以按任意顺序指定，如果命名参数取默认值则可以省略。

11.2.2　特性的使用

将特性附加到程序实体的语法为：将括在方括号中的特性名置于其适用的实体声明之前。例如，VB.NET 外部方法的声明需要通过 DllImport 特性以引用由 DLL（动态链接库）实现的外部函数。DllImport 特性是 DllImportAttribute 类的别名，其声明语法示例如下：

```
<DllImport("user32.dll")>
<DllImport("user32.dll", SetLastError:=False, ExactSpelling:=False)>
<DllImport("user32.dll", ExactSpelling:=False, SetLastError:=False)>
```

DllImportAttribute 类包含 3 个参数：1 个定位参数（DLL 名称），2 个命名参数（SetLastError 和 ExactSpelling）。定位参数列在命名参数之前，命名参数的排列顺序无关紧要，命名参数 SetLastError 和 ExactSpelling 均取默认值 False，因此可将其省略。故上述 3 种声明语法等同。

根据约定，所有特性类都以单词“Attribute”结束，以区分于其他类。但是，在代码中，可以省略特性后缀“Attribute”。例如，[DllImport]等效于[DllImportAttribute]。

在一个声明中可以放置多个特性，可分开放置，也可放在同一组括号中。例如：

```
Sub MethodA(<[In](), Out()> ByVal x As Double)
End Sub
Sub MethodB(<Out(), [In]()> ByVal x As Double)
End Sub
Sub MethodC(<In()>< Out()> ByVal x As Double)
End Sub
```

如果特性类允许指定多次（AllowMultiple=True），则对于给定实体可以指定多次。例如，ConditionalAttribute 就是一个可多次使用的特性：

```
<Conditional("DEBUG"), Conditional("TEST1")>
Sub TraceMethod()
End Sub
```

注：

声明<DllImport("user32.dll", SetLastError:=False, ExactSpelling:=False)>在概念上等效于：

```
Dim anonymousObject As DllImportAttribute = new DllImportAttribute ("user32.dll")
anonymousObject.SetLastError = False
anonymousObject. ExactSpelling = False
```

11.2.3 预定义通用特性类

.NET Framework 包含大量的预定义特性类，最常用的包括下列 4 个：ConditionalAttribute 类、ObsoleteAttribute 类、AttributeUsageAttribute 类和全局特性。

1. ConditionalAttribute 类

Conditional 特性是 ConditionalAttribute 的别名，可应用于类或结构声明中的无返回类型的 Sub 过程。

用 Conditional 特性修饰的方法是条件方法。Conditional 特性通过测试条件编译符号来确定适用的条件。标记为条件方法的调用取决于是否定义了预处理符号：如果定义了该符号，则包含调用；否则省略调用。有关预处理符号，请参加附录 B。例如：

```
#Const DEBUG = True
Imports System
Imports System.Diagnostics
Class Class1
    <Conditional("DEBUG")>
    Public Shared Sub M()
        Console.WriteLine("Executed Class1.M")
    End Sub
End Class
Class Class2
    Public Sub Test()
        Class1.M()
        Console.ReadKey()
    End Sub
End Class
```

将 Class1.M 声明为条件方法。Class2 的 Test 方法调用此方法。由于定义了条件编译符号 DEBUG，因此如果调用 Class2.Test，则它会调用 M。如果尚未定义符号 DEBUG，那么 Class2.Test 将不会调用 Class1.M。

使用一个或多个 Conditional 特性修饰的特性类就是条件特性类。条件特性与在其 Conditional 特性中声明的条件编译符号关联。例如：

```
<Conditional("ALPHA")>
<Conditional("BETA")>
Public Class TestAttribute
    Inherits Attribute
End Class
```

将 TestAttribute 声明为与条件编译符号 ALPHA 和 BETA 关联的条件特性类。

【例 11-3】 预定义通用特性类 ConditionalAttribute 使用示例：只有定义了预处理符号 DEBUG，才会调用 Trace.Msg()方法；只有定义了预处理符号 DEBUG 或者 TRACE，才会调用 Trace.Method2()方法。

在 C:\VB.NET\Chapter11\ 中创建 “Visual Basic” 类别的控制台应用程序项目 ConditionalAttributeTest，并在 Module1.vb 中添加如下粗体代码。

```
Module Module1
    Public Class Trace
        <Conditional("DEBUG")>
        Public Shared Sub Msg(ByVal msg As String)
            Console.WriteLine(msg)
        End Sub
        <Conditional("DEBUG"), Conditional("TRACE")>
        Public Shared Sub Method2()
            Console.WriteLine("DEBUG or TRACE is defined")
        End Sub
    End Class
    Sub Main()
        Trace.Msg("Now in Main...")
        Trace.Method2()
        Console.WriteLine("Main Done.")
        Console.ReadKey()
    End Sub
End Module
```

（1）定义了 DEBUG 常量和 TRACE 常量下的编译运行。执行【生成】|【配置管理器】菜单命令，打开【配置管理器】对话框，在【活动解决方案配置】下拉列表框中选择【Debug】（系统默认的解决方案配置）；或者在 Visual Studio 工具栏的【解决方案配置】下拉列表框中选择【Debug】，系统即处于“定义了 DEBUG 常量和 TRACE 常量”的编译环境。此时，程序运行结果如下：

```
Now in Main...
DEBUG or TRACE is defined
Main Done.
```

（2）定义了 TRACE 常量下的编译运行。执行【生成】|【配置管理器】菜单命令，打开【配置管理器】对话框，在【活动解决方案配置】下拉列表框中选择【Release】；或者在 Visual Studio 标准工具栏的【解决方案配置】下拉列表框中选择【Release】，系统即处于【定义 TRACE 常量】的编译环境。此时，程序运行结果如下：

```
DEBUG or TRACE is defined
Main Done.
```

（3）未定义 DEBUG 常量和 TRACE 常量下的编译运行。先执行【生成】|【配置管理器】菜单命令，打开【配置管理器】对话框，在【活动解决方案配置】下拉列表框中选择【新建】，在随后打开的【新建解决方案配置】对话框中，在【名称】处输入“NoDebugTrace”，【从此处复制设置】下拉列表框中选择【Release】，单击【确定】，创建名为“NoDebugTrace”的解决方案配置。然后鼠标右击解决方案资源管理器中的项目名称，执行相应快捷菜单中的【属性】命令，单击左列的【调试】设置，在【配置】下拉列表框中选择【NoDebugTrace】；单击左列的【编译】设置，单击【高级编译选项】按钮，在随后打开的【高级编译器设置】对话框中，不勾选【定义 TRACE 常量】复选框，则系统即处于未定义 DEBUG 常量和 TRACE 常量的编译环

境。此时，程序运行结果如下：

```
Main Done.
```

2．ObsoleteAttribute 类

Obsolete 特性是 ObsoleteAttribute 的别名，可应用于除程序集、模块、参数或返回值以外的所有程序元素，将该实体标记为一个建议不再使用的实体，即该元素在产品的未来版本中将被移除。当调用使用 Obsolete 特性标记的实体时，编译器会生成警告信息；如果 Obsolete 特性的第 2 个参数为 True 时，则产生错误信息。

【例 11-4】 预定义通用特性类 ObsoleteAttribute 使用示例。类 A 附加了 Obsolete 特性，故若创建其实例时将产生编译警告信息；类 B 的 OldMethod 方法附加了第 2 个参数为 True 的 Obsolete 特性，故若调用该方法时将产生编译错误信息。

在 C:\VB.NET\Chapter11\ 中创建"Visual Basic"类别的控制台应用程序项目 ObsoleteAttributeTest，并在 Module1.vb 中添加如下粗体代码。

```
<System.Obsolete("use class B")>
Class ClassA
    Sub Method()
    End Sub
End Class
Class ClassB
    <System.Obsolete("use NewMethod", True)>
    Sub OldMethod()
    End Sub
    Sub NewMethod()
    End Sub
End Class
Module Module1
    Sub Main()
        ' 生成 2 条 警告信息："ClassA"已过时: "use class B"
        Dim a As ClassA = New ClassA()
        ' 不产生错误或警告信息!
        Dim b As ClassB = New ClassB()
        b.NewMethod()
        ' 产生 1 条错误信息："Public Sub OldMethod()"已过时: "use NewMethod"
        b.OldMethod()
        Console.ReadKey()
    End Sub
End Module
```

3．AttributeUsageAttribute 类

AttributeUsage 特性是 AttributeUsageAttribute 的别名，应用于自定义特性类，以控制如何应用新特性。例如：

```
<System.AttributeUsage(System.AttributeTargets.All,
                    AllowMultiple:=False,
```

```
                    Inherited:=True)>
Public Class NewAttribute
    Inherits Attribute
End Class
```

用 AttributeUsage 特性修饰的类必须直接或间接从 System.Attribute 派生，否则将发生编译时错误。

AttributeUsage 特性可以设置 3 个参数。

① ValidOn 参数：第一个参数指定应用于该自定义特性的目标程序元素对象，可以指定 AttributeTargets 枚举的一个或多个元素：Assembly（程序集）、Module（模块）、Class（类）、Struct（结构）、Enum（枚举）、Constructor（构造函数）、Method（方法）、Property（属性）、Field（字段）、Event（事件）、Interface（接口）、Parameter（参数）、Delegate（委托）、ReturnValue（返回值）、GenericParameter（泛型参数）、All（任何应用程序元素）。多个元素的关系为“或”运算。

② AllowMultiple 参数：指定该特性是否可对单个实体应用多次（True/False）。如果特性类的 AllowMultiple 为 True，则此特性类是多次性特性类（multi-use attribute class），可以在一个实体上多次被指定。如果特性类的 AllowMultiple 为 False 或未指定，则此特性类是一次性特性类（single-use attribute class），在一个实体上最多只能指定一次。

③ Inherited 参数：指定派生类是否继承基类的特性（True/False）。如果特性类的 Inherited 为 True，则该特性会被继承。如果特性类的 Inherited 为 False，则该特性不会被继承。如果该值未指定，则其默认值为 True。

例如：

```
<System.AttributeUsage(System.AttributeTargets.Class,
                    AllowMultiple:=True,
                    Inherited:=False)>
Class MultiUseAttr
    Inherits Attribute
End Class
<MultiUseAttr()>
Class Class1
End Class
<MultiUseAttr()>
Class ClassB
End Class
Class ClassD
    Inherits ClassB   'MultiUseAttr 不通过继承应用于 ClassD
End Class
```

4. 全局特性

与适用于特定的语言元素（如类或方法）的大多数特性不同，全局特性适用于整个程序集或模块。全局特性在源代码中出现在顶级 Imports 指令之后，类型或命名空间声明之前。

【例 11-5】 基于 Visual Studio 的 Windows 窗体应用程序模板的项目中，将自动创建一个名为 AssemblyInfo.Info 的文件，该文件包括若干全局特性。

```
Imports System
Imports System.Reflection
```

```
Imports System.Runtime.InteropServices

' 有关程序集的常规信息通过下列特性集 控制。更改这些特性值可修改与程序集关联的信息。
' 查看程序集特性的值

<Assembly: AssemblyTitle("WindowsApplication1")>
<Assembly: AssemblyDescription("")>
<Assembly: AssemblyCompany("")>
<Assembly: AssemblyProduct("WindowsApplication1")>
<Assembly: AssemblyCopyright("Copyright ©  2010")>
<Assembly: AssemblyTrademark("")>

<Assembly: ComVisible(False)>

'如果此项目向 COM 公开，则下列 GUID 用于类型库的 ID
<Assembly: Guid("7edf4a72-5ec9-4111-9e7d-83a0b6182a38")>

' 程序集的版本信息由下面四个值组成:
'
'      主版本
'      次版本
'      内部版本号
'      修订号
'
' 可以指定所有这些值，也可以使用"内部版本号"和"修订号"的默认值，
' 方法是按如下所示使用"*":
' <Assembly: AssemblyVersion("1.0.*")>

<Assembly: AssemblyVersion("1.0.0.0")>
<Assembly: AssemblyFileVersion("1.0.0.0")>
```

5. Visual Basic 特定特性

特定于 Visual Basic 的特性如下。

- COMClassAttribute 指示编译器该类应该作为 COM 对象公开。COM 对象与.NETFramework 程序集差别很大，使用 COMClassAttribute 可简化创建 COM 组件的过程。对于标记为 COMClassAttribute 的类，编译器会自动执行这些步骤中的许多步骤。
- HideModuleNameAttribute 允许只使用模块需要的限定访问模块成员。
- VBFixedStringAttribute 可强制创建定长字符串。字符串的长度在默认情况下是可变的，此特性在将字符串存储到文件时很有用。
- VBFixedArrayAttribute 可声明固定大小的数组。数组的长度在默认情况下是可变的，此特性在序列化数据或将数据写入文件时很有用。

例如：

```
Structure Worker
    ' 运行时使用 VBFixedString 来确定字段是否为固定长度的字符串
    <VBFixedString(10)> Public LastName As String
```

```
    <VBFixedString(7)> Public Title As String
    <VBFixedString(2)> Public Rank As String
End Structure
```

11.2.4 自定义特性类

通过直接或间接地从 System.Attribute 类派生，可以创建自定义特性类。特性类直接或间接地从 Attribute 派生，有助于方便快捷地在元数据中标识特性定义。特性类的声明遵循下列规则：

① 派生类的类名一般采用 XXXAttribute 的命名规范，类名就是特性名；

② 构造函数的参数是自定义特性的定位参数；

③ 任何公共读写字段或属性都是命名参数。

④ 使用 AttributeUsage 特性指定特性类的限制条件。

【例 11-6】 创建特性类 AuthorAttribute，Author 特性仅在 Class 和 Struct 声明中有效，允许单个实体应用多次该特性。其定位参数为 name，包含 1 个命名参数 version。

在 C:\VB.NET\Chapter11\ 中创建 “Visual Basic” 类别的控制台应用程序项目 AuthorAttribute，并在 Module1.vb 中添加如下粗体代码。

```
<System.AttributeUsage(System.AttributeTargets.Class Or
                       System.AttributeTargets.Struct,
                       AllowMultiple:=True)>
Public Class AuthorAttribute
    Inherits System.Attribute
    Private Name As String
    Public Version As Double
    Public Sub New(ByVal name As String)
        Me.Name = name
        Me.Version = 1.0
    End Sub
End Class
<Author("Jiang Hong", Version:=1.1)>
<Author("Yu Qingsong", Version:=1.2)>
Module Module1
    ' 作者 Jiang Hong 的代码如下...
    '......
    ' 作者 Yu Qingsong 的代码如下...
    '......
    Sub Main()
        Console.WriteLine("Hello!")
        Console.ReadKey()
    End Sub
End Module
```

程序运行结果如下：

```
Hello!
```

11.2.5 使用反射访问特性

定义自定义特性并将其放置在源代码的主要目的在于通过检索自定义特性的信息和对其进

行相应的操作处理。

VB.NET 通过反射技术来检索用自定义特性定义的信息。首先通过 GetType 运算符来获取类型；然后通过 GetCustomAttributes 方法获取所应用的自定义特性的对象数组；最后通过自定义特性的对象数组进行相应的操作处理。

有关反射的概念，请参考附录 F。

【例 11-7】 通过反射技术检索用自定义特性定义的信息示例。创建自定义特性 AuthorAttribute，并附加到类 FirstClass 和 ThirdClass；然后使用反射技术，动态显示类 FirstClass 和 ThirdClass 上附加的特性信息。

在 C:\VB.NET\Chapter11\ 中创建 "Visual Basic" 类别的控制台应用程序项目 CustomAttribute，并在 Module1.vb 中添加如下粗体代码。

```
<System.AttributeUsage(System.AttributeTargets.Class Or
                System.AttributeTargets.Struct,
                AllowMultiple:=True)>
Public Class AuthorAttribute
    Inherits System.Attribute
    Private name As String      ' 作者姓名
    Public Version As Double    ' 版本
    Public Sub New(ByVal authorName As String)
        Me.name = authorName    ' 设置作者姓名
        Me.Version = 1.0        ' 默认版本值
    End Sub
    ' 获取作者姓名信息
    Public Function GetName() As String
        Return name
    End Function
End Class
' 带一个作者特性
<Author("Jiang Hong")>
Class FirstClass
    '...
End Class
' 无作者特性
Class SecondClass
    '...
End Class
' 带多个作者特性
<Author("Jiang Hong"), Author("Yu qingsong", Version:=2.0)>
Class ThirdClass
    '...
End Class
Module Module1
    Private Sub PrintAuthorInfo(ByVal t As System.Type)
        System.Console.WriteLine("{0} 的作者信息", t)
        ' 使用反射技术
        Dim attrs() As System.Attribute = System.Attribute.GetCustomAttributes(t)
        ' 显示结果
```

```
        For Each attr In attrs
            Dim a As AuthorAttribute = CType(attr, AuthorAttribute)
            System.Console.WriteLine("    {0}, version {1:f}", a.GetName(), a.Version)
        Next
    End Sub
    Sub Main()
        PrintAuthorInfo(GetType(FirstClass))
        PrintAuthorInfo(GetType(SecondClass))
        PrintAuthorInfo(GetType(ThirdClass))
        Console.ReadKey()
    End Sub
End Module
```

程序运行结果如下：

```
CustomAttribute.FirstClass 的作者信息
   Jiang Hong, version 1.00
CustomAttribute.SecondClass 的作者信息
CustomAttribute.ThirdClass 的作者信息
   Jiang Hong, version 1.00
   Yu qingsong, version 2.00
```

11.3　语言集成查询

11.3.1　相关语言要素

1．初始值设定项

使用对象初始值设定项可以在创建对象时，向对象的任何可访问的字段或属性分配值，而无需显式调用构造函数。例如：

```
Class Cat
    '定义自动实现的属性
    Public Property Name As String
    Public Property Age As Integer
End Class
Module Test
    Sub Main()
        '对象初始化()
        Dim cat1 As Cat = New Cat With {.Name = "Cattie", .Age = 3}
        Console.WriteLine("Name={0}, Age={1}", cat1.Name, cat1.Age)
        Console.ReadKey()
    End Sub
End Module
```

使用集合初始值设定项可以在初始化一个实现了 IEnumerable 的集合类时，指定一个或多个元素初始值设定项，而无需在源代码中指定多个对该类的 Add 方法的调用。集合初始值设定项由逗号分隔值列表组成，这些值用大括号({})括起，前面带有 From 关键字。例如：

```
Dim digits As List(Of Integer) = New List(Of Integer) From {0, 1, 2, 3, 4, 5, 6, 7, 8, 9}
Dim cats As List(Of Cat) = New List(Of Cat) From
{
    New Cat() With {.Name = "Sylvester", .Age = 8},
    New Cat() With {.Name = "Whiskers", .Age = 2},
    New Cat() With {.Name = "Sasha", .Age = 14}
}
```

初始值设定项特别适用于 LINQ 查询表达式：查询表达式经常使用匿名类型，而这些类型只能使用对象初始值设定项进行初始化。查询表达式可以将原始序列的对象转换为可能具有不同的值和形式的对象。例如：通过下列代码片段可以创建猫咪名称和年龄的对象序列并显示之。

```
Dim catQuery = From cat In cats
               Select cat.Name, cat.Age
For Each v In catQuery
    Console.WriteLine("Name={0}, Age={1}", v.Name, v.Age)
Next
```

2. 匿名类型

在 LINQ 查询表达式的 Select 子句中，通常使用匿名类型以便返回源序列中每个对象的属性子集。匿名类型实例的声明使用初始值设定项列表来指定类型的属性，匿名类型声明和使用的基本形式如下：

```
Dim 匿名类型变量 = New 匿名类型 With {公共只读属性组}
```

匿名类型是由一组只读属性组成的类类型（不允许包含其他种类的类成员，如方法或事件）。匿名类型无需预先显式定义，其类型名由编译器生成，且不能在源代码级直接使用。匿名类型的有效范围为定义该匿名类型变量的方法。若跨越方法范围，建议使用普通的命名结构或类而不是匿名类型。

注意：匿名类型并不是无类型，只是无需预先显式定义。声明匿名类型变量时，通过初始值选项指定类型，其类型名由编译器生成。

例如：

```
Dim i = 5                                    '编译后 i 为 Integer 类型
Dim s = "Hello"                              '编译后 s 为 String 类型
Dim a = {0, 1, 2}                            '编译后 a 为 Integer()类型
Dim emp = New With {.Name = "Terry", .Age = 34}  '编译后 emp 为匿名类类型
Dim list = New List(Of Integer)                  '编译后 list 为 List(Of Integer)类型
Dim c                                            '编译后 c 为 Object 类型
Dim d = Nothing                                  '编译后 d 为 Object 类型
```

3. Lambda 表达式

Lambda 表达式是一个匿名函数或过程，它可以包含表达式和语句，并且可用于创建委托或表达式目录树类型。

使用 Function 或者 Sub 关键字可以创建 Lambda 表达式，例如：

```
Module Test
    Sub Main()
```

```
        '单行和多行 Lambda 表达式语法
        Dim increment1 = Function(x) x + 1
        '多行 Lambda 表达式语法
        Dim increment2 = Function(x)
                             Return x + 2
                         End Function
        Console.WriteLine(increment1(1))        '输出 2
        Console.WriteLine(increment2(2))        '输出 4
        Console.ReadKey()
    End Sub
End Module
```

Lambda 常用在基于方法的 LINQ 查询中，作为标准查询运算符方法的参数。例如：

```
Module Test
    Sub Main()
        Dim numbers = {5, 4, 1, 3, 9, 8, 6, 7, 2, 0}
        Dim oddNumbers = numbers.Count(Function(n) n Mod 2 = 1) '返回所有奇数(不能被 2 整除)
        Console.Write("奇数的个数={0} ", oddNumbers)
        Console.ReadKey()
    End Sub
End Module
```

4．扩展方法

扩展方法向现有类型“添加”方法，而无需修改原类型的代码（或创建新的派生类型）并重新编译。

集成语言查询使用扩展方法向现有的 System.Collections.IEnumerable 和 System.Collections.Generic.IEnumerable(Of T)类型添加了 LINQ 标准查询功能。只要通过 Imports System.Linq 指令导入其命名空间（注：Visual Studio 开发环境自动导入该命名空间），任何实现了 IEnumerable(Of T) 的类型就都具有 GroupBy、OrderBy、Average 等实例方法。例如：

```
Module TestExtensionMethods
    Sub Main()
        Dim ints As Integer() = {10, 45, 15, 39, 21, 26}
        Dim results = ints.OrderBy(Function(g) g)          '整数排序
        For Each i In results
            System.Console.Write("{0} ", i)
        Next
        Console.ReadKey()
    End Sub
End Module
```

将对整数数组 ints = { 10, 45, 15, 39, 21, 26 }按升序排序，得到{10 15 21 26 39 45}。

扩展方法是在单独的命名空间的模块中定义的 Sub 过程或 Function 过程。扩展方法的第一个参数指定方法所扩展的数据类型。运行方法时，第一个参数被绑定到调用该方法的数据类型的实例。

所有扩展方法都必须使用 System.Runtime.CompilerServices 命名空间中的扩展特性<Extension()>进行标记。

只要使用 Imports 指令将包含扩展方法的命名空间显式导入到源代码，然后就可以通过实例方法语法进行调用指定对象的扩展方法。

【例 11-8】 扩展方法示例：统计字符串中的单词个数。单词间以空格或“,”或“.”或“?”分隔。

操作步骤如下。

（1）在 C:\VB.NET\Chapter11\中创建“Visual Basic”类别的类库（.NET Framework）项目 ExtensionMethod。

（2）在其 Class1.vb 中添加如下粗体代码：

```
Imports System.Runtime.CompilerServices
Namespace ExtensionMethods
    Public Module MyExtensions
        <Extension()>
        Public Function WordCount(ByVal str As String) As Integer
            Dim charSeparators() As Char = {" ", ".", ",", "?"}
            Return str.Split(charSeparators, StringSplitOptions.RemoveEmptyEntries).Length
        End Function
    End Module
End Namespace
```

（3）执行 Visual Studio 菜单命令【生成】|【生成 ExtensionMethod】，生成 ExtensionMethod.dll 文件。

（4）再在 C:\VB.NET\Chapter11\中创建一个“Visual Basic”类别的控制台应用程序项目 ExtensionMethodTest。

（5）在其 Module1.vb 中添加如下粗体代码：

```
Imports ExtensionMethod.ExtensionMethods
Module Module1
    Sub Main()
        Dim s As String = "Hello, Extension Methods. Testing..."
        Dim i As Integer = s.WordCount()
        Console.WriteLine("字符串({0})中包含的单词数为 {1}", s, i)
        Console.ReadKey()
    End Sub
End Module
```

（6）右击解决方案资源管理器中的项目名称 ExtensionMethodTest，执行快捷菜单中的【添加】|【引用】命令，在随后打开的【添加引用】对话框中，单击【浏览】选项卡，如图 11-1 所示，添加 C:\VB.NET\Chapter11\ExtensionMethod\bin\Debug 中的 ExtensionMethod.dll 文件。

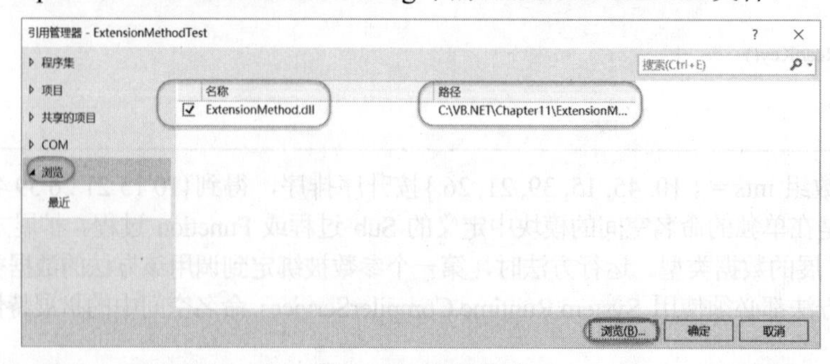

图 11-1 添加引用

（7）程序运行结果如下：

```
字符串(Hello, Extension Methods. Testing...)中包含的单词数为 4
```

11.3.2　LINQ 基本操作

查询是一种从数据源检索数据的表达式，针对不同的数据源，通常使用专门的查询语言。例如：关系数据库查询使用 SQL，XML 查询使用 Xquery。不同的数据源使用不同的查询语言，且这些查询缺少编译时类型检查和 IntelliSense 支持，这样就大大增加了开发的复杂度。

LINQ 提供一种一致的数据查询模型，使用相同的基本编码模式来查询和转换各种数据源。LINQ 定义了一组可以在.NET Framework 3.5 及后续版本中使用的通用标准查询运算符，使用这些标准查询运算符可以投影、筛选和遍历内存中的集合或数据库中的表。LINQ 查询具有完全类型检查和 IntelliSense 支持，可以大大提高程序的数据处理能力和开发效率。

使用 VB.NET 可以为以下各种数据源编写 LINQ 查询：

- SQL Server 数据库；
- XML 文档；
- ADO.NET 数据集；
- 支持 IEnumerable 或泛型 IEnumerable(Of T)接口的任意对象集合；
- 其他数据源，如 Web 服务和其他数据库（使用第三方的 LINQ 提供程序）。

LINQ 的组成结构如图 11-2 所示。

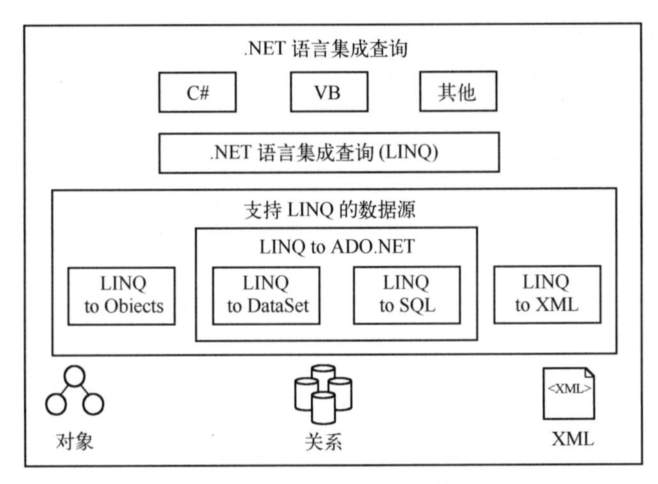

图 11-2　LINQ 组成结构

LINQ 查询操作由以下三个不同的操作组成：

① 获取数据源；

② 创建查询；

③ 执行查询。

【例 11-9】 LINQ 查询操作示例。将一个整数数组用作数据源；创建查询：从整数数组中返回所有偶数；执行查询并显示查询结果。

在 C:\VB.NET\Chapter11\中创建“Visual Basic”类别的控制台应用程序项目 LINQQuery，并在 Module1.vb 中添加如下粗体代码。

```
Imports System.Linq
Module Module1
    Sub Main()
```

```
        '步骤 1. 获取数据源
        Dim numbers() As Integer = {0, 1, 2, 3, 4, 5, 6}
        '步骤 2. 创建查询：从整数数组中返回所有偶数
        'numQuery1/numQuery2：IEnumerable(Of Integer)
        '方法 1：使用查询表达式声明查询变量
        '查询变量 numQuery1 用以存储查询
        '必须以 From 子句开头：指定数据源和范围变量
        '必须以 Select 子句（选择对象序列）或 Group 子句（分组）结尾
        Dim numQuery1 = From num In numbers
                        Where (num Mod 2) = 0
                        Select num
        '方法 2：使用查询方法声明查询变量
        Dim numQuery2 = numbers.Where(Function(num) (num Mod 2) = 0)
        '步骤 3. 执行查询并显示查询结果
        '方法 1（查询表达式）查询结果
        Console.WriteLine("numQuery1 内容如下：")
        For Each num In numQuery1
            Console.Write("{0} ", num)
        Next
        Console.WriteLine()
        '方法 2（查询方法）查询结果
        Console.WriteLine("numQuery2 内容如下：")
        For Each num In numQuery2
            Console.Write("{0} ", num)
        Next
        Console.ReadKey()
    End Sub
End Module
```

程序运行结果如下：

```
numQuery1 内容如下：
0 2 4 6
numQuery2 内容如下：
0 2 4 6
```

1. 获取数据源

支持 IEnumerable 或泛型 IEnumerable(Of T)接口的类型称为“可查询类型”，可查询类型可直接作为 LINQ 数据源。例如：VB.NET 中的数组隐式支持泛型 IEnumerable(Of T)接口，故例 11-9 中的数组可以直接用作 LINQ 的数据源。

对于其他形式的数据（例如 XML 文档），则需要通过相应的 LINQ 提供程序，把数据表示为内存中的支持 IEnumerable 或泛型 IEnumerable(Of T)接口的类型，并作为 LINQ 数据源。

例如，LINQ to XML 将 XML 文档加载到可查询的 XElement 类型中，并作为 LINQ 数据源：

```
'using System.Xml.Linq
'Create a data source from an XML document.
Dim contacts As XElement = XElement.Load("c:\\Sample.xml")
```

2. 创建查询

查询指定如何从数据源中检索信息，并对其进行排序、分组和结构化。

创建查询即声明一个匿名类型的查询变量，并使用查询表达式对其进行初始化（例 11-9 中的 numQuery1），也可使用查询方法对其进行初始化（例 11-9 中的 numQuery2）。查询表达式包含三个子句：From、Where 和 Select。From 子句指定数据源，Where 子句应用筛选器，Select 子句指定返回的元素的类型。LINQ 查询语言的子句顺序与关系数据库 SQL 查询语言中的顺序相反。

注意：在 LINQ 中，查询变量本身只是存储查询命令，创建查询仅仅是声明查询变量，此时并不执行任何操作，也不返回任何数据。LINQ 在随后执行查询时，才执行查询变量中声明的查询操作，并返回结果数据。

3. 执行查询

LINQ 的查询操作一般采用延迟执行模式，即只有当访问查询变量中的数据时，才会执行变量中声明的查询操作，并返回结果数据。

例如，在例 11-9 中，实际的查询执行会延迟到在 For Each 语句中循环访问查询变量时发生。迭代变量 num 保存了返回的序列中的每个值（一次保存一个值）。

由于查询变量本身从不保存查询结果，因此可以根据需要随意执行查询。例如，在应用程序中，可以创建一个检索最新数据的查询，并可以按某一时间间隔反复执行该查询以便每次检索不同的结果。若要强制立即执行任意查询并缓存其结果，可以调用 ToList()或 ToArray()方法，将所有数据缓存在单个集合对象中。例如：

```
'强制立即执行
Dim evensList = (From num In numbers
                 Where num Mod 2 = 0
                 Select num).ToList()
'延迟执行
Dim evensQuery3 = From num In numbers
                  Where num Mod 2 = 1
                  Select num
'...
Dim oddsArray = oddsQuery.ToArray()
```

LINQ 查询的完整操作示意图，如图 11-3 所示。

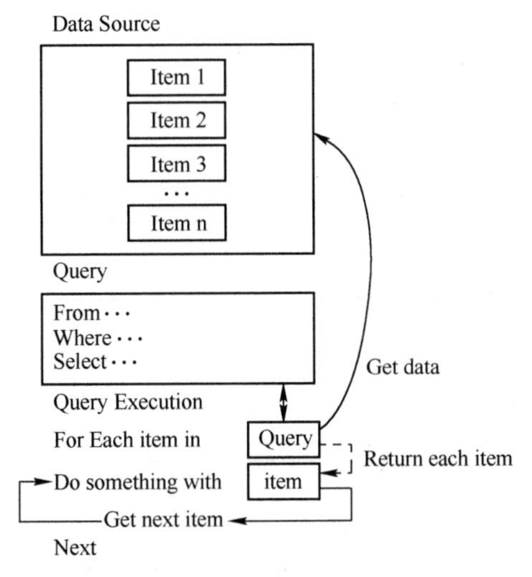

图 11-3　LINQ 查询的完整操作示意图

11.3.3 标准查询运算符

标准查询运算符是组成 LINQ 模式的方法，提供了包括筛选、投影、聚合、排序等功能在内的查询功能。当然，也可以通过编程，创建自定义查询运算符，以实现特殊的功能要求。

本节介绍常用的标准查询运算符，有关标准查询运算符的详细信息，请查看 MSDN 的相应帮助。

1．From 子句/Where 子句/Select 子句

LINQ 查询以 From 子句或 Aggregate 子句以开始，From 子句为查询指定源集合和迭代变量。可选的 Where 子句则指定查询的筛选条件。可选的 Select 子句为查询声明一组迭代变量。例子请参见例 11-9。

2．Order By 子句

Order By 子句用于指定查询中列的排序顺序。

【例 11-10】 数据排序示例：根据每个字符串的长度从短到长排序字符串。

在 C:\VB.NET\Chapter11\ 中创建“Visual Basic”类别的控制台应用程序项目 LINQQueryOrder，并在 Module1.vb 中添加如下粗体代码。

```
Imports System.Linq
Module Module1
    Sub Main()
        Dim words() As String = {"the", "quick", "brown", "fox", "jumps"}
        Console.WriteLine("排序(根据字符串长度)前的字符串： ")
        For Each s In words
            Console.Write("{0} ", s)
        Next
        Console.WriteLine()
        Dim query = From w In words
                    Order By w.Length
                    Select w
        Console.WriteLine("排序(根据字符串长度)后的字符串：")
        For Each s In query
            Console.Write("{0} ", s)
        Next
        Console.ReadKey()
    End Sub
End Module
```

程序运行结果如下：

```
排序（根据字符串长度）前的字符串：
the quick brown fox jumps
排序（根据字符串长度）后的字符串：
the fox quick brown jumps
```

3．Join 子句

Join 子句用于将两个集合联接组合为单个集合。

【例 11-11】 联接运算示例：使用相同的匹配键联接 2 个集合。

在 C:\VB.NET\Chapter11\ 中创建 " Visual Basic " 类别的控制台应用程序项目 LINQQueryJoin，并在 Module1.vb 中添加如下粗体代码。

```
Imports System.Collections.Generic
Imports System.Linq
Module Module1
    Class Product        ' 产品
        Public Property ProductName As String        '自动实现属性
        Public Property CategoryID As Integer        '自动实现属性
    End Class
    Class Category        ' 类别
        Public Property CategoryName As String        '自动实现属性
        Public Property CategoryID As Integer        '自动实现属性
    End Class
    Sub Main()
        ' 确定第一个数据源 categories：类别名称、类别编号.
        Dim categories As List(Of Category) = New List(Of Category)() From {
                New Category() With {.CategoryName = "饮料", .CategoryID = 1},
                New Category() With {.CategoryName = "调味品", .CategoryID = 2},
                New Category() With {.CategoryName = "蔬菜", .CategoryID = 3},
                New Category() With {.CategoryName = "谷物", .CategoryID = 4},
                New Category() With {.CategoryName = "水果", .CategoryID = 5}}
        ' 确定第二个数据源 products：产品名称、所属类别编号.
        Dim products As List(Of Product) = New List(Of Product)() From {
            New Product With {.ProductName = "可乐 Cola", .CategoryID = 1},
            New Product With {.ProductName = "茶 Tea", .CategoryID = 1},
            New Product With {.ProductName = "芥末 Mustard", .CategoryID = 2},
            New Product With {.ProductName = "酱油 Soy sauce", .CategoryID = 2},
            New Product With {.ProductName = "胡萝卜 Carrot", .CategoryID = 3},
            New Product With {.ProductName = "卷心菜 Cabbage", .CategoryID = 3},
            New Product With {.ProductName = "桃子 Peach", .CategoryID = 5},
            New Product With {.ProductName = "甜瓜 Melon", .CategoryID = 5}}
        Dim groupJoinQuery = From category In categories
            Join prod In products On category.CategoryID Equals prod.CategoryID
            Select category.CategoryName, prod.ProductName
        ' 输出结果.
        For Each item In groupJoinQuery
            Console.WriteLine("{0} ({1})", item.CategoryName, item.ProductName)
        Next
        Console.ReadKey()
    End Sub
End Module
```

程序运行结果如下：

```
饮料 (可乐 Cola)
饮料 (茶 Tea)
```

```
调味品（芥末 Mustard）
调味品（酱油 Soy sauce）
蔬菜（胡萝卜 Carrot）
蔬菜（卷心菜 Cabbage）
水果（桃子 Peach）
水果（甜瓜 Melon）
```

4．Group By 子句

Group By 子句用于对查询结果的元素进行分组。可用于将聚合函数应用于每个组。

【例 11-12】 分组运算示例：统计每类产品所包含的产品数量。

在 C:\VB.NET\Chapter11\ 中创建“Visual Basic”类别的控制台应用程序项目 LINQQueryGroupBy，并在 Module1.vb 中添加如下粗体代码。

```
Module Module1
    Class Product        ' 产品
        Public Property ProductName As String        '自动实现属性
        Public Property Category As String           '自动实现属性
        Public Property Quantity As Integer          '自动实现属性
    End Class
    Sub Main()
        ' 确定数据源 products：产品名称、所属类别、数量
        Dim products As List(Of Product) = New List(Of Product)() From {
            New Product With {.ProductName = "可乐 Cola", .Category = "Beverages", .Quantity = 1},
            New Product With {.ProductName = "茶 Tea", .Category = "Beverages", .Quantity = 2},
            New Product With {.ProductName = "芥末 Mustard", .Category = "Condiments", .Quantity = 3},
            New Product With {.ProductName = "酱油 Soy sauce", .Category = "Condiments", .Quantity = 4},
            New Product With {.ProductName = "胡萝卜 Carrot", .Category = "Vegetables", .Quantity = 5},
            New Product With {.ProductName = "卷心菜 Cabbage", .Category = "Vegetables", .Quantity = 6},
            New Product With {.ProductName = "桃子 Peach", .Category = "Fruit", .Quantity = 7},
            New Product With {.ProductName = "甜瓜 Melon", .Category = "Fruit", .Quantity = 8}}
        Dim query1 = From product In products
                     Group By Category = product.Category
                     Into CategoryProducts = Group, Count()
        ' 输出结果.
        For Each group In query1
            Console.WriteLine("类别：{0} 包含 {1} 个产品", group.Category, group.Count)
            For Each item In group.CategoryProducts
                Console.WriteLine("{0} ({1})", item.ProductName, item.Quantity)
            Next
        Next
        Console.ReadKey()
    End Sub
End Module
```

程序运行结果如下：

```
类别：Beverages 包含 2 个产品
```

```
可乐 Cola (1)
茶 Tea (2)
类别：Condiments 包含 2 个产品
芥末 Mustard (3)
酱油 Soy sauce (4)
类别：Vegetables 包含 2 个产品
胡萝卜 Carrot (5)
卷心菜 Cabbage (6)
类别：Fruit 包含 2 个产品
桃子 Peach (7)
甜瓜 Melon (8)
```

5. Aggregate 子句

LINQ 查询以 From 子句或 Aggregate 子句以开始，Aggregate 子句应用一个或多个聚合函数（例如：Count、Sum、Max、Min、Avaerage 等），从而返回数据源的聚合结果，例如计算所查询元素之和。

【例 11-13】 聚合运算示例：在 Aggregate 子句中使用聚合函数 Sum 统计所有产品的总数量。

在 C:\VB.NET\Chapter11\中创建“Visual Basic”类别的控制台应用程序项目 Aggregate，并在 Module1.vb 中添加如下粗体代码。

```
Module Module1
    Class Product       ' 产品
        Public Property ProductName As String    '自动实现属性
        Public Property Category As String       '自动实现属性
        Public Property Quantity As Integer      '自动实现属性
    End Class
    Sub Main()
        ' 确定数据源 products：产品名称、所属类别、数量
        Dim products As List(Of Product) = New List(Of Product)() From {
            New Product With {.ProductName = "可乐 Cola", .Category = "饮料", .Quantity = 1},
            New Product With {.ProductName = "茶 Tea", .Category = "饮料", .Quantity = 2},
            New Product With {.ProductName = "芥末 Mustard", .Category = "调味品", .Quantity = 3},
            New Product With {.ProductName = "酱油 Soy sauce", .Category = "调味品", .Quantity = 4},
            New Product With {.ProductName = "胡萝卜 Carrot", .Category = "蔬菜", .Quantity = 5},
            New Product With {.ProductName = "卷心菜 Cabbage", .Category = "蔬菜", .Quantity = 6},
            New Product With {.ProductName = "桃子 Peach", .Category = "水果", .Quantity = 7},
            New Product With {.ProductName = "甜瓜 Melon", .Category = "水果", .Quantity = 8}}
        '求数量之和
        Dim sum1 = Aggregate product In products
                        Into Sum(product.Quantity)
        ' 输出结果.
        Console.WriteLine("数量之和: {0}", sum1)
        Console.ReadKey()
    End Sub
End Module
```

程序运行结果如下：

```
数量之和: 36
```

6. Let 子句

Let 子句用于计算一个值并将该值赋给查询中的新变量。

【例 11-14】 赋值运算示例：查询并显示折扣不小于 50 元的产品的名称、单价和折扣。假设目前产品打 9 折。

在 C:\VB.NET\Chapter11\中创建“Visual Basic”类别的控制台应用程序项目 LINQQueryLet，并在 Module1.vb 中添加如下粗体代码。

```
Module Module1
    Class Product        ' 产品
        Public Property ProductName As String     '自动实现属性
        Public Property Category As String        '自动实现属性
        Public Property UnitPrice As Integer      '自动实现属性
    End Class
    Sub Main()
        ' 确定数据源 products：产品名称、所属类别、单价
        Dim products As List(Of Product) = New List(Of Product)() From {
            New Product With {.ProductName = "可乐 Cola", .Category = "Beverages", .UnitPrice = 100},
            New Product With {.ProductName = "茶 Tea", .Category = "Beverages", .UnitPrice = 200},
            New Product With {.ProductName = "芥末 Mustard", .Category = "Condiments", .UnitPrice = 300},
            New Product With {.ProductName = "酱油 Soy sauce", .Category = "Condiments", .UnitPrice = 400},
            New Product With {.ProductName = "胡萝卜 Carrot", .Category = "Vegetables", .UnitPrice = 500},
            New Product With {.ProductName = "卷心菜 Cabbage", .Category = "Vegetables", .UnitPrice = 600},
            New Product With {.ProductName = "桃子 Peach", .Category = "Fruit", .UnitPrice = 700},
            New Product With {.ProductName = "甜瓜 Melon", .Category = "Fruit", .UnitPrice = 800}}
        Dim query1 = From product In products
                     Let Discount = product.UnitPrice * 0.1
                     Where Discount >= 50
                     Select product.ProductName, product.UnitPrice, Discount
        ' 输出结果.
        For Each prod In query1
            Console.WriteLine("名称：{0}   单价 {1}    折扣 {2}", prod.ProductName, prod.UnitPrice, prod.Discount)
        Next
        Console.ReadKey()
    End Sub
End Module
```

程序运行结果如下：

```
名称：胡萝卜 Carrot   单价 500    折扣 50
名称：卷心菜 Cabbage   单价 600    折扣 60
名称：桃子 Peach   单价 700    折扣 70
名称：甜瓜 Melon   单价 800    折扣 80
```

7. Distinct 子句

Distinct 子句对当前迭代变量的值进行限制以避免在查询结果中出现重复值。

【例 11-15】 重复筛选运算示例：查询并显示产品类别名称。

在 C:\VB.NET\Chapter11\中创建"Visual Basic"类别的控制台应用程序项目 LINQQueryDistinct，并在 Module1.vb 中添加如下粗体代码。

```
Module Module1
    Class Product        ' 产品
        Public Property ProductName As String        '自动实现属性
        Public Property Category As String           '自动实现属性
        Public Property UnitPrice As Integer         '自动实现属性
    End Class
    Sub Main()
        ' 确定数据源 products：产品名称、所属类别、单价
        Dim products As List(Of Product) = New List(Of Product)() From {
            New Product With {.ProductName = "可乐 Cola", .Category = "饮料", .UnitPrice = 100},
            New Product With {.ProductName = "茶 Tea", .Category = "饮料", .UnitPrice = 200},
            New Product With {.ProductName = "芥末 Mustard", .Category = "调味品", .UnitPrice = 300},
            New Product With {.ProductName = "酱油 Soy sauce", .Category = "调味品", .UnitPrice = 400},
            New Product With {.ProductName = "胡萝卜 Carrot", .Category = "蔬菜", .UnitPrice = 500},
            New Product With {.ProductName = "卷心菜 Cabbage", .Category = "蔬菜", .UnitPrice = 600},
            New Product With {.ProductName = "桃子 Peach", .Category = "水果", .UnitPrice = 700},
            New Product With {.ProductName = "甜瓜 Melon", .Category = "水果", .UnitPrice = 800}}
        Dim query1 = From product In products
                     Select product.Category
                     Distinct
        ' 输出结果.
        For Each prod In query1
            Console.Write("{0}    ", prod)
        Next
        Console.ReadKey()
    End Sub
End Module
```

程序运行结果如下：

```
饮料   调味品   蔬菜   水果
```

8．Skip/Skip While/Take/Take While 子句

Skip/Skip While/Take/Take While 子句属于分区运算，即在不重新排列元素的情况下，将输入序列划分为两部分，然后返回其中一个部分。

① Skip 子句：跳过集合中指定数量的元素，然后返回剩余的元素。

② Skip While 子句：只要指定的条件为 True，就跳过集合中的元素，然后返回剩余的元素。

③ Take 子句：从集合开始处起，返回指定数量的连续元素。

④ Take While 子句：只要指定的条件为 True，就包含集合中相应的元素，并跳过剩余的元素。

【例 11-16】 分区运算示例：测试 Skip/Skip While/Take/Take While 子句功能。

在 C:\VB.NET\Chapter11\中创建"Visual Basic"类别的控制台应用程序项目 LINQQuerySkipTake，并在 Module1.vb 中添加如下粗体代码。

```
Module Module1
    Public Function IsLessThan60(ByVal grade As Integer) As Boolean
        If grade < 60 Then Return True
        Return False
    End Function
    Public Sub PrintGrades(ByRef grades As IEnumerable)
        For Each grade In grades
            Console.Write("{0}    ", grade)
        Next
        Console.WriteLine()
    End Sub
    Sub Main()
        Dim grades = {59, 82, 70, 56, 92, 98, 85}
        Console.WriteLine("原始成绩：")
        PrintGrades(grades)
        ' 排序 并跳过最初的 3 个数据（3 个最差的成绩）
        Dim query1 = From grade In grades
                     Order By grade
                     Skip 3
        ' 输出结果: 82   85   92   98
        Console.WriteLine("排序并跳过 3 个最差的成绩：")
        PrintGrades(query1)
        ' 排序 并跳过 90 分以下的成绩
        Dim query2 = From grade In grades
                     Order By grade
                     Skip While IsLessThan60(grade)
        ' 输出结果: 70   82   85   92   98
        Console.WriteLine("排序并跳过 60 分以下的成绩：")
        PrintGrades(query2)
        ' 排序 并返回 3 个最差的成绩
        Dim query3 = From grade In grades
                     Order By grade
                     Take 3
        ' 输出结果: 82   85   92   98
        Console.WriteLine("排序并返回 3 个最差的成绩：")
        PrintGrades(query3)
        ' 排序 并返回 60 分以下的成绩
        Dim query4 = From grade In grades
                     Order By grade
                     Take While IsLessThan60(grade)
        ' 输出结果: 56   59
        Console.WriteLine("排序并返回 60 分以下的成绩：")
        PrintGrades(query4)
        Console.ReadKey()
    End Sub
End Module
```

程序运行结果如下：

```
原始成绩：
59  82  70  56  92  98  85
排序并跳过 3 个最差的成绩：
82  85  92  98
排序并跳过 60 分以下的成绩：
70  82  85  92  98
排序并返回 3 个最差的成绩：
56  59  70
排序并返回 60 分以下的成绩：
56  59
```

第2篇 .NET Framework 类库基本应用

第12章 文 件 和 流

文件可以用来持久地保存应用程序的数据，而变量和数组中存储的数据当应用程序终止后会丢失，故各种应用程序往往需要涉及文件的操作。.NET Framework 的 System.IO 命名空间包含了用于文件和流操作的各种类型。

本章要点

- 文件和流的基本概念；
- 磁盘的基本操作；
- 目录的基本操作；
- 文件的基本操作；
- 文本文件的读取和写入；
- 二进制文件的读取和写入。

12.1 文件和流操作概述

文件可以看作是数据的集合，一般保存在磁盘或其他存储介质上。文件 I/O（数据的输入/输出）通过流（stream）来实现；流提供一种向后备存储写入字节并从后备存储读取字节的方式。后备存储包括各种存储媒介，如磁盘、磁带、内存、网络等，对应于文件流、磁带流、内存流和网络流等。对于流有 5 种基本的操作：打开、读取、写入、改变当前位置和关闭。

.NET Framework 的 System.IO 命名空间包含了用于文件和流操作的各种类型，其继承关系如图 12-1 所示。说明如下。

- BinaryReader：用特定的编码将基元数据类型读作二进制值。
- BinaryWriter：以二进制形式将基元类型写入流，并支持用特定的编码写入字符串。
- File：提供创建、复制、删除、移动和打开文件的静态方法。
- FileInfo：提供创建、复制、删除、移动和打开文件的实例方法。
- Directory：提供复制、移动、重命名、创建和删除文件夹（目录）的静态方法。
- DirectoryInfo：提供复制、移动、重命名、创建和删除文件夹（目录）的实例方法。
- FileSystemInfo：包含文件和目录操作所共有的方法，为 FileInfo 和 DirectoryInfo 对象提供基类。
- Path：处理文件或目录路径。
- TextReader：TextReader 为 StreamReader 和 StringReader 的抽象基类，它们分别从流和字

符串读取字符。

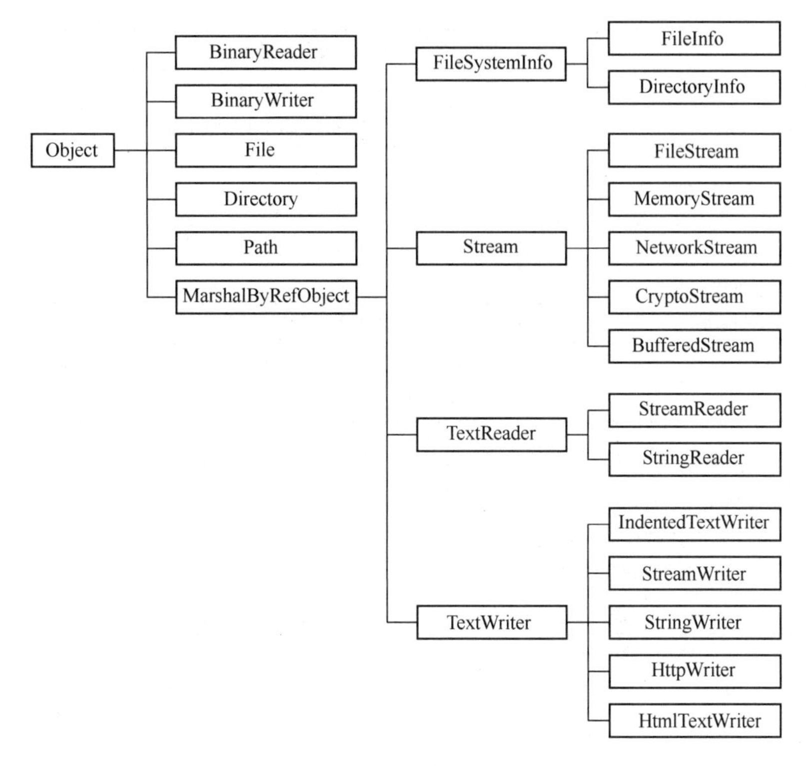

图 12-1 .NET Framework 的 System.IO 命名空间

- TextWriter：TextWriter 是 StreamWriter 和 StringWriter 的抽象基类，它们将字符分别写入流和字符串。
- StreamReader：实现一个 TextReader，使其以一种特定的编码从字节流中读取字符。
- StreamWriter：实现一个 TextWriter，使其以一种特定的编码向流中写入字符。
- StringReader：实现从字符串进行读取的 TextReader。
- StringWriter：实现一个用于将信息写入字符串的 TextWriter。

注意：

所有表示流的类都派生于抽象基类 Stream 类。Stream 类及其派生类提供数据源和储存库的查找、读取和写入方法，程序员不必了解操作系统和基础设备的具体细节。有的流可能只支持部分功能，例如 NetworkStreams 不支持查找。可以根据 Stream 及其派生类的 CanRead、CanWrite 和 CanSeek 属性来判断其是否支持相应的操作。

12.2 磁盘、目录和文件的基本操作

12.2.1 磁盘的基本操作

DriveInfo 类提供方法和属性以查询驱动器信息。使用 DriveInfo 类可以确定可用的驱动器及其类型，确定驱动器的容量和可用空闲空间等。

DriveInfo 类包括的主要成员如表 12-1 所示。

表 12-1　DriveInfo 类的主要成员

方法/属性		说　明
方法	GetDrives()	获取计算机上的所有逻辑驱动器
属性	AvailableFreeSpace	获取驱动器上的可用空闲空间量
	DriveFormat	获取文件系统的名称，例如 NTFS 或 FAT32
	DriveType	获取驱动器类型
	IsReady	获取驱动器是否已准备好的值
	Name	获取驱动器的名称
	RootDirectory	获取驱动器的根目录
	TotalFreeSpace	获取驱动器上的可用空闲空间总量
	TotalSize	获取驱动器上存储空间的总大小
	VolumeLabel	获取或设置驱动器的卷标

【例 12-1】 磁盘的基本操作示例：使用 DriveInfo 类显示当前系统中所有驱动器的有关信息，包括驱动器名称、类型、卷标、文件系统、可用空闲空间量、存储空间的总量等。

在 C:\VB.NET\Chapter12\中新建一个“Visual Basic”类别的 Windows 窗体应用程序项目 DriverInfoTest，窗体所使用的控件属性及说明如表 12-2 所示。运行结果如图 12-2 所示。

表 12-2　例 12-1 所使用的控件属性及说明

控　件	属　性	值	说　明
Button1	Text	显示所有驱动器信息	显示信息命令按钮
Label1	Text		结果显示标签

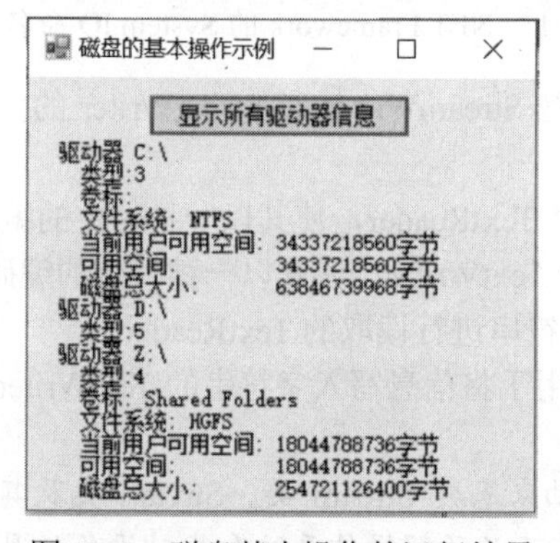

图 12-2　磁盘基本操作的运行结果

程序代码如下：

```
Imports System.IO
Public Class Form1
    Private Sub Button1_Click(sender As System.Object, e As System.EventArgs) Handles Button1.Click
        Dim allDrives() As DriveInfo = DriveInfo.GetDrives()
        For Each d In allDrives
            Label1.Text &= "驱动器 " & d.Name & vbCrLf
            Label1.Text &= "    类型:" & d.DriveType & vbCrLf
            If d.IsReady = True Then
                Label1.Text &= "    卷标: " & d.VolumeLabel & vbCrLf
```

```
                Label1.Text &= "  文件系统: " & d.DriveFormat & vbCrLf
                Label1.Text &= "  当前用户可用空间: " & d.AvailableFreeSpace & "字节" & vbCrLf
                Label1.Text &= "  可用空间:            " & d.TotalFreeSpace & "字节" & vbCrLf
                Label1.Text &= "  磁盘总大小:           " & d.TotalSize & "字节" & vbCrLf
            End If
        Next
    End Sub
End Class
```

12.2.2　目录的基本操作

Directory 类和 DirectoryInfo 类提供用于目录基本操作的方法，包括创建、复制、移动、重命名和删除目录；获取和设置目录的创建、访问及写入的时间戳信息等。

Directory 类和 DirectoryInfo 类提供的方法类似。区别在于，Directory 所有方法都是静态的，调用时需要传入目录路径参数。DirectoryInfo 类提供实例方法，需要针对要操作的目录路径创建 DirectoryInfo 类的实例，然后调用相应的实例方法，适用于对目录路径执行多次操作。

Directory 类的静态方法可以直接调用，而无需构建对象实例，故适用于对目录路径执行一次操作；如果需要多次重用某个对象，建议使用 DirectoryInfo 的相应实例方法。

Directory 类公开用于创建、移动和枚举通过目录和子目录的静态方法，其包括的主要成员如表 12-3 所示。

表 12-3　Directory 类的主要成员

方　法	说　明
CreateDirectory(path)	创建指定路径中的所有目录
Delete(path)	从指定路径删除空目录
Delete(path, recursive)	删除指定的目录。若要删除 path 中的目录、子目录和文件，则 recursive 为 True；否则为 False
Exists(path)	确定给定路径是否引用磁盘上的现有目录
Move(sourceDirName, destDirName)	将文件或目录及其内容移到新位置
GetCurrentDirectory()	获取应用程序的当前工作目录
SetCurrentDirectory(path)	设置应用程序的当前工作目录
GetDirectoryRoot(path)	返回指定路径的卷信息、根信息或两者同时返回
GetDirectories(path)	获取指定目录中子目录的名称
GetDirectories(path, searchPattern)	从当前目录获取与指定搜索模式匹配的目录的数组
GetLogicalDrives()	检索计算机上的逻辑驱动器(格式为“<驱动器号>:\”)
GetFiles(path)	返回指定目录中的文件的名称
GetFiles(path, searchPattern)	返回指定目录中与指定搜索模式匹配的文件的名称
GetFileSystemEntries(path) GetFileSystemEntries(path, searchPattern)	返回指定目录中所有文件和子目录的名称 返回与指定搜索条件匹配的文件系统项的数组
GetParent(path)	检索指定路径的父目录，包括绝对路径和相对路径
GetCreationTime(path)	获取指定文件或目录的创建日期和时间
SetCreationTime(path, creationTime)	设置指定文件或目录的创建日期和时间
GetLastAccessTime(path)	返回上次访问指定文件或目录的日期和时间
SetLastAccessTime(path, lastAccessTime)	设置上次访问指定文件或目录的日期和时间
GetLastWriteTime(path)	返回上次写入指定文件或目录的日期和时间
SetLastWriteTime(path, lastWriteTime)	设置上次写入指定文件或目录的日期和时间

【例 12-2】 目录的基本操作示例 1：使用 Directory 类进行目录基本操作。

（1）获取应用程序的当前工作目录，以及上次访问和写入的日期和时间。

（2）判断目录是否存在。

（3）目录的创建、删除、重命名等。

（4）指定目录创建的日期时间。

（5）获取当前工作目录中所有子目录总数及子目录清单。

（6）获取指定目录中所有文件总数及文件清单。

（7）获取指定目录中指定类型的文件清单。

（8）获取程序运行的当前目录的创建时间。

在 C:\VB.NET\Chapter12\中新建一个“Visual Basic”类别的 Windows 窗体应用程序项目 DirectoryTest，窗体所使用的控件属性及说明如表 12-4 所示。运行结果如图 12-3 所示。

表 12-4 例 12-2 所使用的控件属性及说明

控件	属性	值	说明
Button1	Text	Directory 类目录操作	目录操作命令按钮
Label1	Text		结果显示标签

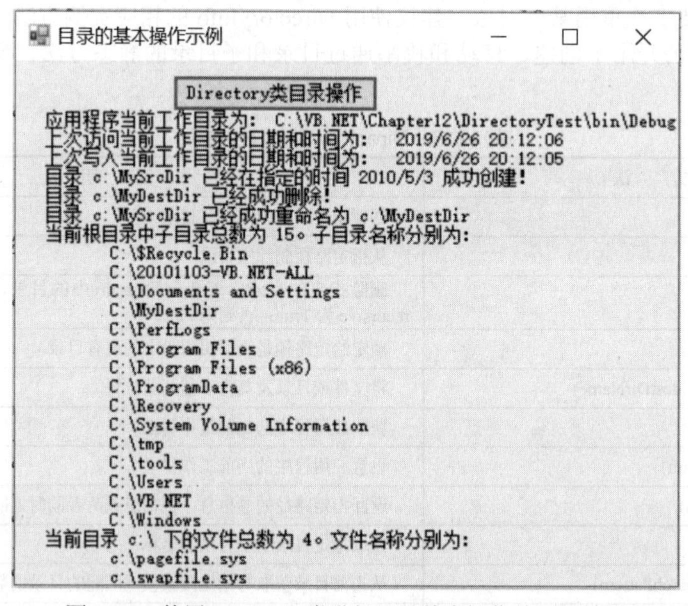

图 12-3 使用 Directory 类进行目录基本操作的运行结果

程序代码如下：

```
Imports System.IO
Public Class Form1
    Private Sub Button1_Click(sender As System.Object, e As System.EventArgs) Handles Button1.Click
        Dim path0 As String = "c:\"
        Dim path1 As String = "c:\MySrcDir"
        Dim path2 As String = "c:\MyDestDir"
        Try
            '获取应用程序的当前工作目录，以及上次访问和写入的日期和时间
            Label1.Text &= "应用程序当前工作目录为：  " & Directory.GetCurrentDirectory() & vbCrLf
```

```
Label1.Text &= "上次访问当前工作目录的日期和时间为：    " _
    & Directory.GetLastAccessTime(Directory.GetCurrentDirectory()) & vbCrLf
Label1.Text &= "上次写入当前工作目录的日期和时间为：    " _
     & Directory.GetLastWriteTime(Directory.GetCurrentDirectory()) & vbCrLf
'目录创建、删除、重命名等
If (Not Directory.Exists(path1)) Then '判断目录是否存在
    Directory.CreateDirectory(path1) '创建目录
    Dim dtime As DateTime = New DateTime(2010, 5, 3)
    '自行指定目录创建的日期时间
    Directory.SetCreationTime(path1, dtime)
    Label1.Text &= "目录 " & path1 & " 已经在指定的时间 " & Directory. GetCreationTime(path1) _
            & " 成功创建！ " & vbCrLf
End If
If (Directory.Exists(path2)) Then '判断目录是否存在
    Directory.Delete(path2, True) '删除目录
    Label1.Text &= "目录 " & path2 & " 已经成功删除！ " & vbCrLf
End If
Directory.Move(path1, path2) '重命名目录
Label1.Text &= "目录 " & path1 & " 已经成功重命名为 " & path2 & vbCrLf
'获取当前工作目录中子目录的名称
Dim subdirEntries() As String = Directory.GetDirectories(Directory. GetDirectoryRoot(Directory.GetCurrentDirectory()))
Label1.Text &= "当前根目录中子目录总数为 " & subdirEntries.Length & "。子目录名称分别为：" & vbCrLf
For Each subdir In subdirEntries
    Label1.Text &= "        " & subdir & vbCrLf
Next
'返回 C:\中的文件的名称
Dim dirs1() As String = Directory.GetFiles(path0)
Label1.Text &= "当前目录 " & path0 & " 下的文件总数为 " & dirs1.Length & "。文件名称分别为：" & vbCrLf
For Each dir1 In dirs1
    Label1.Text &= "        " & dir1 & vbCrLf
Next
'返回 C:\中的扩展名为.sys 的文件的名称
Dim dirs2() As String = Directory.GetFiles(path0, "*.sys")
Label1.Text &= "当前目录 " & path0 & " 下扩展名为.sys 的文件总数为 " & dirs1.Length _
    & "。文件名称分别为：" & vbCrLf
For Each dir2 In dirs2
    Label1.Text &= "        " & dir2 & vbCrLf
Next
' 获取当前目录的创建时间
Dim path3 As String = Environment.CurrentDirectory
Dim dt As DateTime = Directory.GetCreationTime(Environment.CurrentDirectory)
If (DateTime.Now.Subtract(dt).TotalDays > 364) Then
    Label1.Text &= "当前目录 " & path3 & " 已经创建 1 年多了！ " & vbCrLf
ElseIf (DateTime.Now.Subtract(dt).TotalDays > 30) Then
    Label1.Text &= "当前目录 " & path3 & " 已经创建 1 个多月了！ " & vbCrLf
ElseIf (DateTime.Now.Subtract(dt).TotalDays <= 1) Then
    Label1.Text &= "当前目录 " & path3 & " 创建还不到 1 天！ " & vbCrLf
```

```
            Else
                Label1.Text &= "当前目录 " & dt & " 创建于 " & vbCrLf
            End If
        Catch ex As Exception
            Label1.Text &= "操作失败: " & ex.ToString() & vbCrLf
        Finally
        End Try
    End Sub
End Class
```

DirectoryInfo 类用于创建、移动、枚举目录和子目录的实例方法，其包括的主要成员如表 12-5 所示。

表 12-5　DirectoryInfo 类的主要成员

方法、字段和属性		说　明
方法	Create()	创建目录
	CreateSubdirectory(path)	在指定路径中创建一个或多个子目录
	Delete()	删除空目录
	Delete(recursive)	删除目录。若要删除此目录、其子目录以及所有文件，则 recursive 为 True；否则为 False
	MoveTo(destDirName)	将文件或目录及其内容移到新位置
	GetDirectories()	获取当前目录的子目录
	GetDirectories(searchPattern)	返回当前 DirectoryInfo 中、与给定搜索条件匹配的目录的数组
	GetFiles()	获取当前目录中的文件列表
	GetFiles(searchPattern)	返回当前目录中与给定的 searchPattern 匹配的文件列表
	GetFileSystemInfos()	获取当前目录的文件和子目录的强类型 FileSystemInfo 对象的数组
	GetFileSystemInfos(searchPattern)	检索表示与指定的搜索条件匹配的文件和子目录的强类型 FileSystemInfo 对象的数组
	Refresh()	刷新对象的状态
字段	FullPath	表示目录或文件的完全限定名称
	OriginalPath	最初由用户指定的目录（不论是相对目录还是绝对目录）
属性	Exists	获取指示目录是否存在的值
	Name	获取此 DirectoryInfo 实例的名称
	FullName	获取目录或文件的完整目录
	Extension	获取表示文件扩展名部分的字符串
	Root	获取路径的根部分
	Parent	获取指定目录的父目录
	Attributes	获取或设置当前 FileSystemInfo 的 FileAttributes
	CreationTime	获取或设置当前 FileSystemInfo 对象的创建时间
	LastAccessTime	获取或设置上次访问当前目录或文件的时间
	LastWriteTime	获取或设置上次写入当前目录或文件的时间

【例 12-3】 目录的基本操作示例 2：使用 DirectoryInfo 类进行目录基本操作。

（1）指定要操作的目录。
（2）确定目录是否存在。
（3）目录的创建、删除。
（4）将源目录所有内容复制到目标目录，包括子目录的复制、文件的复制。

在 C:\VB.NET\Chapter12\中新建一个“Visual Basic”类别的 Windows 窗体应用程序项目 DirectoryInfoTest，窗体所使用的控件属性及说明如表 12-6 所示。运行结果如图 12-4 所示。

表 12-6 例 12-3 所使用的控件属性及说明

控 件	属 性	值	说 明
Button1	Text	DirectoryInfo 类目录操作	目录操作命令按钮
Label1	Text		结果显示标签

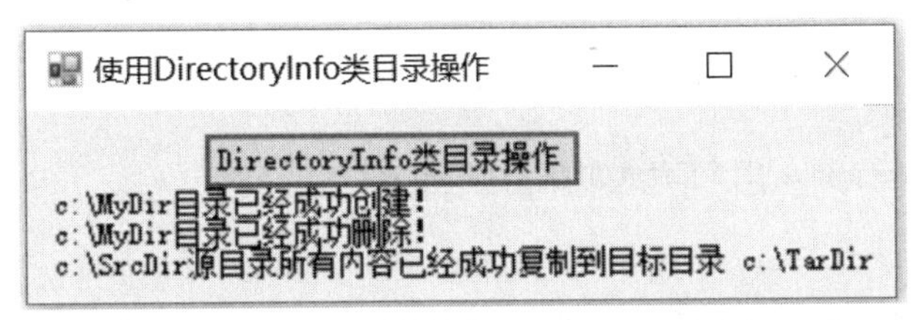

图 12-4 使用 DirectoryInfo 类进行目录基本操作的运行结果

程序代码如下：

```
Imports System.IO
Public Class Form1
    ' 将源目录复制到目标目录
    Public Shared Function CopyDirectory(srcDir As String, dstDir As String) As Boolean
        Dim source As DirectoryInfo = New DirectoryInfo(srcDir)
        Dim target As DirectoryInfo = New DirectoryInfo(dstDir)
        '如果源目录不存在，返回主程序
        If (Not source.Exists) Then
            MsgBox("源目录不存在")
            Return False
        End If
        '如果目标目录不存在，则创建之
        If (Not target.Exists) Then
            target.Create()
        End If
        '文件复制
        Dim srcFiles() As FileInfo = source.GetFiles()
        For Each srcFile In srcFiles
            File.Copy(srcFile.FullName, target.FullName + "\" + srcFile.Name, True)
        Next
        '目录复制
        Dim srcDirs1() As DirectoryInfo = source.GetDirectories()
        For Each srcDir1 In srcDirs1
            CopyDirectory(srcDir1.FullName, target.FullName + "\" + srcDir1.Name)
```

```
            Next
            Return True
        End Function
        Private Sub Button1_Click(sender As System.Object, e As System.EventArgs) Handles Button1.Click
            Dim path As String = "c:\MyDir"
            Try
                '利用 DirectoryInfo 类创建、删除目录
                ' 指定要操作的目录
                Dim di As DirectoryInfo = New DirectoryInfo(path)
                ' 确定目录是否存在
                If (di.Exists) Then
                    Label1.Text &= path & " 目录已经存在！" & vbCrLf
                    Return
                End If
                ' 创建目录
                di.Create()
                Label1.Text &= path & "目录已经成功创建！" & vbCrLf
                ' 删除目录
                di.Delete()
                Label1.Text &= path & "目录已经成功删除！" & vbCrLf
                '调用子程序，将源目录 SourceDirectory 复制到目标目录 TargetDirectory
                Dim srcdir As String = "c:\SrcDir"
                Dim dstdir As String = "c:\TarDir"
                If CopyDirectory(srcdir, dstdir) = True Then
                    Label1.Text &= srcdir & "源目录所有内容已经成功复制到目标目录 " & dstdir & vbCrLf
                End If
            Catch ex As Exception
                Label1.Text &= "操作失败: " & ex.ToString() & vbCrLf
            Finally
            End Try
        End Sub
    End Class
```

12.2.3 文件的基本操作

File 类和 FileInfo 类提供用于文件基本操作的方法，包括创建、复制、移动、重命名和删除文件；打开文件，读取文件内容和追加内容到文件；获取和设置文件的创建、访问及写入的时间戳信息等。

File 类和 FileInfo 类提供的方法类似。区别在于，File 所有方法都是静态的，调用时需要传入目录路径参数。FileInfo 类提供实例方法，需要针对要操作的目录路径创建 FileInfo 类的实例，然后调用相应的实例方法，适用于对目录路径执行多次操作。

File 类的静态方法可以直接调用，而无需构建对象实例，故适用于对文件执行一次操作；如果需要多次重用某个对象，建议使用 FileInfo 的相应实例方法。

许多 File 方法（如 OpenText()、CreateText()或 Create()）返回其他 I/O 类型，使用这些特定类型可以更方便地进行文件读取/写入等操作。请参见 12.3 节及 12.4 节。

File 类提供用于创建、复制、删除、移动和打开文件的静态方法，并协助创建 FileStream 对象。File 类包括的主要成员如表 12-7 所示。

表 12-7 File 类的主要成员

方 法	说 明
Create	在指定路径中创建文件
CreateText	创建或打开一个 UTF-8 编码的文本文件
AppendText	创建一个 StreamWriter，将 UTF-8 编码文本追加到现有文件
AppendAllText	将指定的字符串追加到文件中，如果文件不存在则创建该文件
Delete	删除指定的文件。如果文件不存在，也不会引发异常
Exists	确定指定的文件是否存在
Copy	将现有文件复制到新文件
Move	将指定文件移到新位置，并提供指定新文件名的选项
Open	打开指定的文件
Replace	使用其他文件的内容替换指定文件的内容，这一过程将删除原始文件，并创建被替换文件的备份
OpenRead	打开指定的文件以进行读取
OpenWrite	打开指定的文件以进行写入
OpenText	打开指定的 UTF-8 编码的文本文件以进行读取
ReadAllBytes	打开一个文件，将文件的内容读入一个字符串，然后关闭该文件
ReadAllLines	打开一个文本文件，将文件的所有行都读入一个字符串数组，然后关闭该文件
ReadAllText	打开一个文本文件，将文件的所有行读入一个字符串，然后关闭该文件
WriteAllBytes	创建一个新文件，在其中写入指定的字节数组，然后关闭该文件。如果目标文件已存在，则覆盖该文件
WriteAllLines	创建一个新文件，在其中写入指定的字符串，然后关闭文件。如果目标文件已存在，则覆盖该文件
WriteAllText	创建一个新文件，在文件中写入内容，然后关闭文件。如果目标文件已存在，则覆盖该文件
GetAttributes/SetAttributes	获取指定文件的属性/设置指定文件的属性
GetCreationTime	获取指定文件或目录的创建日期和时间
SetCreationTime	设置指定文件或目录的创建日期和时间
GetLastAccessTime	返回上次访问指定文件或目录的日期和时间
SetLastAccessTime	设置上次访问指定文件或目录的日期和时间
GetLastWriteTime	返回上次写入指定文件或目录的日期和时间
SetLastWriteTime	设置上次写入指定文件或目录的日期和时间

【例 12-4】 文件的基本操作示例 1：使用 File 类进行文件基本操作。

（1）确定指定的文件是否存在。

（2）创建新文件并写入内容。

（3）利用 AppendText 追加文件内容。

（4）利用 ReadAllText 打开文件并读取内容。

（5）利用 ReadLine 打开文件并读取内容。

（6）利用 ReadAllLines 打开文件并读取内容。

（7）删除指定的文件。

（8）将现有文件复制到目标文件。

（9）将指定文件移动到新位置。

在 C:\VB.NET\Chapter12\中新建一个“Visual Basic”类别的 Windows 窗体应用程序项目 FileTest，窗体所使用的控件属性及说明如表 12-8 所示。运行结果如图 12-5 所示。

表 12-8　例 12-4 所使用的控件属性及说明

控　件	属　性	值	说　明
Button1	Text	File 类文件操作	文件操作命令按钮
Label1	Text		结果显示标签

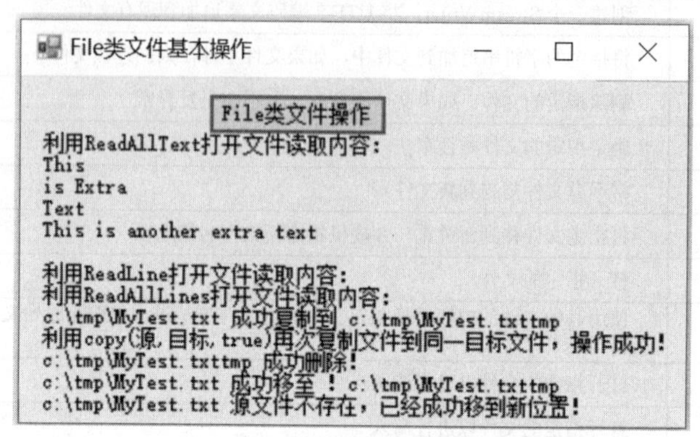

图 12-5　使用 File 类进行文件基本操作的运行结果

程序代码如下：

```
Imports System.IO
Public Class Form1
    Private Sub Button1_Click(sender As System.Object, e As System.EventArgs) Handles Button1.Click
        Dim path As String = "c:\tmp\MyTest.txt"
        If (Not File.Exists(path)) Then
            ' 创建一个新文件，准备写入内容
            Dim sw As StreamWriter = File.CreateText(path)
            Using (sw)
                sw.WriteLine("Hello")
                sw.WriteLine("And")
                sw.WriteLine("Welcome")
            End Using
        End If
        ' 利用 AppendText 追加文件内容
        Dim sw1 = File.AppendText(path)
        Using (sw1)
            sw1.WriteLine("This")
            sw1.WriteLine("is Extra")
            sw1.WriteLine("Text")
        End Using
        ' 利用 AppendAllText 追加文件内容
        Dim appendText As String = "This is another extra text" + vbLf 'Environment.NewLine
        File.AppendAllText(path, appendText)
        ' (ReadAllText) Open the file to read from.
        Label1.Text &= "利用 ReadAllText 打开文件读取内容：" & vbCrLf
        Dim readText As String = File.ReadAllText(path)
        Label1.Text &= readText & vbCrLf
        ' (ReadLine) Open the file to read from.
```

```
            Label1.Text &= "利用 ReadLine 打开文件读取内容： " & vbCrLf
            Dim sr As StreamReader = File.OpenText(path)
            Using (sr)
                Dim s As String = sr.ReadLine()
                While (Not (s Is Nothing))
                    Console.WriteLine(s)
                    s = sr.ReadLine()
                End While
            End Using
            ' (ReadAllLines) to open the file to read from.
            Label1.Text &= "利用 ReadAllLines 打开文件读取内容： " & vbCrLf
            Dim readText2() As String = File.ReadAllLines(path)
            For Each s In readText2
                Console.WriteLine(s)
            Next
            Try
                Dim path2 As String = path + "tmp"
                ' 删除目标文件，确保正确复制
                File.Delete(path2)
                '文件复制
                File.Copy(path, path2)
                Label1.Text &= path & "  成功复制到  " & path2 & vbCrLf
                ' 利用 copy(源,目标)再次复制文件到同一目标文件，操作失败（因为不允许覆盖同名的文件）
                'File.Copy(path, path2)
                'Console.WriteLine("利用 copy(源,目标)再次复制文件到同一目标文件，导致操作失败！")
                ' 利用 copy(源,目标,true)再次复制文件到同一目标文件，操作成功（因为允许覆盖同名的文件）
                File.Copy(path, path2, True)
                Label1.Text &= "利用 copy(源,目标,true)再次复制文件到同一目标文件，操作成功！" & vbCrLf
                ' 删除新创建的文件
                File.Delete(path2)
                Label1.Text &= path2 & "  成功删除！ " & vbCrLf
                ' 将指定文件移到新位置
                File.Move(path, path2)
                Label1.Text &= path & "  成功移至  ！ " & path2 & vbCrLf
                ' 确认源文件是否还存在
                If (File.Exists(path)) Then
                    Label1.Text &= "源文件还存在，这是不可能的！ " & vbCrLf
                Else
                    Label1.Text &= path & "  源文件不存在，已经成功移到新位置！ " & vbCrLf
                End If
            Catch ex As Exception
                Label1.Text &= "操作失败: " & ex.ToString() & vbCrLf
            Finally
            End Try
        End Sub
    End Class
```

FileInfo 类提供创建、复制、删除、移动和打开文件的实例方法，并且帮助创建 FileStream 对象。FileInfo 类包括的主要成员如表 12-9 所示。

表 12-9 FileInfo 类的主要成员

方法/字段/属性		说　明
方法	Create	创建文件。返回 FileStream 流对象
	CreateText	创建写入新文本文件的 StreamWriter
	Delete	删除指定的文件。如果文件不存在，也不会引发异常
	CopyTo	将现有文件复制到新文件
	MoveTo	将指定文件移到新位置，并提供指定新文件名的选项
	Open	用各种读/写访问权限和共享特权打开文件
	OpenRead	创建只读 FileStream
	OpenWrite	创建只写 FileStream
	OpenText	创建使用 UTF8 编码、从现有文本文件中进行读取的 StreamReader
	Refresh	刷新对象的状态
字段	FullPath	表示目录或文件的完全限定名称
	OriginalPath	最初由用户指定的目录（不论是相对目录还是绝对目录）
属性	Exists	获取指定文件是否存在的值
	Name	获取文件名称
	FullName	获取完全限定路径名称
	Extension	获取表示文件扩展名部分的字符串
	Directory	获取父目录的实例（DirectoryInfo 对象）
	DirectoryName	获取目录字符串
	IsReadOnly	获取或设置确定当前文件是否为只读的值
	Length	获取当前文件的大小（字节）
	Attributes	获取或设置当前目录的属性
	CreationTime	获取或设置当前目录的创建时间
	LastAccessTime	获取或设置上次访问当前目录的时间
	LastWriteTime	获取或设置上次写入当前目录的时间

【例 12-5】 文件的基本操作示例 2：使用 FileInfo 类进行文件基本操作。

（1）初始化 FileInfo 类的新实例。
（2）确定文件是否存在。
（3）创建新文件并写入内容。
（4）获取并显示文件所在的目录和长度信息。
（5）利用 OpenText 打开文件并读取内容。
（6）删除指定的文件。
（7）将现有文件复制到目标文件。
（8）获取文件完整路径。
（9）获取并显示文件所在目录中所有文件和子目录信息。

在 C:\VB.NET\Chapter12\中新建一个“Visual Basic”类别的 Windows 窗体应用程序项目 FileInfoTest，窗体所使用的控件属性及说明如表 12-10 所示。运行结果如图 12-6 所示。

表 12-10　例 12-5 所使用的控件属性及说明

控　件	属　性	值	说　明
Button1	Text	FileInfo 类文件操作	文件操作命令按钮
Label1	Text		结果显示标签

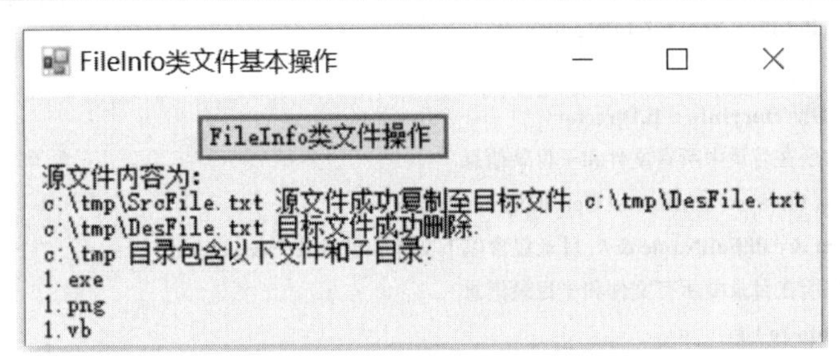

图 12-6　使用 FileInfo 类进行文件基本操作的运行结果

程序代码如下：

```
Imports System.IO
Public Class Form1
    Private Sub Button1_Click(sender As System.Object, e As System.EventArgs) Handles Button1.Click
        Dim path As String = "c:\tmp\SrcFile.txt"
        Dim fi1 As FileInfo = New FileInfo(path)
        If (Not fi1.Exists) Then
            '创建文件以写入内容
            Dim sw As StreamWriter = fi1.CreateText()
            Using (sw)
                sw.WriteLine("Hello")
                sw.WriteLine("And")
                sw.WriteLine("Welcome")
            End Using
        End If
        '打开文件读取内容
        Label1.Text &= "源文件内容为：" & vbCrLf
        Dim sr As StreamReader = fi1.OpenText()
        Using (sr)
            Dim s As String = sr.ReadLine()
            While (Not (s Is Nothing))
                Label1.Text &= s & vbCrLf
                s = sr.ReadLine()
            End While
        End Using
        Try
            Dim path2 As String = "c:\tmp\DesFile.txt"
            Dim fi2 As FileInfo = New FileInfo(path2)
            '删除目标文件，确保成功复制
            fi2.Delete()
            '文件复制
            fi1.CopyTo(path2)
```

```
                Label1.Text &= path & " 源文件成功复制至目标文件 " & path2 & vbCrLf
                '删除目标文件
                fi2.Delete()
                Label1.Text &= path2 & " 目标文件成功删除." & vbCrLf
                ' 打开已存在的文件，或者创建新文件
                Dim fi As FileInfo = New FileInfo(path)
                ' 获取文件完整路径
                Dim di As DirectoryInfo = fi.Directory
                ' 获取文件所在目录中所有文件和子目录信息
                Dim fsi() As FileSystemInfo = di.GetFileSystemInfos()
                Label1.Text &= di.FullName & " 目录包含以下文件和子目录:" & vbCrLf
                ' 打印文件所在目录中所有文件和子目录信息
                For Each info In fsi
                    Label1.Text &= info.Name & vbCrLf
                Next
            Catch ex As Exception
                Label1.Text &= "操作失败: " & ex.ToString() & vbCrLf
            Finally
            End Try
    End Sub
End Class
```

12.3 文本文件的读取和写入

.NET Framework 提供以下类以对文本文件读取和写入：StreamReader 类和 StreamWriter 类分别以一种特定的编码从字节流中读取字符和向流中写入字符；StringReader 类和 StringWriter 类分别实现字符串的读取和写入操作。

12.3.1 StreamReader 和 StreamWriter

StreamReader 类实现一个 TextReader，使其以一种特定的编码从字节流中读取字符。StreamReader 主要用于读取标准文本文件的各行信息，其默认编码为 UTF-8。UTF-8 可以正确处理 Unicode 字符并在操作系统上提供一致的结果。StreamReader 类的主要成员如表 12-11 所示。

表 12-11 StreamReader 类的主要成员

方　法		说　明
构造函数	StreamReader	为指定的流初始化 StreamReader 类的新实例
方法	Close	关闭当前 StreamReader 及基础流
	Dispose	释放由 StreamReader 占用的资源
	Read	读取输入流中的下一个字符或下一组字符
	ReadLine	从当前流中读取一行字符并将数据作为字符串返回

StreamWriter 类实现一个 TextWriter，使其以一种特定的编码向流中写入字符。StreamWriter 主要用于写入标准文本文件信息，其默认编码为 UTF8Encoding。UTF8Encoding 的实例不使用字节顺序标记（BOM）创建，因此它的 GetPreamble 方法返回一个空字节数组。要使用 UTF-8 编码和 BOM 创建 StreamWriter，可使用指定编码的构造函数，例如 StreamWriter(String,Boolean,

Encoding)。StreamWriter 类的主要成员如表 12-12 所示。

表 12-12　StreamWriter 类的主要成员

方　法		说　明
构造函数	StreamWriter	构造 StreamWriter 类的新实例
方法	Close	关闭当前 StreamWriter 对象和基础流
	Dispose	释放由 StreamWriter 占用的资源
	Write(Boolean)	将 Boolean 值的文本表示形式写入文本流
	Write(Char)	将字符写入流
	Write(Char[])	将字符数组写入流
	Write(Decimal)	将十进制值的文本表示形式写入文本流
	Write(Double)	将 8 字节浮点值的文本表示形式写入文本流
	Write(Int32)	将 4 字节有符号整数的文本表示形式写入文本流
	Write(Int64)	将 8 字节有符号整数的文本表示形式写入文本流
	Write(Object)	通过在对象上调用 ToString 将此对象的文本表示形式写入文本流
	Write(Single)	将 4 字节浮点值的文本表示形式写入文本流
	Write(String)	将字符串写入流
	Write(UInt32)	将 4 字节无符号整数的文本表示形式写入文本流
	Write(UInt64)	将 8 字节无符号整数的文本表示形式写入文本流
	Write(String,Object)	使用与 String.Format 相同的语义写出格式化的字符串
	Write(String,Object[])	使用与 String.Format 相同的语义写出格式化的字符串
	Write(Char[],Int32,Int32)	将字符的子数组写入流
	Write(String,Object,Object)	使用与 String.Format 相同的语义写出格式化的字符串
	Write(String,Object,Object,Object)	使用与 String.Format 相同的语义写出格式化的字符串
	WriteLine()	将行结束符写入文本流
	WriteLine(Boolean)	将后跟行结束符的 Boolean 的文本表示形式写入文本流
	WriteLine(Char)	将后跟行结束符的字符写入文本流
	WriteLine(Char[])	将后跟行结束符的字符数组写入文本流
	WriteLine(Decimal)	将后面带有行结束符的十进制值的文本表示形式写入文本流
	WriteLine(Double)	将后跟行结束符的 8 字节浮点值的文本表示形式写入文本流
	WriteLine(Int32)	将后跟行结束符的 4 字节有符号整数的文本表示形式写入文本流
	WriteLine(Int64)	将后跟行结束符的 8 字节有符号整数的文本表示形式写入文本流
	WriteLine(Object)	通过在对象上调用 ToString 将后跟行结束符的此对象的文本表示形式写入文本流
	WriteLine(Single)	将后跟行结束符的 4 字节浮点值的文本表示形式写入文本流
	WriteLine(String)	将后跟行结束符的字符串写入文本流
	WriteLine(UInt32)	将后跟行结束符的 4 字节无符号整数的文本表示形式写入文本流
	WriteLine(UInt64)	将后跟行结束符的 8 字节无符号整数的文本表示形式写入文本流
	WriteLine(String,Object)	使用与 Format 相同的语义写出格式化的字符串和一个新行
	WriteLine(String,Object[])	使用与 Format 相同的语义写出格式化的字符串和一个新行
	WriteLine(Char[],Int32,Int32)	将后跟行结束符的字符子数组写入文本流
	WriteLine(String,Object,Object)	用与 Format 相同的语义写出格式化的字符串和一个新行
	WriteLine(String,Object,Object,Object)	用与 Format 相同的语义写出格式化的字符串和一个新行

【例 12-6】 使用 StreamReader 类和 StreamWriter 类读写文本文件。

（1）创建 StreamWriter 实例以在文件中添加文本。

（2）将各种数据类型（Boolean、字符、字符串、浮点值、整数、日期等）的文本表示形式写入文本流。

（3）创建 StreamReader 实例以从文本文件中读取内容。

（4）利用 ReadLine 读取文本文件每一行的内容。

在 C:\VB.NET\Chapter12\中新建一个“Visual Basic”类别的 Windows 窗体应用程序项目 StreamReaderWriter，窗体所使用的控件属性及说明如表 12-13 所示。运行结果如图 12-7 所示。

表 12-13 例 12-6 所使用的控件属性及说明

控 件	属 性	值	说 明
Button1	Text	读取和写入文本文件	文本文件操作命令按钮
Label1	Text		结果显示标签

图 12-7 使用 StreamReader 类和 StreamWriter 类读写文本文件的运行结果

程序代码如下：

```
Imports System.IO
Public Class Form1
    Private Sub Button1_Click(sender As System.Object, e As System.EventArgs) Handles Button1.Click
        Dim filename As String = "c:\tmp\TestFile.txt"
        Dim sw As StreamWriter = New StreamWriter(filename)
        ' 创建 StreamWriter 实例以在文件中添加文本
        Using (sw)
            ' 在文件中添加文本
            sw.WriteLine("文本文件的写入/读取示例：")
            sw.WriteLine("--------------------------------")
            sw.WriteLine("写入整数 {0}、浮点数 {1}", 1, 4.2)
            Dim b As Boolean = False
            Dim grade As Char = "A"
            Dim s As String = "Multiple Data Type!"
            sw.WriteLine("写入 Boolean 值 {0}、字符 {1}、字符串 {2}", b, grade, s)
            sw.WriteLine(b)
            sw.WriteLine(grade)
            sw.WriteLine(s)
            sw.Write("写入当前日期为：{0} ", DateTime.Now)
            sw.WriteLine(DateTime.Now)
```

```
        End Using
        Try
            ' 创建 StreamReader 实例以从文本文件中读取内容
            Dim sr As StreamReader = New StreamReader(filename)
            Using (sr)
                ' 读取文本文件每一行的内容，直至文件结束
                Dim line As String = sr.ReadLine()
                While (Not (line Is Nothing))
                    Label1.Text &= line & vbCrLf
                    line = sr.ReadLine()
                End While
            End Using
        Catch ex As Exception
            ' 异常处理
            Label1.Text &= "该文件不能正常读取，原因如下：" & vbCrLf
            Label1.Text &= ex.Message & vbCrLf
        Finally
        End Try
    End Sub
End Class
```

12.3.2　StringReader 和 StringWriter

StringReader 类实现从字符串进行读取的 TextReader。StringReader 类的主要成员如表 12-14 所示。

表 12-14　StringReader 类的主要成员

方　法	说　明
Close	关闭 StringReader
Dispose	释放由此 TextReader 对象使用的所有资源，或者由 StringReader 占用的非托管资源，还可以另外再释放托管资源
Read	读取输入字符串中的下一个字符或下一组字符
ReadBlock	从当前流中读取最大 count 的字符并从 index 开始将该数据写入 buffer
ReadLine	从基础字符串中读取一行
ReadToEnd	将整个流或从流的当前位置到流的结尾作为字符串读取

StringWriter 类实现一个用于将信息写入字符串的 TextWriter。StringWriter 类的主要成员如表 12-15 所示。

表 12-15　StringWriter 类的主要成员

	方法/字段/属性	说　明
方法	Close	关闭当前的 StringWriter 和基础流
	Dispose	释放由此 TextWriter 对象使用的所有资源，或者释放由 StringWriter 占用的非托管资源，还可以另外再释放托管资源
	Flush	清理当前编写器的所有缓冲区，使所有缓冲数据写入基础设备
	Write	将值写入到 StringWriter 的此实例中
	WriteLine	将后跟行结束符的值写入到 StringWriter 的此实例中

续表

	方法/字段/属性	说明
字段	CoreNewLine	存储用于此 TextWriter 的换行符
属性	Encoding	获取将输出写入到其中的 Encoding
	FormatProvider	获取控制格式设置的对象
	NewLine	获取或设置由当前 TextWriter 使用的行结束符字符串

【例 12-7】 使用 StringReader 类和 StringWriter 类读写字符串：用一组双倍间距的句子创建一个连续的段落，然后将该段落重新转换为原来的文本。

在 C:\VB.NET\Chapter12\中新建一个“Visual Basic”类别的 Windows 窗体应用程序项目 StringReaderWriter，窗体所使用的控件属性及说明如表 12-16 所示。运行结果如图 12-8 所示。

表 12-16 例 12-7 所使用的控件属性及说明

控件	属性	值	说明
Button1	Text	读取和写入字符串	字符串操作命令按钮
Label1	Text		结果显示标签

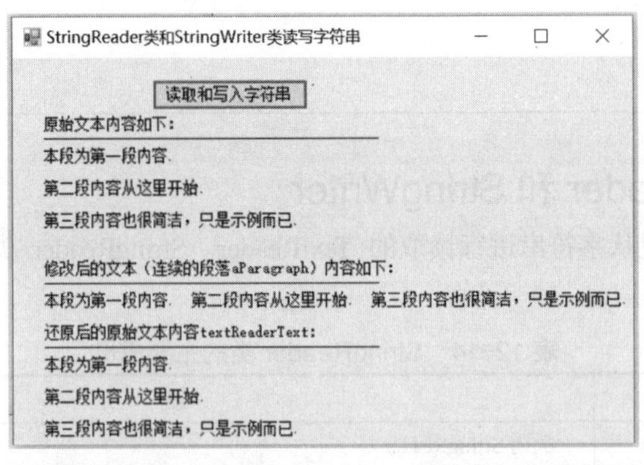

图 12-8 使用 StringReader 类和 StringWriter 类读写字符串的运行结果

程序代码如下：

```
Imports System.IO
Public Class Form1
    Private Sub Button1_Click(sender As System.Object, e As System.EventArgs) Handles Button1.Click
        Dim textReaderText As String = "本段为第一段内容." & vbLf & vbLf &
        "第二段内容从这里开始." & vbLf & vbLf &
        "第三段内容也很简洁，只是示例而已." & vbLf & vbLf
        Label1.Text &= "原始文本内容如下：" & vbCrLf
        Label1.Text &= "-----------------------------------------" & vbCrLf
        Label1.Text &= textReaderText & vbCrLf
        ' 将原始文本 textReaderText 用一组双倍间距的句子创建一个连续的段落
        ' 每个句子以字符"."结束
        Dim aLine As String
        Dim aParagraph As String = ""
        Dim strReader As StringReader = New StringReader(textReaderText)
        While (True)
            aLine = strReader.ReadLine()
```

```
            If Not (aLine Is Nothing) Then
                aParagraph = aParagraph & aLine & " "
            Else
                aParagraph = aParagraph & vbLf
                Exit While
            End If
        End While
        Label1.Text &= "修改后的文本（连续的段落 aParagraph）内容如下：" & vbCrLf
        Label1.Text &= "------------------------------------------" & vbCrLf
        Label1.Text &= aParagraph & vbCrLf
        ' 从连续的段落 aParagraph 恢复原始文本内容 textReaderText.
        Dim intCharacter As Integer
        Dim convertedCharacter As Char
        Dim strWriter As StringWriter = New StringWriter()
        strReader = New StringReader(aParagraph)
        While (True)
            intCharacter = strReader.Read()
            ' 转换成 character 前，检查字符串是否结束
            If (intCharacter = -1) Then Exit While
            convertedCharacter = Convert.ToChar(intCharacter)
            If (convertedCharacter = ".") Then '一个句子后加入 2 个回车换行
                strWriter.Write("." & vbLf & vbLf)
                ' 忽略句子间的空格
                strReader.Read()
                strReader.Read()
            Else
                strWriter.Write(convertedCharacter)
            End If
        End While
        Label1.Text &= "还原后的原始文本内容 textReaderText：" & vbCrLf
        Label1.Text &= "------------------------------------------" & vbCrLf
        Label1.Text &= strWriter.ToString() & vbCrLf
    End Sub
End Class
```

12.4 二进制文件的读取和写入

.NET Framework 提供以下类以对二进制文件读取和写入：FileStream 类支持通过其 Seek 方法随机访问文件；BinaryReader 类和 BinaryWriter 类在 Streams 中读取和写入编码的字符串和基元数据类型。

12.4.1 FileStream 类

FileStream 类提供对文件进行打开、读取、写入、关闭等操作，既支持同步读写操作，也支持异步读写操作。FileStream 支持使用 Seek 方法对文件进行随机访问，Seek 通过字节偏移量将读取/写入位置移动到文件中的任意位置，字节偏移量是相对于查找参考点（文件的开始、当前位置或结尾，分别对应于 SeekOrigin.Begin、SeekOrigin.Current 和 SeekOrigin.End）。

FileStream 对输入输出进行缓冲，从而提高性能。FileStream 类的主要成员如表 12-17 所示。

表 12-17 FileStream 类的主要成员

方法/属性		说 明
方法	Close	关闭当前流并释放与之关联的所有资源（如套接字和文件句柄）
	Dispose	释放占用的非托管资源，还可以另外再释放托管资源
	Flush	清除该流的所有缓冲区会使得所有缓冲的数据都将写入到文件系统
	Lock	允许读取访问的同时防止其他进程更改 FileStream
	UnLock	允许其他进程访问以前锁定的某个文件的全部或部分
	Seek	将该流的当前位置设置为给定值
	SetLength	将该流的长度设置为给定值
	Read	从流中读取字节块并将该数据写入给定缓冲区中
	Write	使用从缓冲区读取的数据将字节块写入该流
	WriteByte	将一个字节写入文件流的当前位置
属性	CanRead	获取一个值，该值指示当前流是否支持读取
	CanSeek	获取一个值，该值指示当前流是否支持查找
	CanWrite	获取一个值，该值指示当前流是否支持写入
	Length	获取用字节表示的流长度
	Name	获取传递给构造函数的 FileStream 的名称
	Position	获取或设置此流的当前位置

【例 12-8】 使用 FileStream 类对二进制文件进行随机访问。

在 C:\VB.NET\Chapter12\中新建一个“Visual Basic”类别的 Windows 窗体应用程序项目 FileStreamTest，窗体所使用的控件属性及说明如表 12-18 所示。运行结果如图 12-9 所示。

表 12-18 例 12-8 所使用的控件属性及说明

控 件	属 性	值	说 明
Button1	Text	随机访问二进制文件	二进制文件访问命令按钮
Label1	Text		结果显示标签

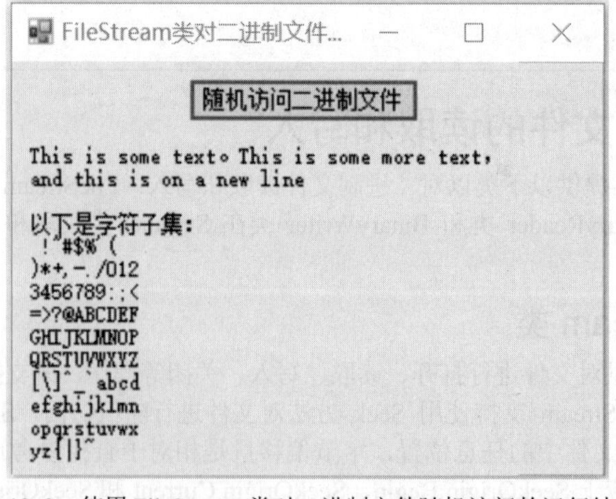

图 12-9 使用 FileStream 类对二进制文件随机访问的运行结果

程序代码如下：

```
Imports System.IO
Imports System.Text
Public Class Form1
    Private Sub Button1_Click(sender As System.Object, e As System.EventArgs) Handles Button1.Click
        Dim path As String = "c:\tmp\MyTest.txt"
        ' 如果文件存在，则删除之
        If (File.Exists(path)) Then File.Delete(path)
        ' 创建文件
        Dim fs As FileStream = File.Create(path)
        Using (fs)
            AddText(fs, "This is some text。")
            AddText(fs, "This is some more text，")
            AddText(fs, vbCrLf & "and this is on a new line")
            AddText(fs, vbCrLf & vbCrLf & "以下是字符子集：" & vbCrLf)
            For i = 32 To 127
                AddText(fs, Convert.ToChar(i).ToString())
                ' 每行 10 字符
                If (i Mod 10 = 0) Then AddText(fs, vbCrLf)
            Next
        End Using
        ' 打开流，读取并显示其内容
        Dim fs1 As FileStream = File.OpenRead(path)
        Using (fs1)
            Dim b(1023) As Byte
            Dim temp As UTF8Encoding = New UTF8Encoding(True)
            While (fs1.Read(b, 0, b.Length) > 0)
                Label1.Text &= temp.GetString(b) & vbCrLf
            End While
        End Using
    End Sub
    Sub AddText(ByVal fs As FileStream, ByVal value As String)
        Dim info() As Byte = New UTF8Encoding(True).GetBytes(value)
        fs.Write(info, 0, info.Length)
    End Sub
End Class
```

12.4.2　BinaryReader 和 BinaryWriter

BinaryReader 类用特定的编码将基元数据类型读作二进制值。BinaryReader 类的主要成员如表 12-19 所示。

表 12-19　BinaryReader 类的主要成员

方法、字段和属性		说　明
方法	Close	关闭当前 BinaryReader 及基础流
	Dispose	释放由 BinaryReader 占用的非托管资源，还可以另外再释放托管资源

续表

方法、字段和属性		说　明
方法	FillBuffer	用从流中读取的指定字节数填充内部缓冲区
	PeekChar	返回下一个可用的字符，并且不提升字节或字符的位置
	Read	已重载从基础流中读取字符，并提升流的当前位置
	Read7BitEncodedInt	以压缩格式读入 32 位整数
	ReadBoolean	从当前流中读取 Boolean 值，并使该流的当前位置提升 1 个字节
	ReadByte	从当前流中读取下一个字节，并使流的当前位置提升 1 个字节
	ReadBytes	从当前流中将 count 个字节读入字节数组，并使当前位置提升 count 个字节
	ReadChar	从当前流中读取下一个字符，并根据所使用的 Encoding 和从流中读取的特定字符，提升流的当前位置
字段	ReadChars	从当前流中读取 count 个字符，以字符数组的形式返回数据，并根据所使用的 Encoding 和从流中读取的特定字符，提升当前位置
	ReadDecimal	从当前流中读取十进制数值，并将该流的当前位置提升 16 个字节
属性	ReadDouble	从当前流中读取 8 字节浮点值，并使流的当前位置提升 8 个字节
	ReadInt16	从当前流中读取 2 字节有符号整数，并使流的当前位置提升 2 个字节
	ReadInt32	从当前流中读取 4 字节有符号整数，并使流的当前位置提升 4 个字节
	ReadInt64	从当前流中读取 8 字节有符号整数，并使流的当前位置向前移动 8 个字节
	ReadSByte	从此流中读取一个有符号字节，并使流的当前位置提升 1 个字节
	ReadSingle	从当前流中读取 4 字节浮点值，并使流的当前位置提升 4 个字节
	ReadString	从当前流中读取一个字符串。字符串有长度前缀，一次 7 位地被编码为整数
	ReadUInt16	使用 Little-Endian 编码从当前流中读取 2 字节无符号整数，并将流的位置提升 2 个字节
	ReadUInt32	从当前流中读取 4 字节无符号整数并使流的当前位置提升 4 个字节
	ReadUInt64	从当前流中读取 8 字节无符号整数并使流的当前位置提升 8 个字节

BinaryWriter 类以二进制形式将基元类型写入流，并支持用特定的编码写入字符串。BinaryWriter 类的主要成员如表 12-20 所示。

表 12-20　BinaryWriter 类的主要成员

方法和字段		说　明
方法	Close	关闭当前 BinaryWriter 及基础流
	Dispose	释放由 BinaryWriter 占用的非托管资源，还可以另外再释放托管资源
	Flush	清理当前 BinaryWriter 的所有缓冲区，使所有缓冲数据写入基础设备
	Seek	设置当前流中的位置
	Write	将值写入当前流
	Write7BitEncodedInt	以压缩格式写出 32 位整数
	Read7BitEncodedInt	以压缩格式读入 32 位整数
字段	Null	指定无后备存储区的 BinaryWriter
	OutStream	持有基础流

【例 12-9】 使用 BinaryWriter 类和 BinaryReader 类读写二进制数据文件。

（1）向新的空文件流（c:\temp\Test.data）写入数据及从中读取数据。

（2）创建数据文件的 BinaryWriter 和 BinaryReader。

（3）利用 BinaryWriter 向 Test.data 写入整数 0 到 10，此时 Test.data 的文件指针置于文件尾。

（4）将 Test.data 的文件指针设置回初始位置后，利用 BinaryReader 读出指定的内容。

在 C:\VB.NET\Chapter12\ 中新建一个“Visual Basic”类别的 Windows 窗体应用程序项目 BinaryReaderWriter，窗体所使用的控件属性及说明如表 12-21 所示。运行结果如图 12-10 所示。

表 12-21　例 12-9 所使用的控件属性及说明

控　　件	属　　性	值	说　　明
Button1	Text	读写二进制数据文件	二进制文件读写命令按钮
Label1	Text		结果显示标签

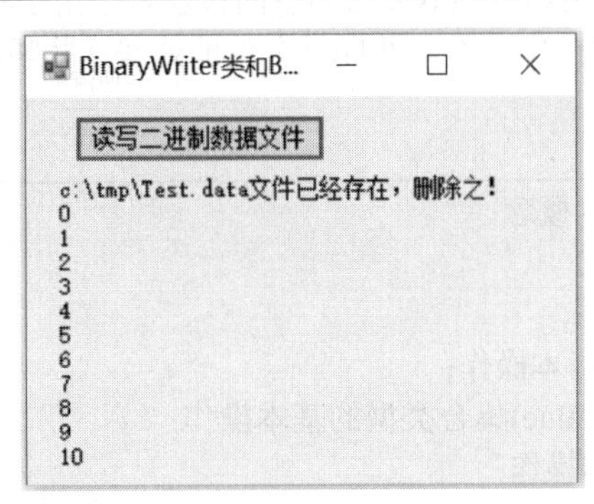

图 12-10　使用 BinaryWriter 类和 BinaryReader 类读写二进制文件的运行结果

程序代码如下：

```
Imports System.IO
Public Class Form1
    Private Sub Button1_Click(sender As System.Object, e As System.EventArgs) Handles Button1.Click
        Dim filename = "c:\tmp\Test.data"
        ' 创建一个新的、空的数据文件
        If (File.Exists(filename)) Then
            Label1.Text &= filename & "文件已经存在，删除之！" & vbCrLf
            File.Delete(filename)
        End If
        Dim fs As FileStream = New FileStream(filename, FileMode.CreateNew)
        ' 创建 BinaryWriter.
        Dim bw As BinaryWriter = New BinaryWriter(fs)
        ' 写数据到新的、空的数据文件中
        For i As Integer = 0 To 10
            bw.Write(i)
        Next
        bw.Close()
        fs.Close()
        ' 创建 BinaryReader.
        fs = New FileStream(filename, FileMode.Open, FileAccess.Read)
        Dim br As BinaryReader = New BinaryReader(fs)
        ' 数据文件中读取数据
        For i As Integer = 0 To 10
            Label1.Text &= br.ReadInt32() & vbCrLf
        Next
        br.Close()
        fs.Close()
    End Sub
End Class
```

第 13 章　集合和数据结构

.NET Framework 的 System.Collections 命名空间包含若干用于实现集合（如列表/链表、位数组、哈希表、队列和堆栈）的接口和类，并提供有效地处理这些紧密相关的数据的各种算法。

本章要点

- 集合和数据结构的基本概念；
- ArrayList 的基本操作；
- List(Of T)的基本操作；
- Hashtable 集合类型的基本操作；
- Dictionary(Of TKey, TValue)集合类型的基本操作；
- Queue 集合类型的基本操作；
- Stack 集合类型的基本操作。

13.1　VB.NET 集合和数据结构概述

.Net Framework 包含若干用于实现集合的接口和类，将紧密相关的数据组合到一个集合中，并提供有效地处理这些紧密相关的数据的各种算法。

System.Collections 命名空间包含接口和类，这些接口和类定义各种对象（如列表/链表、位数组、哈希表、队列和堆栈）的集合。其继承关系如图 13-1 所示。

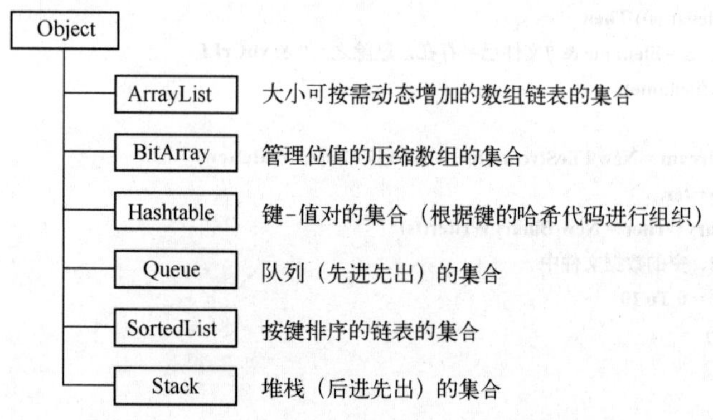

图 13-1　System.Collections 命名空间的继承关系

System.Collections.Generic 命名空间包含定义泛型集合的接口和类，泛型集合允许用户创建强类型集合，它能提供比非泛型强类型集合更好的类型安全性和性能。其继承关系如图 13-2 所示。

System.Collections.Specialized 命名空间包含专用的集合，例如，链接的列表词典、位向量及只包含字符串的集合。其继承关系如图 13-3 所示。

集合类型是数据集合的常见变体，如哈希表、队列、堆栈、字典和列表。

所有的集合都基于 ICollection 接口、IList 接口或 IDictionary 接口，或其相应的泛型接口。IList 接口和 IDictionary 接口都是从 ICollection 接口派生的；因此，所有集合都直接或间接基于 ICollection 接口。

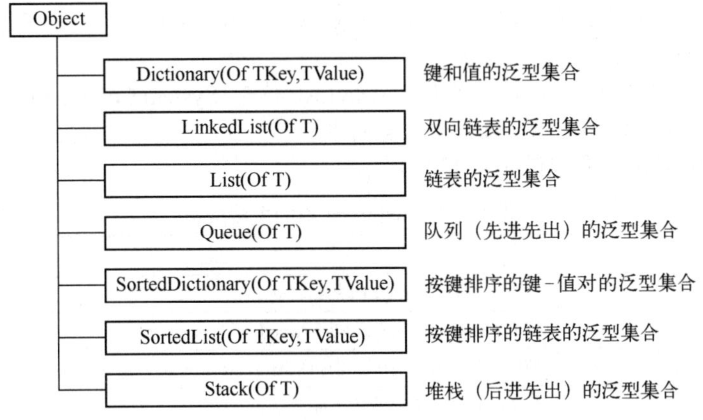

图 13-2　System.Collections.Generic 命名空间的继承关系

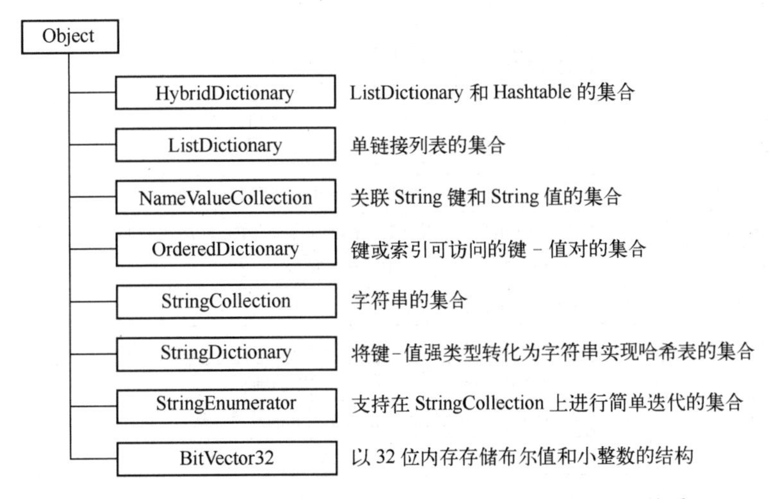

图 13-3　System.Collections.Specialized 命名空间的继承关系

基于 IList 接口的集合（如 Array、ArrayList 或 List(Of T)）中，每个元素只包含一个值；直接基于 ICollection 接口的集合（如 Queue、Stack 或 LinkedList(Of T)）中，每个元素也只包含一个值；在基于 IDictionary 接口的集合（如 Hashtable、SortedList、Dictionary(Of TKey,TValue)和 SortedList(Of TKey,TValue)）中，每个元素都包含键-值对。

本章主要介绍一些常用的集合类型及其常用用法。

13.2　列表类集合类型

列表类集合类型基于 IList 接口，集合中的每个元素都只包含一个值。列表类集合类型包括：Array（请参考第 5 章），ArrayList 集合类型和 List（Of T）集合类型。

13.2.1　ArrayList

ArrayList 或 List(Of T)用于构建复杂的数组或列表集合。相对于 Array 的容量固定性，ArrayList 或 List(Of T)的容量可根据需要自动扩充。ArrayList 或 List(Of T)还提供添加、插入或者移除某一范围元素的方法。

注意：

（1）Array 可以具有多个维度，而 ArrayList 或 List（Of T）始终只是一维的。

（2）需要数组的大多数情况都可以使用 ArrayList 或 List（Of T）；它们更容易使用，并且一般与相同类型的 Array 具有相近的性能。

（3）Array 位于 System 命名空间中；ArrayList 位于 System.Collections 命名空间中；List（Of T）位于 System.Collections.Generic 命名空间中。

ArrayList 类包括的主要成员如表 13-1 所示。

表 13-1　ArrayList 类的主要成员

方法和属性		说　明
方法	Add	将对象添加到 ArrayList 的结尾处
	AddRange	将 ICollection 的元素添加到 ArrayList 的末尾
	BinarySearch	使用二分检索算法在已排序的 ArrayList 或它的一部分中查找特定元素
	Clear	从 ArrayList 中移除所有元素
	Clone	创建 ArrayList 的浅表副本
	Contains	确定某元素是否在 ArrayList 中
	CopyTo	将 ArrayList 或者它的一部分复制到一维数组中
	GetRange	返回 ArrayList，它表示源 ArrayList 中元素的子集
	IndexOf	返回 ArrayList 或者它的一部分中某个值的第一个匹配项的从零开始的索引
	Insert	将元素插入 ArrayList 的指定索引处
	InsertRange	将集合中的某个元素插入 ArrayList 的指定索引处
	LastIndexOf	返回 ArrayList 或者它的一部分中某个值的最后一个匹配项的从零开始的索引
	Remove	从 ArrayList 中移除特定对象的第一个匹配项
	RemoveAt	移除 ArrayList 的指定索引处的元素
	RemoveRange	从 ArrayList 中移除一定范围的元素
	Repeat	返回 ArrayList，它的元素是指定值的副本
	Reverse	将 ArrayList 或者它的一部分中元素的顺序反转
	SetRange	将集合中的元素复制到 ArrayList 中一定范围的元素上
	Sort	对 ArrayList 或它的一部分中的元素进行排序
	ToArray	将 ArrayList 的元素复制到新数组中
	TrimToSize	将容量设置为 ArrayList 中元素的实际数目
属性	Capacity	获取或者设置 ArrayList 可包含的元素数
	Count	获取 ArrayList 中实际包含的元素数
	Item	获取或设置指定索引处的元素

【例 13-1】 使用 ArrayList 类操作数组列表。

（1）分别创建并初始化源字符串数组列表 ArrayList 和目标字符串数组列表 ArrayList。

（2）测试 CopyTo 的功能，将源数组列表的全部或部分元素复制到目标数组列表指定索引开始的位置。

（3）源数组列表 ArrayList 重新赋值为整数类型。

（4）测试 Remove 的功能，移除 ArrayList 中指定值或指定索引处的元素。

（5）测试 Insert 的功能，将元素插入到 ArrayList 中的指定索引处。

（6）测试 BinarySearch 的功能，利用二分检索算法查找在 ArrayList 中存在或不存在的元素。

（7）借助 Count、Capacity 属性，测试 TrimToSize、Clear 的功能。

（8）测试 AddRange 的功能，将队列 Queue 的所有元素拼接到 ArrayList 之后。

（9）测试 GetRange 的功能，获取 ArrayList 中元素的子集。

（10）测试 InsertRange 的功能，将队列 Queue 的所有元素插入到 ArrayList 中的指定索引处。

（11）测试 GetRange 的功能。

（12）遍历数组列表 ArrayList 中的所有元素。

在 C:\VB.NET\Chapter13\中新建一个“Visual Basic”类别的 Windows 窗体应用程序项目 ArrayListTest，窗体所使用的控件属性及说明如表 13-2 所示。运行结果如图 13-4 所示。

表 13-2　例 13-1 所使用的控件属性及说明

控　件	属　性	值	说　明
Button1	Text	ArrayList 类的操作	ArrayList 操作命令按钮
Label1	Text		结果显示标签

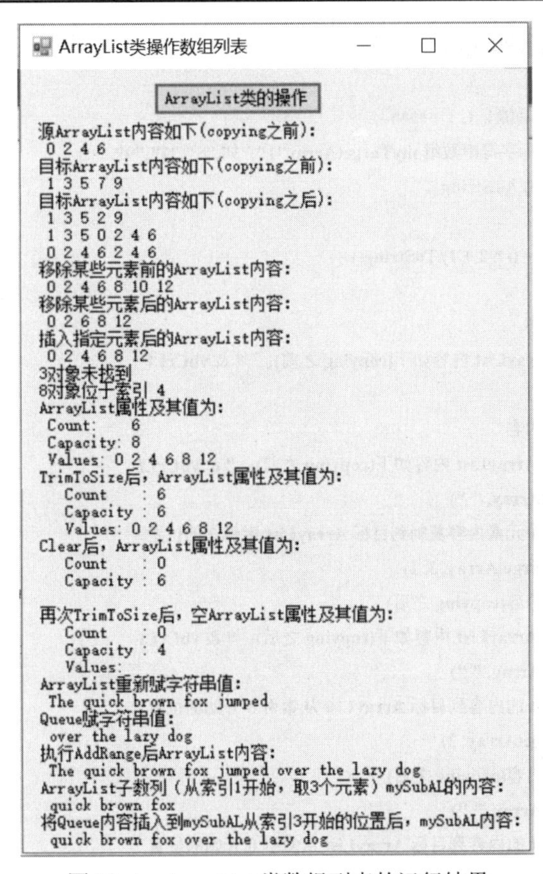

图 13-4　ArrayList 类数组列表的运行结果

程序代码如下：

```
Imports System.Collections
Public Class Form1
    Public Sub PrintValues(myList As IEnumerable, mySeparator As Char)
        For Each obj In myList
            Label1.text &= mySeparator & obj
        Next
        Label1.Text &= vbCrLf
    End Sub
    Public Sub FindMyObject(ByVal myList As ArrayList, ByVal myObject As Object)
        Dim myIndex As Integer = myList.BinarySearch(myObject)
```

```
        If (myIndex < 0) Then
            Label1.Text &= myObject & "对象未找到" & vbCrLf
        Else
            Label1.Text &= myObject & "对象位于索引 " & myIndex & vbCrLf
        End If
    End Sub
    Private Sub Button1_Click(sender As System.Object, e As System.EventArgs) Handles Button1.Click
        ' 创建并初始化一个新的字符串数组列表 ArrayList"0","2","4","6".
        Dim myAL As ArrayList = New ArrayList()
        For i = 0 To 3
            myAL.Add((i * 2).ToString())
        Next
        '*****尝试 CopyTo 的功能！！！*****
        ' 创建和初始化一维目标字符串数组 myTargetArray"1","3","5","7","9".
        Dim myTargetArray(15) As String
        For i = 0 To 4
            myTargetArray(i) = (i * 2 + 1).ToString()
        Next
        ' 显示源 ArrayList 内容
        Label1.Text &= "源 ArrayList 内容如下(copying 之前)：  " & vbCrLf
        PrintValues(myAL, " ")
        ' 显示目标 ArrayList 内容
        Label1.Text &= "目标 ArrayList 内容如下(copying 之前)：" & vbCrLf
        PrintValues(myTargetArray, " ")
        ' 源 ArrayList 的第 2 个元素内容复制到目标 ArrayList 索引 3 的位置.
        myAL.CopyTo(1, myTargetArray, 3, 1)
        ' 显示目标 ArrayList 内容(copying 之后)
        Label1.Text &= "目标 ArrayList 内容如下(copying 之后)：" & vbCrLf
        PrintValues(myTargetArray, " ")
        ' 复制整个源 ArrayList 的内容到目标 ArrayList 从索引 3 开始的位置.
        myAL.CopyTo(myTargetArray, 3)
        ' 显示目标 ArrayList 内容(copying 之后).
        PrintValues(myTargetArray, " ")
        ' 复制整个源 ArrayList 的内容到目标 ArrayList 从索引 0 开始的位置.
        myAL.CopyTo(myTargetArray)
        ' 显示目标 ArrayList 内容(copying 之后).
        PrintValues(myTargetArray, " ")
        ' 对数组列表 ArrayList 重新赋值为：0,2,4,6,8,10,12.
        myAL.Clear()
        For i = 0 To 6
            myAL.Add(i * 2)
        Next
        ' 显示移除某些元素前的 ArrayList 内容
        Label1.Text &= "移除某些元素前的 ArrayList 内容：" & vbCrLf
        PrintValues(myAL, " ")
        ' 移除  ArrayList  中的某些元素
        myAL.Remove(4)   '移除值为 4 的元素
```

```
myAL.RemoveAt(4) '移除索引为 4 的元素
' 显示移除某些元素后的 ArrayList 内容
Label1.Text &= "移除某些元素后的 ArrayList 内容：" & vbCrLf
PrintValues(myAL, " ")
' 将元素插入 ArrayList 的指定索引处
myAL.Insert(2, 4)
' 显示插入指定元素后的 ArrayList 内容
Label1.Text &= "插入指定元素后的 ArrayList 内容：" & vbCrLf
PrintValues(myAL, " ")
'*****尝试二分检索算法 BinarySearch 的功能！！！*****
' 查找在 ArrayList 中不存在的 object
Dim myObjectOdd As Object = 3
FindMyObject(myAL, myObjectOdd)
' 查找在 ArrayList 中存在的 object
Dim myObjectEven As Object = 8
FindMyObject(myAL, myObjectEven)
'*****尝试 TrimToSize、Clear 的功能！！！*****
' 显示 ArrayList 的 count、Capacity 属性及其值
Label1.Text &= "ArrayList 属性及其值为：" & vbCrLf
Label1.Text &= " Count:      " & myAL.Count & vbCrLf
Label1.Text &= " Capacity: " & myAL.Capacity & vbCrLf
Label1.Text &= " Values:"
PrintValues(myAL, " ")
' 调用 TrimToSize 方法，将容量设置为 ArrayList 中元素的实际数目
myAL.TrimToSize()
' 显示 ArrayList 的 count、Capacity 属性，以及其值
Label1.Text &= "TrimToSize 后，ArrayList 属性及其值为：" & vbCrLf
Label1.Text &= "    Count      : " & myAL.Count & vbCrLf
Label1.Text &= "    Capacity : " & myAL.Capacity & vbCrLf
Label1.Text &= "    Values:"
PrintValues(myAL, " ")
' 调用 Clear 方法，将 ArrayList 重置为它的初始状态
myAL.Clear()
' 显示 ArrayList 的 count、Capacity 属性，以及其值
Label1.Text &= "Clear 后，ArrayList 属性及其值为：" & vbCrLf
Label1.Text &= "    Count      : " & myAL.Count & vbCrLf
Label1.Text &= "    Capacity : " & myAL.Capacity & vbCrLf
Console.Write("    Values:")
PrintValues(myAL, vbTab)
' 修整空的 ArrayList 会将 ArrayList 的容量设置为默认容量
myAL.TrimToSize()
' 显示 ArrayList 的 count、Capacity 属性，以及其值
Label1.Text &= "再次 TrimToSize 后，空 ArrayList 属性及其值为：" & vbCrLf
Label1.Text &= "    Count      : " & myAL.Count & vbCrLf
Label1.Text &= "    Capacity : " & myAL.Capacity & vbCrLf
Label1.Text &= "    Values:"
PrintValues(myAL, vbTab)
```

```
        ' *****尝试 AddRange 的功能！！！*****
        ' ArrayList 重新赋字符串值
        myAL.Add("The")
        myAL.Add("quick")
        myAL.Add("brown")
        myAL.Add("fox")
        myAL.Add("jumped")
        ' 创建并初始化一个新的队列 Queue
        Dim myQueue As Queue = New Queue()
        myQueue.Enqueue("over")
        myQueue.Enqueue("the")
        myQueue.Enqueue("lazy")
        myQueue.Enqueue("dog")
        ' 显示 ArrayList 和 Queue 的内容
        Label1.Text &= "ArrayList 重新赋字符串值：  " & vbCrLf
        PrintValues(myAL, " ")
        Label1.Text &= "Queue 赋字符串值：" & vbCrLf
        PrintValues(myQueue, " ")
        ' 将 Queue 中所有元素拼接到 ArrayList 之后
        myAL.AddRange(myQueue)
        ' 显示拼接后的 ArrayList 的内容
        Label1.Text &= "执行 AddRange 后 ArrayList 内容：" & vbCrLf
        PrintValues(myAL, " ")
        ' 显示 ArrayList 子数列（从索引 1 开始，取 3 个元素）mySubAL 的内容.
        Dim mySubAL As ArrayList = myAL.GetRange(1, 3)
        Label1.Text &= "ArrayList 子数列（从索引 1 开始，取 3 个元素）mySubAL 的内容：" & vbCrLf
        PrintValues(mySubAL, " ")
        ' 将 Queue 内容插入到 SubArrayList 从索引 3 开始的位置
        mySubAL.InsertRange(3, myQueue)
        ' Displays the ArrayList.
        Label1.Text &= "将 Queue 内容插入到 mySubAL 从索引 3 开始的位置后，mySubAL 内容：" & vbCrLf
        PrintValues(mySubAL, " ")
    End Sub
End Class
```

13.2.2 List(Of T)

List(Of T)表示可通过索引访问的对象的强类型列表，提供用于对列表进行搜索、排序和操作的方法。

List(Of T)类是对应于 ArrayList 的泛型类。该类使用大小可按需动态增加的数组实现 IList(Of T)泛型接口。

注意：

List(Of T)泛型类和 ArrayList 类具有类似的功能。如果对 List(Of T)类的类型 T 使用引用类型，则两个类的行为是完全相同的。但是，如果对类型 T 使用值类型，则需要考虑实现装箱问题。在大多数情况下，List(Of T)泛型类执行得更好并且是类型安全的。

List(Of T)泛型类包括的主要成员如表 13-3 所示。

表 13-3　List(Of T)泛型类的主要成员

方法/属性		说　明
方法	Insert	将元素插入 List(Of T)的指定索引处
	InsertRange	将集合中的某个元素插入 List(Of T)的指定索引处
	Add	将对象添加到 List(Of T)的结尾处
	AddRange	将指定集合的元素添加到 List(Of T)的末尾
	BinarySearch	使用二分检索算法在已排序的 List(Of T)或它的一部分中查找特定元素
	Clear	从 List(Of T)中移除所有元素
	Contains	确定某元素是否在 List(Of T)中
	ConvertAll(Of TOutput)	将当前 List(Of T)中的元素转换为另一种类型，并返回包含转换后的元素的列表
	CopyTo	将 List(Of T)或它的一部分复制到一个数组中
	Equals	确定指定的 Object 是否等于当前的 Object
	Exists	确定 List(Of T)是否包含与指定谓词所定义的条件相匹配的元素
	Find	搜索与指定谓词所定义的条件相匹配的元素，并返回整个 List(Of T)中的第一个匹配元素
	FindAll	检索与指定谓词定义的条件匹配的所有元素
	FindIndex	搜索与指定谓词所定义的条件相匹配的元素，返回 List(Of T)或它的一部分中第一个匹配项的从零开始的索引
	FindLast	搜索与指定谓词所定义的条件相匹配的元素，并返回整个 List(Of T)中的最后一个匹配元素
	FindLastIndex	搜索与指定谓词所定义的条件相匹配的元素，返回 List(Of T)或它的一部分中最后一个匹配项的从零开始的索引
	ForEach	对 List(Of T)的每个元素执行指定操作
	GetEnumerator	返回循环访问 List(Of T)的枚举数
	GetRange	创建源 List(Of T)中的元素范围的浅表副本
	IndexOf	返回 List(Of T)或它的一部分中某个值的第一个匹配项的从零开始的索引
	LastIndexOf	返回 List(Of T)或它的一部分中某个值的最后一个匹配项的从零开始的索引
	Remove	从 List(Of T)中移除特定对象的第一个匹配项
	RemoveAll	移除与指定的谓词所定义的条件相匹配的所有元素
	RemoveAt	移除 List(Of T)的指定索引处的元素
	RemoveRange	从 List(Of T)中移除一定范围的元素
	Reverse	将 List(Of T)或它的一部分中元素的顺序反转
	Sort	对 List(Of T)或它的一部分中的元素进行排序
	TrimExcess	将容量设置为 List(Of T)中的实际元素数目（如果该数目小于某个阈值）
属性	Capacity	获取或设置该内部数据结构在不调整大小的情况下能够容纳的元素总数
	Count	获取 List(Of T)中实际包含的元素数
	Item	获取或设置指定索引处的元素

【例 13-2】 使用 List(Of T)泛型类操作列表。

（1）创建一个空的 List(Of String)，并使用 Add 方法添加一些元素。

（2）测试 List(Of String)的 Count 属性和 Capacity 属性。

（3）使用 Contains 方法测试元素是否存在。

（4）测试 Insert 的功能，将元素插入到 List(Of String)中的指定索引处。

（5）使用 Item 属性（在 VB.NET 中为索引器）检索 List(Of String)中的元素。

（6）测试 Remove 的功能，删除 List(Of String)中的元素。

（7）借助 Count、Capacity 属性，测试 TrimExcess、Clear 的功能。

（8）遍历 List(Of String)中的所有元素。

在 C:\VB.NET\Chapter13\中新建一个“Visual Basic”类别的 Windows 窗体应用程序项目 ListOfTTest，窗体所使用的控件属性及说明如表 13-4 所示。运行结果如图 13-5 所示。

表 13-4 例 13-2 所使用的控件属性及说明

控　件	属　性	值	说　明
Button1	Text	List(Of T)操作列表	List(Of T)操作命令按钮
Label1	Text		结果显示标签

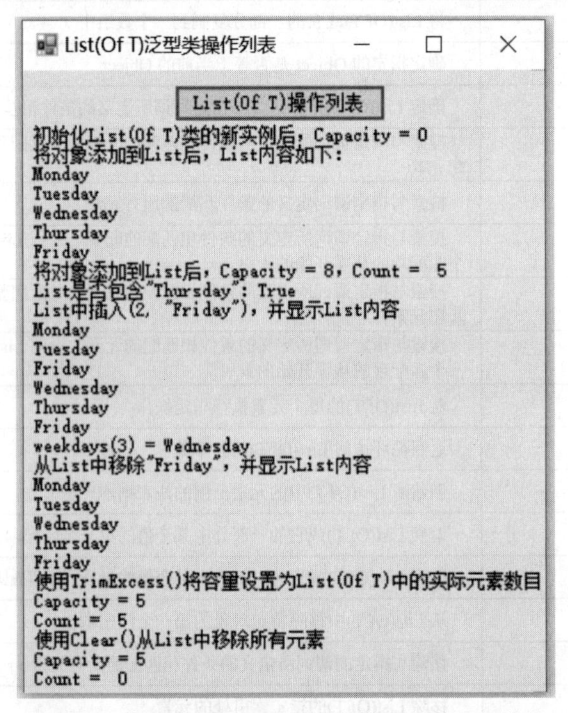

图 13-5 使用 List(Of T)泛型类操作列表的运行结果

程序代码如下：

```
Imports System.Collections.Generic
Public Class Form1
    Private Sub Button1_Click(sender As System.Object, e As System.EventArgs) Handles Button1.Click
        Dim weekdays As List(Of String) = New List(Of String)
        Label1.Text = "初始化 List(Of T)类的新实例后，Capacity = " & weekdays.Capacity & vbCrLf
        weekdays.Add("Monday")
        weekdays.Add("Tuesday")
        weekdays.Add("Wednesday")
        weekdays.Add("Thursday")
        weekdays.Add("Friday")
```

```
        Label1.Text &= "将对象添加到 List 后，List 内容如下：" & vbCrLf
        For Each wd In weekdays
            Label1.Text &= wd & vbCrLf
        Next
        Label1.Text &= "将对象添加到 List 后，Capacity = " & weekdays.Capacity & "，Count =   " & weekdays.Count & vbCrLf
        Label1.Text &= "List 是否包含""Thursday""：" & weekdays.Contains("Thursday") & vbCrLf
        Label1.Text &= "List 中插入(2, ""Friday"")，并显示 List 内容" & vbCrLf
        weekdays.Insert(2, "Friday")
        For Each wd In weekdays
            Label1.Text &= wd & vbCrLf
        Next
        Label1.Text &= "weekdays(3) = " & weekdays(3) & vbCrLf
        Label1.Text &= "从 List 中移除""Friday""，并显示 List 内容" & vbCrLf
        weekdays.Remove("Friday")
        For Each wd In weekdays
            Label1.Text &= wd & vbCrLf
        Next
        weekdays.TrimExcess()
        Label1.Text &= "使用 TrimExcess()将容量设置为 List(Of T)中的实际元素数目" & vbCrLf
        Label1.Text &= "Capacity = " & weekdays.Capacity & vbCrLf
        Label1.Text &= "Count =   " & weekdays.Count & vbCrLf
        weekdays.Clear()
        Label1.Text &= "使用 Clear()从 List 中移除所有元素" & vbCrLf
        Label1.Text &= "Capacity = " & weekdays.Capacity & vbCrLf
        Label1.Text &= "Count =   " & weekdays.Count & vbCrLf
    End Sub
End Class
```

13.3　字典类集合类型

字典类集合类型基于 IDictionary/Idictionary(Of TKey, Tvalue)接口，集合中的每个元素都包含键/值对。字典类集合类型包括：Hashtable 集合类型，Dictionary 集合类型，SortedList 集合类型，SortedList(Of TKey, Tvalue)集合类型和 SortedDictionary(Of TKey, TValue)集合类型。

本书只介绍最常用的 Hashtable 集合类型和 Dictionary 集合类型，其他字典类集合类型可参见在线帮助。

13.3.1　Hashtable

Hashtable 表示键-值(key-value)对的集合，这些键-值对根据键的哈希代码进行组织。其中 key 通常可用来快速查找，value 用于存储对应于 key 的值。Hashtable 中 key 和 value 键值均为 Object 类型，所以 Hashtable 可以支持任何类型的 key-value（键-值）对。

Hashtable 集合中每个键（key）必须是唯一的，并且添加后，键（key）就不能更改。键（key）不能为 Nothing 引用，但值（value）可以。

Hashtable 集合中的每个元素都是一个存储在 DictionaryEntry 对象中的键-值对。当把某个元素添加到 Hashtable 时，将根据键的哈希代码将该元素放入存储桶中。查找时则根据键的哈希代码只在一个特定存储桶中搜索，从而大大减少为查找一个元素所需的键比较的次数。

可以利用 VB.NET 语言中的 For Each 语句和 DictionaryEntry 类型遍历 Hashtable 中每个键-值对，例如：

```
For Each de As DictionaryEntry In myTable
    Label1.Text &= "Key = " & de.Key & ", Value = " & de.Value & vbCrLf
Next
```

For Each 语句是对枚举数的包装，它只允许从集合中读取，不允许写入集合。

Hashtable 类包括的主要成员如表 13-5 所示。

表 13-5 Hashtable 类的主要成员

方法和属性		说　明
方法	Add	将带有指定键和值的元素添加到 Hashtable 中
	Clear	从 Hashtable 中移除所有元素
	Clone	创建 Hashtable 的浅表副本
	Contains	确定 Hashtable 是否包含特定键
	ContainsKey	确定 Hashtable 是否包含特定键
	ContainsValue	确定 Hashtable 是否包含特定值
	CopyTo	将 Hashtable 元素复制到一维 Array 实例中的指定索引位置
	GetHash	返回指定键的哈希代码
	GetHashCode	用作特定类型的哈希函数
	KeyEquals	将特定 Object 与 Hashtable 中的特定键进行比较
	Remove	从 Hashtable 中移除带有指定键的元素
属性	Count	获取包含在 Hashtable 中的键-值对的数目
	Item	获取或设置与指定的键相关联的值
	Keys	获取包含 Hashtable 中的键的 ICollection
	Values	获取包含 Hashtable 中的值的 ICollection

【例 13-3】 使用 Hashtable 类操作数据集合。

（1）创建一个空的 Hashtable，并使用 Add 方法添加一些元素。在尝试添加重复的键时，Add 方法将引发 ArgumentException。

（2）使用 Item 属性（在 VB.NET 中为索引器）来检索、设置、替换值。

（3）在调用 Add 方法添加元素之前，使用 ContainsKey 方法来测试键是否存在。

（4）使用 Remove 方法删除（键-值）对。

（5）使用两种方法枚举字典中的键和值。

在 C:\VB.NET\Chapter13\中新建一个“Visual Basic”类别的 Windows 窗体应用程序项目 HashtableTest，窗体所使用的控件属性及说明如表 13-6 所示。运行结果如图 13-6 所示。

表 13-6 例 13-3 所使用的控件属性及说明

控　件	属　性	值	说　明
Button1	Text	Hashtable 操作数据集合	Hashtable 操作命令按钮
Label1	Text		结果显示标签

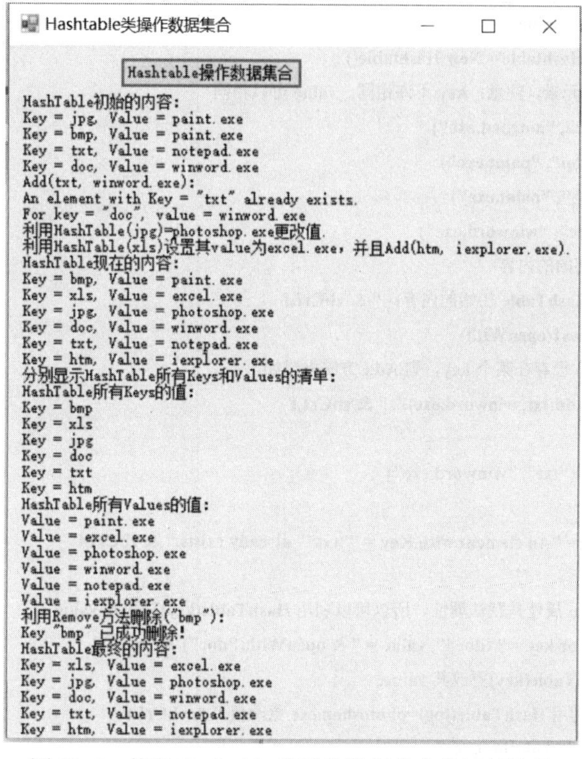

图 13-6　使用 Hashtable 类操作数据集合的运行结果

程序代码如下：

```
Public Class Form1
    Sub PrintKeysAndValues1(ByVal myTable As Hashtable)
        ' 利用 For Each 枚举 Hashtable 中每个元素
        For Each de As DictionaryEntry In myTable
            Label1.Text &= "Key = " & de.Key & ", Value = " & de.Value & vbCrLf
        Next
    End Sub
    Sub PrintKeysAndValues2(ByVal myTable As Hashtable)
        ' 使用 Keys 属性，获取 Hashtable 的所有 keys 清单
        Dim MyKeys As ICollection = myTable.Keys
        Label1.Text &= "HashTable 所有 Keys 的值：" & vbCrLf
        For Each s In MyKeys
            Label1.Text &= "Key = " & s & vbCrLf
        Next
        ' 使用 Values 属性，获取 Hashtable 的所有 Values 清单
        Dim MyValues As ICollection = myTable.Values
        Label1.Text &= "HashTable 所有 Values 的值：" & vbCrLf
        For Each s In MyValues
            Label1.Text &= "Value = " & s & vbCrLf
        Next
    End Sub
    Private Sub Button1_Click(sender As System.Object, e As System.EventArgs) Handles Button1.Click
```

```
        ' 创建一个新的 Hashtable
        Dim openWith As Hashtable = New Hashtable()
        ' Hashtable 中增加元素，注意：key 不许相同，value 可以相同
        openWith.Add("txt", "notepad.exe")
        openWith.Add("bmp", "paint.exe")
        openWith.Add("jpg", "paint.exe")
        openWith.Add("doc", "winword.exe")
        '显示 HashTable 初始的内容：
        Label1.Text &= "HashTable 初始的内容：" & vbCrLf
        PrintKeysAndValues1(openWith)
        ' 如果 Hashtable 中已存在某个 key，则 Add 方法报错如下：
        Label1.Text &= "Add(txt, winword.exe)：" & vbCrLf
        Try
            openWith.Add("txt", "winword.exe")
        Catch
            Label1.Text &= "An element with Key = ""txt"" already exists." & vbCrLf
        End Try
        ' HashTable 的 Item 属性是默认属性，所以可以利用 HashTable(key)获取其 value
        Label1.Text &= "For key = ""doc"", value = " & openWith("doc") & vbCrLf
        ' 还可以利用 HashTable(key)更改其 value.
        Label1.Text &= "利用 HashTable(jpg)=photoshop.exe 更改值." & vbCrLf
        openWith("jpg") = "photoshop.exe"
        ' 还可以利用 HashTable(key)设置其 value
        Label1.Text &= "利用 HashTable(xls)设置其 value 为 excel.exe，并且 Add(htm,  iexplorer.exe)." & vbCrLf
        openWith("xls") = "excel.exe"
        ' 利用 ContainsKey 方法判断 key 是否存在
        If (Not openWith.ContainsKey("htm")) Then
            openWith.Add("htm", "iexplorer.exe")
        End If
        '显示 HashTable 的内容（方法一：利用 DictionaryEntry）：
        Label1.Text &= "HashTable 现在的内容：" & vbCrLf
        PrintKeysAndValues1(openWith)
        '显示 HashTable 的内容（方法二：分别获取 Hashtable 对象中的键和值的 IList 对象）：
        Label1.Text &= "分别显示 HashTable 所有 Keys 和 Values 的清单：" & vbCrLf
        PrintKeysAndValues2(openWith)
        ' 利用 Remove 方法删除键/值对
        Label1.Text &= "利用 Remove 方法删除(""bmp"")：" & vbCrLf
        openWith.Remove("bmp")
        If Not openWith.ContainsKey("bmp") Then
            Label1.Text &= "Key ""bmp"" 已成功删除！" & vbCrLf
        End If
        '显示 HashTable 最终的内容：
        Label1.Text &= "HashTable 最终的内容：" & vbCrLf
        PrintKeysAndValues1(openWith)
    End Sub
End Class
```

13.3.2　Dictionary(Of TKey, TValue)

Dictionary(Of TKey, TValue)泛型类表示键-值对的集合。其中，TKey 表示字典中的键的类型，TValue 表示字典中的值的类型。

Dictionary(Of TKey,TValue)泛型类提供了从一组键到一组值的映射。Dictionary(Of TKey, TValue)集合中的每个元素都是一个 KeyValuePair(Of TKey, TValue)结构，由一个值及其相关联的键组成。通过键可以快速检索值。

只要对象用作 Dictionary(Of TKey, TValue)中的键，它就不能以任何影响其哈希值的方式更改。使用字典的相等比较器比较时，Dictionary(Of TKey, TValue)中的任何键都必须是唯一的。键（key）不能为空，但值（value）可以。

可以利用 VB.NET 语言中的 For Each 语句和 KeyValuePair(Of TKey, TValue)类型遍历 Dictionary(Of TKey, TValue)中每个键/值对，例如：

```
For Each KeyValue As KeyValuePair(Of String, String) In myDictionary
    Label1.Text &= "Key = " & KeyValue.Key & ", Value = " & KeyValue.Value & vbCrLf
Next
```

Dictionary(Of TKey, TValue)泛型类包括的主要成员如表 13-7 所示。

表 13-7　Dictionary(Of TKey, TValue)泛型类的主要成员

	方法/属性	说　明
方法	Add	将指定的键和值添加到字典中
	Clear	从 Dictionary(Of TKey, TValue)中移除所有的键和值
	ContainsKey	确定 Dictionary(Of TKey, TValue)是否包含指定的键
	ContainsValue	确定 Dictionary(Of TKey, TValue)是否包含特定值
	GetHashCode	用作特定类型的哈希函数
	Remove	从 Dictionary(Of TKey, TValue)中移除所指定的键的值
	TryGetValue	获取与指定的键相关联的值
属性	Count	获取包含在 Dictionary(Of TKey, TValue)中的键-值对的数目
	Item	获取或设置与指定的键相关联的值
	Keys	获取包含 Dictionary(Of TKey, TValue)中的键的集合
	Values	获取包含 Dictionary(Of TKey, TValue)中的值的集合

【例 13-4】 使用 Dictionary(Of TKey, TValue)泛型类操作数据集合。

（1）创建一个空的带有字符串键的字符串 Dictionary(Of TKey, TValue)，并使用 Add 方法添加一些元素。在添加重复的键时，Add 方法将引发 ArgumentException。

（2）使用 Item 属性来检索值。

（3）使用 TryGetValue 方法检索词典中的键值。

（4）在调用 Add 方法之前使用 ContainsKey 方法测试键是否存在。

（5）使用 Remove 方法删除键-值对。

（6）使用两种方法枚举字典中的键和值，包括使用 Keys 属性和 Values 属性来单独枚举键和值。

在 C:\VB.NET\Chapter13\中新建一个“Visual Basic”类别的 Windows 窗体应用程序项目 DictionaryTest，窗体所使用的控件属性及说明如表 13-8 所示。运行结果如图 13-7 所示。

表 13-8 例 13-4 所使用的控件属性及说明

控 件	属 性	值	说 明
Button1	Text	Dictionary(Of TKey, TValue)操作数据集合	Dictionary(Of TKey, TValue)操作命令按钮
Label1	Text		结果显示标签

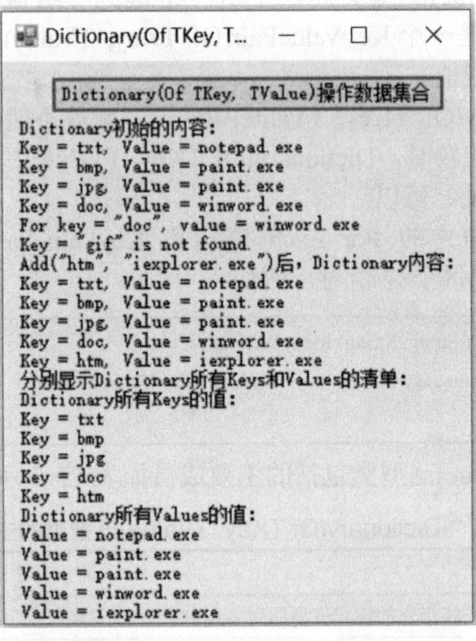

图 13-7 使用 Dictionary()泛型类操作数据集合的运行结果

程序代码如下：

```
Public Class Form1
    Public Sub PrintKeysAndValues1(ByVal myDictionary As Dictionary(Of String, String))
        ' 利用 For Each 枚举 Dictionary 中每个元素
        For Each KeyValue As KeyValuePair(Of String, String) In myDictionary
            Label1.Text &= "Key = " & KeyValue.Key & ", Value = " & KeyValue.Value & vbCrLf
        Next
    End Sub
    Public Sub PrintKeysAndValues2(ByVal myDictionary As Dictionary(Of String, String))
        ' 使用 Keys 属性，获取 Dictionary 的所有 Keys 清单
        Dim MyKeys As Dictionary(Of String, String).KeyCollection = myDictionary.Keys
        Label1.Text &= "Dictionary 所有 Keys 的值：" & vbCrLf
        For Each s In MyKeys
            Label1.Text &= "Key = " & s & vbCrLf
        Next
        ' 使用 Values 属性，获取 Dictionary 的所有 Values 清单
        Dim MyValues As Dictionary(Of String, String).ValueCollection = myDictionary.Values
        Label1.Text &= "Dictionary 所有 Values 的值：" & vbCrLf
        For Each s In MyValues
            Label1.Text &= "Value = " & s & vbCrLf
        Next
    End Sub
    Private Sub Button1_Click(sender As System.Object, e As System.EventArgs) Handles Button1.Click
        ' 创建一个新的 Dictionary(Of String, String).
```

```
        Dim openWith As Dictionary(Of String, String) = New Dictionary(Of String, String)()
        ' Dictionary 中增加元素，注意：Key 不许相同，Value 可以相同
        openWith.Add("txt", "notepad.exe")
        openWith.Add("bmp", "paint.exe")
        openWith.Add("jpg", "paint.exe")
        openWith.Add("doc", "winword.exe")
        '显示 Dictionary 初始的内容：
        Label1.Text &= "Dictionary 初始的内容：" & vbCrLf
        PrintKeysAndValues1(openWith)
        ' Dictionary 的 Item 属性是默认属性，所以可以利用 Dictionary[Key]获取其 Value
        ' 当然，还可以利用 Dictionary[Key]更改、设置其 Value.
        Label1.Text &= "For key = ""doc"", value = " & openWith("doc") & vbCrLf
        ' 利用 TryGetValue 方法获取与指定的键相关联的值
        Dim value As String = ""
        If (openWith.TryGetValue("gif", value)) Then
            Label1.Text &= "For key = ""gif"", value = " & value & vbCrLf
        Else
            Label1.Text &= "Key = ""gif"" is not found." & vbCrLf
        End If
        ' 利用 ContainsKey 方法判断 Key 是否存在
        If (Not openWith.ContainsKey("htm")) Then
            openWith.Add("htm", "iexplorer.exe")
        End If
        '显示 Dictionary 的内容（方法一：利用 KeyValuePair ）：
        Label1.Text &= "Add(""htm"", ""iexplorer.exe"")后，Dictionary 内容：" & vbCrLf
        PrintKeysAndValues1(openWith)
        '显示 Dictionary 的内容（方法二：分别获取 Dictionary 对象中的键和值的清单）：
        Label1.Text &= "分别显示 Dictionary 所有 Keys 和 Values 的清单：" & vbCrLf
        PrintKeysAndValues2(openWith)
    End Sub
End Class
```

13.4　队列集合类型

Queue 类表示对象的先进先出（first in first out，FIFO）集合。存储在 Queue 中的对象在一端（Queue 的结尾处）插入，从另一端（Queue 的开始处）移除。Queue 的容量是指 Queue 可以保存的元素数。随着向 Queue 中添加元素，容量通过重新分配按需自动增加。可通过调用 TrimToSize 来减少容量。

Queue 类的主要成员如表 13-9 所示。

表 13-9　Queue 类的主要成员

	方法/属性	说　明
方法	Clear	从 Queue 中移除所有对象
	Clone	创建 Queue 的浅表副本
	Contains	确定某元素是否在 Queue 中
	CopyTo	从指定数组索引开始将 Queue 元素复制到现有一维 Array 中
	Dequeue	移除并返回位于 Queue 开始处的对象
	Enqueue	将对象添加到 Queue 的结尾处

续表

方法/属性		说　明
方法	Peek	返回位于 Queue 开始处的对象但不将其移除
	TrimToSize	将容量设置为 Queue 中元素的实际数目
属性	Count	获取 Queue 中包含的元素数

【例 13-5】 使用 Queue 类操作数据集合。

（1）创建和初始化一个新的队列 Queue，并使用 Enqueue 方法在 Queue 的结尾处依次添加一些字符串元素。

（2）显示 Queue 中包含的元素数及其内容。

（3）从 Queue 中移除（Clear）所有对象，再次显示 Queue 中包含的元素数及其内容。

（4）测试 Enqueue 方法为 Queue 重新赋整数值。

（5）测试 Dequeue 方法移除并返回位于 Queue 开始处的对象。

（6）测试 Peek 方法返回位于 Queue 开始处的对象但不将其移除。

在 C:\VB.NET\Chapter13\中新建一个“Visual Basic”类别的 Windows 窗体应用程序项目 QueueTest，窗体所使用的控件属性及说明如表 13-10 所示。运行结果如图 13-8 所示。

表 13-10　例 13-5 所使用的控件属性及说明

控　　件	属　　性	值	说　明
Button1	Text	Queue 操作数据集合	Queue 操作命令按钮
Label1	Text		结果显示标签

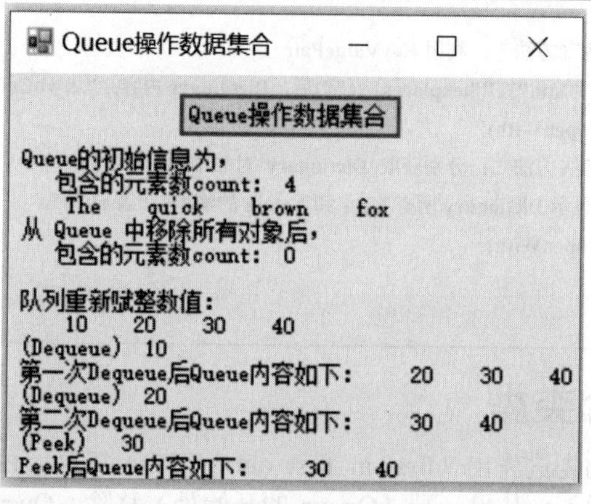

图 13-8　使用 Queue 类操作数据集合的运行结果

程序代码如下：

```
Public Class Form1
    Public Sub PrintValues(ByVal myCollection As IEnumerable)
        For Each obj In myCollection
            Label1.Text &= "     " & obj
        Next
        Label1.Text &= vbCrLf
    End Sub
    Private Sub Button1_Click(sender As System.Object, e As System.EventArgs) Handles Button1.Click
        ' 创建和初始化一个新的队列 Queue
```

```
        Dim myQ As Queue = New Queue()
        ' 添加对象到 Queue 的结尾处
        myQ.Enqueue("The")
        myQ.Enqueue("quick")
        myQ.Enqueue("brown")
        myQ.Enqueue("fox")
        ' 显示 Queue 中包含的元素数 count 及其内容
        Label1.Text &= "Queue 的初始信息为，" & vbCrLf
        Label1.Text &= "    包含的元素数 count：  " & myQ.Count & vbCrLf
        Console.Write("    内容如下：")
        PrintValues(myQ)
        ' 从 Queue 中移除(Clear)所有对象
        myQ.Clear()
        ' 显示 Queue 中包含的元素数 count 及其内容
        Label1.Text &= "从 Queue 中移除所有对象后，" & vbCrLf
        Label1.Text &= "    包含的元素数 count：  " & myQ.Count & vbCrLf
        Console.Write("    内容如下：")
        PrintValues(myQ)
        Label1.Text &= "队列重新赋整数值：" & vbCrLf
        myQ.Enqueue(10)
        myQ.Enqueue(20)
        myQ.Enqueue(30)
        myQ.Enqueue(40)
        PrintValues(myQ)
        ' 第一次移除(Dequeue)并返回位于 Queue 开始处的对象
        Label1.Text &= "(Dequeue)    " & myQ.Dequeue() & vbCrLf
        ' 第一次 Dequeue 后 Queue 内容如下：
        Label1.Text &= "第一次 Dequeue 后 Queue 内容如下："
        PrintValues(myQ)
        ' 第二次移除(Dequeue)并返回位于 Queue 开始处的对象
        Label1.Text &= "(Dequeue)    " & myQ.Dequeue() & vbCrLf
        ' 第二次 Dequeue 后 Queue 内容如下：
        Label1.Text &= "第二次 Dequeue 后 Queue 内容如下："
        PrintValues(myQ)
        ' 返回(Peek)位于 Queue 开始处的对象但不将其移除
        Label1.Text &= "(Peek)     " & myQ.Peek() & vbCrLf
        ' Peek 后 Queue 内容如下：.
        Label1.Text &= "Peek 后 Queue 内容如下："
        PrintValues(myQ)
    End Sub
End Class
```

队列操作的示意图如图 13-9 所示。

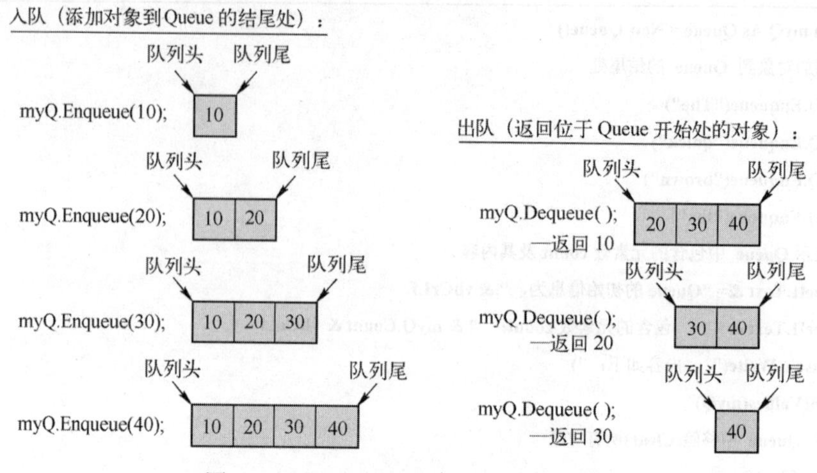

图 13-9　队列（先进先出）操作示意图

13.5　堆栈集合类型

Stack 类表示对象的简单的后进先出（last in first out，LIFO）非泛型集合。Stack 采用循环缓冲区方式实现对象的增删。Stack 的容量是 Stack 可以容纳的元素数。随着向 Stack 中添加元素，容量通过重新分配按需自动增加。

Stack 类包括的主要成员如表 13-11 所示。

表 13-11　Stack 类包括的主要成员

	方法/属性	说　明
方法	Clear	从 Stack 中移除所有对象
	Clone	创建 Stack 的浅表副本
	Contains	确定某元素是否在 Stack 中
	CopyTo	从指定数组索引开始将 Stack 复制到现有一维 Array 中
	Peek	返回位于 Stack 顶部的对象但不将其移除
	Pop	移除并返回位于 Stack 顶部的对象
	Push	将对象插入 Stack 的顶部
属性	Count	获取 Stack 中包含的元素数

【例 13-6】 使用 Stack 类操作数据集合。

（1）创建和初始化一个新的堆栈 Stack，并使用 Push 方法在 Stack 的顶部依次添加一些字符串元素。

（2）显示 Stack 中包含的元素个数及其内容。

（3）从 Stack 中移除（Clear）所有对象，再次显示 Stack 中包含的元素个数及其内容。

（4）测试 Push 方法为 Stack 重新赋整数值。

（5）测试 Pop 方法移除并返回位于 Stack 顶部的对象。

（6）测试 Peek 方法返回位于 Stack 顶部的对象但不将其移除。

在 C:\VB.NET\Chapter13\中新建一个“Visual Basic”类别的 Windows 窗体应用程序项目 StackTest，窗体所使用的控件属性及说明如表 13-12 所示。运行结果如图 13-10 所示。

表 13-12　例 13-6 所使用的控件属性及说明

控　件	属　性	值	说　明
Button1	Text	Stack 操作数据集合	Stack 操作命令按钮
Label1	Text		结果显示标签

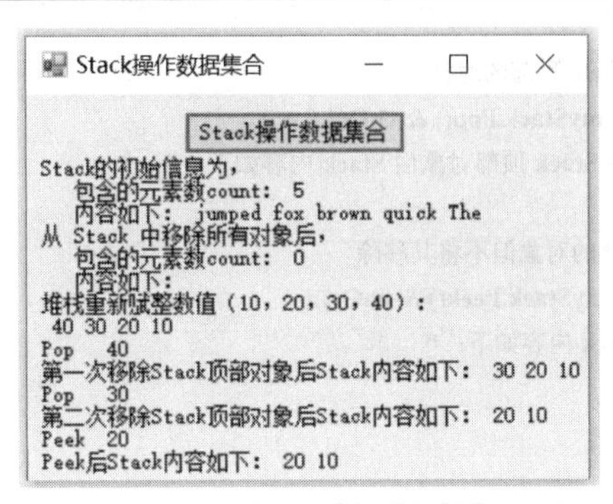

图 13-10　使用 Stack 类操作数据集合的运行结果

程序代码如下：

```
Public Class Form1
    Public Sub PrintValues(ByVal myCollection As IEnumerable)
        For Each obj In myCollection
            Label1.Text &= " " & obj
        Next
        Label1.Text &= vbCrLf
    End Sub
    Private Sub Button1_Click(sender As System.Object, e As System.EventArgs) Handles Button1.Click
        ' 创建和初始化一个新的堆栈 Stack
        Dim myStack As Stack = New Stack()
        '将对象（The quick brown fox jumped）插入 Stack 的顶部
        myStack.Push("The")
        myStack.Push("quick")
        myStack.Push("brown")
        myStack.Push("fox")
        myStack.Push("jumped")
        ' 显示 Stack 中包含的元素数 count 及其内容
        Label1.Text &= "Stack 的初始信息为，" & vbCrLf
        Label1.Text &= "    包含的元素数 count:   " & myStack.Count & vbCrLf
        Label1.Text &= "    内容如下: "
        PrintValues(myStack)
        ' 从 Stack 中移除(Clear)所有对象
        myStack.Clear()
        ' 显示 Stack 中包含的元素数 count 及其内容
        Label1.Text &= "从 Stack 中移除所有对象后，" & vbCrLf
        Label1.Text &= "    包含的元素数 count:   " & myStack.Count & vbCrLf
        Label1.Text &= "    内容如下: "
        PrintValues(myStack)
        Label1.Text &= "堆栈重新赋整数值（10，20，30，40）: " & vbCrLf
        myStack.Push(10)
        myStack.Push(20)
        myStack.Push(30)
```

```
        myStack.Push(40)
        PrintValues(myStack)
        ' 第一次移除并返回位于 Stack 顶部的对象
        Label1.Text &= "Pop     " & myStack.Pop() & vbCrLf
        Label1.Text &= "第一次移除 Stack 顶部对象后 Stack 内容如下："
        PrintValues(myStack)
        ' 第二次移除并返回位于 Stack 顶部的对象
        Label1.Text &= "Pop     " & myStack.Pop() & vbCrLf
        Label1.Text &= "第二次移除 Stack 顶部对象后 Stack 内容如下："
        PrintValues(myStack)
        ' 返回(Peek)位于 Stack 顶部的对象但不将其移除
        Label1.Text &= "Peek    " & myStack.Peek() & vbCrLf
        Label1.Text &= "Peek 后 Stack 内容如下："
        PrintValues(myStack)
    End Sub
End Class
```

堆栈操作的示意图如图 13-11 所示。

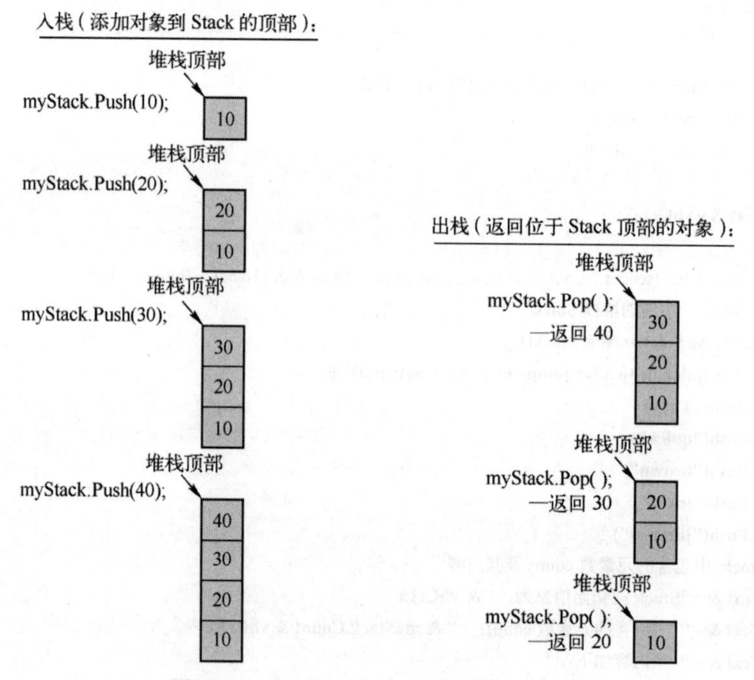

图 13-11 堆栈（后进先出）操作示意图

第 14 章　数据库访问

应用程序往往使用数据库来存储大量的数据。.NET Framework 的 ADO.NET 提供对各种数据源的一致访问，应用程序可以使用 ADO.NET 连接到这些数据源，并检索、处理和更新数据。

本章要点

- ADO.NET 的基本概念；
- 使用数据提供程序访问数据库；
- 使用 SQL 命令和存储过程访问数据库；
- 使用 DataAdapter 和 DataSet 访问数据库。

14.1　ADO.NET 概述

14.1.1　ADO.NET 的基本概念

ADO.NET 是.NET Framework 提供的数据访问服务的类库，它提供了对关系数据、XML 和应用程序数据的访问。ADO.NET 提供对各种数据源的一致访问。应用程序可以使用 ADO.NET 连接到这些数据源，并检索、处理和更新数据。用户可以直接处理检索到的结果，也可以将结果数据放入 ADO.NET DataSet 对象。使用 DataSet 可以组合处理来自多个源的数据或在层之间进行远程处理的数据，为断开式 N 层编程环境提供了一流的支持。

针对不同的数据源，使用不同名称空间的数据访问类库，即数据提供程序。常用的数据源包括以下 4 种。

① Microsoft SQL Server 数据源：使用 System.Data.SqlClient 名称空间。

② OLEDB 数据源：使用 System.Data.OleDb 名称空间。

③ ODBC 数据源：使用 System.Data.Odbc 名称空间。

④ Oracle 数据源：使用 System.Data.OracleClient 名称空间

ADO.NET 类的实现包含在 System.Data.dll 中，并且与 System.Xml.dll 中的 XML 类集成。当编译使用 System.Data 命名空间的代码时，必须引用 System.Data.dll 和 System.Xml.dll。

14.1.2　ADO.NET 的结构

1．ADO.NET 的两个组件

ADO.NET 用于访问和处理数据的类库包含两个组件：.NET Framework 数据提供程序和 DataSet。.NET Framework 数据提供程序与 DataSet 之间的关系如图 14-1 所示。

2．.NET Framework 数据提供程序

.NET Framework 数据提供程序针对不同的数据源，ADO.NET 数据访问类库的功能具有类似的一致性。.NET Framework 数据提供程序一般包括下列类。

- Connection：建立与特定数据源的连接。
- Command：对数据源执行各种 SQL 命令。
- DataReader：从数据源中抽取数据（只读）。
- DataAdapter：用数据源填充 DataSet。

3．DataSet

.NET Framework 所包含的每个.NET Framework 数据提供程序都具有一个 DataAdapter 对象（例

如：SQL Server .NET Framework 数据提供程序包含 SqlDataAdapter 对象）。DataAdapter 对象用于从数据源中检索数据并填充 DataSet 中的表。DataAdapter 还会对 DataSet 做出的更改解析回数据源。DataAdapter 使用.NET Framework 数据提供程序的 Connection 对象连接到数据源，使用 Command 对象从数据源中检索数据并将更改解析回数据源。DataAdapter 的 SelectCommand 属性是一个 Command 对象，它从数据源中检索数据。DataAdapter 的 InsertCommand、UpdateCommand 和 DeleteCommand 属性也是 Command 对象，它们按照对 DataSet 中数据的修改来管理对数据源中数据的更新。

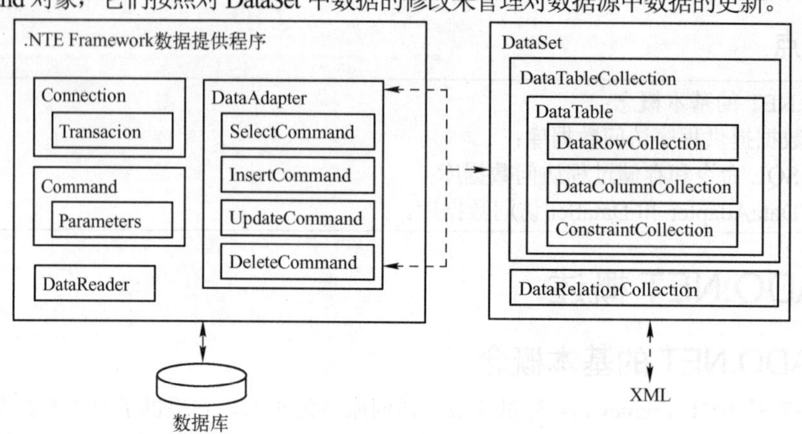

图 14-1 .NET Framework 数据提供程序与 DataSet 之间的关系

使用 DataAdapter，填充 DataSet 对象；然后，可以直接对 DataSet 处理，或把 DataSet 绑定到数据库控件：

① DataAdapter 的 Fill 方法使用 DataAdapter 的 SelectCommand 的结果填充 DataSet；

② DataAdapter 的 Update 方法将 DataSet 中的更改解析回数据源。当调用 Update 方法时，DataAdapter 将分析已做出的更改并执行相应的命令（INSERT、UPDATE 或 DELETE）。当 DataAdapter 遇到对 DataRow 的更改时，它将使用 InsertCommand、UpdateCommand 或 DeleteCommand 属性来处理该更改。

14.1.3 .NET Framework 数据提供程序

.NET Framework 数据提供程序包括下列 4 种。

1．Microsoft SQL Server .NET Framework 数据提供程序

针对 Microsoft SQL Server 7.0 或更高版本数据源，SQL Server .NET Framework 数据提供程序位于 System.Data.SqlClient 命名空间。对于 SQL Server 的较早版本，则需要使用 OLE DB .NET Framework 数据提供程序（与 SQL Server OLEDB 提供程序（SQLOLEDB）一起使用）。SQL Server .NET Framework 数据提供程序主要包括下列类。

- SqlConnection：建立与 Microsoft SQL Server 数据源的连接。
- SqlCommand：对数据源执行各种 SQL 命令。
- SqlDataReader：从数据源中抽取数据（只读）。
- SqlDataAdapter：用数据源填充 DataSet。

SQL Server .NET Framework 数据提供程序使用它自身的协议与 SQL Server 通信。由于它经过了优化，可以直接访问 SQL Server 而不用添加 OLE DB 或开放式数据库连接（ODBC）层，因此它是轻量的，并具有良好的性能。

2．OLE DB .NET Framework 数据提供程序

OLE DB .NET Framework 数据提供程序通过本地 OLE DB 服务组件和相应的 OLE DB 提供程序，提供对 OLE DB 数据源访问。常用的 OLE DB 提供程序包括如下几种。

- SQLOLEDB：用于 SQL Server 的 Microsoft OLE DB 提供程序。
- MSDAORA：用于 Oracle 的 Microsoft OLE DB 提供程序。
- Microsoft.Jet.OLEDB.4.0：用于 Microsoft Jet 的 OLE DB 提供程序。

OLE DB .NET Framework 数据提供程序位于 System.Data.OleDb 命名空间，其中主要包括下列类。

- OleDbConnection：建立与 OLE DB 数据源的连接。
- OleDbCommand：对数据源执行各种 SQL 命令。
- OleDbDataReader：从数据源中抽取数据（只读）。
- OleDbDataAdapter：用数据源填充 DataSet。

SQL Server 数据提供程序与 OLE DB 数据提供程序如图 14-2 所示。

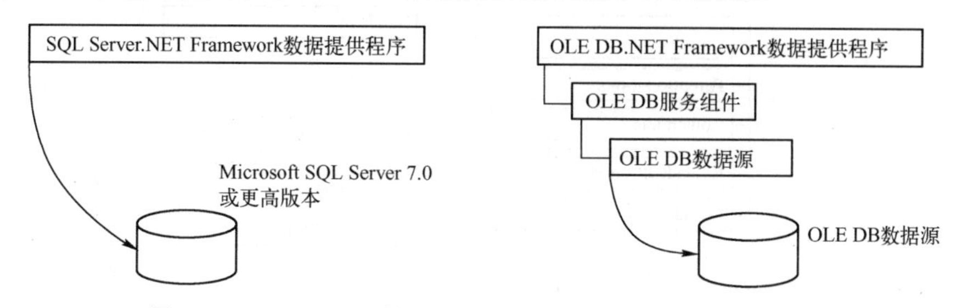

图 14-2　SQL Server 数据提供程序与 OLE DB 数据提供程序

3. Oracle .NET Framework 数据提供程序

Oracle .NET Framework 数据提供程序通过 Oracle 客户端连接软件对 Oracle 数据源的数据访问。该数据提供程序支持 Oracle 客户端软件 8.1.7 版或更高版本。Oracle .NET Framework 数据提供程序要求必须先在系统上安装 Oracle 客户端软件（8.1.7 版或更高版本），才能连接到 Oracle 数据源。

Oracle .NET Framework 数据提供程序类位于 System.Data.OracleClient 命名空间中。对于 Oracle 的较早版本，则需要使用 OLE DB .NET Framework 数据提供程序（与用于 Oracle 的 Microsoft OLE DB 提供程序（MSDAORA）一起使用）。Oracle .NET Framework 数据提供程序主要包括下列类。

- OracleConnection：建立与 Oracle 数据源的连接。
- OracleCommand：对数据源执行各种 SQL 命令。
- OracleDataReader：从数据源中抽取数据（只读）。
- OracleDataAdapter：用数据源填充 DataSet。

4. ODBC .NET Framework 数据提供程序

ODBC .NET Framework 数据提供程序通过使用本机 ODBC 驱动程序，提供对 ODBC 数据源访问。常用的 ODBC 驱动程序包括以下几种。

- SQL Server：用于 SQL Server 的 ODBC 驱动程序。
- Microsoft ODBC for Oracle：用于 Oracle 的 ODBC 驱动程序。
- Microsoft Access 驱动程序（*.mdb）：用于 Access 的 ODBC 驱动程序。

ODBC .NET Framework 数据提供程序位于 System.Data.Odbc 命名空间。其中主要包括下列类。

- OdbcConnection：建立与 ODBC 数据源的连接。
- OdbcCommand：对数据源执行各种 SQL 命令。
- OdbcDataReader：从数据源中抽取数据（只读）。
- OdbcDataAdapter：用数据源填充 DataSet。

14.1.4　ADO.NET DataSet

System.Data.DataSet 对象是支持 ADO.NET 的断开式、分布式数据方案的核心对象。DataSet

是数据的内存驻留表示形式，无论数据源是什么，它都会提供一致的关系编程模型。DataSet 可以表示包括相关表、约束和表间关系在内的整个数据集。

DataSet 中的对象和方法与关系数据库模型中的对象和方法一致，如图 14-3 所示。

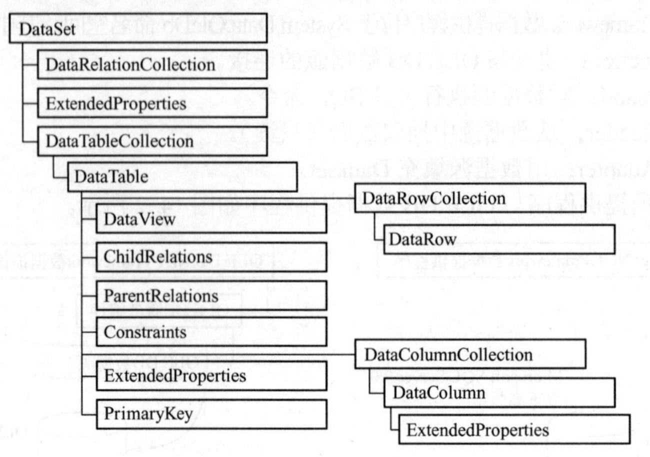

图 14-3　DataSet 中的对象和方法

14.2　范例数据库 NorthWind.mdf

本书采用 Microsoft SQL Server 范例数据库 NorthWind.mdf。范例数据库包含一个名为 Northwind Traders 的虚构公司的销售数据，该公司从事世界各地的特产食品进出口贸易。

NorthWind 数据库中包含的表的关系图如图 14-4 所示。

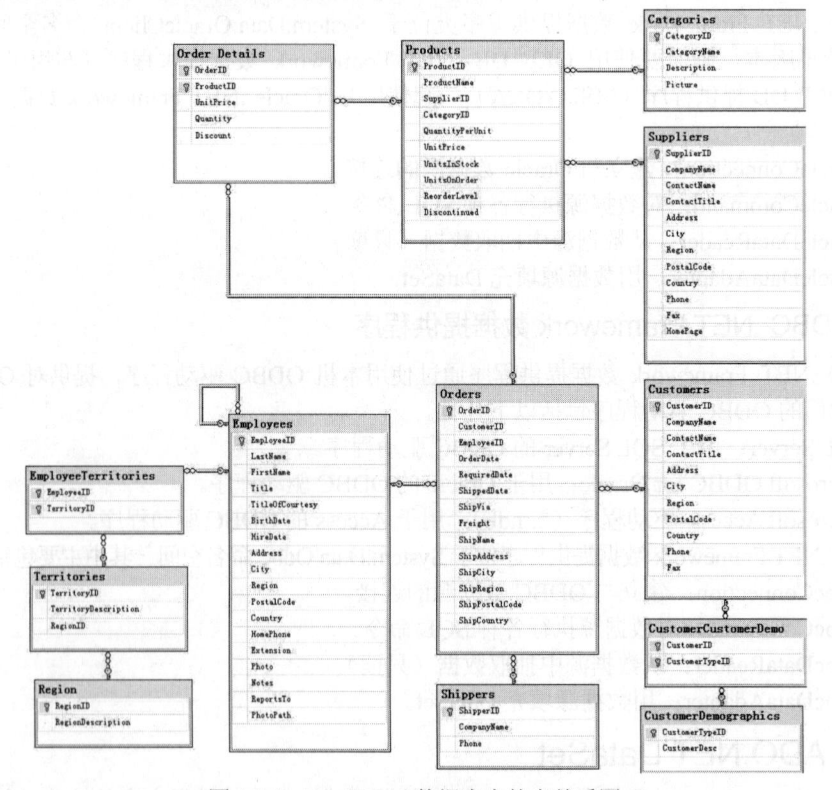

图 14-4　NorthWind 数据库中的表关系图

其中，Categories、Products 和 Region 数据表的字段说明如表 14-1 所示。

表 14-1　NorthWind 部分数据表的字段说明

表名	字段	类型	说明
Categories 种类表	CategoryID	int（自动标识）	类型 ID
	CategoryName	nvarchar(15)	类型名
	Description	ntext	类型说明
	Picture	image	产品样本
Products 产品表	ProductID	int（自动标识）	产品 ID
	ProductName	nvarchar(40)	产品名称
	SupplierID	int	供应商 ID
	CategoryID	int	类型 ID
	QuantityPerUnit	nvarchar(20)	每箱入数
	UnitPrice	money	单价
	UnitsInStock	smallint	库存数量
	UnitsOnOrder	smallint	订购量
	ReorderLevel	smallint	再次订购量
	Discontinued	bit	中止
Region 销售大区域表	RegionID	int	地区 ID
	RegionDescription	nchar(50)	地区描述

【例 14-1】 使用 Visual Studio 的“服务器资源管理器”创建数据库连接，连接到 Microsoft SQL Server 数据库文件 NorthWind.MDF。

（1）添加数据库连接。执行【视图】|【服务器资源管理器】菜单命令，打开【服务器资源管理器】窗口。单击“连接到数据库”图标，如图 14-5 所示，打开【选择数据源】对话框。

（2）选择数据源。在【选择数据源】对话框中，选择【Microsoft SQL Server 数据库文件】，然后单击【继续】命令按钮，打开【添加连接】对话框。

（3）连接到 NorthWind 数据库。在【添加连接】对话框中，利用【数据库文件名（新建或现有名称）】下拉列表框右侧的【浏览】按钮选择现有的数据库“C:\VB.NET\DB\NorthWind.mdf”；选择【使用 Windows 身份验证】身份验证选项；如图 14-6 所示，单击【确定】按钮，创建数据库连接。

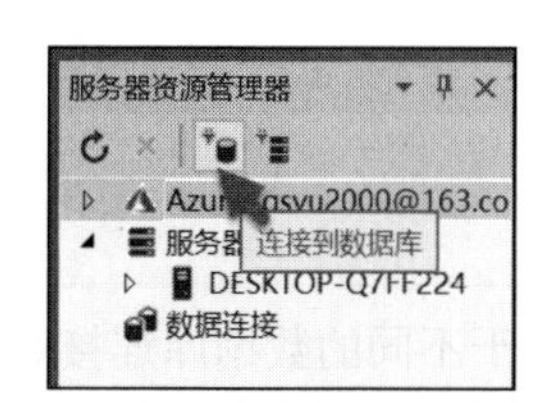

图 14-5　添加数据库连接

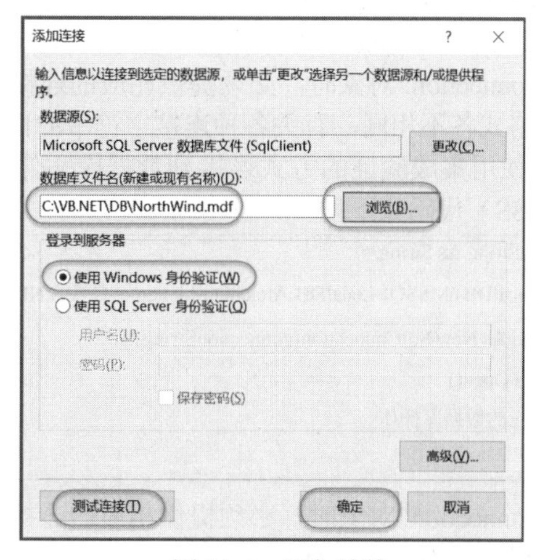

图 14-6　添加连接

（4）查看 NorthWind 数据库的表清单及其结构和内容。在【服务器资源管理器】窗口中展开创建的数据连接 NorthWind.mdf；然后展开其表清单。双击数据表名称，查看数据表结构；右击数据表名称，执行相应快捷菜单的【显示表数据】命令，查看数据表内容，如图 14-7 所示。

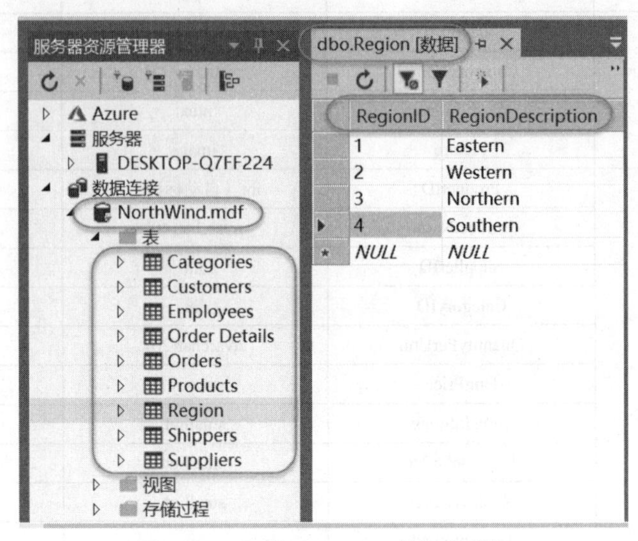

图 14-7 查看 NorthWind 数据库内容

14.3 使用 ADO.NET 连接和操作数据库

14.3.1 使用 ADO.NET 访问数据库的典型步骤

使用数据提供程序访问数据库操作的典型步骤如下。

1. 建立数据库连接

在 ADO.NET 中，通过创建 Connection 对象连接到特定的数据库。每个.NET Framework 数据提供程序包含一个相应的 Connection 对象。

- SQL Server .NET Framework 数据提供程序：SqlConnection。
- OLE DB .NET Framework 数据提供程序：OleDbConnection。
- ODBC.NET Framework 数据提供程序：OdbcConnection。
- Oracle .NET Framework 数据提供程序：OracleConnection。

创建 Connection 对象时，必须提供相应的连接字符串。对于不同的数据库连接对象，其连接字符串的格式各不相同。有关各种连接字符串的详细信息，请参阅在线帮助文件的相关内容。

例如，使用集成验证的方式连接到数据库文件 C:\VB.NET\DB\NorthWind.MDF（本地默认 SQL EXPRESS）代码如下：

```
Dim connectionString As String =
    "Server=(LocalDB)\MSSQLLocalDB;AttachDbFilename=C:\VB.NET\DB\NorthWind.MDF; Integrated Security=True;"
Using connection As New SqlConnection(connectionString)
    connection.Open()
    ' 执行相应的数据库操作
End Using
```

创建 Connection 对象时，必须提供相应的连接字符串。对于不同的数据库连接对象，其连接字符串的格式各不相同。有关各种连接字符串的详细信息，请参阅在线帮助文件的相关内容。

2. 创建 SQL 命令

创建 SQL 命令，即创建 Command 对象。建立与数据源的连接后，可以使用 Command 对象来执行命令并从数据源中返回结果。每个.NET Framework 数据提供程序包含一个相应的 Command 对象。

- SQL Server .NET Framework 数据提供程序：SqlCommand。
- OLE DB .NET Framework 数据提供程序：OleCommand。
- ODBC.NET Framework 数据提供程序：OdbcCommand。
- Oracle .NET Framework 数据提供程序：OracleCommand。

可以使用 Command 构造函数来创建命令，也可以使用 Connection 的 CreateCommand 方法来创建用于特定连接的命令。可以使用 Command 的 Parameters 属性来访问输入及输出参数和返回值。当 Command 对象用于存储过程时，可以将 Command 对象的 CommandType 属性设置为 StoredProcedure。

SqlCommand 和 OracleCommand 支持命名参数。添加到 Parameters 集合的参数的名称必须与 SQL 语句或存储过程中参数标记的名称相匹配。例如：

```
SELECT * FROM Customers WHERE CustomerID = @CustomerID      ' for SqlCommand
SELECT * FROM Customers WHERE CustomerID = :CustomerID      ' for OracleCommand
```

OleCommand 和 OdbcCommand 不支持命名参数，必须使用问号（?）占位符标记参数。向 Parameters 集合中添加参数的顺序必须与存储过程中所定义的参数顺序相匹配，而且返回值参数必须是添加到 Parameters 集合中的第一批参数。例如：

```
SELECT * FROM Customers WHERE CustomerID = ?      ' for OleCommand 和 OdbcCommand
```

注：本书使用 Microsoft SQL Server Express 范例数据库 NorthWind.MDF，请参照附录 G。

例如，使用 SQL 语句 SELECT CategoryID, CategoryName FROM Categories，创建查询表 Categories 的命令的代码如下：

```
Dim CommandText As String ="SELECT CategoryID, CategoryName FROM Categories"
Dim command As SqlCommand = New SqlCommand(CommandText, connection)
```

例如，使用存储过程，创建查询表 Orders 的命令的代码如下：

```
Dim customerID As String = "ALFKI"
Dim commandText As String = "CustOrdersOrders"
Dim Command As SqlCommand = New SqlCommand(commandText, connection)
Command.CommandType = CommandType.StoredProcedure
Command.Parameters.AddWithValue("@CustomerID", customerID)
```

说明：SQL Server 示例数据库 NorthWind 中包含存储过程 CustOrdersOrders。其创建的代码如下：

```
CREATE PROCEDURE CustOrdersOrders @CustomerID nchar(5)
AS
SELECT OrderID, OrderDate, RequiredDate, ShippedDate
FROM Orders
WHERE CustomerID = @CustomerID
ORDER BY OrderID
```

3．执行 SQL 命令

执行 SQL 命令，并显示结果。Command 对象公开了几个可用于执行所需操作的 Execute 方法。

- ExecuteReader：当以数据流的形式返回结果时，使用 ExecuteReader 可返回 DataReader 对象。
- ExecuteScalar：使用 ExecuteScalar 可返回单个值。
- ExecuteNonQuery：使用 ExecuteNonQuery 可执行不返回行的命令，如 UPDATE（更新）、INSERT（插入）或 DELETE（删除）语句。对于 UPDATE、INSERT 和 DELETE 语句，返回值为该命令所影响的行数。如果正在执行插入或更新操作的表上存在触发器，则返回值包括受插入或更新操作影响的行数以及受一个或多个触发器影响的行数。对于其他所有类型的语句，返回值为–1。如果发生回滚，则返回值也是–1。

4．处理 SQL 命令结果

使用 DataReader 对象的 Read 方法可从查询结果中获取行。通过向 DataReader 传递列的名称或序号引用，可以访问返回行的每一列。DataReader 提供了一系列方法，使用户能够访问各数据类型（GetDateTime、GetDouble、GetGuid、GetInt32 等）形式的列值。

14.3.2 建立数据库连接

建立数据库连接的一般步骤如下：

（1）先根据连接字符串创建相应的连接对象；

（2）然后使用连接对象的 Open 方法建立连接；

（3）最后在执行完数据库操作后，使用连接对象的 Close 方法关闭连接。

典型的代码如下：

```
'建议使用 Using 语句，以确保调用 Dispose()(Dispose()会自动调用 Close())
'即使发生异常，也可确保关闭打开的数据库连接。
Using connection As New SqlConnection(connectionString)
    connection.Open()
    '执行相应的数据库操作
End Using
```

也可以使用下列代码：

```
Dim connection As SqlConnection = New SqlConnection(connectionString)
Try
    ' 打开连接
    connection.Open()
    ' 数据处理操作
Catch ex As Exception
    ' 异常处理操作
Finally
    ' 关闭连接
    connection.Close()
End Try
```

如果数据库操作涉及事务处理，则可以使用 Transaction 对象，按下列步骤执行：首先创建事务对象，然后执行相应的数据库操作，最后提交或回滚事务。典型的代码如下：

```
' 创建事务
Dim tx As SqlTransaction = conn.BeginTransaction()
' 执行数据库操作
' 提交事务
tx.Commit()
```

【例 14-2】 使用 ADO.NET 建立与 NorthWind 数据库的连接，并显示相应的连接信息。

在 C:\VB.NET\Chapter14\中创建“Visual Basic”类别的控制台应用程序项目 ConnectTest，并在 Module1.vb 中添加如下粗体代码。运行结果如图 14-8 所示。

```
Imports System.Data.SqlClient
Module Module1
    Sub Main()
        Dim connectionString As String =
"Server=(LocalDB)\MSSQLLocalDB;AttachDbFilename=C:\VB.NET\DB\NorthWind.MDF; Integrated Security=True;"
        Using con As New SqlConnection(connectionString)
            '使用 ConnectionString 所指定的属性设置打开数据库连接
            con.Open()
            ' 显示连接信息
            If (con.State = ConnectionState.Open) Then
                Console.WriteLine("SqlConnection 信息如下：")
                ' 指示 SqlConnection 的状态
                Console.WriteLine("  连接状态：{0}", con.State)
                ' 获取用于打开 SQL Server 数据库的字符串
                Console.WriteLine("  连接字符串：{0}", con.ConnectionString)
                ' 获取要连接的 SQL Server 实例的名称
                Console.WriteLine("  SQL Server 实例的名称：{0}", con.DataSource)
                ' 获取连接打开后要使用的数据库的名称
                Console.WriteLine("  数据库名称：{0}", con.Database)
                ' 获取包含客户端连接的 SQL Server 实例的版本的字符串
                Console.WriteLine("  SQL Server 版本：{0}", con.ServerVersion)
                ' 获取标识数据库客户端的一个字符串
                Console.WriteLine("  数据库客户端 Id：{0}", con.WorkstationId)
                ' 获取在尝试建立连接时终止尝试并生成错误之前所等待的时间（以秒为单位）
                Console.WriteLine("  终止尝试并生成错误之前所等待的时间：{0}秒", con.ConnectionTimeout)
                ' 获取用来与 SQL Server 的实例通信的网络数据包的大小，以字节为单位
                Console.WriteLine("  网络数据包大小：{0}字节", con.PacketSize)
            Else
                ' 连接失败！
                Console.WriteLine("连接失败，连接状态={0}", con.State)
            End If
            Console.ReadKey()
        End Using
    End Sub
End Module
```

```
C:\VB.NET\Chapter14\ConnectTest\bin\Debug\ConnectTest.exe
SqlConnection信息如下:
  连接状态: Open
  连接字符串: Server=(LocalDB)\MSSQLLocalDB;AttachDbFilename=C:\VB.NET\DB\NORTHWIND.MDF; Integrated Security=True;
  SQL Server实例的名称: (LocalDB)\MSSQLLocalDB
  数据库名称: C:\VB.NET\DB\NORTHWIND.MDF
  SQL Server 版本: 13.00.4001
  数据库客户端Id: DESKTOP-Q7FF224
  终止尝试并生成错误之前所等待的时间: 15秒
  网络数据包大小: 8000字节
```

图 14-8　查看 NorthWind 数据库内容

14.3.3　查询数据库表数据

使用 ADO.NET 查询数据库的一般步骤如下：

（1）建立数据库连接；

（2）使用 SQL 查询语句创建命令；

（3）使用命令的 ExecuteReader()方法把返回结果赋给 SqlDataReader 变量；

（4）通过循环，处理数据库查询的结果。

典型的代码如下：

```
' 连接到数据库
Using connection As New SqlConnection(connectionString)
    connection.Open()
    ' 创建 SqlCommand 命令
    Dim cmdQuery As SqlCommand = New SqlCommand(commandTextQuery, connection)
    ' 执行 SqlCommand 命令并返回结果
    Dim reader As SqlDataReader = cmdQuery.ExecuteReader()
    ' 通过循环列表显示查询结果集
    While (reader.Read())
        TextBox1.Text &= reader(0) & " : " & reader(1)
    End While
    ' 关闭查询结果集
    reader.Close()
End Using
```

【例 14-3】 查询 NortHwind 数据库的 Region 表的记录信息。

在 C:\VB.NET\Chapter14\ 中创建 “Visual Basic” 类别的控制台应用程序项目 QueryRegion，并在 Module1.vb 中添加如下粗体代码。运行结果如图 14-9 所示。

```
Imports System.Data.SqlClient
Module Module1
    Sub Main()
        '(1)连接到数据库
        Dim connectionString As String =
"Server=(LocalDB)\MSSQLLocalDB;AttachDbFilename=C:\VB.NET\DB\NORTHWIND.MDF; Integrated Security=True;"
        Dim commandTextQuery As String = "SELECT RegionID, RegionDescription FROM Region"
        Using connection As New SqlConnection(connectionString)
            connection.Open()
            '(2)创建 SqlCommand 命令
            Dim cmdQuery As SqlCommand = New SqlCommand(commandTextQuery, connection)
            '(3)执行 SqlCommand 命令并返回结果
            Dim reader As SqlDataReader = cmdQuery.ExecuteReader()
```

```
            Console.WriteLine("地区编号 地区说明")
            '(4)通过循环列表显示查询结果集
            While (reader.Read())
                Console.WriteLine("   {0}         {1}", reader(0), reader(1))
            End While
            '关闭查询结果集
            reader.Close()
            Console.ReadKey()
        End Using
    End Sub
End Module
```

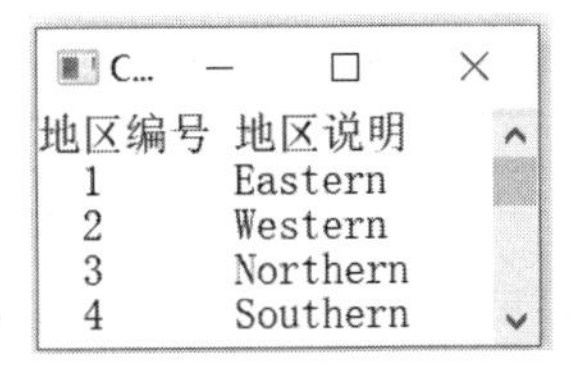

图 14-9　查看 Region 表的记录信息

14.3.4　插入数据库表数据

使用 ADO.NET 在数据库表中插入记录的一般步骤如下：

（1）建立数据库连接；

（2）使用 SQL Insert 语句创建命令，并使用 Command 的 Parameters 属性来设置输入参数；

（3）最后使用 Command 的 ExecuteNonQuery()方法执行数据库记录插入操作，并根据返回的结果判断插入的结果。

典型的代码如下：

```
'连接到数据库
Using connection As New SqlConnection(connectionString)
    connection.Open()
    '创建 SqlCommand 命令
    Dim cmdInsert As SqlCommand = New SqlCommand(commandTextInsert, connection)
    ' 设置输入参数
    cmdInsert.Parameters.AddWithValue("@id", strID)
    ' 执行 SqlCommand 命令并检查结果
    Try
        Dim result As Integer = cmdInsert.ExecuteNonQuery()
        If result = 1 Then
            MsgBox("插入记录操作成功.")
        End If
    Catch ex As Exception
        MsgBox(ex.ToString())
    End Try
End Using
```

【例 14-4】 根据用户输入，在 NorthWind 数据库的 Region 表中插入新记录。如果插入成功，则显示“插入记录操作成功.”，否则显示错误信息。（建议本程序执行前以及执行后，运行例 14-3 或者利用“服务器资源管理器”，查看 Region 表的记录信息，验证插入是否成功。）

在 C:\VB.NET\Chapter14\中新建一个“Visual Basic”类别的 Windows 窗体应用程序项目 InsertRegion，窗体所使用的控件属性及说明如表 14-2 所示。运行结果如图 14-10 所示。

表 14-2 例 14-4 所使用的控件属性及说明

控　件	属　性	值	说　明
Label1	Text	请输入 ID:	ID 输入提示标签
TextBox1	Name	TextBoxID	ID 输入文本框
Label2	Text	请输入 Name:	Name 输入提示标签
TextBox2	Name	TextBoxName	Name 输入文本框
Button1	Text	插入新记录到 Region 表	插入新记录命令按钮

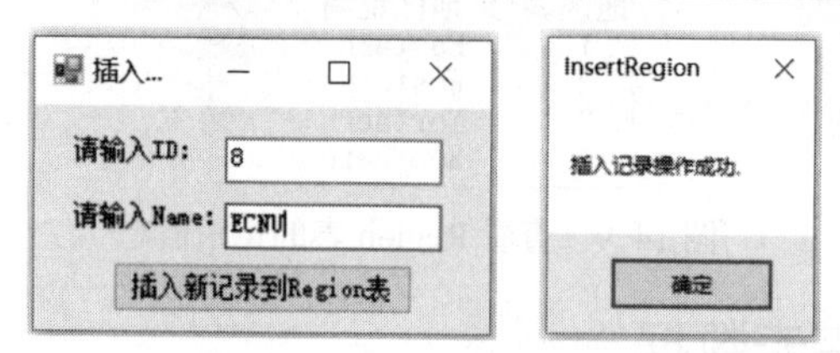

图 14-10 在 Region 表中插入新记录的运行结果

Button1 的 Click 事件代码如下所示：

```
Imports System.Data.SqlClient
Public Class Form1
    Private Sub Button1_Click(sender As System.Object, e As System.EventArgs) Handles Button1.Click
        ' 连接到数据库
        Dim connectionString As String =
    "Server=(LocalDB)\MSSQLLocalDB;AttachDbFilename=C:\VB.NET\DB\NorthWind.MDF; Integrated Security=True;"
        Dim commandTextInsert As String = "INSERT INTO Region(RegionID,RegionDescription) VALUES(@id, @name)"
        Using connection As New SqlConnection(connectionString)
            connection.Open()
            ' 创建 SqlCommand 命令
          Dim cmdInsert As SqlCommand = New SqlCommand(commandTextInsert, connection)
            cmdInsert.Parameters.AddWithValue("@id", TextBoxID.Text)
            cmdInsert.Parameters.AddWithValue("@name", TextBoxName.Text)
            ' 执行 SqlCommand 命令并检查结果
            Try
                Dim result As Integer = cmdInsert.ExecuteNonQuery()
                If result = 1 Then
                    MsgBox("插入记录操作成功.")
                End If
            Catch ex As Exception
                MsgBox(ex.ToString())
            End Try
```

```
            connection.Close()
        End Using
    End Sub
End Class
```

14.3.5　更新数据库表数据

使用 ADO.NET 更新记录的一般步骤如下：

（1）建立数据库连接；

（2）使用 SQL Update 语句创建命令，并使用 Command 的 Parameters 属性来设置输入参数；

（3）使用命令的 ExecuteNonQuery()方法执行数据库记录更新操作，并根据返回的结果判断更新的结果。

典型的代码如下：

```
' 连接到数据库
Using connection As New SqlConnection(connectionString)
    connection.Open()
    ' 创建 SqlCommand 命令
    Dim cmdUpdate As SqlCommand = New SqlCommand(commandTextUpdate, connection)
    ' 设置输入参数
    cmdUpdate.Parameters.AddWithValue("@id", strID)
    ' 执行 SqlCommand 命令并检查结果
    Try
      Dim result As Integer = cmdUpdate.ExecuteNonQuery()
      If result = 1 Then
          MsgBox("更新记录操作成功.")
      Else
          MsgBox("更新记录操作失败.")
      End If
      Catch ex As Exception
          MsgBox(ex.ToString())
        End Try
End Using
```

【例 14-5】 根据用户输入，更新 NorthWind 数据库的 Region 表中的记录。如果更新成功，则显示“更新记录操作成功.”，如果记录根本不存在，否则显示报错信息“更新记录操作失败.”。（建议本程序执行前及执行后，运行例 14-3 或者利用“服务器资源管理器”，查看 Region 表的记录信息，验证更新是否成功。）

在 C:\VB.NET\Chapter14\中新建一个“Visual Basic”类别的 Windows 窗体应用程序项目 UpdateRegion，窗体所使用的控件属性及说明如表 14-3 所示。运行结果如图 14-11 所示。

表 14-3　例 14-5 所使用的控件属性及说明

控　件	属　性	值	说　明
Label1	Text	请输入 ID：	ID 输入提示标签
TextBox1	Name	TextBoxID	ID 输入文本框

续表

控　件	属　性	值	说　明
Label2	Text	请输入 Name:	Name 输入提示标签
TextBox2	Name	TextBoxName	Name 输入文本框
Button1	Text	更新 Region 表的记录	更新记录命令按钮

图 14-11　更新 Region 表中记录的运行结果

Button1 的 Click 事件代码如下所示：

```
Imports System.Data.SqlClient
Public Class Form1
    Private Sub Button1_Click(sender As System.Object, e As System.EventArgs) Handles Button1.Click
        '连接到数据库
        Dim connectionString As String =
"Server=(LocalDB)\MSSQLLocalDB;AttachDbFilename=C:\VB.NET\DB\NORTHWIND.MDF; Integrated Security=True;"
        Dim commandTextUpdate As String = "Update Region Set RegionDescription = @name WHERE RegionID = @id"
        Using connection As New SqlConnection(connectionString)
            connection.Open()
            ' 创建 SqlCommand 命令
            Dim cmdUpdate As SqlCommand = New SqlCommand(commandTextUpdate, connection)
            cmdUpdate.Parameters.AddWithValue("@id", TextBoxID.Text)
            cmdUpdate.Parameters.AddWithValue("@name", TextBoxName.Text)
            ' 执行 SqlCommand 命令并检查结果
            Try
                Dim result As Integer = cmdUpdate.ExecuteNonQuery()
                If result = 1 Then
                    MsgBox("更新记录操作成功.")
                Else
                    MsgBox("更新记录操作失败.")
                End If
            Catch ex As Exception
                MsgBox(ex.ToString())
            End Try
            connection.Close()
        End Using
    End Sub
End Class
```

14.3.6　删除数据库表数据

使用 ADO.NET 删除记录的一般步骤如下：

（1）建立数据库连接；

（2）使用 SQL Delete 语句创建命令，并使用 Command 的 Parameters 属性来设置输入参数；

（3）使用命令的 ExecuteNonQuery()方法执行数据库记录删除操作，并根据返回的结果判断删除的结果。

典型的代码如下：

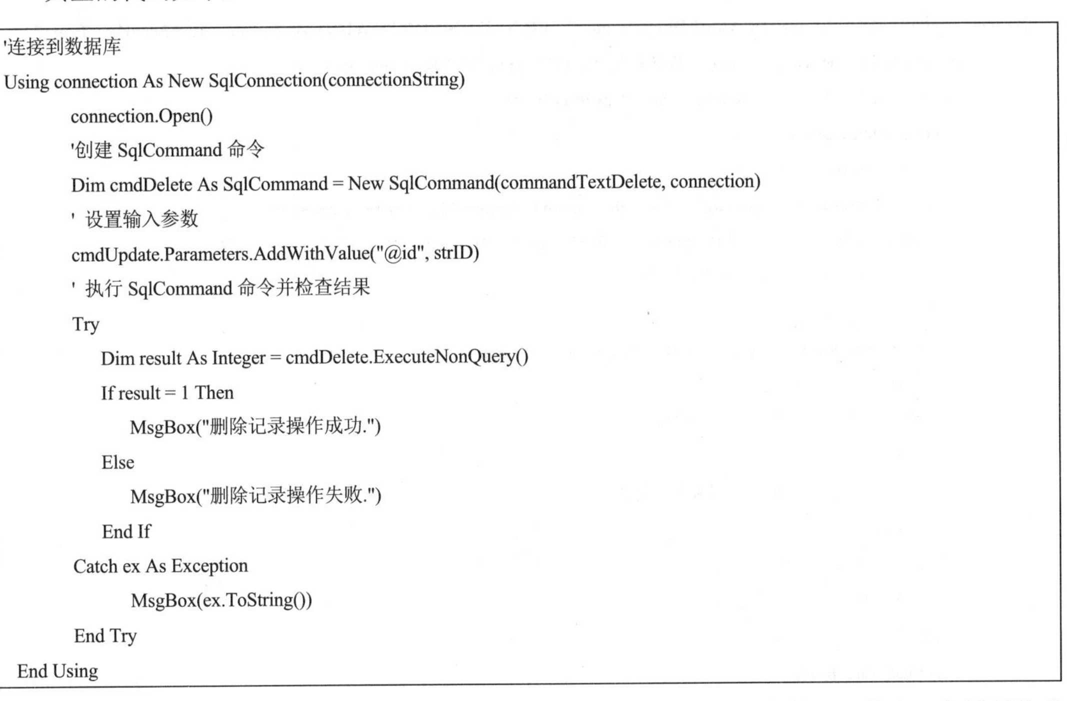

```
'连接到数据库
Using connection As New SqlConnection(connectionString)
        connection.Open()
        '创建 SqlCommand 命令
        Dim cmdDelete As SqlCommand = New SqlCommand(commandTextDelete, connection)
        ' 设置输入参数
        cmdUpdate.Parameters.AddWithValue("@id", strID)
        ' 执行 SqlCommand 命令并检查结果
        Try
            Dim result As Integer = cmdDelete.ExecuteNonQuery()
            If result = 1 Then
                MsgBox("删除记录操作成功.")
            Else
                MsgBox("删除记录操作失败.")
            End If
        Catch ex As Exception
                MsgBox(ex.ToString())
        End Try
  End Using
```

【例 14-6】 根据用户输入，删除 NorthWind 数据库的 Region 表中的记录信息。如果删除成功，则显示“删除记录操作成功.”，否则显示报错信息“删除记录操作失败.”。（建议本程序执行前及执行后，运行例 14-2 或者利用“服务器资源管理器”，查看 Region 表的记录信息，验证更新是否成功。）

在 C:\VB.NET\Chapter14\中新建一个“Visual Basic”类别的 Windows 窗体应用程序项目 DeleteRegion，窗体所使用的控件属性及说明如表 14-4 所示。运行结果如图 14-12 所示。

表 14-4　例 14-6 所使用的控件属性及说明

控　件	属　性	值	说　明
Label1	Text	请输入 ID:	ID 输入提示标签
TextBox1	Name	TextBoxID	ID 输入文本框
Button1	Text	删除 Region 表的记录	删除记录命令按钮

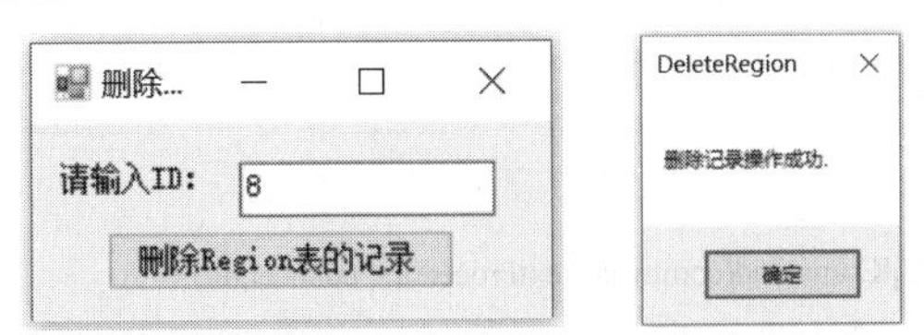

图 14-12　删除 Region 表中记录的运行结果

Button1 的 Click 事件代码如下所示：

```
Imports System.Data.SqlClient
Public Class Form1
    Private Sub Button1_Click(sender As System.Object, e As System.EventArgs) Handles Button1.Click
        ' 连接到数据库
        Dim connectionString As String =
"Server=(LocalDB)\MSSQLLocalDB;AttachDbFilename=C:\VB.NET\DB\NORTHWIND.MDF; Integrated Security=True;"
        Dim commandTextDelete As String = "DELETE FROM Region WHERE RegionID = @id"
        Using connection As New SqlConnection(connectionString)
            connection.Open()
            '创建 SqlCommand 命令
            Dim cmdDelete As SqlCommand = New SqlCommand(commandTextDelete, connection)
            cmdDelete.Parameters.AddWithValue("@id", TextBoxID.Text)
            '执行 SqlCommand 命令并检查结果
            Try
                Dim result As Integer = cmdDelete.ExecuteNonQuery()
                If result = 1 Then
                    MsgBox("删除记录操作成功.")
                Else
                    MsgBox("删除记录操作失败.")
                End If
            Catch ex As Exception
                MsgBox(ex.ToString())
            End Try
            connection.Close()
        End Using
    End Sub
End Class
```

14.3.7 使用存储过程访问数据库

使用存储过程访问数据库的一般步骤如下：

（1）建立数据库连接；

（2）使用存储过程创建命令，并使用 Command 的 Parameters 属性来设置输入参数；

（3）使用命令的 ExecuteReader()/ExecuteScalar()/ExecuteNonQuery()方法执行存储过程的操作，并根据返回的结果判断操作的结果。

典型的代码如下：

```
' 连接到数据库
Using connection As New SqlConnection(connectionString)
connection.Open()
' 创建 SqlCommand 命令
Dim cmd As SqlCommand = New SqlCommand(commandTextProcedure, connection)
cmd.CommandType = CommandType.StoredProcedure
' 设置输入参数
cmd.Parameters.AddWithValue("@id", strID)
```

```
' 执行 SqlCommand 命令并检查结果
' 根据存储过程返回的结果分别调用 ExecuteReader()/ExecuteScalar()/ExecuteNonQuery()
' 处理返回的结果
End Using
```

【例 14-7】 使用 NorthWind 数据库提供的“Ten Most Expensive Products”存储过程访问数据库表 Products，查询其中最贵的 10 个商品的信息。

注：SQL Server 示例数据库 NorthWind 中包含存储过程“Ten Most Expensive Products”，其代码如下：

```
ALTER procedure "Ten Most Expensive Products" AS
SET ROWCOUNT 10
SELECT Products.ProductName AS TenMostExpensiveProducts, Products.UnitPrice
FROM Products
ORDER BY Products.UnitPrice DESC
```

在 C:\VB.NET\Chapter14\中新建一个“Visual Basic”类别的 Windows 窗体应用程序项目 SPProducts。运行结果如图 14-13 所示。

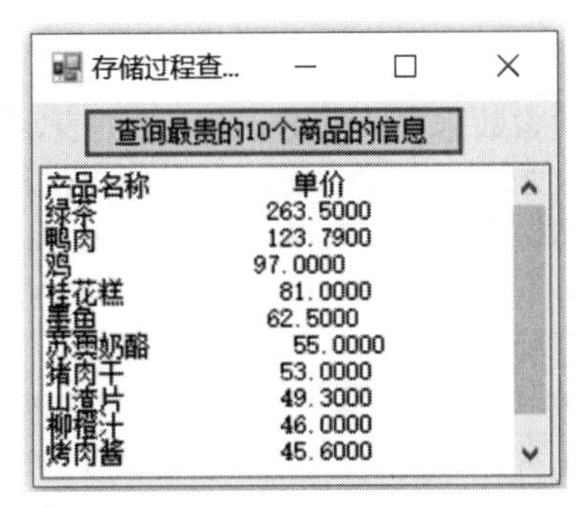

图 14-13　使用存储过程访问 Products 的运行结果

Button1 的 Click 事件代码如下所示：

```
Imports System.Data.SqlClient
Public Class Form1
    Private Sub Button1_Click(sender As System.Object, e As System.EventArgs) Handles Button1.Click
        ' 连接到数据库
        Dim connectionString As String =
"Server=(LocalDB)\MSSQLLocalDB;AttachDbFilename=C:\VB.NET\DB\NORTHWIND.MDF; Integrated Security=True;"
        Using connection As New SqlConnection(connectionString)
            connection.Open()
            ' 创建 SqlCommand 命令
            Dim cmdQuery As SqlCommand = New SqlCommand("Ten Most Expensive Products", connection)
            cmdQuery.CommandType = CommandType.StoredProcedure
            ' 执行 SqlCommand 命令并返回结果
            Dim reader As SqlDataReader = cmdQuery.ExecuteReader()
            TextBox1.Text &= "产品名称".PadRight(15) & "单价" & vbCrLf
            ' 通过循环列表显示查询结果集
            While (reader.Read())
```

```
                TextBox1.Text &= reader(0).ToString().PadRight(15) & reader(1) & vbCrLf
            End While
            '关闭查询结果集
            reader.Close()
            connection.Close()
        End Using
    End Sub
End Class
```

14.4 使用 DataAdapter 和 DataSet 访问数据库

14.4.1 使用 DataAdapter 和 DataSet 访问数据库的典型步骤

使用 DataAdapter 和 DataSet 访问数据库的典型步骤如下。

1．建立数据库连接

通过创建 Connection 对象连接到特定的数据库。方法同 14.2.1 节。

2．创建 Adapter

DataAdapter 用于从数据源检索数据并填充 DataSet 中的表，DataAdapter 还将对 DataSet 的更改解析回数据源。DataAdapter 使用.NET Framework 数据提供程序的 Connection 对象连接到数据源，并使用 Command 对象从数据源检索数据（SelectCommand），以及将更改解析回数据源（InsertCommand、UpdateCommand 或 DeleteCommand）。每个.NET Framework 数据提供程序包含一个相应的 Command 对象。

- SQL Server .NET Framework 数据提供程序：SqlDataAdapter。
- OLE DB .NET Framework 数据提供程序：OleDataAdapter。
- ODBC.NET Framework 数据提供程序：OdbcDataAdapter。
- Oracle .NET Framework 数据提供程序：OracleDataAdapter。

3．从 DataAdapter 填充 DataSet

DataAdapter 的 Fill 方法使用 DataAdapter 的 SelectCommand 的结果集来填充 DataSet。Fill 方法的参数包括将要填充的 DataSet 和 DataTable 对象。

Fill 方法使用 DataReader 对象隐式地返回用于在 DataSet 中创建表的列名称和类型，以及用于填充 DataSet 中的表的数据。表和列仅在不存在时才创建；否则，Fill 将使用现有的 DataSet 架构。

例如，以下代码示例创建一个数据库连接 Connection（连接到 Microsoft SQL Server NorthWind 数据库）；使用 Connection 创建一个 SqlDataAdapter 实例，向 SqlDataAdapter 构造函数传递的 SQL 语句和 SqlConnection 参数用于创建 SqlDataAdapter 的 SelectCommand 属性；最后使用 Categories 表填充 DataSet 中的 DataTable。

```
Dim connectionString As String =
"Server=(LocalDB)\MSSQLLocalDB;AttachDbFilename=C:\VB.NET\DB\NORTHWIND.MDF; Integrated Security=True;"
Dim selectCommandText As String = "SELECT CategoryID, CategoryName FROM Categories"
Using connection As New SqlConnection(connectionString)
    Dim adapter As SqlDataAdapter = New SqlDataAdapter(selectCommandText, connection)
    connection.Open()
```

```
        Dim MyDataSet As DataSet = New DataSet()
        adapter.Fill(MyDataSet, "Categories")
        TextBox1.Text &= "  类别编号    类别名称" & vbCrLf
        For Each row As DataRow In MyDataSet.Tables("Categories").Rows
            TextBox1.Text &= row("CategoryID") & " : " & row("CategoryName") & vbCrLf
        Next
        connection.Close()
    End Using
```

4．操作和处理 DataSet

使用 DataAdapter 的 Fill 方法填充 DataSet 中的 DataTable 后，以断开式操作 DataSet 的数据库表，包括数据的查询、插入、更新和删除等操作。

5．使用 DataAdapter 更新数据源

调用 DataAdapter 的 Update 方法，可将 DataSet 中的更改解析回数据源。Update 方法的参数包括将要填充的 DataSet 和 DataTable 对象，DataSet 实例是包含已做出的更改的 DataSet，而 DataTable 标识从其中检索更改的表。

当调用 Update 方法时，DataAdapter 将分析已做出的更改并执行相应的命令（INSERT、UPDATE 或 DELETE）。当 DataAdapter 遇到对 DataRow 的更改时，它将使用 InsertCommand、UpdateCommand 或 DeleteCommand 来处理该更改。

可以通过使用 SQL 命令或存储过程在设计时指定命令语法。在调用 Update 之前，必须显式设置这些命令。如果调用了 Update 但不存在用于特定更新的相应命令（例如，不存在用于已删除行的 DeleteCommand），则将引发异常。

通过 Command 参数，可以为 DataSet 中每个已修改行的 SQL 语句或存储过程指定输入和输出值。

14.4.2　查询数据库表数据

使用 DataAdapter 和 DataSet 查询数据库的一般步骤如下：

（1）建立数据库连接；

（2）使用 SQL 查询语句创建 DataAdapter；

（3）创建 DataSet，并从 DataAdapter 填充 DataSet；

（4）操作和处理 DataSet。

典型的代码如下：

```
'连接到数据库
Using connection As New SqlConnection(connectionString)
    connection.Open()
    ' 创建 DataAdapter
    Dim adapter As SqlDataAdapter = New SqlDataAdapter(selectCommandText, connection)
    ' 创建 DataSet
    Dim DataSet As DataSet = New DataSet()
    ' 从 DataAdapter 填充 DataSet
    adapter.Fill(DataSet, "Customers")
    ' 操作和处理 DataSet
End Using
```

【例 14-8】 使用 DataAdapter 和 DataSet 查询 NorthWind 数据库的 Region 表的记录信息。

在 C:\VB.NET\Chapter14\中新建一个“Visual Basic”类别的 Windows 窗体应用程序项目 QueryRegionByDataSet。运行结果如图 14-14 所示。

```
Imports System.Data.SqlClient
Public Class Form1
    Private Sub Button1_Click(sender As System.Object, e As System.EventArgs) Handles Button1.Click
        ' 连接到数据库
        Dim connectionString As String =
"Server=(LocalDB)\MSSQLLocalDB;AttachDbFilename=C:\VB.NET\DB\NORTHWIND.MDF; Integrated Security=True;"
        Dim selectCommandText As String = "SELECT RegionID, RegionDescription    FROM Region"
        Using connection As New SqlConnection(connectionString)
            ' 创建 DataAdapter
            Dim adapter As SqlDataAdapter = New SqlDataAdapter(selectCommandText, connection)
            connection.Open()
            ' 创建 DataSet
            Dim DataSet As DataSet = New DataSet()
            '从 DataAdapter 填充 DataSet
            adapter.Fill(DataSet, "Region")
            TextBox1.Text &= "地区编号".PadRight(8) & "地区说明" & vbCrLf
            ' 操作和处理 DataSet
            For Each row As DataRow In DataSet.Tables("Region").Rows
                TextBox1.Text &= row("RegionID").ToString().PadRight(8) & row("RegionDescription") & vbCrLf
            Next
            connection.Close()
        End Using
    End Sub
End Class
```

14.4.3 维护数据库表数据

使用 DataAdapter 和 DataSet 维护数据库表的一般步骤如下：

（1）先建立数据库连接；

（2）然后使用 SQL 查询语句创建 DataAdapter，并指定其相应的 InsertCommand、UpdateCommand 或者 DeleteCommand（也可以使用 CommandBuilder 自动生成 DataAdapter 的 InsertCommand、UpdateCommand 和 DeleteCommand 属性）；

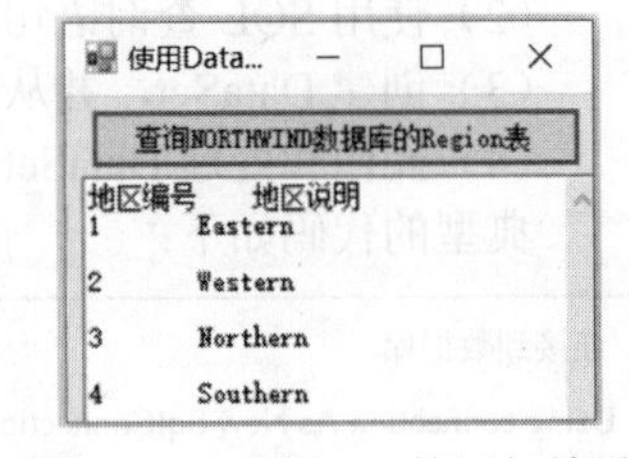

图 14-14 例 14-8 的运行结果

（3）接着创建 DataSet，并从 DataAdapter 填充 DataSet；

（4）操作和处理 DataSet，如插入、更新、删除记录；

（5）最后调用 DataAdapter 的 Update 方法更新数据源。

典型的代码如下：

```
' 连接到数据库
Using connection As New SqlConnection(connectionString)
    connection.Open()
    ' 创建 DataAdapter
```

```
        Dim adapter As SqlDataAdapter = New SqlDataAdapter(selectCommandText, connection)
        ' 使用 CommandBuilder 自动生成 DataAdapter 的
        '   InsertCommand、UpdateCommand 和 DeleteCommand 属性
        Dim builder As SqlCommandBuilder = New SqlCommandBuilder(adapter)
        ' 创建 DataSet
        Dim MyDataSet As DataSet = New DataSet()
        ' 从 DataAdapter 填充 DataSet
        adapter.Fill(MyDataSet, "Region")
        ' 操作和处理 DataSet
        ' 调用 DataAdapter 的 Update 方法更新数据源
        adapter.Update(MyDataSet)
    End Using
```

【例 14-9】 使用 DataAdapter 和 DataSet 维护 NorthWind 数据库的 Region 表中的记录信息（本程序运行后，可以运行例 14-3 或者例 14-8 或者利用“服务器资源管理器”，查看 Region 表的记录信息，确保记录是否正确插入、更新、删除）。

（1）插入两条新记录：记录 1（5, "Shanghai"）和记录 2（6, "ECNU"）。

（2）更新记录 1 的内容为：（5, "Shanghai, China"）。

（3）删除记录 2。

在 C:\VB.NET\Chapter14\中新建一个“Visual Basic”类别的 Windows 窗体应用程序项目 MaintainRegionByDataset。运行结果如图 14-15 所示。

```
Imports System.Data.SqlClient
Public Class Form1
    Private Sub Button1_Click(sender As System.Object, e As System.EventArgs) Handles Button1.Click
        '连接到数据库
        Dim connectionString As String =
"Server=(LocalDB)\MSSQLLocalDB;AttachDbFilename=C:\VB.NET\DB\NORTHWIND.MDF; Integrated Security=True;"
        Dim selectCommandText As String = "SELECT RegionID, RegionDescription FROM Region"
        Using connection As New SqlConnection(connectionString)
            connection.Open()
            '删除旧数据（如果存在的话）
            Dim cmdDelete As SqlCommand = New SqlCommand("DELETE FROM Region WHERE RegionID > 4", connection)
            cmdDelete.ExecuteNonQuery()
            '创建 DataAdapter
            Dim adapter As SqlDataAdapter = New SqlDataAdapter(selectCommandText, connection)
            '使用 CommandBuilder 自动生成 DataAdapter 的
            ' InsertCommand、UpdateCommand 和 DeleteCommand 属性
            Dim builder As SqlCommandBuilder = New SqlCommandBuilder(adapter)
            '创建 DataSet
            Dim MyDataSet As DataSet = New DataSet()
            '从 DataAdapter 填充 DataSet
            adapter.Fill(MyDataSet, "Region")
            '设置 DataTable 的主键列
            Dim Keys() As DataColumn = New DataColumn(2) {}
            Keys(0) = MyDataSet.Tables("Region").Columns("RegionID")
            MyDataSet.Tables("Region").PrimaryKey = Keys
```

```
            '操作和处理 DataSet——增加 1 行记录
            Dim newRow1 As DataRow = MyDataSet.Tables("Region").NewRow()
            newRow1("RegionID") = 5
            newRow1("RegionDescription") = "Shanghai"
            MyDataSet.Tables("Region").Rows.Add(newRow1)
            Dim newRow2 As DataRow = MyDataSet.Tables("Region").NewRow()
            newRow2("RegionID") = 6
            newRow2("RegionDescription") = "ECNU"
            MyDataSet.Tables("Region").Rows.Add(newRow2)
            '操作和处理 DataSet——更新记录
            Dim updateRow As DataRow = MyDataSet.Tables("Region").Rows.Find(5)
            updateRow("RegionDescription") = "Shanghai, China"
            '操作和处理 DataSet——删除记录
            Dim deleteRow As DataRow = MyDataSet.Tables("Region").Rows.Find(6)
            MyDataSet.Tables("Region").Rows.Remove(deleteRow)
            '调用 DataAdapter 的 Update 方法更新数据源
            adapter.Update(MyDataSet, "Region")
            MsgBox("完成使用 DataAdapter 和 DataSet 维护 Region 表！")
            connection.Close()
        End Using
    End Sub
End Class
```

图 14-15　使用 DataAdapter 和 DataSet 维护 Region 表的运行结果

第 3 篇　VB.NET 应用程序开发

第 15 章　Windows 窗体应用程序

相对于字符界面的控制台应用程序，基于 Windows 窗体的桌面应用程序可提供丰富的用户交互界面，从而实现各种复杂功能的应用程序。

本章要点

- 常用的 Windows 窗体控件；
- 通用对话框；
- 菜单和工具栏；
- 多重窗体；
- 多文档界面。

15.1　常用的 Windows 窗体控件

大多数窗体都是通过将控件添加到窗体表面来定义用户界面（UI）的方式进行设计的。"控件"是窗体上的一个组件，用于显示信息或接受用户输入。

当设计和修改 Windows 窗体应用程序的用户界面时，需要添加、对齐和定位控件。控件是包含在窗体对象内的对象。每种类型的控件都具有其自己的属性集、方法和事件，以使该控件适合于特定用途。

15.1.1　标签、文本框和命令按钮

1．Label 控件

Label（标签）控件主要用于显示（输出）文本信息。

2．LinkLabel 控件

LinkLabel（超链接标签）控件可显示超链接标签。除了具有 Label 控件的所有属性、方法和事件以外，LinkLabel 控件还有针对超链接和链接颜色的属性。LinkLabel 控件主要的属性和事件如表 15-1 所示。

表 15-1　LinkLabel 控件的主要属性和事件

	属性/事件	说　明
属性	Text	获取或设置 LinkLabel 中的当前文本
	Image	获取或设置显示在 LinkLabel 上的图像
	LinkColor	获取或设置显示普通链接时使用的颜色
	VisitedLinkColor	获取或设置当显示以前访问过的链接时所使用的颜色
	DisabledLinkColor	获取或设置显示禁用链接时所用的颜色
	LinkBehavior	获取或设置一个表示链接的行为的值
事件	LinkClicked	当单击控件内的链接时发生

3. TextBox 控件

TextBox（文本框）控件用于输入文本信息。

4. RichTextBox 控件

RichTextBox（多格式文本框）控件用于显示、输入和操作带有格式的文本。RichTextBox 控件除了执行 TextBox 控件的所有功能之外，它还可以显示字体、颜色和链接，从文件加载文本和嵌入的图像，撤销和重复编辑操作，以及查找指定的字符。RichTextBox 控件主要的属性、方法和事件如表 15-2 所示。

表 15-2 RichTextBox 控件的主要属性、方法和事件

属性、方法和事件		说 明
属性	Text	获取或设置 RichTextBox 中的当前文本
	ReadOnly	获取或设置是否（True 或 False）文本框为只读。默认为 False
	MaxLength	获取或设置用户可在文本框控件中输入或粘贴的最大字符数
	Multiline	获取或设置一个值，该值指示此控件是否为多行 RichTextBox 控件
	WordWrap	获取或设置是否（True 或 False）允许多行编辑时是否自动换行。默认值为 True
	ScrollBars	获取或设置多行编辑 RichTextBox 控件是否带滚动条。取值（ScrollBars 枚举）：None（不显示）、Horizontal（水平滚动条）、Vertical（垂直滚动条）、Both（同时显示）。默认值为 Both
	SelectedText	获取或设置 RichTextBox 中选定的文本
	SelectionFont	获取或设置当前选定文本或插入点的字体
	SelectionColor	获取或设置当前选定文本或插入点的文本颜色
方法	Copy	将文本框中的当前选定内容复制到“剪贴板”
	Paste	将剪贴板的内容粘贴到控件中
	Cut	将文本框中的当前选定内容移动到“剪贴板”中
	AppendText	向文本框的当前文本追加文本
	Clear	从文本框控件中清除所有文本
	LoadFile	将文件的内容加载到 RichTextBox 控件中
	SaveFile	将 RichTextBox 的内容保存到文件
事件	TextChanged	在 Text 属性值更改时发生

5. MaskedTextBox 控件

MaskedTextBox（掩码文本框）控件是一个增强型的文本框控件。通过设置 Mask 属性，无需在应用程序中编写任何自定义验证逻辑，即可实现指定允许的用户输入满足条件（掩码）的字符。MaskedTextBox 控件主要的属性、方法和事件如表 15-3 所示。

表 15-3 MaskedTextBox 控件主要的属性、方法和事件

属性、方法和事件		说 明
属性	Text	获取或设置当前显示给用户的文本
	SelectedText	获取或设置 MaskedTextBox 控件中当前选择的内容
	Mask	获取或设置运行时使用的输入掩码。例如设置移动电话格式：Me.maskedTextBox1. Mask="000-0000-0000"
	ReadOnly	获取或设置是否（True 或 False）文本框为只读。默认为 False
	MaxLength	获取或设置用户可在文本框控件中输入或粘贴的最大字符数
方法	AppendText	向文本框的当前文本追加文本
	Clear	从文本框控件中清除所有文本
事件	TextChanged	在 Text 属性值更改时发生

6. Button 控件

Button（按钮）控件用于执行用户的单击操作。

【例 15-1】 Label、TextBox、RichTextBox、Button 应用示例：创建 Windows 窗体应用程序 TextBoxTest，在源文本框中选择全部或部分内容，然后单击窗体中的【复制】按钮，将源文本框所选的内容复制到目标文本框中，同时更改源文本框中所选文本的字体样式和颜色。运行效果如图 15-1 所示。

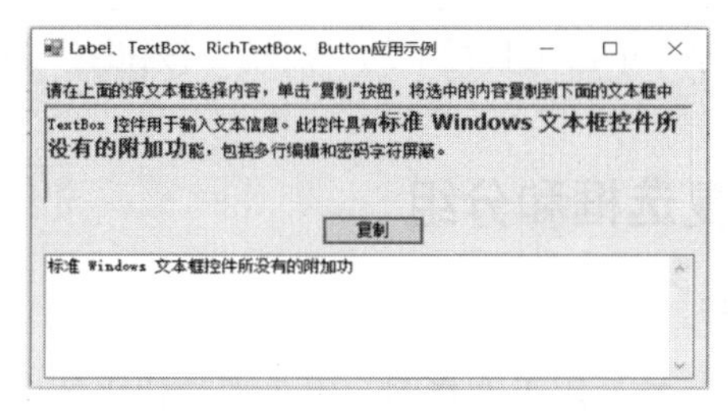

图 15-1　例 15-1 的运行效果

解决方案：本例使用表 15-4 所示的 Windows 窗体控件完成指定的开发任务。

表 15-4　例 15-1 所使用的控件属性及说明

控　件	属　性	值	说　明
Label1	Text	请在上面的源文本框选择内容，单击【复制】按钮，将选中的内容复制到下面的文本框中	说明标签
RichTextBox1	ReadOnly	True	源文本框
TextBox1	ScrollBars	Vertical	目标文本框
	Multiline	True	
Button1	Text	复制	复制命令按钮

操作步骤如下。

（1）创建 Windows 应用程序。启动 Visual Studio，在 C:\VB.NET\Chapter15\文件夹中创建一个“Visual Basic”类别的 Windows 窗体应用程序项目 TextBoxTest。

（2）窗体设计。从“工具箱”中分别将 1 个 Label 标签控件、1 个 RichTextBox 文本框控件、1 个 TextBox 文本框控件、1 个 Button 按钮控件拖动到窗体上。参照表 15-4 和运行效果图 15-1，分别在属性窗口中设置各控件的属性，并在 Windows 窗体设计器适当调整这 4 个控件的大小和位置。

（3）创建处理控件事件的方法。

① 生成并处理 Form1_Load 事件。双击窗体空白处，系统将自动生成“Form1_Load”事件处理程序，在其中加入如下粗体语句，以初始化源文本框和目标文本框中的显示内容：

```
Private Sub Form1_Load(sender As System.Object, e As System.EventArgs) Handles   MyBase.Load
        RichTextBox1.Text = "TextBox 控件用于输入文本信息。"
        RichTextBox1.Text &= "此控件具有标准 Windows 文本框控件所没有"
        RichTextBox1.Text &= "的附加功能，包括多行编辑和密码字符屏蔽。"
        TextBox1.Text = ""
End Sub
```

② 生成并处理 button1_Click 事件。双击窗体中的【复制】按钮控件，系统将自动生成

"Button1_Click"事件处理程序，在其中加入如下粗体语句，以将源文本框选中的内容复制到目标文本框中，同时更改源文本框中所选文本的字体样式和颜色：

```
Private Sub Button1_Click(sender As System.Object, e As System.EventArgs) Handles Button1.Click
    TextBox1.Text += RichTextBox1.SelectedText
    RichTextBox1.SelectionFont = New Font("Tahoma", 12, FontStyle.Bold)
    RichTextBox1.SelectionColor = System.Drawing.Color.Red
End Sub
```

（4）运行并测试应用程序。单击工具栏上的"启动"按钮▶，或者按快捷键 F5 运行并测试应用程序。

15.1.2 单选按钮、复选框和分组

1. RadioButton 控件

RadioButton（单选按钮）控件用于选择同一组单选按钮中的一个单选按钮（不能同时选定多个）。使用 Text 属性可以设置其显示的文本。当单击 RadioButton 控件时，其 Checked 属性设置为 True，并且调用 Click 事件处理程序。当 Checked 属性的值更改时，将引发 CheckedChanged 事件。RadioButton 控件主要的属性和事件如表 15-5 所示。

表 15-5 RadioButton 控件主要的属性和事件

属性/事件		说明
属性	Text	获取或设置 RadioButton 显示的文本
	Checked	获取或设置 RadioButton 是否（True 或 False）处于选中状态
	Appearance	获取或设置一个值，该值用于确定 RadioButton 的外观
事件	Click	在单击控件时发生
	CheckedChanged	当 Checked 属性的值更改时发生

2. CheckBox 控件

CheckBox（复选框）控件用于选择一项或多项选项（可以同时选定多个）。CheckBox 控件主要的属性和事件如表 15-6 所示。

表 15-6 CheckBox 控件主要的属性和事件

属性、方法和事件		说明
属性	Text	获取或设置 CheckBox 中的当前文本
	Checked	获取或设置 CheckBox 是否（True 或 False）处于选中状态
	Appearance	获取或设置确定 CheckBox 控件外观的值
事件	Click	在单击控件时发生
	CheckedChanged	当 Checked 属性的值更改时发生

3. GroupBox 控件

GroupBox（分组框）控件用于为其他控件提供可识别的分组。一般把相同类型的选项（RadioButton 控件、CheckBox 控件）分为一组，同一分组中的单选按钮只能选择一个。设计用户界面时，同一分组可以作为整体来处理。通过 Text 属性可以设置 GroupBox 的标题。

GroupBox 控件主要的属性如表 15-7 所示。

表 15-7　GroupBox 控件主要的属性

属　性	说　明
Text	获取或设置 GroupBox 的标题
Controls	获取包含在 GroupBox 控件内的控件的集合

【例 15-2】 RadioButton、CheckBox、GroupBox 应用示例：创建 Windows 窗体应用程序 Questionnaire 调查个人信息，运行效果如图 15-2 所示。

（1）用户在填写了姓名、选择了性别和个人爱好后，单击【提交】按钮，页面显示用户所填写或者选择的数据信息，如图 15-2（a）所示。

（2）用户未提供任何个人信息而直接单击【提交】按钮，页面显示效果如图 15-2（b）所示。

解决方案：本例使用表 15-8 所示的 Windows 窗体控件完成指定的开发任务。

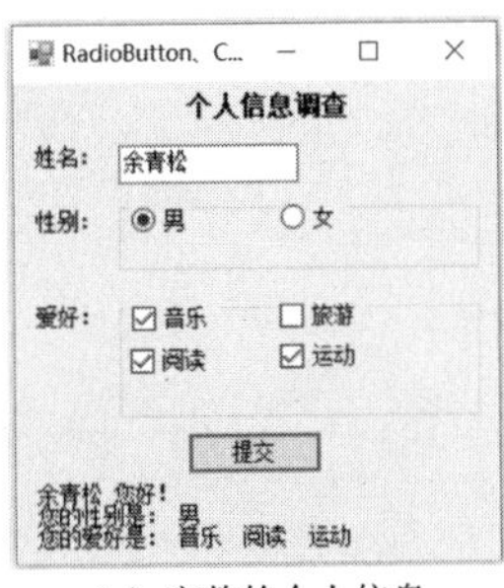

（a）完整的个人信息

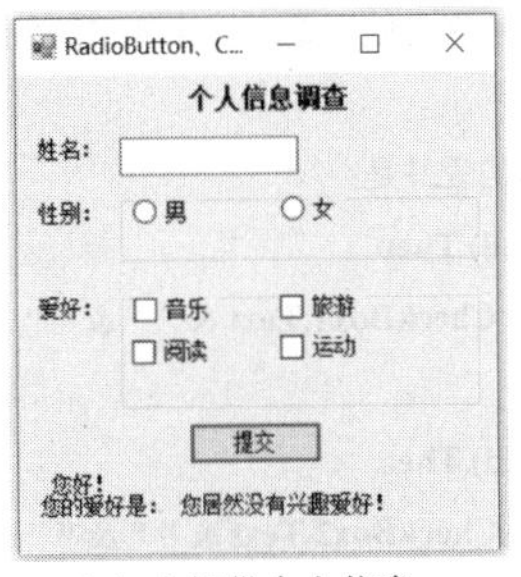

（b）未提供个人信息

图 15-2　例 15-2 的运行效果

表 15-8　例 15-2 所使用的控件属性及说明

控　件	属　性	值	说　明
Label1	Text	个人信息调查	标题说明标签
	Font	粗体、五号	
Label2	Text	姓名	姓名标签
Label3	Text	性别	性别标签
Label4	Text	爱好	爱好标签
Label5	Text	空	信息显示标签
	Name	Message	
TextBox1	Name	TextBoxName	姓名文本框
GroupBox1	Text	空	性别分组框
GroupBox2	Text	空	爱好分组框
RadioButton1~RadioButton2	Text	男、女	性别单选按钮
CheckBox1~CheckBox4	Text	音乐、旅游、阅读、运动	爱好复选框
Button1	Text	提交	提交命令按钮

操作步骤如下。

（1）创建 Windows 应用程序。启动 Visual Studio，在 C:\VB.NET\Chapter15 文件夹中创建一个“Visual Basic”类别的 Windows 窗体应用程序项目 Questionnaire。

（2）窗体设计。分别从【公共控件】和【容器】工具箱中将 5 个 Label 控件、1 个 TextBox 控件、2 个 GroupBox 控件、2 个 RadioButton 控件、4 个 CheckBox 控件、1 个 Button 控件拖动到窗体上。参照表 15-8 和运行效果图 15-2，分别在属性窗口中设置各控件的属性，并在 Windows 窗体设计器适当调整控件的大小和位置。

（3）创建处理控件事件的方法。双击窗体上的【提交】按钮，系统将自动生成“Button1_Click”事件处理程序，在其中加入如下粗体语句，以在信息显示 Label 中显示用户所填写或选择的个人信息：

```
Private Sub Button1_Click(sender As System.Object, e As System.EventArgs) Handles Button1.Click
        Message.Text = TextBoxName.Text & "  您好！ " & vbCrLf
        If (RadioButton1.Checked) Then
            Message.Text &= "您的性别是：  " & RadioButton1.Text & vbCrLf
        ElseIf (RadioButton2.Checked) Then
            Message.Text &= "您的性别是：  " & RadioButton2.Text & vbCrLf
        End If
        Message.Text &= "您的爱好是：  "
        If (CheckBox1.Checked) Then
            Message.Text &= CheckBox1.Text & " " & " "
        End If
        If (CheckBox2.Checked) Then
            Message.Text &= CheckBox2.Text & " " & " "
        End If
        If (CheckBox3.Checked) Then
            Message.Text &= CheckBox3.Text & " " & " "
        End If
        If (CheckBox4.Checked) Then
            Message.Text &= CheckBox4.Text & " " & " "
        End If
        If (Not (CheckBox1.Checked) And Not (CheckBox2.Checked) And _
            Not (CheckBox3.Checked) And Not (CheckBox4.Checked)) Then
            Message.Text &= "您居然没有兴趣爱好！ "
        End If
End Sub
```

（4）运行并测试应用程序。单击工具栏上的“启动”按钮，或者按快捷键 F5 运行并测试应用程序。

15.1.3 列表选择控件

1. ComboBox 控件

ComboBox（组合框）控件用于在下拉组合框中显示数据。默认情况下，ComboBox 控件分两个部分显示：顶部是一个允许用户输入的文本框；下部是允许用户选择一个项的列表框。SelectedIndex 属性返回对应于组合框中选定项的索引整数值（第 1 项为 0，未选中为–1）；SelectedItem 属性类似于对应于组合框中选定项的字符串。

使用 Add、Insert、Clear 或 Remove 方法，可以向 ComboBox 控件中添加或删除项。也可以在设计时使用 Items 属性向列表添加项。

ComboBox 控件主要的属性、方法和事件如表 15-9 所示。

表 15-9　ComboBox 控件主要的属性、方法和事件

属性、方法和事件		说　明
属性	Items	获取 ComboBox 的项
	SelectedIndex	获取或设置 ComboBox 中当前第一个选定项的索引
	SelectedItem	获取或设置 ComboBox 中当前第一个选定项
方法	Add	向 ComboBox 的项列表添加项
	Insert	将项插入列表框的指定索引处
	Remove	从集合中移除指定的对象
	Clear	从集合中移除所有项
事件	Click	在单击控件时发生
	SelectedIndexChanged	在 SelectedIndex 属性更改后发生
	SelectedValueChanged	当 SelectedValue 属性更改时发生

2. ListBox 控件

ListBox（列表框）控件用于显示一个项列表，当 MultiColumn 属性设置为 true 时，列表框以多列形式显示项。如果项总数超出可以显示的项数，则自动添加滚动条。用户可从中选择一项或多项：SelectedIndex 属性返回对应于列表框中第一个选定项的索引整数值（第 1 项为 0，未选中为–1）；SelectedItem 属性类似于对应于列表框中第一个选定项的字符串。SelectedItems 和 SelectedIndices 分别为选中的项目集合和选中的索引号集合。

使用 Add、Insert、Clear 或 Remove 方法，可以向 ListBox 控件中添加或删除项。也可以在设计时使用 Items 属性向列表添加项。

ListBox 控件主要的属性、方法和事件如表 15-10 所示。

表 15-10　ListBox 控件主要的属性、方法和事件

属性、方法和事件		说　明
属性	Items	获取 ListBox 的项
	MultiColumn	获取或设置一个值，该值指示 ListBox 是否（True 或 False）支持多列
	SelectionMode	属性。获取或设置在 ListBox 中选择项所用的方法。取值（SelectionMode 枚举值）：None（无法选择项）、One（只能选择一项）、MultiSimple（可以选择多项）、MultiExtended（可以选择多项，并且用户可使用 Shift 键、Ctrl 键和箭头键来进行选择）
	SelectedIndex	获取或设置 ListBox 中当前第一个选定项的索引
	SelectedItem	获取或设置 ListBox 中当前第一个选定项
	SelectedIndices	获取包含 ListBox 中所有当前选定项的索引的集合
	SelectedItems	获取包含 ListBox 中当前选定项的集合
方法	Add	向 ListBox 的项列表添加项
	Insert	将项插入列表框的指定索引处
	Remove	从集合中移除指定的对象
	Clear	从集合中移除所有项
事件	Click	在单击控件时发生
	SelectedIndexChanged	在 SelectedIndex 属性更改后发生
	SelectedValueChanged	当 SelectedValue 属性更改时发生

3．CheckedListBox 控件

CheckedListBox（复选列表框）控件与 ListBox 控件类似，用于显示项的列表，同时还可以在列表中的项的旁边显示选中标记。

CheckedListBox 控件主要的属性和事件如表 15-11 所示。

表 15-11　CheckedListBox 控件主要的属性和事件

属性和事件		说　明
属性	Items	获取 CheckedListBox 的项的集合
	SelectedIndex	获取或设置 ListBox 中当前第一个选定项的索引
	SelectedItem	获取或设置 ListBox 中当前第一个选定项
	SelectedIndices	获取包含 ListBox 中所有当前选定项的索引的集合
	SelectedItems	获取包含 ListBox 中当前选定项的集合
	MultiColumn	获取或设置一个值，该值指示 ListBox 是否（True 或 False）支持多列
	SelectionMode	获取或设置在 ListBox 中选择项所用的方法。取值（SelectionMode 枚举值）：None（无法选择项）、One（只能选择一项）、MultiSimple（可以选择多项）、MultiExtended（可以选择多项，并且用户可使用 Shift 键、Ctrl 键和箭头键来进行选择）
事件	Click	当用户单击 CheckedListBox 控件时发生
	DoubleClick	在双击控件时发生
	SelectedIndexChanged	在 SelectedIndex 属性更改后发生
	SelectedValueChanged	当 SelectedValue 属性更改时发生

【例 15-3】 ComboBox、ListBox、CheckedListBox 应用示例：创建 Windows 窗体应用程序 Computer 提供计算机配置信息，运行效果如图 15-3 所示。

（1）用户在选择了 CPU、内存、硬盘、显示器和配件后，单击【确定】按钮，页面显示用户所配置的计算机硬件信息，如图 15-3（a）所示。

（2）用户未提供任何计算机配置信息而直接单击“确定”按钮，页面显示效果如图 15-3（b）所示。

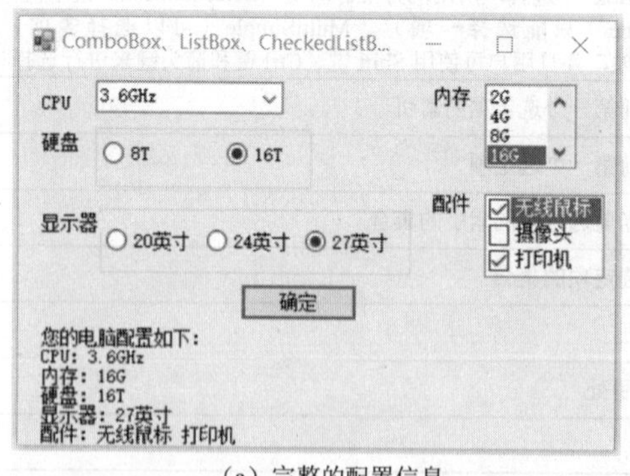

（a）完整的配置信息

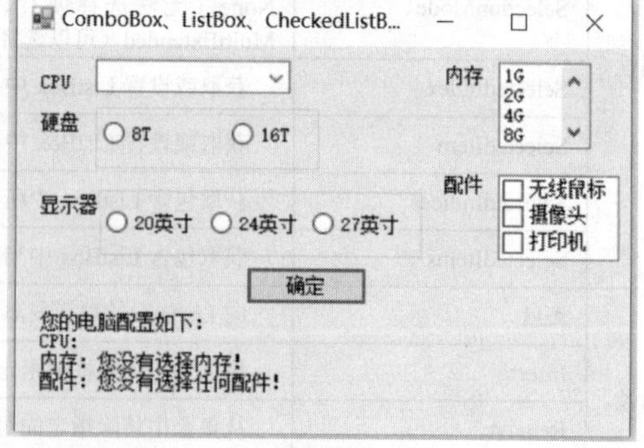

（b）未提供任何信息

图 15-3　例 15-3 的运行效果

解决方案：本例使用表 15-12 所示的 Windows 窗体控件完成指定的开发任务。

表 15-12　例 15-3 所使用的控件属性及说明

控　件	属　性	值	说　明
Label1	Text	CPU	CPU 标签
Label2	Text	内存	内存标签
Label3	Text	硬盘	硬盘标签
Label4	Text	显示器	显示器标签
Label5	Text	配件	配件标签
Label6	Text	空	信息显示标签
	Name	Message	
ComboBox1	编辑项	3.2 GHz、3.4 GHz、3.6 GHz	CPU 主频组合框
GroupBox1	Text	空	硬盘分组框
GroupBox2	Text	空	显示器分组框
RadioButton1 ~RadioButton2	Name	RadioButtonHD1、RadioButtonHD2	硬盘单选按钮
	Text	8 TB、12 TB	
RadioButton3 ~RadioButton5	Name	RadioButtonS1、RadioButtonS2、RadioButtonS3	显示器单选按钮
	Text	20 英寸、24 英寸、27 英寸	
ListBox1	编辑项	1 G、2 G、4 G、8 G、16 G	内存列表框
CheckedListBox1	编辑项	无线鼠标、摄像头、打印机	配件复选列表框
Button1	Text	确定	确定命令按钮

操作步骤如下。

（1）创建 Windows 应用程序。启动 Visual Studio，在 C:\VB.NET\Chapter15 文件夹中创建一个“Visual Basic”类别的 Windows 窗体应用程序项目 Computer。

（2）窗体设计。分别从【公共控件】和【容器】工具箱中将 6 个 Label 控件、1 个 ComboBox 控件、2 个 GroupBox 控件、5 个 RadioButton 控件、1 个 ListBox 控件、1 个 CheckedListBox 控件、1 个 Button 控件拖动到窗体上。参照表 15-12 和运行效果图 15-3，分别在属性窗口中设置各控件的属性，并在 Windows 窗体设计器适当调整控件的大小和位置。

① CPU 组合框控件的数据绑定：

- 单击窗体上的 CPU ComboBox 控件的智能标记标志符号（▶），出现【ComboBox 任务】对话框，单击【编辑项】命令，如图 15-4 所示。
- 在随后出现的【字符串集合编辑器】对话框中，依次输入：3.2 GHz、3.4 GHz、3.6 GHz。注意每行一项内容，如图 15-5 所示。

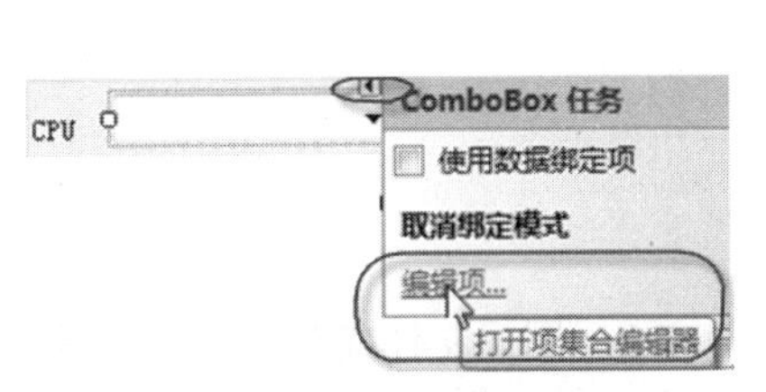

图 15-4　选择 ComboBox 控件编辑项的功能

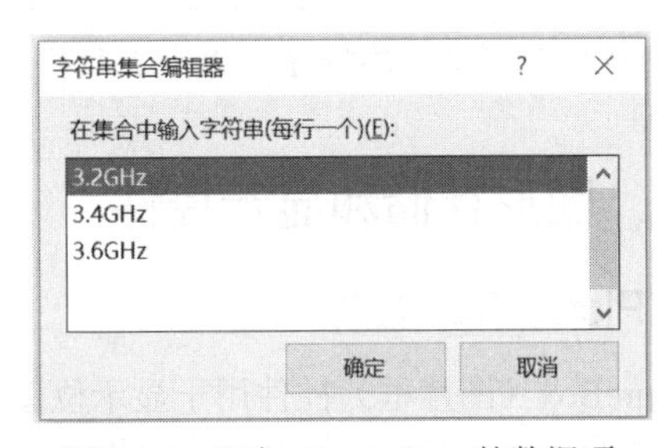

图 15-5　添加 ComboBox 的数据项

② 内存列表框和配件复选列表框的数据绑定可以参照对 CPU 主频组合框控件数据绑定的方法。

（3）创建处理控件事件的方法。双击窗体上的【确定】按钮，系统将自动生成“Button1_Click”事件处理程序，在其中加入如下粗体语句，以在信息显示 Label 中显示用户所选择的计算机配置信息：

```
Private Sub Button1_Click(sender As System.Object, e As System.EventArgs) Handles Button1.Click
        Message.Text = "您的电脑配置如下：" & vbCrLf
        Message.Text &= "CPU：" & ComboBox1.Text & vbCrLf
        Message.Text &= "内存："
        If (ListBox1.SelectedIndex > -1) Then
            Message.Text &= ListBox1.SelectedItem.ToString() & vbCrLf
        Else
            Message.Text &= "您没有选择内存！" & vbCrLf
        End If
        If (RadioButtonHD1.Checked) Then
            Message.Text &= "硬盘：" & RadioButtonHD1.Text & vbCrLf
        ElseIf (RadioButtonHD2.Checked) Then
            Message.Text &= "硬盘：" & RadioButtonHD2.Text & vbCrLf
        End If
        If (RadioButtonS1.Checked) Then
            Message.Text &= "显示器：" & RadioButtonS1.Text & vbCrLf
        ElseIf (RadioButtonS2.Checked) Then
            Message.Text &= "显示器：" & RadioButtonS2.Text & vbCrLf
        ElseIf (RadioButtonS3.Checked) Then
            Message.Text &= "显示器：" & RadioButtonS3.Text & vbCrLf
        End If
        Message.Text &= "配件："
        If (CheckedListBox1.CheckedItems.Count <> 0) Then
            ' 选中配件 CheckedListBox 复选列表框，显示其内容.
            For i% = 0 To CheckedListBox1.CheckedItems.Count - 1
                Message.Text &= CheckedListBox1.CheckedItems(i).ToString() & " "
            Next
        Else
            Message.Text &= "您没有选择任何配件！"
        End If
End Sub
```

（4）运行并测试应用程序。单击工具栏上的“启动”按钮，或者按快捷键 F5 运行并测试应用程序。

15.1.4 图形存储和显示控件

1．PictureBox 控件

PictureBox（图片框）控件用于显示位图、GIF、JPEG、图元文件或图标格式的图形。通过 Image 属性可指定所显示的图片。也可以通过设置 ImageLocation 属性，然后使用 Load 方法同步加载图像，或使用 LoadAsync 方法进行异步加载图像。默认情况下，PictureBox 控件在显示时没有任何边框，可以使用 BorderStyle 属性提供一个标准或三维的边框。

PictureBox 控件主要的属性、方法和事件如表 15-13 所示。

表 15-13　PictureBox 控件主要的属性、方法和事件

属性、方法和事件		说　明
属性	Image	获取或设置由 PictureBox 显示的图像
	ImageLocation	获取或设置要在 PictureBox 中显示的图像的路径或 URL
	SizeMode	指示如何显示图像。取值（PictureBoxSizeMode 枚举）：Normal（图像被置于 PictureBox 的左上角，超出部分被剪裁）、StretchImage（图像被拉伸或收缩，以适合 PictureBox 的大小）、AutoSize（调整 PictureBox 大小为图像大小）、CenterImage（图像居中，超出部分被剪裁）、Zoom（图像大小按其原有的大小比例被增加或减小）。默认为 Normal
	BorderStyle	设置控件的边框样式。取值（BorderStyle 枚举）：None（无边框）、FixedSingle（单行边框）、Fixed3D（三维边框）
方法	Load	同步加载并显示图像
	LoadAsync	异步加载并显示图像
事件	Click	在单击控件时发生

2. ImageList 控件

ImageList（图像列表）控件用于存储图像，这些图像随后可由控件显示。可关联具有 ImageList 属性的控件（如 Button，CheckBox，RadioButton，Label，TreeView，ToolBar，TabControl)，或关联具有 SmallImageList 和 LargeImageList 属性的 ListView 控件。

ImageList 控件主要的属性如表 15-14 所示。

表 15-14　ImageList 控件主要的属性

属　性	说　明
Images	获取图像列表
ImageSize	获取或设置图像列表中的图像大小

【例 15-4】 PictureBox 和 ImageList 应用示例：创建 Windows 窗体应用程序 Pictures，提供图片浏览功能。利用 ImageList 控件存储图片集合，利用 PictureBox 控件显示图片。【上一张】按钮上存放有上一张图片的缩览图，单击【上一张】按钮，可以在 PictureBox 控件中显示上一张图片的内容。【下一张】按钮上存放有下一张图片的缩览图，单击【下一张】按钮，可以在 PictureBox 控件中显示下一张图片的内容。运行效果如图 15-6 所示。

（a）上一张

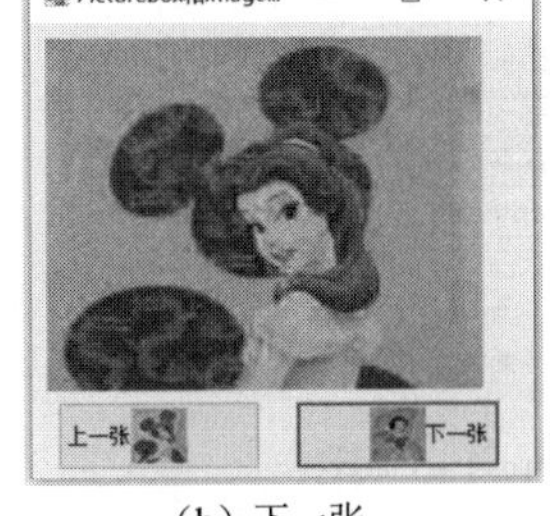

（b）下一张

图 15-6　例 15-4 的运行效果

解决方案：本例使用表 15-15 所示的 Windows 窗体控件完成指定的开发任务。

表 15-15　例 15-4 所使用的控件属性及说明

控　件	属　性	值	说　明
PictureBox1			显示图像
ImageList1	图像大小	32, 32	存储图像
	图像列表	C:\VB.NET\images\仙女 1.jpg~仙女 3.jpg	

续表

控　件	属　性	值	说　明
Button1	Text	上一张	上一张命令按钮
	TextAlign	MiddleLeft	
	ImageList	ImageList1	
	ImageIndex	0	
Button2	Text	下一张	下一张命令按钮
	TextAlign	MiddleRight	
	ImageList	ImageList1	
	ImageIndex	1	

操作步骤如下。

（1）创建 Windows 应用程序。启动 Visual Studio，在 C:\VB.NET\Chapter15 文件夹中创建一个“Visual Basic”类别的 Windows 窗体应用程序项目 Pictures。

（2）窗体设计。分别从【公共控件】和【组件】工具箱中将 1 个 PictureBox 控件、2 个 Button 控件、1 个 ImageList 控件拖动到窗体上。参照表 15-15 和运行效果图 15-6，分别在属性窗口中设置各控件的属性，并在 Windows 窗体设计器适当调整控件的大小和位置。其中，ImageList 图像列表控件的属性设置如下。

① 单击 Windows 窗体设计器底部的栏中的 ImageList 控件的智能标记标志符号（▶），出现【ImageList 任务】对话框，将“图像大小”改为“32, 32”，如图 15-7 所示。

② 选择【ImageList 任务】对话框中的【选择图像】命令，在随后出现的【图像集合编辑器】对话框中，单击【添加】按钮，选择并打开“C:\VB.NET\images\”文件夹中的图片文件：仙女 1.jpg～仙女 3.jpg，如图 15-8 所示。

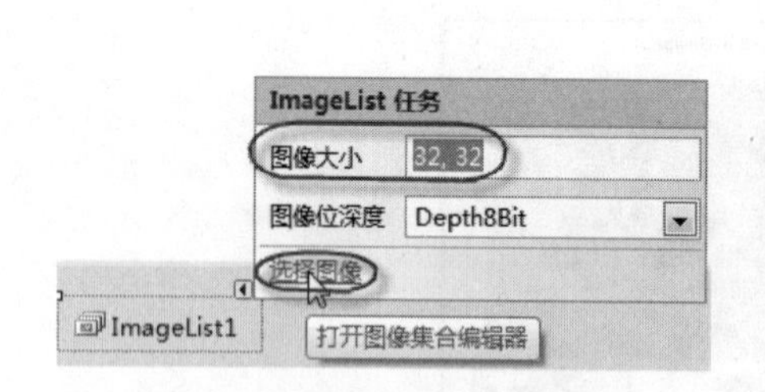

图 15-7　设置 ImageList 属性

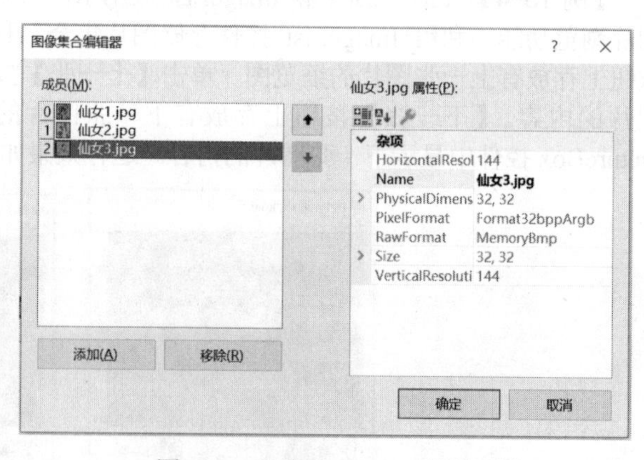

图 15-8　添加 ImageList 图像列表

（3）创建处理控件事件的方法。

① 右击窗体，执行相应快捷菜单中的【查看代码】命令，打开代码设计窗口，在最开始处添加如下语句，以导入相应的命名空间：

```
Imports System.IO
```

② 在类 Form1 程序体内最开始的地方，增加如下粗体语句，获取图像列表各文件的名称：

```
Public Class Form1
    Dim ImageURLs As String() = Directory.GetFiles("C:\VB.NET\images")
    …
    …
```

③ 双击窗体空白处，系统将自动生成“Form1_Load”事件处理程序，在其中加入如下粗体语句，以在 PictureBox 控件中显示第一张图片的内容：

```
Private Sub Form1_Load(sender As System.Object, e As System.EventArgs) Handles MyBase.Load
        PictureBox1.ImageLocation = ImageURLs(0)
End Sub
```

④ 双击窗体上的【上一张】按钮，系统将自动生成“Button1_Click”事件处理程序，在其中加入如下粗体语句，以在 PictureBox 控件中显示上一张图片的内容，同时在【上一张】按钮上存放上一张图片的内容：

```
Private Sub Button1_Click(sender As System.Object, e As System.EventArgs) Handles Button1.Click
        '在 PicturBox 中显示图片
        PictureBox1.ImageLocation = ImageURLs(Button1.ImageIndex)
        If (Button1.ImageIndex > 0) Then '不是第一张图片
            Button1.ImageIndex -= 1
            Button2.ImageIndex = Button1.ImageIndex + 1
        End If
End Sub
```

⑤ 双击窗体上的【下一张】按钮，系统将自动生成“Button2_Click”事件处理程序，在其中加入如下粗体语句，以在 PictureBox 控件中显示下一张图片的内容，同时在【下一张】按钮上存放下一张图片的内容：

```
Private Sub Button2_Click(sender As System.Object, e As System.EventArgs) Handles Button2.Click
        PictureBox1.ImageLocation = ImageURLs(Button2.ImageIndex)
        If (Button1.ImageIndex < ImageList1.Images.Count - 1) Then '不是最后一张图片
            Button2.ImageIndex += 1
            Button1.ImageIndex = Button2.ImageIndex - 1
        End If
End Sub
```

（4）运行并测试应用程序。单击工具栏上的“启动”按钮，或者按快捷键 F5 运行并测试应用程序。

15.1.5 Timer 控件

Timer（定时器）控件用于定期引发事件的组件。通过 Interval 属性可设置定时器的时间间隔长度（以毫秒为单位）。通过 Start 和 Stop 方法，可以打开和关闭计时器。若启用了定时器，则每个时间间隔引发一个 Tick 事件。

Timer 控件主要的属性、方法和事件如表 15-16 所示。

表 15-16 Timer 控件主要的属性、方法和事件

	属性、方法和事件	说　明
属性	Interval	获取或设置引发 Tick 事件的定时器时间间隔（以毫秒为单位）
方法	Start	启动计时器

续表

	属性、方法和事件	说　明
方法	Stop	停止计时器
	ToString	返回表示 Timer 的字符串
事件	Tick	当指定的计时器间隔已过去而且计时器处于启用状态时发生

图 15-9　例 15-5 的运行效果

【例 15-5】 Timer 控件应用示例：创建 Windows 窗体应用程序 TimerGame，模拟简单电子游艺机。单击【开始】按钮，屏幕上的 3 个数字随机在 1～8 间跳动。单击【停止】按钮，屏幕上的 3 个数字停止跳动。当出现 3 个 8 就是大奖。运行效果如图 15-9 所示。

解决方案：本例使用表 15-17 所示的 Windows 窗体控件完成指定的开发任务。

表 15-17　例 15-5 所使用的控件属性及说明

控　件	属　性	值	说　明
Label1~ Label3	Text	8	3 个数字标签
	Font	粗体、一号	
	BorderStyle	Fixed3D	
Button1	Name	ButtonStart	开始命令按钮
	Text	开始	
Button2	Name	ButtonStop	停止命令按钮
	Text	停止	
Timer1			定时器控件

操作步骤如下。

（1）创建 Windows 应用程序。启动 Visual Studio，在 C:\VB.NET\Chapter15 文件夹中创建一个“Visual Basic”类别的 Windows 窗体应用程序项目 TimerGame。

（2）窗体设计。分别从【公共控件】和【组件】工具箱中将 3 个 Label 控件、2 个 Button 控件、1 个 Timer 控件拖动到窗体上。参照表 15-17 和运行效果图 15-9，分别在属性窗口中设置各控件的属性，并在 Windows 窗体设计器适当调整控件的大小和位置。

（3）创建处理控件事件的方法。

① 右击窗体，执行相应快捷菜单中的【查看代码】命令，打开代码设计窗口，在类 Form1 程序体内最开始的地方，增加如下粗体语句，声明一个随机数变量：

```
Public Class Form1
    Dim r As Random
    ……
    ……
```

② 双击窗体空白处，系统将自动生成“Form1_Load”事件处理程序，在其中加入如下粗体语句，初始化随机对象：

```
Private Sub Form1_Load(ByVal sender As System.Object, ByVal e As System.EventArgs) Handles MyBase.Load
        r = New Random()
End Sub
```

③ 双击窗体上的【开始】按钮，系统将自动生成“ButtonStart_Click”事件处理程序，在其中加入如下粗体语句，启动计时器：

```
Private Sub ButtonStart_Click(sender As System.Object, e As System.EventArgs)    Handles ButtonStart.Click
        Timer1.Start()
End Sub
```

④ 双击窗体上的【停止】按钮，系统将自动生成“ButtonStop_Click”事件处理程序，在其中加入如下粗体语句，停止计时器：

```
Private Sub ButtonStop_Click(sender As System.Object, e As System.EventArgs) Handles ButtonStop.Click
        Timer1.Stop()
End Sub
```

⑤ 在 Windows 窗体设计器底部的栏中，选中 Timer 控件，在其属性窗口中，单击“事件”按钮，然后双击事件名称“Tick”，系统将自动创建 Timer1_Tick 事件处理程序。在其中添加如下粗体所示的事件处理代码，以在 3 个数字标签中显示 1~8 之间的随机数：

```
Private Sub Timer1_Tick(sender As System.Object, e As System.EventArgs) Handles Timer1.Tick
        Label1.Text = r.Next(1, 9).ToString()
        Label2.Text = r.Next(1, 9).ToString()
        Label3.Text = r.Next(1, 9).ToString()
End Sub
```

（4）运行并测试应用程序。单击工具栏上的“启动”按钮，或者按快捷键 F5 运行并测试应用程序。

15.2　通用对话框

对话框用于与用户交互和检索信息。.NET Framework 包括一些通用的预定义对话框（如消息框 MessageBox 和打开文件 OpenFileDialog 等）；用户也可以使用 Windows 窗体设计器来构造自定义对话框。

预定义的通用对话框包括以下几种。

- OpenFileDialog：通过预先配置的对话框打开文件。
- SaveFileDialog：选择要保存的文件和该文件的保存位置。
- ColorDialog：从调色板选择颜色及将自定义颜色添加到该调色板中。
- FontDialog：选择系统当前安装的字体。
- PageSetupDialog：通过预先配置的对话框设置供打印的页详细信息。
- PrintDialog：选择打印机，选择要打印的页，并确定其他与打印相关的设置。
- PrintPreviewDialog：按文档打印时的样式显示文档。
- FolderBrowserDialog：浏览和选择文件夹。

15.2.1　OpenFileDialog 对话框

OpenFileDialog 与 Windows 操作系统的【打开文件】对话框相同，用于显示一个用户可用来打开文件的预先配置的对话框。

将 OpenFileDialog 组件添加到窗体后，它出现在 Windows 窗体设计器底部的栏中。使用 Filter 属性设置当前文件名筛选字符串，该字符串确定出现在对话框的【文件类型】框中的选项。使用 ShowDialog 方法在运行时显示对话框。

OpenFileDialog 组件主要的属性和方法如表 15-18 所示。

表 15-18　OpenFileDialog 组件主要的属性和方法

属性和方法		说　明
属性	Title	获取或设置文件对话框标题
	Filter	获取或设置当前文件名筛选器字符串，该字符串决定对话框的“另存为文件类型”或“文件类型”框中出现的选择内容。筛选选项包括字符串和筛选模式（例如：Text files (*.txt;*.rtf)|*.txt;*.rtf），不同筛选选项由垂直线条隔开。例如： Text files (*.txt)|*.txt|All files (*.*)|*.* 则“文件类型”框中出现的选择内容为： Text files (*.txt) All files (*.*)
	FilterIndex	获取或设置文件对话框中当前选定筛选器的索引。默认值为 1
	InitialDirectory	获取或设置文件对话框显示的初始目录
	Multiselect	获取或设置是否（True 或 False）允许选择多个文件。默认值为 False
	FileName	获取或设置一个包含在文件对话框中选定的文件名的字符串
	FileNames	获取对话框中所有选定文件的文件名
	RestoreDirectory	获取或设置对话框在关闭前是否（True 或 False）还原当前目录。默认值为 False

方法	ShowDialog	在运行时显示对话框。如果用户在对话框中单击【确定】，则为结果为 DialogResult.OK；否则为结果为 DialogResult.Cancel。例如：
		Private Sub Button1_Click(ByVal sender As System.Object, ByVal e As System.EventArgs) Handles ButtonOpen.Click
		Dim OpenFileDialog1 As OpenFileDialog = New OpenFileDialog()
		OpenFileDialog1.InitialDirectory = "c:\VB.NET\test"
		OpenFileDialog1.Filter = "txt files (*.txt)|*.txt|All files (*.*)|*.*"
		OpenFileDialog1.FilterIndex = 2
		OpenFileDialog1.RestoreDirectory = True
		If (OpenFileDialog1.ShowDialog() = DialogResult.OK) Then
		'Insert code to open the file.
		MsgBox ("打开文件：" + OpenFileDialog1.FileName)
		End If
		End Sub

15.2.2　SaveFileDialog 对话框

SaveFileDialog 与 Windows 操作系统的【保存文件】对话框相同，用于显示一个用户可用来保存文件的预先配置的对话框。

将 SaveFileDialog 组件添加到窗体后，它出现在 Windows 窗体设计器底部的栏中。使用 Filter 属性设置当前文件名筛选字符串，该字符串确定出现在对话框的【文件类型】框中的选项。使用 ShowDialog 方法在运行时显示对话框。

SaveFileDialog 组件主要的属性和方法如表 15-19 所示。

表 15-19　SaveFileDialog 组件主要的属性和方法

属性和方法		说　明
属性	Title	获取或设置文件对话框标题
	Filter	获取或设置当前文件名筛选器字符串，该字符串决定对话框的“另存为文件类型”或“文件类型”框中出现的选择内容。筛选选项包括字符串和筛选模式（例如：Text files (*.txt;*.rtf)|*.txt;*.rtf），不同筛选选项由垂直线条隔开。例如： Image Files(*.BMP;*.JPG;*.GIF)|*.BMP;*.JPG;*.GIF|All files (*.*)|*.* 则“保存类型”框中出现的选择内容为： Image Files(*.BMP;*.JPG;*.GIF) All files (*.*)
	FilterIndex	获取或设置文件对话框中当前选定筛选器的索引。默认值为 1
	InitialDirectory	获取或设置文件对话框显示的初始目录
	FileName	获取或设置一个包含在文件对话框中选定的文件名的字符串

续表

属性和方法		说　明

方法	ShowDialog	在运行时显示对话框。如果用户在对话框中单击【确定】，则为结果为 DialogResult.OK；否则为结果为 DialogResult.Cancel。例如：
		Private Sub Button2_Click(ByVal sender As System.Object, ByVal e As System.EventArgs) Handles ButtonOpen.Click
		Dim SaveFileDialog1 As SaveFileDialog = New SaveFileDialog()
		SaveFileDialog1.InitialDirectory = "c:\VB.NET\test"
		SaveFileDialog1.Filter = _
		"Image Files(*.BMP;*.JPG;*.GIF)|*.BMP;*.JPG;*.GIF|All files (*.*)|*.*"
		SaveFileDialog1.FilterIndex = 1
		SaveFileDialog1.RestoreDirectory = True
		If (SaveFileDialog1.ShowDialog() = DialogResult.OK) Then
		'Insert code to save the file.
		MsgBox ("保存文件：" + SaveFileDialog1.FileName)
		End If
		End Sub

15.2.3 FontDialog 对话框

FontDialog 与 Windows 操作系统的【字体】对话框相同，使用该对话框可以进行字体的相关设置。

将 FontDialog 组件添加到窗体后，它出现在 Windows 窗体设计器底部的栏中，然后在属性窗口中设置其属性。使用 ShowDialog 方法在运行时显示对话框。

FontDialog 组件主要的属性和方法如表 15-20 所示。

表 15-20　FontDialog 组件主要的属性和方法

属性和方法		说　明
属性	Font	获取或设置选定的字体。例如：TextBox1.Font = FontDialog1.Font;
	Color	获取或设置选定字体的颜色。例如：TextBox1.ForeColor = FontDialog1.Color
	ShowColor	获取或设置对话框是否（True 或 False）显示颜色选择。默认值为 false

方法	ShowDialog	在运行时显示对话框。如果用户在对话框中单击【确定】，则为结果为 DialogResult.OK；否则为结果为 DialogResult.Cancel。例如：
		Private Sub Button3_Click(ByVal sender As System.Object, ByVal e As System.EventArgs) Handles Button3.Click
		Dim FontDialog1 As FontDialog = New FontDialog()
		FontDialog1.ShowColor = True
		FontDialog1.Font = TextBox1.Font
		FontDialog1.Color = TextBox1.ForeColor
		If (FontDialog1.ShowDialog() <> DialogResult.Cancel) Then
		TextBox1.Font = FontDialog1.Font
		TextBox1.ForeColor = FontDialog1.Color
		End If
		End Sub

15.2.4 通用对话框应用举例

在项目中可以通过下列两种方法使用通用对话框。

① 通过编程，创建实例，然后设置其属性，并使用 ShowDialog 方法在运行时显示对话框。例如：

```
Private Sub ButtonFont_Click(sender As System.Object, e As System.EventArgs)  Handles ButtonFont.Click
        Dim FontDialog1 As FontDialog = New FontDialog()
        FontDialog1.ShowColor = True
        FontDialog1.Font = RichTextBox1.SelectionFont
        FontDialog1.Color = RichTextBox1.SelectionColor
        If (FontDialog1.ShowDialog() <> DialogResult.Cancel) Then
            ' 对 RichTextBox 中选中的文件内容更新字体
```

```
            RichTextBox1.SelectionFont = FontDialog1.Font
            RichTextBox1.SelectionColor = FontDialog1.Color
        End If
End Sub
```

② 从【工具箱】中将相应的通用对话框组件拖动到窗体上，然后在属性窗口中设置各控件的属性。例如：从“工具箱”中将 OpenFileDialog 组件添加到窗体后，它出现在 Windows 窗体设计器底部的栏中。在属性窗口中设置其属性 InitialDirectory 为“C:\VB.NET\test”；Filter 为“RichText files (*.rtf)|*.rtf”；FilterIndex 为 2；RestoreDirectory 为 True。然后在事件处理过程中使用 ShowDialog 方法在运行时显示对话框。

```
Private Sub Button1_Click(sender As System.Object, e As System.EventArgs) Handles ButtonOpen.Click
    Dim OpenFileDialog1 As OpenFileDialog = New OpenFileDialog()
    OpenFileDialog1.InitialDirectory = "c:\VB.NET\test"
    OpenFileDialog1.Filter = "RichText files (*.rtf)|*.rtf "
    OpenFileDialog1.FilterIndex = 2
    OpenFileDialog1.RestoreDirectory = True
    If (OpenFileDialog1.ShowDialog() = DialogResult.OK) Then
        'Insert code to open the file.
        MsgBox ("打开文件： " + OpenFileDialog1.FileName)
    End If
End Sub
```

【例 15-6】 通用对话框应用示例：创建 Windows 窗体应用程序 CommonDialog，实现 OpenFileDialog、SaveFileDialog、FontDialog 等对话框的功能（为简便起见，本程序仅考虑对.rtf 文件类型的处理，其他文件类型的处理可以如法炮制）。运行效果如图 15-10 所示。

（a）初始运行窗口

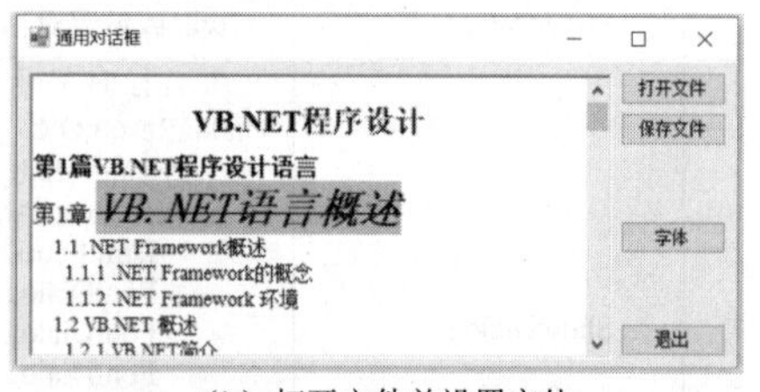

（b）打开文件并设置字体

图 15-10 例 15-6 的运行效果

解决方案：本例使用表 15-21 所示的 Windows 窗体控件完成指定的开发任务。

表 15-21 例 15-6 所使用的控件属性及说明

控 件	属 性	值	说 明
RichTextBox1			文档内容编辑显示文本框
Button1	Name	ButtonOpen	打开命令按钮
	Text	打开文件	
Button2	Name	ButtonSave	保存命令按钮
	Text	保存文件	
Button3	Name	ButtonFont	字体命令按钮
	Text	字体	
Button4	Name	ButtonExit	退出命令按钮
	Text	退出	

续表

控　　件	属　　性	值	说　　明
OpenFileDialog1	InitialDirectory	C:\VB.NET\test	OpenFileDialog 对话框
	Filter	RichText files (*.rtf)|*.rtf	
	FilterIndex	2	
	RestoreDirectory	True	

操作步骤如下。

（1）创建 Windows 应用程序。启动 Visual Studio，在 C:\VB.NET\Chapter15 文件夹中创建一个“Visual Basic”类别的 Windows 窗体应用程序项目 CommonDialog。

（2）窗体设计。分别从【公共控件】和【对话框】工具箱中将 1 个 RichTextBox 控件、4 个 Button 控件和 1 个 OpenFileDialog 组件拖动到窗体上。参照表 15-21 和图 15-10，分别在属性窗口中设置各控件的属性，并在 Windows 窗体设计器适当调整控件的大小和位置。

（3）创建处理控件事件的方法。

① 双击窗体上的【打开文件】按钮，系统将自动生成“ButtonOpen_Click”事件处理程序，在其中加入如下粗体语句，实现与 Windows 操作系统的【打开文件】对话框相同的功能：

```
Private Sub ButtonOpen_Click(sender As System.Object, e As System.EventArgs) Handles ButtonOpen.Click
        If (OpenFileDialog1.ShowDialog() = DialogResult.OK) Then
            ' 在 RichTextBox 中打开文件内容
            RichTextBox1.LoadFile(OpenFileDialog1.FileName)
        End If
End Sub
```

② 双击窗体上的【保存文件】按钮，系统将自动生成“ButtonSave_Click”事件处理程序，在其中加入如下粗体语句，实现与 Windows 操作系统的【保存文件】对话框相同的功能：

```
Private Sub ButtonSave_Click(sender As System.Object, e As System.EventArgs) Handles ButtonSave.Click
        Dim SaveFileDialog1 As SaveFileDialog = New SaveFileDialog()
        SaveFileDialog1.InitialDirectory = "c:\VB.NET\test"
        '为简便起见，仅针对.rtf 文件类型
        SaveFileDialog1.Filter = "RichText files (*.rtf)|*.rtf"
        SaveFileDialog1.FilterIndex = 1
        SaveFileDialog1.RestoreDirectory = True
        If (SaveFileDialog1.ShowDialog() = DialogResult.OK) Then
            ' 保存 RichTextBox 中的文件内容
            RichTextBox1.SaveFile(SaveFileDialog1.FileName)
        End If
End Sub
```

③ 双击窗体上的【字体】按钮，系统将自动生成“ButtonFont_Click”事件处理程序，在其中加入如下粗体语句，实现与 Windows 操作系统的【字体】对话框相同的功能：

```
Private Sub ButtonFont_Click(sender As System.Object, e As System.EventArgs) Handles ButtonFont.Click
        Dim FontDialog1 As FontDialog = New FontDialog()
        FontDialog1.ShowColor = True
```

```
        FontDialog1.Font = RichTextBox1.SelectionFont
        FontDialog1.Color = RichTextBox1.SelectionColor
        If (FontDialog1.ShowDialog() <> DialogResult.Cancel) Then
            ' 对 RichTextBox 中选中的文件内容更新字体
            RichTextBox1.SelectionFont = FontDialog1.Font
            RichTextBox1.SelectionColor = FontDialog1.Color
        End If
End Sub
```

④ 双击窗体上的【退出】按钮，系统将自动生成“ButtonExit_Click”事件处理程序，在其中加入如下粗体语句，关闭应用程序：

```
Private Sub ButtonExit_Click(sender As System.Object, e As System.EventArgs) Handles ButtonExit.Click
        Close()
End Sub
```

（4）运行并测试应用程序。单击工具栏上的“启动”按钮▶，或者按快捷键 F5 运行并测试应用程序。

15.3 菜单和工具栏

Windows 应用程序通常提供菜单，菜单包括的各种基本命令按照主题分组。Windows 应用程序包括以下 3 种类型的菜单。

① 主菜单：提供窗体的菜单系统。通过单击可下拉出子菜单，选择命令可执行相关的操作。Windows 应用程序的主菜单通常包括：文件、编辑、视图、帮助等。

② 上下文菜单（也称为快捷菜单）：通过鼠标右击某对象而弹出的菜单。一般为与该对象相关的常用菜单命令，如剪切、复制、粘贴等。

③ 工具栏：提供窗体的工具栏。通过单击工具栏上的图标，可以执行相关的操作。

15.3.1 MenuStrip 控件

MenuStrip 控件取代了 MainMenu 控件，用于实现主菜单。将 MenuStrip 控件添加到窗体后，它出现在 Windows 窗体设计器底部的栏中，同时，在窗体的顶部将出现主菜单设计器。通过菜单设计器，可以方便地创建窗体的菜单系统。

当然，也可用编程方法构建菜单系统，读者可以参考菜单设计器自动生成的代码，本书不做详细介绍。

15.3.2 ContextMenuStrip 控件

ContextMenuStrip 控件取代了 ContextMenu，用于实现上下文菜单。将 ContextMenuStrip 控件添加到窗体后，它出现在 Windows 窗体设计器底部的栏中。如果选中窗体设计器底部栏中的 ContextMenuStrip 控件，在窗体的上部将出现菜单设计器。通过菜单设计器，可以方便地创建上下文菜单的菜单系统。然后，通过属性窗口，把该上下文菜单与某个控件关联起来即可。例如：RichTextBox1.ContextMenuStrip = Me.contextMenuStrip1。

15.3.3 ToolStrip 控件

ToolStrip 控件取代了 ToolBar，用于实现工具栏。将 ToolStrip 控件添加到窗体后，它出现在 Windows 窗体设计器底部的栏中。如果选中窗体设计器底部栏中的 ToolStrip 控件，在窗体的上部将出现菜单设计器。通过菜单设计器，可以方便地创建工具栏的菜单系统。

15.3.4　菜单和工具栏应用举例

【例 15-7】 MenuStrip、ContextMenuStrip、ToolStrip 控件的应用示例：创建 Windows 窗体应用程序 Menu Design（简单文本编辑器），实现主菜单、上下文菜单和工具栏的功能。运行效果如图 15-11 所示。

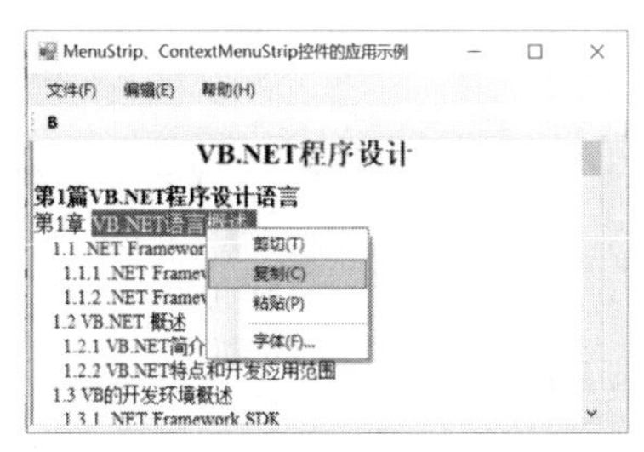

图 15-11　例 15-7 的运行效果

解决方案：本例使用表 15-22 所示的 Windows 窗体控件完成指定的开发任务。

操作步骤如下。

（1）创建 Windows 应用程序。启动 Visual Studio，在 C:\VB.NET\Chapter15 文件夹中创建一个“Visual Basic”类别的 Windows 窗体应用程序项目 MenuDesign。

表 15-22　例 15-7 所使用的窗体和控件属性及说明

控　　件	属　　性	值	说　　明
Form1	Text	新建文档	Windows 窗体
MenuStrip1			主菜单控件
ContextMenuStrip1			上下文菜单控件
ToolStrip1			工具栏
RichTextBox1	ContextMenuStrip	ContextMenuStrip1	文档内容编辑显示文本框

（2）窗体设计。分别从【公共控件】和【菜单和工具栏】工具箱中将 1 个 RichTextBox 控件、1 个 MenuStrip 控件、1 个 ContextMenuStrip 控件和 1 个 ToolStrip 控件拖动到窗体上。参照表 15-22 和运行效果图 15-11，分别在属性窗口中设置各控件的属性，并在 Windows 窗体设计器适当调整控件的大小和位置。

① 创建主菜单。选中窗体设计器底部栏中的 MenuStrip 控件，在窗体的顶部将出现主菜单设计器。参照图 15-12（a）所示的主菜单项的布局，依次输入 ToolStripMenuItem 的文本。其中：

- 显示菜单命令的访问键。在要为其加上下划线以作为访问键的字母前面输入一个“and”符（&），可以显示菜单命令的访问键。例如，“新建(&N)”将显示“新建(N)”的菜单项。如图 15-12（b）所示。
- 在菜单命令之间显示分隔线。右击已创建的菜单命令或者右击【请在此处键入】，执行相应快捷菜单中的【插入】|【Separator】命令，如图 15-12（c）所示，将在当前位置之前插入 1 条分隔线。

② 创建上下文菜单。选中窗体设计器底部栏中的 ContextMenuStrip 控件，在窗体的上部将出现上下文菜单设计器。参照图 15-12（d）所示的上下文菜单项的布局，依次输入 ToolStripMenuItem 的文本。

③ 创建工具栏。选中窗体设计器底部栏中的 ToolStrip 控件，在窗体的上部将出现工具栏设计器。单击右侧的按钮，在随后出现的下拉列表中选择 Button，如图 15-12（e）所示，新建一个工具栏按钮项，默认显示为。单击选中新建的工具栏按钮项，在其属性窗口中设置其属性：DisplayStyle 设置为 Text。将 Text 设置为 B。将 Font 设置为粗体。

此时工具栏显示为 B 。

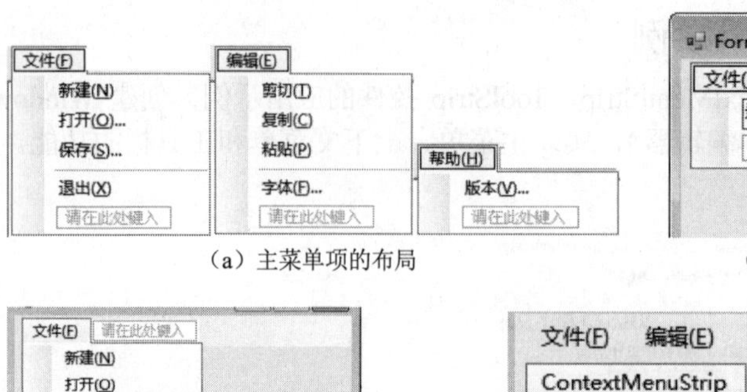

（a）主菜单项的布局

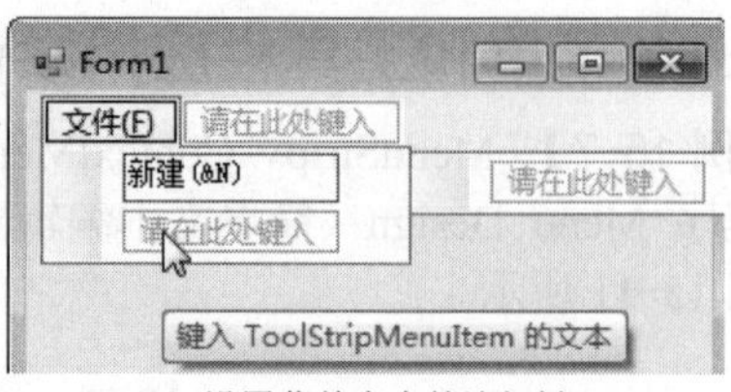

（b）设置菜单命令的访问键

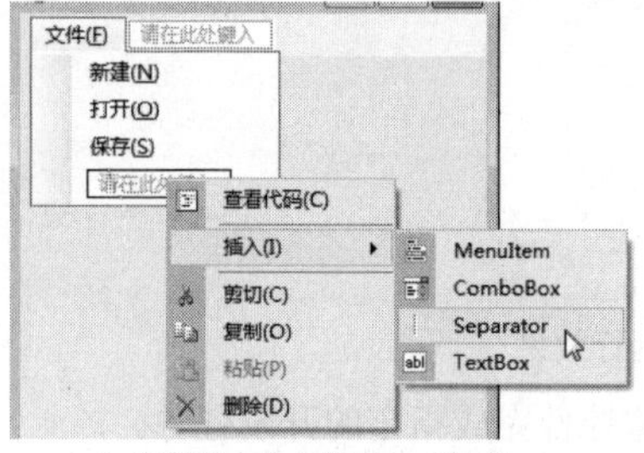

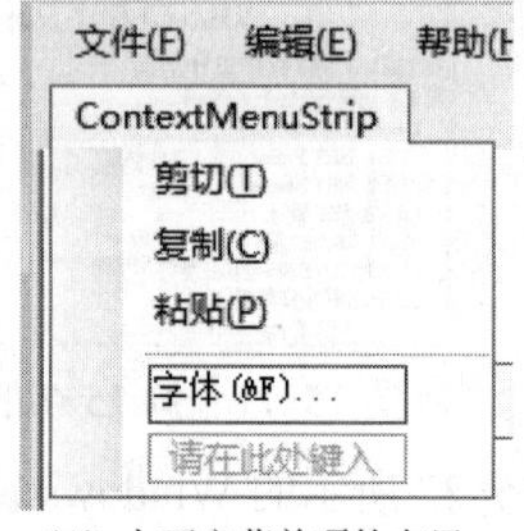

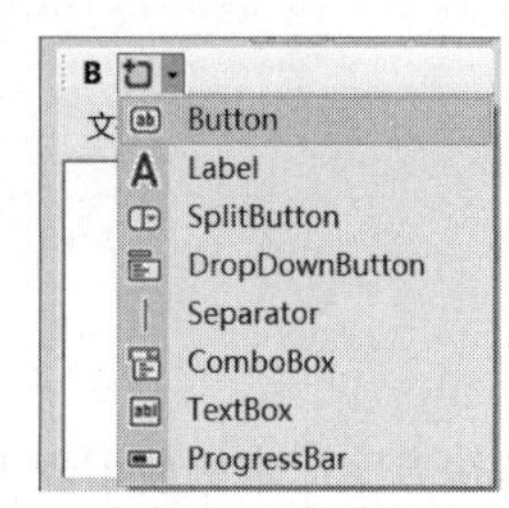

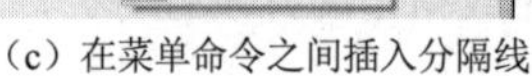
（c）在菜单命令之间插入分隔线

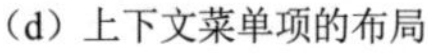
（d）上下文菜单项的布局

（e）新建工具栏按钮项

图 15-12　菜单和工具栏设计

（3）创建处理控件事件的方法。

① 分别双击窗体上 MenuStrip 控件中的【新建】【打开】【保存】【退出】【剪切】【复制】【粘贴】【字体】【版本】菜单项，以及 ContextMenuStrip 控件中的【剪切】【复制】【粘贴】【字体】菜单项，系统将自动生成相应的事件处理程序，在其中分别加入如下粗体语句，实现文件操作、编辑操作及版本显示的功能。其中，【剪切】【复制】【粘贴】【字体】的主菜单命令和快捷菜单命令的处理程序相同；【打开】【保存】【退出】【字体】菜单命令的处理程序与例 15-6 相同，本例不赘述。

```
Private Sub 新建 ToolStripMenuItem_Click(sender As System.Object, e As System. EventArgs) Handles 新建 ToolStripMenuItem.Click
        RichTextBox1.Clear()
        Me.Text = "新建文档"
End Sub
Private Sub 剪切 TToolStripMenuItem_Click(sender As System.Object, e As System. EventArgs) Handles 剪切 TToolStripMenuItem.Click
        RichTextBox1.Cut()
End Sub
Private Sub 复制 CToolStripMenuItem_Click(sender As System.Object, e As System.EventArgs) Handles 复制 CToolStripMenuItem.Click
        RichTextBox1.Copy()
End Sub
Private Sub 粘贴 VToolStripMenuItem_Click(sender As System.Object, e As System.EventArgs) Handles 粘贴 VToolStripMenuItem.Click
        RichTextBox1.Paste()
End Sub
Private Sub 复制 CToolStripMenuItem1_Click(sender As System.Object, e As System.EventArgs) Handles 复制 CToolStripMenuItem1.Click
        RichTextBox1.Copy()
End Sub
Private Sub 粘贴 PToolStripMenuItem_Click(sender As System.Object, e As System.EventArgs) Handles 粘贴 PToolStripMenuItem.Click
        RichTextBox1.Paste()
End Sub
Private Sub 版本 VToolStripMenuItem_Click(sender As System.Object, e As System.EventArgs) Handles 版本 VToolStripMenuItem.Click
        MsgBox("版本 2.0.0，CopyRight 江红、余青松")
End Sub
```

② 双击窗体上的工具栏项 **B** 按钮，系统将自动生成相应的事件处理程序，在其中加入如下粗体语句，实现所选文本的加粗功能。

```
Private Sub ToolStripButton1_Click_1(sender As System.Object, e As System.EventArgs) Handles ToolStrip Button1.Click
        If RichTextBox1.SelectionFont IsNot Nothing Then
            Dim CurrentFont As System.Drawing.Font = RichTextBox1.SelectionFont
            Dim NewFontStyle As System.Drawing.FontStyle
            If RichTextBox1.SelectionFont.Bold = True Then
                NewFontStyle = FontStyle.Regular
            Else
                NewFontStyle = FontStyle.Bold
            End If
            RichTextBox1.SelectionFont = New Font(CurrentFont.FontFamily, CurrentFont. Size, NewFontStyle)
        End If
End Sub
```

③ 在 Windows 窗体设计器中，选中 Form1 窗体，在其属性窗口中，单击“事件”按钮 ，然后双击事件名称“SizeChanged”，系统将自动创建 Form1_SizeChanged 事件处理程序。在其中添加如下粗体所示的事件处理代码，使得 RichTextBox 文本框的大小随着窗体大小的改变而改变：

```
Private Sub Form1_SizeChanged(sender As System.Object, e As System.EventArgs) Handles MyBase.SizeChanged
        RichTextBox1.Width = Me.Width - 35
        RichTextBox1.Height = Me.Height - 70
End Sub
```

（4）运行并测试应用程序。单击工具栏上的“启动”按钮，或者按快捷键 F5 运行并测试应用程序。

15.4　多重窗体

复杂的应用程序开发往往涉及多个窗体，不同的窗体实现不同的功能。新建一个 Windows 窗体应用程序时，会自动创建一个窗体 Form1。用户可以通过项目的快捷菜单“添加新项”以添加新的窗体。可以通过项目属性设置一个窗体为启动对象，即当启动应用程序时自动加载并显示。程序运行过程中，可以通过各种事件（按钮/菜单命令）处理程序实例化并显示其他窗体。

15.4.1　添加新窗体

在解决方案资源管理器中，鼠标右击项目，执行相应快捷菜单的【添加】|【新建项】命令，打开【添加新项】对话框，选择【Windows 窗体】模板，并在【名称】文本框中输入新窗体的名称，单击【添加】命令按钮，即可创建新的窗体。

15.4.2　设置项目启动窗体

在解决方案资源管理器中，鼠标右击项目，执行相应快捷菜单的【属性】命令，或者选中项目，然后单击解决方案资源管理器上方的“属性”按钮，均可打开项目配置页面，在应用程序启动窗体下拉列表框中，选择程序主入口，即设置启动窗体。启动窗体可以为窗体（例如 Form1、Form2 等），也可以为 Main 子过程（如果项目中包含有 Main 子过程的模块）。如果启动对象设置为窗体（默认为 Form1），则应用程序启动时，将自动载入并显示该窗体。如果启动对象为 Main 子过程，则需要在 Main 子过程调用其他窗体（请参见 15.4.3 节）。

15.4.3 调用其他窗体

除了项目属性设置的启动窗体将由运行环境自动创建（实例化）并显示外，要调用其他窗体，可以在相应的按钮或菜单命令的事件处理程序中，通过下列类似代码，创建（实例化）并显示一个窗体。例如，要显示 Form2，可以使用下列代码：

```
Dim FormAbout As New AboutDialog()'定义窗体对象变量，并指向一个创建 AboutDialog 实例
FormAbout.Show()'以“非模式”对话框形式显示 FormAbout
Dim FormSearch As Form = New SearchDialog()'定义窗体对象变量，并指向一个创建 SearchDialog 实例
    If FormSearch.ShowDialog(Me) = System.Windows.Forms.DialogResult.OK Then
        TxtResult.Text = FormSearch.TextBox1.Text
    Else
        TxtResult.Text = "Cancelled"
End If
```

注意：

（1）Show 方法为显示“非模式”对话框。调用此方法后，程序继续执行，无需等待对话框关闭。

（2）ShowDialog 方法为显示“模式”对话框。调用此方法时，直到关闭对话框后，才执行此方法后面的代码。可以将 DialogResult 枚举值分配给对话框，随后可以使用此返回值确定如何处理对话框中发生的操作。

15.4.4 多重窗体应用举例

【例 15-8】 多重窗体应用示例：修改例 15-7 Windows 窗体应用程序 MenuDesign，利用多重窗体实现帮助菜单功能。运行效果如图 15-13 所示。

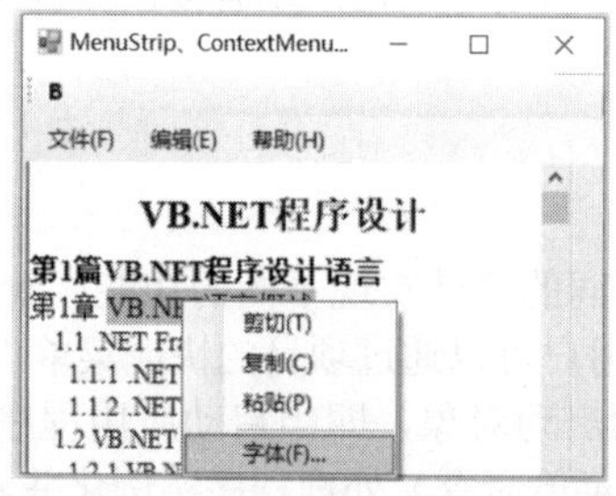

（a）Form1 运行效果

（b）Form2 运行效果

图 15-13 例 15-8 的运行效果

解决方案：本例使用表 15-23 所示的 Windows 窗体控件完成指定的开发任务。

表 15-23 例 15-8 新增的窗体和控件属性及说明

控　件	属　性	值	说　明
Form2	Name	AboutDialog	Windows 窗体
Label1	Text	Simple Editor	标签
Label2	Text	版本 1.0.0	标签
Label3	Text	CopyRight 江红、余青松，2010	标签
Button1	Text	确定	按钮

操作步骤如下

（1）打开 Windows 窗体应用程序。创建 C:\VB.NET\Chapter15\MultiMenuDesign 文件夹，并

将 C:\VB.NET\Chapter15\MenuDesign 中的所有内容复制到 MultiMenuDesign 文件夹中。

启动 Visual Studio，打开 C:\VB.NET\Chapter15\MultiMenuDesign 文件夹中名为 MenuDesign 的 Windows 窗体应用程序。

（2）创建和设计新窗体。在解决方案资源管理器中，鼠标右击项目，执行相应快捷菜单的【添加】|【新建项】命令，打开【添加新项】对话框，选择【Windows 窗体】模板，单击【添加】命令按钮，创建新的窗体 Form2。

分别从【公共控件】和【菜单和工具栏】工具箱中将 3 个 Label 控件拖动到 Form2 窗体上。参照表 15-23 和运行效果图 15-13，分别在属性窗口中设置各控件的属性，并在 Windows 窗体设计器适当调整控件的大小和位置。

（3）创建处理控件事件的方法。

① 修改“版本 VToolStripMenuItem_Click”事件处理代码，以在新窗体（Form2 窗体）中显示帮助菜单的关于功能：

```
Private Sub 版本 VToolStripMenuItem_Click(sender As System.Object, e As System. EventArgs) Handles 版本 VToolStripMenuItem.Click
        Dim FormAbout As New AboutDialog()
        FormAbout.ShowDialog()
End Sub
```

② 生成并处理 Form2 窗体的 Button1_Click 事件。双击 Form2 窗体中的【确定】按钮控件，系统将自动生成“Button1_Click”事件处理程序，在其中加入如下粗体语句，关闭 Form2 窗体：

```
Private Sub Button1_Click(sender As System.Object, e As System.EventArgs) Handles Button1.Click
        Me.Close()
End Sub
```

（4）运行并测试应用程序。单击工具栏上的“启动”按钮，或者按快捷键 F5 运行并测试应用程序。

15.5　多文档界面

Windows 窗体应用程序的界面风格包括单文档界面（single document interface，SDI）和多文档界面（multiple document interface，MDI）。单文档界面应用程序一次只能打开一个文件，例如 Windows 系统的记事本就是单文档界面应用程序。多文档界面应用程序可以同时打开多个文档，每个文档显示在各自的子窗体中，例如 Photshop 是多文档界面应用程序。

多文档界面应用程序一般包含两种类型的窗体：MDI 父窗体和 MDI 子窗体。MDI 父窗体是多文档界面应用程序的基础，一般为应用程序的启动窗体，承载应用程序的主菜单和主工具栏。MDI 父窗体包含 MDI 子窗体，MDI 子窗体用于显示和编辑子文档。

多文档界面应用程序一般包含“窗口”菜单项，用于在窗口或文档之间进行切换。

创建多文档界面应用程序的一般步骤为：

（1）创建 Windows 窗体应用程序，向导将创建一个默认窗体 Form1；

（2）设置默认窗体 Form1 的 IsMdiContainer 属性为 True，即创建 MDI 父窗体。然后设计 MDI 父窗体的主菜单和主工具栏；

（3）添加新窗体 Form2，设计其界面，并将其作为 MDI 子窗体。也可为 MDI 子窗体设计相应的子菜单和子工具栏；

（4）实现各菜单和工具栏按钮的事件处理程序，完成其功能要求。

15.5.1 创建 MDI 父窗体

首先创建一个项目：Windows 窗体应用程序。项目向导将创建一个默认窗体 Form1，在 Form1 的属性窗口中，设置其 IsMdiContainer 属性为“True”，则窗体 Form1 为 MDI 父窗体，且其背景色自动改变为深灰色。如图 15-14 所示。

图 15-14 创建 MDI 父窗体

然后设计 MDI 父窗体的主菜单和主工具栏（参见 15.4.4 节）。

注：一般可将 MDI 父窗体的 WindowState 属性设置为 Maximized，因为当父窗体最大化时，操作子窗口更容易。

15.5.2 创建 MDI 子窗体

在解决方案资源管理器中，鼠标右击项目，执行相应快捷菜单的【添加】|【新建项】命令，打开【添加新项】对话框，选择【Windows 窗体】模板，并在【名称】文本框中输入新窗体的名称，单击【添加】命令按钮，即可创建作为 MDI 子窗体的窗体。

例如：通过添加新窗体 Form2，设计其界面（例如，文本编辑器可以包含一个 RichTextBox 控件，用于文档的显示和编辑功能），并将其作为 MDI 子窗体。

也可为 MDI 子窗体设计相应的子菜单和子工具栏。

注：打开子窗体时，子窗体的菜单和工具栏（其属性 AllowMerge 默认为 True）将和 MDI 父窗体的主菜单和主工具栏合并。

在 MDI 父窗体的主菜单或工具栏命令事件处理程序中，可以创建 MDI 子窗体的实例并显示：

```
Dim FormChild As New Form2
FormChild.MdiParent = Me
FormChild.Show()
```

15.5.3 处理 MDI 子窗体

一个 MDI 应用程序可以有同一个子窗体的多个实例，使用 ActiveMdiChild 属性，可以返回具有焦点的或最近活动的子窗体。例如：

```
Dim ActiveChild As Form = Me.ActiveMDIChild
```

MDI 应用程序一般包含“窗口”菜单项，包含对打开的 MDI 子窗体进行操作的菜单命令，如【平铺】【层叠】和【排列】。在 MDI 父窗体中，可使用 LayoutMdi 方法和 MdiLayout 枚举重新排列子窗体。例如：

```
Me.LayoutMdi(System.Windows.Forms.MdiLayout.Cascade)          '层叠排列
Me.LayoutMdi(System.Windows.Forms.MdiLayout.TileHorizontal)   '水平平铺
Me.LayoutMdi(System.Windows.Forms.MdiLayout.TileVertical)     '垂直平铺
Me.LayoutMdi(System.Windows.Forms.MdiLayout.ArrangeIcons)     '排列图标
```

15.5.4　多文档界面应用举例

【例 15-9】 多文档界面（MDI）应用程序示例：创建多文档界面，实现多窗口文本编辑器。运行效果如图 15-15 所示。

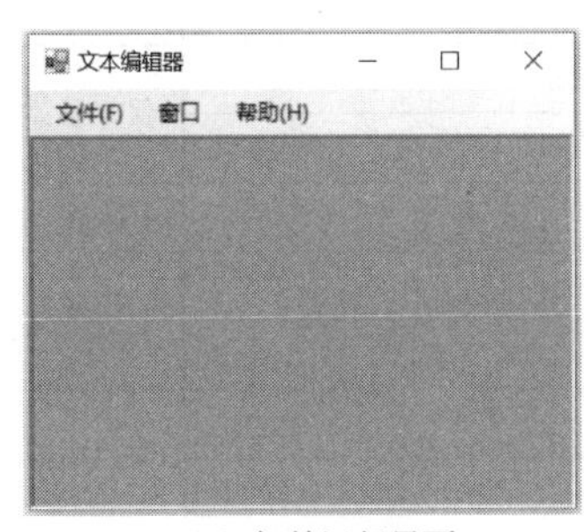

（a）初始运行界面

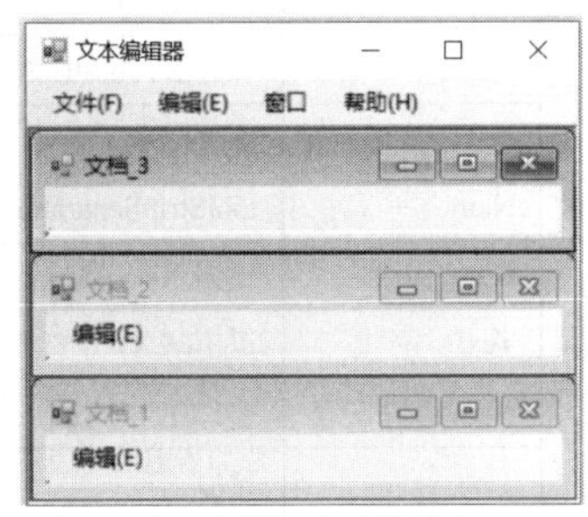

（b）多窗口文本编辑器

图 15-15　例 15-9 的运行效果

解决方案：本例使用表 15-24 和表 15-25 所示的 Windows 窗体控件完成指定的开发任务。

表 15-24　例 15-9 所使用的父窗体和控件属性及说明

控　件	属　性	值	说　明
Form1	Name	FormMain	MDI 父窗体 ID
	Text	文本编辑器	MDI 父窗体标题
	IsMdiContainer	True	定义为 MDI 父窗体
	MainMenuStrip	MainMenuStrip1	为父窗体指定主 MenuStrip
MenuStrip1	Name	MainMenuStrip1	MDI 主菜单

表 15-25　例 15-9 所使用的子窗体和控件属性及说明

控　件	属　性	值	说　明
Form2	Name	FormNote	MDI 子窗体 ID
	Text	空	MDI 子窗体标题
	MainMenuStrip	SubMenuStrip1	为子窗体指定主 MenuStrip
RichTextBox1	Dock	Fill	文档内容编辑显示文本框填满整个窗口
MenuStrip1	Name	SubMenuStrip1	MDI 子菜单

操作步骤如下。

（1）创建 Windows 应用程序。启动 Visual Studio，在 C:\VB.NET\Chapter15 文件夹中创建一个“Visual Basic”类别的 Windows 窗体应用程序项目 MyNotepad。

（2）MDI 父窗体设计。从“菜单和工具栏”工具箱中将 1 个 MenuStrip 控件拖动到窗体上（Name 为 MainMenuStrip1），添加 3 个菜单项，再分别添加和设置菜单项下的子菜单项。父窗体各菜单项属性设置如表 15-26 所示。父窗体菜单项的布局如图 15-16 所示。

表 15-26　父窗体中各菜单项属性设置

对　象	属　性	值	说　明
菜单项 1	Name	文件 FileToolStripMenuItem	文件菜单
	Text	文件(&F)	
子菜单项 11	Name	新建 ToolStripMenuItem	新建子菜单
	Text	新建(&N)	

续表

对　象	属　性	值	说　明
子菜单项 12	Name	打开 OToolStripMenuItem	打开子菜单
	Text	打开(&O)...	
子菜单项 13	Name	保存 SToolStripMenuItem	保存子菜单
	Text	保存(&S)...	
分隔线	Name	toolStripSeparator1	分隔线
子菜单项 14	Name	退出 XToolStripMenuItem	退出子菜单
	Text	退出(&X)	
菜单项 2	Name	窗口 ToolStripMenuItem	窗口菜单
	Text	窗口	
子菜单项 21	Name	层叠 ToolStripMenuItem	层叠子菜单
	Text	层叠	
子菜单项 22	Name	水平平铺 ToolStripMenuItem	水平平铺子菜单
	Text	水平平铺	
子菜单项 23	Name	垂直平铺 ToolStripMenuItem	垂直平铺子菜单
	Text	垂直平铺	
子菜单项 24	Name	全部最小化 ToolStripMenuItem	全部最小化子菜单
	Text	全部最小化	
菜单项 3	Name	帮助 HToolStripMenuItem	帮助菜单
	Text	帮助(&H)	
子菜单项 31	Name	版本 VToolStripMenuItem	版本子菜单
	Text	版本(&V)...	

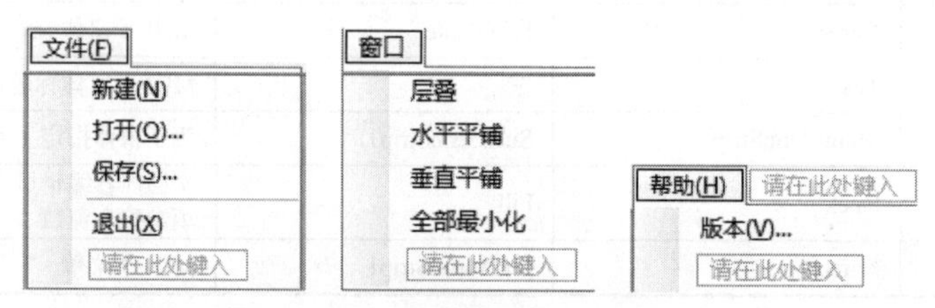

图 15-16　父窗体主菜单项的布局

（3）MDI 子窗体设计。在解决方案资源管理器中，鼠标右击项目，执行相应快捷菜单的【添加】|【新建项】命令，打开【添加新项】对话框，选择【Windows 窗体】模板，单击【添加】命令按钮，即可创建作为 MDI 子窗体的窗体。

分别从【公共控件】和【菜单和工具栏】工具箱中将 1 个 RichTextBox、1 个 MenuStrip 控件拖动到窗体上。参照表 15-25，在属性窗口中设置子窗体的属性和控件的属性。

在子窗体的菜单上添加 1 个菜单项，并添加和设置菜单项下的子菜单项。子窗体各菜单项属性设置如表 15-27 所示。子窗体菜单项的布局如图 15-17 所示。

表 15-27　子窗体中各菜单项属性设置

对　象	属　性	值	说　明
菜单项 1	Name	编辑 EToolStripMenuItem	编辑菜单 Name
	Text	编辑(&E)	编辑菜单文本

续表

对　　象	属　　性	值	说　　明
菜单项 1	MergeAction	Insert	与父窗体菜单合并
	MergeIndex	1	合并时菜单位置 Index
子菜单项 11	Name	剪切 XToolStripMenuItem	剪切子菜单
	Text	剪切(&T)	
子菜单项 12	Name	复制 CToolStripMenuItem	复制子菜单
	Text	复制(&C)	
子菜单项 13	Name	粘贴 VtoolStripMenuItem	粘贴子菜单
	Text	粘贴(&P)	
分隔线	Name	toolStripSeparator1	分隔线
子菜单项 14	Name	字体 FToolStripMenuItem	字体子菜单
	Text	字体(&F)...	

（4）创建处理控件事件的方法。

① 在 Form1.vb 源代码顶端添加“Dim n As Integer”，声明窗体级的变量 n，用于在新建窗体时，标题栏的文件名自动增加 1。

② 分别双击父窗体上 MenuStrip 控件中的【新建】【打开】【保存】【退出】【层叠】【水平平铺】【垂直平铺】【全部最小化】【版本】菜单项，系统将自动生成相应的事件处理程序，在其中分别加入相应的事件处理代码（【退出】和【版本】事件处理代码参见例 15-7）。【新建】【打开】【保存】【层叠】【水平平铺】【垂直平铺】【全部最小化】的事件处理代码如下：

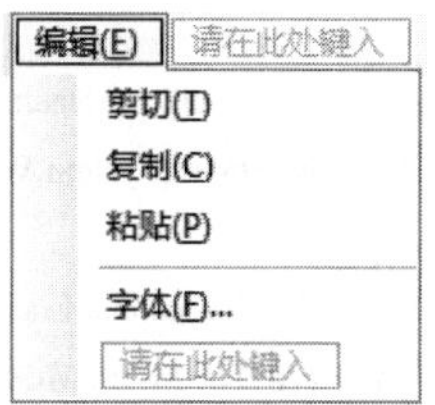

图 15-17　子窗体主菜单项的布局

```
Private Sub 新建 ToolStripMenuItem_Click(sender As System.Object, e As System. EventArgs) Handles 新建 ToolStripMenuItem.Click
        Dim frm1 As New FormNote
        n = n + 1
        frm1.Text = "文档_" & n
        frm1.MdiParent = Me
        frm1.Show()
End Sub
Private Sub 打开 OToolStripMenuItem_Click(sender As System.Object, e As System. EventArgs) Handles 打开 OToolStripMenuItem.Click
        Dim frm1 As New FormNote
        Dim OpenFileDialog1 As OpenFileDialog = New OpenFileDialog()
        OpenFileDialog1.InitialDirectory = "c:\VB.NET\test"
        OpenFileDialog1.Filter = "RichText files (*.rtf)|*.rtf"
        If (OpenFileDialog1.ShowDialog() = DialogResult.OK) Then
            frm1.RichTextBox1.LoadFile(OpenFileDialog1.FileName)
            frm1.Text = OpenFileDialog1.FileName          '设置标题
            frm1.MdiParent = Me
            frm1.Show()
            Me.ActivateMdiChild(frm1)
        End If
End Sub
```

```
Private Sub 保存SToolStripMenuItem_Click(sender As System.Object, e As System.EventArgs) Handles 保存SToolStripMenuItem.Click
        Dim frm1 As FormNote = Me.ActiveMdiChild
        Dim SaveFileDialog1 As SaveFileDialog = New SaveFileDialog()
        SaveFileDialog1.InitialDirectory = "c:\VB.NET\test"
        '为简便起见，仅针对.rtf文件类型
        SaveFileDialog1.Filter = "RichText files (*.rtf)|*.rtf"
        SaveFileDialog1.FilterIndex = 1
        SaveFileDialog1.RestoreDirectory = True
        If (SaveFileDialog1.ShowDialog() = DialogResult.OK) Then
            ' 保存RichTextBox中的文件内容
            frm1.RichTextBox1.SaveFile(SaveFileDialog1.FileName)
        End If
End Sub
Private Sub 层叠ToolStripMenuItem_Click(sender As System.Object, e As System. EventArgs) Handles 层叠ToolStripMenuItem.Click
        Me.LayoutMdi(System.Windows.Forms.MdiLayout.Cascade)          '层叠排列
End Sub
Private Sub 水平平铺ToolStripMenuItem_Click(sender As System.Object, e As System. EventArgs) Handles 水平平铺ToolStripMenuItem.Click
        Me.LayoutMdi(System.Windows.Forms.MdiLayout.TileHorizontal)   '水平平铺
End Sub
Private Sub 垂直平铺ToolStripMenuItem_Click(sender As System.Object, e As System. EventArgs) Handles 垂直平铺ToolStripMenuItem.Click
        Me.LayoutMdi(System.Windows.Forms.MdiLayout.TileVertical)     '垂直平铺
End Sub
Private Sub 全部最小化ToolStripMenuItem_Click(sender As System.Object, e As System. EventArgs) Handles 全部最小化ToolStripMenuItem.Click
        For Each frm In Me.MdiChildren                                '全部子窗口最小化
            frm.WindowState = FormWindowState.Minimized
        Next
        Me.LayoutMdi(System.Windows.Forms.MdiLayout.ArrangeIcons)     '排列图标
End Sub
```

③ 分别双击子窗体上 MenuStrip 控件中的【剪切】【复制】【粘贴】和【字体】菜单项，系统将自动生成相应的事件处理程序，在其中分别加入相应的事件处理代码（【剪切】【复制】【粘贴】事件处理代码参见例 15-7，【字体】事件处理代码参见例 15-6）。

（5）运行并测试应用程序。单击工具栏上的“启动”按钮，或者按快捷键 F5 运行并测试应用程序。

第 16 章　ASP.NET Web 窗体应用程序

随着 Internet 的发展，各种基于浏览器的 Web 应用程序大量出现。ASP.NET 是.NET Framework 的组成部分之一，它提供了一个统一的 Web 开发模型，广泛用于开发各种规模的 Web 应用程序。

本章要点

- ASP.NET Web 窗体应用程序概述；
- 创建 ASP.NET Web 应用程序；
- 创建 ASP.NET 页面；
- 使用 ASP.NET Web 服务器控件；
- 使用 ADO.NET 连接和操作数据库；
- ASP.NET 页面会话状态和页面导航；
- ASP.NET Web 应用程序的布局和导航；
- ASP.NET 主题和外观。

16.1　ASP.NET Web 窗体应用程序概述

16.1.1　ASP.NET Web 窗体应用程序的定义

ASP.NET 是.NET Framework 的组成部分之一，它提供了一个统一的 Web 开发模型，其中包括生成企业级 Web 应用程序所必需的各种服务。ASP.NET Web 窗体应用程序（网站）是基于 ASP.NET 创建的 Web 网站，通常对应于一个 IIS（Internet 信息服务）虚拟目录，包含页面文件、控件文件、代码模块和服务，以及配置文件和各种资源。ASP.NET Web 窗体应用程序可以包含下列特殊目录。

App_Data：包含应用程序数据文件，如 MDF 文件、XML 文件和其他数据存储文件。ASP.NET 使用 App_Data 文件夹来存储用于维护成员和角色信息的应用程序的本地数据库。

App_Themes：包含用于定义 ASP.NET 网页和控件外观的文件集合（.skin 和.css 文件及图像文件和一般资源）。

App_Browsers：包含 ASP.NET 用于标识个别浏览器并确定其功能的浏览器定义(.browser)文件。

App_Code：包含作为应用程序一部分进行编译的实用工具类和业务对象（例如.cs、.vb 文件）的源代码。

App_GlobalResources：包含编译到具有全局范围的程序集中的资源（.resx 和.resources 文件）。

App_LocalResources：包含与应用程序中的特定页、用户控件或母版页关联的资源（.resx 和.resources 文件）。

ASP.NET 应用程序可以包括一个特殊的文件 Global.asax，该文件必须位于 ASP.NET 应用程序的根目录下。在 Global.asax 文件中，可以定义应用程序作用范围的事件处理过程，或定义应用程序作用范围的对象。

16.1.2 创建 ASP.NET Web 应用程序

通常将 IIS 用作 Web 服务器来运行 ASP.NET 应用程序。安装 Windows 服务器版时，默认情况下会自动安装 IIS；安装 Windows 专业版时，默认情况下不会自动安装 IIS，可以在【添加/删除程序】对话框中安装 Windows 的 IIS 组件。在安装过程中，IIS 会在计算机上创建一个默认网站。也可以使用 Internet 信息服务管理器，创建用来承载 ASP.NET Web 应用程序的网站。安装 IIS 具体步骤请参阅 Windows 的在线帮助。

Visual Studio 包括了一个内置的 Web 服务器，以方便开发人员创建和调试 ASP.NET Web 应用程序。基于 Visual Studio 内置 Web 服务器的 ASP.NET Web 应用程序保存在本地文件系统的一个目录中，使用 Visual Studio 打开本地网站（目录）时，自动创建基于该目录的 ASP.NET Web 应用程序。

注意：运行 Visual Studio 内置 Web 服务器时，自动分配一个空闲的端口号。所以实际运行中，每次使用的端口号有可能不一样。

【例 16-1】 创建本地 ASP.NET Web 窗体应用程序：C:\VB.NET\Chapter16\WebSiteA。

操作步骤如下。

（1）启动 Visual Studio，在 C:\VB.NET\Chapter16 文件夹中创建一个“Visual Basic”类别的 ASP.NET Web（.NET Framework）应用程序项目 WebSiteA。注意，在打开的【创建新的 ASP.NET Web 应用程序】对话框中，选择【Web 窗体】。然后单击【创建】按钮，创建 ASP.NET Web 窗体应用程序解决方案和项目。系统将在 C:\VB.NET\Chapter16A\WebSiteA 中自动创建若干文件夹和文件。

（2）运行调试。通过工具栏的▶（可以使用 Microsoft Edge、Internet Explorer 等不同的浏览器启动调试）按钮，或者按快捷键 F5 运行 ASP.NET Web 应用程序。运行效果如图 16-1 所示。

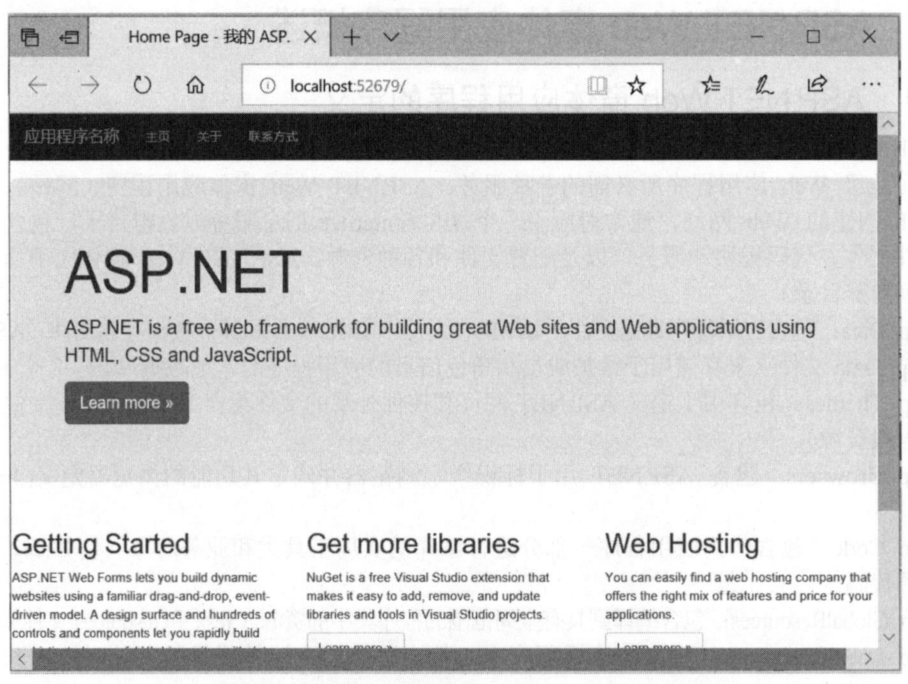

图 16-1 默认 ASP.NET Web 窗体程序运行效果

【例 16-2】 创建本地 ASP.NET Web 窗体空网站：C:\VB.NET\Chapter16\WebSite。

操作步骤如下。

（1）在 C:\VB.NET\Chapter16 文件夹中创建一个“Visual Basic”类别的 ASP.NET Web（.NET Framework）应用程序项目 WebSite。注意，在打开的【创建新的 ASP.NET Web 应用程

序】对话框中，选择【空】模板，并选择【添加文件夹和核心引用】中的【Web 窗体】选项。然后单击【创建】按钮，创建 ASP.NET Web 窗体应用程序解决方案和项目。

（2）运行调试。按快捷键 F5 调试运行。由于创建的是一个空网站，没有默认 Web 页面，而且禁用浏览网站目录。后续章节将为该网站创建 Web 页面。

16.2　ASP.NET Web 页面

16.2.1　ASP.NET Web 页面概述

ASP.NET 页面为 Web 应用程序提供用户界面，ASP.NET 页面由代码和标记组成，并在服务器上动态编译和执行以呈现给发出请求的客户端浏览器。

ASP.NET 页面是采用.aspx 文件扩展名的文本文件。ASP.NET 提供两种用于管理可视元素和代码的模型。

① 单文件页模型：单文件页模型的标记和代码位于同一个.aspx 文件，其中编程代码位于 script 块中，该块包含 runat="server"属性。

② 代码隐藏页模型：代码隐藏页模型的标记位于一个.aspx 文件，而编程代码则位于另一个.aspx.vb 文件（使用 Visual Basic 编程语言时）。

单文件页模型和代码隐藏页模型的功能与性能相同。当页面和代码的编写分工不同时，适合于采用代码隐藏页模型。其他情况则采用单文件页模型。

ASP.NET 页面为 Web 应用程序提供用户界面。ASP.NET 的页面结构包括下列重要元素。

（1）指令：ASP.NET 页通常包含一些指令，这些指令允许用户为相应页指定页属性和配置信息。

- @Page 指令：允许为页面指定多个配置选项。如页面中代码的服务器编程语言、调试和跟踪选项、页面是否具有关联的母版页等。
- @Import 指令：允许指定要在代码中引用的命名空间。ASP.NET 是.NET 框架的一部分，可以使用.NET 框架类库或用户定义的命名空间。
- @OutputCache 指令：允许指定应缓存的页面，以及缓存参数，即何时缓存该页面、缓存该页面需要多长时间等。
- @Implements 指令：允许指定页面实现.NET 接口。
- @Register 指令：允许注册其他控件以便在页面上使用。

（2）代码声明块：包含 ASP.NET 页面的所有应用逻辑和全局变量声明、子例程和函数。在单文件模型中，页面的代码位于<script runat="server">标记中。

（3）ASP.NET 控件：ASP.NET 服务器控件的标记一般以前缀 asp:开始，包含 runat="server"属性和一个 ID 属性。

（4）代码显示块：ASP.NET 可以包含两种代码显示块，内嵌代码（如<%Response.write ("Hello") %>）及内嵌表达式（如<%=Now() %>）。

（5）服务器端注释：用于向 ASP.NET 页面添加注释（如<%--显示当前系统时间--%>）。

（6）服务器端包含指令：可以将一个文件包含在 ASP.NET 页面中。例如：<!--#INCLUDE file="includefile.aspx" -->。

（7）文本和 HTML 标记：页面的静态部分使用文本和一般的 HTML 标记来实现。

每个 ASP.NET 服务器控件都能公开包含属性、方法和事件的对象模型。ASP.NET 开发人员可以编程处理服务器控件事件，使用对象模型修改页及与页进行交互。ASP.NET 页框架还公开了各种页级事件，可以处理这些事件以编写要在页处理过程中的某个特定时刻执行的代码。

当 ASPX 页面被客户端请求时，页面的服务器端代码被执行，执行结果被送回到浏览器端。ASP.NET 的架构会自动处理浏览器提交的表单，把各个表单域的输入值变成对象的属性，使用户可以像访问对象属性那样来访问客户的输入；它还把客户的点击映射到不同的服务器端事件。

Web 页面处理过程如下。

（1）当 ASPX 页面被客户端请求时，页面的服务器端代码被执行，执行结果被送回到浏览器端。

（2）当用户对 Server Control 的一次操作（如 Button 控件的 Click 事件），就可能引起页面的一次往返处理：页面被提交到服务器端，执行响应的事件处理代码，重建页面，然后返回到客户端。

（3）页面处理时，依次处理各种页面事件。常用的代码一般编写在 Page_Load 事件处理中，根据 IsPostBack 属性判定页面是否为第一次被加载和访问，并执行一些只需要在页面第一次被加载和访问时进行的操作。

（4）然后，依次处理各种控件的事件，如 Button 控件的 Click 事件。

16.2.2　创建 ASP.NET 页面

【例 16-3】 创建简单的 ASP.NET 欢迎页面 HelloWorld.aspx。用户可以在文本框中输入姓名，单击【确定】按钮，页面即显示所输入的姓名。运行效果如图 16-2 所示。

图 16-2　HelloWorld.aspx 的运行效果

解决方案：该 ASP.NET Web 页面使用表 16-1 所示的 Web 控件完成指定的开发任务。

表 16-1　HelloWorld.aspx 的页面控件

控　件	属　性	值	说　明
Label1	Text	请输入您的姓名：	输入信息标签
	Font-Bold	True	
	Font-Size	Medium	
TextBox1	ID	Name	姓名文本框
Button1	Text	确定	确定命令按钮
Label2	ID	Message	信息显示标签
	Text	空	
	Font-Bold	True	
	ForeColor	Blue	

操作步骤如下。

（1）打开 ASP.NET Web 窗体应用程序项目：C:\VB.NET\Chapter16\WebSite。

（2）添加 ASP.NET 页面。鼠标右击解决方案资源管理器的项目 WebSite，执行【添加】|【Web 窗体】快捷菜单命令，在随后弹出的【指定项名称】对话框的【项名称】文本框中输入 Web 窗体的名称“HelloWorld”，单击【确定】按钮。在 ASP.NET Web 窗体应用程序解决方案和项目 WebSite 中添加一个名为 HelloWorld.aspx 的 ASP.NET 页面。

（3）设计 ASP.NET 页面。单击【设计】标签，切换到设计视图，从【标准】工具箱中分别拖 2 个 Label 控件、1 个 TextBox 控件、1 个 Button 控件到 ASP.NET 设计页面。最后一个 Label 控件与其他三个控件之间按回车键以分隔。分别在【属性】窗口中修改各控件的属性。

① 输入信息 Label 的字体为“加粗”，大小为“Medium”，文本内容为“请输入您的姓名：”。

② TextBox 的 ID 改为“Name”。

③ Button 的文本内容为“确定”。

④ 信息显示 Label 的文本内容为“空”、ID 改为“Message”；Font-Bold 为“True”；ForeColor 为“Blue”。

最后的 ASP.NET 页面编辑结果如图 16-3 所示。

图 16-3　HelloWorld.aspx 最终设计页面

（4）生成按钮事件。在设计视图双击 ASP.NET 设计页面的【确定】Button 控件，系统将自动生成一个名为“Button1_Click”的 ASP.NET 事件函数，同时打开代码编辑器窗口。

（5）加入按钮 Click 事件的处理代码。在“Button1_Click”的 ASP.NET 事件函数的 body 中加入如下粗体语句，以在 Message Label 中显示欢迎信息：

```
Protected Sub Button1_Click(sender As Object, e As System.EventArgs)
        Message.Text = Name.Text & "   您好！ "
End Sub
```

（6）单击工具栏上的“启动”按钮，或者按快捷键 F5 运行并测试 HelloWorld.aspx ASP.NET 页面。

16.3　ASP.NET Web 服务器控件

16.3.1　ASP.NET Web 服务器控件概述

与 Windows 窗体控件类似，ASP.NET Web 服务器控件是 ASP.NET 网页上的可编程的服务器端对象，一般用于表示页面中的用户界面元素，如文本框、按钮、图像等。服务器控件参与页的执行，并生成自己的标记呈现给客户端。使用 ASP.NET 提供的内置服务器控件，或第三方生成的控件，可以创建复杂灵活的用户界面，大幅度减少了生成动态网页所需的代码量。

每个 ASP.NET 服务器控件都能公开包含属性、方法和事件的对象模型。ASP.NET 开发人员可以编程处理服务器控件事件，使用对象模型修改页及与页进行交互。可以以声明方式（通过标记）或编程方式（通过代码）设置服务器控件的属性。服务器控件（和页本身）还公开了一些事件，开发人员可以处理这些事件以在页执行期间执行特定的操作或响应将页发回服务器的客户端操作（“回发”）。此外，服务器控件还简化了在往返于服务器的过程中保留状态的问题，自动在连续回发之间保留其值。

许多 Web 服务器控件类似于常见的 HTML 元素（如按钮和文本框）；其他控件具有复杂行为，如日历控件及可用于连接数据源并显示数据的控件。ASP.NET 还提供支持 AJAX 的服务器控件，将 AJAX 控件添加到 ASP.NET 页面上时，支持自动将支持的客户端脚本发送到浏览器以生成丰富的客户端行为。

ASP.NET 服务器控件在页中是使用包含 runat="server"属性的声明性标记标识的。通过为某页中的单个 ASP.NET 服务器控件提供一个 ID 属性，便可以采用编程方式标识该控件。可以在运行时使用此 ID 引用以编程方式操作该服务器控件的对象模型。

ASP.NET 提供下列类别的服务器控件。

（1）标准控件：常用的控件，如文本框、按钮、标签、日历控件、列表、图像、超链接等。例如：Label，Literal，TextBox，CheckBox，CheckBoxList，RadioButton，RadioButton List，DropDownList，ListBox，Button，LinkButton，ImageButton，Image，ImageMap，HyperLink，Panel，FileUpload，Calendar，AdRotator，BulletedList，Table，PalceHolder，View，MultiView，Wizard 等。

（2）数据控件：用于数据库访问以及显示和操作 ASP.NET 网页上数据的控件。例如：GridView，DataList，DetailsView，FormView，ListView，Repeater，DataPager，SqlDataSource，AccessDataSource，LinqDataSource，ObjectDataSource，XmlDataSource，SiteMapDataSource 等。

（3）验证控件：用于页面有效性验证的控件。例如：RequiredFieldValidator，Compare Validator，RangeValidator，RegularExpressionValidator，CustomValidator，ValidationSummary 等。

（4）导航控件：用于页面导航的控件。例如：SiteMapPath，Menu，TreeView 等。

（5）登录控件：用于自动创建登录/注册页面的控件。例如：CreateUserWizard，Login，LoginView，LoginName，LoginStatus，ChangePassword，PasswordRecovery 等。

（6）Web 部件控件：用于创建门户网站的集成控件。例如：WebPartManager，ProxyWebPart Manager，WebPartZone，CatalogZone，DeclarativeCatalogPart，PageCatalogPart，ImportCatalogPart，EditorZone，AppearanceEditorPart，BehaviorEditorPart，LayoutEditorPart，PropertyGridEditorPart，ConnectionsZone 等。

（7）ASP.NET 网页的 HTML 控件：是 HTML 标记的服务器端控件实现。例如：Div，Horizontal Rule，Image，Input，Select，Textarea 等。

（8）AJAX 服务器控件：AJAX 功能包括使用部分页更新来刷新页的某些部分，因此避免了整页回发。例如：ScriptManager，Timer，UpdatePanel，UpdateProgress 等。

16.3.2　使用标准服务器控件创建 Web 页面

【例 16-4】 创建留言簿 ASP.NET Web 页面：GuestBook.aspx。用户输入姓名和留言，单击【留言】按钮，则自动在下面的留言簿中记录留言的日期、时间、姓名和留言内容。留言簿中的记录按时间降序显示。其设计布局如图 16-4 所示，运行效果如图 16-5 所示。

图 16-4　GuestBook.aspx 设计布局

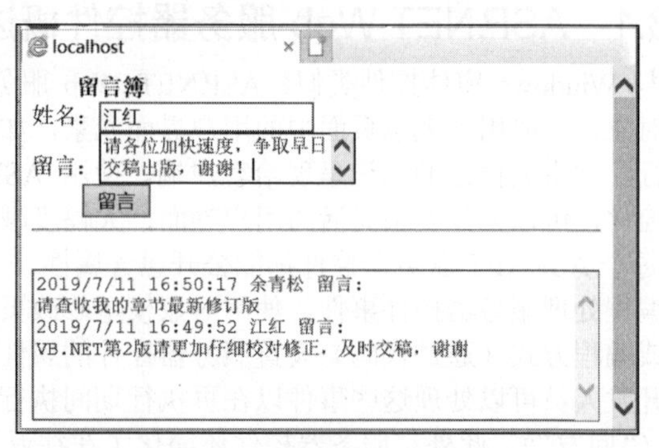

图 16-5　GuestBook.aspx 运行效果

操作步骤如下。

（1）添加 ASP.NET 页面。在 ASP.NET Web 窗体应用程序解决方案和项目 WebSite 中添加一个名为 GuestBook.aspx 的 ASP.NET 页面。

（2）设计 ASP.NET 页面。在设计视图中，根据图 16-4 设计网页布局，根据表 16-2 设置各控件的属性。

表 16-2　GuestBook.aspx 的页面控件

控　件	属　性	值	说　明
TextBox1	ID	Name	访客姓名文本框
TextBox2	ID	Message	访客留言文本框
	TextMode	MultiLine	
Button	ID	BtnOK	姓名文本框
	Text	留言	留言按钮

续表

控　件	属　性	值	说　明
Horizontal Rule			水平分隔线
TextBox3	ID	MessageAll	留言簿文本框
	TextMode	MultiLine	
	ReadOnly	True	
	Width	400	
	Height	100	

（3）生成 BtnOK 按钮 Click 事件，并加入如下粗体语句，以在留言簿文本框中显示留言信息。

```
Protected Sub BtnOK_Click(sender As Object, e As EventArgs)
    '获取系统日期和时间
    Dim StrDateTime As String = DateTime.Now.ToString()
    MessageAll.Text = StrDateTime & " " & Name.Text & " 留言:" & vbCrLf & Message.Text & vbCrLf & MessageAll.Text
    Name.Text = ""
    Message.Text = ""   '清空
End Sub
```

（4）运行并测试 GuestBook.aspx。

【例 16-5】 实现具有信息处理功能的 ASP.NET 学生注册页面 StuRegister.aspx，使用 CheckBox、RadioButton、ListBox、DropDownList 控件，实现多种信息输入方式的交互页面。在页面上输入或者选择相应的信息，单击【提交】按钮，显示相应的输入或者选择的信息（注意：实际用户注册页面，须把用户信息写入到相应的数据库表，具体方法可以参照第 18 章中内容，本开发任务只是在页面显示用户输入的信息）。运行效果如图 16-6 所示。

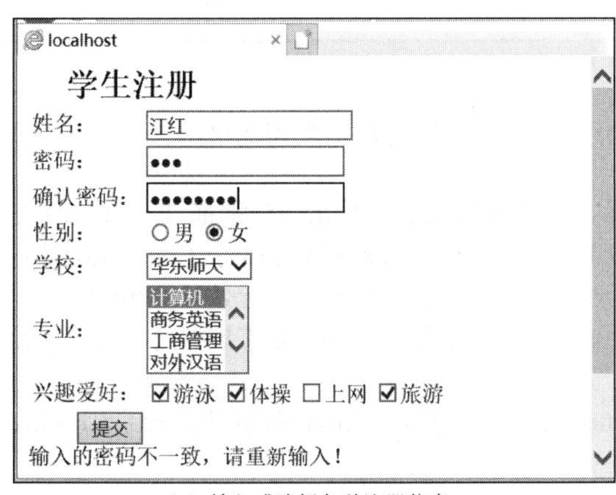

（a）输入或选择各种注册信息

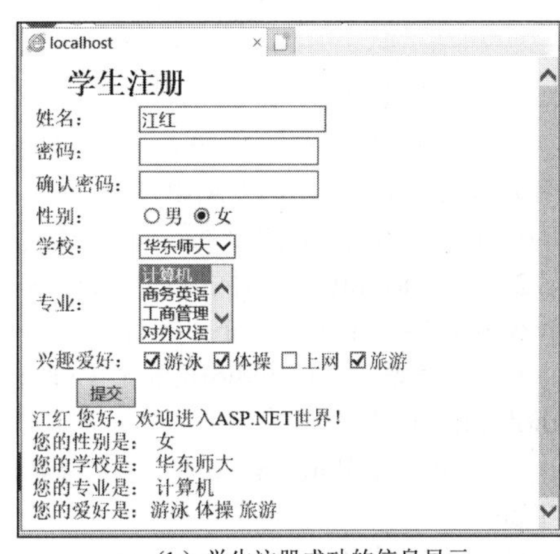

（b）学生注册成功的信息显示

图 16-6　StuRegister.aspx 的运行效果

解决方案：该 ASP.NET Web 页面使用表 16-3 所示的 Web 控件完成指定的开发任务。

表 16-3　StuRegister.aspx 的页面控件

控　件	属　性	值	说　明
TextBox1			姓名文本框
TextBox2	TextMode	Password	密码文本框

续表

控　件	属　性	值	说　明
TextBox3	TextMode	Password	确认密码文本框
RadioButton1	Text	男	性别（男）单选按钮
	GroupName	Sex	
	Checked	True	
RadioButton2	Text	女	性别（女）单选按钮
	GroupName	Sex	
DropDownList1	编辑项	上海电大、复旦大学、上海交大、华东师大、上海师大	学校下拉列表框
	默认选项	华东师大	
ListBox1	编辑项	计算机、商务英语、工商管理、对外汉语、国际金融、经济管理	专业列表框
CheckBox1~CheckBox4	Text	游泳、体操、上网、旅游	兴趣复选框
Button1	Text	提交	提交按钮
Label1	ID	Message0	结果显示标签（姓名信息）
	Text	空	
Label2	ID	Message1	结果显示标签（性别信息）
	Text	空	
Label3	ID	Message2	结果显示标签（学校信息）
	Text	空	
Label4	ID	Message3	结果显示标签（专业信息）
	Text	空	
Label5	ID	Message4	结果显示标签（兴趣爱好信息）
	Text	空	

操作步骤如下。

（1）添加 ASP.NET 页面。在 ASP.NET Web 窗体应用程序解决方案和项目 WebSite 中添加一个名为 StuRegister.aspx 的 ASP.NET 页面。

（2）设计 ASP.NET 页面。单击【设计】标签，从【标准】工具箱中分别拖 3 个 TextBox 控件、2 个 RadioButton 控件、1 个 DropDownList 控件、1 个 ListBox 控件、4 个 CheckBox 控件、1 个 Button 控件及 5 个 Label 控件到 ASP.NET 设计页面，页面布局参见运行效果图 16-6。

（3）设置性别 RadioButton 控件的属性。在设计视图下，利用【属性】窗口，设置 RadioButton 控件的属性。

①"男"性 RadioButton 的 ID 为 RadioButton1；Text 为男；GroupName 为 Sex；Checked：为 True。

②"女"性 RadioButton 的 ID 为 RadioButton2；Text 为女；GroupName 为 Sex。

（4）学校 DropDownList 控件的数据绑定。

① 在设计视图下，执行【DropDownList 任务】菜单中的【编辑项】命令，如图 16-7 所示。

② 在随后出现的【ListItem 集合编辑器】对话框中，利用【添加】按钮和【杂项】属性，为 DropDownList 控件分别添加【上海电大】【复旦大学】【上海交大】【华东师大】和【上海师大】5 项数据，并且【华东师大】为默认选项（Seleted=True）。具体如图 16-8 所示。

（5）专业 ListBox 控件的数据绑定。参照对学校 DropDownList 控件数据绑定的方法，为 ListBox 控件分别添加【计算机】【商务英语】【工商管理】【对外汉语】【国际金融】和【经济管理】6 项数据。

（6）设置兴趣爱好各 CheckBox 控件的属性。在设计视图下，利用【属性】窗口，设置兴趣爱好各 CheckBox 控件的属性。

① “游泳”CheckBox 的 ID 为“CheckBox1”Text 为“游泳”。

② “体操”CheckBox 的 ID 为“CheckBox2”Text 为“体操”。

③ “上网”CheckBox 的 ID 为“CheckBox3”Text 为“上网”。

④ “旅游”CheckBox 的 ID 为“CheckBox4”Text 为“旅游”。

图 16-7　选择 DropDownList 控件编辑项的功能

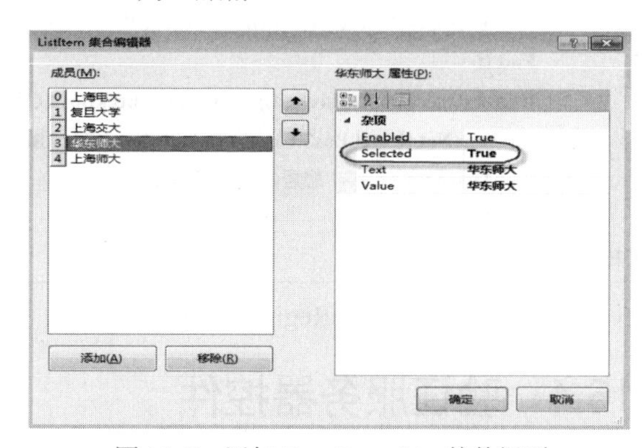

图 16-8　添加 DropDownList 的数据项

（7）如表 16-3 所示，在设计视图下，利用【属性】窗口，设置 StuRegister.aspx 页面其他控件的属性。

（8）生成按钮事件。在设计视图双击 ASP.NET 设计页面的【提交】Button 控件，系统将自动生成一个名为“Button1_Click”的 ASP.NET 事件函数。在该事件函数的 body 中加入如下粗体语句，以在各 Label 中显示用户输入的信息：

```
Protected Sub Button1_Click(sender As Object, e As System.EventArgs)
        Message0.Text = TextBox1.Text & "  您好，欢迎进入 ASP.NET 世界！"
        If (TextBox2.Text <> TextBox3.Text) Then
            Message0.Text = "输入的密码不一致，请重新输入！"
            Return
        End If
        If (RadioButton1.Checked) Then
            Message1.Text = "您的性别是：  " & RadioButton1.Text
        ElseIf (RadioButton2.Checked) Then
            Message1.Text = "您的性别是：  " & RadioButton2.Text
            Message2.Text = "您的学校是：  " & DropDownList1.SelectedItem.Text
        End If
        If (ListBox1.SelectedIndex > -1) Then
            Message3.Text = "您的专业是：  " & ListBox1.SelectedItem.Text
        Else
            Message3.Text = "您没有选择专业"
        End If
        Message4.Text = "您的爱好是："
        If (CheckBox1.Checked) Then
            Message4.Text &= CheckBox1.Text & " "
        End If
```

```
        If (CheckBox2.Checked) Then
            Message4.Text &= CheckBox2.Text & " "
        End If
        If (CheckBox3.Checked) Then
            Message4.Text &= CheckBox3.Text & " "
        End If
        If (CheckBox4.Checked) Then
            Message4.Text &= CheckBox4.Text & " "
        End If
        If (Not (CheckBox1.Checked)) And (Not (CheckBox2.Checked)) _
           And (Not (CheckBox3.Checked) And (Not (CheckBox4.Checked))) Then
            Message4.Text = "您居然没有兴趣爱好！"
        End If
End Sub
```

（9）运行并测试 StuRegister.aspx。

16.4 验证服务器控件

16.4.1 验证服务器控件概述

在 Web 数据库应用程序的页面中，常常需要进行用户输入数据有效性检查。如果使用常规的编写代码的方法，需要编写大量的代码。为了满足这种需求，Web 窗体框架包含一组验证服务器控件，ASP.NET 验证控件提供了进行声明性客户端或服务器数据验证的方法。ASP.NET 各验证控件的名称和功能如表 16-4 所示。

表 16-4 ASP.NET 的验证控件

控件名	功能
RequiredFieldValidator（必须字段验证）	用于检查是否有输入值
CompareValidator（比较验证）	按设定比较两个输入
RangeValidator（范围验证）	输入是否在指定范围
RegularExpressionValidator（正则表达式验证）	正则表达式验证控件
CustomValidator（自定义验证）	自定义验证控件
ValidationSummary（验证总结）	总结验证结果

验证控件总是在服务器代码中执行验证检查。然而，如果用户使用的浏览器支持 DHTML，则验证控件也可使用客户端脚本执行验证。

16.4.2 使用验证服务器控件创建 Web 页面

【例 16-6】 使用验证控件验证用户注册信息。创建用户注册 ASP.NET Web 页面 UserRegister.aspx，要求必须输入用户名、口令。用户名、口令、电子邮箱和电话号码都必须满足设置的正则表达式条件。用户年龄必须是整数，并且是 18～200 岁之间的成年人。

（1）初始页面的运行效果如图 16-9（a）所示。

（2）在初始页面直接单击【确定】按钮，页面运行效果如图 16-9（b）所示，表明用户名、口令是必输信息。

（3）当提供了不符合本例所设置的正则表达式的用户名、口令、电子邮箱、电话号码信息时，页面的运行效果如图 16-9（c）所示。

（4）当提供了正确的用户名、口令、电子邮箱、电话号码、年龄信息时，页面的运行效果如图 16-9（d）所示。

（a）初始页面运行效果

（b）必输信息显示效果

（c）正则表达式要求信息显示效果

（d）用户成功注册

图 16-9　UserRegister.aspx 的运行效果

解决方案：该 ASP.NET Web 页面使用表 16-5 所示的 Web 控件完成指定的开发任务。

表 16-5　UserRegister.aspx 的页面控件

控　　件	属　　性	值	说　　明
TextBox1	ID	UserName	用户名文本框
RequiredFieldValidator1	Display	Dynamic	用户名必须验证控件
	ControlToValidate	UserName	
	ErrorMessage	请输入用户名	
	ForeColor	Red	
RegularExpressionValidator1	Display	Dynamic	用户名正则表达式验证控件
	ErrorMessage	用户名只能包含字母、数字和下划线	
	ControlToValid	UserName	
	ValidationExpression	\w+	
	ForeColor	Red	
TextBox2	ID	Password	口令文本框
	TextMode	Password	
RequiredFieldValidator2	Display	Dynamic	口令必须验证控件
	ControlToValidate	Password	
	ErrorMessage	请确认口令	
	ForeColor	Red	
RegularExpressionValidator2	Display	Dynamic	口令正则表达式验证控件
	ErrorMessage	口令长度必须为 8 到 20 个字符	

续表

控　　件	属　　性	值	说　　明
RegularExpressionValidator2	ControlToValid	Password	口令正则表达式验证控件
	ValidationExpression	.{8,20}	
	ForeColor	Red	
TextBox3	ID	Email	电子邮箱文本框
RegularExpressionValidator3	Display	Dynamic	电子邮箱正则表达式验证控件
	ErrorMessage	Email 格式不对！	
	ControlToValid	Email	
	ValidationExpression	Internet 电子邮件地址	
	ForeColor	Red	
TextBox4	ID	Telephone	电话号码文本框
RegularExpressionValidator4	Display	Dynamic	电话号码正则表达式验证控件
	ErrorMessage	电话号码必须是 8 位号码，如果有区号，区号必须 3 位！	
	ControlToValid	Telephone	
	ValidationExpression	中华人民共和国电话号码	
	ForeColor	Red	
TextBox5	ID	Age	年龄文本框
RangeValidator1	Display	Dynamic	年龄范围（18～200）和数据类型（整数）检查
	ErrorMessage	必须为 18～200 岁的成年人	
	ControlToValidate	Age	
	MaximumValue	200	
RangeValidator1	MinimumValue	18	年龄范围（18～200）和数据类型（整数）检查
	Type	Integer	
	ForeColor	Red	
Button1	Text	确定	确定按钮
Label1	ID	Message	结果显示标签
	Text	空	

操作步骤如下。

（1）添加 ASP.NET 页面。在 ASP.NET Web 窗体应用程序解决方案和项目 WebSite 中添加一个名为 UserRegister.aspx 的 ASP.NET 页面。

（2）设计 ASP.NET 页面。单击【设计】标签，为了整齐布局 Web 页面，首先利用菜单命令【表】|【插入表】插入一个 5 行 2 列的表格；然后分别从【标准】工具箱和【验证】工具箱中拖 5 个 TextBox 控件、2 个 RequiredFieldValidator 控件、4 个 RegularExpressionValidator 控件、1 个 RangeValidator 控件、1 个 Button 控件及 1 个 Label 控件到 ASP.NET 页面。页面布局如图 16-9 所示。参照表 16-5，在【属性】窗口中设置各控件属性。

（3）生成按钮事件。在设计视图双击 ASP.NET 设计页面的【确定】Button 控件，系统将自动生成一个名为“Button1_Click”的 ASP.NET 事件函数，同时打开代码编辑器，在其中加入如下粗体语句，以在 Message Label 中显示用户所输入的信息：

```
Protected Sub Button1_Click(sender As Object, e As System.EventArgs)
```

```
        Message.Text = "您已成功注册！"
End Sub
```

（4）配置 Web.config。修改 Web.config 文件内容，在其<configuration>标记中增加如下粗体代码：

```
<configuration>
    ……
  <appSettings>
    <add key="ValidationSettings:UnobtrusiveValidationMode" value="None" />
  </appSettings>
</configuration>
```

（5）运行并测试 UserRegister.aspx。

16.5　数据服务器控件

16.5.1　数据服务器控件概述

数据控件是支持复杂数据呈现和操作的服务器控件，包括 GridView、DetailsView、DataList、ListView、Repeate 和 FormView。通过将数据绑定控件绑定到数据源控件（如 SqlDataSource 控件），数据源控件连接到数据库或中间层对象等数据源，然后检索或更新数据。

使用 GridView 控件和 DetailsView 控件，不需要代码或使用少量代码，就可以实现常用的数据库应用，包括数据显示、数据更新、数据插入、数据删除等操作。DataList、ListView、Repeater 和 FormView 属于模板化数据控件，相对于 GridView 控件和 DetailsView 控件，它们需要更多的编码控制，但提供更大限度的灵活性，适合于用户自定义的应用场合。

16.5.2　使用数据服务器控件创建 Web 页面

【例 16-7】 使用 GridView 控件分页显示数据库表数据。创建 ASP.NET Web 页面 GridView.aspx，使用 GridView 控件分页显示范例数据库 NorthWind 中 Products 和 Categories 两个数据表中的信息。运行效果如图 16-10 所示。

（1）页面显示商品库存量小于 10 的商品类别、商品名称、商品单价、商品库存量、商品定购量信息。

（2）根据商品类别和商品名称升序显示商品信息。

（3）分页显示记录信息，并且一页只显示 5 行记录。

（4）数据表各字段具有自动排序功能。

解决方案：该 ASP.NET Web 页面使用表 16-6 所示的 Web 控件完成指定的开发任务。

表 16-6　GridView.aspx 的页面控件

类　型	ID	说　明
GridView	GridView1	分页显示数据表各字段信息，并且数据表各字段具有自动排序功能
SqlDataSource	SqlDataSource1	GridView 数据源

操作步骤如下。

（1）添加 ASP.NET 页面。在 ASP.NET Web 窗体应用程序解决方案和项目 WebSite 中添加一个名为 GridView.aspx 的 ASP.NET 页面，并添加一个 GridView 控件。

（2）新建数据源。执行【GridView 任务】菜单中【选择数据源】下拉列表框中的【新建数据源】命令，在弹出的【选择数据源类型】数据源配置向导中选择【数据库】，单击【确定】按钮。

（3）添加数据库连接。在随后的【选择您的数据连接】配置数据源向导中，单击【新建连接】按钮，将出现【选择数据源】对话框。

① 选择数据源。在【数据源】列表中选择【Microsoft SQL Server 数据库文件】，单击【确定】按钮，返回到如图 16-11 所示的【添加连接】对话框。

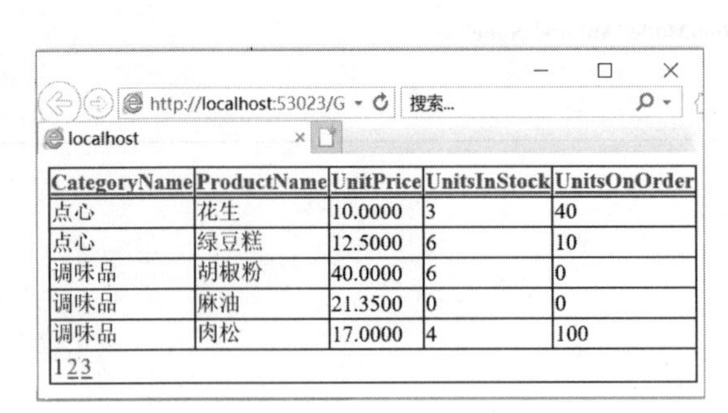

CategoryName	ProductName	UnitPrice	UnitsInStock	UnitsOnOrder
点心	花生	10.0000	3	40
点心	绿豆糕	12.5000	6	10
调味品	胡椒粉	40.0000	6	0
调味品	麻油	21.3500	0	0
调味品	肉松	17.0000	4	100
123				

图 16-10　GridView.aspx 的运行效果

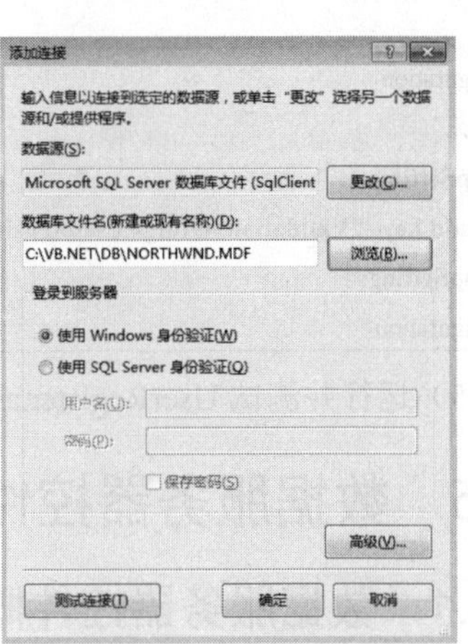

图 16-11　选择数据连接

② 添加数据库连接。单击【数据库文件名（新建或现有名称）】右侧的【浏览】按钮，在随后出现的【选择 SQL Server 数据库】对话框中选择"C:\VB.NET\DB\NorthWind.mdf"数据库文件，单击【打开】按钮。返回到【添加连接】对话框，单击【确定】按钮。返回【选择您的数据连接】配置数据源向导，"应用程序连接数据库应使用哪个数据连接"将显示"NorthWind.mdf"数据连接，单击【下一步】按钮。

（4）保存数据库连接。在【将连接字符串保存到应用程序配置文件中】配置数据源向导中，按默认设置将数据库连接以"NorthWindConnectionString"为名保存到应用程序配置文件（即 Web.config）中，以后可直接选择使用，这样可以简化数据源的维护和部署。单击【下一步】按钮。

（5）自定义 Select 语句。在【配置 Select 语句】配置数据源向导中，选择【指定自定义 SQL 语句或存储过程】单选项，单击【下一步】按钮，在随后出现的【定义自定义语句或存储过程】配置数据源向导中，在【SQL 语句】文本框中输入如图 16-12（a）所示的 Products 和 Categories 两个数据表连接并查询的 Select 语句："SELECT Categories.CategoryName, Products.ProductName, Products.UnitPrice, Products.UnitsInStock, Products.UnitsOnOrder FROM Categories INNER JOIN Products ON Categories.CategoryID = Products.CategoryID WHERE (Products.UnitsInStock < 10) ORDER BY Categories.CategoryName, Products. ProductName"。或者单击图 16-12（a）中的【查询生成器】命令按钮，出现如图 16-12（b）所示的【查询生成器】窗口，利用图形界面自动生成两个数据表连接并查询的 Select 语句，以显示商品库存量小于 10 的商品类别、商品名称、商品单价、商品库存量、商品定购量信息，并根据分类名称和商品名称升序排序，单击【确定】按钮，返回【定义自定义语句或存储过程】配置数据源向导，单击【下一步】按钮。单击【完成】按钮。完成 GridView 控件数据源的配置。

（6）启用 GridView 的分页和排序功能。在【GridView 任务】列表中分别选择【启用分页】和【启用排序】复选框，启用 GridView 的分页和排序功能。

（7）设置每页显示 5 行记录。在设计视图下，选中页面中的 GridView 控件，在其【属性】窗口中设置【PageSize】属性为 5，使得每页只显示 5 行记录。

（8）运行并测试 GridView.aspx。

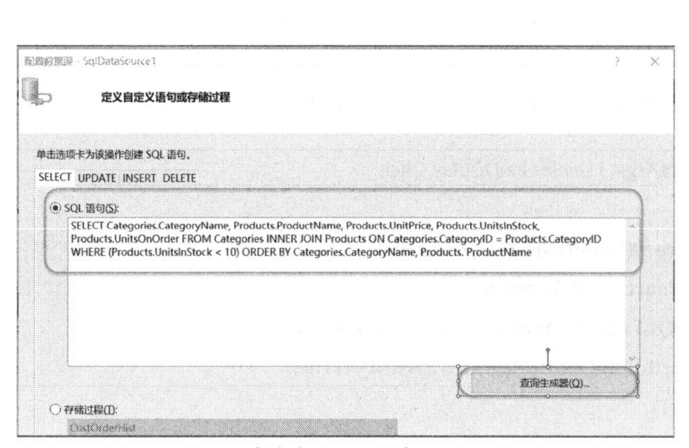

（a）自定义 Select 语句

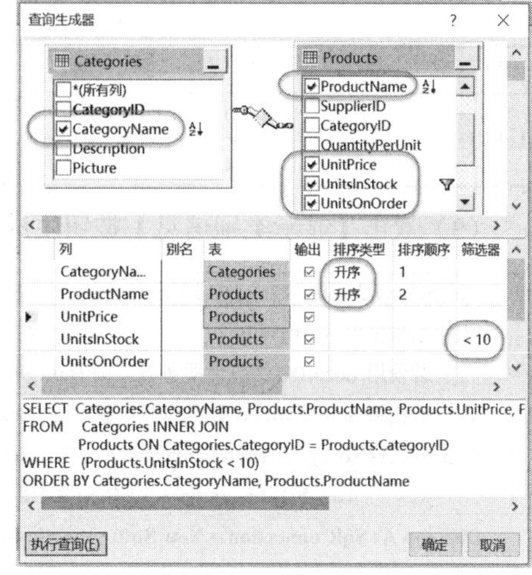

（b）利用【查询生成器】自动生成 Select 语句

图 16-12　配置 Select 语句

16.6　使用 ADO.NET 连接和操作数据库

使用数据提供程序访问数据库操作的典型步骤如下。

（1）建立数据库连接。

（2）创建 SQL 命令。

（3）执行 SQL 命令。

（4）处理 SQL 命令结果。

【例 16-8】 创建 ASP.NET Web 页面 Categories.aspx，使用数据提供程序访问并显示范例数据库 NorthWind 中 Categories 数据表中的信息。其设计布局如图 16-13 所示，运行效果如图 16-14 所示。

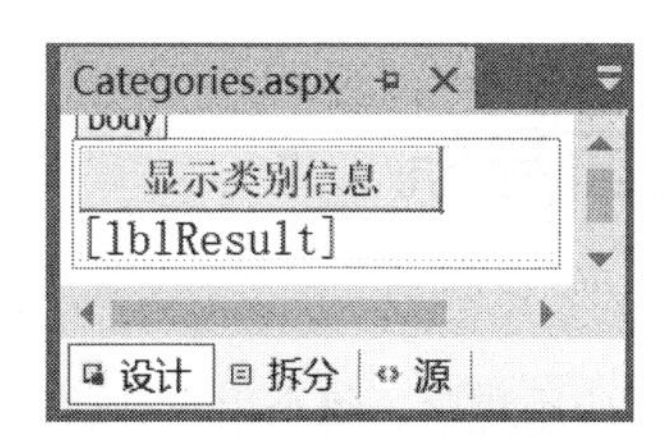

图 16-13　Categories.aspx 设计布局

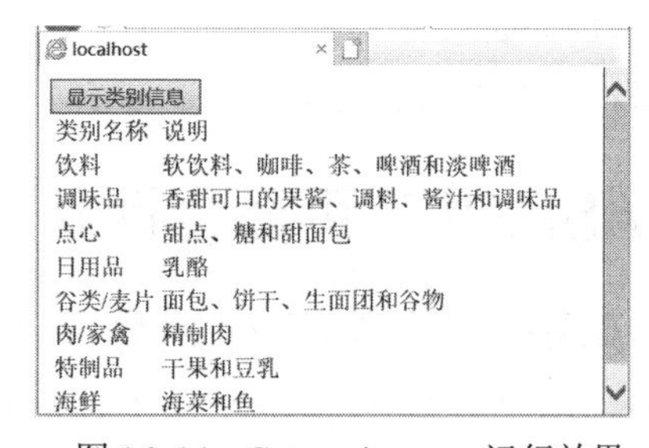

图 16-14　Categories.aspx 运行效果

操作步骤：

（1）在 ASP.NET Web 窗体应用程序解决方案和项目 WebSite 中添加一个名为 Categories.aspx 的 ASP.NET 页面。

（2）设计 ASP.NET 页面。在设计视图中，根据图 16-13 设计网页布局；根据表 16-7 设置控件的属性。

表 16-7　Categories.aspx 的页面控件

控　　件	属　　性	值	说　　明
Button1	ID	BtnDisplay	显示产品类别信息按钮
	Text	显示类别信息	

续表

控　件	属　性	值	说　明
Label1	ID	lblResult	结果显示标签
	Text	空白	

（3）双击【显示类别信息】按钮生成其 Click 事件，并加入如下粗体语句。

```
Protected Sub btnDisplay_Click(sender As Object, e As EventArgs) Handles btnDisplay.Click
    '连接到数据库 NorthWind
    '注：若使用 LocalDB 数据库服务器，则 Data Source = (LocalDB)\MSSQLLocalDB
    '注：若使用 SQL Express 数据库服务器，则 Data Source = .\SQLExpress
    Dim str1 As String = "Data Source=(LocalDB)\MSSQLLocalDB;Initial Catalog=Northwind;
              AttachDbFilename=C:\VB.NET\DB\NorthWind.mdf;Integrated Security=True;"
    Dim con As SqlConnection = New SqlConnection(str1)
    con.Open()
    '创建查询 SQL 命令
    Dim cmd As SqlCommand = New SqlCommand("Select CategoryName, Description From Categories", con)
    Dim dtr As SqlDataReader = cmd.ExecuteReader()     '执行 SQL 命令并返回结果
    Dim StrResult As String = "<table><tr><td>类别名称</td><td>说明</td></tr>"     '显示结果标题
    While dtr.Read()    '通过循环列表显示产品类别信息
        StrResult += "<tr><td>" & dtr（"CategoryName"） & "</td><td>" & dtr（"Description"） & "</td></tr>"
    End While
    lblResult.Text = StrResult & "</table>"    '显示结果
    dtr.Close()    '关闭 DataReader
    con.Close()    '关闭数据库连接
End Sub
```

（4）引用名称空间 System.Data.SqlClient。在代码的头部添加如下粗体语句。

```
Imports System.Data.SqlClient
```

（5）运行并测试 Categories.aspx。

16.7 ASP.NET 页面会话状态和页面导航

16.7.1 ASP.NET Web 应用程序上下文

在 Web 应用程序运行时，ASP.NET 将维护有关当前应用程序、每个用户会话、当前 HTTP 请求、请求的页等方面的信息。ASP.NET 包含一系列类，用于封装这些上下文信息。

ASP.NET Web 应用程序上下文包含这些类的实例（内部对象）。使用内部对象，可以访问 ASP.NET Web 应用程序上下文。

1．Application 对象

Application 对象提供对所有会话的应用程序范围的方法和事件的访问。还提供对可用于存储信息的应用程序范围的缓存的访问。

例如，下面代码在应用程序 Global.asax 文件的 Application_Start 事件处理程序中，设置应用程序状态变量的值。

```
Sub Application_Start(sender As Object, e As EventArgs)
```

```
        ' 在应用程序启动时运行的代码
        Application("PageRequestCount") = 0
End Sub
```

例如，下面代码片段使用 Application.Lock()来锁定应用程序状态，然后在锁定状态下，将 PageRequestCount 变量值增加 1，最后使用 Application.UnLock()取消锁定应用程序状态。注意：应用程序状态变量可以同时被多个线程访问，使用锁，可以防止产生无效数据。

```
Application.Lock()
Application("PageRequestCount") = CInt(Application("PageRequestCount")) + 1
Application.UnLock()
```

例如，下面代码片段读取应用程序变量，并显示在 ASP.NET 页面上。注意：首先确定应用程序变量是否存在，然后在访问该变量时将其转换为相应的类型。

```
If (Application("PageRequestCount") <> Nothing) Then
    Dim iCount As Integer = CInt(Application("PageRequestCount"))
    Message.Text = "您是第" + iCount + "个访问者"
End If
```

2. Session 对象

Session 对象为当前用户会话提供信息，还提供对可用于存储信息的会话范围的缓存的访问，以及控制如何管理会话的方法。

例如，下面代码片段用于保存单个会话中的值。

```
Session("FirstName") = txtNameF.Text
Session("LastName") = txtNameL.Text
Session("City") = txtCity.Text
```

例如，下面代码片段用于读取 Session 对象中保存的值。

```
lblNameF.Text = Session("FirstName")
lblNameL.Text = Session("LastName")
lblCity.Text = Session("City")
```

3. Response 对象

Response 对象用于对当前页的输出流的访问，可以使用此 Response 将文本插入页中、编写 Cookie 等。

例如，下面代码片段根据下拉列表框中选择的书籍类型，跳转到相应的书籍一览页面。

```
Response.Redirect("~/Booklist?CategoryID=" & DropDownListCategory.Text)
```

例如，下面代码片段写入一个名为 UserSettings 的 Cookie，并设置其 Font 和 Color 子项的值，同时将过期时间设置为明天。

```
Response.Cookies("UserSettings"(("Font") = "Arial"
Response.Cookies("UserSettings")("Color") = "Blue"
Response.Cookies("UserSettings").Expires = DateTime.Now.AddDays(1)
```

4．Request 对象

Request 对象提供对当前页请求的访问，其中包括请求标题、Cookie、客户端证书、查询字符串等。可以使用 Request 对象读取浏览器已经发送的内容。

例如，下面代码片段读取 HTTP 查询字符串变量 CategoryID 的值。

```
Dim categoryID As Integer= CInt(Request.QueryString("CategoryID"))
```

例如，下面代码片段读取名为 UserSettings 的 Cookie，然后读取名为 Font 的子键的值。

```
If (Request.Cookies("UserSettings") <> Nothing) Then
    Dim MyUserSettings As String
    If (Request.Cookies("UserSettings")("Font") <> Nothing) Then
        MyUserSettings = Request.Cookies("UserSettings")("Font")
    End If
End If
```

5．Context 对象

Context 对象提供对整个当前上下文（包括请求对象）的访问。可以使用 Context 对象共享页之间的信息。

6．Server 对象

Server 对象公开可以用于在页之间传输控件的实用工具方法，获取有关最新错误的信息，对 HTML 文本进行编码和解码等。

7．Trace 对象

Trace 对象提供在 HTTP 页输出中显示系统和自定义跟踪诊断消息的方法。

16.7.2 ASP.NET Web 应用程序事件

ASP.NET Web 应用程序事件处理程序编写在 Global.asax 文件中，ASP.NET 使用命名约定 Application_eventXXX 将应用程序事件自动绑定到处理程序。注意：如果修改了 ASP.NET 应用程序的 Global.asax 文件，则该应用程序将会重新启动。

常用的应用程序事件和会话事件如下。

1．Application_Start

请求 ASP.NET 应用程序中第一个资源（如页）时调用。在应用程序的生命周期期间仅调用一次 Application_Start 方法。可以使用此方法执行启动任务，如将数据加载到缓存中及初始化静态值。

2．Application_End

在卸载应用程序之前对每个应用程序生命周期调用一次。使用 Application_End 事件清除与应用程序相关的资源占用信息。

3．Application_Error

用于创建错误处理程序，以在处理请求期间捕捉所有未处理的 ASP.NET 错误，即 Try/Catch 块或在页级别的错误处理程序中没有捕捉的所有错误。

4. Session_Start

如果请求开始一个新会话，则 Session_Start 事件处理程序在请求开始时运行。如果请求不包含 SessionID 值或请求所包含的 SessionID 属性引用一个已过期的会话，则会开始一个新会话。

一般可以使用 Session_Start 事件初始化会话变量并跟踪与会话相关的信息。

5. Session_End

如果调用 Session.Abandon 方法中止会话，或会话已过期，则运行 Session_End 事件处理程序。

使用 Session_End 事件清除与会话相关的信息，如由 SessionID 值跟踪的数据源中的用户信息。

如果超过了某一会话 Timeout 属性指定的分钟数并且在此期间内没有请求该会话，则该会话过期。

【例 16-9】 创建 ASP.NET 应用程序访问计数器 HelloWorldWithCount.aspx。修改例 16-3 创建的 ASP.NET 欢迎页面，增加利用 Application 实现页面计时和计数的功能，即运行界面会显示用户登录的日期、时间，并指明登录用户是第几位访问者。运行效果如图 16-15 所示。

图 16-15　HelloWorldWithCount.aspx 运行效果

解决方案如下。

（1）使用 Global.asax。在 Application_Start 事件中创建计数器变量 Application("nCount")。

（2）HelloWorldWithCount.aspx ASP.NET Web 页面使用表 16-8 所示的 Web 控件完成指定的开发任务。

表 16-8　HelloWorldWithCount.aspx 的页面控件

控　件	属　性	值	说　明
Label1	Text	请输入您的姓名：	输入信息标签
	Font-Bold	True	
	Font-Size	Medium	
TextBox1	ID	Name	姓名文本框
Button1	Text	确定	确定命令按钮
Label2	ID	Message	信息显示标签
	Text	空	
	Font-Bold	True	
	ForeColor	Blue	
Label3	ID	LabelTime	显示访问时间
	Text	空	
Label4	ID	LabelCount	显示访问计数
	Text	空	

操作步骤如下。

（1）将 HelloWorld.aspx 另存为 HelloWorldWithCount.aspx。

（2）修改 Global.asax。鼠标双击解决方案资源管理器中的 Global.asax，并分别在其 Application_Start 和 Application_End 事件中添加如下粗体代码：

```
Sub Application_Start(sender As Object, e As EventArgs)
        ' 应用程序启动时激发
```

```
        Application("nCount") = 0
        Application("sTime") = DateTime.Now.ToString()
End Sub
Sub Application_End(sender As Object, e As EventArgs)
        ' 在应用程序关闭时运行的代码
        Application("nCount") = 0
End Sub
```

图 16-16　修改 ASP.NET 设计页面

（3）修改 ASP.NET 设计页面。在设计视图下，参照图 16-16，修改 ASP.NET 页面，并分别在【属性】窗口中设置各控件属性。

① 访问时间 Label 的 ID 为“LabelTime”文本内容（Text）为“空”。

② 访问计数 Label 的 ID 为“LabelCount”文本内容（Text）为“空”。

（4）生成 Page_Load 事件代码。在设计视图中双击页面空白处，系统将自动生成一个名为“Page_Load”的 ASP.NET 事件函数，在其中添加如下粗体语句，以显示保存在应用程序中的计数器信息。

```
Protected Sub Page_Load(sender As Object, e As System.EventArgs)
        Application("nCount") = CInt(Application("nCount")) + 1
        LabelTime.Text = Application("sTime").ToString()
        LabelCount.Text = Application("nCount").ToString()
End Sub
```

（5）运行并测试 HelloWorldWithCount.aspx。

16.7.3　ASP.NET Web 页面导航

在 ASP.NET 应用中，Web 页面之间的导航有多种方式：超级链接、表单、导航控件、浏览器端、服务器端等。

（1）超级链接导航：使用 HTML 超级链接控件实现页面间的导航。例如：

```
<A  href="Page2.aspx">Web 页面 2</A>
```

（2）表单导航：用于 HTML 网页的表单，导航并传递数据到导航页面。例如：

```
<Form method="post" action="Page2.aspx">
输入您的姓名：<input type="text" name="xm">
<input type="submit" name="ok" value="提交">
</Form>
```

（3）导航控件：使用导航控件如 HyperLink、LinkButton、ImageButton、Button，可以构造出动态的超级链接。例如：

```
<asp:HyperLink id="hl1" runat="server" NavigateUrl="Page2.aspx"> Web 页面 2</asp:HyperLink>
```

（4）服务器端（Response）：使用 Response.Redirect(strURL)重定向到一个指定的 URL。它能通过程序控制代码实现多个 Web 表单页面之间任意的导航，但 Response.Redirect 方法需要客户端与服务器端进行两次请求和应答，耗费时间和资源。例如：

```
Response.Redirect("Page2.aspx")
```

（5）服务器端（Server）：使用 Server.Transfer 方法和 Server.Execute 方法两种方法实现页面导航。例如：

```
Server.Transfer("Page2.aspx")
```

（6）客户端自动导航：通过<meta http-equiv="refresh" content="20; url=导航地址">实现定时自动导航。例如：

```
<meta http-equiv="refresh" content="20; url= Page2.aspx ">
```

【例 16-10】 使用 ASP.NET 页面按钮实现页面导航。设计程序 NavigateFrom.aspx，分别使用页面按钮 Button、LinkButton、ImageButton 的跳转功能导航到 NavigateTo.aspx。运行效果如图 16-17 所示。

（1）NavigateFrom.aspx 初始运行效果如图 16-17（a）所示。

（2）分别单击【Button 跳转】按钮或者【LinkButton 跳转】按钮或者图像按钮后，网页均跳转到 NavigateTo.aspx，如图 16-17（b）所示。

解决方案：该 ASP.NET Web 页面使用表 16-9 所示的 Web 控件完成指定的开发任务。

（a）NavigateFrom.aspx 运行效果

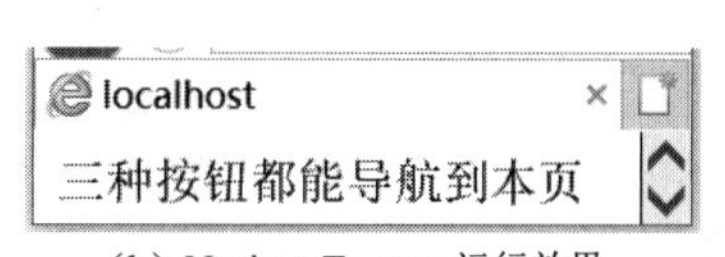

（b）NavigateTo.aspx 运行效果

图 16-17　页面导航的运行效果

表 16-9　NavigateFrom.aspx 的页面控件

控　件	属　性	值	说　明
Button1	Text	Button 跳转	Button 跳转按钮
	PostBackUrl	~/NavigateTo.aspx	
LinkButton1	Text	LinkButton 跳转	LinkButton 跳转按钮
	PostBackUrl	~/NavigateTo.aspx	
ImageButton1	ImageUrl	~/images/仙女 1.jpg	ImageButton 跳转按钮
	PostBackUrl	~/NavigateTo.aspx	

操作步骤如下。

（1）添加 ASP.NET 页面。在 ASP.NET Web 窗体应用程序解决方案和项目 WebSite 中分别添加名为 NavigateFrom.aspx 和 NavigateTo.aspx 的 ASP.NET 页面。

（2）设计 ASP.NET 页面。在 NavigateFrom.aspx 的设计视图下，首先利用【表】菜单下的【插入表】命令插入一个 3 行 1 列的表格，然后从【标准】工具箱中分别拖入 1 个 Button、1 个 LinkButton、1 个 ImageButton 到表格中，并参照表 16-9，分别在【属性】窗口中设置各控件属性。

（3）生成按钮事件。在 NavigateTo.aspx 的设计窗口双击页面空白处，系统将自动生成一个名为“Page_Load”的 ASP.NET 事件函数，同时打开代码编辑器。在其中加入如下粗体语句：

```
Protected Sub Page_Load(sender As Object, e As System.EventArgs)
        Response.Write("三种按钮都能导航到本页")
End Sub
```

（4）运行并测试 NavigateFrom.aspx。

16.8 ASP.NET Web 应用程序的布局和导航

每个 ASP.NET Web 应用程序都有特定的外观、布局，并需要提供导航功能。在 ASP.NET Web 编程框架中，针对上述需求，提供了相应的实现机制：使用母版页实现站点的布局；并使用导航控件实现导航功能；使用主题和外观控制 Web 页面的外观。

16.8.1 ASP.NET Web 母版页

使用 ASP.NET 2.0 的母版页，可以为 Web 站点创建统一的布局。母版页定义 Web 页面的外观和标准行为；各内容页定义 Web 页面要显示的特殊内容。当用户请求内容页时，这些内容页与母版页合并一起输出。

母版页功能可以为站点定义公用的结构和界面元素，如页眉、页脚或导航栏。公用的结构和界面元素定义在一个称为“母版页”的公共位置，由网站中的多个页所共享。这样可提高站点的可维护性，避免对共享站点结构或行为的代码进行不必要的复制。

母版页为具有扩展名.master 的 ASP.NET 文件，母版页由特殊的@Master 指令识别，而普通.aspx 页使用@Page 指令。例如：

```
<%@ Master Language="VB.NET" %>
```

与普通 ASP.NET 页面一样，母版页可以包含静态文本、HTML 元素、服务器控件及代码。另外，母版页还可以包含一种特殊类型的控件：ContentPlaceHolder 控件。ContentPlaceHolder 定义了一个母版页呈现区域，可由与母版页关联的页的内容来替换。ContentPlaceHolder 还可以包含默认内容。例如，定义包含默认内容的 ContentPlaceHolder 控件 FlowerText：

```
<asp:contentplaceholder id="FlowerText" runat="server">
    <h3>Welcome to my florist website!</h3>
</asp:contentplaceholder>
```

通过创建各个内容页来定义母版页的占位符控件的内容。通过包含指向要使用的母版页的 MasterPageFile 属性，在内容页的@Page 指令中建立绑定。例如下述@Page 指令，将该内容页绑定到 Master1.master 母版页：

```
<%@Page Language="VB.NET" MasterPageFile="~/Master1.master" Title="Content Page"%>
```

内容页可声明 Content 控件，该控件对应于母版页中的 ContentPlaceHolder，用于重写母版页中的内容占位符部分。Content 控件通过其 ContentPlaceHolderID 属性与特定的 ContentPlaceHolder 控件关联。

注意：内容页的标记和控件只能包含在 Content 控件内；内容页不能有自己的顶层内容，但可以有指令或服务器端代码。

例如，下列内容页使用母版页 Site.master 并重写了母版页中的内容占位符部分：

```
<%@ Page MasterPageFile="Site.master" %>
```

```
<asp:content id="Content1" contentplaceholderid="FlowerText" runat="server">
    With sunshine, water, and careful tending, roses will bloom several times in a season.
</asp:content>
<asp:content id="Content2" contentplaceholderid="FlowerPicture" runat="server">
    <asp:Image id="image1" imageurl="~/images/rose.jpg" runat="server"/>
</asp:content>
```

16.8.2　ASP.NET Web 导航控件

1.　ASP.NET 站点导航概述

ASP.NET 站点导航功能为用户导航站点提供一致的方法。ASP.NET 站点导航将页面的链接存储在一个中央位置（站点地图），并使用特定 Web 服务器导航控件在每页上显示导航菜单。

默认情况下，站点导航系统使用数据源控件 SiteMapDataSource，默认绑定到一个包含站点层次结构的 XML 文件：Web.sitemap。也可以将站点导航系统配置为使用其他数据源，如数据库的表。

站点地图文件 Web.sitemap 必须位于应用程序的根目录。Web.sitemap 文件包含单个顶级<siteMap>元素。<siteMap>元素中至少嵌套一个<siteMapNode>元素。每一个<siteMapNode>元素通常包含 url、title 和 description 属性。

- url 属性：指定该导航链接的目标 URL。
- title 属性：指定该导航链接的标题。
- description 属性：该导航链接的描述信息。
- siteMapFiles 属性：从父站点地图链接到子站点地图文件。

例如，ASP.NET 快速入门的站点地图如下所示。

```
<?xml version="1.0" encoding="utf-8" ?>
<siteMap>
    <siteMapNode url="~/aspnet/default.aspx" title="ASP.NET">
        <siteMapNode url="" title="入门">
            <siteMapNode url="~/aspnet/doc/default.aspx" title="介绍"/>
            <siteMapNode url="~/aspnet/doc/whatsnew.aspx" title="ASP.NET 3.5 中的新增功能？"/>
            <siteMapNode url="~/aspnet/doc/vscsharp.aspx" title="Visual Studio 介绍"/>
            <siteMapNode url="~/aspnet/doc/learn.aspx" title="何处了解更多信息"/>
        </siteMapNode>
    </siteMapNode>
</siteMap>
```

SiteMapPath 导航控件显示导航路径（也称为 breadcrumb（面包屑）或 eyebrow（眉毛）链接）向用户显示当前页面的位置，并以链接的形式显示返回主页的路径。此控件提供了许多可供自定义链接的外观的选项。

默认情况下，ASP.NET 站点导航使用一个名为 Web.sitemap 的 XML 文件，该文件描述网站的层次结构。但是，也可以使用多个站点地图文件或站点地图提供程序来描述整个网站的导航结构。

例如，在 Web.config 文件中配置多个站点地图，然后通过将相关的 SiteMapProvider 属性设置为 Company1SiteMap 或 Company2SiteMap，可以将它们与导航控件（如 SiteMapPath、TreeView 和 Menu）一起使用：

```
<configuration>
  <!-- other configuration sections -->
  <system.web>
    <!-- other configuration sections -->
    <siteMap defaultProvider="XmlSiteMapProvider">
     <providers>
       <add name="Company1SiteMap"
         type="System.Web.XmlSiteMapProvider"
         siteMapFile="~/Company1/Company1.sitemap" />
       <add name="Company2SiteMap"
         type="System.Web.XmlSiteMapProvider"
         siteMapFile="~/Company2/Company2.sitemap" />
     </providers>
    </siteMap>
  </system.web>
</configuration>
```

2．ASP.NET TreeView 导航控件

ASP.NET TreeView 控件用于以树状结构图形界面显示分层数据，如文件目录、站点导航地图等。通过自定义 TreeView 控件，允许其具有多种外观。TreeView 支持回发样式的事件及简单的超链接导航。

TreeView 控件支持三种编程模型。

（1）通过声明方法静态定义。通过声明方法静态定义的树是 TreeView 的最简单形式。例如：

```
<asp:TreeView runat="server">
  <Nodes>
    <asp:TreeNode Text="ASP.NET 参考网站">
      <asp:TreeNode Text="微软 MSND" NavigateUrl="http://msdn.microsoft.com"/>
      <asp:TreeNode Text="中国 CSDN" NavigateUrl="http://www.csdn.com.cn"/>
    </asp:TreeNode>
  </Nodes>
</asp:TreeView>
```

（2）通过编程方法动态构造。使用编程方式，可以灵活地创建各种复杂的树状结构数据显示图形界面。例如，以编程方式从关系数据库中创建 TreeNode。

（3）使用数据绑定。通过自动数据绑定，允许将控件的节点绑定到分层数据（如 XML 文件）。例如，通过绑定到 SiteMapDataSource 控件，可以提供对站点导航的支持。

3．ASP.NET Menu 导航控件

ASP.NET Menu 控件用于在 ASP.NET 网页中显示静态和动态菜单。无需编写任何代码，便可控制 Menu 控件的外观、方向和内容。

菜单控件由一个或多个 MenuItem 组成，这些 MenuItem 一般组织在层次结构的不同级别中。每个 MenuItem 包含一些属性，这些属性确定 MenuItem 的外观（如文本和 Navigate URL 等）。

Menu 控件具有以下两种显示模式。

① 静态模式（StaticMenu）：Menu 控件始终是完全展开的，整个结构都是可视的，用户可以单击任何部位。

② 动态模式（DynamicMenu）：在动态显示的菜单中，只有指定的部分是静态的，而只有用户将鼠标指针放置在父节点上时才会显示其子菜单项。

Menu 控件支持三种编程模型。

① 通过声明方法静态定义。通过在 Items 属性中指定菜单项的方式，向控件添加单个菜单项。Items 属性是 MenuItem 对象的集合。例如，下列代码声明 Menu 控件包括三个菜单项，每个菜单项有两个子项：

```
<asp:Menu ID="Menu1" runat="server" StaticDisplayLevels="3">
  <Items>
    <asp:MenuItem Text="文件" Value="File">
      <asp:MenuItem Text="新建" Value="New"></asp:MenuItem>
      <asp:MenuItem Text="打开" Value="Open"></asp:MenuItem>
    </asp:MenuItem>
    <asp:MenuItem Text="编辑" Value="Edit">
      <asp:MenuItem Text="拷贝" Value="Copy"></asp:MenuItem>
      <asp:MenuItem Text="粘贴" Value="Paste"></asp:MenuItem>
    </asp:MenuItem>
  </Items>
</asp:Menu>
```

② 通过编程方法动态构造。使用编程方式，可以灵活地创建各种复杂的菜单显示图形界面。例如，以编程方式从关系数据库中创建菜单。

③ 使用数据绑定。通过自动数据绑定，允许将控件的节点绑定到分层数据（如 XML 文件）。例如，通过绑定到 SiteMapDataSource 控件，可以提供对站点导航的支持。

4．ASP.NET SiteMapPath 导航控件

SiteMapPath 控件用于指示当前显示的页在站点中位置的引用点。通过读取站点地图所提供的数据，显示一些链接的列表，这些链接表示用户的当前页及返回至网站根目录的层次路径。这种类型的控件通常称为面包屑或眉毛，因为它显示超链接页名称的分层路径，而该路径提供从当前位置提升页层次结构的出口。

SiteMapPath 控件直接使用网站的站点地图数据。如果将其用在未在站点地图中表示的页面上，则其不会显示。

SiteMapPath 显示的每个节点都是 HyperLink 或 Literal 控件，通过自定义模板或样式，可以控制其外观显示方式。

TreeView 控件用于以树状结构图形界面显示分层数据，如文件目录、站点导航地图等。通过自定义 TreeView 控件，允许其具有多种外观。TreeView 支持回发样式的事件及简单的超链接导航。

Menu 控件用于在 ASP.NET 网页中显示静态和动态菜单。无需编写任何代码，便可控制 Menu 控件的外观、方向和内容。

SiteMapPath 控件用于指示当前显示的页在站点中位置的引用点。通过读取站点地图所提供的数据，显示一些链接的列表，这些链接表示用户的当前页及返回至网站根目录的层次路径。

16.8.3　应用举例：设计 ASP.NET Web 站点

【例 16-11】 创建花鸟网站的母版页 MasterPage.master。母版页的布局如图 16-18 所示。

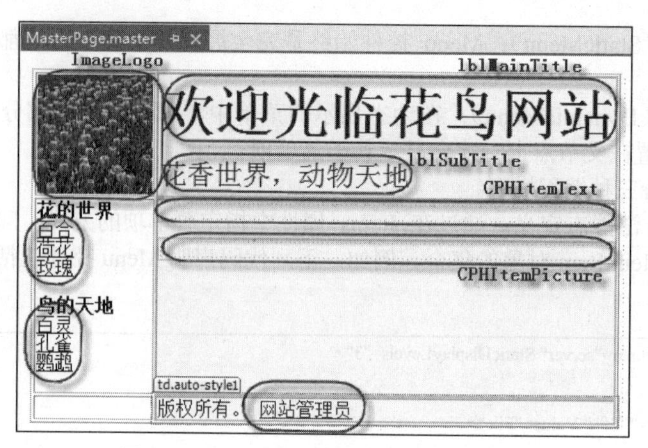

图 16-18 MasterPage.master 的设计布局

（1）网站徽标为网站的标志图像 log.jpg。

（2）菜单超链接指向各内容页，包括：花的世界（百合、荷花、玫瑰）和鸟的天地（百灵、孔雀、鹦鹉）两个部分。

（3）网站管理员超链接到管理员的邮件地址。

操作步骤如下。

（1）准备素材。将本教程素材包中 C:\VB.NET\Chapter16\WebSite\images 文件夹（连同其中的所有 jpg 文件）复制到 C:\VB.NET\Chapter16\WebSite 中。单击 Visual Studio 解决方案资源管理器中的【刷新】按钮，显示该文件夹中的内容。

（2）添加 ASP.NET 母版页面。鼠标右击解决方案资源管理器的项目 WebSite，执行【添加】|【新建项】|【Web 窗体母版页】快捷菜单命令，在网站中添加母版页 MasterPage.master。

（3）删除页面中系统自动生成的 ContentPlaceHolder1 控件。

（4）设计 ASP.NET 母版页面。根据图 16-18 设计网页布局（通过插入一个三行两列的表格进行布局。设置表格边框（border）为 1）；根据表 16-10 设置控件的属性。

表 16-10 花鸟网站母版页的控件

类 型	ID	属 性	说 明
Image	ImageLogo	Height：100px；Width：100px； ImageURL：~/images/log.jpg	网站 Logo
Label	lblMainTitle	Font-Bold：True；Font-Size：36pt； Text：欢迎光临花鸟网站	网站标题标签
Label	lblSubTitle	Font-Size：18pt； Text：花香世界，动物天地	网站副标题标签
HyperLink	hlLily	Text：百合；NavigateUrl：lily.aspx	超链接：lily.aspx
HyperLink	hlLotus	Text：荷花；NavigateUrl：lotus.aspx	超链接：lotus.aspx
HyperLink	hlRose	Text：玫瑰；NavigateUrl：rose.aspx	超链接：rose.aspx
HyperLink	hlLaverock	Text：百灵；NavigateUrl：laverock.aspx	超链接：laverock.aspx
HyperLink	hlPeacock	Text：孔雀；NavigateUrl：peacock.aspx	超链接：peacock.aspx
HyperLink	hlParrot	Text：鹦鹉；NavigateUrl：parrot.aspx	超链接：parrot.aspx
ContentPlaceHolder	CPHItemText		预定义布局：文字说明
ContentPlaceHolder	CPHItemPicture		预定义布局：图片显示
HyperLink	hlToAdmin	Text：网站管理员； NavigateUrl：admin@flowerbird.com	超链接：admin@flowerbird.com

【例 16-12】创建花鸟网站的内容页 lily.aspx，指定使用的母版页为 MasterPage.master。其设计布局如图 16-19 所示，运行效果如图 16-20 所示。

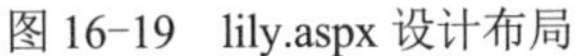
图 16-19　lily.aspx 设计布局

图 16-20　lily.aspx 运行效果

（1）基于母版页添加“单文件页模型”的 ASP.NET 页面 lily.aspx。鼠标右击解决方案资源管理器的项目 WebSite，执行【添加】|【新建项】|【包含母版页的 Web 窗体】快捷菜单命令，单击【添加】按钮。在随后出现的【选择母版页】对话框中，选择 MasterPage.master 母版页。单击【确定】按钮。

（2）设计 ASP.NET 页面 lily.aspx。设计视图下，在“CPHItemText（自定义）”中放置一个 Label 控件，并设置其属性（Text：百合百合，百年好合；ID：lblDescription）；在“CPHItemPicture（自定义）”中放置 1 个 Image 控件，并设置其属性（ImageURL：~/images/lily.jpg）。

（3）运行并测试 lily.aspx。

（4）参照步骤（1）~步骤（2），分别创建内容页 lotus.aspx、rose.aspx、laverock.aspx、peacock.aspx 和 parrot.aspx，具体设计如表 16-11 所示。

表 16-11　各内容页设计细节

页面	CPHItemText（自定义）中的 Label 控件属性	CPHItemPicture（自定义)中的 Image 控件属性
lotus.aspx	出淤泥而不染，濯清涟而不妖	lotus.jpg
rose.aspx	红色代表爱情，黄色代表友情	rose.jpg
laverock.aspx	余音绕梁，三日不绝	laverock.jpg
peacock.aspx	孔雀开屏，争奇斗艳	peacock.jpg
parrot.aspx	鹦鹉学舌，不知其解	parrot.jpg

【例 16-13】 利用站点地图和 TreeView 导航控件创建花鸟网站站点地图，并修改 MasterPage.master 母版页，使用 TreeView 导航控件显示网站导航菜单。导航菜单创建后，lily.aspx 页面的显示效果如图 16-21 所示。

图 16-21　lily.aspx 运行效果（导航菜单）

操作步骤如下。

（1）添加站点地图。鼠标右击解决方案资源管理器的项目 WebSite，执行【添加】|【新建项】|【站点地图】快捷菜单命令，采用默认的站点地图名称 Web.sitemap。

（2）设计站点地图。编辑站点地图 XML 文件，删除<siteMapNode>标记中原有的内容，并加入如下粗体所示的代码。

```
<?xml version="1.0" encoding="utf-8" ?>
<siteMap xmlns="http://schemas.microsoft.com/AspNet/SiteMap-File-1.0" >
  <siteMapNode title="花鸟网站" description="">
    <siteMapNode title="花的世界" description="">
      <siteMapNode url="~\lily.aspx" title="百合" description="" />
      <siteMapNode url="~\lotus.aspx" title="荷花" description=""/>
      <siteMapNode url="~\rose.aspx" title="玫瑰" description=""/>
    </siteMapNode>
    <siteMapNode title="鸟的天地" description="">
      <siteMapNode url="~\laverock.aspx" title="百灵" description=""/>
      <siteMapNode url="~\peacock.aspx" title="孔雀" description=""/>
      <siteMapNode url="~\parrot.aspx" title="鹦鹉" description=""/>
    </siteMapNode>
  </siteMapNode>
</siteMap>
```

（3）在 MasterPage.master 中添加导航控件。打开 MasterPage.master 母版页，在设计视图下，删除页面中所有的导航超链接（即表格第二行第一列中原有的所有内容）。从【导航】标准工具箱中拖一个 TreeView 控件到表格二行第一列中，如图 16-22 所示。

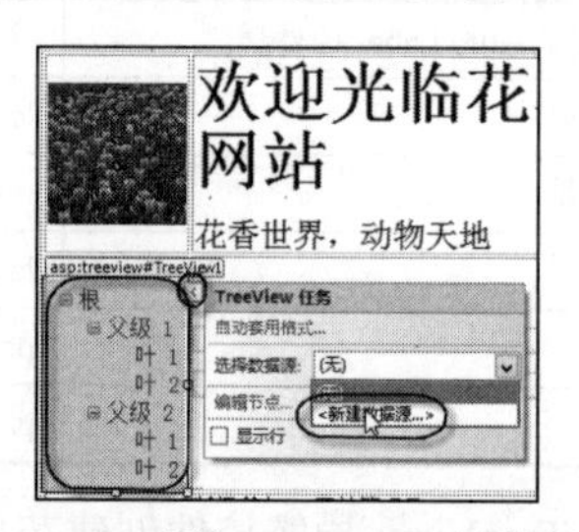

图 16-22　添加 TreeView 导航控件

（4）选择数据源。在设计视图中，选择 TreeView1 控件，单击按钮，执行【TreeView 任务】菜单中【选择数据源】下拉列表框中的【新建数据源】命令。在随后出现的【数据源配置向导】对话框中选择【站点地图】，单击【确定】按钮，完成 TreeView 控件数据绑定的操作。

（5）保存 MasterPage.master。运行测试 lily.aspx，分别链接到 lotus.aspx、rose.aspx、laverock.aspx、peacock.aspx 和 parrot.aspx 等其他页面，观测使用指定的导航控件后对这些 ASP.NET 页面运行效果的影响。

【例 16-14】 修改 MasterPage.master，使用导航控件 Menu 和 SiteMapPath 实现站点导航。站点导航实现后，lily.aspx 页面的显示效果如图 16-23 所示。

操作步骤如下。

（1）在 MasterPage.master 中添加导航控件。打开 MasterPage.master 母版页，在设计视图中，从“导航”标准工具箱中拖一个 SiteMapPath 控件和一个 Menu 控件到表格第一行第二列中，如图 16-24 所示。

图 16-23 lily.aspx 运行效果（导航控件）

图 16-24 添加导航控件

（2）选择数据源。在设计视图中，选择 Menu1 控件，单击按钮，在【Menu 任务】菜单的【选择数据源】下拉列表框中选择 SiteMapDataSource1。

（3）保存 MasterPage.master。运行测试 lily.aspx，分别链接到 lotus.aspx、rose.aspx、laverock.aspx、peacock.aspx 和 parrot.aspx 等其他页面，观测使用指定的导航控件后对这些 ASP.NET 页面运行效果的影响。

16.9 ASP.NET 主题和外观概述

16.9.1 ASP.NET 主题和外观

除了指定单个控件的样式外，ASP.NET 2.0 开始引入了"主题"，它提供了一种简易方式，可以独立于应用程序的页为站点中的控件和页定义样式设置。即在应用程序根目录下的 App_Themes 文件夹中创建子文件夹，并在此子文件夹中定义控件样式，以便应用于应用程序的全部或部分页。各控件样式在主题中被指定为 Skin。

使用 ASP.NET 的"主题和外观"功能，可以将样式和布局信息分解为单独的文件组，统称为"主题"。然后，主题可应用于任何站点，影响站点中页和控件的外观。这样，通过更改主题即可轻松地维护对站点的样式更改，而无需对站点各页进行编辑。还可与其他开发人员共享主题。

可以创建多个主题，其优点在于，设计站点时可以不考虑样式，以后应用样式时也无需更新页或应用程序代码。此外，还可以从外部源获得自定义主题，以便将样式设置应用于应用程序。

16.9.2 定义主题

主题位于应用程序根目录下的 App_Themes 文件夹中。主题由此文件夹下的命名子目录组成，该子目录包含一个或多个具有.skin 扩展名的外观文件的集合。主题还可以包含一个级联样式表文件（.CSS）和/或图像等静态文件的子目录。例如，下列 App_Themes 目录构成包括两个主题："Classic" 和 "Modern"。

```
App_Themes
\Classic
    classic.skin
    classic.css
\Modern
    modern.skin
    modern.css
```

16.9.3 定义外观

一般一个外观文件对应于一个控件，常用的命名规范为“控件名.skin”（如 Label.skin）。一个外观文件也可以包含多个控件定义。在外观文件中，定义的控件的形式和页面中定义的形式一致，但不需要指定控件的 ID 的属性。

在主题中定义的控件属性将自动重写使用该主题的 ASP.NET 目标页中同一类型的控件的本地属性值。例如，如果外观文件 Label.skin 中有如下控件定义：

```
<asp:label runat="server" font-bold="true" forecolor="orange" />
```

则所有应用了该主题的 ASP.NET 页面中的所有 Label 控件都使用粗体，字体颜色为橙色。

16.9.4 定义 CSS 样式

ASP.NET 提供了一些可在应用程序中对页和控件的外观或样式进行自定义的功能。控件支持 Style 对象模型，用于设置字体、边框、背景色和前景色、宽度、高度等样式属性。控件还完全支持可将样式设置与控件属性分离的级联样式表（CSS）。可以将样式信息定义为控件属性或 CSS，也可以在名为 Theme 的单独文件组中定义此信息，以便应用于应用程序的全部或部分页。

一个样式表由样式规则组成，浏览器使用样式表规则去呈现一个文档。每个规则的组成包括一个选择符和该选择符所接受的样式。样式规则组成如下：

```
选择符 { 属性 1: 值 1; 属性 2: 值 2 }
```

例如，下列规则定义了 H1（一级标题）用加大、红色字体显示；H2（二级标题）用大、蓝色字体显示：

```
<HEAD>
<TITLE>CSS 例子</TITLE>
<STYLE TYPE="text/css">
  H1 { font-size: x-large; color: red }
  H2 { font-size: large; color: blue }
</STYLE>
</HEAD>
```

在样式表中样式规则可定义的选择符包括选择符、类选择符、ID 选择符和关联选择符。

1. 选择符

任何 HTML 元素都可以是一个选择符。选择符仅仅是指向特别样式的元素。例如，下列规则中选择符是 P：

```
P { text-indent: 3em }
```

2. 类选择符

一个选择符可以定义不同的类（CLASS），从而允许同一元素具有不同样式。例如，下列规则定义了 HTML 的 CODE 元素的两个类：css 和 html。每个选择符通过其 CLASS 属性指定所呈现的类（例如：<P CLASS=warning>），一个选择符只允许呈现一个类。

```
P.normal { color: #191970 }
P.warning   { color: #4b0082 }
```

类的声明也可以与元素无关，从而可以被用于任何元素。例如，下列规则声明了名为 note

的类，可以被用于任何元素。

```
.note { font-size: small }
```

3. ID 选择符

ID 选择符用于分别定义每个具体元素的样式。一个 ID 选择符的声明指定指示符“#”在名字前面。使用时通过指定元素的 ID 属性来关联（例如：<P ID=indent3>文本缩进 3em</P>）。由于 ID 选择符具有一定的局限，一般不建议使用。例如，下列规则定义了缩进类型的 ID 选择符：

```
#indent3 { text-indent: 3em }
```

4. 关联选择符

关联选择符是使用空格分隔的两个以上的单一选择符组成的字符串，用于指定按选择符顺序关联的样式属性。因为层叠顺序的规则，其优先权比单一的选择符大。例如，下列规则表示段落中的强调文本是黄色背景，而标题的强调文本则不受影响：

```
P EM { background: yellow }
```

16.9.5 在页面中使用主题

通过将<%@ Page Theme="..." %>指令设置为全局主题或应用程序级主题的名称（Themes 或 App_Themes 目录下的文件夹的名称），可为单个页指定主题。一个页面只能应用一个主题，但该主题中可以有多个外观文件，用于将样式设置应用于该页中的控件。例如：

```
<%@ Page Language="VB.NET" Theme="ExampleTheme" %>
```

通过将<@Page StyleSheetTheme="..." %>指令设置为主题的名称，可以将主题定义作为服务器端样式来应用。例如：

```
<%@ Page Language="VB.NET" StyleSheetTheme ="OrangeTheme" %>
```

请注意，母版页不能应用主题，而应在内容页或配置中设置主题。

通过在 Web.config 配置文件中指定<pages theme="......"/>节，也可以为应用程序中的所有页定义应用的主题。若要对特定页取消设置此主题，可以将 Page 指令的 Theme 属性设置为空字符串（""）。例如：

```
<system.web>
    <pages theme="ExampleTheme"/>
</system.web>
```

通过配置<pages/>节的 StyleSheetTheme 属性，也可以将主题定义作为服务器端样式来应用。

通过将 EnableTheming 属性设置为 False，可将特定控件排除在外，使其属性不会被主题重写。例如：

```
<asp:Label ID="Label2" runat="server" Text="Hello 2" EnableTheming="False" />
```

通过创建不同的控件定义，可以在外观文件中为同一类型的控件定义不同的样式。可以将这些控件定义的某个单独的 SkinID 属性设置为所选择的名称，然后对页中要应用此特定外观的控件设置此 SkinID 值。如果没有 SkinID 属性，则应用默认外观（未设置 SkinID 属性的外观）。如果定义了默认外观和 SkinID="Blue"的外观：

```
<asp:label runat="server" font-bold="true" forecolor="red" />
<asp:label runat="server" SkinID="purple" font-bold="true" forecolor="purple" />
```

则：

```
<asp:Label ID="Label1" runat="server" Text="Hello 1" />使用默认外观
<asp:Label ID="Label2" runat="server" Text="Hello 2" SkinID="purple"/>使用外观"purple"
```

在 ASP.NET 页面呈现时，如果应用程序既应用 Theme 又应用 StyleSheetTheme，则按以下顺序应用控件的属性：

① 首先应用 StyleSheetTheme 属性；

② 然后应用页中的控件属性（重写 StyleSheetTheme）；

③ 最后应用 Theme 属性（重写控件属性和 StyleSheetTheme）。

16.9.6 应用举例使用 ASP.NET 主题和外观自定义 Web 站点

【例 16-15】 创建主题 classic，创建样式 classic.css。并仅使花鸟网站的 lily.aspx ASP.NET 页面使用 classic 主题样式。lily.aspx（使用 classic 主题样式）和 rose.aspx（未使用 classic 主题样式）页面的显示效果分别如图 16-25（a）和图 16-25（b）所示。

（a）lily.aspx（使用 classic 主题样式）运行效果

（b）rose.aspx（未使用 classic 主题样式）运行效果

图 16-25 使用 classic 主题样式后花鸟网站运行效果

操作步骤如下。

（1）新建主题 ASP.NET 文件夹 classic。在解决方案资源管理器中，鼠标右击解决方案资源管理器的项目 WebSite，执行快捷菜单命令【添加】|【添加 ASP.NET 文件夹】|【主题】，系统自动创建主题 ASP.NET 文件夹 App_Themes，同时创建主题子文件夹“主题 1”。将“主题 1”重命名为 classic。

（2）创建 CSS 样式文件。在解决方案资源管理器中，鼠标右击 classic 主题子文件夹，执行快捷菜单命令【添加】|【样式表】，指定项名称为 classic，在子文件夹 classic 中添加 classic.css 样式文件。

（3）修改页面背景样式定义。在打开的 classic.css 代码文件中，光标定位到 body 的大括号内，输入“background-color: #ffff66;”，设置页面背景为浅黄色样式。

（4）添加图像样式规则定义。在 classic.css 代码文件中，光标定位到 body 的大括号外，参照图 16-26 所示，输入图像边框样式定义。

（5）添加表格样式规则定义。参照图 16-26 所示，输入表格边框样式和颜色定义。

```
classic.css*
1  body {
2      background-color: #ffff66;
3  }
4  img {
5      border-style: ridge;
6      border-color: #800000;
7  }
8  table {
9      border-style: dashed;
10     border-color: #0000FF;
11 }
100 %   未找到相关问题
```

图 16-26　classic.css 样式文件内容

（6）声明服务器端样式。修改 lily.aspx 代码，加入如下粗体代码：

```
<%@ Page Language="vb" MasterPageFile="~/MasterPage.master" StylesheetTheme = "classic" … %>
```

（7）运行并测试 lily.aspx，并分别链接到 lotus.aspx、rose.aspx、laverock.aspx、peacock.aspx 和 parrot.aspx 等其他页面，观测主题样式对这些 ASP.NET 页面运行效果的影响。

【例 16-16】 创建主题 Modern，创建外观 Modern.skin。并配置 Web.config，使花鸟网站的所有 Web 页面使用 Modern 主题外观。使用 Modern 主题外观后，lily.aspx（同时使用 classic 主题样式）和 rose.aspx（未使用 classic 主题样式）页面的显示效果分别如图 16-27（a）和图 16-27（b）所示。

（a）使用 Modern 外观和 classic 主题样式运行效果

（b）使用 Modern 外观未使用 classic 主题样式运行效果

图 16-27　使用 Modern 主题外观后花鸟网站运行效果

（1）利用主题外观对花鸟网站的标题（欢迎光临花鸟网站）和副标题（花香世界，动物天地）两个标签设置主题外观。

（2）通过配置 Web.config，使得花鸟网站的所有 Web 页面均使用指定的主题外观。

操作步骤：

（1）新建主题 ASP.NET 文件夹 modern。在解决方案资源管理器中，鼠标右击 App_Themes，执行快捷菜单命令【添加 ASP.NET 文件夹】|【主题】，创建主题子文件夹 modern。

（2）创建外观文件 modern.skin。在解决方案资源管理器中，鼠标右击 modern 主题子文件夹，执行快捷菜单命令【添加】|【新建项】|【Web 窗体外观文件】，在 modern 子文件夹中添加 Modern.skin 外观文件。

（3）设置主题外观。在外观文件 Modern.skin 代码的最后，添加如下粗体代码（其中第一行定义所有 Label 控件默认的主题外观；第二行定义单独的 SkinID 属性）。

```
<asp:label runat="server" font-bold="true" forecolor="red"/>
<asp:label runat="server" SkinID="Blue" font-bold="true" font-italic="true" forecolor="blue"/>
```

（4）配置 Web.config。修改 Web.config 文件内容，在其<system.web>……</system.web>标记中增加如下粗体代码。

```
<pages theme="modern"></pages>
```

（5）为副标题设置特定的外观。打开 MasterPage.master 母版页，在设计视图下单击选中 lblSubTitle 标签，在其属性面板中的 SkinID 下拉列表框中选择 Blue。

（6）保存所有文件并运行测试 lily.aspx，再分别链接到 lotus.aspx、rose.aspx、laverock.aspx、peacock.aspx 和 parrot.aspx 等其他页面，观测主题样式对这些 ASP.NET 页面运行效果的影响。

第 17 章　WPF 应用程序

Windows Presentation Foundation（WPF）基于新一代图形系统，为开发人员提供了统一的编程模型，可用于构建能带给用户震撼视觉体验的智能客户端应用程序。

本章要点

- WPF 应用程序概述；
- WPF 应用程序的构成；
- 创建 WPF 应用程序。

17.1　WPF 应用程序概述

17.1.1　WPF 简介

WPF 作为.NET Framework 类型的一个子集存在，这些类型大多位于 System.Windows 命名空间。WPF 的核心是一个与分辨率无关并且基于向量的呈现引擎，WPF 包括下列功能部件：可扩展应用程序标记语言（XAML）、控件、数据绑定、布局、二维和三维图形、动画、样式、模板、文档、媒体、文本和版式。

WPF 支持创建下列类型的应用程序。

（1）独立应用程序：与传统的 Windows 窗体应用程序类似，直接安装在客户端计算机上并运行。使用 Window 类创建可从菜单栏和工具栏上访问的窗口和对话框，从而实现与用户的各种交互功能。

（2）XAML 浏览器应用程序（XBAP）：通过 Windows Internet Explorer 进行浏览，由可导航页面构成的 WPF 应用程序。

WPF 应用程序通常使用可扩展应用程序标记语言 XAML 标记实现应用程序的外观；使用托管编程语言（代码隐藏）实现其行为（响应事件处理程序）。外观和行为的分离有助于降低开发和维护成本，提高开发效率。

17.1.2　WPF 应用程序的构成

1．WPF 应用程序类

WPF 应用程序通常需要额外的应用程序范围的服务，包括启动和生存期管理、共享属性及共享资源等。Application 类封装了这些服务及更多内容，并且只需使用 XAML 即可实现。WPF 应用程序包含一个 Application 对象。

例如：App.xaml 文件使用标记声明独立应用程序，创建一个 Application 对象，并在应用程序启动时自动打开窗口 MainWindow.xaml。

```
<Application x:Class="Application"
    xmlns="http://schemas.microsoft.com/winfx/2006/xaml/presentation"
    xmlns:x="http://schemas.microsoft.com/winfx/2006/xaml"
    xmlns:local="clr-namespace:WpfApp1"
    StartupUri="MainWindow.xaml">
```

```
    <Application.Resources>
    </Application.Resources>
</Application>
```

例如：App.xaml 文件使用标记声明 XBAP 应用程序，创建一个 Application 对象，并在 XBAP 启动时自动导航到页面 HomePage.xaml。

```
<Application x:Class="Application"
    xmlns="http://schemas.microsoft.com/winfx/2006/xaml/presentation"
    xmlns:x="http://schemas.microsoft.com/winfx/2006/xaml"
    xmlns:local="clr-namespace:WpfBrowserApp1"
    StartupUri="HomePage.xaml">
    <Application.Resources>
    </Application.Resources>
</Application>
```

2．WPF 应用程序窗口

用户通过窗口与应用程序进行交互，窗口用户承载和显示内容。独立 WPF 应用程序使用 Window 类来提供它们自己的窗口；XBAP 则直接使用 Windows Internet Explorer 提供的窗口。

WPF 窗口的构成部分如图 17-1 所示。

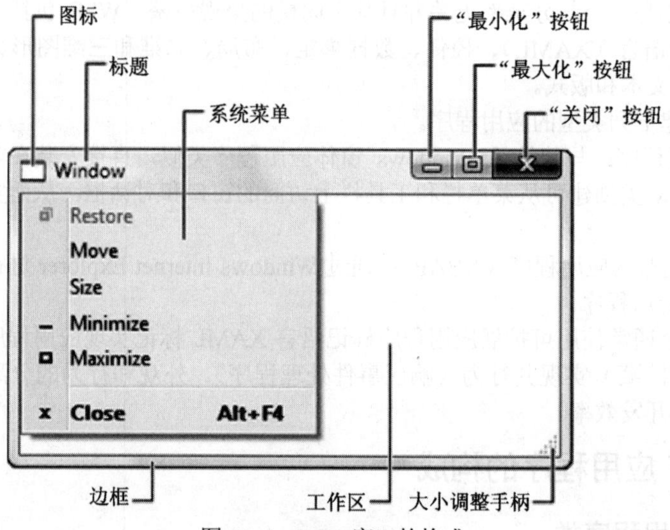

图 17-1 WPF 窗口的构成

典型窗口的实现既包括外观又包括行为，窗口的外观使用 XAML 标记来实现，而行为则使用代码隐藏来实现。例如，如下代码使用 XAML 标记定义窗口外观（MainWindow.xaml 文件）：

```
<Window x:Class="MainWindow"
        xmlns="http://schemas.microsoft.com/winfx/2006/xaml/presentation"
        xmlns:x="http://schemas.microsoft.com/winfx/2006/xaml"
        xmlns:d="http://schemas.microsoft.com/expression/blend/2008"
        xmlns:mc="http://schemas.openxmlformats.org/markup-compatibility/2006"
        xmlns:local="clr-namespace:MainWindow"
        mc:Ignorable="d"
        Title="MainWindow" Height="350" Width="525">
```

```
    <Grid>
        <Button Content="Click Me" Height="23" HorizontalAlignment="Left" Margin="76,24,0,0"
         Name="Button1" VerticalAlignment="Top" Width="75" />
    </Grid>
</Window>
```

窗口（MainWindow.xaml 文件）对应的隐藏代码（MainWindow.xaml.vb 文件）为：

```
Class MainWindow
    Private Sub Button1_Click(Sender As System.Object, e As System.Windows.RoutedEventArgs) Handles Button1.Click
        MessageBox.Show("Button was clicked.")
    End Sub
End Class
```

3. WPF 浏览器应用程序

页面（Page）封装一页可导航的内容，可以使用标记和代码隐藏来定义。页可以通过 WPF 窗口或者浏览器等来承载。一个应用程序通常具有两个或者更多页，可以使用导航机制在这些页之间导航。

例如，使用标记与代码隐藏的组合来定义一个标准页，使用 XAML 标记定义页面外观（Page1.xaml 文件）：

```
<Page x:Class="Page1"
      xmlns="http://schemas.microsoft.com/winfx/2006/xaml/presentation"
      xmlns:x="http://schemas.microsoft.com/winfx/2006/xaml"
      xmlns:mc="http://schemas.openxmlformats.org/markup-compatibility/2006"
      xmlns:d="http://schemas.microsoft.com/expression/blend/2008"
      xmlns:local="clr-namespace:WpfBrowserApp2"
      mc:Ignorable="d"
      d:DesignHeight="450" d:DesignWidth="800" Title="Page1">
    <Grid>
        <Button Content="Click Me" HorizontalAlignment="Left" Margin="354,223,0,0" VerticalAlignment="Top" Width="75"
Click="Button_Click"/>
    </Grid>
</Page>
```

页面（Page1.xaml 文件）对应的隐藏代码（Page1.xaml.vb 文件）为：

```
Class Page1
    Private Sub Button_Click(sender As Object, e As RoutedEventArgs)
        MessageBox.Show("Button was clicked.")
    End Sub
End Class
```

4. WPF 控件

控件是构建窗口或页面的用户界面（UI），并且实现某些行为的基本元素。WPF 包含大量的内置控件，用于实现各种复杂的应用程序界面和行为。常用的包括：输入（TextBox 等）、信息显示（Label 等）、按钮（Button 等）、菜单（Menu 等）、布局（GridView 等）、导航（Hyperlink 等）、多媒体（Image 等）、文档（DocumentViewer 等）、对话框（OpenFileDialog 等）等。

5．WPF 布局

布局的主要目的是适应窗口大小和显示设置的变化。WPF 提供了可扩展布局系统，创建用户界面时，通过选择适当的布局，可以按位置和大小灵活地排列控件。

6．属性和事件

WPF 的应用程序、窗口、页面、控件包含了大量的属性和事件，用于设置应用程序的用户界面和控制其交互行为。另外，WPF 引入了依赖项属性和路由事件的概念。

依赖项属性用于提供一种方法，以基于其他输入的值计算属性值。依赖项属性值可以通过引用资源、数据绑定、样式等来设置。例如，如果定义了资源：

```
<DockPanel.Resources>
  <SolidColorBrush x:Key="MyBrush" Color="Gold"/>
</DockPanel.Resources>
```

则可以引用该资源并使用它来提供属性值：

```
<Button Background="{DynamicResource MyBrush}" Content="I am gold" />
```

由父控件实现的、供子控件使用的属性称为“附加属性”，例如：

```
<DockPanel>
  <Button DockPanel.Dock="Left" Width="100" Height="20">I am on the left</Button>
  <Button DockPanel.Dock="Right" Width="100" Height="20">I am on the right</Button>
</DockPanel>
```

路由事件允许一个元素处理另一个元素引发的事件，只要这些元素通过元素树关系连接起来。当使用 XAML 属性指定事件处理时，可以在任何元素上侦听和处理路由事件。例如，如果父控件 DockPanel 包含子控件 Button，则父控件 DockPanel 可以通过在 DockPanel 对象元素上指定属性 Button.Click，并使用处理程序名作为属性值，为子控件 Button 的 Click 事件注册一个处理程序。例如：

```
<DockPanel Button.Click="ButtonClickHandler">
  <Button DockPanel.Dock="Left" Name="LeftButton">I am on the left</Button>
  <Button DockPanel.Dock="Right" Name="RightButton">I am on the right</Button>
</DockPanel>
```

相应的事件处理程序为：

```
Class MainWindow
    Private Sub ButtonClickHandler(Sender As System.Object, e As System.Windows.RoutedEventArgs)
            Dim feSource As FrameworkElement = e.Source
            Select Case feSource.Name
                Case "LeftButton"
                    MessageBox.Show("LeftButton was clicked.")
                Case "RightButton"
                    MessageBox.Show("RightButton was clicked.")
            End Select
            e.Handled = True
    End Sub
End Class
```

17.2　创建 WPF 应用程序

17.2.1　创建简单的 WPF 应用程序

使用 Microsoft .NET Framework 和 Windows 软件开发工具包（SDK），或者通过文本编辑器和命令行均可以开发 WPF 应用程序。然而，WPF 应用程序设计诸多元素，使用命令行比较麻烦，故本书采用 Visual Studio 集成开发环境。

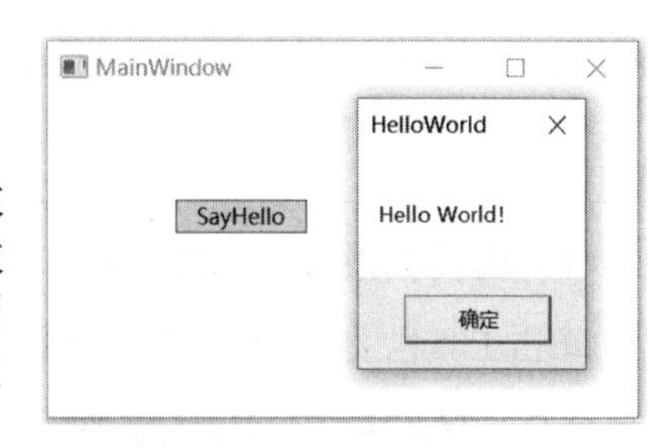

图 17-2　例 17-1 运行效果

【例 17-1】 创建简单的独立 WPF 应用程序，单击 SayHello 按钮，显示欢迎信息。运行效果如图 17-2 所示。

其操作步骤简单陈述如下。

1. 创建 Windows 应用程序

启动 Visual Studio，在 C:\VB.NET\Chapter16\中新建一个“Visual Basic”类别的 WPF（.NET Framework）应用程序项目 HelloWorld。向导将自动创建一个解决方案（HelloWorld）和 1 个应用程序项目（Application.xaml、Application.xaml.vb）和 1 个 Windows 窗口项目（MainWindow.xaml、MainWindow.xaml.vb）。这些代码自动实现了 WPF 应用程序所需的各种框架代码。如果直接运行，可以显示一个空的窗体。

其中，Application.xaml 使用标记声明独立应用程序，Application.xaml.vb 为其对应的隐藏代码；MainWindow.xaml 使用标记声明窗口，MainWindow.xaml.vb 为其对应的隐藏代码。

2. 添加控件

将一个“Button”控件从“工具箱”中拖动到窗体上。单击按钮将其选定。在按钮的属性窗口中，将按钮的 Content 属性设置为“SayHello”。如图 17-3 所示。

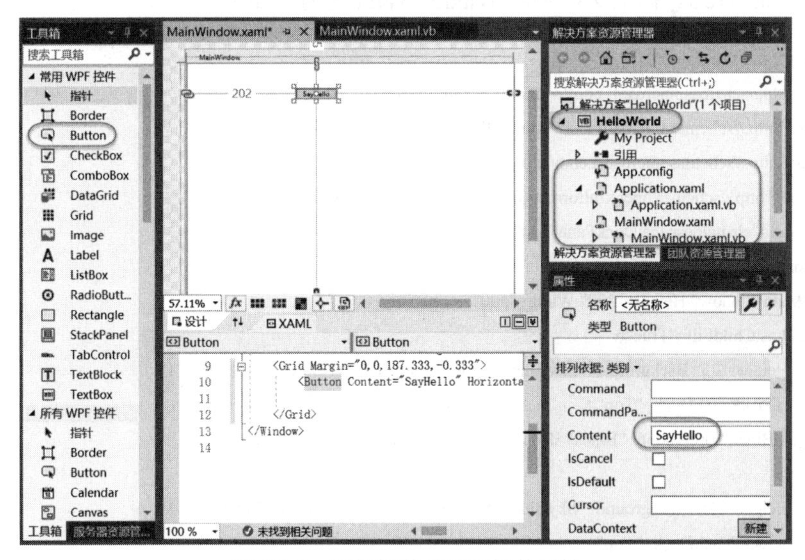

图 17-3　添加控件并设置控件属性

3. 创建处理控件事件的方法

双击窗体上的 SayHello 按钮，在 MainWindow.xaml.vb 中将自动创建按钮 Click 事件的事件处理程序，在其中添加如下粗体所示的事件处理代码：

```
Private Sub Button_Click(sender As Object, e As RoutedEventArgs)
    MsgBox("Hello World！")
End Sub
```

4．运行并测试应用程序

单击工具栏上的“启动”按钮▶，或者按快捷键 F5 运行并测试应用程序。

17.2.2 WPF 应用程序布局

WPF 应用程序布局系统通过相对定位和管理控件之间的协商以确定布局，从而使得窗口或页面上的控件显示可以适应窗口和显示条件的变化。

布局系统包括表 17-1 所示的布局控件。

表 17-1 布局系统的布局控件

名 称	说 明
Canvas	子控件提供其自己的布局
DockPanel	子控件与面板的边缘对齐。通过在子控件中设置附加属性 DockPanel.Dock，可以控制子控件的停靠位置（Top/Bottom/Left/Right）
Grid	子控件按行和列放置。以行和列的形式对内容进行精确的定位
StackPanel	子控件垂直或者水平堆叠
VirtualizingStackPanel	子控件被虚拟化，并沿水平或垂直方向排成一行
WrapPanel	子控件按从左到右的顺序放置，如果当前行中的控件数多于该空间所允许的控件数，则换至下一行

【例 17-2】 使用 DockPanel 布局控件按停靠位置定义布局。

在 C:\VB.NET\Chapter16\中新建一个“Visual Basic”类别的 WPF（.NET Framework）应用程序项目 DockPanelTest。标记文件 MainWindow.xaml 的内容如下：

```
<Window x:Class="MainWindow"
        xmlns="http://schemas.microsoft.com/winfx/2006/xaml/presentation"
        xmlns:x="http://schemas.microsoft.com/winfx/2006/xaml"
        xmlns:d="http://schemas.microsoft.com/expression/blend/2008"
        xmlns:mc="http://schemas.openxmlformats.org/markup-compatibility/2006"
        xmlns:local="clr-namespace:DockPanelTest"
        mc:Ignorable="d"
        Title="MainWindow" Height="300" Width="300">
    <DockPanel LastChildFill="True">
        <Border Height="25" Background="SkyBlue" BorderBrush="Black" BorderThickness="1"
                DockPanel.Dock="Top">
            <TextBlock Foreground="Black">Dock = "Top"</TextBlock>
        </Border>
        <Border Height="25" Background="SkyBlue" BorderBrush="Black" BorderThickness="1"
                DockPanel.Dock="Top">
            <TextBlock Foreground="Black">Dock = "Top"</TextBlock>
        </Border>
        <Border Height="25" Background="LemonChiffon" BorderBrush="Black"
                BorderThickness="1"   DockPanel.Dock="Bottom">
```

```
            <TextBlock Foreground="Black">Dock = "Bottom"</TextBlock>
        </Border>
        <Border Width="200" Background="PaleGreen" BorderBrush="Black" BorderThickness="1"
                DockPanel.Dock="Left">
            <TextBlock Foreground="Black">Dock = "Left"</TextBlock>
        </Border>
        <Border Background="White" BorderBrush="Black" BorderThickness="1">
            <TextBlock Foreground="Black">This content will "Fill" the remaining space</TextBlock>
        </Border>
    </DockPanel>
</Window>
```

其显示效果如图 17-4 所示。

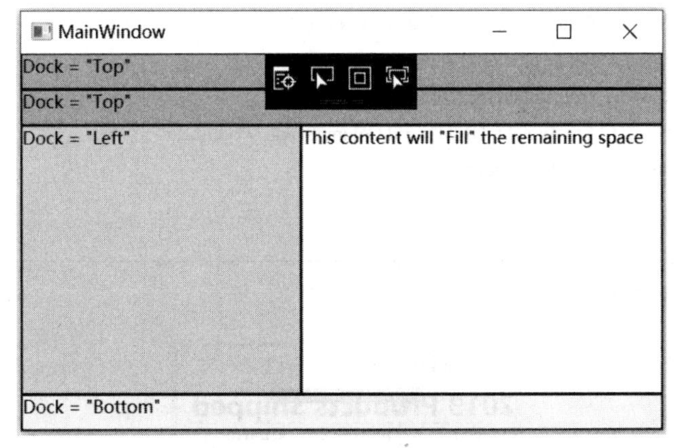

图 17-4　例 17-2 的运行效果

【例 17-3】 使用 Grid 布局控件定义 4 行（RowDefinition）3 列（ColumnDefinition）的布局。在 C:\VB.NET\Chapter16\中新建一个“Visual Basic”类别的 WPF（.NET Framework）应用程序项目 GridTest。标记文件 MainWindow.xaml 的内容如下：

```
<Window x:Class="MainWindow"
        xmlns="http://schemas.microsoft.com/winfx/2006/xaml/presentation"
        xmlns:x="http://schemas.microsoft.com/winfx/2006/xaml"
        xmlns:d="http://schemas.microsoft.com/expression/blend/2008"
        xmlns:mc="http://schemas.openxmlformats.org/markup-compatibility/2006"
        xmlns:local="clr-namespace:GridTest"
        mc:Ignorable="d"
        Title="MainWindow" Height="300" Width="300">
    <Grid VerticalAlignment="Top" HorizontalAlignment="Left" ShowGridLines="True"
            Width="250" Height="100">
        <Grid.ColumnDefinitions>
            <ColumnDefinition />
            <ColumnDefinition />
            <ColumnDefinition />
        </Grid.ColumnDefinitions>
        <Grid.RowDefinitions>
```

```
            <RowDefinition />
            <RowDefinition />
            <RowDefinition />
            <RowDefinition />
        </Grid.RowDefinitions>
        <TextBlock FontSize="20" FontWeight="Bold" Grid.ColumnSpan="3" Grid.Row="0">
            2005 Products Shipped</TextBlock>
        <TextBlock FontSize="12" FontWeight="Bold" Grid.Row="1" Grid.Column="0">
            Quarter 1</TextBlock>
        <TextBlock FontSize="12" FontWeight="Bold" Grid.Row="1" Grid.Column="1">
            Quarter 2</TextBlock>
        <TextBlock FontSize="12" FontWeight="Bold" Grid.Row="1" Grid.Column="2">
            Quarter 3</TextBlock>
        <TextBlock Grid.Row="2" Grid.Column="0">50000</TextBlock>
        <TextBlock Grid.Row="2" Grid.Column="1">100000</TextBlock>
        <TextBlock Grid.Row="2" Grid.Column="2">150000</TextBlock>
        <TextBlock FontSize="16" FontWeight="Bold" Grid.ColumnSpan="3" Grid.Row="3">
            Total Units: 300000</TextBlock>
    </Grid>
</Window>
```

其显示效果如图 17-5 所示。

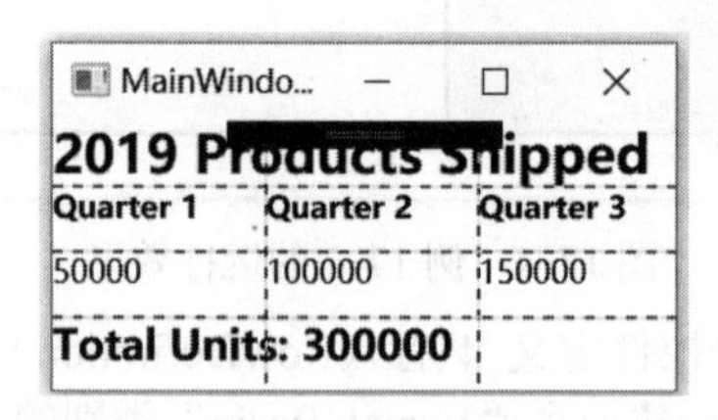

图 17-5　例 17-3 的运行效果

17.2.3　WPF 应用程序常用控件

WPF 提供了丰富的控件库，这些控件支持用户界面（UI）开发、多媒体、文档查看等功能。WPF 常用的控件可以分类如下。

按钮：Button 和 RepeatButton。

对话框：OpenFileDialog、PrintDialog 和 SaveFileDialog。

数字墨迹：InkCanvas 和 InkPresenter。

文档：DocumentViewer、FlowDocumentPageViewer、FlowDocumentReader、FlowDocument ScrollViewer 和 StickyNoteControl。

输入：TextBox、RichTextBox 和 PasswordBox。

布局：Border、BulletDecorator、Canvas、DockPanel、Expander、Grid、GridView、GridSplitter、GroupBox、Panel、ResizeGrip、Separator、ScrollBar、ScrollViewer、StackPanel、Thumb、Viewbox、VirtualizingStackPanel、Window 和 WrapPanel。

媒体：Image、MediaElement 和 SoundPlayerAction。

菜单：ContextMenu、Menu 和 ToolBar。

导航：Frame、Hyperlink、Page、NavigationWindow 和 TabControl。

选择：CheckBox、ComboBox、ListBox、TreeView、RadioButton 和 Slider。

用户信息：AccessText、Label、Popup、ProgressBar、StatusBar、TextBlock 和 ToolTip。

【例 17-4】 创建简单的文本编辑器：设计和实现【文件】菜单（提供【新建】【打开】【保存】【另存为】【打印】【退出】功能）、【编辑】菜单（提供【撤销】【重做】【剪切】【复制】【粘贴】功能）、【帮助】菜单（提供【关于】功能），以及对窗体中的文本内容提供【剪切】【复制】【粘贴】快捷菜单功能。运行效果如图 17-6 所示。

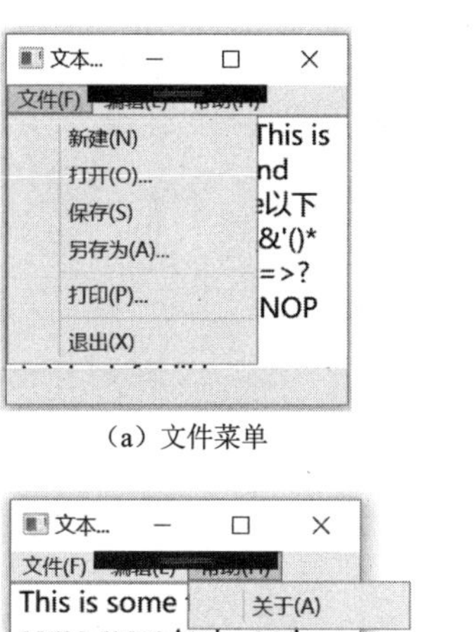

（a）文件菜单

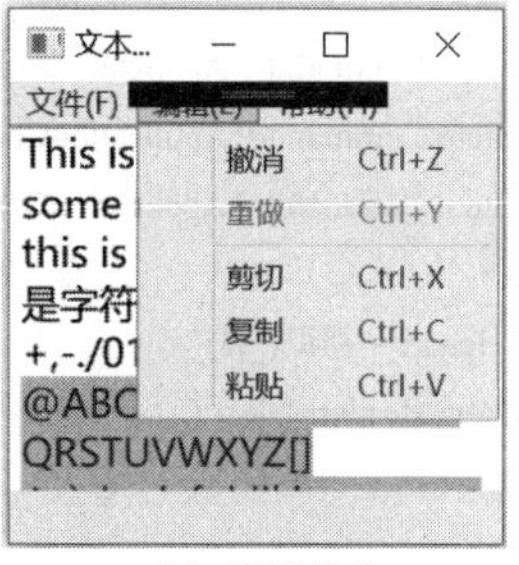

（b）编辑菜单

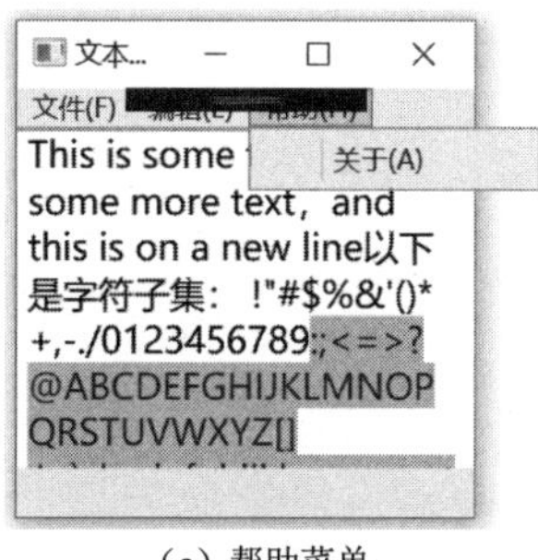

（c）帮助菜单

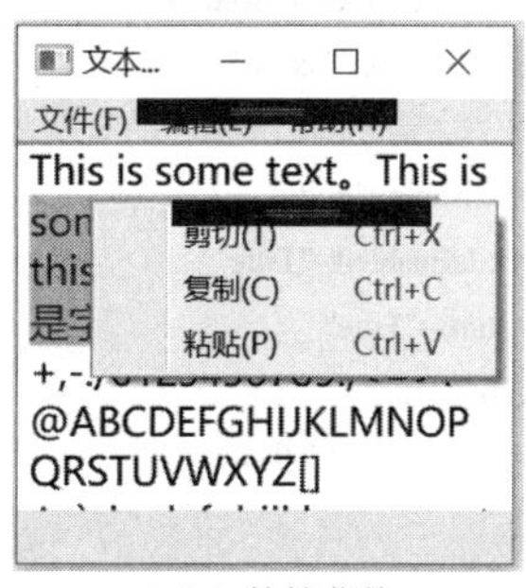

（d）快捷菜单

图 17-6　例 17-4 的运行效果

在 C:\VB.NET\Chapter16\中新建一个“Visual Basic”类别的 WPF（.NET Framework）应用程序项目 TextEditor。标记文件 MainWindow.xaml 内容如下：

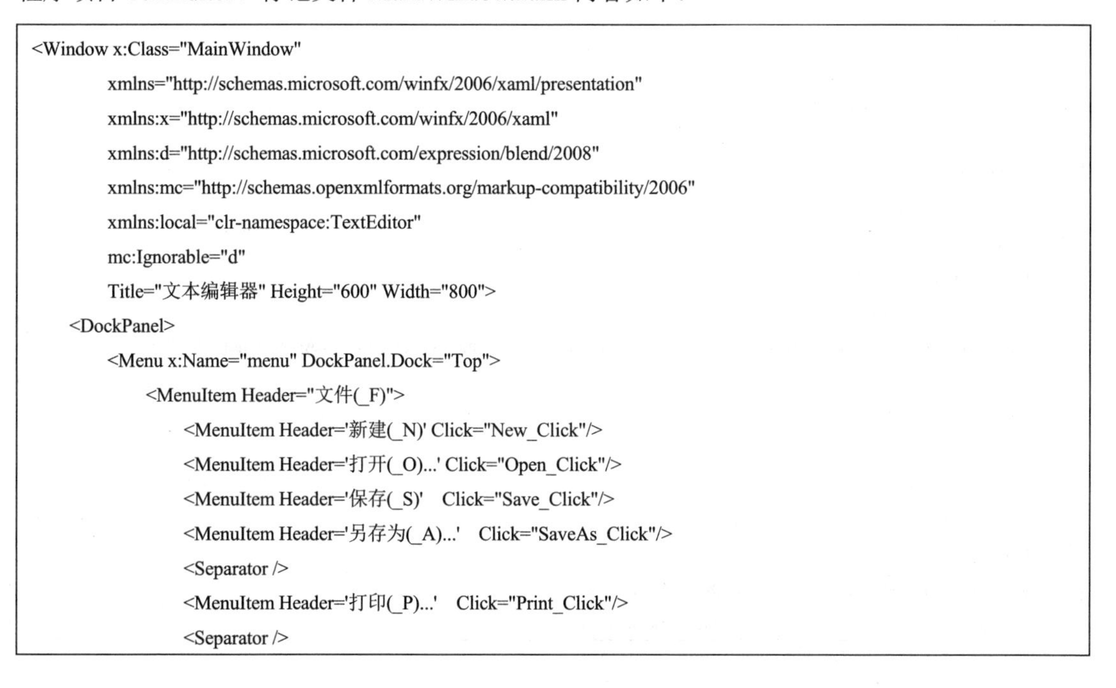

```
<Window x:Class="MainWindow"
        xmlns="http://schemas.microsoft.com/winfx/2006/xaml/presentation"
        xmlns:x="http://schemas.microsoft.com/winfx/2006/xaml"
        xmlns:d="http://schemas.microsoft.com/expression/blend/2008"
        xmlns:mc="http://schemas.openxmlformats.org/markup-compatibility/2006"
        xmlns:local="clr-namespace:TextEditor"
        mc:Ignorable="d"
        Title="文本编辑器" Height="600" Width="800">
    <DockPanel>
        <Menu x:Name="menu" DockPanel.Dock="Top">
            <MenuItem Header="文件(_F)">
                <MenuItem Header='新建(_N)' Click="New_Click"/>
                <MenuItem Header='打开(_O)...' Click="Open_Click"/>
                <MenuItem Header='保存(_S)'   Click="Save_Click"/>
                <MenuItem Header='另存为(_A)...'   Click="SaveAs_Click"/>
                <Separator />
                <MenuItem Header='打印(_P)...'   Click="Print_Click"/>
                <Separator />
```

```
                    <MenuItem Header='退出(_X)'    Click="Exit_Click"/>
                </MenuItem>
                <MenuItem Header="编辑(_E)">
                    <MenuItem Command="ApplicationCommands.Undo" />
                    <MenuItem Command="ApplicationCommands.Redo" />
                    <Separator />
                    <MenuItem Command="ApplicationCommands.Cut" />
                    <MenuItem Command="ApplicationCommands.Copy" />
                    <MenuItem Command="ApplicationCommands.Paste" />
                </MenuItem>
                <MenuItem Header="帮助(_H)">
                    <MenuItem Header="关于(_A)" Click="About_Click" />
                </MenuItem>
            </Menu>
            <StatusBar DockPanel.Dock="Bottom">
                <TextBlock x:Name="status" />
            </StatusBar>
            <RichTextBox x:Name="body"
                SpellCheck.IsEnabled="True"
                AcceptsReturn="True"
                AcceptsTab="True"
                BorderThickness="0 2 0 0" />
    </DockPanel>
</Window>
```

隐藏代码 MainWindow.xaml.vb 的内容如下：

```
Imports System
Imports System.Windows
Imports System.Windows.Controls
Imports System.Windows.Data
Imports System.Windows.Documents
Imports System.Windows.Media
Imports System.IO
Imports Microsoft.Win32
Class MainWindow
    Dim _currentFile As String
    Dim _textBox As RichTextBox
    Private Sub Window_Loaded(Sender As System.Object, e As System.Windows.RoutedEventArgs) Handles MyBase.Loaded
        _textBox = Me.body
    End Sub
    Sub New_Click(Sender As Object, e As RoutedEventArgs)
        _currentFile = Nothing
        _textBox.Document = New FlowDocument()
    End Sub
    Sub Open_Click(Sender As Object, e As RoutedEventArgs)
        Dim dlg As OpenFileDialog = New OpenFileDialog()
```

```
        dlg.InitialDirectory = "C:\VB.NET\test\"
        dlg.Filter = "txt files (*.txt)|*.txt|All files (*.*)|*.*"
        dlg.FilterIndex = 1
        dlg.RestoreDirectory = True
        If (dlg.ShowDialog() = True) Then
            _currentFile = dlg.FileName
            Dim MyStream As Stream = dlg.OpenFile()
            Dim range As TextRange = New TextRange(_textBox.Document.ContentStart, _textBox.Document.ContentEnd)
            range.Load(MyStream, DataFormats.Rtf)
        End If
    End Sub
    Sub Save_Click(Sender As Object, e As RoutedEventArgs)
        If (String.IsNullOrEmpty(_currentFile)) Then
            Dim dlg As SaveFileDialog = New SaveFileDialog()
            dlg.InitialDirectory = "C:\VB.NET\test\"
            dlg.Filter = "txt files (*.txt)|*.txt|All files (*.*)|*.*"
            dlg.FilterIndex = 1
            dlg.RestoreDirectory = True
            If (dlg.ShowDialog() = True) Then
                _currentFile = dlg.FileName
            End If
        End If
        If (Not (String.IsNullOrEmpty(_currentFile))) Then
            'using (Stream stream = new FileStream(_currentFile, FileMode.Create))
            Dim MyStream As Stream = New FileStream(_currentFile, FileMode.Create)
            Dim range As TextRange = New TextRange(_textBox.Document.ContentStart, _textBox.Document.ContentEnd)
            range.Save(MyStream, DataFormats.Rtf)
        End If
    End Sub
    Sub SaveAs_Click(Sender As Object, e As RoutedEventArgs)
        Dim dlg As SaveFileDialog = New SaveFileDialog()
        dlg.InitialDirectory = "C:\VB.NET\test\"
        dlg.Filter = "txt files (*.txt)|*.txt|All files (*.*)|*.*"
        dlg.FilterIndex = 1
        dlg.RestoreDirectory = True
        If (dlg.ShowDialog() = True) Then
            _currentFile = dlg.FileName
            ' using (Stream stream = new FileStream(_currentFile, FileMode.Create))
            Dim MyStream As Stream = New FileStream(_currentFile, FileMode.Create)
            Dim range As TextRange = New TextRange(_textBox.Document.ContentStart, _textBox.Document.ContentEnd)
            range.Save(MyStream, DataFormats.Rtf)
        End If
    End Sub
    Sub Print_Click(Sender As Object, e As RoutedEventArgs)
        Dim pd As PrintDialog = New PrintDialog()
        If ((pd.ShowDialog() = True)) Then
            'use either one of the below
```

```
            pd.PrintVisual(_textBox, "printing as visual")
            'pd.PrintDocument((CType(_textBox.Document, IDocumentPaginatorSource).DocumentPaginator), "printing as paginator")
        End If
    End Sub
    Sub Exit_Click(Sender As Object, e As RoutedEventArgs)
        Me.Close()
    End Sub
    Sub About_Click(Sender As Object, e As RoutedEventArgs)
        MsgBox("简单的文本编辑器  Version 1.0.0。CopyRight  江红、余青松")
    End Sub
End Class
```

17.3 WPF 应用程序与图形和多媒体

17.3.1 图形和多媒体概述

WPF 提供对向量图形、多媒体和动画的集成支持，用于生成赏心悦目的用户界面。WPF 充分利用硬件加速，支持高质量的二维和三维图形、多媒体和动画。图形平台的关键功能包括以下几方面。

（1）矢量图形支持：绘制常用二维几何形状（例如矩形、椭圆等）；二维几何图形（例如通过路径和剪裁）；二维效果（例如旋转、缩放、扭曲、渐变等）；三维呈现（例如将二维图像呈现到三维形状的一个图面上）。

（2）动画支持：WPF 允许对大多数属性进行动画处理，使用动画，可以使控件和元素产生变大、晃动、旋转和淡化等动画效果。

（3）多媒体支持：WPF 提供了对图像、视频和音频的集成支持。

17.3.2 图形、图像、画笔和位图效果

1．图形

WPF 使用继承于 Shape 的形状对象，可以绘制基本的几何图形。形状对象包括 Ellipse、Line、Path、Polygon、Polyline 和 Rectangle，形状对象具有以下通用属性。

Stroke：说明如何绘制形状的轮廓。

StrokeThickness：说明形状轮廓的粗细。

Fill：说明如何绘制形状的内部。

坐标和顶点的数据：指定坐标和顶点，以与设备无关的像素来度量。

【例 17-5】 形状对象绘制图形示例：绘制红边（线宽 5）黄色填充的椭圆、黑边（线宽 10）蓝色填充的矩形。

在 C:\VB.NET\Chapter16\中新建一个“Visual Basic”类别的 WPF（.NET Framework）应用程序项目 DrawShape。标记文件 MainWindow.xaml 的内容如下：

```
<Window x:Class="MainWindow"
        xmlns="http://schemas.microsoft.com/winfx/2006/xaml/presentation"
        xmlns:x="http://schemas.microsoft.com/winfx/2006/xaml"
        xmlns:d="http://schemas.microsoft.com/expression/blend/2008"
        xmlns:mc="http://schemas.openxmlformats.org/markup-compatibility/2006"
        xmlns:local="clr-namespace:DrawShape"
        mc:Ignorable="d"
```

```
        Title="MainWindow" Height="300" Width="500">
    <StackPanel Orientation="Horizontal">
        <Ellipse Fill="Yellow" Height="100" Width="200" StrokeThickness="5" Stroke="Red"/>
        <Rectangle Fill="Blue" Height="100" Width="200" StrokeThickness="10"
                   Stroke="Black"/>
    </StackPanel>
</Window>
```

运行效果如图 17-7 所示。

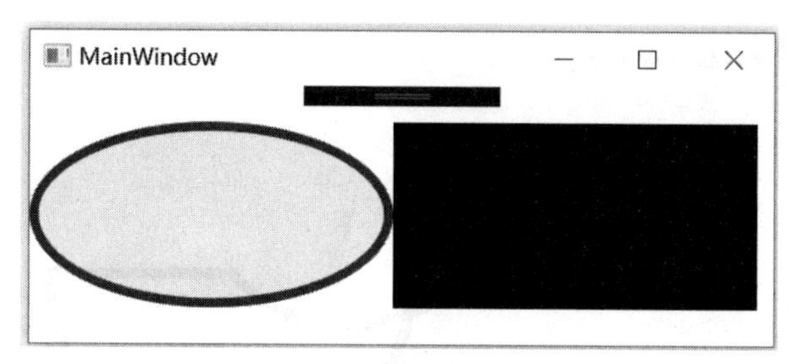

图 17-7　例 17-5 的运行效果

使用 Path 类可以绘制曲线和复杂形状。Path 包含的曲线和形状通过在其 Data 属性中声明 Geometry 对象（LineGeometry、RectangleGeometry、EllipseGeometry、PathGeometry）来说明。PathGeometry 对象由一个或者多个 PathFigure 对象组成；每个 PathFigure 代表一个不同的“图形”或者形状。每个 PathFigure 自身又由一个或者多个 PathSegment 对象（LineSegment、BezierSegment、ArcSegment）组成，每个对象均代表图形或者形状的已连接部分。

【例 17-6】 Path 类绘制曲线示例。

在 C:\VB.NET\Chapter16\中新建一个“Visual Basic”类别的 WPF（.NET Framework）应用程序项目 DrawPath。标记文件 MainWindow.xaml 的内容如下：

```
<Window x:Class="MainWindow"
        xmlns="http://schemas.microsoft.com/winfx/2006/xaml/presentation"
        xmlns:x="http://schemas.microsoft.com/winfx/2006/xaml"
        xmlns:d="http://schemas.microsoft.com/expression/blend/2008"
        xmlns:mc="http://schemas.openxmlformats.org/markup-compatibility/2006"
        xmlns:local="clr-namespace:DrawPath"
        mc:Ignorable="d"
    Title="MainWindow" Height="300" Width="500">
    <Canvas Grid.Row="1" Grid.Column="1">
        <Path Stroke="Black" StrokeThickness="6" >
          <Path.Data>
             <PathGeometry>
               <PathGeometry.Figures>
                 <PathFigure StartPoint="10,50">
                   <PathFigure.Segments>
                     <BezierSegment Point1="100,0" Point2="200,200" Point3="300,100"/>
                     <LineSegment Point="400,100" />
                     <ArcSegment Size="50,50" RotationAngle="45" IsLargeArc="True"
                        SweepDirection="Clockwise" Point="200,100"/>
                 </PathFigure.Segments>
```

```
            </PathFigure>
          </PathGeometry.Figures>
        </PathGeometry>
      </Path.Data>
    </Path>
  </Canvas>
</Window>
```

运行效果如图 17-8 所示。

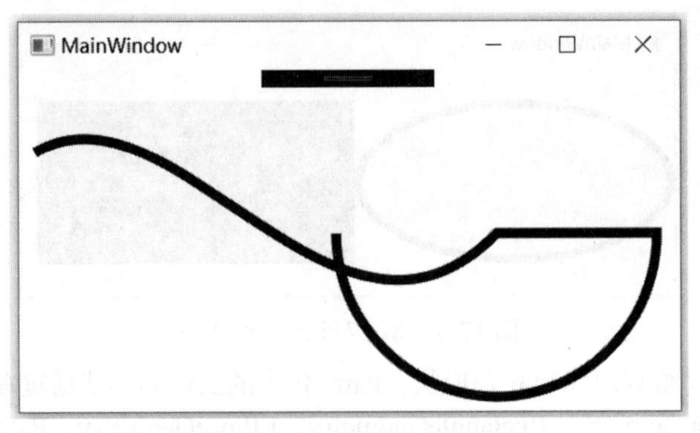

图 17-8　例 17-6 的运行效果

通过 Transform 类（RotateTransform(旋转)、ScaleTransform(缩放)、SkewTransform(斜切)和 TranslateTransform(转换)），可以实现二维图形的形状变换。

【例 17-7】 Transform 类实现二维图形的形状变换示例：使用 RotateTransform 将形状围绕其左上角（0,0）旋转 45 度。

在 C:\VB.NET\Chapter16\中新建一个“Visual Basic”类别的 WPF（.NET Framework）应用程序项目 TransformTest。标记文件 MainWindow.xaml 的内容如下：

```
<Window x:Class="MainWindow"
        xmlns="http://schemas.microsoft.com/winfx/2006/xaml/presentation"
        xmlns:x="http://schemas.microsoft.com/winfx/2006/xaml"
        xmlns:d="http://schemas.microsoft.com/expression/blend/2008"
        xmlns:mc="http://schemas.openxmlformats.org/markup-compatibility/2006"
        xmlns:local="clr-namespace:TransformTest"
        mc:Ignorable="d"
        Title="MainWindow" Height="200" Width="300">
    <Canvas>
        <Polyline Points="25,25 0,50 25,75 50,50 25,25 25,0"
            Stroke="LightBlue" StrokeThickness="10"
            Canvas.Left="75" Canvas.Top="50">
        </Polyline>
        <!-- Rotates the Polyline 45 degrees about the point (0,0). -->
        <Polyline Points="25,25 0,50 25,75 50,50 25,25 25,0"
            Stroke="Blue" StrokeThickness="10"
            Canvas.Left="75" Canvas.Top="50">
          <Polyline.RenderTransform>
              <RotateTransform CenterX="0" CenterY="0" Angle="45" />
```

```
            </Polyline.RenderTransform>
        </Polyline>
    </Canvas>
</Window>
```

运行效果如图 17-9 所示。

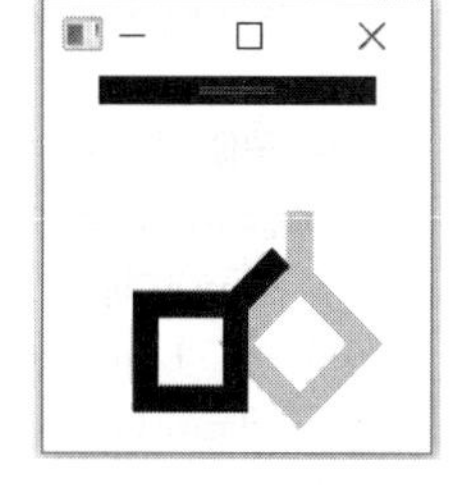

图 17-9　例 17-7 的运行效果

2. 图像

WPF 提供对多种图像格式、高保真图像呈现及编码解码器扩展性的内置支持。WPF 图像处理包括一个适用于 BMP、JPEG、PNG、TIFF、Windows Media 照片、GIF 和 ICON 图像格式的编解码器。

WPF 使用 Image 控件显示图像、使用 ImageBrush 在可视图面上绘制图像或使用 ImageDrawing 绘制图像。

Image 控件是在应用程序中显示图像的主要方式。一般使用 BitmapImage 对象（一个专用的 BitmapSource）引用图像文件；使用 BitmapImage 属性或使用其他 BitmapSource 对象（如 CroppedBitmap、FormatConvertedBitmap）来转换（旋转、转换和裁切）图像。

【例 17-8】 使用 Image 控件显示图像示例：图像旋转、转换为灰度、图像剪切。

在 C:\VB.NET\Chapter16\中新建一个“Visual Basic”类别的 WPF（.NET Framework）应用程序项目 ImageTest。标记文件 MainWindow.xaml 的内容如下：

```
<Window x:Class="MainWindow"
        xmlns="http://schemas.microsoft.com/winfx/2006/xaml/presentation"
        xmlns:x="http://schemas.microsoft.com/winfx/2006/xaml"
        xmlns:d="http://schemas.microsoft.com/expression/blend/2008"
        xmlns:mc="http://schemas.openxmlformats.org/markup-compatibility/2006"
        xmlns:local="clr-namespace:ImageTest"
        mc:Ignorable="d"
        Title="MainWindow" Height="300" Width="800">    <StackPanel Orientation="Horizontal">
        <!-- 原始图像 -->
        <Image Width="200" Height="200">
            <Image.Source>
                <BitmapImage DecodePixelWidth="200" UriSource="C:\VB.NET\jpg\Sunset.jpg" />
            </Image.Source>
        </Image>
        <!-- 旋转 90 度 -->
        <Image Width="200" Height="200">
            <Image.Source>
                <TransformedBitmap Source="C:\VB.NET\jpg\Sunset.jpg" >
                    <TransformedBitmap.Transform>
                        <RotateTransform Angle="90"/>
                    </TransformedBitmap.Transform>
                </TransformedBitmap>
            </Image.Source>
        </Image>
```

```
        <!-- 转换为灰度格式 -->
        <Image Width="200" Height="200">
            <Image.Source>
                <FormatConvertedBitmap Source="C:\VB.NET\jpg\Sunset.jpg"
                    DestinationFormat="Gray4" />
            </Image.Source>
        </Image>
        <!-- 图像剪切 -->
        <Image Width="200"   Height="200" Source="C:\VB.NET\jpg\Sunset.jpg">
            <Image.Clip>
                <EllipseGeometry Center="75,50" RadiusX="50" RadiusY="25" />
            </Image.Clip>
        </Image>
    </StackPanel>
</Window>
```

运行效果如图 17-10 所示。

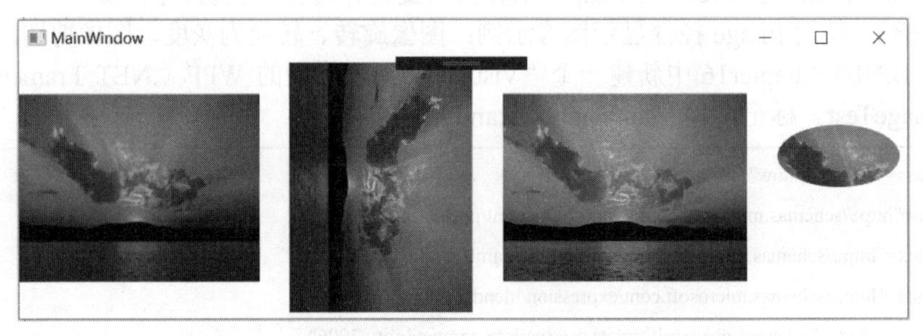

图 17-10　例 17-8 的运行效果

3．画笔

WPF 使用画笔（Brush）来绘制屏幕的输出，例如：按钮的背景、文本的前景和形状的填充内容等。画笔不同，其输出类型也不同。某些画笔使用纯色绘制区域，其他画笔则使用渐变、图案、图像或绘图绘制区域。WPF 包括下列种类的画笔。

SolidColorBrush：使用纯 Color 绘制区域。可以指定其 alpha、红色和绿色通道或使用一种由 Colors 类提供的预定义颜色之一。

LinearGradientBrush：使用线性渐变绘制区域。线形渐变横跨一条直线（渐变轴）将两种或更多种色彩进行混合。可以使用 GradientStop 对象指定渐变的颜色及其位置。

RadialGradientBrush：使用径向渐变绘制区域。径向渐变跨一个圆将两种或更多种色彩进行混合。可以使用 GradientStop 对象来指定渐变的色彩及其位置。

ImageBrush：使用 ImageSource 绘制一个区域。

DrawingBrush：使用 Drawing 绘制一个区域。Drawing 可以包含形状、图像、文本和媒体。

VisualBrush：使用 Visual 对象绘制区域。

【例 17-9】 使用画笔绘制区域示例：分别使用纯色（SolidColorBrush）、使用水平线性渐变（LinearGradientBrush）、使用径向渐变（RadialGradientBrush）、使用图像（ImageBrush）、使用绘图（DrawingBrush）、使用 Visual（VisualBrush）绘制矩形。

在 C:\VB.NET\Chapter16\中新建一个“Visual Basic”类别的 WPF（.NET Framework）应用程序项目 BrushTest。标记文件 MainWindow.xaml 的内容如下：

```
<Window x:Class="MainWindow"
        xmlns="http://schemas.microsoft.com/winfx/2006/xaml/presentation"
        xmlns:x="http://schemas.microsoft.com/winfx/2006/xaml"
        xmlns:d="http://schemas.microsoft.com/expression/blend/2008"
        xmlns:mc="http://schemas.openxmlformats.org/markup-compatibility/2006"
        xmlns:local="clr-namespace:BrushTest"
        mc:Ignorable="d"
        Title="MainWindow" Height="300" Width="500">
    <StackPanel Orientation="Horizontal">
        <!--使用纯色（SolidColorBrush）绘制矩形-->
        <Rectangle Width="75" Height="75">
            <Rectangle.Fill>
                <SolidColorBrush Color="Red" />
            </Rectangle.Fill>
        </Rectangle>
        <!--使用水平线性渐变（LinearGradientBrush）绘制矩形-->
        <Rectangle Width="75" Height="75">
            <Rectangle.Fill>
                <LinearGradientBrush>
                    <GradientStop Color="Yellow" Offset="0.0" />
                    <GradientStop Color="Orange" Offset="0.5" />
                    <GradientStop Color="Red" Offset="1.0" />
                </LinearGradientBrush>
            </Rectangle.Fill>
        </Rectangle>
        <!--使用径向渐变（RadialGradientBrush）绘制矩形-->
        <Rectangle Width="75" Height="75">
            <Rectangle.Fill>
                <RadialGradientBrush GradientOrigin="0.75,0.25">
                    <GradientStop Color="Yellow" Offset="0.0" />
                    <GradientStop Color="Orange" Offset="0.5" />
                    <GradientStop Color="Red" Offset="1.0" />
                </RadialGradientBrush>
            </Rectangle.Fill>
        </Rectangle>
        <!--使用图像（ImageBrush）绘制矩形-->
        <Rectangle Width="75" Height="75">
            <Rectangle.Fill>
                <ImageBrush ImageSource="C:\VB.NET\jpg\sunset.jpg"  />
            </Rectangle.Fill>
        </Rectangle>
        <!--使用绘图（DrawingBrush）绘制矩形-->
        <Rectangle Width="75" Height="75">
            <Rectangle.Fill>
              <DrawingBrush>
                  <DrawingBrush.Drawing>
                     <GeometryDrawing Brush="Black">
```

```
                    <GeometryDrawing.Geometry>
                      <EllipseGeometry Center="50,50" RadiusX="45" RadiusY="20" />
                    </GeometryDrawing.Geometry>
                  </GeometryDrawing>
                </DrawingBrush.Drawing>
              </DrawingBrush>
            </Rectangle.Fill>
        </Rectangle>
        <!--使用 Visual（VisualBrush）绘制矩形-->
        <Rectangle Width="75" Height="75">
            <Rectangle.Fill>
                <VisualBrush TileMode="Tile">
                  <VisualBrush.Visual>
                    <StackPanel>
                      <StackPanel.Background>
                        <DrawingBrush>
                          <DrawingBrush.Drawing>
                            <GeometryDrawing>
                            <GeometryDrawing.Brush>
                              <RadialGradientBrush>
                              <GradientStop Color="MediumBlue" Offset="0.0" />
                              <GradientStop Color="White" Offset="1.0" />
                            </RadialGradientBrush>
                           </GeometryDrawing.Brush>
                           <GeometryDrawing.Geometry>
                             <GeometryGroup>
                              <RectangleGeometry Rect="0,0,50,50" />
                              <RectangleGeometry Rect="50,50,50,50" />
                             </GeometryGroup>
                           </GeometryDrawing.Geometry>
                         </GeometryDrawing>
                       </DrawingBrush.Drawing>
                      </DrawingBrush>
                    </StackPanel.Background>
                    <TextBlock FontSize="10pt" Margin="10">Hello, World!</TextBlock>
                  </StackPanel>
                </VisualBrush.Visual>
              </VisualBrush>
            </Rectangle.Fill>
        </Rectangle>
    </StackPanel>
</Window>
```

运行效果如图 17-11 所示。

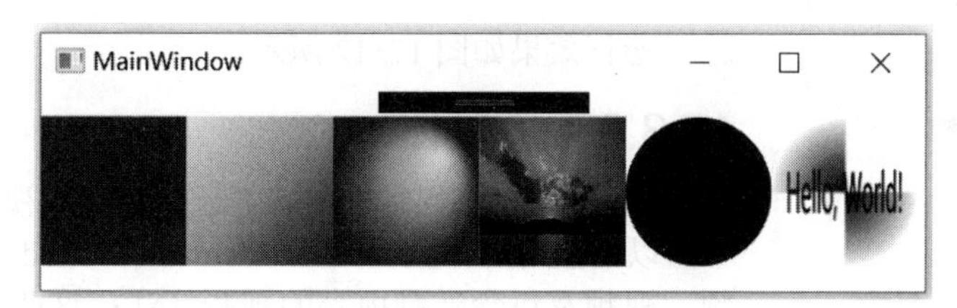

图 17-11　例 17-9 的运行效果

4. 位图效果

位图效果（BitmapEffect）对象为可视化控件（如 Image、Button 或 TextBox，继承于 Visual 类）设置效果（如模糊或投影）。可以将 BitmapEffect 设置为单个 BitmapEffect 对象，或者通过 BitmapEffectGroup 对象将多个效果链接在一起。

可设置的 WPF 位图效果如下。

BlurBitmapEffect：模拟通过焦距没对准的镜头查看对象的情形。

OuterGlowBitmapEffect：围绕对象周边创建颜色光晕。

DropShadowBitmapEffect：创建对象后的阴影。

BevelBitmapEffect：创建斜面，即根据指定的曲线提高图像表面。

EmbossBitmapEffect：对 Visual 创建凹凸贴图，以产生一种深度和纹理均来自人造光源的效果。

【例 17-10】 使用位图效果对象设置按钮的凹凸效果示例。

在 C:\VB.NET\Chapter16\中新建一个“Visual Basic”类别的 WPF（.NET Framework）应用程序项目 BitmapTest。标记文件 MainWindow.xaml 的内容如下：

```
<Window x:Class="MainWindow"
        xmlns="http://schemas.microsoft.com/winfx/2006/xaml/presentation"
        xmlns:x="http://schemas.microsoft.com/winfx/2006/xaml"
        xmlns:d="http://schemas.microsoft.com/expression/blend/2008"
        xmlns:mc="http://schemas.openxmlformats.org/markup-compatibility/2006"
        xmlns:local="clr-namespace:BitmapTest"
        mc:Ignorable="d"
        Title="MainWindow" Height="200" Width="300">
    <Grid>
        <Button Width="200" Height="80" Margin="50">
            Bevelled Button
            <Button.BitmapEffect>
                <!-- BevelBitmapEffect 类创建一个凹凸效果,
                    该效果根据指定的曲线来抬高图像表面。其中:
             - BevelWidth 属性：获取或设置凹凸效果的宽度。
             - EdgeProfile 属性：获取或设置凹凸效果的曲线。
             - LightAngle 属性：获取或设置创建凹凸效果的阴影时，“虚拟光”的光源方向。
             - Relief 属性：获取或设置凹凸效果起伏的高度。
             - Smoothness 属性：获取或设置凹凸效果阴影的平滑程度。-->
                <BevelBitmapEffect BevelWidth="15" EdgeProfile="BulgedUp"
                      LightAngle="320" Relief="0.4"   Smoothness="0.4" />
            </Button.BitmapEffect>
        </Button>
    </Grid>
</Window>
```

运行效果如图 17-12 所示。

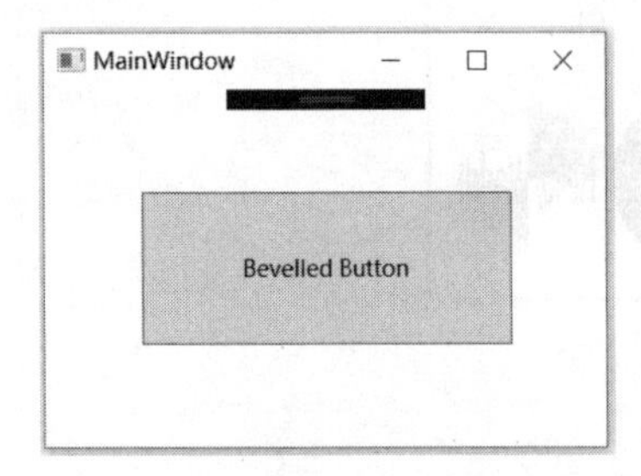

图 17-12 例 17-10 的运行效果

17.3.3 多媒体

WPF 支持多媒体功能，通过将声音和视频集成到应用程序中，以增强用户体验。MediaElement 和 MediaPlayer 用于播放音频、视频及包含音频内容的视频（注：这两种类型都至少依赖 Microsoft Windows Media Player 10 OCX 进行媒体播放）。MediaElement 和 MediaPlayer 具有类似的成员。MediaElement 是一个可视控件，可在 XAML 中使用；MediaPlayer 则不能在 XAML 中使用。

MediaElement 和 MediaPlayer 可以用于两种不同的媒体模式中：独立模式和时钟模式。媒体模式由 Clock 属性确定。如果 Clock 为 Nothing，则媒体对象处于独立模式。如果 Clock 不为 Nothing，则媒体对象处于时钟模式。默认情况下，媒体对象处于独立模式。

在独立模式下，由媒体内容驱动媒体播放。通过设置 MediaElement 对象的 Source 属性或者调用 MediaPlayer 对象的 Open 方法来加载媒体；可以使用媒体对象的方法（Play、Pause、Close 和 Stop）直接控制媒体播放（注：对于 MediaElement，仅当其 LoadedBehavior 设置为 Manual 时，使用这些方法的交互式控件才可用）；可以修改媒体的 Position 和 SpeedRatio 属性。

在时钟模式下，由 MediaTimeline 驱动媒体播放，从而实现动画功能。媒体的 URI 是通过 MediaTimeline 间接设置的；可以由时钟控制媒体播放，不能使用媒体对象的控制方法。

【例 17-11】 视频的播放控制功能示例：使用 MediaElement 来控制媒体播放。创建一个简单的媒体播放器，通过该播放器可以对媒体进行播放、暂停、停止、回退和快进，还可以调整音量和速度比。

在 C:\VB.NET\Chapter16\中新建一个“Visual Basic”类别的 WPF（.NET Framework）应用程序项目 VideoTest。标记文件 MainWindow.xaml 的内容如下：

```
<Window x:Class="MainWindow"
        xmlns="http://schemas.microsoft.com/winfx/2006/xaml/presentation"
        xmlns:x="http://schemas.microsoft.com/winfx/2006/xaml"
        xmlns:d="http://schemas.microsoft.com/expression/blend/2008"
        xmlns:mc="http://schemas.openxmlformats.org/markup-compatibility/2006"
        xmlns:local="clr-namespace:VideoTest"
        mc:Ignorable="d"
        Title="MainWindow" Height="500" Width="800">
    <StackPanel Background="Black">
        <MediaElement Source="C:\VB.NET\media\MAILBOX.AVI" Name="myMediaElement"
          Width="450" Height="400" LoadedBehavior="Manual" UnloadedBehavior="Stop" Stretch="Fill"
          MediaOpened="Element_MediaOpened" MediaEnded="Element_MediaEnded"/>
        <StackPanel HorizontalAlignment="Center" Width="550" Orientation="Horizontal">
        <Image Source="C:\VB.NET\jpg\UI_play.gif" MouseDown="OnMouseDownPlayMedia" Margin="5"/>
        <Image Source="C:\VB.NET\jpg\UI_pause.gif" MouseDown="OnMouseDownPauseMedia" Margin="5" />
        <Image Source="C:\VB.NET\jpg\UI_stop.gif" MouseDown="OnMouseDownStopMedia" Margin="5" />
   <TextBlock Foreground="White" VerticalAlignment="Center" Margin="5"   >Volume</TextBlock>
        <Slider Name="volumeSlider" VerticalAlignment="Center" ValueChanged="ChangeMediaVolume"
             Minimum="0" Maximum="1" Value="0.5" Width="70"/>
        <TextBlock Foreground="White" Margin="5"   VerticalAlignment="Center">Speed</TextBlock>
        <Slider Name="speedRatioSlider" VerticalAlignment="Center"
```

```
            ValueChanged="ChangeMediaSpeedRatio"   Value="1" Width="70" />
        <TextBlock Foreground="White" Margin="5"   VerticalAlignment="Center">Seek To</TextBlock>
        <Slider Name="timelineSlider" Margin="5" VerticalAlignment="Center"
            ValueChanged="SeekToMediaPosition" Width="70"/>
      </StackPanel>
   </StackPanel>
</Window>
```

隐藏代码 MainWindow.xaml.vb 的内容如下：

```
Imports System
Imports System.Windows
Imports System.Windows.Controls
Imports System.Windows.Documents
Imports System.Windows.Navigation
Imports System.Windows.Shapes
Imports System.Windows.Data
Imports System.Windows.Media
Imports System.Windows.Input
Class MainWindow
    ' 播放媒体.
    Sub OnMouseDownPlayMedia(Sender As Object, ByVal args As MouseButtonEventArgs)
        ' Play 命令将播放不活动的或者暂停的媒体；此命令对正在播放的媒体不起作用
        myMediaElement.Play()
        ' 初始化 MediaElement 属性值.
        InitializePropertyValues()
    End Sub
    ' 暂停媒体播放.
    Sub OnMouseDownPauseMedia(Sender As Object, ByVal args As MouseButtonEventArgs)
        '  Pause 命令将暂停正在播放的媒体；可以使用 Play 命令继续播放.
        myMediaElement.Pause()
    End Sub
    ' 停止媒体播放.
    Sub OnMouseDownStopMedia(Sender As Object, ByVal args As MouseButtonEventArgs)
        '  Stop 命令停止媒体的播放
        myMediaElement.Stop()
    End Sub
    ' 改变媒体播放的音量.
    Sub ChangeMediaVolume(Sender As Object, ByVal args As RoutedPropertyChangedEventArgs(Of Double))
        myMediaElement.Volume = Double.Parse(volumeSlider.Value)
    End Sub
    ' 改变媒体播放的速度.
    Sub ChangeMediaSpeedRatio(Sender As Object, ByVal args As RoutedPropertyChangedEventArgs(Of Double))
        myMediaElement.SpeedRatio = Double.Parse(speedRatioSlider.Value)
    End Sub
    ' 打开媒体时，将"Seek To"初始化为最大值（媒体长度，ms 为单位）
    Sub Element_MediaOpened(Sender As Object, e As EventArgs)
```

```
        timelineSlider.Maximum = myMediaElement.NaturalDuration.TimeSpan.TotalMilliseconds
    End Sub
    ' 当媒体完成重放，使用 Stop()搜索媒体的起始部分.
    Sub Element_MediaEnded(Sender As Object, e As EventArgs)
        myMediaElement.Stop()
    End Sub
    ' 跳转到媒体的不同部分 (seek to).
    Sub SeekToMediaPosition(Sender As Object, ByVal args As RoutedPropertyChangedEventArgs(Of Double))
        Dim SliderValue As Integer = Integer.Parse(timelineSlider.Value)
        ' 重载构造函数，使用参数：days, hours, minutes, seconds, miniseconds.
        ' 创建 TimeSpan 对象，使之=当前游标的值.
        Dim ts As TimeSpan = New TimeSpan(0, 0, 0, 0, SliderValue)
        myMediaElement.Position = ts
    End Sub
    Sub InitializePropertyValues()
        ' 设置媒体的音量 Volume 和速率 SpeedRatio =当前游标的值.
        myMediaElement.Volume = Double.Parse(volumeSlider.Value)
        myMediaElement.SpeedRatio = Double.Parse(speedRatioSlider.Value)
    End Sub
End Class
```

运行效果如图 17-13 所示（媒体播放器必须是 Microsoft Windows Media Player 10 及以上版本）。

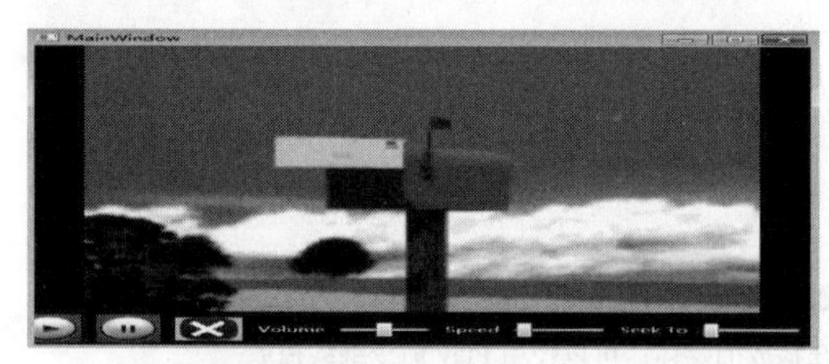

图 17-13 例 17-11 的运行效果

17.3.4 动画

在 WPF 中，针对对象的支持动画的属性应用动画，可以实现动画效果。例如，若要使框架元素增大，可以对其 Width 和 Height 属性进行动画处理；若要使对象逐渐从视野中消失，可以对其 Opacity 属性进行动画处理。

由于动画生成属性值，因此对于不同的属性类型，会有不同的动画类型。例如：若要对采用 Double 的属性（例如元素的 Width 属性）进行动画处理，则需要使用生成 Double 值的动画。若要对采用 Point 的属性进行动画处理，则需要使用生成 Point 值的动画，依次类推。System.Windows.Media.Animation 命名空间中存在一些动画类，也可以自定义动画类。

系统提供了下列几种动画类型。

- “From/To/By”或“基本”动画：<类型>Animation。在起始值和目标值之间进行动画处理，或者通过将偏移量值与其起始值相加来进行动画处理。
- 关键帧动画：<类型>AnimationUsingKeyFrames。指定任意多个目标值，甚至可以控制它们的插值方法。
- 几何路径动画：<类型>AnimationUsingPath。使用几何路径来生成动画值。
- 自定义动画：通过实现抽象类<类型>AnimationBase 创建的自定义动画。

实现动画所涉及的内容较复杂。下面以一个简单的例子说明应用动画的基本步骤。

【例 17-12】 动画效果示例：创建从视野中逐渐消失并逐渐进入视野的红色矩形。

步骤 1：创建 DoubleAnimation。使元素逐渐进入视野并逐渐从视野中消失的一种方法是对其 Opacity 属性（类型为 Double）进行动画处理，因此需要一个产生双精度值的动画（例如 DoubleAnimation，创建两个双精度值之间的过渡）。

下面代码创建了一个 DoubleAnimation：指定其起始值（From 属性）为 1.0（使对象完全不透明）；指定其终止值（To 属性）为 0（使对象完全不可见）；指定动画的从其起始值过渡为目标值所需的时间（Duration 属性）为 5 s；指定元素在消失后再逐渐回到视野中（AutoReverse 属性设置为 True）；指定动画无限期地重复（RepeatBehavior 属性设置为 Forever）。

```
<DoubleAnimation From="1.0" To="0.0" Duration="0:0:5" AutoReverse="True" RepeatBehavior ="Forever" />
```

步骤 2：创建演示图板。若要向对象应用动画，需要创建 Storyboard，并使用 TargetName 和 TargetProperty 附加属性指定要进行动画处理的对象和属性。

```
<Storyboard>
    <DoubleAnimation
        Storyboard.TargetName="MyRectangle"
        Storyboard.TargetProperty="Opacity"
        From="1.0" To="0.0" Duration="0:0:5"
        AutoReverse="True" RepeatBehavior="Forever" />
</Storyboard>
```

步骤 3：将演示图板与触发器关联。创建一个 BeginStoryboard 对象并将演示图板与其关联。BeginStoryboard 是一种应用和启动 Storyboard 的 TriggerAction。

```
<EventTrigger RoutedEvent="Rectangle.Loaded">
  <BeginStoryboard>
    <Storyboard>
      <DoubleAnimation
          Storyboard.TargetName="MyRectangle"
          Storyboard.TargetProperty="Opacity"
          From="1.0" To="0.0" Duration="0:0:5"
          AutoReverse="True" RepeatBehavior="Forever" />
    </Storyboard>
  </BeginStoryboard>
</EventTrigger>
```

在 C:\VB.NET\Chapter16\中新建一个“Visual Basic”类别的 WPF（.NET Framework）应用程序项目 AnimationTest。标记文件 MainWindow.xaml 的内容如下：

```
<Window x:Class="MainWindow"
        xmlns="http://schemas.microsoft.com/winfx/2006/xaml/presentation"
        xmlns:x="http://schemas.microsoft.com/winfx/2006/xaml"
        xmlns:d="http://schemas.microsoft.com/expression/blend/2008"
        xmlns:mc="http://schemas.openxmlformats.org/markup-compatibility/2006"
        xmlns:local="clr-namespace:AnimationTest"
        mc:Ignorable="d"
        Title="MainWindow" Height="150" Width="300">
```

```
    <StackPanel Margin="10">
        <Rectangle Name="MyRectangle" Width="100" Height="100" Fill="Red">
            <Rectangle.Triggers>
                <!-- Animates the rectangle's opacity. -->
                <EventTrigger RoutedEvent="Rectangle.Loaded">
                    <BeginStoryboard>
                        <Storyboard>
                            <DoubleAnimation
                                Storyboard.TargetName="MyRectangle"
                                Storyboard.TargetProperty="Opacity"
                                From="1.0" To="0.0" Duration="0:0:5"
                                AutoReverse="True" RepeatBehavior="Forever" />
                        </Storyboard>
                    </BeginStoryboard>
                </EventTrigger>
            </Rectangle.Triggers>
        </Rectangle>
    </StackPanel>
</Window>
```

运行效果如图 17-14 所示。

（a）初始运行画面

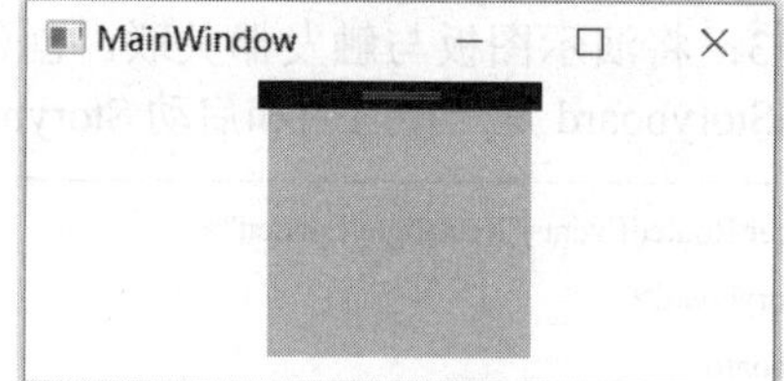

（b）从视野中逐渐消失

图 17-14　例 17-12 的运行效果

第 18 章　综合应用案例：网上书店

本章主要阐述基于 Web 的网上书店综合应用案例的设计及实现过程，读者可以基于综合应用案例，完成独自的课程设计实践作业。

18.1　系统总体设计

基于 ASP.NET 的网上书店系统面向两种类型的用户：客户和网站管理员。

客户通过访问网站，可以在线浏览查找书籍、添加书籍到购物车、修改购物车，等等。只有登录用户才能购买书籍。网站管理员可以管理维护书籍分类表/书籍表等基本数据信息。也可以处理客户提交的订单。系统的总体设计如图 18-1 所示。

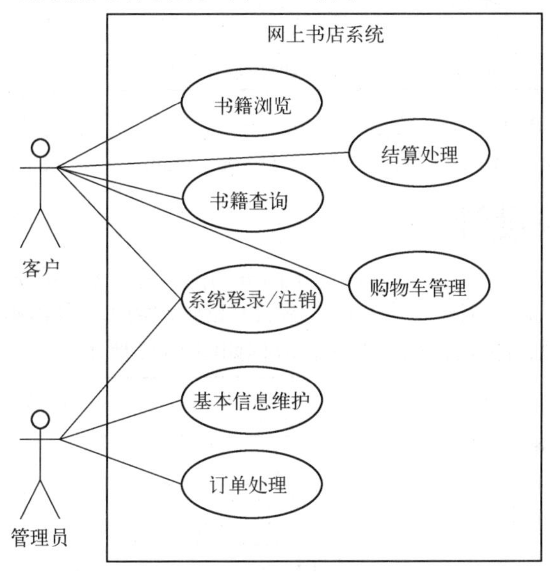

图 18-1　ASP.NET 网上书店系统的总体设计

18.2　数据库设计

ASP.NET 网上书店数据库 WebDBBookshop 主要包括下列数据表。

（1）书籍类别表（Categories）：用于储存书籍类别信息，其结构如表 18-1 所示。

表 18-1　书籍类别表（Categories）

字 段 名	数 据 类 型	字 段 说 明	键 引 用
CategoryID	int	书籍类别 ID	主键
CategoryName	nvarchar(50)	书籍类别名称	

（2）书籍表（Books）：用于储存书籍信息，其结构如表 18-2 所示。

表 18-2　书籍表（Books）

字 段 名	数 据 类 型	字 段 说 明	键 引 用
BookID	varchar(20)	书籍 ID	主键
CategoryID	int	书籍类别 ID	外键

续表

字 段 名	数 据 类 型	字 段 说 明	键 引 用
Bookname	nvarchar(100)	书籍名称	
Author	nvarchar(100)	作者	
Publisher	nvarchar(100)	出版商	
UnitCost	money	单价	
BookImage	nvarchar(100)	书籍封面图片文件名	
Description	nvarchar(4000)	书籍说明	

（3）购物车表（ShoppingCart）：用于储存购物车信息，其结构如表 18-3 所示。

表 18-3 购物车表（ShoppingCart）

字 段 名	数 据 类 型	字 段 说 明	键 引 用	备 注
CartID	nvarchar(50)	购物车 ID	主键	
BookID	varchar(20)	书籍 ID		
Quantity	int	数量		
DateCreated	datetime	记录生成的系统时间		自动生成

另外，系统使用 ASP.NET 成员资格管理系统用户。完备的电子商务网站还应包括客户信息表（Customers）、订单信息表（Orders）、订单明细表（OrderDetails）等，限于篇幅，本书不展开叙述。

18.3 功能模块设计

ASP.NET 网上书店系统提供网上在线电子商务功能。系统提供用户注册和用户登录功能。用户通过访问网站，可以在线浏览查找书籍、添加书籍到购物车、修改购物车，等等。

ASP.NET 网上书店系统的功能模块及执行流程如图 18-2 所示。

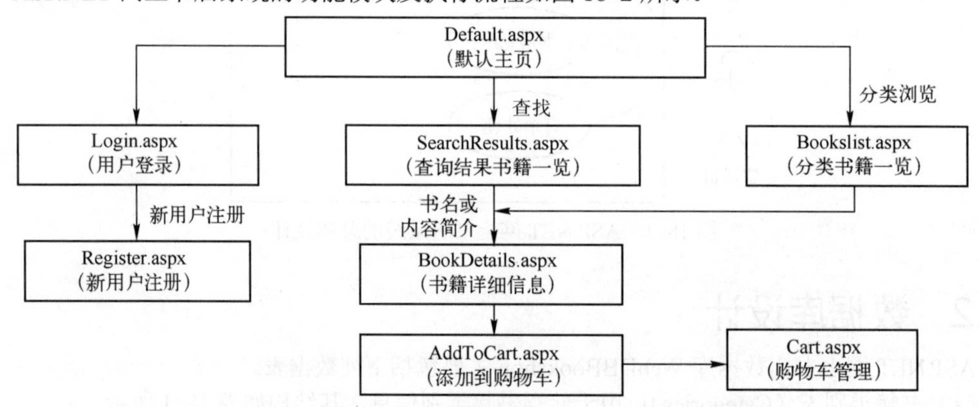

图 18-2 ASP.NET 网上书店系统的功能模块及执行流程

ASP.NET 网上书店系统由表 18-4 所示的 ASP.NET Web 页面组成。

表 18-4 ASP.NET 网上书店系统 Web 页面清单

文 件 名 称	说 明	文 件 名 称	说 明
Site.Master	网上书店母版页	Cart.aspx	购物车管理页面
Default.aspx	默认主页	Login.aspx	用户登录页面
Bookslist.aspx	分类书籍一览页面	Register.aspx	新用户注册页面
BookDetails.aspx	书籍详细信息页面	Global.asax	ASP.NET 应用程序文件
SearchResults.aspx	查询结果书籍一览页面	Web.config	ASP.NET 应用程序的配置文件
AddToCart.aspx	添加到购物车页面	\Bookimages	书籍图片子目录

18.4　系统的实现

本节阐述网上书店系统基本功能的实现过程。其他功能，如购物车结账、订单处理等由于篇幅关系，尚未展开阐述。

【例 18-1】 创建网上书店网站并准备数据库和素材。

操作步骤：

（1）在 C:\VB.NET\Chapter18 文件夹中创建一个“Visual Basic”类别的 ASP.NET Web（.NET Framework）应用程序项目 Bookshop。注意，在打开的【创建新的 ASP.NET Web 应用程序】对话框中，选择“Web 窗体”；更改“身份验证”为“个人用户账户”，如图 18-3 所示。单击【确定】按钮，然后单击【创建】按钮，创建 ASP.NET Web 窗体应用程序解决方案和项目。

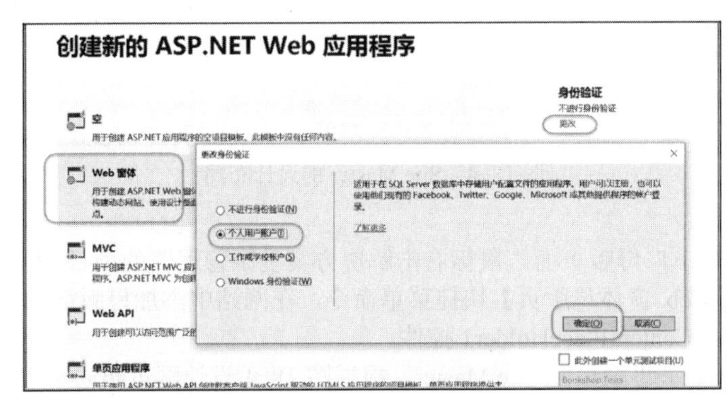

图 18-3　创建新的 ASP.NET Web 应用程序（更改“身份验证”方式）

（2）准备数据库。将素材目录中的 VB.NET\DB\BooksDB.mdf 数据库文件复制到目录 App_Data 下，并刷新网站文件夹。可以双击 BooksDB.mdf 查看其内容。

（3）准备数据库中范例书籍的图片。将素材目录中的 VB.NET\Chapter18\Bookimages 目录复制到 C:\VB.NET\Chapter18\Bookshop 下，并刷新网站文件夹。

（4）删除网站模板自动生成的页面 About.aspx、Default.aspx 和 Site.master。接下来为网上书店自定义这些页面。

【例 18-2】 使用 Visual Studio 的服务器资源管理器创建数据库连接，连接到本地 Microsoft SQL Server 的 C:\VB.NET\Chapter18\Bookshop\App_Data\BooksDB.mdf 数据库。

操作步骤如下。

（1）添加数据库连接。在【服务器资源管理器】窗口中鼠标单击“连接到数据库”图标，打开【添加连接】对话框。

（2）更改数据源。在【添加连接】对话框中，单击数据源文本框右侧的【更改】按钮。在随后出现的【更改数据源】对话框中，选择【Microsoft SQL Server 数据库文件】，然后单击【确定】按钮，返回到【添加连接】对话框中。

（3）连接到 BooksDB 数据库。在【添加连接】对话框中，在【数据库文件名(新建或现有名称)】文本框中输入或者利用【浏览】按钮选择数据库 C:\VB.NET\Chapter18\Bookshop\App_Data\BooksDB.mdf。单击【确定】按钮，创建数据库连接。

（4）查看 BooksDB 数据库的表清单及其结构和内容。在【服务器资源管理器】窗口中展开创建的数据连接 BooksDB.mdf；然后展开其表清单。双击数据表名称，查看数据表结构；右击数据表名称，执行相应快捷菜单的“显示表数据”命令，查看数据表内容。

（5）关闭 BooksDB 数据库连接。

【例 18-3】 创建网上书店母版页 Site.Master。网上书店的页面布局共分为三大部分，如图 18-4 所示。

（1）页面上部为标题信息，并提供登录超链接和购物车超链接及书籍查找功能。

（2）页面左下部为书籍分类一览信息，用户可以按书籍类别查看书籍目录。借助 DataLlist 控件来实现。

（3）页面右下部为内容占位符。

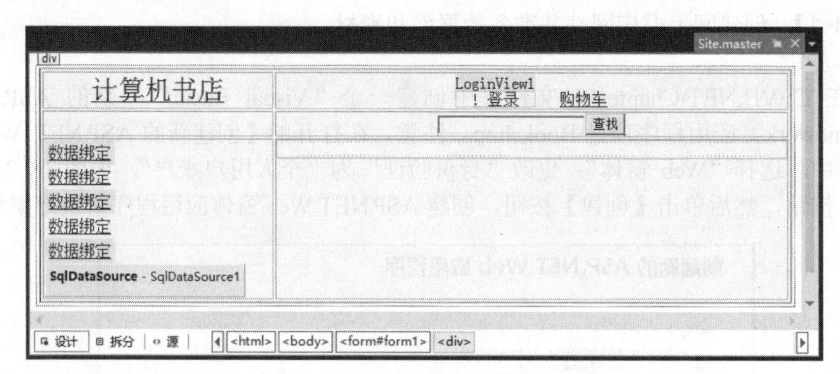

图 18-4　Site.Master 的设计布局

操作步骤如下。

（1）添加 ASP.NET 母版页面。鼠标右击解决方案资源管理器的项目 Bookshop，执行【添加】|【新建项】|【Web 窗体母版页】快捷菜单命令，在网站中添加母版页 Site.Master。删除页面中系统自动生成的 ContentPlaceHolder1 控件。

（2）设计 ASP.NET 母版页面 Site.Master。根据图 18-4 设计网页布局（通过插入一个 3 行 2 列的表格进行布局。参照下列粗体代码，设置表格属性：边框为 1，居中对齐；第 1 列宽度为 250px，第 2 列宽度为 750px；第 3 行的 2 列水平左对齐，垂直上对齐。

```
<table border="1" style="text-align: center">
    <tr>  <td style="width: 250px"></td>
          <td style="width: 750px"></td>
    </tr>
    <tr>
        <td></td>
        <td></td>
    </tr>
    <tr>
        <td style=" text-align: left; vertical-align: top"></td>
        <td style="text-align: left; vertical-align: top"></td>
    </tr>
</table>
```

并根据表 18-5 设置控件的属性。

表 18-5　Site.Master 母版页的控件

类　型	ID	属　性	说　明
HyperLink	lblHome	Text：计算机书店；Font-Size：20pt；NavigateURL：~/Default.aspx	网站标题超链接
LoginView	LoginView1		根据登录状态显示不同的超链接
HyperLink	hlCart	Text：购物车；NavigateURL：~/pages/Cart.aspx	购物车超链接
TextBox	txtKeyword		查找关键字

续表

类　　型	ID	属　　性	说　　明
Button	btnSearch	Text：查找	查找按钮
DataList	DataList1		书籍分类一览列表
ContentPlaceHolder	MainContent		内容占位符

在源代码的 LoginView 控件的标签中，输入下列粗体代码，以根据登录状态显示不同的超链接（登录或者注销）。

```
<asp:LoginView runat="server" ViewStateMode="Disabled" ID="LoginView1">
    <AnonymousTemplate>
      <a runat="server" href="~/Account/Login">登录</a>
    </AnonymousTemplate>
    <LoggedInTemplate>
      <a runat="server" href="~/Account/Manage" title="Manage your account">
                 <%: Context.User.Identity.Name()   %>!</a>
      <asp:LoginStatus runat="server" LogoutAction="Redirect" LogoutText="注销"
                 LogoutPageUrl="~/" OnLoggingOut="LoginView1_LoggedOut" />
   </LoggedInTemplate>
</asp:LoginView>
```

（3）配置 DataList1 控件数据源。

① 在设计视图中，选择 DataList1 控件，单击按钮，执行【DataList 任务】菜单中【选择数据源】下拉列表框中的【新建数据源】命令，随后选择【数据库】数据源类型。

② 选择数据库连接。在随后的【选择您的数据连接】配置数据源向导中，选择指向本地的数据库文件 BooksDB.mdf。单击【下一步】。

③ 保存数据库连接。在【将连接字符串保存到应用程序配置文件中】配置数据源向导中，按默认设置将数据库连接以 ConnectionString 为名保存到应用程序配置文件（即 Web.config）中，以后可直接使用，这样可以简化数据源的维护和部署。单击【下一步】。

④ 配置 Select 语句。在随后的【配置 Select 语句】配置数据源向导对话框中，在【名称】下拉列表框中选择【Categories】数据表，在【列】复选框中分别选择【CategoryID】和【CategoryName】。单击【下一步】命令按钮。然后单击【完成】命令按钮。

⑤ 自动格式套用。在设计视图中，选择 DataList1 控件，单击按钮，执行【DataList 任务】菜单的【自动套用格式】命令，选择【传统型】格式。

⑥ 编辑 DataList 控件的项模板。在设计视图中，选择 DataList1 控件，单击按钮，执行【DataList 任务】菜单的【编辑模板】命令，进入 DataList 控件项模板编辑状态。删除系统自动生成的内容。添加一个 HyperLink 控件（ID：HyperLink1），执行【HyperLink 任务】菜单中【编辑 DataBindings】命令，编辑 HyperLink 控件的数据绑定。

⑦ 设置 HyperLink1 控件的 NavigateUrl 绑定属性："~/Bookslist.aspx?CategoryID=" & Eval("CategoryID")，如图 18-5（a）所示。

⑧ 设置 HyperLink1 控件的 Text 绑定属性 Eval("CategoryName")，如图 18-5（b）所示。

（4）修改 ASP.NET 母版页面 Site.Master。在源视图，修改<head></head>部分的 ContentPlace Holder 的 ID 为 HeadContent（注：网站的 account 目录下的页面使用该 ID）。

```
<head runat="server">
    <title></title>
    <asp:ContentPlaceHolder ID="HeadContent" runat="server">
```

```
    </asp:ContentPlaceHolder>
</head>
```

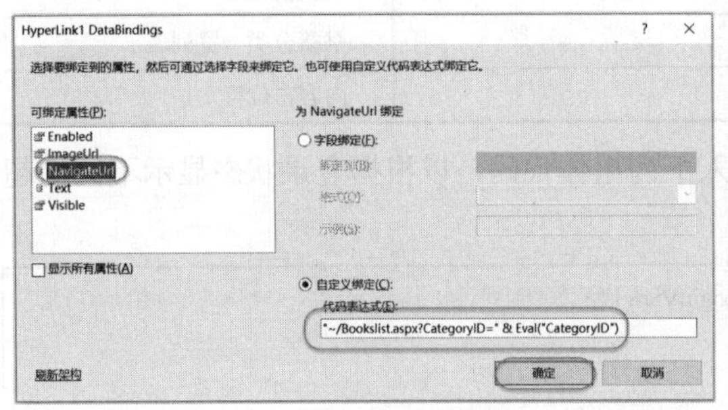
(a) NavigateUrl 绑定属性

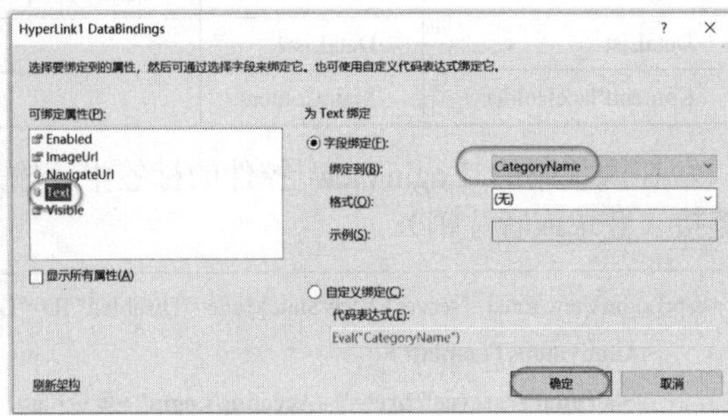
(b) Text 绑定属性

图 18-5　设置 HyperLink 控件的数据绑定

(5) 生成查找按钮事件并添加如下粗体所示的按钮事件代码。

```
Protected Sub btnSearch_Click(sender As Object, e As EventArgs) Handles btnSearch.Click
    '跳转到书籍信息查询页面 SearchResults.aspx 页面
    '并将"txtKeyword"查找文本框中输入的查找字符串作为参数传递给书籍信息查询页面
    If txtKeyword.Text <> "" Then
        Dim url As String = "SearchResults.aspx?Keyword=%" & txtKeyword.Text & "%"
        Response.Redirect(url)
    End If
End Sub
```

(6) 生成并添加 LoginView1 控件用户注销时的处理事件代码。

```
Protected Sub LoginView1_LoggingOut(sender As Object, e As LoginCancelEventArgs)
    Context.GetOwinContext().Authentication.SignOut()
End Sub
```

(7) 保存 Site.Master。

【例 18-4】 创建网上书店默认主页。显示欢迎信息“欢迎光临网上书店!”。

操作步骤如下。

(1) 基于母版页添加 ASP.NET 页面 Default.aspx。鼠标右击解决方案资源管理器的项目 WebSite，执行【添加】|【新建项】|【包含母版页的 Web 窗体】快捷菜单命令，单击【添加】按钮。在随后出现的【选择母版页】对话框中，选择 Site.master 母版页。单击【确定】按钮。

(2) 在 ContentPlaceHolder 中输入：欢迎光临网上书店!。

(3) 保存并运行测试默认主页 Default.aspx。

【例 18-5】 创建网上书店书籍一览页面 Bookslist.aspx。运行效果如图 18-6 所示。

(1) 当选择图书分类时，显示该图书类别相应的书籍清单信息。

(2) 单击【购买】链接，则进入【购物车】界面，并将该书籍直接添加到购物车。

操作步骤如下。

(1) 基于 Site.Master 母版页添加 Web 窗体：Bookslist.aspx。

(2) 设计书籍一览页面。在“MainContent(自定义)”中添加一个 DataList 控件，用于显示所选图书书类的所有书籍的书名和单价信息一览，并提供“购买”超链接。

(3) 配置 DataList 数据源。在设计视图中，选择 DataList1 控件，单击▷按钮，执行

【DataList 任务】菜单中【选择数据源】下拉列表框中的【新建数据源】命令，使用前面所生成的 ConnectionString 数据库连接配置数据源，并配置 Select 语句：在【名称】下拉列表框中选择 Books 数据表，在【列】复选框中分别选择 BookID、Bookname、UnitCost 及 BookImage 四个字段。单击 WHERE 按钮，打开【添加 WHERE 子句】对话框，设置筛选条件，如图 18-7 所示。单击【添加】按钮，然后单击【确定】按钮。单击【下一步】按钮，单击【完成】按钮。

图 18-6　书籍一览页面的运行效果

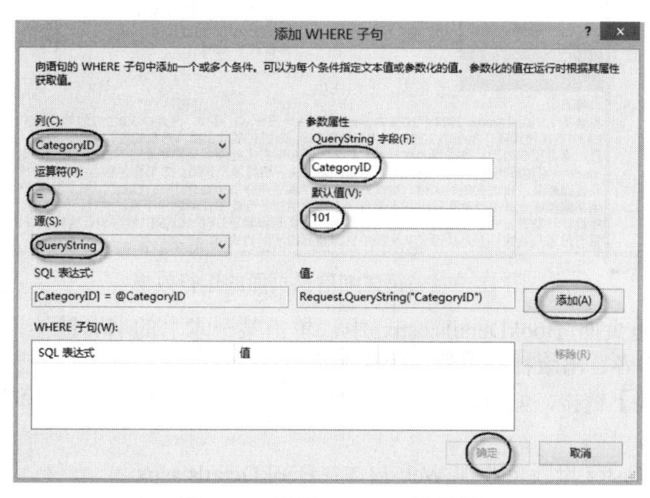

图 18-7　配置 DataList 数据源

（4）编辑 DataList 控件的项模板（ItemTemplate）。删除系统自动生成的内容，并添加一个 1 行 2 列的表格。根据图 18-8 设计布局。

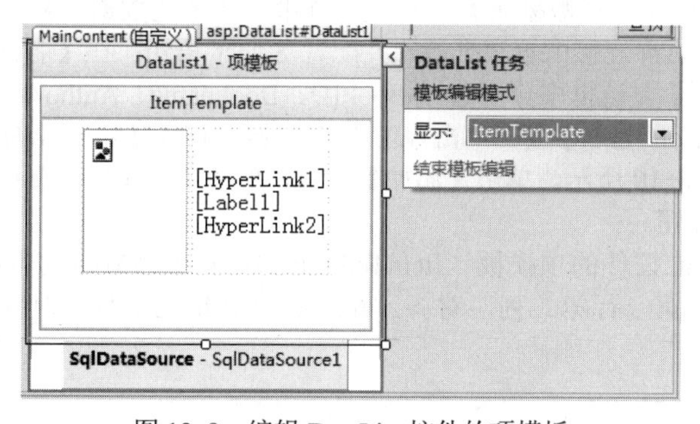

图 18-8　编辑 DataList 控件的项模板

① 添加 1 个 Image 控件 Image1。设置其属性：Width 为 75px；Height 为 100px。选择 Image1 控件，单击☑按钮，执行【Image 任务】菜单中【编辑 DataBindings】命令，绑定 ImageUrl 属性为"~/BookImages/" & Eval("BookImage")。

② 添加 1 个 HyperLink 控件 HyperLink1。选择 HyperLink1 控件，单击☑按钮，执行【HyperLink 任务】菜单中【编辑 DataBindings】命令，绑定 NavigateUrl 属性为"~/BookDetails.aspx?BookID=" & Eval("BookID")；绑定 Text 属性为 Eval("Bookname")。

③ 添加 1 个 Label 控件 Label1。选择 Label1 控件，单击☑按钮，执行【Label 任务】菜单中【编辑 DataBindings】命令，绑定 Text 属性为"单价：" & Eval("UnitCost")。

④ 添加 1 个 HyperLink 控件 HyperLink2。选择 HyperLink2 控件，单击☑按钮，执行【HyperLink 任务】菜单中【编辑 DataBindings】命令，绑定 NavigateUrl 属性为"~/pages/AddToCart.aspx?BookID=" & Eval("BookID")；绑定 Text 属性为"购买"。

（5）保存并运行测试 Bookslist.aspx。

【例 18-6】 创建网上书店书籍详细信息页面 BookDetails.aspx。运行效果如图 18-9 所示。

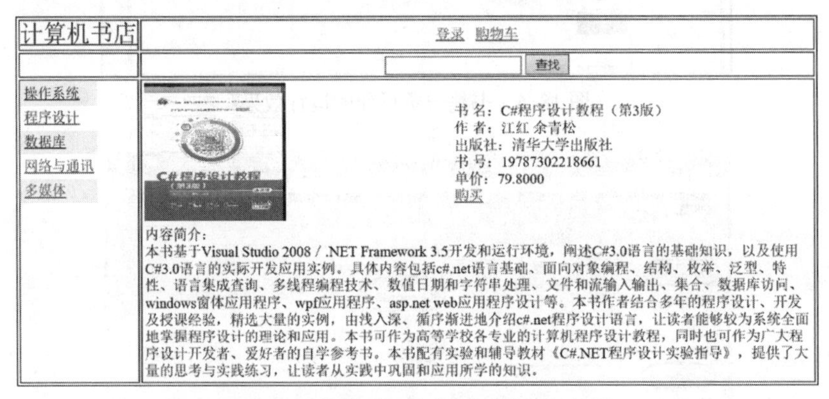

图 18-9　书籍详细信息页面的运行效果

（1）在书籍一览页面 BookDetails.aspx 中，单击某一本书的书名链接，显示该书的详细内容，包括：书名、作者、出版社、单价、内容简介。

（2）单击【购买】链接，则进入【购物车】界面，并将该书籍直接添加到购物车。

操作步骤如下。

（1）基于 Site.Master 母版页添加 Web 窗体：BookDetails.aspx。

（2）设计书籍一览页面。在【MainContent(自定义)】中添加一个 DataList 控件，用于显示所选图书书类的所有书籍的书名和单价信息一览，并提供【购买】超链接。

（3）配置 DataList 数据源。在设计视图中，选择 DataList1 控件，单击☑按钮，执行【DataList 任务】菜单中【选择数据源】下拉列表框中的【新建数据源】命令，使用前面所生成的 ConnectionString 数据库连接配置数据源，并配置 Select 语句：在【名称】下拉列表框中选择 Books 数据表，在【列】复选框中分别选择 BookID、Bookname、Author、Publisher、UnitCost、BookImage 及 Description 七个字段。单击 WHERE 按钮，打开【添加 WHERE 子句】对话框，设置筛选条件，如图 18-10 所示。单击【添加】按钮，然后单击【确定】按钮。单击【下一步】按钮，单击【完成】按钮。

（4）编辑 DataList 控件的项模板（ItemTemplate）。删除系统自动生成的内容，并添加一个 2 行 2 列的表格（第一行第二列左对齐。第二行合并单元格且左对齐）。根据图 18-11 设计布局。

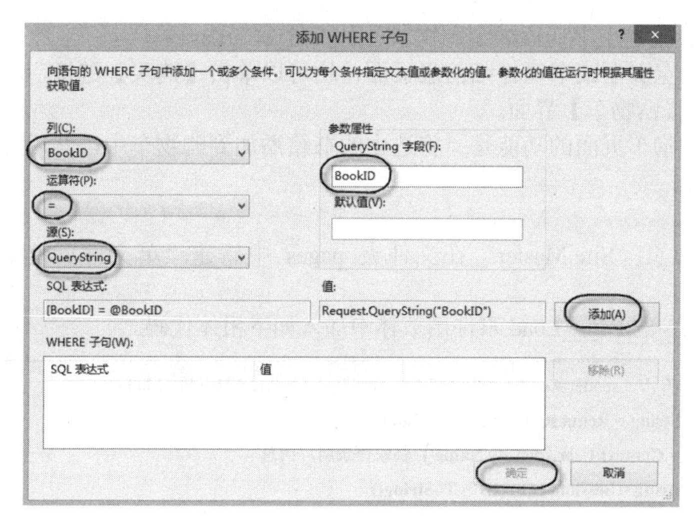

图 18-10　配置 DataList 数据源

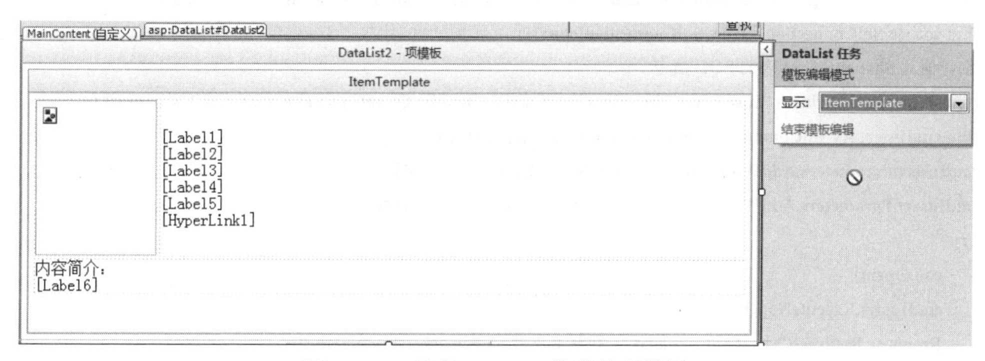

图 18-11　编辑 DataList 控件的项模板

① 添加 1 个 Image 控件 Image1。设置其属性：Width 为 160px；Height 为 150px。选择 Image1 控件，单击按钮，执行【Image 任务】菜单中【编辑 DataBindings】命令，绑定 ImageUrl 属性为"~/BookImages/" & Eval("BookImage")。

② 添加 1 个 Label 控件 Label1。选择 Label1 控件，单击按钮，执行【Label 任务】菜单中【编辑 DataBindings】命令，绑定 Text 属性为"书　名：" & Eval("Bookname")。

③ 添加 1 个 Label 控件 Label2。选择 Label2 控件，单击按钮，执行【Label 任务】菜单中【编辑 DataBindings】命令，绑定 Text 属性为"作　者：" & Eval("Author")。

④ 添加 1 个 Label 控件 Label3。选择 Label3 控件，单击按钮，执行【Label 任务】菜单中【编辑 DataBindings】命令，绑定 Text 属性为"出版社：" & Eval("Publisher")。

⑤ 添加 1 个 Label 控件 Label4。选择 Label4 控件，单击按钮，执行【Label 任务】菜单中【编辑 DataBindings】命令，绑定 Text 属性为"书　号：" & Eval("BookID")。

⑥ 添加 1 个 Label 控件 Label5。选择 Label5 控件，单击按钮，执行【Label 任务】菜单中【编辑 DataBindings】命令，绑定 Text 属性为"单价：" & Eval("UnitCost")。

⑦ 添加 1 个 HyperLink 控件 HyperLink2。选择 HyperLink2 控件，单击按钮，执行【HyperLink 任务】菜单中【编辑 DataBindings】命令，绑定 NavigateUrl 属性为"~/pages/AddToCart.aspx?BookID=" & Eval("BookID")；绑定 Text 属性为"购买"。

⑧ 添加 1 个 Label 控件 Label6。设置其属性：Width 为 700px。选择 Label6 控件，单击按钮，执行【Label 任务】菜单中【编辑 DataBindings】命令，绑定 Text 属性为 Eval("Description")。

（5）保存并运行测试 BookDetails.aspx。

【例 18-7】 创建网上书店添加到购物车页面 AddToCart.aspx。

（1）在书籍一览页面或书籍详细信息页面，均可以单击【购买】链接，将该书籍直接添加到购物车，并显示【购物车】界面。

（2）添加到购物车页面的功能是：将选中的书籍添加到购物车中，然后直接跳转到购物车管理页面 Cart.aspx。

操作步骤如下。

（1）基于母版页（Site.Master）在文件夹 pages 中新建“单文件页模型”的 Web 窗体 AddToCart.aspx。

（2）在源视图中的 Page_Load 事件函数体中加入如下粗体代码。

```
Protected Sub Page_Load(ByVal sender As Object, ByVal e As System.EventArgs) Handles Me.Load
    Dim strBookID As String = Request.QueryString("BookID")
    Session("CartID") = Context.User.Identity.Name() '获取登录用户信息
    Dim strCartID As String = Session("CartID").ToString()
    '连接到数据库 BooksDB
    Dim conStr As String = ConfigurationManager.ConnectionStrings("ConnectionString").ConnectionString
    Dim con As SqlConnection = New SqlConnection(conStr)
    '创建插入 ShoppingCart 表的 SQL 命令
    Dim strInsert As String = "Insert into ShoppingCart(CartID, BookID,Quantity) Values(@CartID,@BookID,0)"
    Dim cmdInsert As SqlCommand = New SqlCommand(strInsert, con)
    cmdInsert.Parameters.AddWithValue("@CartID", strCartID) '设置参数
    cmdInsert.Parameters.AddWithValue("@BookID", strBookID) '设置参数
    Try
        con.Open()
        cmdInsert.ExecuteNonQuery()
        Response.Redirect("~/pages/Cart.aspx") '跳转到购物车
    Catch ex As Exception
        '如果购物车已存在该商品，则数量+1
        Dim strUpdate As String = "Update ShoppingCart set Quantity=Quantity+1 where CartID=@CartID and BookID=@BookID"
        Dim cmdUpdate As SqlCommand = New SqlCommand(strUpdate, con)
        cmdUpdate.Parameters.AddWithValue("@CartID", strCartID) '设置参数
        cmdUpdate.Parameters.AddWithValue("@BookID", strBookID) '设置参数
        cmdUpdate.ExecuteNonQuery()
        Response.Redirect("~/pages/Cart.aspx") '跳转到购物车
    Finally
        con.Close()
    End Try
End Sub
```

（3）引用名称空间 System.Data.SqlClient。在代码的头部添加如下粗体语句。

```
Imports System.Data.SqlClient
```

（4）保存 AddToCart.aspx。

【例 18-8】 创建网上书店购物车管理页面 Cart.aspx。运行效果如图 18-12 所示。

（1）每个登录用户拥有一个购物车，选中的书籍通过单击【购买】超链接，自动放入购物车。

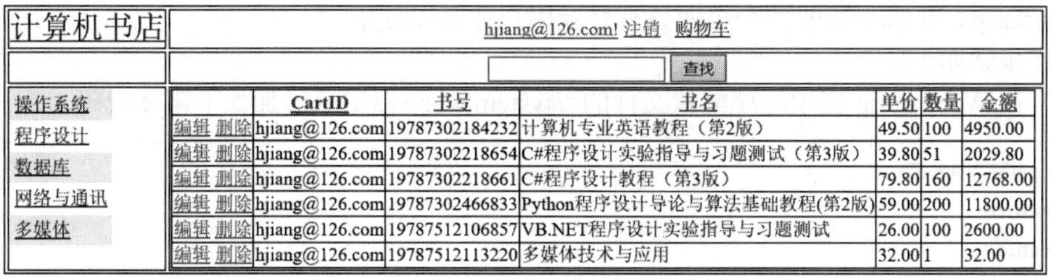

计算机书店　hjiang@126.com! 注销　购物车

查找

操作系统
程序设计
数据库
网络与通讯
多媒体

	CartID	书号	书名	单价	数量	金额
编辑 删除	hjiang@126.com	19787302184232	计算机专业英语教程（第2版）	49.50	100	4950.00
编辑 删除	hjiang@126.com	19787302218654	C#程序设计实验指导与习题测试（第3版）	39.80	51	2029.80
编辑 删除	hjiang@126.com	19787302218661	C#程序设计教程（第3版）	79.80	160	12768.00
编辑 删除	hjiang@126.com	19787302466833	Python程序设计导论与算法基础教程(第2版)	59.00	200	11800.00
编辑 删除	hjiang@126.com	19787512106857	VB.NET程序设计实验指导与习题测试	26.00	100	2600.00
编辑 删除	hjiang@126.com	19787512113220	多媒体技术与应用	32.00	1	32.00

图 18-12　购物车管理页面的运行效果

（2）购物车管理页面：显示购物车的内容；用户可以修改选购书籍的数量、删除已经选购的书籍。

（3）如果用户没有登录，则自动跳转到登录页面；注册用户一旦登录后，自动返回购物车管理页面，同时显示该登录用户的购物车清单。

（4）利用 GridView 控件实现购物车管理页面。

操作步骤如下。

（1）基于母版页（Site.Master）在文件夹 pages 中新建“单文件页模型”的 Web 窗体 Cart.aspx。

（2）设计购物车管理页面。在“MainContent(自定义)”中添加一个 GridView 控件，用于显示放入购物车中的所有书籍的书号、书名、作者、数量、单价和金额信息一览，并提供对记录的编辑和删除的功能。

（3）配置 GridView 数据源。

① 自定义 SQL 语句为：

```
SELECT ShoppingCart.CartID, ShoppingCart.BookID, Books.Bookname, Books.UnitCost, ShoppingCart.Quantity, Books.UnitCost * ShoppingCart.Quantity AS Amount FROM ShoppingCart INNER JOIN Books ON ShoppingCart.BookID = Books.BookID WHERE (ShoppingCart.CartID = @CartID)
```

② UPDATE 语句为：

```
UPDATE ShoppingCart SET Quantity = @Quantity WHERE (CartID = @CartID) AND (BookID = @BookID)
```

③ DELETE 语句为：

```
DELETE FROM ShoppingCart WHERE (CartID = @CartID) AND (BookID = @BookID)
```

注意：@CartID 绑定到 Session(CartID)。

（4）启用 GridView 的排序、编辑和删除功能。在设计视图中，选择 GridView1 控件，单击▷按钮，在【GridView 任务】菜单中分别勾选【启用排序】【启用编辑】【启用删除】复选框。

（5）编辑数据源的列。在设计视图中，选择 GridView1 控件，单击▷按钮，执行【GridView 任务】菜单中的【编辑列】命令，在随后出现的【字段】对话框中，选择【选定的字段】下拉列表中的字段，并设置其属性。

① BookID 字段的属性。HeaderText：书号；ReadOnly：True。

② Bookname 字段的属性。HeaderText：书名；ReadOnly：True。

③ UnitCost 字段的属性。HeaderText：单价；ReadOnly：True；DataFormatString：{0:f2}。

④ Quantity 字段的属性。HeaderText：数量；ReadOnly：False。

⑤ Amount 字段的属性。HeaderText：金额；ReadOnly：True；DataFormatString：{0:f2}。

（6）设置 GridView1 控件的 EmptyDataText 属性为：购物车为空!。

（7）保存 Cart.aspx。

【例 18-9】 使用 Web.config 应用程序配置文件设定授权页面，确保 pages 目录下的

AddToCart.aspx 和 Cart.aspx 两个页面只有登录用户才可以使用。

操作步骤如下。

（1）在 Web.config 应用程序配置文件的</system.web>标记后增加如下粗体代码。

```
<location path="pages">
  <system.web>
<authorization>
<deny users="?"/>
</authorization>
</system.web>
</location>
```

（2）保存 Web.config，运行缺省主页 Default.aspx，没有任何用户登录的情况下，分别测试【购买】（跳转到 AddToCart.aspx）和【购物车】（跳转到 Cart.aspx）超链接的功能。

【例 18-10】 创建网上书店书籍信息查询页面 SearchResults.aspx。在页面上部输入查询关键字，单击【查找】按钮，查找并显示“书名（Bookname）”或“内容简介（Description）”中包含关键字的书籍信息。例如输入关键字“python”，运行效果如图 18-13 所示。

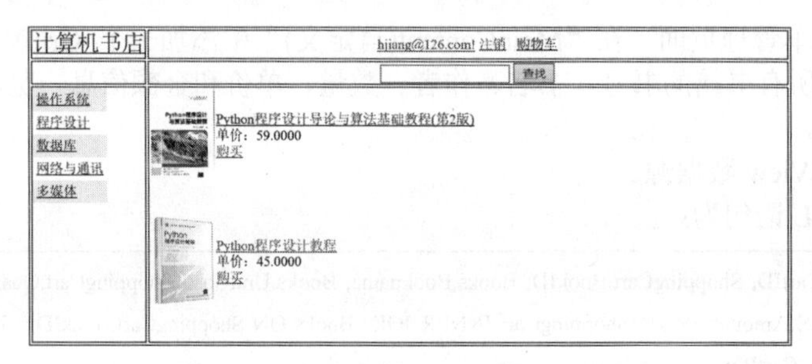

图 18-13 书籍信息查询页面的运行效果

操作步骤如下。

（1）把 Bookslist.aspx 另存为 SearchResults.aspx。

（2）配置 DataList 数据源。在设计视图中，选择 DataList1 控件，单击▷按钮，执行【DataList 任务】菜单中【选择数据源】下拉列表框中的【配置数据源】命令，自定义 Select 语句：

```
SELECT BookID, Bookname, UnitCost, BookImage FROM Books WHERE (Bookname LIKE @Keyword) OR (Description LIKE
@Keyword)
```

其中，Keyword 绑定到 QueryString（Keyword）。注意：最后提示是否重置时，请选择【否】。

（3）保存 SearchResults.aspx。运行测试 Default.aspx。例如输入关键字“python”，单击【查找】按钮，查找并显示符合条件的书籍信息。

附录 A　.NET Framework 概述

A.1　.NET Framework 的概念

.NET Framework 是一个开发和运行环境，它使得不同的编程语言（如 VB.NET 和 C#等）和运行库能够无缝地协同工作，简化开发和部署各种网络集成应用程序或独立应用程序，如 Windows 应用程序、ASP.NET Web 应用程序、WPF 应用程序、移动应用程序或 Office 应用程序。

.NET Framework 包括以下两个主要组件：公共语言运行库和.NET Framework 类库。

1．公共语言运行库

公共语言运行库（CLR）是.NET Framework 的基础。运行库作为执行时管理代码的代理，提供了内存管理、线程管理和远程处理等核心服务，并且还强制实施严格的类型安全检查，以提高代码准确性。

在运行库的控制下执行的代码称作托管代码。托管代码使用基于公共语言运行库的语言编译器开发生成，具有许多优点：跨语言集成、跨语言异常处理、增强的安全性、版本控制和部署支持、简化的组件交互模型、调试和分析服务等。

在运行库之外运行的代码称作非托管代码。COM 组件、ActiveX 接口和 Win32 API 函数都是非托管代码的示例。使用非托管代码方式可以提供最大限度的编程灵活性，但不具备托管代码方式所提供的管理功能。

2．.NET Framework 类库

.NET Framework 类库（.NET Framework Class Library，FCL）是一个与公共语言运行库紧密集成、综合性的面向对象的类型集合，使用该类库，可以高效率开发各种应用程序，包括控制台应用程序、Windows GUI 应用程序（Windows 窗体）、ASP.NET Web 应用程序、XML Web Services、Windows 服务等。

.NET Framework 类库包括类、接口和值类型。类库提供对系统功能的访问，以加速和优化开发过程。.NET Framework 类型是符合公共语言规范（CLS），因而可在任何符合 CLS 的编程语言中使用，实现各语言之间的交互操作。

.NET Framework 类型是生成.NET 应用程序、组件和控件的基础。类库包括的类型提供表示基础数据类型和异常、封装数据结构、执行 I/O、访问关于加载类型的信息、调用.NET Framework 安全检查。提供数据访问（ADO.NET）、提供 Windows 窗体（GUI）、提供 Web 窗体（ASP.NET）等功能。

A.2　.NET Framework 的功能特点

.NET Framework 提供了基于 Windows 的应用程序所需的基本架构，开发人员可以基于.NET Framework 快速建立各种应用程序解决方案。.NET Framework 具有下列功能特点。

（1）支持各种标准联网协议和规范。.NET Framework 使用标准的 Internet 协议和规范（如 TCP/IP、SOAP、XML 和 HTTP 等），支持实现信息、人员、系统和设备互连的应用程序解决方案。

（2）支持不同的编程语言。.NET Framework 支持多种不同的编程语言，因此开发人员可以选择他们所需的语言。公共语言运行时提供内置的语言互操作性支持，公共语言运行库通过指定和强制公共类型系统，以及提供元数据为语言互操作性提供了必要的基础。

（3）支持用不同语言开发的编程库。.NET Framework 提供了一致的编程模型，可使用预打包的功能单元（库），从而能够更快、更方便、更低成本地开发应用程序。

（4）支持不同的平台。.NET Framework 可用于各种 Windows 平台，从而允许使用不同计算平台的人员、系统和设备联网，可以连接到 Windows Server 服务器系统。

A.3 .NET Framework 环境

图 A-1 显示操作系统/硬件、公共语言运行库、类库，以及应用程序（托管应用程序、托管 Web 应用程序、非托管应用程序）之间的关系。

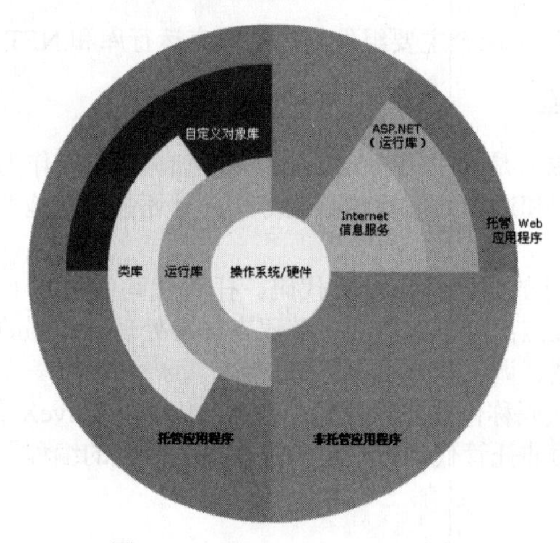

图 A-1 .NET Framework 环境

A.4 .NET Framework 的主要版本

目前，.NET Framework 主要包含下列版本：1.0、1.1、2.0、3.0、3.5、4.0、4.5、4.5.1、4.6 和 4.7。Windows 7 中包含了.NET Framework 3.5；Windows 10 中包含了.NET Framework 4.6；Windows 10 v1703 中包含了.NET Framework 4.7。安装 Visual Studio 时，也会安装相应版本对应的.NET Framework。用户可以从 Microsoft 官网下载安装最新版本的.NET Framework。

A.5 .NET Core

A.5.1 .NET Core 概述

.NET Core 是新一代的开源.NET 开放和运行环境，是一个模块化的、可跨平台的而且更加精简的运行时，即是.NET Framework 的一个跨平台子集。.NET Core 具有下列特征。

（1）跨平台：.NET Core 可以在 Windows、MacOS 和 Linux 上运行；也可以移植到其他操作系统。

（2）部署灵活：.NET Core 是模块化的，故可以包含在应用程序目录中；也可以针对用户范围或计算机范围安装。

（3）命令行工具：.NET Core 可以在命令行中执行所有产品方案。

（4）兼容性：.NET Core 通过.NET 标准与.NET Framework、Xamarin 和 Mono 兼容。

（5）开放源：.NET Core 是一个开放源平台，使用 MIT 和 Apache 2 许可证。文档由 CC-BY 许可发行。.NET Core 是一个.NET Foundation 项目。

（6）技术支持：.NET Core 由 Microsoft 依据.NET Core 提供支持。

A.5.2 .NET Core 组成

.NET Core 包括以下几个组成部分。

（1）.NET 公共语言运行时：提供类型系统、程序集加载、垃圾回收器、本机互操作和其他基本服务。

（2）.NET Framework 类库：提供基元数据类型、应用编写类型和基本实用程序。

（3）SDK 开发工具：.NET Core SDK 为开发人员提供基本的一组 SDK 工具和语言编译器。

（4）“dotnet”应用主机：用于启动.NET Core 应用。选择运行时并托管运行时，提供程序集加载策略来启动应用。

A.5.3 .NET Core 与.NET Framework 比较

.NET Framework 是.NET 的主要实现，.NET Core 是.NET 的最新跨平台实现。.NET Core 相当于.NET Framework 子集，二者的主要差异如下。

（1）应用模型：.NET Core 都支持控制台和 ASP.NET Core 应用模型，但.NET Core 不支持所有.NET Framework 应用模型，例如，基于 Windows 技术（基于 DirectX 生成）的 WPF。

（2）API：.NET Core 实现.NET 标准 API，随着时间的推移，将包含更多.NET Framework BCL API。

附录 B　Visual Basic 编译器和预处理器指令

B.1　Visual Basic 编译器概述

Visual Basic 编译器的可执行文件（vbc.exe）通常位于系统目录下（如 C:\Windows）的 Microsoft.NET\Framework\<version> 文件夹中（例如：C:\Windows\Microsoft.NET\Framework\v4.0.30319）。如果计算机上安装了.NET Framework 的多个版本，则计算机上将存在此可执行文件的多个版本。

可以通过命令行调用 vbc.exe，也可以通过集成开发环境（integrated development environment，IDE）（如 Visual Studio）来调用 vbc.exe，编译源代码以生成可执行文件（.exe）、动态链接库文件（.dll）或者代码模块（.netmodule）。每个编译器选项均以两种形式提供：-option 和/option。本书按习惯选择/option，读者也可使用-option 格式。

如果从命令行进行编译，则需要设定路径环境变量，以保证可以从任何子目录中调用 vbc.exe。可以通过【开始】|【所有程序】|【Visual Studio 2019】|【Developer Command Prompt for VS2019】菜单命令，打开 Visual Studio 命令提示窗口。

命令行示例如表 B-1 所示。

表 B-1　命令行示例

命令格式	说　明
vbc File.vb	编译 File.vb 以产生 File.exe
vbc /target:library File.vb	编译 File.vb 以产生 File.dll
vbc /out:My.exe File.vb	编译 File.vb 并创建 My.exe
vbc /define:DEBUG /optimize /out:File2.exe *.vb	通过使用优化和定义 DEBUG 符号，编译当前目录中所有的 Visual Basic 文件。输出为 File2.exe
vbc /target:library /out:Something.xyz *.vb	将当前目录中所有的 Visual Basic 文件编译为 Something.xyz（一个 DLL）

B.2　Visual Basic 编译器选项

Visual Basic 编译器提供了丰富的编译选项，按类别的列表如表 B-2 所示。有关各选项的使用细节，可以参照相应产品文档。

表 B-2　Visual Basic 编译器的编译选项

类　别	选　项	用　途
优化	/filealign	指定输出文件中各节的对齐位置
优化	/optimize	启用/禁用优化
输出文件	/doc	指定要将处理的文档注释写入到其中的 XML 文件
	/netcf	将编译器的编译目标设置为 .NET Compact Framework
	/out	指定输出文件
输出文件	/target	使用下列四个选项之一指定输出文件的格式：/target:exe，/target:library，/target:module 或/target:winexe
.NET Framework 程序集	/addmodule	指定一个或多个模块作为此程序集的一部分
	/delaysign	指定程序集是完全签名的还是部分签名的

续表

类　别	选　项	用　途
.NET Framework 程序集	/imports	由指定的程序集导入命名空间
	/keycontainer	指定密钥对的密钥容器名称以给予程序集强名称
	/keyfile	指定包含加密密钥的文件名
	/libpath	指定通过/reference 引用的程序集的位置
	/reference	从包含程序集的文件中导入元数据
	/moduleassemblyname	指定包含模块的程序集的名称
调试/错误检查	/bugreport	创建一个文件，该文件包含有助于报告 bug 的信息
	/debug	指示编译器发出调试信息
	/nowarn	取消编译器生成指定警告的功能
	/quiet	防止编译器针对与语法相关的错误和警告显示代码
	/removeintchecks	禁用整数溢出检查
	/warnaserror	将警告提升为错误
预处理器	/define	定义预处理器符号
语言	/langversion	指定编译器应该仅接受包括在指定 Visual Basic 版本中的语法
	/optionexplicit	强制显式声明变量
	/optionstrict	强制执行严格的类型语义
	/optioncompare	指定字符串比较是采用二进制格式还是使用区域设置特定的文本语义
	/optioninfer	启用变量声明中的局部类型推理
资源	/linkresource	创建到托管资源的链接
	/resource	将托管资源嵌入程序集
	/win32icon	将.ico 文件插入到输出文件中
	/win32res	将 Win32 资源插入到输出文件中
帮助	/?	显示编译器选项。等同于指定/help 选项
	/resource	显示编译器选项。等同于指定/?选项
杂项	@	指定响应文件
	/baseaddress	指定加载 DLL 的首选基址
	/codepage	指定要用于编译中所有源代码文件的代码页
	/errorreport	指定 Visual Basic 编译器应如何报告内部编译器错误
杂项	/main	指定 Main 方法的位置
	/noconfig	指示编译器不使用 vbc.rsp 进行编译
	/nostdlib	使编译器不引用标准库
	/nowin32manifest	指示编译器不将任何应用程序清单嵌入到可执行文件中
	/platform	指定编译器针对输出文件所用的处理器平台
	/recurse	在子目录中搜索要编译的源文件
	/rootnamespace	为所有类型声明指定一个命名空间
	/sdkpath	指定 Mscorlib.dll 和 Microsoft.VisualBasic.dll 的位置
	/vbruntime	指定编译器是应该在不引用 Visual Basic 运行库的情况下进行编译，还是在引用特定运行库的情况下进行编译
	/win32manifest	标识要嵌入到项目的可移植可执行（PE）文件中的用户定义的 Win32 应用程序清单文件

B.3 Visual Basic 预处理器指令

Visual Basic 预处理器指令是源代码中以#开始的命令，它们不会转化为可执行代码中的命令，但会影响编译过程。例如，如果计划发布两个版本的代码，即基本版本和有更多功能的企业版本，就可以使用预处理器指令，以禁止编译器在编译软件的基本版本时编译代码的某一部分。另外，在编写提供调试信息的代码时，也可以使用预处理器指令。

注意： 与 C 和 C++指令不同，不能使用这些指令创建宏。预处理器指令必须是行上的唯一指令，预处理器指令也不用分号结束。

1. #Const

#Const 用于定义一个符号或取消一个符号的定义。符号可用于指定编译的条件，可以使用#If 或#ElseIf 来测试符号。只能将使用#Const 关键字定义的常数用于条件编译。常数也可以是未定义的，这种情况下常数的值为 Nothing。用#Const 定义的符号的范围为该符号所在的文件。

例如：

```
#Const DEBUG = True
#Const MyLocation = "USA"
#Const Version = "8.0.0012"
#Const CustomerNumber = 36
```

2. #If、#ElseIf、#Else 和#End If

这些指令告诉编译器是否要编译某个代码块。条件可以为单个符号，或包含多个符号的表达式（使用运算符 =（相等）、<>（不相等）、And（与）及 Or（或））。如果条件为 True，则编译器编译相应的代码段，否则忽略该代码段。

例如，使用预处理器指令编写提供调试信息的伪代码如下：

```
#Const DEBUG = True
Public Class TextClass
    Shared Sub Main()
#If (DEBUG) Then
        Console.WriteLine("MyClass Main() started!")
#End If
        Console.WriteLine("Hello World!")
#If (DEBUG) Then
        Console.WriteLine("MyClass Main() ended!")
#End If
        Console.ReadKey()
    End Sub
End Class
```

例如，使用预处理器指令控制企业版本和调试版本的伪代码如下：

```
#Const DEBUG = True
#Const ENTERPRISE = True
Public Class TextClass
    Shared Sub Main()
#If (Debug And (Not ENTERPRISE)) Then
```

```
            Console.WriteLine("DEBUG is defined")
#ElseIf ((Not Debug) And ENTERPRISE) Then
            Console.WriteLine("ENTERPRISE is defined")
#ElseIf (Debug And ENTERPRISE) Then
            Console.WriteLine("DEBUG and ENTERPRISE are defined")
#Else
            Console.WriteLine("DEBUG and ENTERPRISE are not defined")
#End If
            Console.ReadKey()
      End Sub
End Class
```

3．#Region 和#End Region

#Region 和#End Region 指令用于把一段代码标记为有给定名称的一个块。主要用于在使用 Visual Studio 代码编辑器的大纲显示功能时指定可展开或折叠的代码块。例如：

```
#Region "TextClass definition"
Public Class TextClass
      Shared Sub Main()
            Console.ReadKey()
      End Sub
End Class
#End Region
```

附录 C　Visual Basic 运行时库

C.1　Visual Basic 运行时库概述

Visual Basic 运行时库（在 Microsoft.VisualBasic.dll 中）定义了 Microsoft.VisualBasic 命名空间，其中包含构成 Visual Basic 运行时库的类、模块、常数和枚举。这些库成员提供可在代码中使用的过程、属性和常数值。

Microsoft.VisualBasic 命名空间按照特定的功能类别，分为不同的模块和类。例如：Microsoft.VisualBasic.Interaction 模块中包含了许多实用用户交互函数/过程，其中最常用的 MsgBox 函数，可以实现在对话框中显示消息。

使用 Visual Studio 开发 VB.NET 程序时，默认情况下自动导入 Microsoft.VisualBasic 命名空间，且编译时自动连接 Microsoft.VisualBasic.dll，故可以在程序代码中直接使用 Microsoft.VisualBasic 命名空间中包含的模块和类。

Microsoft.VisualBasic 命名空间包含的模块和类如表 C-1 所示。

表 C-1　Microsoft.VisualBasic 命名空间成员

成　员	说　明
Collection 类	集合的创建与处理。注：建议读者使用.NET Framework System.Collections 命名空间包含的若干用于实现集合的接口和类（请参见第 11 章）
ComClassAttribute 类	特性类，用于公开 COM 对象互操作（本书没有涉及）
ControlChars 类	包含用作控制字符的常数。这些常数可以在代码中的任何位置使用（请参见 C2.1 节）
Constants 类	包含杂项常数。这些常数可以在代码中的任何位置使用（请参见 C2.2 节）
Conversion 模块	包含用于执行各种转换操作的过程（请参见 C2.3 节）
DateAndTime 模块	包含日期和时间运算中使用的过程和属性（与旧版本兼容）。注：建议读者使用.NET Framework System.DateTime 类（请参见第 2 章）
ErrObject 类	包含用于使用 Err 对象标识和处理运行时错误的属性和过程（与旧版本兼容）。建议读者使用异常处理机制进行错误处理（请参见第 3 章）
FileSystem 模块	包含用于执行文件、目录或文件夹及系统操作的过程。注：建议读者使用.NET Framework System.IO 类（请参见第 10 章）
Financial 模块	包含用于执行财务运算的过程，如 DDB，FV，Ipmt，IRR，MIRR，Nper，NPV，Pmt，PPmt，PV，Rate，SLN，SYD（本书没有涉及）
Globals 模块	包含脚本引擎函数（本书没有涉及）
HideModuleNameAttribute 类	将 HideModuleNameAttribute 特性应用于某模块时，此特性允许仅使用该模块所需的限定访问该模块的成员。例如： <HideModuleName()> Module MyModule End Module
Information 模块	包含用于返回、测试或验证信息的过程（请参见 C2.4 节）
Interaction 模块	包含用于与对象、应用程序和系统交互的过程（请参见 C2.5 节）
MyGroupCollectionAttribute 类	支持.NET Framework 基础结构，不适合在代码中直接使用
Strings 模块	包含用于执行字符串操作的过程（与旧版本兼容）（请参见 C2.6 节）
VBFixedArrayAttribute 类	VBFixedArrayAttribute 特性指示应将结构或非局部变量中的数组视为定长数组。例如：<VBFixedArray(4)> Public Chapter() As Integer

续表

成　员	说　明
VBFixedStringAttribute 类	VBFixedStringAttribute 特性指示应将字符串视为固定长度字符串。例如： <VBFixedString(15)> Public FirstName As String
VBMath 模块	包含用于执行数学运算的过程（请参见 C2.7 节）
Microsoft.VisualBasic 常数	Microsoft.VisualBasic 命名空间提供常数（请参见 C2.8 节）
Microsoft.VisualBasic 枚举	Microsoft.VisualBasic 命名空间提供枚举（请参见 C2.9 节）

C.2　Visual Basic 运行时库常用成员

C.2.1　ControlChars 类

ControlChars 模块包含用作控制字符的常数。这些常数可以在代码中的任何位置使用。ControlChars 类包含的主要成员如表 C-2 所示。

表 C-2　Microsoft.VisualBasic.ControlChars 类成员

成　员	说　明
Back	表示退格符（vbBack）
Cr	表示回车符（vbCr）
CrLf	表示回车/换行组合符（vbCrLf）
FormFeed	表示用于打印功能的换页符（vbFormFeed）
Lf	表示换行符（vbLf）
NewLine	表示新行字符（vbNewLine）
NullChar	表示 null 字符（vbNullChar）
Quote	表示双引号字符
Tab	表示制表符（vbTab）
VerticalTab	表示垂直制表符（vbVerticalTab）

C.2.2　Constants 类

Constants 类包含杂项常数。这些常数可以在代码中的任何位置使用。Constants 类包含的主要成员如表 C-3 所示。

表 C-3　Microsoft.VisualBasic.Constants 类成员

名　称	说　明
vbAbort	指示在某个消息框中单击了 Abort 按钮。由 MsgBox 函数返回
vbAbortRetryIgnore	指示在调用 MsgBox 函数时，将显示 Abort、Retry 和 Ignore 按钮
vbApplicationModal	指示在调用 MsgBox 函数时，将消息框显示为模式对话框
vbArchive	指示自最后一次针对文件访问函数执行备份操作以来该文件已发生更改
vbArray	指示变量对象的类型为数组。由 VarType 函数返回
vbBack	表示用于打印和显示功能的退格符
vbBinaryCompare	指定在调用比较函数时应执行二进制比较
vbBoolean	指示变量对象的类型为 Boolean。由 VarType 函数返回
vbByte	指示变量对象的类型为 Byte。由 VarType 函数返回
vbCancel	指示在某个消息框中单击了 Cancel 按钮。由 MsgBox 函数返回
vbCr	表示用于打印和显示功能的回车符
vbCritical	指示在调用 MsgBox 函数时，将显示关键消息图标

续表

名　称	说　明
vbCrLf	表示用于打印和显示功能的回车符和换行符的组合
vbCurrency	指示变量对象的类型为 Currency。由 VarType 函数返回
vbDate	指示变量对象的类型为 Date。由 VarType 函数返回
vbDecimal	指示变量对象的类型为 Decimal。由 VarType 函数返回
vbDefaultButton1	指示在显示消息框时将最左侧的按钮作为默认按钮选中
vbDefaultButton2	指示在显示消息框时将左侧起的第二个按钮作为默认按钮选中
vbDefaultButton3	指示在显示消息框时将左侧起的第三个按钮作为默认按钮选中
vbDirectory	指示该文件是包含文件访问函数的目录或文件夹
vbDouble	指示变量对象的类型为 Double。由 VarType 函数返回
vbEmpty	指示变量对象的类型为 Empty。由 VarType 函数返回
vbExclamation	指示在调用 MsgBox 函数时，将显示惊叹号图标
vbFalse	指示在调用数字格式设置函数时应使用 Boolean 值 False
vbFirstFourDays	指示在调用与日期相关的函数时，应使用一年中第一个至少包含四天的周
vbFirstFullWeek	指示在调用与日期相关的函数时，应使用一年中第一个完整的周
vbFirstJan1	指示在调用与日期相关的函数时，应使用一年中 1 月 1 日所在的周
vbFormFeed	表示用于打印功能的换页符
vbFriday	指示在调用与日期相关的函数时，应将星期五用作一周的第一天
vbGeneralDate	指示在调用 FormatDateTime 函数时，应使用当前区域性的常规日期格式
vbGet	指定在调用 CallByName 函数时，应检索一个属性值
vbHidden	指示该文件是包含文件访问函数的隐藏文件
vbHide	指示在调用 Shell 函数时，将对所调用程序隐藏窗口样式
vbHiragana	指示在调用 StrConv 函数时，应将平假名字符转换为片假名字符
vbIgnore	指示在某个消息框中单击了 Ignore 按钮。由 MsgBox 函数返回
vbInformation	指示在调用 MsgBox 函数时，将显示信息图标
vbInteger	指示变量对象的类型为 Integer。由 VarType 函数返回
vbKatakana	指示在调用 StrConv 函数时，应将片假名字符转换为平假名字符
vbLet	指示在调用 CallByName 函数时，应将属性值设置为对象实例。
vbLf	表示用于打印和显示功能的换行字符
vbLinguisticCasing	指示在调用 StrConv 函数时，应将字符转换为使用语言规则进行大小写，而不使用文件系统规则进行大小写
vbLong	指示变量对象的类型为 Long。由 VarType 函数返回
vbLongDate	指示在调用 FormatDateTime 函数时，应使用当前区域性的长日期格式
vbLongTime	指示在调用 FormatDateTime 函数时，应使用当前区域性的长时间格式
vbLowerCase	指示在调用 StrConv 函数时，应将字符转换为小写字符
vbMaximizedFocus	指示在调用 Shell 函数时，将使窗口样式最大化并将焦点提供给所调用的程序
vbMethod	指定在调用 CallByName 函数时，应调用一个方法
vbMinimizedFocus	指示在调用 Shell 函数时，将使窗口样式最小化并将焦点提供给所调用的程序
vbMinimizedNoFocus	指示在调用 Shell 函数时，将使窗口样式最小化，但不将焦点提供给所调用的程序
vbMonday	指示在调用与日期相关的函数时，应将星期一用作一周的第一天
vbMsgBoxHelp	指示在调用 MsgBox 函数时，将显示 Help 按钮

续表

名　称	说　明
vbMsgBoxRight	指示在调用 MsgBox 函数时，将使文本右对齐
vbMsgBoxRtlReading	指示在调用 MsgBox 函数时，将显示从右向左阅读的文本（希伯来语和阿拉伯语系统）
vbMsgBoxSetForeground	指示在调用 MsgBox 函数时，将在前台显示消息框
vbNarrow	指示在调用 StrConv 函数时，应将宽（双字节）字符转换为窄（单字节）字符
vbNewLine	表示用于打印和显示功能的换行字符
vbNo	指示在某个消息框中单击了 No 按钮。由 MsgBox 函数返回
vbNormal	指示该文件是包含文件访问函数的常规文件
vbNormalFocus	指示在调用 Shell 函数时，将正常显示窗口样式并将焦点提供给所调用的程序
vbNormalNoFocus	指示在调用 Shell 函数时，将正常显示窗口样式，但不将焦点提供给所调用的程序
vbNull	指示变量对象的类型为 Nothing。由 VarType 函数返回
VbNullChar	表示用于打印和显示功能的 null 字符
vbNullString	表示用于打印和显示功能及用于调用外部过程的零长度字符串
vbObject	指示变量对象的类型为 Object。由 VarType 函数返回
vbObjectError	表示对象错误号。用户定义的错误号应当大于此值
vbOK	指示在某个消息框中单击了 OK 按钮。由 MsgBox 函数返回
vbOKCancel	指示在调用 MsgBox 函数时，将显示 OK 和 Cancel 按钮
vbOKOnly	指示在调用 MsgBox 函数时，将只显示 OK 按钮
vbProperCase	指示在调用 StrConv 函数时，应将字符串中每个单词的第一个字母转换为大写，并将其余字符转换为小写
vbQuestion	指示在调用 MsgBox 函数时，将显示问号图标
vbReadOnly	指示该文件是包含文件访问函数的只读文件
vbRetry	指示在某个消息框中单击了 Retry 按钮。由 MsgBox 函数返回
vbRetryCancel	指示在调用 MsgBox 函数时，将显示 Retry 和 Cancel 按钮
vbSaturday	指示在调用与日期相关的函数时，应将星期六用作一周的第一天
vbSet	指示在调用 CallByName 函数时，应设置一个属性值
vbShortDate	指示在调用 FormatDateTime 函数时，应使用当前区域性的短日期格式
vbShortTime	指示在调用 FormatDateTime 函数时，应使用当前区域性的短时间格式
vbSimplifiedChinese	指示在调用 StrConv 函数时，应将字符转换为简体中文字符
VbSingle	指示变量对象的类型为 Single。由 VarType 函数返回
vbString	指示变量对象的类型为 String。由 VarType 函数返回
vbSunday	指示在调用与日期相关的函数时，应将星期日用作一周的第一天
vbSystem	指示该文件是包含文件访问函数的系统文件
vbSystemModal	指示在调用 MsgBox 函数时，将消息框显示为模式对话框
vbTab	表示用于打印和显示功能的制表符
vbTextCompare	指示在调用比较函数时，应执行文本比较
vbThursday	指示在调用与日期相关的函数时，应将星期四用作一周的第一天
vbTraditionalChinese	指示在调用 StrConv 函数时，应将字符转换为繁体中文字符
vbTrue	指示在调用数字格式设置函数时应使用 Boolean 值 True
vbTuesday	指示在调用与日期相关的函数时，应将星期二用作一周的第一天
vbUpperCase	指示在调用 StrConv 函数时，应将字符转换为大写字符

续表

名　　称	说　　明
vbUseDefault	指示在调用数字格式设置函数时，应使用默认 Boolean 值
vbUserDefinedType	指示变量对象的类型为用户定义的类型。由 VarType 函数返回
vbUseSystem	指示在调用与日期相关的函数时，应使用系统指定的那一周作为一年中的第一周
vbUseSystemDayOfWeek	指示在调用与日期相关的函数时，应使用系统指定的那一天为一周中的第一天
vbVariant	指示变量对象的类型为 Variant。由 VarType 函数返回
vbVerticalTab	表示用于打印功能的回车字符
vbVolume	指示文件访问函数的卷标文件特性
vbWednesday	指示在调用与日期相关的函数时，应将星期三用作一周的第一天
vbWide	指示在调用 StrConv 函数时，应将窄（单字节）字符转换为宽（双字节）字符
vbYes	指示在某个消息框中单击了 Yes 按钮。由 MsgBox 函数返回
vbYesNo	指示在调用 MsgBox 函数时，将显示 Yes 和 No 按钮
vbYesNoCancel	指示在调用 MsgBox 函数时，将显示 Yes、No 和 Cancel 按钮

C.2.3 Conversion 模块

Conversion 模块包含用于执行各种转换操作的过程。Conversion 模块包含的主要成员如表 C-4 所示。

表 C-4　Microsoft.VisualBasic.Conversion 模块成员

成　　员	说　　明
ErrorToString	返回与给定错误号对应的错误消息。例如：ErrorToString(61)返回“磁盘已满”。有关 Visual Basic 错误号及其对应的错误消息，请参见在线帮助
Fix	返回数字的整数部分。例如： Dim MyNumber As Integer = Fix(99.8)　　' Returns 99 Dim MyNumber1 As Integer = Fix(-99.8)　' Returns -99
Hex	返回表示某数十六进制值的字符串。例如： Dim TestHex As String = Hex(8)　　' Returns 8 Dim TestHex1 As String = Hex(78)　' Returns 4E
Int	返回数字的整数部分。例如： Dim MyNumber As Integer = Int(99.8)　　' Returns 99 Dim MyNumber1 As Integer = Int(-99.8)　' Returns -100
Oct	返回表示某数八进制值的字符串。例如： Dim TestOct As String = Oct (8)　　' Returns 10 Dim TestOct1 As String = Oct (78)　' Returns 116
Str	返回数字的 String 表示形式。例如： Dim TestString As String = Str(123)　　　' Returns "123" Dim TestString1 As String = Str(-123.01)　' Returns "-123.01"
Val	返回字符串中包含的数字。例如： Dim valResult As Double = Val("123")　　　' Returns 123 Dim valResult1 As Double = Val("12 abc")　' Returns 12

C.2.4 Information 模块

Information 模块包含用于返回、测试或验证信息的过程。Information 模块包含的主要成员如表 C-5 所示。

表 C-5　Microsoft.VisualBasic.Information 模块成员

成　员	说　明
Erl	返回一个整数，指示上次执行的语句的行号
Err	包含有关运行时错误的信息（用于旧版本里运行时错误处理）
IsArray	指示变量是否指向数组。例如： Dim aArray(4) As Integer Dim aString As String = "Test" Dim arrayCheck1 As Boolean = IsArray(aArray) ' Returns True Dim arrayCheck2 As Boolean = IsArray(aString) ' Returns False
IsDate	指示表达式是否表示一个有效的 Date 值。例如： Dim dateCheck1 As Boolean = IsDate(#2/12/2020#) 'Returns True Dim dateCheck2 As Boolean = IsDate("3:45 PM") 'Returns True Dim dateCheck3 As Boolean = IsDate("Hello") 'Returns False
IsDBNull	判断结果是否为 System ...DBNull 类
IsError	判断表达式是否为异常类型
IsNothing	判断对象是否为空。例如： Dim testVar As Object Dim testCheck As Boolean testCheck = IsNothing(testVar) 'Returns True testVar = "123" testCheck = IsNothing(testVar) 'Returns False
IsNumeric	判断结果是否为数字。例如： Dim numericCheck1 As Boolean = IsNumeric("123.45") 'Returns True Dim numericCheck2 As Boolean = IsNumeric("123abc") 'Returns False
IsReference	表达式是否为引用类型。例如： Dim testString As String = "Test string" Dim testObject As Object = New Object() Dim testNumber As Integer = 12 Dim testRef1 As Boolean = IsReference(testString) 'Returns True Dim testRef2 As Boolean = IsReference(testObject) 'Returns True Dim testRef3 As Boolean = IsReference(testNumber) 'Returns False
Lbound	返回可用于数组的指定维数的最小下标。例如： Dim thisArray(100, 200), thatArray(10) As Integer Dim lowest1 As Integer = LBound(thisArray, 1) 'Returns 0 Dim lowest2 As Integer = LBound(thisArray, 2) 'Returns 0 Dim lowest3 As Integer = LBound(thatArray) 'Returns 0
QBColor	返回指定的颜色编号对应的 RGB 颜色代码。例如： Dim colorInteger As Integer = QBColor(4)
RGB	返回表示由一组红色、绿色和蓝色分量形成的 RGB 颜色值。例如： Dim red As Integer = RGB(255, 0, 0)
SystemTypeName	返回 Visual Basic 类型对应的系统数据类型名称。例如： Dim testSysName1 As String = SystemTypeName("Long") 'Returns "System.Int64" Dim testSysName2 As String = SystemTypeName("Date") 'Returns "System.DateTime"
TypeName	返回变量的数据类型信息。例如： Dim strVar As String = "String for testing" Dim decVar As Decimal Dim intVar As Integer Dim testType1 As String = TypeName(strVar) 'Returns "String" Dim testType2 As String = TypeName(decVar) 'Returns "Decimal" Dim testType3 As String = TypeName(intVar) 'Returns "Integer"
UBound	返回可用于数组的指定维数的最大下标。例如： Dim thisArray(100, 200), thatArray(10) As Integer Dim highest1 As Integer = UBound(thisArray, 1) 'Returns 100 Dim highest2 As Integer = UBound(thisArray, 2) 'Returns 200 Dim highest3 As Integer = UBound(thatArray) 'Returns 10
VarType	返回包含变量的数据类型分类（整数，对应枚举 VariantType）。例如： Dim testString As String = "String for testing" Dim testObject As New Object Dim testNumber As Integer Dim testType1 As String = VarType(testString) 'Returns 8（VariantType.String） Dim testType2 As String = VarType(testObject) 'Returns 9（VariantType.Object） Dim testType3 As String = VarType(testNumber) 'Returns 3（VariantType.Integer）
VbTypeName	返回包含变量的 Visual Basic 数据类型名称。注：与 SystemTypeName 相对应。例如： Dim testVbName1 As String = VbTypeName("System.Int64") 'Returns "Long" Dim testVbName2 As String = VbTypeName("System.DateTime") 'Returns "Date"

C.2.5 Interaction 模块

Interaction 模块包含用于交互的过程。Interaction 模块包含的成员如表 C-6 所示。

表 C-6 Microsoft.VisualBasic.Interaction 模块包含的主要成员

成　员	说　明
AppActivate	激活已经正在运行的应用程序。参见 Shell
Beep	通过计算机扬声器提示音。例如：Beep()
CallByName	调用对象的方法，或者访问对象的属性。例如： CallByName(TextBox1, "Text", CallType.Set, "New Text") '设置属性 MsgBox(CallByName(TextBox1, "Text", CallType.Get)) '读取属性 CallByName(TextBox1, "Hide", CallType.Method) '调用方法
Choose	从参数列表中选择并返回值。例如： Function GetChoice(ByVal Ind As Integer) As String GetChoice = CStr(Choose(Ind, "优秀", "良好", "一般", "差")) End Function
Command	返回命令行的参数部分。例如： Dim commands As String = Command()
CreateObject	创建并返回对 COM 对象的引用。例如： Dim xlApp As Object = CreateObject("Excel.Application")
DeleteSetting	删除 Windows 注册表中某个应用程序的项。例如： SaveSetting("MyApp", "Startup", "Top", "75") '为 MyApp 应用程序生成注册表项 SaveSetting("MyApp", "Startup", "Left", "50") '为 MyApp 应用程序生成注册表项 DeleteSetting("MyApp", "Startup") '删除 MyApp 应用程序某注册表项 DeleteSetting("MyApp") '删除 MyApp 应用程序的所有注册表项
Environ	返回操作系统环境变量。例如： MsgBox(Environ("PATH")) '显示 PATH 环境变量
GetAllSettings	读取 Windows 注册表中某个应用程序的项。例如： GetAllSettings("MyApp", "Startup")
GetObject	返回对 COM 组件提供的对象的引用。例如： Dim xlObj As Object = GetObject("D:\test.xls") xlObj.Application.Visible = True
GetSetting	Windows 注册表中某个应用程序的项。例如： SaveSetting("MyApp", "Startup", "Left", "50") Console.WriteLine(GetSetting("MyApp", "Startup", "Left", "25"))
IIf	根据表达式的计算结果，返回两个对象中的一个。例如： MsgBox(IIf(10 > 1000, "Large", "Small")) '显示 Small
InputBox	显示提示对话框，等待用户输入文本或单击按钮，然后返回输入的字符串。例如： Dim name As String = InputBox("请输入姓名")

MsgBox	显示消息对话框，等待用户单击按钮，然后返回一个整数（对应用户单击的按钮）。例如：
	Dim response = MsgBox("是否继续?", MsgBoxStyle.YesNo, "确认")
	If response = MsgBoxResult.No Then
	End
	End If

Partition	计算一组数值范围，并返回特定的范围。例如，划分年代并返回 2010 所处的年代： Dim decade As String = Partition(2010, 1950, 2049, 10) '返回 2010:2019
SaveSetting	在 Windows 注册表中保存或创建应用程序项。例如： SaveSetting("MyApp", "Startup", "Top", "75") '为 MyApp 应用程序生成注册表项
Shell	运行一个可执行程序，并且返回其进程 ID。例如： Dim procID As Integer = Shell ("C:\WINDOWS\NOTEPAD.EXE")
Switch	相当于 Select…Case 语句。例如： Function matchLanguage(ByVal cityName As String) As String Return CStr(Microsoft.VisualBasic.Switch(c ityName = "London", "English", cityName = "Rome", "Italian", cityName = "Paris", "French")) End Function

C.2.6　Strings 模块

Strings 模块包含用于执行字符串操作的过程。Strings 模块包含的主要成员如表 C-7 所示。

表 C-7　Strings 模块包含的主要成员

名　称	说　明
Asc，AscW	返回字符对应的字符码。例如：Dim codeInt As Integer = Asc("A") '结果 65
Chr，ChrW	返回字符码对应的字符。例如：Dim aChar As Char = Chr(65) '结果 "A"
Filter	基于指定条件筛选字符串数组并返回其子集。 Dim str1() As String = {"This", "Is", "It"} Dim subStr1() As String = Filter(str1, "is", True, CompareMethod.Text) '结果 {"This", "Is"}
Format	返回格式化字符串。请参见附录 E。例如： Dim str1 As String = Format(5, "0.00%") '结果 "500.00%"
FormatCurrency	返回格式化货币字符串。例如： Dim str1 As String = FormatCurrency(-123.45, , , TriState.True, TriState.True) '结果 "(￥123.45)"
FormatDateTime	返回格式化日期字符串。例如： Dim str1 As String = FormatDateTime(#8/1/2020#, DateFormat.LongDate) '结果 "2020 年 8 月 1 日"
FormatNumber	返回格式化数字字符串。例如： Dim str1 As String = FormatNumber(12300, 2, , , TriState.True) '结果 "12,300.00"
FormatPercent	返回格式化百分比数字字符串。例如： Dim str1 As String = FormatPercent(0.123) '结果 12.30%
GetChar	返回字符串中指定索引处的字符。 例如： Dim char1 As Char = GetChar("abcde", 4) '结果 d
InStr	从字符串指定位置查找子字符串，并返回查找到的结果位置。例如： Dim iPos As Integer = InStr(1, "This is very good, really good!", "good", CompareMethod.Text) '结果 14
InStrRev	返回一个字符串中另一个字符串的第一个匹配项的位置，从字符串的右侧算起。例如： Dim iPos As Integer = InStrRev("The sooner, the better!", "the") '结果 13
Join	连接字符串数组的字符串联。例如： Dim strArray() As String = {"Apple", "Banana", "Pear"} Dim strAll As String = Join(strArray, ", ") '结果 "Apple, Banana, Pear"
LCase	转换为小写的字符串或字符。例如： Dim LowerCase As String = LCase("Hello") '结果 "hello"
Left	从左截取指定长度的子字符串。例如： Dim str1 As String = Left("abcdef", 3) '结果 "abc"
Len	返回一个整数，该整数表示字符串中的字符数或存储变量所需的名义字节数。 Dim iLen As Integer = Len("abcdef") '结果 6 Dim iLen As Integer = Len(12) '结果 4（注：整数为 4 字节）
LSet	返回一个左对齐字符串，该字符串包含调整为指定长度的指定的字符串。例如： Dim str1 As String = LSet("Abc", 10) '结果 "Abc□□□□□□□"（□表示空格）
LTrim	例如： 去除字符串左侧空格。 Dim str1 As String = LTrim("□□□Abc□□□") '结果 "Abc□□□"
Mid	从指定位置截取指定长度的子字符串。例如： Dim str1 As String = Mid("abcdef", 3, 2) '结果 "cd"
Replace	在字符串中查找并替换字符串。例如： Dim str1 As String = Replace("Shopping List", "o", "i") '结果 "Shipping List"
Right	从左截取指定长度的子字符串。例如： Dim str1 As String = Right("abcdef", 3) '结果 "def"
RSet	返回一个右对齐字符串，该字符串包含调整为指定长度的指定的字符串。例如： Dim str1 As String = RSet("Abc", 10) '结果 "□□□□□□□Abc"
RTrim	去除字符串右侧空格。例如： Dim str1 As String = RTrim("□□□Abc□□□") '结果 "□□□Abc"
Space	返回由指定数量的空格组成的字符串。例如： Dim str1 As String = "Hello" & Space(1) & "World" '结果 "Hello□World"
Split	把字符串分离为字符串数组。例如： Dim strArray() As String = Split("192.168.0.1", ".") '结果 {"192", "168", "0", "1"}

续表

名　称	说　明
StrComp	根据字符串比较的结果，返回-1、0 或 1。例如： Dim iComp1 As Integer = StrComp("abc", "abc", CompareMethod.Binary) '结果 0 Dim iComp2 As Integer = StrComp("abc", "ABC", CompareMethod.Binary) '结果 1 Dim iComp3 As Integer = StrComp("ABC", "abc", CompareMethod.Binary) '结果 –1
StrConv	返回已转换为指定形式的字符串。例如： Dim str1 As String = StrConv("Abc", VbStrConv.Lowercase) '结果 "abc"
StrDup	返回由重复指定次数的指定字符组成的字符串或对象。例如： Dim str1 As String = StrDup(10, "#") '结果 "##########"
StrReverse	返回一个字符串，在该字符串中指定字符串的字符顺序被颠倒。例如： Dim str1 As String = StrReverse("abc") '结果 "cba"
Trim	去除字符串左右两侧空格。例如： Dim str1 As String = Trim("□□□A□bc□□□") '结果 "A□bc"
UCase	转换为小写的字符串或字符。例如： Dim UpperCase As String = UCase("Hello") '结果 "HELLO"

C.2.7 VBMath 模块

VBMath 模块包含用于执行数学运算的过程。VBMath 模块包含的主要成员如表 C-8 所示。

表 C-8　Microsoft.VisualBasic.VBMath 模块包含的主要成员

成　员	说　明
Randomize	将随机数生成器初始化。省略了数字参数，Randomize 使用来自 Timer 函数的返回值作为新种子。例如： Randomize() Randomize(443)
Rnd	返回一个单精度类型的随机数。返回小于 1 但大于或等于 0 的值。例如： Dim value As Integer = CInt(Int(100 * Rnd())) '产生 0 到 100 之间的随机数

C.2.8 Microsoft.VisualBasic 常量

Microsoft.VisualBasic 命名空间包含常用的字符常量。这些常量可以在代码中的任何位置使用。Microsoft.VisualBasic 命名空间包含的常量如表 C-9 所示。

表 C-9　Microsoft.VisualBasic 命名空间包含的常量

常　量	说　明
vbCrLf	回车/换行组合符
vbCr	回车符
vbLf	换行符
vbNewLine	换行符
vbNullChar	null 字符
vbNullString	与零长度字符串（""）不同；用于调用外部过程
vbObjectError	错误号。用户定义的错误号应当大于此值。例如：Err.Raise(Number) = vbObjectError + 1000
vbTab	Tab 字符
vbBack	退格字符
vbFormFeed	在 Microsoft Windows 中不使用
vbVerticalTab	在 Microsoft Windows 中无用

C.2.9 Microsoft.VisualBasic 枚举

Microsoft.VisualBasic 命名空间包含常用的枚举。这些枚举可以在代码中的任何位置使用。Microsoft.VisualBasic 命名空间包含的枚举如表 C-10 所示。

表C-10　Microsoft.VisualBasic命名空间包含的枚举

枚　举	说　明
AppWinStyle	指示在调用Shell函数时用于被调用程序的窗口样式
AudioPlayMode	指示在调用音频方法时如何播放声音
BuiltInRole	指示在调用IsInRole方法时检查的角色类型
CallType	指示在调用CallByName函数时调用的过程类型
CompareMethod	指示当调用比较函数时如何比较字符串
DateFormat	指示在调用FormatDateTime函数时如何显示日期
DateInterval	指示在调用与日期相关的函数时如何确定日期间隔和设置日期间隔的格式
DeleteDirectoryOption	指定当要删除的目录中含有文件或目录时应采取的操作
DueDate	指示在调用财务方法时付款何时到期
FieldType	指示文本字段是分隔的还是固定宽度的
FileAttribute	指示当调用文件访问函数时要使用的文件特性
FirstDayOfWeek	指示在调用与日期相关的函数时使用的每周的第一天
FirstWeekOfYear	指示在调用与日期相关的函数时使用的每年的第一周
MsgBoxResult	指示在MsgBox函数返回的消息框上所按的按钮
MsgBoxStyle	指示在调用MsgBox函数时要显示的按钮
OpenAccess	指示调用文件访问函数时如何打开文件
OpenMode	指示调用文件访问函数时如何打开文件
OpenShare	指示调用文件访问函数时如何打开文件
RecycleOption	指定文件是应永久删除还是放入“回收站”中
SearchOption	指定是搜索所有目录还是仅搜索顶级目录
TriState	指示 Boolean 值或在调用数字格式的函数时是否应使用默认值
UICancelOption	指定当用户在操作中单击“取消”时应采取的操作
UIOption	指定在复制、删除或移动文件或目录时是否显示进度对话框
VariantType	指示由VarType函数返回的变量对象的类型
VbStrConv	指示在调用StrConv函数时要执行哪种类型的转换

附录 D　控制台 I/O 和格式化字符串

编写基本的 VB.NET 程序时，常常使用 System.Console 类的几个静态方法来读/写数据。输出数据时，则需要根据数据类型通过格式化字符串进行格式化。

D.1　System.Console 类

System.Console 类表示控制台应用程序的标准输入流、输出流和错误流。控制台应用程序启动时，操作系统会自动将三个 I/O 流（In、Out 和 Error）与控制台关联。应用程序可以从标准输入流（In）读取用户输入；将正常数据写入到标准输出流（Out）；以及将错误数据写入到标准错误输出流（Error）。

System.Console 类提供用于从控制台读取单个字符或整行的方法；该类还提供若干写入方法，可将值类型的实例、字符数组及对象集自动转换为格式化或未格式化的字符串，然后将该字符串（可选择是否尾随一个行终止字符串）写入控制台。System.Console 类还提供一些用以执行以下操作的方法和属性：获取或设置屏幕缓冲区、控制台窗口和光标的大小；更改控制台窗口和光标的位置；移动或清除屏幕缓冲区中的数据；更改前景色和背景色；更改显示在控制台标题栏中的文本；以及播放提示音等。

System.Console 类常用的方法如表 D-1 所示。

表 D-1　System.Console 类提供的常用方法

方　法	说　明
Beep	通过控制台扬声器播放提示音
Clear	清除控制台缓冲区和相应的控制台窗口的显示信息
Read	从标准输入流读取下一个字符
ReadLine	从标准输入流读取下一行字符
Write	将指定值的文本表示形式写入标准输出流
WriteLine	将指定的数据（后跟当前行终止符）写入标准输出流

例如：

```
Module Module1
    Sub Main()
        Console.Clear()                               '清屏
        Console.Write("请输入您的姓名：")              '提示输入
        Dim s As String = Console.ReadLine()          '读取 1 行，以回车结束
        Console.Beep()                                '提示音
        Console.WriteLine("欢迎您！" + s)             '输出读取的内容
        Console.Read()                                '按回车键结束
    End Sub
End Module
```

D.2　复合格式

D.2.1　复合格式设置

复合格式设置功能使用复合格式字符串和对象列表作为输入。复合格式字符串由固定文本

和格式项混和组成，其中格式项又称索引占位符，对应于列表中的对象。

复合格式产生的结果字符串由原始固定文本和列表中对象的字符串的格式化表示形式混和组成。

支持复合格式设置的方法包括以下几种。

Console.WriteLine(String, Object())方法：将设置了格式的结果字符串显示到控制台。

TextWriter.WriteLine(String, Object())方法：将设置了格式的结果字符串写入流或文件。

ToString(String)方法：把对象转换为设置了格式的结果字符串。

String.Format(String, Object())方法：可产生设置了格式的结果字符串。

StringBuilder 的 AppendFormat(String, Object())方法：将设置了格式的结果字符串追加到 StringBuilder 对象。

例如：

```
Console.WriteLine("(C) Currency: {0:C} (E) Scientific:{1:E}", -123, -123.45f)
```

输出结果如下

```
(C) Currency: ￥-123.00 (E) Scientific:-1.234500E+002
```

例中，{0:C}/{1:E}为格式项（索引占位符）。其中 0、1 为基于 0 的索引，表示列表中参数的序号，索引号后的冒号后为格式化字符串。在例子中，C 表示格式化为货币（Currency）；E 表示格式化为科学计数法。

D.2.2　复合格式字符串

复合格式字符串由零个或多个固定文本段与一个或多个格式项混和组成。

格式项的语法形式如下：

```
{索引[,对齐][:格式字符串]}
```

其中：

“索引”：也叫参数说明符，是一个从 0 开始的数字，可标识对象列表中对应的项。即，参数说明符 0 对应第 1 个对象；参数说明符 1 对应第 2 个对象，依次类推。

“对齐”：可选组件，是一个带符号的整数，指示格式的字段宽度。如果“对齐”为正数，则右对齐；如果“对齐”为负数，则左对齐。如果需要填充，则使用空白。注意：如果“对齐”值小于设置了格式的字符串的长度，“对齐”会被忽略。

“格式字符串”：可选组件，是适合正在设置格式的对象类型的格式字符串。如果相应对象是数值，则指定数字格式字符串；如果相应对象是 DateTime 对象，则指定日期和时间格式字符串；如果相应对象是枚举值，则指定枚举格式字符串。如果没有指定“格式字符串”，则对数字、日期和时间或者枚举类型使用常规（“G”）格式说明符。

D.2.3　数字格式字符串

1．标准数字格式字符串

标准数字格式字符串由标准数字格式说明符集合中的一个数字格式说明符组成。每个标准格式说明符表示一种特定的、常用的数值数据的字符串表示形式。

标准数字格式字符串用于格式化通用数值类型。标准数字格式字符串采用 Axx 的形式，其中 A 是称为格式说明符的字母型字符，xx 是称为精度说明符的可选整数。精度说明符的范围从 0 到 99，并且影响结果中的位数。

任何包含一个以上字母字符（包括空白）的数字格式字符串都被解释为自定义数字格式字

符串。

标准数字格式说明符如表 D-2 所示。

表 D-2 标准数字格式说明符

字符串	说明
C 或 c	货币格式。把数字转换为表示货币金额的字符串。例如： Console.WriteLine("{0:C}", 12345.6789) '显示：￥12,345.68 Console.WriteLine("{0:C3}", 12345.6789) '显示：￥12,345.679
D 或 d	十进制格式。把整数转换为十进制数字(0～9)的字符串。如果数字为负，则前面加负号。如果给定一个精度说明符，就加上前导 0。注意：只有整数支持此格式。例如： Console.WriteLine("{0:D}", 12345) '显示：12345 Console.WriteLine("{0:D8}", 12345) '显示：00012345 Console.WriteLine("{0:D}", -12345) '显示：-12345 Console.WriteLine("{0:D8}", -12345) '显示：-00012345
E 或 e	科学计数法(指数)格式。把数字转换为"-d.ddd…E+ddd"或"-d.ddd…e+ddd"形式的字符串，其中每个"d"表示一个数字 (0～9)。如果该数字为负，则该字符串以减号开头。精度说明符设置小数位数(默认为 6)。格式字符串的大小写("e" 或 "E")确定指数符号的大小写。例如： Console.WriteLine("{0:E}", 12345.6789) '显示：1.234568E+004 Console.WriteLine("{0:E10}", 12345.6789) '显示：1.2345678900E+004 Console.WriteLine("{0:e4}", -12345.6789) '显示：-1.2346e+004
F 或 f	固定点格式。把数字转换为"-ddd.ddd…"形式的字符串，其中每个"d"表示一个数字（0～9）。如果该数字为负，则该字符串以减号开头。精度说明符设置所需的小数位数。例如： Console.WriteLine("{0:F}", 17843) '显示：17843.00 Console.WriteLine("{0:F3}", -17843) '显示：-17843.000 Console.WriteLine("{0:F0}", -17843.19) '显示：-17843
G 或 g	常规格式。根据数字类型及是否存在精度说明符，数字会转换为定点或科学记数法的最紧凑形式。例如： Console.WriteLine("{0}", 12345.6789) '显示：12345.6789 Console.WriteLine("{0:G}", 12345.67) '显示：12345.67 Console.WriteLine("{0:G2}", 12345.6789) '显示：1.2E+04
N 或 n	数字格式。把数字转换为"-d,ddd,ddd.ddd…"形式的字符串，用逗号表示千分符。例如： Console.WriteLine("{0:N}", 12345.6789) '显示：12,345.68 Console.WriteLine("{0:N1}", 12345.6789) '显示：12,345.7 Console.WriteLine("{0:N1}", -123456789) '显示：-123,456,789.0
P 或 p	百分数格式。把数字转换为一个表示百分比的字符串。例如： Console.WriteLine("{0:P}", .2468013) '显示：24.68% Console.WriteLine("{0:P1}", .2468013) '显示：24.7% Console.WriteLine("{0:P1}", -.2468013) '显示：-24.7%
R 或 r	往返过程格式。往返过程说明符保证转换为字符串的数值再次被分析为相同的数值。注意：只有 Single 和 Double 类型支持此格式。例如： Console.WriteLine("{0:R}", Math.PI) '显示：3.1415926535897931 Console.WriteLine("{0:r}", 1.623e-21) '显示：1.623E-21
X 或 x	十六进制格式。数字转换为十六进制数字的字符串，使用"X"产生"ABCDEF"，使用"x"产生"abcdef"。精度说明符用于加上前导 0。注意：只有整数支持此格式。例如： Console.WriteLine("{0:x}", 123456789) '显示：75bcd15 Console.WriteLine("{0:X}", 123456789) '显示：75BCD15 Console.WriteLine("{0:X8}", 123456789) '显示：075BCD15

2. 自定义格式化字符串

自定义数字格式字符串由一个或多个自定义数字格式说明符组成，用于定义格式化数值数据的方式。自定义数字格式说明符如表 D-3 所示。

表 D-3 自定义数字格式说明符

字符串	说明
0	零占位符。设置格式化字符串中数字的数字占位符。如果该位置有一个数字，则将此数字复制到结果字符串中；否则，在结果字符串中显示"0"。例如： Console.WriteLine("{0:00000}", 123.45) '显示：00123 Console.WriteLine("{0:00000.000}", 123.45) '显示：00123.450 Console.WriteLine("{0:0.0}", 123.45) '显示：123.5

续表

字符串	说　明
#	数字占位符。设置格式化字符串中数字的数字占位符。如果该位置有一个数字，则将此数字复制到结果字符串中；否则，在结果字符串中什么也不显示。例如： Console.WriteLine("{0:#####}", 123.45)　'显示：123 Console.WriteLine("{0:#####.###}", 123.45)　'显示：123.45 Console.WriteLine("{0:#.#}", 123.45)　'显示：123.5 Console.WriteLine("{0:###-########}", 02162238888)　'显示：21-62238888
.	小数点。格式字符串中的第一个“.”字符标识小数点分隔符的位置；后续的其他“.”字符被忽略。例如： Console.WriteLine("{0:00000.000}", 123.45)　'显示：00123.450 Console.WriteLine("{0:#####.##.#}", 123.45)　'显示：123.45
,	千位分隔符和数字比例换算。千位分隔符说明符：如果在两个设置数字的整数位格式的数字占位符（0 或#）之间指定一个或多个“,”，则在输出的整数部分中的每个数字组之间插入一个组分隔符。数字比例换算说明符：如果在紧邻显式或隐式小数点的左侧指定一个或多个“,”字符，则每出现一个数字比例换算说明符便将要格式化的数字除以 1000。例如： Console.WriteLine("{0:#,#}", 1234567890)　'显示：1,234,567,890 Console.WriteLine("{0:#,,}", 1234567890)　'显示：1235　'1234567890/1000/1000 Console.WriteLine("{0:#,,,}", 1234567890)　'显示：1　'1234567890/1000/1000/1000 Console.WriteLine("{0:#,##0,,}", 1234567890)　'显示：1,235
%	百分比占位符。在格式字符串中出现“%”字符将导致数字在格式化之前乘以 100。例如： Console.WriteLine("{0:# 0.##%}", 0.086)　'显示：　8.6%
E0 E+0 E–0 e0 e+0 e–0	科学记数法。如果“E”“E+”“E–”“e”“e+”或“e–”中的任何一个字符串出现在格式字符串中，而且后面紧跟至少一个“0”字符，则数字用科学记数法来格式化，在数字和指数之间插入“E”或者“e”。跟在科学记数法指示符后面的“0”字符数确定指数输出的最小位数。“E+”和“e+”格式指示符号字符（正号或负号）应总是置于指数前面。“E”“E–”“e”或者“e–”格式指示符号字符仅置于负指数前面。例如： Console.WriteLine("{0:0.###E+0}", 1234567890)　'显示：1.235E+9 Console.WriteLine("{0:0.###E+000}", 1234567890)　'显示：1.235E+009 Console.WriteLine("{0:0.###e0}", 1234567890)　'显示：1.235e9
\	转义符。斜杠字符使格式字符串中的下一个字符被解释为转义序列。例如：“\n”（换行）
'ABC' "ABC"	字符串。引在单引号或双引号中的字符被复制到结果字符串中，而且不影响格式化。例如： Console.WriteLine("{0:'结果为：'0.###E+0}", 1234567890)　'显示：结果为：1.235E+9
;	部分分隔符。用于分隔格式字符串中的正数、负数和零各部分。如果自定义格式字符串分为两个部分，则最左边的部分定义正数和零的格式，而最右边的部分定义负数的格式。如果自定义格式字符串分为三个部分，则最左边的部分定义正数的格式，中间部分定义零的格式，而最右边的部分定义负数的格式。例如： Console.WriteLine("{0:##0.00; (##0.00)}", 123.456)　'显示：123.46 Console.WriteLine("{0:##0.00;(##0.00)}", -123.456)　'显示：(123.46)
其他	所有其他字符。所有其他字符被复制到结果字符串中，而且不影响格式化

D.2.4　标准日期和时间格式字符串

1. 标准日期和时间格式字符串的表示

标准日期和时间格式字符串使用单个标准格式说明符（预定义）控制日期和时间值的文本表示形式。

标准格式字符串实际上是自定义格式字符串的别名。使用别名引用自定义格式字符串可以保证日期和时间值的字符串表示形式随区域性自动调整。例如，对于 d 标准格式字符串，如果区域为 fr-FR，此模式为“dd/MM/yyyy”；而如果区域为 ja-JP，则此模式为“yyyy/MM/dd”。

任何包含一个以上字符（包括空白）的日期和时间格式字符串都被解释为自定义日期和时间格式字符串进行解释。

标准日期和时间格式说明符如表 D-4 所示。其中，假设：

```
Dim date1 As DateTime = New DateTime(2020, 4, 10)
Dim date2 As DateTime = New DateTime(2020, 4, 10, 6, 30, 0)
```

```
Dim dateOffset As DateTimeOffset = New DateTimeOffset(date2, TimeZoneInfo.Local.GetUtcOffset(date2))
```

表 D-4　标准日期和时间格式说明符

字符串	说　明
d	短日期模式。表示由当前的 ShortDatePattern 属性定义的自定义日期和时间格式字符串。例如： Console.WriteLine("{0:d}", date1)　'显示：　2020/4/10 Console.WriteLine(date1.ToString("d",CultureInfo.CreateSpecificCulture("en-US")))　'显示：　4/10/2020
D	长日期模式。表示由当前的 LongDatePattern 属性定义的自定义日期和时间格式字符串。例如： Console.WriteLine("{0:D}", date1)　'显示：　2020 年 4 月 10 日 Console.WriteLine(date1 .ToString("D",CultureInfo.CreateSpecificCulture("en-US"))) '显示：　Friday, April 10, 2020
f	完整日期/时间模式（短时间）。表示长日期（D）和短时间（t）模式的组合，由空格分隔。例如： Console.WriteLine("{0:f}", date2)　'显示：　2020 年 4 月 10 日 6:30 Console.WriteLine(date2 .ToString("f",CultureInfo.CreateSpecificCulture("en-US"))) '显示：　Friday, April 10, 2020 6:30 AM
F	完整日期/时间模式（长时间）。表示由当前的 FullDateTimePattern 属性定义的自定义日期和时间格式字符串。例如： Console.WriteLine("{0:F}", date2)　'显示：　2020 年 4 月 10 日 6:30:00 Console.WriteLine(date2 .ToString("F",CultureInfo.CreateSpecificCulture("en-US"))) '显示：　Friday, April 10, 2020 6:30:00 AM
g	常规日期/时间模式（短时间）。表示短日期（d）和短时间（t）模式的组合，由空格分隔。例如： Console.WriteLine("{0:g}", date2)　'显示：　2020-4-10 6:30 Console.WriteLine(date2 .ToString("g",CultureInfo.CreateSpecificCulture("en-US"))) '显示：　4/10/2020 6:30 AM
G	常规日期/时间模式（长时间）。表示短日期（d）和长时间（T）模式的组合，由空格分隔。例如： Console.WriteLine("{0:G}", date2)　'显示：　2020-4-10 6:30:00 Console.WriteLine(date2 .ToString("G",CultureInfo.CreateSpecificCulture("en-US"))) '显示：　4/10/2020 6:30:00 AM
M, m	月日模式。表示由当前的 MonthDayPattern 属性定义的自定义日期和时间格式字符串。例如： Console.WriteLine("{0:m}", date2)　'显示：　4 月 10 日 Console.WriteLine(date2 .ToString("m",CultureInfo.CreateSpecificCulture("en-US"))) '显示：　April 10
O, o	往返日期/时间模式。表示使用保留时区信息的模式的自定义日期和时间格式字符串，可以保证转换为字符串的日期/时间再次被分析为相同的日期/时间。例如： Console.WriteLine(date2 .ToString("o"))　　'显示：　2020-04-10T06:30:00.0000000 Console.WriteLine(dateOffset.ToString("o"))　'显示：　2020-04-10T06:30:00.0000000+08:00
R 或 r	RFC1123 模式。表示由 DateTimeFormatInfo.RFC1123Pattern 属性定义的自定义日期和时间格式字符串：固定为“ddd, dd MMM yyyy HH':'mm':'ss 'GMT'”。例如： Console.WriteLine(date2 .ToUniversalTime().ToString("r"))　'显示：　Thu, 09 Apr 2020 22:30:00 GMT Console.WriteLine(dateOffset.ToUniversalTime().ToString("r")) '显示：　Thu, 09 Apr 2020 22:30:00 GMT
s	可排序的日期/时间模式；符合 ISO 8601。表示由 DateTimeFormatInfo.SortableDateTimePattern 属性定义的自定义日期和时间格式字符串，固定为：“yyyy'-'MM'-'dd'T'HH':'mm':'ss”。例如： Console.WriteLine(date2 .ToString("s")) ' 显示：　2020-04-10T06:30:00
t	短时间模式。表示由当前的 ShortTimePattern 属性定义的自定义日期和时间格式字符串。例如： Console.WriteLine("{0:t}", date2)　'显示：　6:30 Console.WriteLine(date2 .ToString("t", CultureInfo.CreateSpecificCulture("en-US"))) ' 显示：　6:30 AM
T	长时间模式。表示由当前的 LongTimePattern 属性定义的自定义日期和时间格式字符串。例如： Console.WriteLine("{0:T}", date2)　'显示：　6:30:00 Console.WriteLine(date2 .ToString("T", CultureInfo.CreateSpecificCulture("en-US"))) z'显示：　6:30:00 AM
u	通用的可排序日期/时间模式。表示由 DateTimeFormatInfo.UniversalSortableDateTimePattern 属性定义的自定义日期和时间格式字符串，固定为：“yyyy'-'MM'-'dd HH':'mm':'ss'Z'”。例如： Console.WriteLine(date2 .ToString("u"))　'显示：　2020-04-10 06:30:00Z
U	通用完整日期/时间模式。表示由当前的 FullDateTimePattern 属性定义的自定义日期和时间格式字符串。注意：DateTimeOffset 类型不支持 U 格式说明符。例如： Console.WriteLine("{0:U}", date2)　'显示：　2020 年 4 月 9 日 22:30:00 Console.WriteLine(date2 .ToString("U", CultureInfo.CreateSpecificCulture("en-US"))) '显示：　Thursday, April 9, 2020 10:30:00 PM

续表

字 符 串	说 明
Y, y	年月模式。表示由当前的 YearMonthPattern 属性定义的自定义日期和时间格式字符串。例如： Console.WriteLine("{0:Y}", date2) '显示： 2020 年 4 月 Console.WriteLine(date2.ToString("Y", CultureInfo.CreateSpecificCulture("en-US"))) '显示： April, 2020

2. 自定义日期和时间格式字符串

自定义日期和时间格式字符串由一个或多个自定义数字格式说明符组成。通过组合多个自定义日期和时间格式说明符，可以定义应用程序特定的模式来确定日期和时间数据如何格式化。自定义日期和时间格式说明符如表 D-5 所示。

表 D-5 自定义日期和时间格式说明符

字 符 串	说 明
yy 或 yyyy	年。yy 将年份表示为两位数字。yyyy 将年份表示为四位数字
M 或 MM	月。M 将月份表示为从 1 至 12 的数字。一位数字的月份设置为不带前导零的格式。MM 将月份表示为从 01 至 12 的数字。一位数字的月份设置为带前导零的格式
d 或 dd	日。d 将月中日期表示为从 1 至 31 的数字，一位数字的日期设置为不带前导零的格式。dd 将月中日期表示为从 01 至 31 的数字，一位数字的日期设置为带前导零的格式
h 或 hh	时。h 将小时表示为从 1 至 12 的数字，一位数字的小时数设置为不带前导零的格式。hh 将小时表示为从 1 至 12 的数字，一位数字的小时数设置为带前导零的格式
H 或 HH	时。H 将小时表示为从 1 至 23 的数字，一位数字的小时数设置为不带前导零的格式。hh 将小时表示为从 1 至 23 的数字，一位数字的小时数设置为带前导零的格式
m 或 mm	分。m 将分钟表示为从 1 至 59 的数字，一位数字的分钟数设置为不带前导零的格式。mm 将分钟表示为从 01 至 59 的数字，一位数字的分钟数设置为带前导零的格式
s 或 ss	日。s 将秒表示为从 1 至 31 的数字，一位数字的秒数设置为不带前导零的格式。ss 将秒表示为从 01 至 31 的数字，一位数字的秒数设置为带前导零的格式
:	时间分隔符。表示在当前的 DateTimeFormatInfo.TimeSeparator 属性中定义的时间分隔符。此分隔符用于区分小时、分钟和秒
/	日期分隔符。表示在当前的 DateTimeFormatInfo..DateSeparator 属性中定义的日期分隔符。此分隔符用于区分年、月和日
其他	所有其他字符。所有其他字符被复制到结果字符串中，而且不影响格式化

例如：

```
Module Module1
    Sub Main()
        Dim date1 As DateTime = New DateTime(2020, 4, 10, 6, 30, 0)
        Console.WriteLine(date1.ToString("yy-M-d h:m:s"))             '显示： 20-4-10 6:30:0
        Console.WriteLine(date1.ToString("yyyy-MM-dd hh:mm:ss")) '显示： 2020-04-10 06:30:00
        Console.WriteLine(date1.ToString("yyyy 年 MM 月 dd 日 hh 时 mm 分 ss 秒"))
        '显示： 2020 年 04 月 10 日 06 时 30 分 00 秒
        Console.ReadKey()
    End Sub
End Module
```

附录 E　XML 文档注释

Visual Basic 支持 XML 文档注释，即在以'''（三个单引号）开头的单行注释中，使用特殊的 XML 标记包含类型和类型成员的文档说明。使用/doc 进行编译时，编译器将在源代码中搜索所有的 XML 标记，并创建一个 XML 格式的文档文件。

编译器可以处理的有效 XML 的标记如表 E-1 所示。

表 E-1　XML 文档注释的标记

标　识　符	说　　明
<c>	格式：<c>text</c> 说明：把行中的文本标记为代码。 举例：'''<c>Dim i As Integer = 10</c>
<code>	格式：<code>content</code> 说明：把多行标记为代码。 举例：参见<example>的示例
<example>	格式：<example>description</example> 说明：标记为一个代码示例。 举例： Public Class Employee ''' <remarks> ''' <example> This sample shows how to set the <c>ID</c> field. ''' <code> ''' Dim alice As New Employee ''' alice.ID = 1234 ''' </code> ''' </example> ''' </remarks> Public ID As Integer End Class
<exception>	格式：<exception cref="member">description</exception>。 说明：说明一个异常类（编译器要验证其语法）。 举例：''' <exception cref="System.Exception">Thrown when...</exception>
<include>	格式：<include file='filename' path='tagpath[@name="id"]' /> 说明：包含其他文档说明文件的注释（编译器要验证其语法）。 举例： '''<include file='fl.xml' path='MyDocs/MyMembers[@name="test"]/*'/> 假设 fl.xml 的内容为： <MyDocs> <MyMembers name="test"> <summary> The summary for this type. </summary> </MyMembers> </MyDocs>
<list>	格式： <list type="type"> <listheader> <term>term</term> <description>description</description> </listheader> <item> <term>term</term> <description>description</description> </item> </list>

续表

标　识　符	说　　明
<list>	说明：把列表插入到文档说明中。 举例： ''' <remarks>Before calling the <c>Reset</c> method, be sure to: ''' <list type="bullet"> ''' <item><description>Close all connections.</description></item> ''' <item><description>Save the object state.</description></item> ''' </list> ''' </remarks> Public Sub Reset() End Sub
<para>	格式：<para>content</para> 说明：标记段落文本。 举例：参见 <summary>的示例
<param>	格式：<param name='name'>description</param> 说明：标记方法的参数（编译器要验证其语法）。 举例： '''<param name="Int1">Used to indicate status.</param> Public Sub DoWork(ByVal Int1 As Integer) End Sub
<paramref>	格式：<paramref name="name"/> 说明：表示一个单词是方法的参数（编译器要验证其语法）。 举例： '''<summary>DoWork is a method in the TestClass class. ''' The <paramref name="Int1"/> parameter takes a number. '''</summary> Public Sub DoWork(ByVal Int1 As Integer) End Sub
<permission>	格式：<permission cref="member">description</permission> 说明：说明对成员的访问（编译器要验证其语法）。 举例： '''<permission cref="System.Security.PermissionSet">Everyone</permission> Public Sub Test() End Sub
<remarks>	格式：<remarks>description</remarks> 说明：给成员添加描述。 举例： '''<remarks> '''　　You may have some additional information about this class. '''</remarks>
<returns>	格式：<returns>description</returns> 说明：说明方法的返回值。 举例： '''<returns>Returns zero.</returns> Public Function GetZero() 　Return 0 End Function
<see>	格式：<see cref="member"/> 说明：提供对另一个参数的交叉引用（编译器要验证其语法）。 举例：参见 <summary>的示例
<seealso>	格式：<seealso cref="member"/> 说明：提供描述中的“参见”部分（编译器要验证其语法）。 举例：参见 <summary>的示例
<summary>	格式：<summary>description</summary> 说明：提供类型或成员的简短小结。 举例： '''<summary>DoWork is a method in the TestClass class. ''' <see cref="GetZero"/> ''' <para>Here's how you could make a second paragraph.</para> ''' <seealso cref="System.Console"/> ''' </summary> Public Sub DoWork(ByVal Int1 As Integer) End Sub

续表

标　识　符	说　　明
<summary>	Public Function GetZero() 　Return 0 End Function
<typeparam>	格式：<typeparam name="name">description</typeparam> 说明：标记类型参数（编译器要验证其语法）。 举例： ''' <typeparam name="T"> ''' The base item type. Must implement IComparable. ''' </typeparam> Public Class itemManager(Of T As IComparable) End Class
<value>	格式：<value>property-description</value> 说明：描述属性。 举例： ''' <value>Number of times Counter was called.</value> Public Property Counter() As Integer

附录 F　SQL Server Express 范例数据库

本书采用 Microsoft SQL Server 范例数据库 NorthWind.mdf。范例数据库包含一个名为 NorthWind Traders 的虚构公司的销售数据，该公司从事世界各地的特产食品进出口贸易。

NorthWind 数据库中包含的表的关系图如图 F-1 所示。

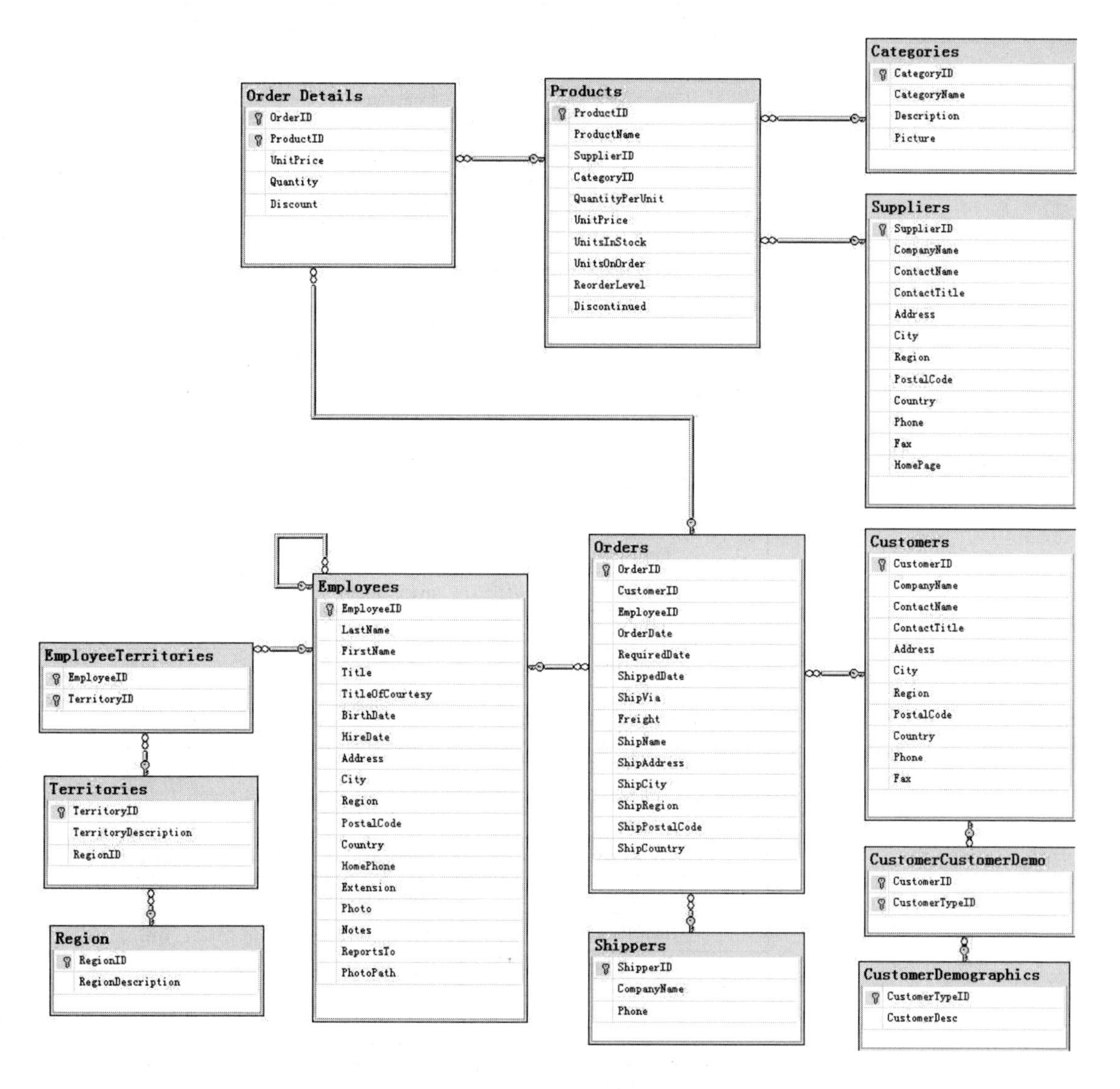

图 F-1　NorthWind 数据库中的表关系图

其中，各表的字段说明如表 F-1 所示。

表 F-1　NorthWind 数据库中的表的字段说明

表　名	字　段	类　型	说　明
Categories 种类表	CategoryID:	int（自动标识）	类型 ID
	CategoryName	nvarchar(15)	类型名
	Description	ntext	类型说明
	Picture	image	产品样本
CustomerCustomerDemo 客户统计信息表 1	CustomerID	nchar(5)	客户 ID
	CustomerTypeID	nchar(10)	客户类型 ID
CustomerDemographics 客户统计信息表 2	CustomerTypeID	nchar(10)	客户类型 ID
	CustomerDesc	ntext	客户描述
Customers 客户表	CustomerID	nchar(5)	客户 ID
	CompanyName	nvarchar(40)	所在公司名称
	ContactName	nvarchar(30)	客户姓名
	ContactTitle	nvarchar(30)	客户头衔
	Address	nvarchar(60)	联系地址
	City	nvarchar(15)	所在城市
	Region	nvarchar(15)	所在地区
	PostalCode	nvarchar(10)	邮编
	Country	nvarchar(15)	国家
	Phone	nvarchar(24)	电话
	Fax	nvarchar(24)	传真
Employees 员工表	EmployeeID	int（自动标识）	员工代号
	LastName	nvarchar(20)	员工姓
	FirstName	nvarchar(10)	员工名
	Title	nvarchar(30)	头衔
	TitleOfCourtesy	nvarchar(25)	尊称
	BirthDate	datetime	出生日期
	HireDate	datetime	雇用日期
	Address	nvarchar(60)	家庭地址
	City	nvarchar(15)	所在城市
	Region	nvarchar(15)	所在地区
	PostalCode	nvarchar(10)	邮编
	Country	nvarchar(15)	国家
	HomePhone	nvarchar(24)	宅电
	Extension	nvarchar(4)	分机
	Photo	image	照片
	Notes	ntext	备注
	ReportsTo	int	上级
	PhotoPath	nvarchar(255)	照片路径
EmployeeTerritories 员工销售区域表	EmployeeID	int	员工编号
	TerritoryID	nvarchar(20)	区域代号

续表

表 名	字 段	类 型	说 明
Order Details 订单明细表	OrderID	int	订单编号
	ProductID	int	产品编号
	UnitPrice	money	单价
	Quantity	smallint	订购数量
	Discount	real	折扣
Orders 订单表	OrderID	int（自动标识）	订单编号
	CustomerID	nchar(5)	客户编号
	EmployeeID	int	员工编号
	OrderDate	datetime	订购日期
	RequiredDate	datetime	预计到达日期
	ShippedDate	datetime	发货日期
	ShipVia	int	运货商
	Freight	money	运费
	ShipName	nvarchar(40)	货主姓名
	ShipAddress	nvarchar(60)	货主地址
	ShipCity	nvarchar(15)	货主所在城市
	ShipRegion	nvarchar(15)	货主所在地区
	ShipPostalCode	nvarchar(10)	货主邮编
	ShipCountry	nvarchar(15)	货主所在国家
Products 产品表	ProductID	int（自动标识）	产品 ID
	ProductName	nvarchar(40)	产品名称
	SupplierID	int	供应商 ID
	CategoryID	int	类型 ID
	QuantityPerUnit	nvarchar(20)	每箱入数
	UnitPrice	money	单价
	UnitsInStock	smallint	库存数量
	UnitsOnOrder	smallint	订购量
	ReorderLevel	smallint	再次订购量
	Discontinued	bit	中止
Region 销售大区域表	RegionID	int	地区 ID
	RegionDescription	nchar(50)	地区描述
Shippers 运货商表	ShipperID	int（自动标识）	运货商 ID
	CompanyName	nvarchar(40)	公司名称
	Phone	nvarchar(24)	联系电话
Suppliers 供应商表	SupplierID	int（自动标识）	供应商 ID
	SupplierName	nvarchar(40)	供应商姓名
	ContactName	nvarchar(30)	联系人姓名

续表

表 名	字 段	类 型	说 明
Suppliers 供应商表	ContactTitle	nvarchar(30)	联系人头衔
	Address	nvarchar(60)	地址
	City	nvarchar(15)	所在城市
	Region	nvarchar(15)	所在地区
	PostalCode	nvarchar(10)	邮编
	Country	nvarchar(15)	国家
	Phone	nvarchar(24)	电话
	Fax	nvarchar(24)	传真
	HomePage	ntext	主页
Territories 销售小区域表	TerritoryID	nvarchar(20)	地域编号
	TerritoryDescription	nchar(50)	地域描述
	RegionID	int	地区编号

附录 G　ASCII 码表

表 G-1 列出了 ASCII 字符集。每一个字符有它的十进制值、十六进制值及所对应的字符。

Dec	Hex	字符	Dec	Hex	字符	Dec	Hex	字符	Dec	Hex	字符
0	00	NUL（空）	32	20	Space	64	40	@	96	60	‘
1	01	SOH（文件头的开始）	33	21	|	65	41	A	97	61	a
2	02	STX（文本的开始）	34	22	`	66	42	B	98	62	b
3	03	ETX（文本的结束）	35	23	#	67	43	C	99	63	c
4	04	EOT（传输的结束）	36	24	$	68	44	D	100	64	d
5	05	ENQ（询问）	37	25	%	69	45	E	101	65	e
6	06	ACK（确认）	38	26	&	70	46	F	102	66	f
7	07	BEL（响铃）	39	27	‘	71	47	G	103	67	g
8	08	BS（后退）	40	28	(	72	48	H	104	68	h
9	09	HT（水平跳格）	41	29	)	73	49	I	105	69	i
10	0A	LF（换行）	42	2A	*	74	4A	J	106	6A	j
11	0B	VT（垂直跳格）	43	2B	+	75	4B	K	107	6B	k
12	0C	FF（格式馈给）	44	2C	,	76	4C	L	108	6C	l
13	0D	CR（回车）	45	2D	-	77	4D	M	109	6D	m
14	0E	SO（向外移出）	46	2E	.	78	4E	N	110	6E	n
15	0F	SI（向内移入）	47	2F	/	79	4F	O	111	6F	o
16	10	DLE（数据传送换码）	48	30	0	80	50	P	112	70	p
17	11	DC1（设备控制 1）	49	31	1	81	51	Q	113	71	q
18	12	DC2（设备控制 2）	50	32	2	82	52	R	114	72	r
19	13	DC3（设备控制 3）	51	33	3	83	53	S	115	73	s
20	14	DC4（设备控制 4）	52	34	4	84	54	T	116	74	t
21	15	NAK（否定）	53	35	5	85	55	U	117	75	u
22	16	SYN（同步空闲）	54	36	6	86	56	V	118	76	v
23	17	ETB（传输块结束）	55	37	7	87	57	W	119	77	w
24	18	CAN（取消）	56	38	8	88	58	X	120	78	x
25	19	EM（媒体结束）	57	39	9	89	59	Y	121	79	y
26	1A	SUB（减）	58	3A	:	90	5A	Z	122	7A	z
27	1B	ESC（退出）	59	3B		91	5B	[	123	7B	{
28	1C	FS（域分隔符）	60	3C	<	92	5C	“	124	7C	|
29	1D	GS（组分隔符）	61	3D	=	93	5D	]	125	7D	}
30	1E	RS（记录分隔符）	62	3E	?	94	5E	^	126	7E	
31	1F	US（单元分隔符）	63	3F	?	95	5F	_	127	7F	Delete

附录 H　程序集、应用程序域和反射

H.1　程序集

H.1.1　程序集概述

程序集是.NET Framework 应用程序的基本构造块，程序集为可移植可执行（PE）文件（EXE 或 DLL 文件）。程序集包含描述其内部版本号和包含的所有数据和对象类型的详细信息的元数据。程序集可以包含一个或多个模块，程序集仅在需要时才加载，因此可以在大型项目中有效地实现资源管理。

通过将程序集放在全局程序集缓存（C:\Windows\assembly）中，可在多个应用程序之间共享程序集。

程序集可以实现并行执行，即同一台计算机上可以包含运行库的多个版本，不同的应用程序使用不同的运行库版本，并行执行能够控制应用程序绑定到特定的运行库版本。

使用反射，可以实现以编程方式获取关于程序集的信息。

H.1.2　创建程序集

静态程序集存储在磁盘上的可移植可执行（PE）文件（EXE 或 DLL 文件），可以包括 .NET Framework 类型（接口和类），以及该程序集的资源（位图、JPEG 文件、资源文件等）。

例如，例 1-2 使用下列编译命令生成程序集 T1_2_Stack.dll：

```
vbc /t:library T1_2_Stack.cs
```

例如，例 1-3 使用下列编译命令生成程序集 T1_3_StackTest.exe：

```
vbc /r:T1_2_Stack.dll T1_3-StackTest.cs
```

动态程序集通过公共语言运行库 API（如 Reflection.Emit）编程方式创建，直接从内存运行并且在执行前不存储到磁盘上。也可以在执行动态程序集后将它们保存在磁盘上。

H.2　应用程序域

H.2.1　应用程序域概述

在.NET Framework 运行环境中，运行应用程序时，运行库宿主首先引导公共语言运行库，然后导入程序集，并创建应用程序域和主线程（Main 方法），然后执行相应的程序代码。

应用程序代码可以创建新的应用程序域，并导入程序集。应用程序域为安全性、可靠性、版本控制及卸载程序集提供了隔离边界。应用程序域使应用程序及应用程序的数据彼此分离，有助于提高安全性。在单个进程中运行多个应用程序域可以提高服务器的伸缩性。

H.2.2　创建应用程序域

运行应用程序时，公共语言运行库宿主会自动创建一个主应用程序域。使用 System.AppDomain 类的 CreateDomain 方法，可以创建新的子应用程序域，并加载运行相应的程序集。例如：

```
Module Module1
    Sub Main()
        Console.WriteLine("主应用程序域：  " + AppDomain.CurrentDomain.FriendlyName)
        '创建应用程序域
        Dim newDomain As AppDomain = AppDomain.CreateDomain("NewApplicationDomain")
        Console.WriteLine("子应用程序域：  " + newDomain.FriendlyName)
        '载入并执行应用程序集
        Console.WriteLine("运行应用程序：  " + "C:\VB.NET\Chapter01\Hello.exe")
        newDomain.ExecuteAssembly("C:\VB.NET\Chapter01\Hello.exe")
        '卸载应用程序域
        AppDomain.Unload(newDomain)
        Console.ReadKey()
    End Sub
End Module
```

运行结果如图 H-1 所示。

```
主应用程序域：  ConsoleApp1.exe
子应用程序域：  NewApplicationDomain
运行应用程序：  C:\VB.NET\Chapter01\Hello.exe
Hello World!
```

图 H-1　创建应用程序域示例运行结果

H.3　反射

H.3.1　反射概述

程序集包含模块，而模块包含类型，类型包含成员。反射提供了封装程序集、模块和类型的对象，使用反射可以动态地创建类型的实例，将类型绑定到现有对象，或从现有对象中获取类型，还以调用类型的方法或访问其字段和属性。反射（System.Reflection 命名空间）具有下列功能：

- 使用 Assembly 定义和加载程序集，发现类型并创建该类型的实例；
- 使用 Module 发现程序集的模块中的类等；
- 使用 ConstructorInfo 发现构造函数的详细信息，使用 Type 的 GetConstructors 或 GetConstructor 方法来调用特定的构造函数；
- 使用 MethodInfo 发现方法的详细信息，使用 Type 的 GetMethods 或 GetMethod 方法来调用特定的方法；
- 使用 FieldInfo 发现字段的详细信息，获取或设置字段值；
- 使用 EventInfo 发现事件的详细信息，添加或移除事件处理程序；
- 使用 PropertyInfo 发现属性的详细信息，获取或设置属性值；
- 使用 ParameterInfo 发现参数的详细信息；
- 使用 CustomAttributeData 发现属性的详细信息；
- 使用 System.Reflection.Emit 命名空间的类，在运行时生成类型。

H.3.2　查看类型信息

使用 System.Type 对象的成员可以获取关于类型声明的信息，如构造函数、方法、字段、属性（Property）和事件等。

可以通过下列方法获取对象。

① GetType 运算符，例如：Dim type1 As System.Type = GetType(Integer)。

② 使用 Object.GetType 方法返回表示实例类型的 Type 对象。
③ 使用 Assembly.GetType 或 Assembly.GetTypes 从尚未加载的程序集中获取 Type 对象。
④ 使用 Type.GetType 从已加载的程序集中获取 Type 对象。
⑤ 使用 Module.GetType 和 Module.GetTypes 从模块中获取 Type 对象。
例如：

```
Imports System.Reflection
Module Module1
    Sub Main()
        Console.WriteLine("Reflection.MemberInfo")
        ' 获取 Type 和 MemberInfo
        Dim MyType As Type = Type.GetType("System.IO.File")
        Dim Mymemberinfoarray() As MemberInfo = MyType.GetMembers()
        ' 显示结果
        Console.WriteLine("{0}的成员数目： {1}.",
                         MyType.FullName, Mymemberinfoarray.Length)
        For Each item In Mymemberinfoarray
            Console.WriteLine("成员名称：{0} 成员类型：{1}", item.Name, item.MemberType.ToString())
        Next
        Console.ReadKey()
    End Sub
End Module
```

H.3.3 动态加载和使用类型

如果代码中声明的对象及调用的方法在编译时确定，则称为“前期绑定”；如果编译时不能确定对象的类型或调用的方法的名称，只有在运行时才能动态确定，则称为“后期绑定”。使用发射，可以实现根据运行时的变量，动态地加载和使用类型。

例如，下面的示例根据命令行参数调用不同的方法。

```
Imports System.Reflection
Class CustomBinder
    Public Shared Sub PrintInfo()
        Console.WriteLine("本程序无任何命令行参数!")
    End Sub
    Public Shared Sub PrintError()
        Console.WriteLine("命令行参数太多!")
    End Sub
End Class
Module Module1
    Sub Main(ByVal cmdArgs() As String)
        Dim t As Type = GetType(CustomBinder)
        Dim flags As BindingFlags = BindingFlags.InvokeMethod Or BindingFlags.Instance Or
            BindingFlags.Public Or BindingFlags.Static
        Select Case (cmdArgs.Length)
            Case 0
                t.InvokeMember("PrintInfo", flags, Nothing, Nothing, Nothing)
            Case Else
```

```
                t.InvokeMember("PrintError", flags, Nothing, Nothing, Nothing)
        End Select
        Console.ReadKey()
    End Sub
End Module
```

附录 I　My 名称空间

I.1　My 名称空间概述

.NET Framework 类库包含海量的类型集合，提供各种功能，可以应用于各种应用程序的开发。然而在实际的应用开发过程中，查找合适的类型和方法往往比较困难。也就是说，要通晓.NET Framework 类库，需要耗费大量的时间和精力。

为了实现应用程序的快速开发，Visual Basic 提供了“My 名称空间”，My 名称空间提供了遍布在.NET Framework 其他部分的有用特性的快捷方式。使用 My 命名空间，可以简化 Visual Basic 常见任务开发工作。

I.2　My 名称空间层次结构

My 的顶级成员作为对象公开，例如：My 对象、My.Application 对象、My.Computer 对象和 My.User 对象等。每个对象的行为都与具有 Shared 成员的命名空间或类相似，所有的对象组成一个以 My 对象为根的层次结构。

顶级 My 对象及其层次结构如图 I-1 所示。

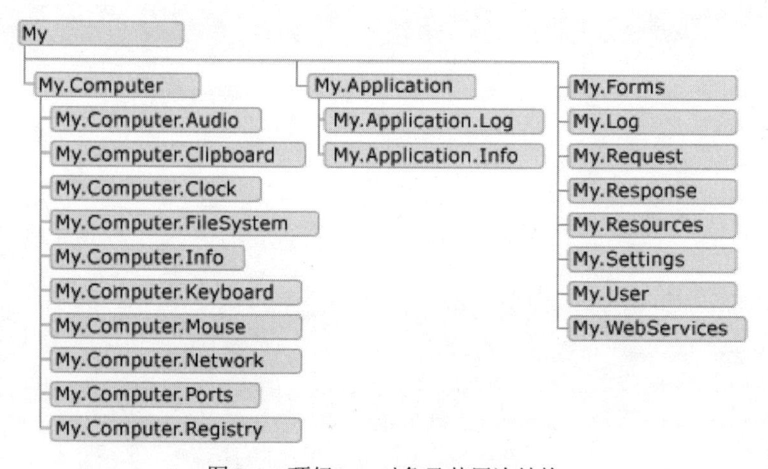

图 I-1　顶级 My 对象及其层次结构

注意：

My 只公开用于当前项目类型的对象。例如，My.Forms 对象可用在 Windows 窗体应用程序中，但不能用在控制台应用程序中；My.Request 对象和 My.Response 对象可用于网站项目中，但不能用于 Windows 窗体应用程序中。

I.3　My.Computer 对象

使用 My.Computer 对象，可以快捷地访问有关应用程序运行所在的本地计算机上的基础平台和硬件信息。My.Computer 对象包含的主要成员如表 I-1 所示。

表 I-1　My.Computer 对象包含的主要成员

属性/方法	描　述
Audio	允许在本地计算机上播放声音文件。例如： My.Computer.Audio.Play("D:\Test.wav", AudioPlayMode.WaitToComplete)　'播放声音
Clipboard	允许访问系统的剪贴板。例如： MsgBox(My.Computer.Clipboard.GetText())　'显示剪贴板上的文本
Clock	允许访问当前的 GMT 时间、本地时间以及 Tick Count。例如： MsgBox(My.Computer.Clock.LocalTime())　'显示本地时间
FileSystem	允许执行各种输入/输出（IO）操作，例如复制文件和目录、移动文件和目录及读写文件，通常在一行代码中完成。例如： My.Computer.FileSystem.CopyDirectory(myPics, "C:\MyPics", True)　'备份当前用户图片文件夹
Info	允许访问有关本地计算机的信息，包括其名称、操作系统、内存和加载的程序集。例如： MsgBox("可用内存(K): " & My.Computer.Info.AvailablePhysicalMemory / 1024)　'显示可用内存

Keyboard	允许确定键盘的状态以及键盘上各个键的状态。可以确定 Ctrl 键、Shift 键或 Alt 键是否按下，Caps 锁是否处于打开状态，Scroll Lock 是否处于打开状态。例如：
	If My.Computer.Keyboard.CapsLock Then　'判断大写键（Caps）是否打开
	　MsgBox("CAPS LOCK is on")
	Else
	　MsgBox("CAPS LOCK is off")
	End If

Mouse	允许确定所连接鼠标的状态和特定硬件特性，例如按钮数量、是否存在鼠标轮等。例如：
	If My.Computer.Mouse.WheelExists Then　'判断鼠标是否有中间滑轮
	　MsgBox("Mouse has a scroll wheel.")
	Else
	　MsgBox("Mouse has no scroll wheel.")
	End If

Name	提供应用程序运行所在的本地计算机的名称。例如： MsgBox(My.Computer.Name)　'显示计算机名称
Network	允许访问本地计算机 IP 地址信息和本地计算机的当前连接状态，并且能够 Ping 地址。例如： My.Computer.Network.DownloadFile("http://www.baidu.com/", "C:\temp\baidu.html")　'下载文件
Ports	允许访问本地计算机上的串行端口，以及创建并打开一个新的串行端口对象。例如： For Each sp As String In My.Computer.Ports.SerialPortNames '显示可用串行端口 　MsgBox(sp) Next
Registry	允许方便地访问注册表并能够读写注册表项。例如： '设置注册表项 My.Computer.Registry.SetValue("HKEY_CURRENT_USER\Software\TestApp", "Name", "Qsyu") '读取注册表项 MsgBox(My.Computer.Registry.GetValue("HKEY_CURRENT_USER\Software\TestApp", "Name", Nothing))

I.4　My.Application 对象

使用 My.Application 对象，可以快捷地访问与当前应用程序相关的信息。例如标题、工作目录、版本，以及正在使用的公共语言运行库（CLR）版本。还可以访问环境变量，编写本地应用程序日志或自定义日志等。My.Application 对象包含的主要成员如表 I-2 所示。

表 I-2　My.Application 对象包含的主要成员

属性/方法	描　述
ApplicationContext	允许访问与当前线程相关的上下文
ChangeCurrentCulture	允许更改当前线程运行所在的区域性，这影响诸如字符串操作和格式化等行为。例如： My.Application.ChangeCulture("en-US")　'更改区域性为 en-US
ChangeCurrentUICulture	允许更改当前线程所用的区域性以检索特定于区域性的资源。例如： My.Application.ChangeUICulture("fr-FR") '指向 Resources.fr-FR.resx
CommandLineArgs	返回命令行参数的集合。例如：显示命令行参数 For Each arg As String In My.Application.CommandLineArgs MsgBox(arg) Next
Culture	获取当前线程用于字符串操作和字符串格式设置的区域性。例如： MsgBox("当前区域：" & My.Application.Culture.Name)

续表

属性/方法	描 述
UICulture	获取当前线程用来检索特定于区域性的资源的区域性。例如： MsgBox("当前 UICulture：" & My.Application.UICulture.Name)
DoEvents	处理当前在消息队列中的所有 Windows 消息（仅适合于 Window 窗体应用程序）
GetEnvironmentVariable	返回本地计算机上的特定环境变量。例如：显示环境变量'PATH' Try MsgBox("PATH = " & My.Application.GetEnvironmentVariable("PATH")) Catch ex As System.ArgumentException MsgBox("环境变量 'PATH' 不存在.") End Try
IsNetworkDeployed	如果应用程序是网络部署的，则返回 True，否则返回 False。例如： If My.Application.IsNetworkDeployed Then '对网络部署应用启动网络更新 My.Application.Deployment.Update() End If
Info	获取有关应用程序的程序集的信息（如版本号、说明等等）。例如： MsgBox("版本: " & My.Application.Info.Version.ToString) '显示版本
Log	允许编写本地计算机上的应用程序日志。例如： My.Application.Log.WriteEntry("应用程序启动时间： " & Now) My.Application.Log.WriteEntry("应用程序终止时间： " & Now)
MainForm	一种读写属性，允许设置或获取应用程序将用作其主窗体的窗体
OpenForms	获取应用程序中所有打开的窗体的集合（仅适合于 Window 窗体应用程序）。例如： For Each f As Form In My.Application.OpenForms '最小化所有窗口 f.WindowState = FormWindowState.Minimized Next
Run	设置并启动 Visual Basic 启动/关闭应用程序模型
SplashScreen	允许设置或获取应用程序的闪屏

I.5 My.User 对象

使用 My.User 对象，可以快捷地访问当前用户的信息，包括其显示名称和域名等。My.User 对象包含的主要成员如表 I-3 所示。

表 I-3 My.User 对象包含的主要成员

属性/方法	描 述
CurrentPrincipal	获取或设置当前主体
InternalPrincipal	获取或设置表示当前用户的主体对象
IsInRole	确定当前用户是否属于指定的角色。例如： '判断当前用户是否属于 Administrator 组 MsgBox(My.User.IsInRole(ApplicationServices.BuiltInRole.Administrator))
Name	获取当前用户的名称。例如： MsgBox(My.User.Name) '获取当前用户的名称

I.6 其他对象

除了上述三个主要的 My 对象外，顶级 My 对象还包括 My.Forms（提供对应用程序所使用的窗体的访问）、My.Log（编写本地计算机上的应用程序日志）、My.Request（获取所请求的页的 HttpRequest 对象）、My.Response（获取所请求的页的 HttpResponse 对象）、My.Resources（提供对应用程序资源的访问）、My.Settings（提供对应用程序设置的访问）和 My.WebServices（提供对 XML Web services 访问）等对象。

灵活地使用 My 对象，可以实现应用开发功能的快速高效实现。

参 考 文 献

[1] Diane Zak. Programming_with_Microsoft_Visual_Basic 2017. Cengage Learning，2018.

[2] 江红，余青松. C#程序设计教程. 3 版. 北京：清华大学出版社，2018.

[3] 余青松，江红. C#程序设计实验指导与习题测试. 3 版. 北京：清华大学出版社，2018.

[4] 江红，余青松. Python 程序设计与算法基础教程. 2 版. 北京：清华大学出版社，2019.

[5] Microsoft Corporation. Visual Basic Language Specification. http://www.microsoft.com.

[6] http://msdn.microsoft.com.